"十二五"国家重点图书规划项目

中国工程院咨询研究项目2011-XD-26

当代中国
建筑设计现状与发展

The Present and Future of
ARCHITECTURAL
DESIGN IN
CONTEMPORARY
CHINA

当代中国建筑设计现状与发展 课题研究组　　　著

The Research Team of "The Present and Future of Architectural Design
in Contemporary China"

东南大学出版社·南京

当代中国建筑设计现状与发展 课题研究组

课题总顾问

吴良镛 潘云鹤

学术委员会（按姓氏笔画为序）

马国馨 王小东 王瑞珠 关肇邺 何镜堂 吴焕加 张锦秋 张钦楠 邹德侬

钟训正 崔 愷 彭一刚

课题组组长

程泰宁（东南大学）

课题组副组长

陈 薇（东南大学）

课题组成员

东南大学：朱光亚 韩冬青 张 彤 李 华

清华大学：王 路 单 军

同济大学：卢永毅 张 闳 支文军 戴 春

南京大学：丁沃沃 胡 恒 闵学勤 童 强

课题工作小组

东南大学建筑设计与理论研究中心：王 静 费移山 唐 斌 蒋 楠 周 霖

序

潘云鹤

　　本书是程泰宁院士主持的咨询项目"当代中国建筑设计现状与发展"的研究成果，也是中国工程院设立的一个关于建筑设计及其理论方面的重要咨询课题。从课题申请、研究、讨论，经过了中国工程院土木、水利与建筑工程学部和东南大学合作主办的"当代中国建筑设计发展战略国际工程科技发展战略高端论坛"，到今天该成果付梓，我经历和目睹了该课题严谨而开放的整个推进过程。程院士邀我作序，义不容辞。同时借由此序，也表达我个人对于当代中国建筑发展前景的一些看法。

　　改革开放30多年来，中国成了世界上最大的建筑工地，当代中国建筑的发展，无论在数量还是在速度上，都十分惊人。它的结果是大大改善了中国人民的居住和工作的条件，提升了中国城镇的容量和水平，同时也改变了世界对中国的印象。但是，在此过程中，也产生出各种各样的批评意见。比如很多人惋惜我们的城镇中祖辈留下来的建筑几乎荡然无存；批评我们的新城市几乎千城一面；也有一些外国人关注中国新建筑问题，譬如有一位加拿大教授在中国住了半年，然后于2012年4月10号在中国《环球时报》上发表文章，对中国的城市"先经历了30年苏联式的现代化，随后又经过了30年美国式的现代化"表示遗憾。这些批评，或婉转或尖锐，但均值得重视和反思。

　　程院士"当代中国建筑设计现状与发展"的课题申请是四年前提出的，经过中国工程院咨询委员会的评审，顺利获得通过，因为这项课题于中国既是急需的，又是前瞻的，且有重大战略意义。当代中国建筑至少面临两个重大挑战：第一，经济与信息的全球化发展造成文化独特性的消解；第二，在未来20年间，中国城镇化的进程将继续迅猛发展，如何提高中国城市的建设水平实在时不我待。因此，正是在这关键时期，这个课题的提出和开展，对于中国的城镇化，既属雪中送炭，又属抛砖引玉。

　　我了解到，该项研究的组织严密而认真，包括：选择强大的研究团队合作工作，组织专业访谈和非专业的社会调查，开展建筑设计相关的机制研究、建筑设计本身的专业探讨、建筑发展的历史回顾和展望，以及相关的中外建筑理论和文化研究。在中期以后，程院士又多次在中国工程院的会议期间，邀请诸多院士对课题研究指出问题、提出建议、共商对策。在研究成果基础上，课题组完成了三个报告，分别应对建筑专业、社会大众和领导决策的需求。在该课题完成的基础上，针对当今迫切的问题和需求，由程院士牵头完成了一份"当代中国建筑设计现状与发展"的院士建议书上报中央。

最近，习近平总书记对相关问题作了重要批示，特别针对城市建筑贪大崇洋的问题，明确指出这是缺少文化自信和创新意识不足的表现，强调建筑和规划要弘扬中国文化。因此，本书的出版，将会在更宽广和更深远的层面发挥作用，引导人们加强反思、应对问题、重视前瞻。

从我个人的视角来看，由于城镇化的深入，一个从中等收入走向高收入的中国之建筑高潮，和前30年的建设呈现不同的兴盛，会有新的需求、新的技术、新的挑战。比如说现在在中国的南方，至少有几亿居民还住在冬天室内冷到10度以下、夏天室内热到32度以上的高楼之中，建筑师如何去创造更加宜人而节能的居住环境，这是一个尖锐问题，连续两年，中国"两会"的代表都提出了这个问题；再比如，无论从历史的纬度和区域的纬度看，中国的文化元素都十分丰富和精彩，如何将它融入当代建筑之中，从而创造出多姿多彩又独特明显的中国建筑风格。当代的中国建筑设计正处于一个难得的历史机遇期，我们应该更好地把握它，从而编织起当代建筑的中国之梦，以期两百年后我们的中华子孙还能够赞叹祖先创造的建筑的美丽和智慧。

中国工程院一直致力于发挥国家思想智力作用，结合国内外顶级专家的智慧，研究中国社会经济发展的重大问题。"当代中国建筑设计现状与发展"的研究，是建筑界的大事，也是中国工程院的重任。

我衷心期望中国建筑设计走向一条科学理性、充满创新、方法多元、作品能够流芳百世的道路，期望几十年乃至几百年之后，我们这一代人所创造的中国建筑能够跻身世界建筑的教科书中。

潘云鹤：全国政协常委、外事委员会主任，中国工程院原常务副院长、党组副书记，中国工程院院士

前言

程泰宁

1. 课题缘起

中国改革开放30余年来，我国城镇面貌发生了巨大变化，其中当代中国建筑设计起到重要作用。在这一变化过程中，建筑师从被委托到进入市场，从在建筑学的象牙塔中探索中国建筑发展走向面对全社会的需求，从关注中国建筑自身问题到被国际关注，从国有建筑设计院承担重任到和外国建筑师同台竞技甚至被"抢滩"。从而，一方面当代中国建筑设计呈现出多元多样的发展态势；另一方面，设计建造的城市和建筑面貌也出现"千城一面"、文化缺失、地域特色消解等情形。尽管其中原因错综复杂，但是未来我国将进入新型城镇化和"美丽中国"探求的新历史发展时期，如果不正视、不面对、不解决这些失误，将对我国的城镇化建设和文化发展带来难以弥补的损失。为此，2010年本课题组酝酿并向中国工程院提交项目申请书，同时开展先期研讨和工作，经评审，"当代中国建筑设计现状与发展"被列入2011年中国工程院第二批重点研究课题。

本研究项目属于咨询性质，旨在通过在当代中国建筑现状研究的基础上，对未来发展提出策略思考和相关建议。具体研究时，我们注重时空结合：将当代中国建筑设计放在社会发展背景过程中进行历时研究；注重理论与实践结合：通过对案例和调研发现的问题进行有针对性的研究，改变理论与实践脱节的争议；学术与社会结合：面向民众，关注社会，致力于有效产生研究的影响力。课题目标大致有三个：

（1）为建筑设计同行提供一份经验总结和工作借鉴；

（2）为领导决策及管理部门提供一份改革思考和建议；

（3）为广大民众提供一份当代中国建筑设计的知识普及和认识思路。

2. 组织和工作方式

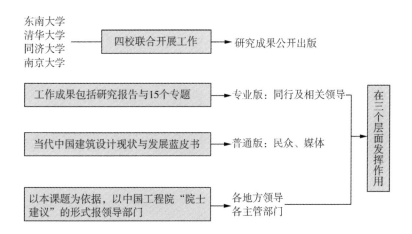

在研究路径上，采用如下工作方式：

（1）广泛调查作为研究基础：访谈当代中国有代表性的建筑设计院的40多位建筑师，涵盖中国东部、南部、西北、西南等地区；向建筑师、建筑学者和建筑学教师发放问卷调查；通过网络进行调查；向民众进行问卷调查。共发放问卷3320份，回收有效问卷3117份。

（2）思想交锋形成基本共识：通过和建筑师访谈以及四校研究团队的例会，展开讨论，凝炼问题，重点分析，形成基本共识。

（3）分工合作发挥各自优势：发挥各研究团队的优势，针对所在区域当代中国建筑遇到的突出案例和问题开展研究，基本材料互通有无，专题研究各有所攻。

（4）专家学者进言进策指导：在研究过程中，求教中国工程院和中国科学院两院诸多院士以及工作在建筑设计一线的专家和专业记者，积极吸取相关意见和建议，不断调整研究工作。

（5）循序渐进完成工作目标：在调研基础上，完成系列专题研究；形成"当代中国建筑设计现状与发展研究报告"和"当代中国建筑设计现状与发展蓝皮书"；最后在上述研究成果的基础上，形成中国工程院院士建议。

（6）求教同行完善研究内容：在成果完成初稿后，分别在北京、上海、成都、南京组织同行专家评审，尤其在对项目的认识高度上，通过研讨，达成共识。

（7）举办国际会议互通有无：研究项目基本完成后，在中国工程院领导下，举办国际会议，沟通海外，交流思路，广泛讨论，扩大影响，推动项目成果，发挥学术和应用价值，臻于研究项目预订目标。

3. 成果和内容介绍

上篇　研究报告

（1）当代中国建筑设计现状与发展研究报告　　　　　　　　　　　　　　　　　（东南大学　朱光亚）

（2）当代中国建筑设计现状与发展蓝皮书　　　　　　　　　　　　　　　　　　（东南大学　陈　薇）

　　　　包括：当代中国建筑设计发展历史回顾；

　　　　　　　当代中国建筑设计存在问题剖析；

　　　　　　　当代中国建筑设计发展策略思考。

（3）希望·挑战·策略——当代中国建筑现状与发展　　　　　　　　　　　　　（东南大学　程泰宁）

　　　"工程院国际高端论坛——当代中国建筑发展战略"主题发言稿，并在此基础上提出院士建议。

下篇　基础研究

（1）公众的建筑认知调研分析报告　　　　　　　　　　　　　（南京大学　闵学勤、丁沃沃、胡恒）

（2）我国职业建筑师的工作状态和社会生态调查报告　　　　　　　　　（东南大学　韩冬青、唐斌）

（3）中国注册建筑师制度对建筑创作的影响　　　　　　　　　　　　　（清华大学　宋刚、王路）

（4）甲方乙方——中国当代房地产市场背景下的建筑创作机制研究　　　（清华大学　李文虹、王路）

（5）若干代表性工程项目的招投标状况与制度调查　　　　　　　　（清华大学　卢倩、任萌、王路等）

（6）转型期中国建筑师的建筑文化思考与探索　　　　　　　　　　　（东南大学　张彤、胡晓明）

（7）进入21世纪的中国建筑及其创作概况　　　　　　　　　　（清华大学　段威、孙德龙、王路）

（8）当代建筑师的创作实践和思索　　　　　　　　　　　　　（清华大学　郑小东、赵海翔、王路）

（9）50、60、70年代生中国建筑师观察　　　　　　　　　　　　　（同济大学　戴春、支文军）

（10）跨文化对话与中国建筑实践　　　　　　　　　　　　　（同济大学　卢永毅、王凯、钱锋）

（11）后工业社会中的文化竞争与文化资源研究　　　　　　　　　　（同济大学　张闳、卢永毅）

（12）20世纪80年代以来落户中国的西方主要建筑理论和思潮　　　　　　　　（东南大学　李华）

（13）文化的自信力对中国建筑创作的意义　　　　　　　　　　　　　（南京大学　胡恒、丁沃沃）

（14）儒学与基督教审美文化比较　　　　　　　　　　　　　　　　（南京大学　童强、丁沃沃）

（15）与建筑设计发展相关的"三个定位"　　　　　　　　　（清华大学　赵海翔、欧萨马、孟瑶磊）

4. 推动和投石问路

　　目前本项目的研究工作基本完成，并已于2013年11月21—23日在南京由中国工程院主办，中国工程院土木、水利、建筑学部和东南大学承办"当代中国建筑设计发展战略"工程院国际高端论坛。

　　但正如2011年7月1日课题组代表请教两院院士吴良镛先生时吴先生指出的："当代中国建筑设计的问题是复杂的，先做一期，以后再调整，工程院项目是战略思考，长远看是一项艰难的持续任务，需要扩大范围甚至是智囊团集体工作。"因此，此研究工作仅为投石问路，惟期望为推动当代中国建筑设计的健康发展起到一定的作用。

目录

上篇　研究报告

下篇　基础研究

Part One   Research Reports

Part Two   Studies on Specific Issues

上篇 研究报告

当代中国建筑设计现状与发展研究报告
Research Report on the Present and Future of Architectural Design in Contemporary China

当代中国建筑设计现状与发展蓝皮书
The Blue Paper of the Present and Future of Architectural Design in Contemporary China

希望·挑战·策略——当代中国建筑现状与发展
Aspirations, Challenges, Strategies: the Present and Future of Contemporary Chinese Architecture

上篇

当代中国建筑设计现状与发展研究报告

Research Report on the Present and Future of Architectural Design in Contemporary China

当代中国建筑设计现状与发展研究报告

Research Report on the Present and Future of Architectural Design in Contemporary China

朱光亚

导 言

建筑是什么？最简单地说，建筑就是人类盖的房子，是为了解决人们安全食宿、生产工作和娱乐休息的地方。首先，建筑是人类在生产活动中克服自然局限性，改变生存的自然环境的斗争的纪录。这个建筑活动就必定包括人类掌握自然规律、发展自然科学的过程。其次，建筑又是艺术创造。人类对住屋除了有实用要求之外，总要进行某种加工，以满足理想追求包括审美的要求，也就是文化的要求。另外，建筑也是当时当地的社会生活和政治经济制度的反映。

可以说，建筑是涉及千家万户的事情。改革开放以来特别是世纪之交，中国的城乡建设牵动了亿万个家庭，吸引着全世界的建筑界人士的注视，而城市领导人更是将建筑活动作为城市及其执政者展示风采的机会，建筑文化成为社会主义文化建设不可或缺的一环。在这样的背景下，工程院的这个研究项目也就必然和各方面的人士产生关联。建筑师是建筑创作的主体，是本报告的当然读者，但本报告探讨了大量与建筑创作相关的问题，因而本报告同时面向的读者群就包括政府的官员、相关管理机构的职业人士、普通建筑从业者、建筑院校师生，同时也包括关心中国当代建筑文化发展的社会各界贤达、有兴趣和志向投入这一领域的讨论的专业和非专业人士。

马克思在资本论中说："蜜蜂建筑蜂房的本领使人间的许多建筑师惭愧，但是最蹩脚的建筑师从一开始就比最灵巧的蜜蜂高明的地方，是他在用蜂蜡建筑蜂房以前，已经在自己的头脑中把它建成了。"人类这一不同于蜜蜂的前瞻性的过程及其中间的成果就是设计。建筑师的创造即今天广义的建筑设计工作是由一系列的环节组成，直接性的就涉及前期的策划、规划、可行性论证、中期的设计（狭义的设计）和施工以及后期的竣工验收和跟踪调查等。设计本身又是由建筑、结构、设备等多个专业构成，且分为方案、初步设计和施工图等阶段。本项目专注于决定建筑文化物质成果形态的一个关键环节——建筑专业的设计及其相关问题。正是这一环节包含的不确定性因素，使得设计者的直觉和想象力以及对相关技术矛盾的驾驭能力成为决定性的，因而这一过程被赋予与艺术家类似的"创作"称谓。立足于十八大提出的实施创新驱动发展战略，改进这一环节对于建筑文化的创新具有十分重要的作用，从这一点切入也就成为本项目的研究课题。对于设计之外的建造过程如果不涉及议题时就从略。

　　本报告着眼于发现问题，而不是记录历史，因而在陈述相关问题背景情况时挂一漏万或不尽全面在所难免，欢迎补充、指正、调整和完善。

　　本报告涉及的引文皆注明出处，提及的某些案例虽未点出名字，但皆有依据，这样做既是为了保护提供信息者的生活工作不受干扰，更是因为本报告的关注点不在于解决个案而是追索个案后的创作机制和集体无意识的深层原因。

现状与发展

1 当代中国建筑设计的历史场景

当代中国建筑师的建筑创作活动发生在浓墨重彩的世纪之交的历史场景中，它上接鸦片战争以来中华民族优秀儿女的救亡图存、前仆后继的革命和战争以及其后对发展道路与民族复兴的代价沉重的艰苦摸索与思考探索，下接科学技术日新月异、经济全球化势不可挡、人类与环境的矛盾以及人类自身文明间的矛盾与碰撞极为剧烈的新世纪。这个新的世纪又是以知识经济为特色的后工业文明降临的时代，它本身充满了矛盾，充满了分化，充满了变革。在这一历史场景中最重要的是以城镇化进程、可持续发展、西学再次东渐、市场机制再次引入以及由于国情世情的变化引起的社会文化由一元向多元的转化，与这一历史场景相呼应的建筑学本身的变化中最重要的则是广义建筑学的问世。

1.1 城镇化进程及其集约化新阶段的降临

1.1.1 世纪之交的城乡巨变回眸

中国有着世界上最为古老的农业文明，农村是中国社会最为基础的部分，这种状况直到 20 世纪才出现了变化。从各个租借地的兴建和李鸿章的洋务运动到孙中山经营建国方略加上东部地区的初步开发，中国在 20 世纪已经开始了现代意义的城市和经济建设。50 年代后，党中央明确了城市领导乡村的大关系，五年计划、三线建设等建设活动大大促进了东、中、西各部的城市发展。但是由于缺少资金且当时经济发展还主要依靠于工农产品的剪刀差，由于希望通过限制城市发展规模和城市支援农村来缩小城乡差别，城市化的进程仍然是较慢的：城市化率从 20 世纪上半叶的不足 10% 到 1949 年的10.6%，再到 1957 年的 15.4%，再到 1990 年的 26.41%。快速城镇化的进程始于 90年代，邓小平南方讲话，各地开发区和特区、工业新区的建设，政府"经营城市"理念的提出，保旧城建新城等新的规划观念的出现以及市场经济的房地产业再次在中国启动，经济全球化及改革开放的政策等等为引进外资创造了条件。中国当时廉价的人力和土地资源优势获得发挥，促成了中国经济实力的不断拓展，钢铁、水泥等建筑材料的生产皆位居世界前列。在冷战体制崩溃、经济全球互动的形势下，中国加入 WTO，融入全球化进程。新世纪 GDP 总量从 2001 年赶上法国发展到 2011 年全球第二。在中国从农业大国转变成为工业大国的同时，中国的城镇化率在 2010 年达到 47.5%，在 2011 年已经达到 51.3%，每年有上万个村庄消失或空壳化，每年有 3000 万农民由农村转入城镇，城镇人口已达 6 亿，每年流动人口超过 1.2 亿，每年我国城镇建筑的竣工面积都在 20 亿平方米以上[1]。辖区的市的建成区面积由 1985 年的 8842 平方公里增加到 2010 年的 30138 平方公里[2]。我国城市人口 50 万以上的城市已经有 101 个，其中人口 100 万以上的城市已经有 41 个（未含港、澳、台地区）[3]。中国进入以城市社会为主的新成长阶段[4]。这样规模、这种发展速度的城市化是人类历史上不曾有过、今后也不会再有的事件。它成为全世界尤其是东亚经济发展的推动力。无怪乎诺贝尔经济学奖得主、美国经济学家斯蒂格利茨断言，21 世纪对世界影响最大的有两件事：一是美国高科技产业，二是中国的城市化[5]。

城镇化和建筑业发展是互为表里的，建筑业为城镇化作出了关键性的贡献，城镇化为建筑业提供了巨大的市场和发展机会。城镇化也意味着国民经济增长模式和国民生活方式的重大转变。我国各省的大中城市的建成区面积都扩大到 1990 年的 2.3 倍以上[6]。又如住宅，近十余年中中国每年房地产新增竣工面积由 2000 年的 2.5 亿平方米增加到 2008 年的 6.65 亿平方米[7]，城市人均住宅面积由 1990 年的 13.7 平方米 / 人增加到 2006 年的 27.1 平方米 / 人[8]，这些大大缓解了城市化进程中的居住需求。我国每年的房屋竣工面积节节攀升，城市面貌和人居环境的总体改善不容置疑（表 1），这样规模的城镇化对于全世界的建筑师来说都是千载难逢的机遇和从未有过的挑战。

表 1 2008—2010 年中国房屋建造面积数据表

统计年	指 标	总 计	内资企业		
			合 计	国 有	集 体
2008	房屋建筑施工面积（万平方米）	530518.63	527483.77	65633.72	39247.82
	房屋建筑竣工面积（万平方米）	223591.62	222486.89	19853.24	19224.76
2009	房屋建筑施工面积（万平方米）	588593.91	584387.61	72681.00	36380.95
	房屋建筑竣工面积（万平方米）	245401.64	244180.47	21765.36	18783.17
2010	房屋建筑施工面积（万平方米）	708023.51	703729.18	84452.85	39232.12
	房屋建筑竣工面积（万平方米）	277450.22	276045.92	22076.11	18375.00

注：按登记注册类型分建筑业企业主要经济指标。资料来源：中华人民共和国国家统计局 . 中国统计年鉴 [EB/OL]. [2011-04-12] .http://www.stats.gov.cn/tjsj/ndsj.

1.1.2 城市集约化发展新阶段的降临

有关研究预测，到 2020 年我国城镇化还会以年均 1 个百分点的速率增长。在南京举行的 2011 年中国城市规划年会上，国家住建部副部长仇保兴表示，随着 2011 年 7 月下旬中国城市化程度在数字上突破 50% 大关，中国已经从快速城市化过程发展到缓速的中期阶段。这个阶段意味着中国大部分城市在重构与转型上的动力、活力和创造力将会大量迸发……中国的单位人口面积远远低于美国，必须选择紧凑型城镇的发展模式，坚持每平方公里建成区 1 万人口的占用地标准。环保部环境规划院课题组成果也显示，近 15 年来,中国城镇化每增加 1 个百分点平均需多消耗能源 4940 万吨标准煤,未来 5 年,城镇发展与资源能源消耗、环境污染之间的矛盾将越来越尖锐。一系列的迹象表明，以往靠单纯扩大城市规模的发展模式已经行不通了……应走出不同于西方的中国式城市化

1 国家统计局国民经济综合统计司 . 新中国 60 年统计资料汇编 [M] . 北京：中国统计出版社，2010.

2 中国城市统计年鉴 [M] . 北京：中国统计出版社，1986，2011.

3 查自百度文库 2012 年版，《中国城市化速度世界第一》则认为有 185 个。

4 中国社会科学院 . 社会蓝皮书，2011.

5 中国城市化速度世界第一 [N/OL] . 法制晚报，2010-03-26.http:// news.dichan.sina.com.cn.

6 中国城市统计年鉴 [M] . 北京：中国统计出版社，1991，2011.

7，8 国家统计局国民经济综合统计司 . 新中国 60 年统计资料汇编 [M] . 北京：中国统计出版社，2010.

发展道路。集约化、精细化将成为未来城市发展的关键词，中国今后的问题更多的将是中小城市的发展问题。十八大前后学界也已密集讨论过改变已有的城镇化方式，集约和节约的概念再次得到明确。十八大的报告中明确提出坚持走中国特色的新型城镇化道路，将新型城镇化或者城市集约化发展问题呈现出来。2013 年 12 月中央经济工作会议更将新型城镇化明确为经济工作的重要任务之一，这标志着健康、科学的城镇集约化发展的新阶段正在到来。

集约化是经济发展到高级阶段的必然趋势，经济的集约化就是要求在原有的生产资料的基础上提高利用效率，使资源和资本集中使用、高效使用和节约使用，把质量经营放在重要位置，使经济增长从粗放型转变为节约型，从外延式增长转变为内涵式增长[9]。由于中国是一个土地资源极其匮乏的国家，而中国至少中西部地区由于自然条件局限并不适合于建造众多的大城市，因而城镇化带来的人口集聚还会在中东部、特别是东部沿海发达地区的城市发生，因此必须考虑走向集约化城市的阶段发展的道路。

党的十八大提出了五位一体、美丽中国和建设城乡一体化、资源节约型、环境友好型的社会发展目标。"十二五"经济和社会发展规划和贯彻党和国家目标的各省的规划都在要求各城市的单位国内生产总值能源消耗和二氧化碳排放大幅下降，主要污染物排放总量显著减少，森林覆盖率提高，生态系统稳定性增强，人居环境明显改善，这些都是未来城市集约化发展的目标。它不仅为新世纪的城市发展提出了转型的要求，也对各级领导包括各城市的领导层是否具备良好的执政能力提出考验，同时也将对世纪之交的建筑师的综合创新能力提出严峻的挑战。

1.2 可持续发展对建筑设计科学性的新压力

1.2.1 可持续发展观念的形成及中国政府的承诺

自从 20 世纪 60 年代学界提出增长的极限的概念及 1972 年罗马俱乐部以此为题开展研究和提出报告以来，人类逐渐认识到，由于地球的有限性，由于全球系统中的五个因子是按照不同的方式发展的，人口、经济是按照指数方式发展的，属于无限制的系统；而人口、经济所依赖的粮食、资源和环境却是按照算术方式发展的，属于有限制的系统。这样，人口爆炸、经济失控，必然会引发和加剧粮食短缺、资源枯竭和环境污染等问题，这些问题反过来就会进一步限制人口和经济的发展，因而增长是存在着极限的。在这些研究的基础上，一种既满足当代人的需求，又不对后代人满足其需求的能力构成危害的发展概念——可持续发展的概念被提出来，其基本要求是既要达到发展经济的目的，又要保护好人类赖以生存的大气、淡水、海洋、土地和森林等自然资源和环境，使子孙后代能够永续发展和安居乐业[10]。1987 年世界环境与发展委员会在《我们共同的未来》报告中第一次阐述了可持续发展的概念，得到了国际社会的广泛共识。1992 年包括中国在内的一百多个国家的首脑，在巴西的人类环境与发展会议上签署了《里约热内卢环境与发展宣言》和《21 世纪议程》，2008 年 7 月在八国集团首脑峰会上，八国表示将寻求与《联合国气候变化框架公约》的其他签约方一道共同达成到 2050 年把全球温室气体排放减少 50% 的长期目标。这一目标正在转化为各国政府不同程度的应对措施。它标志着中国的城镇化必须纳入低碳经济时代的基本要求。

9 集约化 [EB/OL].[2010-10-13].
http://baike.baidu.com/view/16871
93.
10 中国科学院可持续发展研究组 .
2003 中国可持续发展战略报告
[M] . 北京：科学出版社，2003.

中国是仅次于美国的第二大二氧化碳排放国，且每百万 GDP 美元的二氧化碳排放量远高于发达国家，也高于印度很多，即我国的产业发展仍然处于粗放型阶段。作为一个负责任的大国，我国正面临着巨大的减排压力。中国参加了《联合国气候变化框架公约》和《京都议定书》。1994 年中国通过了《中国 21 世纪议程》，还制订了《中国 21 世纪议程优先项目计划》，把可持续发展作为国家的基本战略。十八大上写入党章的科学发展观正是在这一历史过程中形成的，它既是中国对世界的承诺，也是中国应对 21 世纪发展中各种挑战的基本路线和方针。因而可持续发展战略中的低碳要求必然要转化为城镇集约化阶段的建筑设计、建筑材料、建筑施工中的更高的科学性要求和新的技术标准。上文所说对各级领导包括各城市的领导层是否具备良好的执政能力提出考验，就是要看他们能否根据中国政府的承诺制定和实施足以应对挑战的各项对策，而对世纪之交的建筑师的综合创新能力提出的挑战，就是看他们是否能够在新的城镇集约化阶段承担起对社会负责和对业主全程负责的新的双重责任下的设计转型。

1.2.2　可持续发展对城镇化新进程及建筑发展新机制的要求

"城市人口的能源消费大约是农村人口的 3.5 ～ 4 倍……城市化进程推动大规模城市基础设施和住房建设，所需要的大量水泥和钢铁只能在国内生产，因为没有任何其他国家能够为中国提供如此大规模的钢材和水泥。因此，中国的城市化对高耗能产业的需求是刚性的。" [11] 中国的城市化是在还没有解决好工业时代的诸多问题时就已经遭遇了后工业社会要求解决的资源节约及环境友好的新问题。根据发达国家的实测数据表明，随着人们生活水平的提高，建筑能耗将达到全社会总能耗的 40%。"目前的各项基础设施建设多是常规技术的简单复制，还不可能大规模采用低能耗的先进技术……中国的能源需求和温室气体排放仍然会呈现增长趋势。" [12] "中国社科院城市发展与环境研究中心研究员庄贵阳表示，中国城市的能源消费和温室气体排放量都占世界的 75%……如果不转变增长方式，我国资源供应和排放权难以保证……我国技术水平参差不齐，研发和创新能力有限，这是我们不得不面对的现实，也是我国由高碳经济向低碳转型的最大挑战。" [13] 这种转型要求将必然影响到中国城市今后几十年的发展，规划和设计的理论必须调整。"探讨中国现阶段高速城市发展与低碳目标的协调与契合，其碳排放与城市系统耦合关系研究是寻求城市经济、社会、环境等多方面均衡发展的关键" [14]，必将对城市交通、绿化、公共设施等产生影响。《中国 21 世纪议程》已经提出："社会可持续发展……通过正确引导城市化，加强城镇用地管理，加快城镇基础设施建设和完善住区功能，促进建筑业发展，向所有人提供适当的住房、改善住区环境。"我国政府的"十二五"经济与社会发展规划则提出了多方面的要求，在它的第 20 章中要求："积极稳妥推进城镇化，优化城市化布局和形态，加强城镇化管理，不断提升城镇化的质量和水平……遵循城市发展客观规律，以大城市为依托，以中小城市为重点，逐步形成辐射作用大的城市群，促进大中小城市和小城镇协调发展……坚持以人为本、节地节能、生态环保、安全实用、突出特色、保护文化和自然遗产的原则，科学编制城市规划，健全城镇建设标准，强化规划约束力。合理确定城市开发边界，规范新城新区建设，提高建成区人口密度，调整优化建设用地结构，防止特大城市面积过度扩张。预防和治理'城市病'。"在其第 6 篇《绿色发展：建设资源节约型、环境友好型社会》中要求："面对日趋强化的资源环境约束，必须增强危机意识，树立绿色、低碳发展理念，以节能减排为重点，健全激励与约束机制，加快构建资源节约、环境友好的生产方式和消费模式，增强可持续发展能力，提高生态文明水平。"在其第 22 章中更明确提出了单位国内生产总值建设用地下降 30% 的指标。

11 ～ 14 中国工信部中国电子信息产业发展研究院.中国城市"十二五"低碳发展战略研究报告［R/OL］.（2012）. http://www.docin.com/.

城市规划总要通过建设活动来完成，因而这种可持续发展的观念和压力巨大的新要求同样影响了当代的建筑观，而且也逼迫世界能源消耗大户中国不得不去研究建筑的发展机制。因为任何节能减排以及其他社会文化对城市的宏观规划指标和要求，只有通过对城市的微观活动的各类建筑的建造活动的全过程的发展机制产生正相关性影响时，规划和计划才是有效的。当代建筑活动集中了能源、环境、生态危机、高房价、高地价、贫富差距、社会设施均等化加上本书强调的文化传承危机的不同要求等一系列矛盾，因而只有解剖建设活动的过程并把握它，才能进而把握可持续发展与城市化的关系，也只有解剖和把握这一环节，十八大的美丽中国的构想才能落实。

《中国城市"十二五"低碳发展战略研究报告》具体阐释了低碳时代对城市化中涉及建筑设计的一系列影响，除了人们熟悉的节能减排要求引起的墙体等建筑材料的改变之外，还包括有：大大延长建筑生命周期，即大大延长建筑寿命；反对动辄拆除建筑物，利用既有建筑，提倡利用拆除建筑物的建筑材料，从而减少资源消费和废物产生；开展新能源与建筑的一体化设计，改变将太阳能设施作为建筑的"体外之物，后加之器"，统筹考虑建筑的结构与构造问题，同步施工同步验收；节约用地的精细化住宅设计等。因而世纪之交的建筑界已经面临着与过去十分不同的新要求。在这样一种形势下，任何一个称职的建筑设计单位和建筑师都必须履行对国家、对公众、对后代的做好可持续发展的建筑设计的义务。有鉴于此，环境要素、节能低碳、绿色概念等都已成为添加在原有建筑概念中的新的要素，它们也必将成为衡量建筑创作优劣的重要尺度。建筑从来没有像现在这样呈现出多方面的复杂性。建筑管理模式的粗放形态也必须调整，那种放下锄头就去盖大楼，走出校门就画施工图和是一把手就敢定方案的时代再也不应该继续下去了。

1.3 建筑设计中市场机制的引入与相关制度

经济的全球化愈来愈深刻地影响着全球各个角落的国家和人民认识世界及与世界相处的方式，这种影响也波及建筑业和建筑创作。我国改革开放政策的推进在取得伟大成绩的过程中也加快了全球化对中国的影响，使得中国已经存在了近 40 年的计划经济框架下的建筑设计行业发生了多种变化，其中市场机制在中国内地的再次引入是研讨中国当代建筑文化首先关注的关键课题。

1.3.1 市场经济和房地产业兴起

作为当今中国社会热点问题之一的房产问题是近 20 多年才发育起来的。20 世纪80 年代，经济界和政治界在经过短暂的讨论及逐步试行后再次将市场经济引入中国社会转型的轨道。中国共产党十一届三中全会及此后的一系列政策宣告了文化大革命的结束和改革开放的启程，宣告了进入以经济建设为中心、用法制应对社会发展的新的历史阶段。90 年代加入 WTO 后，影响建筑创作的一个新的重大因素涌现，房地产业在告别大陆近 40 年后重新回到社会生活中并逐渐和地方政府的利益相联系，成为发动新一轮城市化进程的助推剂。建筑业由此被纳入市场经济的铁律中。房地产的利润需求成为建筑业发展的重大推动力，也成为建筑师职业走向市场的经济基础和社会基础，甚至常常成为建筑设计人员无法左右的资本在当代条件下运作的一个黑箱。在资本的推动下它和整个社会经济结构的症结相结合，出现了浪费资源和房地产恶性发展的现象。房地产业在经济界已经成为建筑业的代名词，因为它直接影响了国内生产总值，影响着政府的

财政收入 [15]。房地产业是否是国民经济的支柱之一，学界有不同的数据——"鉴于现行的房地产业的统计和算法未全，核算时使用的价格偏低等问题，造成核算出的房地产业增加值占 GDP 的比重偏低" [16]，"从国外资料看，美国占 11.8%，加拿大占 15.7%，日本占 11%，法国、挪威、韩国分别占 7.1%，9.6%，菲律宾占 6.7%……按照我们前面谈及的房地产核算改革的设想，以采用市场房租估算法为主，做适当的调整，那么中国的房地产业增加值占 GDP 的比重应在 6% 左右" [17]。房产大亨任志强认为，经济发展中的投资最终要转化为消费或出口，然后才能形成增加值，房地产在中国划分的 42 个产业中所占的经济比重是最大的。同样，根据国家统计局 2005—2011 年的数据，按中国住房在所有的居民消费中所占的比重推算，任志强认为其大概要占到居民消费中的 18%[18]。建设部建筑市场管理司长王素卿认为，在国民经济的 20 个行业中建筑业排名第五，建筑业近年的增加值每年都突破 1 万亿元 [19]。建筑是手段，改善人居环境是目的，而住房牵动千家万户，这一趋势推动了 2008 年建设部更名为住房和城乡建设部。

1.3.2　建筑设计招投标制度和收费办法

建筑业是改革开放后我国最早引入竞争机制的行业，1984 年开始，告别了中国大陆 30 年的工程招投标制度再次在我国工程领域开始实行。从此，建筑市场出现了竞争机制，这很快就影响了设计市场。1992 年我国制定了建筑设计的招投标办法，中国的设计市场从卖方市场走向买方市场，2001 年又做了系列的调整，此后若干地方还出台了相关的管理办法。设计图这种被称为纸上画画、墙上挂挂的产品开始受到重视，设计工作被承认为生产力，设计师个人收取设计费从被认为是非法到被认为是其权利，再到纳入法制轨道，相关部门陆续制订了按照平方米或者按照土建造价百分比收费的办法。2002 年国家计委和建设部联合发布了《工程勘察设计收费管理规定》以及《工程设计收费标准》，2004 年又编写了《工程勘察设计收费标准使用手册》，计费额在 1000 万元以下时约为 3.88% 和以上，超过 1000 万元计费额的收费百分比递减，不同的建筑类型有不同的系数，在总设计费中，方案费按照类型约占 10% ~ 50%，初步设计占 30% ~ 60%，施工图占 40% ~ 75%，此后又随着市场的变化、规模和类型以及设计者的资质等级而浮动变化。由于此后的设计市场多数情况是买方市场，而重大设计招标邀请名家则是卖方市场，因而实际设计费用在招投标过程中前者都会被要求降低，而后者则会和工作量一道予以提高。中国国内的设计费百分比虽然仍低于国外标准，但和过去相比也依种类不同获得了不同程度的提高 [20]。

1.3.3　相关建筑法规与建筑体制

在世纪之交，与建筑设计相关的城乡规划法、建筑法、招投标管理办法等一系列的法律和法规得以不断颁布和修订，至 2004 年我国已制定与建筑相关的法律 19 部，由国务院、住建部颁布的条例和法规、办法 129 部，以江苏为例，共颁布省级法规、条例 44 部。这些法律、条例、办法中涉及建筑设计的较重要的有《中华人民共和国建筑法》《中华人民共和国城乡规划法》《中华人民共和国招标投标法》《中华人民共和国注册建筑师条例》《建设工程勘察设计市场管理规定》等 [21]。总的来看，我国建筑管理法制建设已经颇有成绩，管理已经向法治的轨道不断迈进。法制建设需要的是与时俱进的完善和深化以及解决相关法律法规重叠部分的管理依据和提高其可操作性，此外技术法规和标准也宜在已有的基础上改进和充实。

自 20 世纪 90 年代中期开始，为了参加世界贸易组织，中国政府承诺了包括建筑

15 根据我们对苏南苏州市和余东镇的调查，土地税收占市（或镇）的财政收入的 20% ~ 25%，且是可支配的。

16、17 李启明 . 论中国房地产业与国民经济的关系 [J] . 中国房地产，2002（6）.

18 任志强 . 房地产仍然是中国的经济支柱 [EB/OL] .（2007-06-08）. http://mohurd.gov.cn.

19 王素卿 . 在第一届中美建筑与工程服务交流研讨会上的主题演讲 [EB/OL] .（2007-06-08）.http://www.stjs.gor.cn/zwzx/info.asp?ip=22279.

20 国家发展计划委员会和建设 . 工程勘察设计收费标准 [M] . 北京：中国物价出版社，2002.

21 江苏省建设厅 . 建筑法规新编 [M] . 长春：吉林人民出版社，2004.

市场开放的各项义务。中国参照发达国家经验，首先实施了注册建筑师制度，但强调了中国特色，将个人注册章和单位注册章捆绑使用，并每两年组织一次资质考试，推动职业知识的完善和更新。至 2010 年我国已有甲级注册建筑师 18750 人，至 2009 年我国已有乙级注册建筑师 26668 人 [22]。截至 2009 年底，我国已有工程设计甲级企业 1941 个 [23]，2007 年，已有勘察设计企业 15545 家 [24]。与之相似，中国的结构工程师、规划师、建造师等的注册制度也建立了起来。80 年代，因为中国设计人员受国门封闭和原有设计院体制的影响，在重大项目的设计能力方面缺少国际性的眼光和技术储备，因而当时应外国投资方的要求或者中国各个城市的政府意愿，部分国外著名建筑师或建筑企业已经开始介入中国的建筑设计市场，如 80 年代初的北京建国饭店、南京的金陵饭店、北京的长城饭店等。这种趋势很快扩展，根据改革开放的需要和中国政府的承诺，90 年代后我国制定了《成立中外合营工程设计机构审批管理规定》（1992）、《关于国外独资工程设计咨询企业或机构申报专项工程设计资质有关问题的通知》（2000 年），逐步开放了我国的建筑设计市场。截至 2006 年，域外投资的设计企业已达 233 家，其中香港最多，美国第二，新加坡第三 [25]。中国的第一、第二代建筑师一生都未曾承担过的、也是外国建筑市场难得一见的数万、数十万平方米的大项目的建设，如今在每一个大城市都上演着。建筑师成为中国这块建筑热土上的热销人才得以大显身手，建筑设计也成了各种设计力量角逐的舞台。

在和国外对话的过程中特别是根据加入 WTO 的要求，中国除了维持原有的国营性质的设计单位之外，开始允许由有资质的注册建筑师及一定数量的有资质的结构和其他专业的工程师组成设计机构并承接设计任务，1997 年的《中华人民共和国建筑法》将设计需要的资质及资质等级和工作范围挂钩明确下来，并在此后的相关文件中给予详细的规定 [26]。国有的设计体制也不断在市场经济面前做出调整和转制，企业化管理代替了行政化的管理，不少设计单位还实行了股份制，2013 年已有国企的设计机构尝试上市运作 [27]。企业的基本属性是利润的最大化，这一属性在当前国内的设计市场机制的拉动下，将设计机构向着现代管理步步推进，同时也将熟练的设计创作和精湛深沉的研究逐渐剥离。当下市场的选择也迫使大量中小设计企业改弦易辙，寻找自己的生存空间。

世纪之交的中国建筑师和 20 世纪相比不再全部组织在国营的设计机构中，不再仅仅由各种归属于国家行政的条条和块块直接管理。此时建筑师的社会存在方式有以下几种：

（1）延续 20 世纪的但逐渐企业化管理的原国有的大设计单位；

（2）原来国营改制后为民营或加上股份制的建筑设计公司；

（3）受到国家政策鼓励的由著名建筑师以民营形式组织起来的设计公司；

（4）由海归建筑师独自组织或者和国外建筑师联合组织起的设计公司；

（5）由域外建筑师事务所组织或派遣来华的设计公司；

（6）由房地产开发商自行组织以为本企业服务为主的设计公司；

（7）由施工企业组织起来的为争夺项目施工权而成立的设计、施工一条龙的设计机构；

（8）依附于或挂靠于各种权威机构或名牌机构与团体的松散的建筑设计机构。

由于社会存在的方式不同，它们服务的客户也相当不同。大型的企业即那些传统上服务于部门或大城市政府并至今仍然规模较大的设计单位往往会利用传统优势获得国家项目或专业项目并在此基础上不断拓展；较小的民营企业则因背景不同而在市场面前各

22 http://zhidao.baidu.com/129794632.html.

23 http://wenku.baidu.com/82978abed15abed23482f4d18.html.

24，25 国家统计局国民经济综合统计司.新中国60年统计资料汇编[M].北京：中国统计出版社，2010.

26 《中华人民共和国建筑法》第十三条和第十四条。

27 李武英.建筑设计公司上市[J].时代建筑，2012（4）.

显其能地投入竞争，或者通过某领域、某类型的建筑专业性设计占领市场；房地产业的兴旺则使相当部分的设计机构瞄准了住宅类设计；在二三线城市的设计单位则必须通过廉价设计费和快速出图以及良好的服务来争夺市场。不同的市场需求、不同的社会定位决定了它们建筑创作的切入点不同，探讨的领域和思考建筑相关问题的顺序不同，造就了建筑创作切入点的多样性。

1.4 经济和社会文化发展的多元需求

1.4.1 中国自身发展的不平衡性

当东部地区已经进入工业化社会的后期，西部的某些地区仍然处在农业社会向工业社会的转变期中；当东部农民的年人均收入超过 1 万元时，西部不少贫困县仍然在千元以下徘徊。中国太大，地理、交通、气候、文化、民族、信仰、资源条件都极不相同，东西部地区的建筑模式、策划目标、设计标准、材料运用、施工方法、建筑审美中的风尚习俗都无法一致。除了少数的大城市和国家直属机构外，多数西部城市缺乏高标准的设计队伍，"一江春水向东流"依然是过去几十年中各种设计人才的主要流向。而在行政管理力量方面，西部无法套用东部地区的经验和程序，但是由于交通、通讯和工作环境的改善和领导干部的东西流动常常使人容易忽略东西部的巨大差异。若干东部援建西部的项目因照抄东部地区的结构、材料等形态而与当地气候不适应或不符合民情，造成了能源的巨大消耗和使用者生活、工作中的不便。

和改革开放前相比，当代社会有了巨大的层级分化，财富的创造和新的聚集带来不同阶层完全不同的经济利益诉求，这种诉求必然会反映在对城市和对建筑的不同态度上，因而我们会看到，经济适用房和舒适的单元式和独栋式住宅，以及极致、超前和改造旧建筑的需求会同时同地地出现。这种地域和社会发展的不平衡性决定了当代中国城市面貌和建筑面貌的多样性。

1.4.2 后工业社会文化的影响及多元的当代文化

改革开放后中国开始了融入世界的进程，计算机和网络技术使信息传播在瞬时间完成，天南海北的五大洲在网络上最多就是地球村村东、村西的差别，每年数百万中外公民来往于中国和世界各地。因而中国虽然还没有完成第一次工业化，但欧美的后工业社会的文化——后现代主义早已传入中国并被当成西方的强势文化和时尚在中国登台表演。它们和中国自己的历史、社会、文化等领域的问题相交汇，并衍生出中国自己的文化多样性。它们最先在音乐、美术、戏剧等纯艺术领域和文学、影视中显示出正面和负面的各种影响，接着就在建筑界尤其是青年建筑师中引起反响，成为建筑创作中的新的思潮。

建筑设计的优劣涉及审美的判别时，正所谓萝卜白菜各有所爱，人类的情感本来就是多元的和多层次的，不同的人群会有不同的喜爱、不同的评价，何况在我们这个急剧变化的多元时代。20 世纪 50 年代后建立起来的服从上级的观念，经过文化大革命而觉醒，经过改革开放而分道扬镳，经过市场经济而各自重新获得与生存相关的不同定位，它们在不违反宪法和道德准则的前提下自然就是允许千变万化的。文化大革命前的世界观被价值观代替，而价值本身就包含了价值主体的主观的不同倾向。企图用一种思想统一全中国十几亿人的局面，已经被新时期丰富多彩的多元多极的众生相所取代。中国当代社会转型期的各个利益群体和各个阶层甚至是同一阶层的不同年龄段的诉求，既有在热爱祖国、拥护党的改革开放路线等方面相同的部分，又有在其他需求包括审美需求方面完全不同的部分。随着文化、艺术的生活化，随着对个体价值的珍视，这种审美差异会不断影响着包括建筑创作在内的艺术评价的多层次化。如同一场春晚，倾全国文艺精英之力，仍然是众口难调，又怎敢保证对建筑的爱好会有一致的意见呢。在与建筑相关的审美方面，经常出现领导、专家和群众之间完全不同的观点，领导层内和专家层内更何论群众中的不同见解的呈现已经屡见不鲜，人们试图在认可雅文化的同时，也逐渐认可俗文化，而审美倾向的不断分野还包括介乎雅俗之间的过渡带的被称之为高俗与亚雅的文化带。

1.4.3 科技、经济、社会发展的驱动作用

与建筑设计相关的科技成果特别是计算机和网络技术大大加快了设计速度，它们在取代其他专业设计过程及缩短建筑设计绘图与传递信息的时间方面发挥了重大作用。例如过去对大型钢结构用手工计算或手摇计算机算要一年的时间，如今拥有有限元的软件只需一天就可完成。但在替代设计的核心部分——建筑方案的构思能力和具体矛盾的处置能力方面仍然进展缓慢，这反过来显示了建筑设计中的非逻辑和多项选择直觉判定部分仍然倚重于建筑师的经验。计算机和网络技术使建筑师用大量时间面对电脑，设计更加依赖没有真实尺度感的虚拟世界，这也为没有实践经验的设计者在设计过程中的潜伏错误提供了更多的出现机会。电脑对非建筑和非设计的文字处理的高速度，使得甲方管理部门的管理更加便捷，却也加速了文牍主义和武断作风。世纪之交中国紧紧跟随发达国家加大了科学技术研究的投入，BIM（Building Information Modeling）平台的使用和各种潜在的科技成果，如纳米、碳纤维等材料技术，光伏产业产品及仿生技术，不仅有可能大大提高建筑设计成果的更新换代，还可能直接改变设计本身的进程。

90 年代开始的中国各城市领导阶层的"经营城市"的运动给建筑设计行业带来了极大的影响，在开辟广阔的设计市场的同时也使设计行业及注册建筑师制度带上了深深的中国官本位和政治威权主义的烙印。它的荣衰、它的危机都将继续影响建筑创作者的命运。

世纪之交中国社会的深刻变化也改变了建筑设计的格局，外商等高消费人群、农民工进城和农民工子弟入学带来了新的规划和设计难题，人口老年化、独生子女政策、幼儿教育和贫富差距拉大催生了老年人公寓、各类保健院、敬老院、幼儿园以至监狱、公墓等建筑类型的设计量。走向小康的社会趋势推动了医院、学校、办公楼和许多公共建筑的设计标准的不断提高。

2 当代中国建筑设计的新态势

近年来，中国城镇建筑的建造速度之快、数量之大和形式之繁多，让全世界瞩目，其设计水平、施工水平和科技含量的最新成果已步入世界前列。随着中国和平崛起于世界成为现实，中国的建筑创作直接显示了东方大国的总体面貌。

在世纪之交，趁着改革的势头，我国完成了一批具有重要引领性意义的建设工程，包括各大城市的空港、高速铁路和高铁车站、大跨度桥梁、高速公路网和城市地铁及各个省会城市特色区域的标志性街道与建筑。这其中，2008年北京奥运会与2010年上海世博会（图1～图4）作为对全世界都具有影响力的重要事件，亦对中国当代建筑的发展产生了重要的推动作用。

与此同时，中国建筑设计领域所取得的成就也正在得到中国社会乃至全世界的关注与认同，这其中尤以吴良镛先生获得2011年国家最高科学技术奖与王澍获得2012年普利兹克建筑奖最为令人瞩目。吴良镛先生能获的得国家最高科学技术奖，既是对他个人成就的肯定，也说明了国家对于人居环境科学所取得成就以及对于建筑学科"科学性"的重视。相比吴良镛先生的获奖，中国建筑师王澍获得普利兹克建筑奖更令人意外与惊喜。普利兹克建筑奖评委高度评价了王澍的建筑作品，称他的作品"为我们打开全新视野的同时，又引起了场景与回忆之间的共鸣"。

这种成就是建立在对技术的不断引进、消化和再创造的基础上的。80年代以后中国建筑业不断通过引进、模仿、再造等方式迅速接近和赶上了发达国家在过去一个多世纪中取得的主要技术成就。建筑材料中的高标号混凝土、高标号黏土砖、高强钢、铝合金、新型玻璃幕墙等多种玻璃制品，建筑施工中的工厂化混凝土、清水混凝土、外墙干挂、代替手工操作的施工机械化工具，令人目眩的各种大跨、高层的结构类型和技术，从厨房到整个建筑空调、采暖等方面的建筑设备，代替鸭嘴笔和铅笔及水彩渲染的电脑操作的设计工具和表现方法，这些人类文明成果被应用建起航空港、高速公路、新型商业超市和购物中心等，原有的规范在迅速调整和弃旧图新。技术是没有国界的，技术科学本身并无阶级性，因而全面吸收消化这些科学技术成果在过去的30多年中是不受顾忌的，与建筑设计相关的各个学科原有的知识系统不但得到优化和大大地拓展，还诞生了如CAD、特种工程、精细化施工等新的专门学术和技术领域。中国建筑设计实践的推动使得中国建筑设计在CAD的运用层面较快地步入了世界前列。

世纪之交的建筑创作出现了若干挑战性的新形势，中国特色的高速度特别是政府主导的工程项目前期和中期交错进行，传统的任务书模糊不清，规划和设计阶段混搭，权力决策导致设计改变，节能、抗震、低碳等指标性要求不断增加，设计周期被不断压缩等现象经常发生。本章着重说明在这样的历史场景中的中国建筑创作中涉及的建筑文化所呈现的新的态势。

2.1 多样多元的建筑创作实践

改革开放以来，伴随着中西方之间对外交流的日益频繁与深入，中国建筑师逐渐打破旧有观念的束缚，开始自己的独立思考。在此过程中，中国建筑界经历了兴奋、困惑、活跃、坚守等各种过程。一个毋庸置疑的事实是，通过近30年的积累，中国建筑创作获得了前所未有的发展，呈现出多方向探索和多元发展的局面。

不同建筑师，或坚持现代主义的探索，试图从当代语境中发展现代主义的建筑语言；或主张"地域建筑现代化"，承接传统、转换创新；或主张"现代建筑地域化"，直面当代、根系本土；或主张对中国文化的"抽象继承"，推崇自然、追求境界；或根

图1 国家体育场

图2 国家游泳馆

图3 世博会演艺中心

图4 世博会中国馆

据个人对传统和文化的理解，突出自身对于建筑所做出的个性化、文人化的表达。也有些建筑师希望能跳脱对"传统"、"现代"的争论，或从建筑的本体属性出发，重新审视现代建筑的设计方法与形式语言；或从建筑与城市之间的关系出发，探索建筑在当代城市语境中的多种可能；或运用现代技术的最新成果，突破固有的形式局限，进行先锋实验探索。

这些不同线索、不同方向的探索交织在一起，它们彼此影响，构成了近 30 多年来，中国建筑发展中最为丰富多彩的一章。

2.1.1 现代主义的当代探索与发展

从 20 世纪 80 年代初开始，中国建筑创作进入了繁荣创作的新阶段。这一时期，中国建筑创作的发展是与国外建筑思潮的引入密不可分的。从龙柏饭店（张耀曾，1982，图 5）、北京国际会展中心（柴裴义，1985，图 6）、国际饭店（林乐义，1987，图 7）等建筑作品开始，中国建筑师走上了一条不断学习、借鉴、转化与吸收西方建筑思想和方法的道路。

值得一提的是，伴随着西方现代主义建筑理论进入中国，一些中国建筑师在学习现代主义建筑设计语言的同时，试图突破当时所盛行的国际式建筑的形式教条，将场所精神、情感特征注入建筑设计之中，创作出了一批富有魅力的建筑作品。早期的侵华日军南京大屠杀遇难同胞纪念馆（齐康，1985，图 8）、甲午战争纪念馆（彭一刚，1985，图 9）、加纳国家剧院（程泰宁，1992，图 10）是其中富有代表性的佳作。

图 5　龙柏饭店

图 6　北京国际会展中心

图 7　国际饭店

图 8　侵华日军南京大屠杀遇难同胞纪念馆

图 9　甲午战争纪念馆

图 10　加纳国家大剧院

图11　北京亚运会主场馆

图12　清华大学图书馆新馆

图13　上海图书馆

图15　昆明云天化集团总部办公楼

图16　冯骥才文学艺术研究院

图17　南京大屠杀遇难同胞纪念馆新馆

图14　北京外研社办公大楼

图18　华山游客中心

图19　海南国际会议展览中心

图20　香山饭店

图21　阙里宾舍

　　在这以后，现代主义建筑成为中国当代建筑创作的一个重要方向。出现了北京亚运会主场馆（马国馨，1989，图11）、清华大学图书馆新馆（关肇邺，1991，图12）、上海图书馆（唐玉恩，1996，图13）、北京外研社办公大楼（崔愷，1997，图14）、昆明云天化集团总部办公楼（孟建民，2003，图15）、冯骥才文学艺术研究院（周恺，2005，图16）、南京大屠杀遇难同胞纪念馆新馆（何镜堂，2007，图17）、华山游客中心（庄惟敏，2011，图18）、海南国际会议展览中心（李兴钢，2011，图19）等一批富有代表性的现代主义建筑作品。

2.1.2　地域建筑现代化

　　改革开放以后，伴随着中国经济的复苏，文化寻根与追求现代化成为全社会关注的问题，建筑是其中的一个重要侧面。对于中国建筑界来说，汲取西方建筑的精华，并将其与中国传统建筑文化结合在一起，成为这一时期建筑创作的一个重要主题。这其中，华裔建筑师贝聿铭设计的香山饭店（1982，图20），为这一方向的建筑创作做出了最初探索。它以符号化的方式对中国传统建筑元素进行了解读与演绎，虽然在当时备受争议，但是其影响力不容置疑。在这以后，以阙里宾舍（戴念慈等，1985，图21）、陕

西历史博物馆（张锦秋，1991，图 22）、北京大学图书馆新馆（关肇邺，1998，图
23）为代表的建筑作品，将中国古典建筑的空间、形式、审美与现代社会的功能需求、
技术发展、审美风尚结合在一起，是具有重要意义的建筑作品。而近年来完成的世园会
长安塔（张锦秋，2011，图 24）等项目从精神、气韵到技术细节上都对古典建筑现代
化做出更深一步的探索。

与此同时，从 20 世纪 70 年代末开始，一些建筑师开始了从 "民居中寻找建筑创
作的源泉" 的探索之路，其中有早期的方塔园（冯纪忠，1982，图 25）、武夷山庄（齐康，
1983，图 26）、太湖饭店（钟训正，1986，图 27）、菊儿胡同（吴良镛，1989，
图 28）、北斗山庄（戴复东，1994，图 29）。这些建筑创作实践从民间智慧、乡土
文化、地方技艺中吸收养分，将其与现代建筑结合在一起，形成了当代建筑创作的一
条重要思路。

上述叙述中的建筑创作虽然主要发生于 20 世纪末，但是其影响却一直延伸至今。
21 世纪以后，年轻一代的中国建筑师所使用的形式语言、采取的设计方法、秉持的审
美趣味虽然与以往相比有了明显改变，但是其从本土出发，融合现代建筑的思路却依然
延续。

图 22　陕西历史博物馆

图 23　北京大学图书馆新馆

图 25　方塔园

图 26　武夷山庄

图 24　世园会长安塔

图 27　太湖饭店

图 28　菊儿胡同

图 29　北斗山庄

2.1.3　现代建筑地域化

　　尽管中国的现代建筑深受西方建筑的影响，但是在不断学习的过程中，一些中国建筑师开始不再只是满足于灵活运用现代主义的建筑形式语言，而是希望将现代建筑理论与建筑所处的地域特征、文化传统进行结合——寻找一条"现代建筑地域化"的创作之路。这其中吐鲁番宾馆新楼（王小东，1981，图30）、甘肃敦煌航站楼（刘纯翰等，1985）、福建省图书馆（黄汉民等，1989，图31），上海博物馆（邢同和，1996，图32）、乌鲁木齐国际大巴扎（王小东，2003，图33）等建筑，力图将现代建筑形式语言与建筑所处地区的气候因素、文化传统、场所特征结合在一起，成为"现代建筑地域化"的最初探索，形成了一批既富有时代精神，同时又颇具地方特色的现代建筑。

　　进入新世纪以后，一批年轻建筑师以批判性的视角重新审视了将地方材料、工艺、技术与现代建筑进行结合的可能性，试图以现代主义的方式唤醒地方文化的精神。以天台博物馆（王路，2003，图34）、中国美术学院象山校区（王澍，2004，图35）、丽江玉湖完全小学（李晓东，2005）、宁波博物馆（王澍，2008，图36）、西藏尼洋河游客中心（标准营造，2009，图37）、平和县桥上书屋（李晓东，2009，图38）、高黎贡手工造纸博物馆（华黎，2012，图39）为代表的一批建筑设计作品，它们在强烈传递当代性与建筑作品自身个性的同时，保持了明显的地域性气质。

　　上述建筑作品的设计者大多非常熟悉西方建筑语境，他们的作品通过对西方现代城市及建筑观念的反思，通过批判性思考重新回归地域传统。以宁波博物馆的设计为例，设计者在空间语言与建造方式上对于"现代建筑地域化"做了成功的尝试，探讨了将现代建筑的几何语言向自然形态转换的可能性，在构造与材料上尝试了将传统工艺"瓦爿墙"与现代混凝土施工体系结合在一起，成为当代非常具有代表性的建筑作品。

图30　吐鲁番宾馆新楼

图31　福建省图书馆

图32　上海博物馆

图33　乌鲁木齐国际大巴扎

图34　天台博物馆

图35　中国美术学院象山校区

图36　宁波博物馆

图37　西藏尼洋河游客中心

图38　平和县桥上书屋

图39　高黎贡手工造纸博物馆

2.1.4 抽象继承

在对待建筑的时代性与文化性这两种不同追求的时候，还有些建筑师推崇"抽象继承"。他们认为与直接移用传统元素相比，更重要的是继承中国文化的精神。"理想状态下的继承传统，不是水平地移借，而是身浸传统的文化滋养，只有这样，建筑传统才能够自发地、缓慢地、有机地生长出来"。[28] 所谓传统并不是拿来就用、用完即抛的"素材库"，建筑传统尤其如此，它需要一个持续发酵的过程。

在这条抽象继承的道路上，许多中国建筑师做出了截然不同但同样精彩的阐释。在北京炎黄艺术馆（刘力，1991，图 40）的设计中，建筑师通过将传统建筑抽象，省略木结构的细节部分，体现了传统建筑的神韵。广州南越王墓博物馆（莫伯治、何镜堂，1993，图 41）的建筑设计整体采用与陵墓石壁一致的红砂岩饰面，入口空间序列隐喻陵墓神道，巧妙地结合地形，依山就势，将展馆、墓室等不同的空间连成一个有序的整体。在浙江美术馆（程泰宁，2009，图 42）的设计中，深色的玻璃屋顶建在层层白色平台之上，似峰峦叠嶂，巧妙地融入西子湖畔，同时又与传统的坡屋顶获得了某种气质上的联系。西安大唐西市博物馆（刘克成，2009，图 43）的设计，关注的是如何延续小尺度的历史空间并能彰显旧日的商业活力，设计师使用了一种模数化的钢构架结构单元，形成富于变化与层次的外形，在建筑材料选择上用土黄色的带有夯土肌理的仿石材材料，既体现了历史的沧桑感，也是对唐长安城墙的隐喻和呼应。

2.1.5 本土语境下的个性探索

在当代，一些年轻的中国建筑虽然仍然关注"中国"与"西方"，"传统"与"现代"这些命题，但是相比而言，他们更多的是注重建筑作品本身的品质与个人审美趣味的表达。这其中有些建筑师的设计策略也可能受到中国传统建筑文化的影响，但这常常只是他们解决某个具体案例的策略，设计师本身也很少从"中国性"或"地域性"的角度去阐释建筑概念。例如名为"玉山石柴"的父亲住宅（马清运，2000，图 44）虽然也运用了当地的材料，但是这种对当地材料的使用无非是为了创造出独特的建筑材料效果，而不是为了突显与当地建筑传统之间的关系。柿子林别墅（张永和，2004，图 45）的院落空间和坡屋顶与中国传统建筑似乎不无相关，但是设计者本人却更愿意从场所与人之间的关系去解释建筑概念的来源[29]。

图 40　北京炎黄艺术馆

图 41　广州南越王墓博物馆

图 42　浙江美术馆

图 43　西安大唐西市博物馆

图 44　父亲住宅

图 45　柿子林别墅

28 胡妍妍. 还建筑个性与尊严 [N]. 人民日报，2012-05-31.

29 "重点在看与被看的关系，九个房间作为取景器来设计，建筑的坡屋顶是为限定取景器而出现的。采用与取景器空间完全吻合的，不平行的石夹混凝土承重墙与混凝土反梁结合的结构体系。" 张永和. 拓扑景框——柿子林别墅 [J]. 世界建筑,2004,10: 88-91.

当上述建筑作品似乎从中国传统文化中寻找突破点的时候，也有些建筑折返现代建筑的原点，通过思考建筑的本体属性，来彰显建筑师的个人追求。在重庆西南生物工程产业化中间试验基地（张永和，2001，图46）、鹿野苑石刻博物馆（刘家琨，2002，图47）、庐师山庄（王昀，2005，图48）、四川美术学院雕塑系教学楼（刘家琨，2006，图49）、青浦夏雨幼儿园（大舍，2006，图50）、混凝土缝宅（张雷，2007，图51）、四川美术学院虎溪校区图书馆（汤桦，2008，图52）、秦皇岛歌华营地体验中心（李虎，2012，图53）等作品中，我们可以看到建筑师对于建筑空间、材料、建造等基本问题的深入思考。正如某些建筑师自己所言，"对基本元素的关注会有助于我们的成长，即那些关于光线、材料、细部、尺度、比例，那些空间的要素与氛围的营造等等"[30]。这些作品与建筑师自己的阐述表达了建筑师在今天快速建造的背景下，对于审美品位与营造品质的执著与坚守。

图46　重庆西南生物工程产业化中间试验基地　　图47　鹿野苑石刻博物馆　　图48　庐师山庄

图49　四川美术学院雕塑系教学楼　　图50　青浦夏雨幼儿园　　图51　混凝土缝宅

图52　四川美术学院虎溪校区图书馆　　图53　秦皇岛歌华营地体验中心　　图54　北京德胜尚城

30 《大舍建筑工作室·前言》，引自大舍建筑工作室网页。

图 55　大芬美术馆　　　　图 56　唐山城市展览馆　　　　图 57　南山婚姻登记　　图 58　同济大学建筑设计院办公新址改造项目
中心

2.1.6　都市语境下的建筑设计

中国正处于快速城市化的进程中，这个巨变的过程成为中国当代建筑设计一个无可回避的背景，也成为许多中国建筑师思考与创作的前提。早在 20 世纪 90 年代的时候一些中国建筑师就在思考"城市建筑一体化"的问题。而今天越来越多的中国建筑师认识到，所谓都市语境的建筑思考，不仅仅涉及由建筑所构成的城市环境的完整性，同时也需要考虑建筑应该怎样更深入地介入到快速变化的都市生活中。

在北京德胜尚城（崔愷，2005，图 54）的设计中，设计师将现代与传统建筑并置，通过再现城市原有的致密城市肌理与胡同结构，展现了建筑与城市、新与旧之间的关系与张力。

而都市实践事务所完成的一系列建筑设计作品，包括大芬美术馆（2007，图 55）、唐山城市展览馆（2008，图 56）、南山婚姻登记中心（2011，图 57）则致力于"从广阔的城市视角和特定的城市体验中解读建筑的内涵，紧扣中国的城市现实，以研究不断涌现的当下城市问题为基础，致力于建筑学领域的探索"[31]，是较为突出的以都市语境为出发点的建筑作品。

刚刚建成的同济大学建筑设计院办公新址改造项目（曾群，2011，图 58）通过对废弃停车场的重新利用，创作了富有魅力的建筑空间，展现了建筑师对于快速城市化带来的各种建筑问题的思考与回应。

2.1.7　未来语境中的先锋探索

伴随着现代科学技术的发展，一些建筑师希望能够暂时摆脱地域、传统、场所这些概念对建筑发展的羁绊，突破现代建筑线性空间，探讨建筑形式在当代尽情变化的无限可能性。以朱锫（深圳展示中心，图 59）、马岩松（中国木雕博物馆、鄂尔多斯博物馆，图 60、图 61）、徐甜甜（宋庄艺术公社，图 62）为代表的建筑师所设计的高度个人化的、具有非常强烈视觉冲击力的作品，其标志性的形态成为当代媒体文化追捧的对象。而当代材料、结构、建造技术的高度发展，为建造这些看似"疯狂"、"怪异"的建筑形式提供了可能。在这个强调设计的时代，这些作品具有强烈的跨界欲望，与产品设计、环境设计间的界限已经日益模糊。它们可以被视为是一种未来语境中的先锋探索。

31 http://www.urbanus.com.cn 都市实践事务所公司简介。

图 59 深圳展示中心

图 60 中国木雕博物馆

图 61 鄂尔多斯博物馆

图 62 宋庄艺术公社

2.1.8 小结

本文虽然将中国近 30 年来的建筑发展梳理成上述七个不同方向，但是与其说这是对中国当代建筑的发展历程所做的一个准确分类，不如说是为了更好地进行描述所采取的一种叙事策略，而且这些不同方向的探索并不是彼此割裂的，而是相互影响、相互启发的。中国建筑师在建筑创作中常常根据项目特点采用不同的策略，形成不同路向的创作探索，因此我们的分类只能是针对某个建筑作品，而不可能针对某一位建筑师。这种多元发展、彼此影响、相互交织的现象，构成了当代建筑设计发展现状的最主要特征，它既反映了近 30 年来中国建筑发展所取得的成就，也说明了中国建筑发展正处于蒸蒸日上、不断进步的发展过程中。

尽管不同时期的建筑作品彼此之间在设计理念、方法、审美趣味上有着极大差异，但是在近 30 年的创作历程中，追求时代精神与展现地域文化，是两条一直并存的重要线索。融合这两种不同的追求，构成了中国建筑创作一直以来的主流。这种诉求一方面可以视为是"五四"以来中国社会对于"传统"与"现代"、"东方"与"西方"之间各种讨论在建筑界的一种投射；另一方面，它与 20 世纪 80 年代以来，世界建筑发展对于西方现代建筑局限性的认识以及对于保持建筑文化的个性与多样性的关注有着深切的联系，正如 20 世纪末《北京宪章》所归纳的，"现代建筑的地区化，乡土建筑的现代化，殊途同归，推动世界和地区的进步与丰富多彩"[32]。可以说 80 年代以后，中国建筑师在本土语境与时代背景中所做的各种努力，不仅仅是对中国建筑发展自身问题不断思考的结果，也是对世界建筑发展方向的一种呼应。

今天中国建筑界已经成为世界建筑界的有机组成部分与重要一员，中国建筑学的发展不能自说自话，必须纳入世界建筑学的发展中去考量。在这样的一种背景下，中国建筑创作领域所走过的历程、面临的挑战，以及由此引发的对中国建筑各种问题的讨论，其意义也不仅仅局限于中国建筑界，必然引起世界的瞩目。

32 国际建筑师协会《北京宪章》[J]. 中外建筑，1999（4）：第 3.6 款 .

2.2 西方建筑理论的再引入

中国改革开放后的建筑发展是和自身建筑观念及其发展相联系的，是建立在半个多世纪以来建筑界的理论思考成果基础上并和80年代以后西方建筑理论大规模引进和冲击相关联。

2.2.1 中国建筑理论的基本依托

中国建筑理论的基本依托来自两个方面。主要的依托来自西方学术源头：当"建筑"的观念伴随着东交民巷和通商口岸的各个帝国主义租借地的砖混建筑、市政系统和其他近代物质文明登陆中国的时候，中国人在总体上已经给它们定了位，一个"洋"字，将其舶来品的体系特征和中国本土文化的相应体系做了区别。建筑学这一学科是在"以夷治夷"全面引进的浪潮中进入中国的，如同当时的所有西学东渐的引进学科一样，连教材都是从东洋或者西洋引进的，因而它的体系构架从一开始就是欧洲文明的复制品。虽然爱国的中国建筑界人士没有忘却民族遗产并成立了营造学社开展研究，但由于两个体系的巨大差异，加上古代中国封建社会中"设计活动分成了两个部分，其与维持社会等级差别有关的部分相当多地纳入了礼制及典章制度的范围，有形的且与等级制关系不大的、转变为具象的思维活动的部分被纳入了'工'的范围。道与器的巨大鸿沟加上后来'治人'与'治于人'的对立，使得中国的建筑匠师长期未能完成欧洲文艺复兴以后设计与施工、建筑与结构明确的专业分化，由从事'道'的治人者所撰写的记载国之大事及重要人事的正史，对他们也只字不提。这种状态及长于宏观把握、拙于实验验证的思维特点，使得中国建筑技术的拓展始终停留在经验科学的层面上，而难以经由知识阶层通过建立在工具理性基础上的抽象、归纳、推演上升到结构理论的层次上"[33]。因而，在中国建筑学人尚未消化自己的建筑文化遗产并完成它的现代转化之时，只能借用西方的知识体系，并在实践中予以操作层面的调整。改革开放后情况获得改善，但毕竟冰冻三尺非一日之寒。世纪之交的中国建筑创作的理论依托首先是在西方的建筑理论体系下的阐释，然后是实践中的调整选择。

另一种理论依托是隐性的，但同样是强大的。自新中国成立以后，辩证唯物主义和历史唯物主义挟革命成功的强大态势及此后反右等运动的声威，成为学术各界人士的指导思想。这种指导思想还和中国传统的实用理性精神密切相关，重视国情和实践性，其影响是深远的且是深入到思想层面。落实到建筑上曾经产生过短期影响的是苏联的"社会主义现实主义"的本来用于文学艺术领域的方针，它为复古主义的第二次复兴提供了条件，却在中国的"一穷二白"的国情中被调整，诞生了适合当时需要的建筑的方针。马克思主义和中国革命实践相结合的毛泽东思想，加上古已有之的中国实践理性精神，是对西方建筑理论在实践层面的制约性力量。国庆十周年时的十大建筑和此后设计革命中，毛泽东的"看菜吃饭、量体裁衣"和周恩来的"古今中外，皆为我用"的提示都显示了中国智慧的实用理性特点。面对国情和服务对象，中国建筑学人其实并不在乎什么主义，充分了解和学习世界的进步是他们的渴望；同时，双脚坚实地立在自己的国土上始终是一个基本的现实前提。

33 潘谷西.中国建筑史[M].第6版.北京：中国建筑工业出版社，2009：第七章《建筑意匠》.

2.2.2　理论饥渴与西方后现代文化

20 世纪 80 年代后，大规模建设实践需要建筑创作的理论引导，而重新开放的社会环境也为新一轮的西学东渐提供了必要的社会条件。这是在十几年的文化大革命的封闭自残和几十年的对西方建筑思潮的禁锢与批判后的引进，理论饥渴和实践需求迅速转变为对西方建筑理论界现代成果的直接引介。而实践的需求是如此猛烈，以致连囫囵吞枣都等不及。以翻拍形象照片为主要内容的出版物是彼时最畅销的建筑书籍，建筑师根据甲方的需求直接模仿成为最快的设计模式，也埋下了急功近利、实用主义和习惯性抄袭的祸根。在这种功利性的背景下，西方新一波的建筑理论在老的现代主义理论基础上获得了中国特色的传播，并构成了中国建筑创作的第一种理论依托的新的组成部分。

20 世纪，西方的建筑理论是西方建立在古希腊和基督教文明背景下并经过文艺复兴以后发展的科学与文化基础上形成的，是经历了欧美的工业革命时期以及后工业时代不断变革的社会意识冲撞的历史产物。建筑的古典主义理论向现代主义的转变，将古典的简单的三要素转变为更贴近创作的宽泛的功能、形式、意义等范畴[34]，完成了对工业文明社会对建筑适应性的需求，现代主义的基本主张大致是："① 强调功能；② 注意应用新技术的成就，使建筑形式体现新材料、新结构、新设备和工业化施工的特点；③ 体现新的建筑审美观，建筑艺术趋向净化；④ 注意空间组合与结合周围环境，但是不可避免地存在着严重的片面性。过分强调纯净，否定装饰，已到了极端的地步，致使建筑成了冷冰冰的机器 缺乏人的气息……使得现代建筑都变成了千篇一律的方盒子。"[35] 针对这些问题，伴随着工业社会后期和后工业社会的匆匆脚步，并在同时期西方存在主义、符号学、结构主义、解构主义的哲学思潮的启发下，西方建筑学界沿着逆反或者改良的不同方向，对现代主义的理论依据和创作方法作否定之否定的继续拓展，形成了各领风骚、莫衷一是的新的建筑潮流，在总体上被归为后现代文化的建筑流派，并随着改革开放蜂拥而至，君临有着数千年文明史却仍在工业化起步阶段蹒跚而行的中国。

2.2.3　方法论层面的西方建筑理论

西方的建筑理论是在西方发达国家的经济、文化的历史情境中诞生的，它属于西方文艺复兴之后发育起来的脱离权力掌控的学术传统的一部分，它是重视理性和实证的独立的学术分野。欧洲建筑历史中的艺术风格的跌宕起伏变化不仅构成了它们的建筑艺术观，也构建了它们求真、求美、求异的美学传统，它们的构建以及学术传承皆非一日之功。虽然建筑理论的本体论和方法论是密不可分和相互影响的，但因中国的社会环境与西方迥然两样，因而作为拿来主义的实践者，中国建筑界的兴趣往往首先落在西方建筑理论中的方法论研究成果上，黑猫白猫论精彩体现了国人的实用性观念。在中国尚未具备产生现代主义的经济基础之时，现代主义就已经作为一种时尚在口岸城市登台亮相，同样在中国还在启动新的社会转型之际，与后现代文化相关的设计方法也被介绍到中国和纳入中国实用主义的体系之中。不仅那些催生了后现代主义创作理论如新古典主义、隐喻主义的手法获得青睐，就是后现代主义中的文脉主义、新乡土派、结构主义等也都被国人将其手法剥离出来加以应用。特别是对文脉和乡土文化、对建筑符号学等的引进因与中国文化中的传统情节及 80 年代后对"文革"反思带来的文化热相联系而大行其道。至新世纪前后，后工业文明催生的生态科学兴起，与绿色建筑相关的设计方法也开始受到重视，建筑技术科学作为实现设计理念的应用基础受到重视，而随着注册建筑师制度的完善，在发达国家注重的多学科、多阶段的系统工作方法，也渐渐在有系统思维传统的中国被唤醒。

34 吴良镛.建筑理论与中国建筑的学术发展道路[J].建筑学报 2007(2).

35 刘先觉.现代建筑理论[M].北京：中国建筑工业出版社，2008：第一章.

2.2.4 本体论层面的西方建筑理论

西方建筑理论的发展根基于本体论[36]上的成果，它们是西方的社会发展变化引起思想界的思考再折射到建筑理论上的产物。相对方法论层面而言，本体论在中国被引入是在各高校建筑学的博士论文中与方法论引入研究同时进展的，但主要是作为新的建筑理念被介绍而对背后的深层思想根源探讨不足，西方相关作品被创作界理解与借鉴则要滞后很多。西方学术界的独立精神和解析性思维，不仅在文艺复兴以后诞生了直到今天影响世界科学发展的学科分类，而且在此后不断促成新的边缘学科和交叉学科诞生。20世纪后的哲学、心理学、语言学、生态学、文化人类学和信息科学沿着这条路发展下来，成果不断，它们又催生了建筑学的新变革和新的本体认识，从而产生了建筑现象学、建筑符号学、行为建筑学、生态建筑学、解构主义建筑创作观等。在西方的学术语境中，从事建筑理论探讨的学者往往并不直接从事建筑创作，而从事建筑创作的建筑师如何从理论中获得启发产生新的思路是创作者自己的事情，理论和实践并不总是密切相连，应用也并不是理论工作自身的目的。因而其理论以及理论工作者自身的独立性都要求其论述务求观点鲜明，异于前人，逻辑缜密，自成体系，说服他人。能够完成从建筑本体论层面的理解到建筑创作的转换性创造的建筑大师仍然只是少数。

2.3 当代建筑师的形而上思考

对任何负责任的建筑师来说，让更多的人满意自己的城市环境，让后代从我们的时代作品中受益，已成为虽然颇具难度却又充满魅力和挑战性的任务，而对城镇的整体而言，以一定规模的时间和空间以及金钱、人力的代价，为一方国土和为后代留下历史的值得回忆的印记则应该是建筑建造史中始终不变的目标。理论的形而上思考就是为了提供瞄准这一目标的利器。

2.3.1 学术积累和几代建筑师的思辨与探索

从历史上看，中国不仅在古代以儒家人物为代表的士大夫阶层有着经世致用的传统，20世纪中国革命的成果更强调反对本本主义，教育要求理论和实践相结合，影响到建筑理论就极为强调其实践的指导意义和应用价值，因而建筑理论和创作的关系就表现为"是骡子是马拉出来遛遛"。在建筑创作机会有限、机制单一和权力高度集中的环境下，掌控了创作重大项目权力和相关活动支配权以及评论建筑的学术会议话语权的就较容易成为众人仿效的楷模。但即使如此，仍然不乏结合国情的鲜活的思维和形而上的总结，如从十大建筑时期的刘秀峰部长在集中了不少设计界思考成果后发表的《创作中国社会主义建筑新风格》论文，改革开放后的80年代关于创作的方向、关于岭南建筑的启示、关于现代建筑在中国起于何时的讨论等的思考。90年代以后和21世纪初，虽然那只看不见的手推动着建筑师整体面向市场，但仍然不乏严肃的学术讨论，建筑设计界则总是先观其行再听其言。因而值得重视的是那些既从事创作实践又善于总结经验的建筑师的认识。

或许是中国那种以形而上的归纳概括的权利总与政治权力联系起来的传统作祟，或许是半个世纪前的思想桎梏将建筑理论思考推离了建筑探索领域，或者就是建筑设计师们敏于行而讷于言，这些以自己的作品见证观点的建筑大师们言论非常吝啬，却仍显示了三个特点，一是语言朴素、简练、包容；二是贴近实践、体用相融；三是承前启后而不标新立异。如岭南建筑师佘畯南和莫伯治在80年代是领导走向现代主义建筑新潮流

36 本体论在本书中的概念是采纳信息时代学术界对它的阐释，1991年 Neches 等人最早给出 Ontology 在信息科学中的定义："给出构成相关领域词汇的基本术语和关系，以及利用这些术语和关系构成的规定这些词汇外延规则的定义。"以及其后学界对它的深化，见：俞宣梦. 本体论研究［M］. 上海：上海人民出版社，2005.

的代表人物，到了90年代人们才看到他们的总结。莫氏是在现代建筑空间中引入传统园林理念的先行者，谈及理念却只是"亦里亦外，亦此亦彼，亦藏亦露，亦上亦下，亦真亦幻"的极富中国文化特色的提炼；齐康在理论方面不断从设计本身命题研究，而当面对市场经济和长官意志相结合的新形势时则提出"要有个想法，有个做法，还要有个说法"的言简而意赅的应对；何镜堂将自己的创作经验升华为"两观三性：整体观和可持续发展观，地域性、文化性和时代性"；布正伟自己立说，名之为自在生成论，显示其理论并非先验之论而是对环境体验后的"自然生成"，因其自然，故能自在；钟训正总结自己创作说"顺其自然，不落窠臼"。这些都显示了国情下中学为体西学为用与和而不同的文化痕迹。

第三代建筑师在世纪之交的形而上探讨既包含了对前30年批判各种主义和"极左思潮"的磨难的反思，也经历了国情下的各类建筑设计实践所激发的对发展的探索，因而较前人宽容和贴近实际。这些思考已经包含了对建筑文化的多元多样的欣赏，包含了在跨文化的两极对话中保持张力的定位。长期在设计第一线特别钟情于公共建筑设计的程泰宁在新世纪和各类甲方频繁接触后遭遇了大量的现实问题，曾经在年轻时受过现代主义运动影响又醉心过《文心雕龙》的他决定对当代建筑创作中的乱象作出回应，针对泛西方化的价值取向，他提出了与之针锋相对的自己的口号"立足此时，立足此地，立足自己"。他还将自己的设计理念归纳为三个合一，它们是"天人合一的设计创作的本体论，意象合一的设计创作的方法论和情境合一的审美理想"。这些形而上的总结对于那些投身设计实践的有经验的设计师来说，对照着大师们的作品去体验解读会较为有收获，具有借鉴价值，而对于初学者来说，由于缺乏诠释和文化根基也许不能全部领悟。

90年代前后的建筑师面对着日趋繁荣的设计市场，也面对着被历次运动和包括后现代之类的文化思潮粉碎了的各种偶像和各种理论，大多放弃任何宏大叙事的空谈，开展的是更为具体与设计更为密切的学术讨论。新世纪中第三、第四以至第五代建筑师或曰40后、50后和60后的探索既是对前辈的继承又是全方位的新开拓。他们"在沉重的历史挤压中生长与成熟"[37]，他们生机勃勃，不再受思想桎梏式的主义之累；他们质疑主流，重新发问[38]，在形而上的探讨上注重他们成长时接受过的西方现代主义及现代之后的种种探索，但不大迷信权威，不大在意理论，而关注理论向实践的转换的意义与可能性，加上规划设计条件、任务书和标书以及评审成员、决策成员的价值取向选择自己的发力点和用武之处。如40后的建筑师项秉仁最先将符号学原理结合中国的传统作出分析，并应用在他的马鞍山农贸市场设计上，他第一个将梁思成的"新而中"的定位转化为现实。50后的崔愷结合大形势下对城市问题的关注，通过提出一系列的关键词如"嵌入"、"脉动"、"活力"等，"将建筑师在城市改造中的作用类比为骨科手术的进程"，"对于不断出现的城市病……通过一种见缝插针的状态，巧妙地替换原来的组织，植入新的机体"，"从而延续城市的肌理和文脉，以达到城市的合理更新"[39]。他们希望在昔日的传统和现代的两极之间保持一种张力，甚至是摆脱这种争论；他们接受舒尔兹的场所和场所精神的观念，将和地域联系更为密切的场所和材料看得比空泛的民族传统更为重要；他们在借鉴西方当代设计手法的时候也不忘记从历史文化积淀中汲取营养。

其中王澍和更年轻的一批建筑师专门通过研究园林、国画、画论与建筑关系，研究空间、图像、装饰以至身体、材料与建筑的关系来改进或诠释自己的设计理念。他们

37 戴春，支文军.建筑师群体研究的视野与方法 [J].时代建筑，2012（4上）.

38 王硕.脱散的轨迹 [J].时代建筑，2012（4上）.

39 引号内的文字均引自：王硕.脱散的轨迹[J].时代建筑,2012(4上).

的理念不少都发人深省。例如王澍认为，态度、情趣最重要，"面对世界的态度比掌握多少知识更加重要……是决定性的分水岭"。他关注对生命的价值的判断，他个人希望学生"不要先想什么是重要的事情，而是先想什么是有情趣的事情……造房子就是造一个小世界"，"在作为一个建筑师之前，我首先是一个文人"[40]。王澍并不孤立。"与他有相似的建筑设计理念并自觉从文人建筑传统中吸取营养的新一代中国建筑师还有许多，其中如张永和、刘家琨、童明、董豫赣、丁沃沃、葛明、都市实践以及李晓东，尽管他们对文人建筑的理解可能并不一样。"[41]

2.3.2 关于建立中国特色建筑理论的讨论

和单纯的社会学科相比，中国的建筑设计界不怀疑建筑理论的探讨中存在着普世价值，否则无法解释西学东渐后建筑学科在中国诞生以来近80年的历史成就。然而同样需要认识到的是，以西方的思想理论之矢射中国建筑设计实践之的总会遭遇或产生不少问题，中国特色的建筑理论的总结、提炼和构建问题被提了出来。吴良镛先生在20世纪多次提出要在"史"和"论"的基础上，在融会贯通西方建筑理论的基础上，面向未来的创作实践，总结中国自己的建筑理论。改革开放为解除建筑界对建筑创作的形而上的探讨提供了可能，八九十年代在各个高校都有伴随着文化热的建筑理论的讨论，在大量引介西方思想理论成果的同时也开展了中国传统建筑中的特色理论研究。根据现代史学的论从史出的原则，大量的实证研究由各高校开展起来。特别值得提到的是，天津大学王其亨教授的"样式雷"研究为深度了解中国古代重大建筑的设计中的方法论，以及进而认识其设计的理论形态提供了坚实的分析基础，且为世界各国学者重新认识中国建筑和中国哲学在世界建筑史中的成就和贡献发挥了启蒙性的作用。王其亨和陈志华从不同的场域对传统选址中的风水学说的研究也为建筑师、规划师认识中国传统人居环境中天、地、人的关系提供了佐证。

1999年侯幼彬完成的《中国建筑美学》一书出版，是建筑界第一部从美学角度论述中国传统建筑理论的著作，论著史论结合，触及了过去几十年被视为理论雷区的观念形态问题。2011年，他的新作《中国建筑之道》出版，以老子的"有""无"关系为核心，尝试对中国传统建筑文化进行新的诠释。

1999年，由东南大学潘谷西主编的第四版《中国建筑史》教材增加了"建筑意匠"一章，第一次将中国古代建筑观念形态的探讨纳入建筑学科的教材中。该章阐释了这些观念形态和反映在易经中的中国文化传统的从属关系，说明了它的特征及其在选址、布局、空间秩序、体量关系、结构体系、构件选择中的具体体现。

2003年，张钦楠在纪念中国建筑学会成立五十周年时发表文章，再次讨论建立中国特色的建筑理论体系问题，认为中国特色建筑理论的核心是以贫资源建设高文明为特征的。他认为应讨论的基础理论问题包括人居环境可持续发展的原理，中国传统的环境观、建筑观和美学观，中国的建筑语言学，并提出了需要重点讨论的问题。他的理论框架包括现代的应用问题和建筑创作的讨论，跨越了教材的局限性，其框架带有西学的特征。

然而这些成果以及其他学者的类似成果大多停留在各个二级学科的学术圈子中，无论是初涉建筑的学子还是忙于创作实践的建筑师，都觉得这些宏观的、文字性的哲理或文学性的成果不足以应对设计中的应用问题。分析其原因，一方面目前建筑学人的知识

40 童明，董豫赣，葛明. 园林与建筑 [M]. 北京：中国水利水电出版社，知识产权出版社，2009.

41 赖德霖. 中国文人建筑传统复兴与发展之路上的王澍[J]. 建筑学报，2012（5）.

体系和概念范畴来源于西方，因而理论阐释需要思考在两种体系的概念范畴之间建立关系以便可以对话和定位，即比较的视野和应用的视野都是必需的；另一方面，还应该提高建筑师和建筑学人的文化素质训练和放弃"立竿见影"的理论学习模式。而从根本上说，能够完成从理论到实践的各个环节的转换性创造的，毕竟永远属于具有创造性思维能力的少数人 [42]。

2.3.3 关于建筑方针等问题的讨论

新世纪建筑界的一项形而上的讨论是关于建筑方针的。针对当代城市建设中的攀比和挥霍之风，2005 年建设部部长重提建筑方针的意义，在 2012 年的中国建筑学会年会上专门开展了建筑方针有无必要重新明确的讨论。虽然对于方针中的实用经济和美观的内涵参会者大都认为不扩充或不增加新要素不足以反映当代建筑设计日益复杂的矛盾需求，虽然对于该方针是中国特色的还是具有普遍意义的尚存异议，但在是否需要重申的问题上有两大阵营则是明确的。积极赞成者认为中国经济发达到任何程度该方针都是应该坚持的，该方针对当代的奢靡之风具有清醒作用；消极者除了认为当代设计遭遇的矛盾复杂性无法用方针应对之外的另一个理由是，发达国家都没有方针，房子都盖得好好的。维特鲁维的三要素对建筑师来说是永恒的，经济问题是任何一个时代都要考虑的 [43]。

作为是否用国家性的方针来确定建筑设计的原则在中国现代史上有过三次讨论。第一次是在 50 年代初，这个方针被提出并确定。在那个党政不分的年代里，建筑方针被称为"党的建筑方针"，显示了当时建筑的发展是经过党和国家的领导机构审查、颁布并纳入执政党的意识形态和经济路线影响之下的。之所以必要是因为当时几乎一切非私人的建筑的投资都出自政府的预算，必须管理控制好。这和当代城市建设如何混乱都不会受自上而下的政治谴责大异其趣，也各有其根据。这一方针是在 50 年代成立建工部统管国家性建设开始酝酿，于 1953 年提出，并经过认真的讨论、取舍、凝练和经历了反浪费运动的考验后于 1955 年确定的。维特鲁维的建筑三要素中的坚固被更迫切的经济要素所取代，这参考了同样是作为社会主义国家、同样是建设资金悉出国库的苏联的经验 [44]，被归纳为"实用、经济、在可能的条件下注意美观"。当时梁思成表示美观其实是任何条件下都应该根据其条件予以追求的，它反映了一个建筑师的理想。但在实际操作层面，管理部门需要一个孰重孰轻的顺序以便控制造价。这样，在当时的条件下建筑艺术虽然被列入方针却成为排序末尾甚至是可有可无的一个因素。但即使如此，它仍然为我国在城市建设和工业化初始阶段节约资金、防止过度装饰、防止建筑超标、推动常规条件下提高设计质量发挥了重大的作用，同时也因政治运动中的过度诠释而成为对建筑师及主管人员"欲加之罪"的棍棒 [45]。

第二次讨论发生在 80 年代之后，在经历了 60 年代和文化大革命中的更具政治色彩的"干打垒"精神为指针的三线建设的实践，又经历了改革开放、引入外资项目的冲击后，建筑项目决策的格局发生了巨大的变化。建筑师对经济、美观等问题有了更深入的认识，如建设项目的经济性应该以投入产出来衡量，而不能以造价高低作为评价标准，建筑的不断改造和外装修的困难也使得美观不再总是处于和经济对立的位置，建筑文化热更将美观的内涵大大改变。三线建设中的大量经济损失主要在于规划失据甚至是选址失据以及项目决策失据，相比之下解决经济问题迫切需要的是重新开展城乡规划工作。对于建筑设计人员而言，建筑各要素之间的动态关系远非方针中的并列关系所能解决的。当时方针及其调整都被搁置，现实推动着建筑师在实践中前进。此后各城市政府

42 参见本报告的第 4 节中引述的汤因比关于人类文明的论断．

43 具体观点的阐释见：建筑方针 60 年 贵在坚持 意在传承 [N]．中国建设报，2013-03-14.

44 陶宗震．新中国"建筑方针"的提出与启示 [N]．中华读书报，2004-09-22.

45 关于以建筑方针为借口的讨伐可以参见 1966 年的《建筑学报》上的批判文章。

的"经营城市"理念的提出，城建项目的资金来源大量是非政府性的，投资者特别是那些强势的投资者对于关系到自己企事业形象或利益的项目有更多的理念和追求。即使某些公共建筑是公益性的，政府也往往通过制定政策以吸引投资或者交由政府属下的房地产公司经办。经费往往并不直接由政府财政支付，城市景观由规划控制，而规划局则受政府决策者支配。当决策者关心城市形象和个人业绩而不必为经济成本担心时，城市形象有可能较好地呈现但挥霍浪费纳税人钱的现象常常难免，而如果决策者只有自家经济效益或其他某种效益的目标时则可能连形象也难以保证。

新世纪的科学发展观和集约化发展等要求，重新将低碳、节能、环保等含有经济总体效益的指标作为国家和公众的根本目标提了出来，使得讨论建筑设计的大原则再次被放到日程上，加上中国虽然投资渠道已经多样化了，但权力决策依然发挥着重要的作用，如何让决策者明了建筑设计的原则仍是一件需要做的事。从目前的讨论来看，以上似乎还没有触及管理和决策层面的实质问题，因而还停留在隔靴搔痒的阶段，从国外的总的经验和趋势来看，"上帝的事情归上帝，恺撒的事情归恺撒"，这里再加上"建筑师的事情归建筑师"，各自管好自己该管的事是可行之道。

除了建筑方针之外，在不同的学术范围内建筑学者还讨论过关于建筑是否是艺术，关于建筑中的意境即梁思成先生提及的"建筑意"以及是否放弃风格、提高品位的问题。

2.3.4　设计概念外延与吴良镛广义建筑学的问世

世纪之交的高速度城镇化过程中，大量的建筑设计项目要求尽快完成设计和施工，而社会发展的难以预料及新类型建筑的现成经验不多，使得任务书往往不完整和不深入，特别是政府主导的项目，往往由规划设计条件加上主管部门领导能够想到的原则要求构成任务书或招标文件。面对复杂纷繁的现实矛盾，大量设计单位必须替甲方将前期的调查策划等工作适当弥补上，这其实就显示了当代建筑内涵的深化与外延的扩展。当代建筑师都感受到原来狭义的立足于任务书的空间转化使命的创作工作方式必须改变、必须扩展。国外同样历史进程下催生的学术分科的成果为这种扩展提供了启发，而国内的严峻的现实则推动建筑创作在观念和实践上进行调整。当国内外哲学界在因应新三论和讨论新的综合时代到来之时，有着整体思维传统的中国文化首先在中国建筑学者中激发了对时代矛盾的回应。两院院士吴良镛在20世纪80年代就提出了广义建筑学的概念来应对，并在后来的实践中不断充实完善。他说："建设大发展道路，早已不能够就事论事，不能就建筑而论建筑。建筑的改革必须从'建筑与国家发展'的高度，重新予以审视，致力于多方面的开拓，促进学术思想上的进步。"[46] 他强调了回归建筑的基本原理去研究与拓展："建筑从本质讲，总是受到功能、经济、技术、环境等种种条件的制约，不可能像纯艺术那样随心所欲。新技术的发展可以产生新的美学观，但不能仅仅为形式的创造服务，建筑归根到底要适应社会的需要，但作为社会的生产，要满足日益增长的人的要求，不能忽略其人为因素。"[47] 他的观点获得了国际建筑界的认同并反映在他所主持的1999年国际建协在北京的第20届年会上，该年会通过了吴良镛先生代表会议组委会提出的《北京宪章》："历史上，建筑学所包括的内容、建筑业的任务以及建筑师的职责总是随时代而拓展，不断变化。传统的建筑学已不足以解决当前的矛盾，21世纪建筑学的发展不能局限在狭小的范围内……在综合的前提下予以新的创造，是建筑学的核心观念。然而，20世纪建筑学技术、知识日益专业化，其将我们'共同的问题'分裂成个别单独论题的做法，使得建筑学的前景趋向狭窄和破碎。新世纪的建筑学的发

46 吴良镛.建筑理论与中国建筑的学术发展道路 [J].建筑学报，2007（2）.

47 吴良镛.最尖锐的矛盾与最优越的机遇 [J].建筑学报，2004（1）.

展，除了继续深入各专业的分析研究外，有必要重新认识综合的价值，将各方面的碎片整合起来，从局部走向整体，并在此基础上进行新的创造。……要保持建筑学在人居环境建设中主导专业的作用，就必须面向时代和社会，加以展扩，而不能抱残守缺，株守固有专业技能。这是建筑学的时代任务，是维系自身生存的基础。"[48] 他具体指出了广义建筑学的内涵："建筑学的任务就是综合社会的、经济的、技术的因素，为人的发展创造三维形式和合适的空间。广义建筑学，就其学科内涵来说，是通过城市设计的核心作用，从观念上和理论基础上把建筑学、地景学、城市规划学的要点整合为一。"[49]

他在力所能及的范围内作了尝试，以便"对城镇住区来说，将规划建设、新建筑设计、历史环境保护、一般建筑维修与改建、古旧建筑合理地重新使用等纳入到一个动态的、生生不息的循环体系之中"[50]。"我们应当看到我们的学术要走向新的天地，即走向多学科的交叉，把更多的建筑要素纳入进来，面向多元求解。我们完全没有必要担心这样会削弱建筑的作用，建筑仍然是主导专业（Leading Discipline），就看你建筑师能否在新的情况下扩大自己的视野与能力，驾驭这些新的元素，发挥应有的主导作用……"[51]

努力与国际接轨的注册建筑师制度则从操作层面也向广义建筑学示明的方向靠拢[52]，它要求注册建筑师团队从策划等阶段介入前期工作。现代社会和西方知识体系的分野特点在注册建筑师那儿是依靠多学科团队来解决的，但是正如吴良镛先生所指出的，建筑师仍然是团队的灵魂和领队人，建筑师虽然不可能通晓每一个专业的具体知识，但他必须有能力和眼光找到相关专业的应对思路和应对人选，首席建筑师必须具有广义建筑学的眼光，这已经成为形势的需求。广义建筑学经过吴良镛先生的践行和注册建筑师制度的再教育工作，已经在专业技术的范围内产生了成果。虽然在细节上仍然可以有操作层面的多类型的深化研究，虽然在涉及社会的方面以建筑师的身份出场还无力解决众多难题，但在总体上它为建筑创作提供了发展的方向，无论是作为建筑师个人还是作为建筑设计团队，多学科的更大和更复杂的整合与深化必将成为大的趋势。

3　当代中国建筑设计发展的若干问题

世纪之交的中国建筑创作的状况，整体而言特别是就规模和技术水平而言，和改革开放前相比可以说是天壤之别，其成就之大是历史上和世界上没有先例的。

中国住房和城乡建设部负责人曾经表示，每年 20 亿平方米的新建面积，使我国成为世界上每年新建建筑量最大的国家。根据国家统计局的官方数据显示，自北京奥运以来，全国房屋实际竣工面积呈逐年增长趋势，2010 年已经达到了 27 亿平方米。

然而，由于拆迁重建、设计失误、质量不达标等多种原因，我国城市建筑的平均寿命一般只能维持在 25～30 年，其在远未达到正常使用寿命之时就面临"非正常死亡"。反观发达国家，英国的建筑平均寿命达到 132 年，美国的建筑平均寿命也达到了 74 年。我国新建建筑每年消耗全世界 40% 的水泥和钢材，一座建筑动辄需要花费数千万乃至上亿元，消耗了大量的资源。"短命"建筑还会产生大量的建筑垃圾，给生态环境带来巨大的威胁。近年来屡次出现的因建筑质量问题酿成的惨剧，也在不断为社会敲响警钟。

48 国际建筑师协会《北京宪章》[J]. 中外建筑，1999（4）: 第 3.1 款.

49 国际建筑师协会《北京宪章》[J]. 中外建筑，1999（4）: 第 3.3 款.

50，51 吴良镛. 广义建筑学 [M]. 北京：清华大学出版社，2011.

52 参见本报告第 6.5 节.

建筑"短命"现象引人深思。英文版《中国日报》在 2010 年 4 月曾经报道："每年中国消耗全球一半的钢铁和水泥用于建筑业,产生了巨大的建筑废物,现在政府号召房地产开发企业提高建筑质量,将目前 30 年的建筑平均寿命延长至 100 年。"[53] 由此可见,当前中国的城镇建设及其问题已经引起了世界性的关注。

若就建筑创作中的建筑的文化和艺术层面而言,则争论就更多了。如同所有的文化艺术类别的作品一样,创作成果中的文化艺术品格是不能以投入资金的多少和技术含量的高低来说明其水平高低的,李白、杜甫的诗歌虽然短小却是传世之作,而 20 世纪许多长篇巨制的奉命文学却早已淡出我们的生活。同样,被称为石头的史书的建筑作品,那些各代传至后世的建筑除了历史对它们的眷顾和逃脱战火的幸运之外,就是它们自身所折射的时代和艺术等方面的光辉。可以说,改革开放 30 多年以来,新政为建筑创作提供了千载难逢的历史机遇,并将此前束缚建筑师创作的众多思想枷锁打破,因而建筑创作总体上一片繁荣,但同时,在海量的各级任务面前和在市场大潮面前建筑作品良莠杂陈,我国的建筑创作在取得巨大成就的同时,也呈现出迫切需要解决的重重难题。中国在构建了世界最大的建筑工地的过程中,也形成了世界最大的拆迁行业,不少 80 年代和 90 年代的新建筑因为已经充当了拆迁的对象而成为世界最短命的一批钢筋混凝土建筑。上海、北京、广州等每一个特大城市中的数千栋超高层建筑及其他引人注目的公共建筑获得世界赞誉的屈指可数,而最丑陋的建筑则时有榜上有名[54]。和世界第二大经济体的地位相比,中国就建筑设计能力和水平而言并不是一个强国。进入世界建筑普利兹克奖的行列且备受学界关注的建筑师,如巴西的尼迈耶、印度的柯里亚、日本的安藤、葡萄牙的西扎等都说明建筑成果被公认与经济实力并无必然联系。今年中国的王澍引起注意的作品都是普通的建筑,采用常见的技术以及普通的甚至是被别人遗弃的材料。每一个获奖者的故事都揭示出与创造力和人才相联系的都无关财力和权势,而和国家、社会的总体素质与学术环境相关。

已有多位资深建筑学者和官员都曾经发出呼吁,要研究和解决依然存在的阻碍建筑业健康发展的一系列问题。有些问题十分重大,对繁荣建筑创作也有很大影响,但本报告无力去探讨它们的解决方案,例如:城市规划的编制和管理依然无力控制城市的膨胀和保护国土资源,土地财政驱动地方政府高度依赖房地产业,房地产从消费型产业变为投资型产业引发的巨额资源浪费问题及背后隐藏的财政政策问题,招投标中的权力寻租严重破坏建筑创作的社会环境问题和工程中分包制与豆腐渣工程问题。本报告仅从与创作关系更紧密、更直接的五大方面提出问题并对这些问题做出探讨。

3.1 问题一:从城市建设乱象看价值观的混乱

改革开放 30 多年来,中国的建筑创作在取得了巨大成就的同时,也面临着各种机遇与挑战。这其中一个重要现象就是,中国社会尤其是中国的建筑界正在失去对什么是"好建筑"的判断能力。在多元文化的口号下,似乎什么样的建筑都是可以接受的,任何建筑形态都找到了存在的理由。与此同时,不断增长的经济实力与科学技术水平,也为实现这些不同寻常的建筑形态提供了物质条件。从表面上来看,这似乎促进了中国社会的开放与包容,而实质上则导致了当代中国社会城市建筑价值观的模糊与混乱。

对于不少决策者来说,好的建筑似乎就意味着不同寻常的建筑造型,超越一般建筑

53 住建部称中国建筑平均寿命仅 30 年 年产数亿垃圾 [N/OL] . 中国日报,2010-04-06 [2012-04-07] . http://discover.news.163. com/10/0406/10/63J2DHNG000125LI.html.

54 2012 年美国有线电视新闻 (CNN) 旗下的生活旅游网站评选出了全球最丑的十大建筑,朝鲜的平壤柳京饭店"荣登"榜首,迪拜的亚特兰蒂斯饭店名列第二。另外,由台湾知名建筑师李祖原设计、位于中国沈阳的方圆大厦也不幸入围。

的高度或体量，或者采用昂贵的建筑结构与材料。每年总有一些新的建筑出现，不断刷新中国甚至是世界建筑高度与体量的记录。在此过程中，一些政府出资的项目也在这场比高、比大、比奢华、比夸张的竞赛中推波助澜。一些一、二线城市总是明里、暗里较劲，希望在这场以吸引眼球为目的竞争中脱颖而出。建筑师为了拓展甲方市场，谋求更好的生存，有时候不得不放弃自己的理想、尊严与审美趣味，甚至是建筑的基本专业底线，曲意迎合商业利益与权力意志。

在此趋势影响下，城市中的很多公共建筑已经沦为商品与广告，而离其本体属性却渐行渐远。近年来，"回归建筑本体"的观念正得到越来越多有识之士的认同。崔愷院士在参加清华大学举办的关于阿迦汗建筑奖的研讨会上就指出：在中国大规模进行城市建设的过程中，建筑设计的商业化倾向普遍存在，原创精神缺失，项目质量不高；同时，也出现了建筑在建成后不符合设计本意的现象；除此之外，还有一些诸如领导政绩、开发商利益等功利性因素。所有这些因素都干扰了建筑的设计本意，使建筑失去了本质的东西和原有的价值。而一些在偏远地区的扶贫项目或公益项目则摆脱了这些因素的干扰，回归了建筑本体——首先是因为偏远地区建筑的使用对象大都是弱势群体，他们没有能力干涉建筑师的设计本意；其次是因为资金有限，所以建筑师一般会精打细算，省去不必要的装饰或一些夸张的表达，使建筑的功能简单、造型简约。因此可以说，回归建筑本体是一些小项目获得国际大奖的主要原因。

3.1.1　城市建设中的贪大求奢现象

根据 2012 年的资料，在面临着国际上能源供应和碳排放权的巨大压力的同时，我国国内的建筑总能耗和单位能耗依然在向上攀升，建筑总能耗从 2001 年的 3.4 亿吨标准煤上升到 2011 年的 6.81 亿吨标准煤，即翻了一番。其中公共建筑的能耗（扣除其冬季采暖能耗后）就占建筑能耗的四分之一，公共建筑的单位能耗约为城市住宅的两倍，而在公共建筑中，近年兴建的超大型建筑因其体量特大、未注意节能减排设计等原因，其单位能耗竟是普通公共建筑的 2 ～ 4 倍[55]。因而可以说，大型和特大型公共建筑节能减排的任务是集约化城市建设中的重中之重，但是正是在这个由各级政府主导的领域，由于设计不当以及由于为了赶工期而忽略了本可以做到的节能要求，致使在浪费资金和浪费能源方面出现过严重的纰漏，以下试以高铁车站和政府办公楼为例说明之。

伴随着中国高铁的快速发展，我们近年来新建了一批超大规模、世界一流的高铁车站。在充分肯定高铁为解决我国出行难和提高建设和管理效应取得巨大成就的同时，我们也需要反过来思考它们的问题。

现在高铁采用公交化运行模式，采用网上订票和自动售票，节省了过去大量排队和人工购票时间；约 70% 的旅客是在发车前 20 分钟或稍多一些时间才前来乘车的，候车时间基本只有过去的一个零头；加上高铁乘客大部分为中、高端客流，旅客携带行李比其他铁路乘客大幅减少，其进出站时间和候车占地大为减少。发达国家的高速铁路客站线路多而候车面积少，而中国即使预留未来发展的需求，在考虑这些新建的高铁站的建筑面积时也不应该不去研究功能的合理高效而只是加大建筑规模。在现实中，现在一些主要的高铁大站的建筑面积往往动辄上十万甚至数十万平方米。其中高铁北京南站总建筑面积约 49.92 万平方米，主站房建筑面积 31 万平方米；南京南站总建筑面积约 45.8 万平方米，其中主站房面积达 28.15 万平方米；高铁郑州东站的总建筑面积约 41 万平

55 清华大学建筑节能研究中心．中国建筑节能年度发展研究报告 2013 ［M］．北京：中国建筑工业出版社出版，2013：4-9.

方米，主站房面积达 15 万平方米。到目前为止，仅见于报道的，号称亚洲第一大客站的就有北京南、上海虹桥、广州南、南京南、杭州东、西安北、成都东、新武汉、新天津等上十个站。而在现实的使用中，这些面积巨大的高铁站经常是人流稀少、空空荡荡的，有的站在春运高峰期也是如此。而另一个令人尴尬的现实是，这些高铁车站其实并不好用，巨大的空间带来了高额的运营与维护费用以及冗长的交通流线。例如南京南站的商业夹层能用起来的不足一半，通往商业夹层的四部自动扶梯中有两部是常年停开的，而旅客在商业夹层中不得不走过去又走回来，十分疲惫。更重要的是它造成了对空间、土地、能源的巨大浪费。又如杭州东站，车站等级为特等站，设计站线包括磁悬浮在内共 18 台 34 线，是总建筑面积超过 34 万平方米的特大型交通建筑，建成后将成为亚洲最大的铁路枢纽之一。其站房的主体建筑最高点距离地面 39.6 米，在建筑的南北两边的无站台柱雨篷最长达到 109 米，面积 7.4 万平方米。其开通运营后的一段时间实际使用的仅为 16 条股道，多余股道只能暂时关闭，建设标准超支较大[56]；新建的高铁站房基本是整体全覆盖形式，对近期不投入使用的部分设计中缺少灵活的分期建成的考虑，主体建筑的高度往往并非由实际功能需求而定，而是随着面效果来确定，由此造成空间极为庞大奢侈，并带来全空调能耗巨大等问题。不少高铁站设计中考虑了"绿色技术"，结合屋顶设计了太阳能电池板，但是这种一次性投资巨大的设施因为无法并网输电而长期搁置。我们不得不思考，为何不能根据高铁站的开放使用期限要求电力系统解决好发电的并网问题，或者为何不可以根据并网的时间进度安排太阳能系统等暂时无法应用的部分在通车后再逐期扩建；结合大量高铁站几年来冷冷清清、缺少活力的现状，我们不得不思考，为何不能整合地方经济和城市土地开发的专家参与高铁站所在地块的整体性建设，从而提高高铁站的社会和经济效应呢？这些思考都指向了我国特有的跨部门的权力无能的体制性问题，指向了决策长官的非技术、非经济的决策依据——高速度献礼这一与官场升迁规则正相关的形式主义弊端。

截至 2012 年第三季度，铁道部总负债已达 2.6 万亿[57]。高铁一次性投入代价高，运营成本高，建成初期负债难免。为什么不可以让负债少一些呢，简单的理由也许是这笔钱早晚要由国家埋单。刘志军事件及此后不断浮现的其他事件，使得除了我们听惯了的 30 年不落后的超前思考之外，幕后的若干更深层的原因也有所显露。而宁肯欠债也要拼命追求超标和豪华确实是多处重大项目的普遍现象，有关官员的炫耀性的浮夸和过完瘾就走的心态是不具备引导可持续发展建设的能力的。

与高铁站可以一比的是各级政府的办公楼，我国的政府建筑和发达国家的政府建筑在规模和形象以及与市民的关系方面存在着巨大的差别，繁重的政府职能不断加大国家机器的规模，使"小政府、大社会"始终是一句空话，但即使如此也不应逾越制度的红线而对有关办公楼规模的规定置若罔闻。中央文件中对党政机关[58]办公楼的建设标准有明确的规定，按照政府级别分别制定了相应的标准：部委、省、直辖市级机关的政府大楼每人平均使用面积为 16 ~ 19 平方米，工程造价不超过 4000 元 / 平方米；市级机关的政府大楼每人平均使用面积为 12 ~ 15 平方米，工程造价不超过 3000 元 / 平方米；县级机关的政府大楼每人平均使用面积为 10 ~ 12 平方米，工程造价不超过 2500元 / 平方米。其他规定还有：不得占用耕地，不得配套建设大型广场，办公楼门厅高度不得超过两层楼高等。然而，济南龙奥大厦（图 63）是全国最大的政府大楼，主要作为济南市政府及各个职能部门的办公场所，亦是十一届全运会的指挥中心和新闻中心，现为济南市市委市政府驻地。位于济南经十东路的奥体中心，建筑面积 37 万平方米，

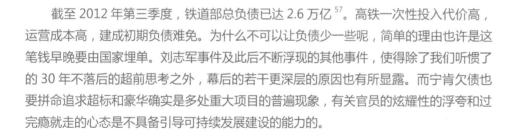

图 63　济南龙奥大厦

56 相关数据引自百度百科：杭州东站 [EB/OL]. http://baike.baidu.com/link?url=fNOjFdBzgNW_tjDifP1xF-x9r69rF_phM7JXV1OQ1qSHA8UWfKYtGHpBA5dZzl31GSUd35uNYicY4wuuXtbhQK.

57 铁道部负债高达 2.6 万亿元　成并入交通部关键 [EB/OL]. (5013-03-05). http://finance.qq.com/a/20130305/001076.htm.

58 所谓党政机关，即全国县级及以上党的机关、人大机关、行政机关、政协机关、审判机关、检察机关，以及工会、共青团、妇联等人民团体机关。

图 64　泰安泰山广场

造价 40 亿，里面走廊周长为 1 公里，有 40 多部电梯，电话和电脑信息点插座就有 45000 个，是世界第二、亚洲第一的单体建筑，仅次于美国五角大楼[59]。

广东省佛山市顺德区政府大楼被称为"白宫"，铺张奢华，其广场堪比天安门广场。该楼以及周围配套工程造价据说达 20 亿，夜景照明一天耗电据说达 8 万元[60]。广西壮族自治区宜州市是一个经济并不发达的县级市，2006 年全市一年财政收入仅 4.08 亿元。宜州政府大楼耗资 9328 万元，相当于地方年财政收入的四分之一[61]。安徽省阜阳市颍泉区政府大楼，因模仿美国国会大厦造型，又被称为"阜阳白宫"。据报道，该建筑占地 42 亩，建设耗资 3000 万元，约占地方财政收入的三分之一[62]。山东省泰安市政府大楼前设泰山广场（图 64），整个广场占地面积 30 万平方米，设有健身和休闲区，以及儿童、老人活动区。广场绿化面积达 14 万平方米，既有大型观赏树木，也有各种灌木、乔木，并在叠水瀑布两侧设有 16 个大型盆景。整个中轴线正对着傲徕峰山顶，规模之宏大令人叹为观止[63]。浙江长兴县豪华办公大楼，总花费达到 20 亿元。尤其是行政大楼前的音乐喷泉和大剧院都是奢侈浪费的极端典型，被网友誉为"天下第一县衙"[64]。以上这些在网络上披露的信息中的数字虽然未必精确，但壮观的建筑、审美的导向则是清清楚楚的。

对比之前提到的建设标准，这些豪华政府大楼的超支浪费程度也令人咋舌。从建筑设计来说，作为甲方的各级政府对办公大楼的要求，基本上遵循一套约定俗成的规则：首先，一定要体现政府的政治诉求；其次，需要做成标志性建筑，并带动区域经济与周边地价升值；再次，必须符合当地政府领导的个人喜好。从某种意义上来说，它的要求其实跟中国古代社会对建筑等级的要求相似：讲究中轴对称性、等级性、威严感与宏大气势。而"四菜一汤"式的格局又较为常见：办公大楼前面常建设一个面积较大的广场，并配上博物馆、美术馆、音乐厅和规划馆四种文化建筑，但对市民提供诉求渠道、办理相关事务的考虑往往不足。

从官员办公室面积标准来分析，政府大楼同样超支浪费严重。在国家发展改革委员会公布的《党政机关办公用房建设标准》[65]中规定：中央国家机关正部级、副部级、正司（局）级、副司（局）级、处级和处级以下的官员办公室使用面积分别为 54、42、24、18、9、6 平方米；市（地、州、盟）级机关正职、副职、局（处）级和局（处）级以下的官员办公室使用面积分别为 32、18、12、6 平方米；县（市、旗）级机关正职、副职、科级和科级以下的官员办公室使用面积分别为 20、12、9、6 平方米。但在现实中面积超标的例子层出不穷，如：山西吕梁粮食局局长办公室为里外套间，使用面积 79 平方米，还配备有豪华沙发与双人床等设施，其最终因网友爆料而被当地纪委给予行政记过处分；广西横县工商局局长、副局长、纪检组长的办公室均超过 70 平方米，且布置豪华，后因网友揭露后将一人一间改为两人一间，但其仍属超标；四川省绵阳市三台县政府大楼人保局办公楼中带独立卫生间的办公室有 10 个，其中最大的局长办公室面积为 66 平方米，也严重超标。

那些使用纳税人的钱盖起来的建筑不应是虚幻、浮华的布景，也不应是被炫耀的商品，它应该有自己的社会意义，体现自己的核心价值指向。然而，目前一批由政府部门和国企使用国库开支、纳税人埋单的建筑存在超前超标、贪大求奢的现象，其所反映的价值观导向是不符合以上要求的。

59　40 亿大厦何以在"不知不觉"中拔地而起 [N]. 山西晚报，2012-12-12.

60　网络论坛：中国各地政府大楼都是什么样子的？顺德区政府大楼前广场东西宽 710 米，南北长 560 米，占地面积约 40 公顷；而作为世界最大的城市中心广场，天安门广场东西宽 500 米，南北长 880 米，占地面积 44 公顷。

61　广西宜州市耗资近亿元违规建豪华办公楼 [EB/OL]．(2007-06-25)．http://www.xinhuanet.com.

62　安徽阜阳市颍泉区政府大楼俨然白宫 [N]．深圳晚报，2007-01-19.

63　各地政府豪华办公大楼照片曝光 [EB/OL]．(2011-03-17)．http://www.people.com.cn

64　网友称浙江长兴县花 20 亿建超豪华办公楼 [EB/OL]．(2008-12-23)．http://www.cnhubei.com.

65　见《党政机关办公用房建设标准》，2009 年 1 月 19 日国家发展改革委员会公布；《中共中央办公厅、国务院办公厅关于进一步严格控制党政机关办公楼等楼堂馆所建设问题的通知》，中办发〔2007〕11 号．

与建筑的超前超规模发展相比，城市化进程中的大片居住区和市政设施的空置更是触目惊心，美国《时代》周刊曾在文章《鬼城》中对中国现阶段出现的"空城"现象做出如下描述，"如果深入中国内地，会有怪异的情景让人无法乐观，为数百万居民建造的城市耸立着，却成为一座鬼城……"《安家》杂志 2012 年第 8 期的文章《中国空城排行榜》中列举了 14 个"知名"的中国空城，如表 2 所示，其中不少曾在规划设计领域引起较大反响的新城赫然在列。比如郑东新区，远景概念规划范围为 150 平方公里，采用日本建筑师黑川纪章的设计方案，整体工程投资 2000 亿元。据 2010 年河南媒体报道，郑东新区的商住房空置率高达 90%，几近空城。再如耗资 50 多亿元打造的鄂尔多斯康巴什新城（图 65），定位为未来的市中心，目标人口 100 万人。经过几年的高强度建设，一个完整的新城已经呈现，但 2009 年 8 月出版的《康巴什》季刊报道，新区人口数量 2007 年为 16000 人，2008 年为 28000 人。偌大的城市毫无人气可言。类似的场景接二连三地在中国出现，此种情况尤以二、三线城市居多，并呈现向四线城市蔓延的趋势。在短时期内，三、四线城市的经济实力和消费能力被过度消耗，留下的"真空"有待于后代埋单。

图 65　鄂尔多斯康巴斯新城

表 2　中国空城排行榜

序　号	所在省市	区　域	规划面积（平方公里）	规划投资（亿元）	规划人口（万人）	启动时间（年）
1	内蒙古呼和浩特	清水河县新城	5	61	—	1998
2	江苏镇江	丹徒新城	40	100	5	1998
3	陕西	扶风县新城	2.88	2	8	1999
4	上海	松江新城	160	—	110	2001
5	天津宝坻	京津新城	260	120	50	2001
6	河南郑州	郑东新区	150	2000	150	2003
7	广东广州	花都别墅群	128	—	—	2003
8	内蒙古鄂尔多斯	康巴什	32	50	100	2004
9	云南昆明	呈贡新城	461	228	95	2005
10	河北廊坊	万庄生态城	80	—	18	2006
11	广东惠州	大亚湾新城	20	—	12.2	2007
12	天津滨海新区	响螺湾商务区	63	300	—	2007
13	内蒙古二连浩特	二连浩特新城	11	—	—	2008
14	上海崇明岛	东渡生态城	86	100	50	2008

资料来源：中国空城排行榜［J］．安家，2012（8）．

这些新城的人均用地指标与国家既定标准有很大的偏差，如丹徒新城 40 平方公里的规划范围内仅容纳了 5 万的人口总量。《中国国土资源报》的评论指出，东京人均综合用地仅 78 平方米，中国香港才 37 平方米。中国内地大中城市人均综合用地已超过 120 平方米，与日本的快速发展时期相比较，中国 GDP 每增长 1%，对土地的占用量差不多是日本的 8 倍。与此同时，截至 2010 年 5 月，全国共上报的土地闲置案高达 2815 宗，面积达 16.95 万亩，其中闲置 5 年以下的地块占总数的 48%。空城现象将一

图 66　天子大厦

图 67　方圆大厦

切美好的规划理想变成了现实的噩梦。

3.1.2　城市建筑商品化、广告化、恶俗化

在当代中国，受消费社会场景需求等影响，建筑或者说建筑的视觉形象成为一种被消费的对象，一种欲望、地位、权势、身份、财富的表征。是否能够制造巨大的感官刺激，是否能吸引眼球，是否具有"视觉冲击力"，被视为评价建筑设计优劣的最重要标准，而它们的基础性和长久性的作用则被忽略了。正是在这种主从错位的价值取向之下，中国的城市建筑正在越来越远离其所应该承载的物质与文化价值而被抽离为某种物化的商品，抑或是广告式的特殊媒体。正如某些建筑学者所言："真正属于中国的建筑文化已经迷失乃至消亡，不少城市'繁华、高大'的建筑群只剩下了物的躯壳，中国建筑由此在身份认同、文化认同和心理认同上日益陷入焦虑与危机之中。"[66]

在建筑学内部，当代建筑创作的形式理论在一定程度上也受到当代社会崇尚视觉景观的影响。例如有些人认为，形式就是一切，"艺术的本质在于新奇……，只有作品的形式能引起人们的惊奇，艺术才有生命力"，有些人甚至认为"破坏性即创造性、现代性"。近年大量激进的形式探索，如备受关注的非线性、超三维的建筑，在一定程度上正是因为受到消费社会中"眼球经济"的影响才备受关注的。而这其中泥沙俱下，在一定程度上更进一步加剧了当前建筑价值观的混乱。

建筑学在传统意义上毫无疑问是为了满足人们的物质与精神需求才产生的，它应该是一种文化的表达，自然地承载着文化的内涵。当代建筑的发展需要建立在对其本质内涵与其所承担社会责任的反思之上。城市和建筑不是虚幻、浮华的布景，也不是被炫耀的商品，而是应该让人使用、让人接受、让人感动，它应该有自己的意义，体现自己的价值。

城市建筑商品化、广告化、恶俗化的案例不胜枚举。如北京天子大厦（又名福禄寿大厦），是一栋以福禄寿三个老头的形象做外貌而内部实为旅馆的建筑物（图 66），该建筑名列 2010 年在北京举办的中国网络十大丑陋建筑评选第二名[67]。同样名列网络十大丑陋建筑名单的还有沈阳方圆大厦（图 67），它位于一座历史文化名城的重要区段，以"孔方兄"直接作为建筑形象，其商品化广告化的倾向可谓肆无忌惮。值得一提的是，该建筑出自台湾著名建筑师李祖原之手。其实，李祖原在台湾的建筑设计作品如"台北101 大厦"、"中台禅寺"等，是业界公认的佳作，但是近年来他在中国大陆完成的两个设计项目——沈阳方圆大厦和北京盘古大观，却因为其媚俗的具象特征，双双被多家中外媒体评为"最丑建筑"。我们很难简单地将其归结为建筑师的设计水平或者是"品位"的问题，李祖原在台湾的作品足以证明设计师本人的素养并不差。应该说建筑师在不同地方所完成的设计作品质量的巨大反差除了体现本人的创作态度外，所折射的是他们所处的创作环境的差异，业主需求的差异和项目的地理历史背景的差异。这其中与项目决策相关的主导阶层的审美素养与趣味会对这些建筑产生重要的影响。正是当代中国的设计环境为一些浮躁、夸张，甚至是媚俗建筑的产生提供了可能性。而在这背后，价值观的混乱与失范才是导致上述现象的根本原因。

在建筑商品化、广告化、恶俗化的浪潮中，不少境外建筑师也起到了推波助澜的作用。随着对中国市场的逐步了解，他们惊奇地发现，标书上的种种要求并非评价和选择方案的圭臬，往往是非专业的领导和决策者才拥有生杀大权。中国建筑市场对他们来说

66 汪法频，童雅琴.中国建筑从"物化"到"文化"——来自"发展和繁荣中国建筑文化座谈会"的报道 [J]. 建筑，2012（3）.

67 十大丑陋建筑捏造版 [EB/OL]. （2014-09-16）.http://www. archcy.com/votes.

是冒险也是机遇，他们在中国做建筑设计时都急于接触决策者并获得他们的想法。他们逐步了解了"要眼睛一亮"、"震撼"、"领先"等关键词的含义，引导性的案例中央电视台新大楼、银河SOHO等鼓舞着他们。对于不熟悉中国建筑语言更不熟悉中国传统文化甚至也不太熟悉场地历史的外国建筑师来说，最急功近利的方法就是沿着标新立异的奇特造型取胜的道路前进。他们的创作道路被高层决策者引导和认同，在中国的社会环境中他们的作品又引导了更多的各级决策者和设计师。这种客观存在的价值导向如果不纠正，建筑文化的深层次追求就无从谈起。

图68 仿欧式建筑

吴良镛院士在《中国建筑与城市文化》中说道："在西方往往只是书本、杂志或展览会上会出现的畸形建筑，现在在北京及其他少数特大城市真正地开始盖起来了。中国真正成了'外国建筑师的试验场'。"[68] 今天许多人所以认为中国是一张可以随意涂抹的空白画纸，在很大程度上是因为中国社会，尤其是项目的决策者的城市建筑价值观存在误区。如果我们自己对建筑的评判标准有一个更为清醒、理性的认识，那么中国的大多数建筑将体现出更高的设计水准，并更多地表现出对建筑所在场所与所处文化背景的尊重，而不仅仅追求创造出商品化、广告化、恶俗化的视觉形象。

3.1.3 建筑文化性、创造性缺失——"山寨"与"模仿"现象

建筑学者伊利尔·沙里宁曾经说过："让我看看你的城市，我就能说出这个城市的居民在文化上追求什么。"而城市中的建筑实际上是城市面貌的最明显表征，因此我们也可以这样说："让我看看你城市中的建筑，我就能说出这个城市的居民在文化上追求什么。"这样的道理在当代中国如火如荼的建设浪潮中却常常被抛在脑后。人们热衷于用所谓的"中国速度"和多快好省的方式堆砌出世界第一的建筑体量，在关注数量的同时，建筑的质量、品质及其文化属性却远未得到足够程度的关注，我国当代城市建筑中文化性、创造性缺失的情况普遍存在。

山寨建筑大行其道即是城市建筑文化性、创造性缺失的一个明显印证。

在将业绩和经济效益列为首要目标的工程中，若干甲方甚至直接将照片交给设计者指令模仿，相当多的设计者为了按时完成设计任务并以最小的智力投入取得较好的经济效益，也乐于以各种不同的模仿方式完成这类设计。在无法或无经济条件获得正品名牌的情况下，享受赝品成了退而求其次的急功近利的市场需求。从改革开放前期的深圳和北京的微缩景观开始到房地产业兴建大批欧陆风别墅区，再到各地政府办公楼兴建时直接取法国外或中国古代某处名建筑的原型，扩大或缩小后建起来享用（图68）都是建筑设计"捷径"的实例。数字技术为模仿开辟了道路。用最快的速度和最低廉的成本，甲方获得疑似名牌的精神满足，而乙方获得了投入产出的最佳效益。这种心理安慰构成了初级阶段的低档次的虚假双赢的生产模式。这样做有其历史原因，除了因为可以用较少的代价享受部分国内外旅游点的情趣和可以以较低的代价与较短的时间完成项目之外，对知识产权的漠视、缺少创新能力也是重要的原因。

山寨建筑这种靠拷贝别人完成快速生产的模式极大地影响着建筑创作。虽然建筑中的抄袭不像绘画、音乐、小说那样会很快被诉诸法律，但抄袭耻辱、原创才值得尊敬是国际社会的普遍共识和原则。中国作为有强大行政能力的社会主义国家，本来完全可以通过政府的有意识的努力和主流文化的引导大大消弭这种影响，但事实恰恰是因为缺乏

68 吴良镛. 中国建筑与城市文化 [M].
北京：昆仑出版社. 2009：2-3.

这方面的努力，甚至是施以反向的努力，以限期献礼为基本工作要求的政府工程常常附加上鼓励模仿的做法使得模仿和山寨成为常态而不以为耻。党的十八大明确将创新驱动战略作为应对 21 世纪挑战的基本战略原则。创新驱动首先要从领导人自己的思想方法和工作模式起步，只有用原创的思想迈出第一步，才有可能驱动起来。同样设计人员只有用原创的思想而不是用模仿的思想迈出第一步，设计才可能出现新局面。因此，我们更应该从中国自己可以改变的主导阶层的价值观入手，明确建立在建筑方面的抄袭可耻、原创可贵的新观念。

图 69　大同市"古城复兴"

滥用历史文化遗产进行低劣仿古是城市建筑文化性、创造性缺失的另一个鲜活案例。

如近年来，西安、大同、洛阳等地的复古建设已经引起热议。被称为"造城市长"的原大同市市长上任之初便雷厉风行地修路、种树、拆迁、造城，一时间古城复兴工程遍地开花，其整体思路就是把大同 3.28 平方公里的古城进行复建，恢复到明代的格局。整体改造工程极为浩大，古城里面的所有现代建筑都要拆掉，然后复建成明代的风格（图 69）。以历史遗产保护为名，行造虚假历史景点之实，背后其实是政府官员的政绩观在作祟。根据估算，大同市市政府 6 年内的投资共计 600 多亿元，对于年财政收入不到 200 亿元的大同来说，压力不言而喻，而在其离任之时，大同市市政府至少还有百亿以上的债务[69]。如何看待这类"文化现象"？名为"文化"的仿古建造是否实际破坏了一个地域历史文化的真实性和多层系特征？如何区分真正的遗产保护和虚假的旅游景观？如何区分文化和娱乐？如何来尊重一个城市或地域的历史文化？一个地区的经济社会发展是否必然以真实历史文化的丧失为代价？这些问题都值得我们深思。

全国多个城市兴起复建城门的热潮，特别是在历史文化名城名镇的地方政府，希望在大量建筑遗产已经消失的情况下借复建一处或几处作为名城标志的城门来说明城市的悠久历史。此举用心良苦，但经常违反国际文化遗产保护运动中的真实性原则，特别是常常发生在文物保护单位的保护范围内，因而还违反了《中华人民共和国文物保护法》。相当多的城市复建，并无依据，是在错误的地点、按照想当然的错误的形制建起来的，且限期完工。在这些领导同志的心目中，遗产保护的目的是发展旅游和经济，对旅游来说，可以弄假成真，可以无中生有。实际上，文化遗产保护的基本目标和终极目标绝不是旅游，而是为后代留下可信的历史。一位意大利的文化遗产保护专家在北京的学术会议上谈及中国的古建筑修缮工程时表示，修缮古建筑如同修复一个雕像，假如这个像脸部尚在，一个鼻子掉了，你们恢复，是问题不大的，问题是，当整个雕像只剩下一个鼻子，你们也恢复了雕像。他其实不知道，我们在没有鼻子的时候也都恢复了雕像。无论对于遗产、对于历史、对于科学，真与假是必须分清的，不可因为暂时的某种利益而欺骗后代。以文化保护之名行文化滥造之实，不仅反映出亟待确立正确的历史真伪观，更反映出城市建设中文化性、创造性的深层缺失。

无论是"山寨建筑"抑或是"低劣仿古"，均反映出我们的公众和决策者更偏向于从外表样式层面对建筑文化的浅表诠释，而远没有达到对建筑文化的全面认识和深刻理解。正如程泰宁院士指出：与西方发达国家相比，中国社会的整体文化素养不高，特别是对建筑文化缺乏足够了解，这是中国现代建筑发展的阻碍。中国建筑的发展最终取决于中国社会的发展，加强和扩大全社会对建筑的认识和理解，是一个极其重要的问题[70]。

69　留住耿市长 [N]. 东方早报，2013-02-17.

70　程泰宁. 建筑的社会性与文化性 [M]// 程泰宁文集. 武汉：华中科技大学出版社，2011.

3.2 问题二：城市建筑文化的同质化与泛西方化

3.2.1 从千城一面看城市建筑文化的同质化

千城一面让城市特色陷入危机，并对我们的城市与建筑文化产生了诸多负面影响。近 30 年来，"一年一个样，三年大变样"的口号激励着中国各城市的快速发展，尤其是世纪之交，没几年就是一片新区，一不小心，却发现城市建设"千城一面"。建筑文化严重缺失的现象正遍地开花，一如郑时龄院士所说："……城市空间与城市建筑的趋同性与无个性化，传统城市和历史建筑的大量灭绝已经成为当代中国城市的一个核心问题。"[71] 程泰宁院士指出："忽视各个国家和地区的自然条件、政治经济文化发展阶段的不同，无视地域性对建筑文化发展的巨大影响，导致当前建筑风格的千篇一律和城市面貌的平庸化，是一个不争的事实。"[72] 而在 2003 年，吴良镛、周干峙院士和文物专家谢辰生等就曾提出建议，至少在历史文化名城停止原有"旧城改造"口号。2012 年全国政协委员田青、安家瑶等在座谈会上明确提出："千城一面让城市陷入特色危机"并指出毁弃旧城区是其原因之一[73]。但是所有这些意见都仍然未能制止千城一面的现象的继续蔓延，这使我们不得不认真去分析这种现象，因为这些潜台词正在提示我们：在某种力量面前，如果城市建设的机制只是扼杀创新，那么多少创新的努力都会被埋葬。

中国城市的千城一面现象体现在以下这些方面：各城市重要的公共空间和新建的居住区都十分类似，高架路、立交桥、一个大广场、周边高层、中间下沉式商业、几个雕塑、几个或一组喷泉（平常不开）；节日或重要活动时广场万头攒动，新区空旷；社区缺少绿地，缺少小型公共空间和幼儿园等服务设施；高层建筑日益增多，遮挡了老街区，遮挡了山和水；老街往往拆掉，却在别处另建了新的风情街。大量建筑都似曾相识，新的绿化景观也都似曾相识，在大量的雷同的无个性的建筑中，时而冒出一两个新造的民族或地方传统风格的建筑来，高密度的住宅和公寓都接近或达到作为高层规范的最大允许值———100 米，且大部分空置。有的整个新城几乎都是空置的，晚上更是不见人影。因而中国城市的千城一面呈现了两种同质化的特征：在城市构成形态上，具有中国特色的同质化，而在建筑风貌的层面上，是国际化的同质化的大背景上的各类变化———各类模仿性建筑。中国城市风貌的同质化是高速形成、短期难以改变的，且发生在文化传统悠久的国度里，这是值得警惕和思考的。

然而另一方面，千城一面确实和经济全球化引发的产品同质化有关。什么是同质化？"所谓'同质化'是指同一大类中不同品牌的商品在性能、外观甚至营销手段上相互模仿，以至逐渐趋同的现象，在商品同质化基础上的市场竞争行为称为'同质化竞争'，指的是某个领域存在大致相同的类型、制作手段、制作流程，传递内容大致相同的各类信息的现象。在产品同质化基础上形成的市场竞争行为称为同质化竞争，其典型特点是同一类型的产品品种重复，且内容替代性强，即差别不易分清，差异小……"[74] 同质者，在质的层面上相同也；化者，东南西北、里里外外终无二致也。同质化是新世纪兴起的揭示产品雷同的热门关键词，对应的英文是 Homegeneity（其反义词是异质化 Heterogeneity）。

有学者认为同质化是世界发展的必然趋势[75]，是世界性的，且早已由经济产品同质化发展到文化产品的同质化。它是经济一体化、全球化，生活工作交流网络化以及西方

71 郑时龄. 全球化影响下的中国城市与建筑 [J]. 建筑学报，2003（2）.

72 程泰宁. 地域性与建筑文化 [C]. 现代建筑传统国际学术研讨会. 北京：清华大学，1998.

73 委员担忧城市高度同质化：毁弃旧城系最大败笔 [N]. 人民日报，2012-03-12.

74 同质化 [EB/OL].（2012-05-27）. http://baidu.com/view/1079199. htm.

75 例如哲学家李泽厚就提到："随着时代的进步，特别全球经济的一体化，使人们生活的物质内容和方式逐渐同质化。"见：伦理学答问补 [J]. 读书，2012（11）.

强势文化及其文化产业的强大力量到处传播的结果。发展中国家对发达国家的经济依赖必然导致文化在不同程度上的依赖，有学者甚至提出文化帝国主义的概念[76]。新加坡滨海艺术中心总裁、国际演艺协会和亚洲表演艺术中心协会主席本森·潘传顺说过他的经历："每个城市都似曾相识，从商店到餐饮店再到金融机构，除了语言各异，世界各地的大城市几乎如出一辙。在社会学家们看来，这些城市已被称作'全球化城市'。在这些'全球化城市'里，西式歌剧院和西式音乐厅的美丽身影已经普遍存在。在西方，这当然很平常。然而，在亚洲各地，同样的歌剧院、音乐厅也正雨后春笋般地涌现。每当一个亚洲的大城市表示要建表演艺术中心时，总是先要考察欧洲或美国的歌剧院和音乐厅，然后亦步亦趋，在各自的城市里'拷贝'出一个又一个'金色大厅'、'肯尼迪中心'来……"曾先后担任澳大利亚墨尔本国际艺术节总监和英国爱丁堡国际艺术节总监的约翰逊·迷尔斯说："我在远隔千山万水的悉尼和新加坡艺术节上，竟然找到了爱丁堡艺术节的影子。"[77]他们既说出了结果，也说出了原因。我们各城市的领导人就是近看新加坡，远学迪拜，普遍学拉斯维加斯，自觉充当文化同质化的义务推销员，这样城市形象难免不和国际接上轨。看来，文化同质化是经济全球化时代困惑人类的共同难题。

除了决策者的引导外，同质化还和设计者在速度与效率面前过度强调高功能化、理性化，忽视了人与文化的重要性，忽视了建筑也是社会文化的有机组成部分有关。首先是设计理念与文化追求的同质化。大的设计公司的专业化为它们跨国跨地区承担设计提供了条件，当建设速度成为首要且是刚性的要求时，它们的很多方案连现场都没有仔细研究就凭着理性至上的原则出炉了。应对高节奏社会视觉需求的是景观化的拷贝，因而虽在不同地区的作品，却是一个妈妈毫不犹豫地生下来的，长得当然差不多。但是即使如此，如果我们深入仔细分析，建筑文化的同质化又有别于普通文化的同质化，因为造就建筑载体的物质条件是十分具体的，不同地域的建筑建造后必须适应所在地区的气候、地理、地质和居住其中的人的各种需求。按中国古人的说法，就是要考虑天时、地利和人和的需求。不同的气候带和地理环境始终未因全球化而改变，它们对建筑的物理环境有不同的需求。虽然采暖、空调等设备为缩小地域差异、应用远处的国际化了的建筑材料、建筑技术创造了条件，但是随着节能、生态对建筑提出的可持续发展理念下的低碳要求，气候带和地理环境不同的建筑设计的差异性仍然是必然和合理的，且越来越重要。作为欲望无穷却又因背景不同而文化需求不同的人则会不断提出新的要求。因此，虽然建筑文化的同质化在当前也是一种趋势，但是它不可能是如时装和电影艺术那样的同质化，倒是会和人类对待所有文化产品的态度一样，越是出现同质化的趋势，它们的价值主体——人便越是珍惜建筑的差异性、可识别性和原创性，差异性、可识别性和原创性就越成为城市形象和公共建筑最为可贵的品质。克服同质化会成为摆脱贫穷的低级状态后的人类的基本的客观的需要，也是一切文明人类对保护自己尚存的共同的多样性世界的期待。

可见，忽视包含着天、地、人的因素的城市与建筑文化也是千城一面的重要原因。城市文化是城市的灵魂，城市特色是城市文化的基本品质特征。我国许多城市近年来已经开始重视城市的文化建设和文化遗产保护，出现了强调特色建设的目标，但是建筑创作的成果却仍然滞后，重要的原因是，近百年来，中国文化破旧未能立新。在现代中国文化未能形成自己的体系或者已有成果未被重视的状况下，人们习惯接受强势文化——西方文化的影响。90年代以后，人们着眼于"一年一个样，三年大变样"的城市面貌变化的速度要求，而未去斟酌要变成什么样，下意识地将接轨、国际化、泛西方化等同

76（英）汤林森．文化帝国主义［M］．
　　上海：上海人民出版社，1999：郭
　　英剑前言；张静．全球化过程中的
　　文化同质化和异质化［J］．教学与
　　研究，2002（5）．

77 文化同质化将导致悲惨世界［N］．
　　上海文汇报，2009-10-20.

于现代化。在建设速度的刚性要求面前，以拿来主义的方法完成设计任务似乎是顺理成章的。前些年，KPF、SOM 等商业建筑师成为对中国建筑创作的影响很大的样板，到处是幕墙飘板乃至"欧陆风"。近年来，盖里、扎哈成了不少建筑师、特别是青年建筑师的偶像，非线性、超三维的东西日益时髦。在建筑创作中，缺乏独立思考的精神，没有自己的价值判断和评价标准，岂能妄谈突破创新。因而，千城一面还显示了一个更深层次的原因，那就是价值判断和评价标准的泛西方化和民族文化创新的缺失。

3.2.2　泛西方化和民族文化创新的缺失

"长期以来，以西方建筑话语为主的建筑思想一统天下，这使西方文化成为建筑的主流。当代盛行的全球化更是一个以西方世界的价值观为主体的话语领域，在建筑界则表现为建筑文化的国际化以及城市空间与形态的趋同现象。"[78] 即是说，中国城市中的同质化实质是国际化，而在当前的潮流中，本质是泛西方化。"泛"者，是肤浅不得要领却又泛滥成灾、漂浮在表层并和内在文化特质未融合之谓也。

在文化领域，全球化是一柄"双刃剑"。一方面，全球化促进世界文化的交流和传播，催生一种以普适价值为观念基础的世界文化；另一方面，全球化也对丰富多彩的地域文化造成了巨大的冲击，地域文化的差异性和自明性的特征正被销蚀并波及建筑。由于过于迅速和匆忙，全球化背景下的中国建筑实现现代化和保留地域文化特色这双重任务对中国建筑师产生了最大的冲击和悖论式的困惑，这也是 30 年来几代中国建筑师思考和探索的重要方面。西方化的生活模式和西方化的价值理念随着物质文化产品的普遍使用正不可避免地进入我们的日常生活，这也不可避免地反映到设计师的设计理念、设计语意中来。建筑创作在全球化的工业产品生产潮流中，也需要强调功能化、标准化、系统性这些极为有用的设计方法，以便能够为不同国家、不同语言的人们提供方便。然而其弊端同样不可忽视：它是用同一种方式对待不同地方和不同的人，从而牺牲了民族性、地方性与文化个性。现代感、信息感、商业感成了很多建筑创作中的追求，最终设计语言呈现出高度的刻板化、功能化、理性化、符号化等高度同质化的趋势。

两院院士吴良镛先生指出，个性缺失是当前城市规划建设中的最大弊端，必须引起高度重视。只有突出了个性和特色，我们的世界、我们的文化、我们的生活才会生机勃勃、丰富多彩。画家齐白石也曾对自己的学生说：学我者生，似我者死。城市建设莫不如此。先进的、带有规律性的东西，可以借鉴，但这决不等于一味地简单模仿，否则只能导致城市建设的雷同、刻板与僵化，无异于走进城市建设的死胡同。

当然，泛西方化并不只涵盖建筑方面，而是几乎涵盖了社会、政治、经济文化等诸多层面。当非西方世界的人们在"泛西方化"潮流的胁迫下忍痛放弃自己世代相袭的传统文化价值时，他们原以为这样做会一劳永逸地进入西方近代文明所承诺的美好前景中。然而随着西方文化自身固有的弊病和危机在后工业化时代的暴露，非西方世界的人们陷入了双重的苦恼之中：一方面他们一厢情愿地想跻身于西方文化大家庭的良好愿望在现实面前遭到了惨重的挫败，另一方面他们又遭受着"全盘西化"的种种并发症——盲目的经济发展、不顾国情的制度移植、脱离现实的后现代意识等的无情折磨。盲目西化和先天不足所导致的双重苦恼成为 20 世纪末非西方世界普遍感受到的严重问题，并由此导致了一种深沉的文化反思。这样的反思也正体现着对西方化的近代化过程的一种历史性逆转，它的基本特点是突出本土文化特色而非盲目仿效西方模式。这种全球的传统文

78 郑时龄.全球化影响下的中国城市与建筑 [J].建筑学报，2003（2）.

化复兴趋势和"非西方化"浪潮可以看做是与21世纪的经济文化全球化相伴随的另一种强大的人类的重要思潮甚至会引发新的冲突形式[79]。在这种潮流面前国人应该更清醒地认识到，作为具有悠久文明传统的中国，经过近百年来西风东渐的浸润，理应从历史中总结得失，较为清醒地保持自身的文化独立性，于更新中传承，于传承中创新。

就建筑创作而言，正如1999年第20届世界建筑师大会通过的《北京宪章》中指出："建筑学是地区的产物，建筑形式的意义来源于地方文脉，并解释着地方文脉。但是这并不意味着地区建筑学只是地区历史的产物。恰恰相反，地区建筑学更与地区的未来相连。我们职业的深远意义就在于运用专业知识，以创造性的设计联系历史和将来，使多种取向中并未成型的选择更接近地方社会。现代建筑的地区化、乡土建筑的现代化，殊途同归，推动世界和地区的进步与丰富多彩。"[80]这就是说，除了要总结我们的历史经验之外，更重要的是完成历史经验和传统理念的现代转换。而恰恰是在这个层面上，受学科分解细化的影响和以破代立以及近代急功近利观念的影响，这一现代的转换性的创新在中观层面极度缺乏，现有的对民族文化的提炼多停留在宏观的理论思辨和概括以及微观的设计的技法和借鉴的层面上。

3.2.3 同质化、泛西方化背后的制度原因分析

城市建筑的同质化与泛西方化除了上文提及的经济全球化、后工业时代影响、快节奏生活、跨国跨地区公司的工作模式等原因之外，特别有中国特色因而也特别值得剖析和改进的是中国国内的制度性原因。这种因素除了极大地制约了规划的科学性和推动了房地产的投机性外（不是本报告探讨的内容），也同样极大地影响了大量重要的公共建筑方案的选择。

首先主导阶层的工作方法是同质化的，即组织有关人员包括自己到有类似项目的城市甚至国外的城市考察，越是高层考察的时间越短，印象代替研究，追求眼睛一亮，追求西方式的外表，然后在理念上求全而操作上求快和求类似成果。

其次是思维和决策过程的同质化，在方案表达时，由于设计还未深入，因而大量汇报都借助于别处类似项目的照片来说明定位和方向。领导人也都满足于听汇报和看效果图或幻灯、三维动画。例如西北某大城市新开发的重要地块的方案的三维动画都是设计单位从国内已有的类似景观中拷贝的，领导人满足于这种意境的陶醉，完全忘掉了西北不具备江南水乡的绿化条件，忘掉了大西北是不应该追求那种小桥流水意境的；明明是高层的廉租房或者保障房，却通过模拟表现出国际大都市的未来型城市的风光，解说词还用上享受高尚社区生活的字眼。但正是在这一系列的虚拟的情境中，方案拍板了。决策者的意见最重要，但是在大量的案例中，恰恰是决策者从不直接听取设计方的汇报，不和设计方沟通和询问，这些都由主管部门代行。决策者关注效果图，而效果图已经发展成技巧十分高明的艺术作品，成为让决策者产生错觉的利器，但是这种错觉在有经验的专业人员中是不会产生的。这种工作方法和思维方法，从迈出的第一步就决定了不可能创新，因为它是步别人的后尘的做法，是一种模仿性思维而不是创新的。

第三就是着眼点的雷同：关注项目的景观而很少去甚至不去征求当地市民和有关机构的反应，即将刺激人的感官和消费欲望为目的的"景观化"作为城市规划和城市设计的一种价值所在，且这种观感还只是个人的主观感受。例如山西某市未征询民众的意见

79 赵林.泛西方化"时代的历程与终结[J].现代哲学，1997（1）：40-44.

80 北京宪章[J].时代建筑，1999（3）：88-91.

就将外地的古建筑搬到城里建成"原汁原味"的古街，致使当地老百姓认为游客受到欺骗。主导阶层特别是官员和开发商，倾向于高档的甚至是金碧辉煌的景观，而不喜欢朴素的格调。他们以自己的好恶来决定方案的取舍，有时是一种半瓶子醋式的审美标准，而如果听取当地市民的想法或者听取专家的意见，这些本来都有可能避免。由于土地的私有制以及公民社会的传统等原因，西方发达国家的城市建设和空间改造通常在经过当地市民的协商、确认和支持之后，方可以进入实施的步骤。我国的土地所有权由国家掌控，但是这不等于可以不考虑百姓的需求和感受（更不必说其合法拥有的财产的受保护的权利了），更不等于可以连政府自己的主管部门和相关机构的意见都不听就由一把手自己做决定了。在具体的城市改造、道路改造、公共设施建设、文化资源运用的过程之中，资本的运作方应该获得各主管、熟悉相关法律法规的有关部门的意见，听取关心城市命运的各种社团机构及当地市民的想法和涉及他们切身利益的要求。更进一步说，在城市"景观化"看似不可逆转的时候，资本运作至少也要对当地的文化传统、风俗显示一点尊重和认同。

与此三种同质化有关的是考核干部的 GDP 指标和上上下下的对建设速度的追求，它们都导致了干部始终将自上而下的意见和要求看得比自下而上的需求更重要，因此降低速度、重视需求，以创造品牌取代各类创造速度的工作模式是解决同质化和泛西方化的有效方法。

3.3 问题三：权力决策代替法治和科学

在经济开发、城市建设和管理方面，中国最愿意接轨的是新加坡，最愿意去考察和学习的也是新加坡，除了文化背景相近和语言相通之外，被新儒家理论家推崇的高度集中式管理也是重要的原因。世纪之交江苏省负责城市建设的市长们在省建设厅的组织下赴新加坡考察，新加坡当时的总规划师刘太格先生负责接待和讲解。在听取刘太格介绍了新加坡城市建设的经验之后，某位市长问了一个问题："你们城市中的重要建筑方案李光耀先生管不管批准？"刘太格答道："项目的立项和经费安排由李光耀管，规划和建筑的方案由我来管。"此答案使市长们感到非常惊讶，他们认为方案的批准这样重要的事不应该由规划师管。我们不排除发达国家的某些领导人例如当年法国总统蓬皮杜先生对建筑情有独钟，会利用自己的权力影响设计方案的选择，但是大多数发达国家的重要建筑设计都是成立体现公正性的评选委员会来确定的，他们贯彻自己的想法主要是通过细致要求的任务书来促使方案符合甲方的意愿。目前在中国，城市的重要公共建筑方案的标书常常非常模糊，都是美好的原则，其方案遴选的最后一关是送到并不参加评审过程的决策的官员处，由他们来决定，即使改变标书或设计任务书要求也要贯彻。"这种招投标制度依旧产生大量艺术形态庸俗、低劣、无公共质量的设计作品，因而我们不得不对现有招投标体制是否具有先进性、专业性及有效性产生诸多质疑，至少我们有充分的理由可以断定其具有潜在的不完善性。"[81] 本节就讨论了此种决策中存在的问题。这里说的权力，指的是法学中的公权力。

81 曹晓昕. 建筑设计与"中国式招投标"
[J]. 中国招标，2008（2）：13-17.

3.3.1 招投标制度和方案决策案例分析

在高速发展而且不断激变的时代，中国的招投标制度在法治的道路上蹒跚前行。一方面有关部门的官僚主义不了解既有的招投标法未能适应种种现实的合理需求，尚不能应对魔高一丈的投机行为，迟迟不能完善和改进招投标法；另一方面，基层也通过形式主义的执法解决某些合理要求，更在不违法的外衣下推行追逐私利的目标。就设计的招投标和方案征集而言，中国式招投标的行为主体人的价值评价标准从倾斜一步步走向极度异化，建筑学特有的社会责任性和批判性在揣摩领导意图和赢得评委眼球的设计招投标中丧失了，"奇观建筑"、"比喻建筑"、"英雄主义建筑"席卷了中国大地，不正当竞争行为层出不穷，乱象丛生。

乱象一：方案中标只在一把手一念之间。由于有着不同的审美观和其他不同的考虑，领导的意见可能与专家的意见相左，不能排除领导同志出于大局的考虑有不同的认识，这时较好的方法是沟通交流后再行决策，经过交流哪怕是违反程序的决策也比不交流就凭一把手的感觉决策要来得好些。甘肃某城市一项公共景观设计经过多轮讨论筛选出了方案，施工单位和材料已经进场，但只因一把手看了不喜欢就废除原决定更换设计和更换施工单位。浙江某市会展中心已结束投标评选，但后来有某外国建筑师补送上方案且效果图受到领导青睐，遂决定原评选作废直接选用该方案。江南某市文化中心邀请六家设计单位投标，事前就告诉大家，评选都有按评选结果的顺序的保底费，但最后选用哪个要另外由领导定。有大量的案例显示部分热心的领导人不事先看图纸而是在施工过程中去感受，然后充满自信地提出修改。南京市某工程中还出现过改过去又改回来的领导指示。上海国际会议中心 (1999) "除了方案投标体现了建筑师的构思，到后来一轮一轮的修改都有一种提线木偶般的机械。工程的设计已经完全失控。有关专家评论实际建成的连 (建筑师)10% 的想法都没有实现"[82]。又如，在山东省某城市新区标志性建筑方案招投标现场，该市领导作为业主方，在整个招投标专家评审过程已结束、中标方案已产生之时，根据个人喜好推选另一设计单位现场讲述另一方案，并确定该方案为最终中标方案。暂且不论"中标方案"与"最终中标方案"孰优孰劣，我国当下招投标中业主方的强大权力如何凌驾于程序之上及如何抹去了招投标的公正性并如何摧毁了人们对制度的可信性可见一斑。

乱象二：招投标搞暗箱操作。招投标不透明、不公开，评委被提前打招呼甚至被买通。有的业主请专家只不过是为了掩人耳目，实际上在背后搞私下交易，专家的意见对他们也没有什么作用。如江苏一沿海城市某一大型居住区在设计招投标时，最终中标的并非是规划局专家评审中被一致看好的方案，而是采用了与开发商关系较好且设计报价最低的某设计院的方案。为了让招标过程更"名正言顺"，在开标时业主提高了商务标的权重比例，从而使最低报价顺利中标。更有甚者，早买通了一些评委，串通一气，让某一个方案中标。很多时候，招投标形同虚设，完全变成了为业主服务而设置的条条框框，甚至业主想要什么样的建筑，就会设置什么样的招投标程序。有的招投标结果与评委的倾向是很有关系的，不同评委的结果是不一样的。有的在中标后要求进行方案调整，结果大不如前，也有按照施工招标的模式做建筑设计招标的，强调设计费、强调工期及造价，结果就不再是对建筑创作的优选，这些都与招投标的初衷相违背。

乱象三：随意招标造成巨大浪费。招投标过程中既当裁判又当球员的现象并不鲜见，最终往往导致极具争议的结果并造成巨大的经济损失。例如某市在进行当地市民广场和博物馆设计的时候，第一轮采用邀标的方式选取了一家国内的设计单位进行设计，产生了中标单位后，该市领导认为应该由国外的建筑事务所进行设计，才能体现其档次，不得不宣布废标，对第一轮的中标单位给予高额赔偿。第二轮方案选出的中标者最后还是不能满足甲方的需求，又一次产生废标，每家投标单位除了标底费之外又得到相应的高额赔偿。最终政府决定采用委托的方式进行设计。其实，该市前两轮的方案未必不好，很可能水平高于委托的设计，但是因为不符合领导人的未纳入招标文件的要求终于作废，政府不得不支付的高额标底费和违约赔偿，造成国家财政的极大浪费。又如，某省会城市举办一个新城城区的城市设计方案的国际招投标，邀请了八家单位参加，其中包括五家国际著名建筑师事务所，三家国内知名设计机构。招投标的要求中除了要选出一个好的城市设计方案以外，还要设计方提供其中四大文化建筑的建筑设计方案（图书馆、博物馆、美术馆和演艺中心）。经过专家评审选出了优胜方案进行深化，但该市领导对该方案并不满意，要求修改。在经过了多轮修改后专家评审会选出优胜方案，但国外设计机构拒绝修改。于是该项目又进行了第二轮招投标，领导还是不满意。整个招投标过程耗费了大量人力、物力和财力。

乱象四：外来的和尚好念经。不少城市将重要招投标中的邀请国外设计师参加作为显示国际水准的标志。目前一些国内举办的国际性竞赛项目，往往通过对参赛设计单位进行筛选，使得国内设计单位所剩无几，大部分由国外设计事务所或者联合体作为参赛主体，这说明政府在大型项目的定位和决策时有一种明显的对国外设计师盲目认同的心态。事实是无论中外，具备创新才能的总是少数，而能够创新又能结合项目所在地的地理、历史、人文环境及现实需求做好设计的更是少数。中国建筑师比国外建筑师经历了更多的设计实践的磨炼，他们担起创新任务的可信度至少不比国外建筑师差。迷信洋人吃了苦头的例子甚多，最新的例子发生在香港。报载数年前，香港聘用洋人以"全球经验"打造中区警署活化计划方案，然而，因方没有全盘考虑建筑物的历史、文化和社会意义而偏重它的经济功能，活化后建筑商用面积达 54%，这彻底改变了原建筑群的形态。设计也没有顾及原来的文化景观和环境肌理，反对声一片——这种无视当地人文的规划，自然不得人心，方案最终被取消了[83]。

乱象五：缺乏有效的制约权力干扰的评审机制。如国家大剧院的整个招投标过程历时 1 年零 4 个月，经过了三轮评审过程，结果曾经备受争议。招投标过程中所反映出来的问题仍然具有很强的代表性。应该说，国家大剧院的前两次招投标还是比较公开透明的，但是到了第三轮，原有的游戏规则被打破。虽然在《国家大剧院》一书中并未提到国家大剧院的第三轮方案，而是用了第二轮方案的三次修改来描述整个过程，但是必须承认的事实是，业主委员会自行组织了对方案的"三次修改"。第二轮的 11 位评委只剩下了吴良镛等 5 位，另行增加 7 位，吴良镛担任组长，第二轮中一直明确反对安德鲁当时方案的中外评委都出局了，除此之外，艺术委员会和工艺专家组也由业主委员会自行认定。在这次修改中，并未组建评委会，也就是说，专家组相当于前几轮中仅有审查权没有投票权的技术委员会，而这个技术委员会中，建筑师和技术专家仅占少数，无论从哪个方面来说，都无法影响最终的结果。1999 年 5 月，业主委员会决定采纳安德鲁的方案，并且提请领导小组同意。7 月 22 日，中央确定了安德鲁的方案作为中标方案。因此，在《国家大剧院建筑设计国际竞赛方案集》中提到的第二轮竞标结束后的"三次修改"都是在没有评委会的状态中进行的，之后部分评委会成员组成了前文中不具备投

83 罗庆鸿. 城市规划不要"迷信"洋公司 [J]. 南方周末，2009（9）.

票权的专家组。业主委员会完成了由组织方到裁判的职责转换。这样的操作是不符合招投标的一般规律的，这也就是后期国家大剧院引起多方争议的原因之一。前述的多个案例也表明，"将权力关进笼子"确实是当前招投标工作面对的一道难题。

乱象六：行业垄断和地方保护现象。一些地方找借口排斥外地公司竞标，有的强行指定由特殊关系的公司总承包，有的招标信息只在本地发布，以达到排斥外地公司投标的目的。譬如在某省会城市国际会展体育中心的国际竞标过程中，九个设计方案参与竞标，经过专家评审，以无记名投票方式评选出三个优秀方案，分别为德国赫尔佐格与欧博迈亚工程设计咨询公司方案、澳大利亚考克斯建筑事务所和上海现代设计集团方案、德国GMP建筑事务所方案。但项目随后转由地方设计院操刀，直至动工建设。实施方案并非三个专家推荐方案之一，也并非是当地设计院自己的设计成果，而是与最初参加竞标的日本株式会社佐藤综合设计与清华大学建筑设计研究院联合设计的方案如出一辙的新方案，严重的抄袭行为在地方保护的外衣下竟然通行无阻。

乱象七：无规则可循助长投标成为投机。由于无规则可循，投标就要揣度业主的心思，经常是做的设计夸张一些、炫一些，就容易中标。以这种投机的心态去做设计会导致建筑师对设计价值判断的失衡。安徽某城市一个项目由浙江人投资，投资者受到政府欢迎，参加投标的某设计单位揣测该城市由于盼望投资会降低门槛，故设计方案对投资者的愿望处处照顾，而对城市需求置之不问，在评审过程中也一路顺风。但到了最后一刻，市领导人表示该方案不符合政府要求，不适合选用，因而投标方案终于寿终正寝，投入的资金和人力全部浪费。这种揣测决策者的心态还波及国外来华建筑师，他们为了拿下大生意而处处打探。如江苏某市新区某标志性建筑在投标中有境外建筑师参加，而他们来华后的第一件事就是询问相关领导在设计方面的喜好，并在设计中追求夸张刺激的效果，其最终的方案可以说无视任务书中对建筑限高、容积率、建筑密度等指标的具体规定，并与周边的城市环境并不协调，但仍在分管市领导的坚持下中标，并责令规划局修改任务书与规划要点。这种无标准的投标不但扩大了设计成本，而且也导致一些人使用不正当的手段来获取项目。而那些看透了投标无序的设计单位，则用最小代价拿下标底费的办法来应付，使得高手竞争变成了一场游戏。

乱象八：公众参与浮于表面。总体而言，我国城市规划和公共工程决策中公众参与的程度相当低，仅限于网络公示投票等简单方式，未建成一套完整可行的公众参与机制以调动广大市民公众的参与热情，从而也不能对方案决策起到应有的影响与监督作用，公众参与基本上处于"非参与"或"形式性参与"的初级水平。如四川大剧院于2012年将两套概念设计方案向市民公开，公示一个月以征集意见，市民可通过电话投票、网络投票和现场投票三种方式参与[84]。然而，在公示网站上赫然指出：该两套设计方案（方案一与方案二）在公示前广泛征求建筑设计、美学专家以及成都市规划管理局部分专家意见后，经成都市城乡建设规划委员会主任会议评审，已确定方案一为入选方案，方案二为备选方案。也就是说，在网络公示前大局已定，公众参与完全成为走过场，对决策毫无影响力。相比之下，国外的公众参与往往能落到实处，如贝聿铭设计卢浮宫扩建工程时，玻璃金字塔的方案受到各方面非议，为此贝聿铭不得不接受专家、公众等各方面的意见，不断对方案进行修改，最终通过了方案。

因此，在招投标过程中，如何选出好的设计，保障设计者的利益，同时又如何体现

84 四川大剧院两套概念设计方案首次公开，征集市民意见［N］．华西都市报，2012-07-11.

甲方的需求是规则制定中需要考虑的两个方面。

3.3.2 权力决策的危害

权利决策并不是我国官员的专利，只是权力决策在我国当代的基本建设中成为左右局势和常态性的做法，其规模之大，涉及领域之普遍是其他国家少见的。革命胜利造成的党和政府的权威性，加剧了充斥在社会变革中的成王败寇的价值观，权力决策还和历次运动对民主活动的防范与过度反应以及维护权威，防止混乱的实践相关，和主要领导人掌控着城市的财政资源和土地资源的最后决策权的现实有关。

虽然权力决策并不总和丧失科学性必然相关，但是随着这一特权的泛滥和献礼工程的各种实践带来的寻租等问题的普遍化和严重化，使得多数权力决策离科学性日益遥远且其危害日益突出、影响深远，因而已经到了非改变它们不可的地步。从目前发生的政府权力决策的案例来看，我国相当多的政府领导法治意识淡薄，对城乡规划的认识局限于"纸上画画、墙上挂挂"，常从政治角度或是个人喜好等来左右建设项目的实施，而不是以法治和科学为原则来作出规划与建筑方案决策。不少地方政府的领导人违法干预规划审批，随意改变规划；一些重大项目的选址不通过科学论证，置公共安全于不顾，不执行法定的规划选址程序，擅自开工建设，造成无法挽回的损失；还有一些规划主管部门负责人有法不依、执法不严、以言代法、私改规划、擅自修改用地性质，为自身谋取利益；很多官员在政府投资建设项目中追求新、奇、大等效果，并将一些个人喜好强加给设计师，如此等等，不一而足。

目前建筑设计中的公权力决策所呈现的危害日益明显，表现在：

（1）权力决策是造成建设项目同质化的基本原因，它掩盖了在施工过程中重复施工、改变工程方案的大量浪费问题。强令献礼往往掩盖了大量的工程质量问题。权力决策还可能隐藏着腐败问题。

（2）伴生的急功近利的实用主义学风销蚀了建筑师团队和相关研究单位的前瞻性研究的愿望和能力，这种独立思考和研究的能力本来会对在建筑层面解决人类环境、能源的世界与国家性危机作出贡献，如今在八九十年代粗放型发展与破坏人居环境之后再次失去集约化发展和建设美好中国的最后机遇。

（3）剥夺了建筑师创新动力，剥夺了建筑师向职业建筑师的普世性标准接轨的能力，滞后了甚至可能剥夺了中国建筑师规模化地走向国际也即中国建筑文化走向国际的历史机遇。

（4）严重损伤了《中华人民共和国招投标法》和其他建设法规的可信性，瓦解了党的依法治国的公信力。对业绩工程的高热度反衬了无力解决众多急迫的民生问题所显示出的低下的执政能力。

（5）剥夺了价值主体——基本人民群众参加一项对安定团结产生负面影响最小的社会活动的权利，使群众对更为严重的社会问题的参与权抱有希望的愿望进一步消解，使政府与群众之间的沟通渠道进一步堵塞。

（6）由公权力决策的准则——"官大说了算"推动的官场唯上是从的工作潜规则甚至是为官的法则使一切程序都成为官场的摆设，使法制成为滥用权力的遮羞布，并加重了形式主义和文过饰非的官僚作风。

3.3.3 从评论的错位看价值主体缺位

在当代中国，谁是城市建筑的价值主体，这个主体对城市建筑的评价如何，这个问题既关系到建筑师的建筑创作过程，也与当代城市建设与建筑设计的决策体系相关，更直接影响到我们今天的城市建筑形态。

几年前，《南方周末》就城市市民有无权利了解城市建设费用是如何使用的发表过文章。在市场经济的条件下，当城市的资源被动用，所有的纳税人包括本地的和外地的，都有权利过问自己的权益是否得到关照，从而将纳税人的权利提到了日程上。"纳税人"的法定概念已经在我国多个城市使用，例如作为办理户口、选举代表、获得经济适用房申请权等的前提条件之一。但总体来说，其作为权利和价值判断的主体还未被广大干部群众熟悉。这一问题在一些发达国家较为简单，因为一栋建筑的所有者和使用者都会变更，但建筑却会长期存在下去，对城市形象和城市的景观与文化环境继续产生影响，因而必然涉及市民的权益。对城市地区的建筑提出符合长远利益的要求和约束是城市规划及城市管理部门的职责，过问城市的这些问题也是城市市民亦即纳税人的权利。开发商、政府甚至是议会如果处置不当，市民可以控告。我国体制与它们有所不同，但城市关注公众利益，权为民所用原则则是一致的。我国的法律法规是体现公众利益的，党政领导人都是作为人民利益的代表行使他们的权力的，但他们的每一项决策和每一项言论是否天然地代表了人民和体现了纳税人的意愿或利益呢？前两年因发表"你是准备替党说话，还是准备替老百姓说话"[85]而一举成名的某位规划局副局长的那句话至少说明，在现实中二者并非总是一致的。那些为了节省时间，绕过科学程序或者强力推行个人意见、匆忙决策的领导者，不仅程序违法，而且决策违背公众利益的可能性极大。因而可以说，领导者可以是主体的一部分，但并不是主体的全部，只有当主体的其他部分获得到场和表达的机会时，行政决策才会合理合法，才会向科学决策靠拢。就结果而言，叫科学性，就过程而言，叫民主性和法治。两方面对于构建社会主义文明和和谐社会来说都不可或缺。

现实是，除了在专业杂志上对那些名建筑师的作品有分析评论的文章外，在普通媒体上，少有在城市新建筑落成后对其建筑艺术的评论，少有职业同行发表具有真知灼见的针砭之词，或者是展开针对不同观念、立场的切磋。即使如上海这样有着海纳百川的传统的开明城市，即使同济大学第一个在高校中开设了建筑评论课，同济大学办的《时代建筑》杂志在开展评论时仍然步履艰难。东方明珠作为市政府的重点工程，其用做多种功能的裙房是政府领导同志的大珠小珠落玉盘立意的得意之作，但专家只是指出迁就此立意所产生的体量不佳，评论即被认为有损政府形象而被批评。

资深建筑师陈世民在 2003 年曾经呼吁政府给予建筑师三种权利，第一种权利就是话语权[86]。因为在很多情况下连建筑师表达自己方案的权利都被有意无意地剥夺了。不少地方和部门每年都要评建筑奖，但由于缺少建筑评论，缺少观点的争鸣，缺少评价的更合理的标准，许多获奖作品无法服众。网载："首规委一年一度在北京举办首都建筑设计成果汇报展，展出期间评选出当年度的十佳建筑。建设部及其他部委和地方系统也

85 你是替党说话，还是替老百姓说话 [N/OL]. 河南商报，2009-06-23. http://new.163.com.

86 陈世民呼吁给予的第二种和第三种权利是决策权和盈利权 [EB/OL].（2012-10-05）.http://www.chenshimin-arch.com/index.php/ab.

每年举行国家、部委和地方的建筑评优活动，其成效是显著的，从中许多优秀建筑和设计脱颖而出，也缔造了一批基本功扎实、有社会责任心、不断追求完美的新一代建筑师。但评优过后，再坐下来细细品味和研究那些获奖作品时，会发现其中有些建筑和设计尽管造型、比例、尺度和色彩雕琢得尽善尽美，但把它们放到环境中去，其与环境的结合是那么令人失望。不是标新立异与环境格格不入，就是摆出自我为中心的架势。如若再深入研究更会发现在平面布局上大有将锅炉房面向周围居民区、大片的镜面玻璃幕墙明晃晃地反射向一侧小学校、为追求立面效果东西向大开玻璃幕墙使能源消耗大大超出规范要求、一味追求造型破坏自然的采光和通风的例子，如此等等实在令人不敢苟同。"[87]

在互联网时代，网络上的建筑评论是时代心声的一部分，目前除了专业网络上有建筑学人的若干探讨之外，少有专业人士高屋建瓴地从某个角度的剖析和解读，普通公民的网络言论除了有发自内心各有所爱的简单感受外，还有大量的调侃，例如最近对人民日报社大楼的调侃，以往对中央电视台新大楼和杭州城区市政府大楼的调侃等，其实质并不是对建筑本身的认真严肃的分析。建筑评论是当代信息社会关于建筑创作的认识的一部分，是价值主体对建筑创作评判的构成部分，包括了对建筑作品的成败的剖析，对其内涵和亮点的揭示，对建筑的价值判断等，因而建筑评论对创作起引导作用，同时评论的多寡则会显示当地民众脱贫的程度、社会文化素质高低的程度及对公众事业的参与度，是社会主义文明程度的表征。专业内人士的集体沉默、政府及其负责人的高调宣布或噤声、百姓的调侃构成了当前建筑评论的中国特色，也是中国式的哑剧；大部分人失声而少部分人自作多情和一厢情愿的评论的错位说明了价值主体的缺位。

3.3.4 谁为公权力决策的高成本埋单

权力决策因缺少科学性而造成的巨大浪费的案例比比皆是。如江南某市的市长工程中桩基都完成了，市长决定更改方案，遂使基础工程报废；山东某市未经审批就在文物点周围开工打桩，因方案不可行而终止。这些几百万、上千万的浪费无人问责。权力决策盛行除了因体制的高度集中性外，还有一个原因就是决策者总是可以不必为高昂的成本浪费埋单。中国的城市领导没有能力在图纸上发现设计问题，他们对建筑的关心表现在建造过程中的亲身感受并立即将感受转化为新的修改要求，或者连感受也不考虑只考虑进度，而不顾及该种修改或加快进度引发的各种连锁反应及其引发的技术和经济责任。在他们剥夺了建筑师的设计权利的同时，也将建筑师所承担的技术和经济上的责任卸了下来；在他们改进了自己对建筑的认识和把握能力的同时，也挫伤甚至毁去了注册建筑师的责任心和把握设计的热情与能力。虽然政府官员可以调动行政资源推卸赔偿的责任，但再要求建筑师承担起这种责任已经不可能，义务和权利总是这样相随相生的。

在政府官员与建筑师都不用或无法承担责任的情形下，为项目决策失误埋单的只能是政府或者是投资人，并最终转嫁至广大纳税人的身上。政府官员手中掌握着巨大的公权力，在很多情况下这样的权力并未在制度上得到有效制约。在经济快速发展的背景下，少数官员未遵循科学发展观的基本要求，出于政绩需求而大干快上，在未经过科学论证的情况下仓促上马献礼工程，甚至在明知违反科学规律但为了所谓政治需要也不顾后果上马的案例数不胜数。这些造成了城市空间及环境资源上的巨大浪费，如2013年安徽某市科技园项目为了迎接市委书记某日视察，硬是在炎炎夏日完成大面积草坪的铺设和大树的移栽，明知不能存活仍然要求施工单位完成，数十万元一次报销。于是，在城市建设中因为政府"一把手"或"某把手"的决策失误而导致的高成本，最终将由在相关

87 关于21世纪可持续发展口号下的建筑创作与评论的标准问题 [EB/OL]. （2006-04-04）.http://www.abd. cn/papers/jianzhu/20060404/ paper19254.shtml.

决策中毫不知情且囊中羞涩的千万普通百姓来埋单。因此，对于政府投资的重大项目来说，应规避公权力决策的种种弊端，在决策机制中融入制衡与监管因素，在过程中充分论证、博弈，并大力推广公示制度和听证程序，让专家论证、使群众知悉，并让地方人大充分行使监督职权，如此才可以最大程度地减少公权力决策失误的发生。

3.4 问题四：严峻的建筑创作生态

党的十八大强调要实施创新驱动战略，指出了各行各业在今后的几十年中的努力方向，但是要实施这一战略还需要认真解决具体的社会管理问题。就建筑设计而言，目前我国的管理机制存在一个死结，或者说是普通人难以理解的症结：在大量的案例中，政府有关部门可以向国外那些有创新理念或者没有创新理念的设计事务所支付高出国内标准几倍以至数十倍金额的设计费，却不能拿出几分之一的经费来为中国自己的建筑师的创新理念及可操作的方案提供良好的实施条件。墙里开花墙外香，中国建筑师的创新理念不少都是先在国外引起注意后再引起国内关注的，潜在的规则就是，中国建筑师对祖国的奉献本来就应该是价廉物美的。现实是，即使有创意的建筑师在目前的创作生态下也会渐趋沉寂。

3.4.1 高强度的工作量和低廉的设计费

建筑师在中国属于令人向往的职业之一，位于高考考生选项的前列，因为其就业容易，好的设计单位收入较高。但是，面对大量急就章式的设计任务和完成期限，面对房地产的逐利性要求和政府等的威权式操作，面对中国职业建筑师的宿命——设计者无法按照注册建筑师国际规范要求的作为甲方代理人也作为公众代理人的双重代表履行职责，大量普通建筑师高负荷地工作，且创意不足。目前，即使大型和中型的甲级设计单位里，在那些中央和地方政府以及公众仰赖的基本力量中，除了建筑师个人的坚持和机会之外，已经很少有前瞻性的研究和有效的交流了。整体上说，我国一级注册建筑师的研究和再教育与转化性实践开拓仍然和我国进入集约化、城镇化发展阶段面临的挑战要求不相匹配。不少中下层的设计单位，则只能通过大量吸纳刚毕业的三、四流学校的廉价毕业生充作画图机器，业主倒成了只需动口的设计师，设计过程就是拼贴过程。这样工作的设计人员往往只有几个月甚至几个星期就要跳槽，设计单位老板就继续寻找同样廉价的画图机器取代已走的人员。这种工作模式使得大量中小设计单位陷入质量和收入的恶性循环，他们只能在中小城市谋生，制造大量的简单复制的产品，成为千城一面的城市面貌的主要生产者。在它们的竞争之下，设计费用被不断压低，迫使更多的设计单位中的设计师超负荷地运转，体质不断下降。据"2012年建筑中国俱乐部设计师幸福度大调查"中对1000名建筑师调查的数据（表3）显示，有近42%的建筑师每天休闲娱乐的时间为1~2小时，有17%以上的建筑师休息时间在1小时以下（不含吃饭睡觉），且在所谓休闲一栏中有81%的人填的内容仅仅是上网。这批白领是当代电脑操作带来的心脏病、脊椎病的典型早发人群。在最期待改善的一栏中，竟有80%以上的人表示希望改善收入状况。他们在我国建筑方案决策机制的导引下，思维的活力也逐渐枯竭，那些最应该具有原创性和进取性的年轻设计师逐渐失去了自己的判断能力，失去了连常人也可据常识识别美丑的勇气。该领域人均收入逐渐减少，而工作如此劳累使得从业者逐渐转移职业选择。据调查，建筑学专业投入设计创作领域的人数不足50%，投入房地产经管工作的毕业生占据了行业上游的优势，收入是同一学校毕业生从事设计者收入的2~3倍，这种现象和这种工作的生态环境必然摧毁我国相当数量的设计人员的创新能力。

表3　2012年建筑中国俱乐部设计师幸福度大调查

2012 建筑中国俱乐部
设计师幸福度大调查

2012 年已经结束，

在这一年里，我们中国设计师到底过得好不好？

我们最大的愿望又是什么？我们心中的幸福到底在哪里？

相信 2012 建筑中国俱乐部设计师幸福度大调查会为我们一一揭晓。

本次调查共有近 1000 名设计师参与，以下数据仅供参考。

您幸福么？

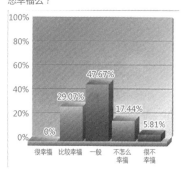

您认为影响您幸福的主要因素是什么？

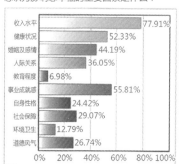

2013 年您最期待改善的是？

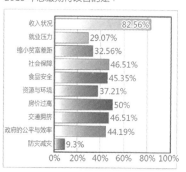

2012 年，您工作日平均每天的休闲娱乐时间（除上班上学、做饭吃饭、睡觉之外）有多少？

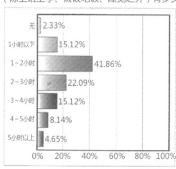

2012 年，您工作日中的休闲娱乐时间主要用来做什么？

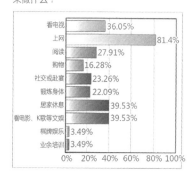

2012 年您最关心的三个国内行业事件是？

您的职业方向？

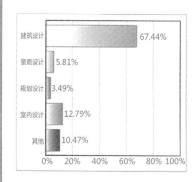

您就职公司的性质？

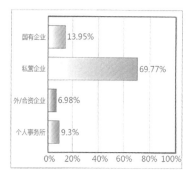

男女比例：
男 65.12%
女 34.88%

年龄层次：
20 岁以下 1.16%
20-25 岁............41.86%
26-29 岁............31.4%
30-39 岁............18.6%
40-49 岁............6.98%
50 岁以上 0%

学历水平：
专科 16.28%
本科 73.26%
硕士 10.47%
博士 0%
博士后 0%

婚姻状况：
已婚 39.53%
未婚 60.47%

家庭面临的主要困难：
收入 60.47%
就业 20.93%
医疗 19.77%
子女及教育 24.42%
住房 54.65%
养老 22.09%

2012 年您家的收入比
2011 年：
大幅增加.............1.16%
小幅增加.............51.16%
持平 32.56%
小幅减少.............10.47%
大幅减少.............4.65%

3.4.2　对劳动者创作权利和成果的剥夺

　　设计市场由卖方市场转变为买方市场，为提高设计质量和服务质量开辟了道路，但是因为缺乏市场经济所需要的规范，权力和金钱扭曲了价值标准，使得中国建筑师得不到应有的尊重，即使是那些著名的建筑设计单位和设计人员，都曾经在某些地区遭遇和体验过处在中国国情下的政府项目中乙方的滋味，这种甲乙方的关系甚至让投身中国市场的外国捞金者高度重视，将和政府官员会面并展现魅力作为项目公关的核心环节。更富有中国特色的一种现象是，在所有的项目剪彩仪式上端坐在主席台上的人员中，设计者常常是坐在被遗忘的角落；在所有的作为城市业绩的项目竣工的报道中，记者们都集体无意识地不提设计单位和施工单位的名字。媒体喜欢报道的在中国完成了项目设计的建筑师都是外国建筑师的名字，中国的建筑师，即使是那些同样会搞怪的建筑作品设计者，除了自己的圈子之外，还有谁知道他们的名字？拖欠设计费、延期付款甚至赖账成为经济欠发达地区甚至是那些经济状况尚好的地区政府创造业绩的基本经验，苏北某市书记要求下级说明自己的工作能力的最重要方法就是在没有资金的前提下把项目搞上去，把艰苦奋斗时期的口号变相地用到现在："没有条件创造条件也要上"。众多的书记和市长对主管部门干部说政府没钱，你们自己想办法，"不然还要你干什么"。主管部门则只有自己筹款，挖肉补疮，或者依靠老关系或自己个人朋友间的信任开展工作，延期付款。但在某些地区，主管部门则是对设计单位和施工单位说尽好话，瞒天过海，耍尽无赖，欠费不给。大量设计单位如同施工单位一样，之所以不诉诸法律手段，是因为那会断了自己今后的财路。法院当然可以依法判处政府及其官员输掉官司，但是法院至今没有能力让任何一个地方政府破产，在多数情况下也没有能力让地方政府赔偿，当司法权遭遇行政权，在我国都是无解的，这也是大量行政违法无法被制止的原因。

　　设计行业是服务行业，这是市场经济让中国的职业建筑师明白的道理，建筑师必须从头至尾对工程负责，但是让中国建筑师不明白的是为什么当他做了他该做的甚至是他可以不做的努力之后依然得不到合同上那些规定的权益，甚至得不到作为劳动者应享的尊重。大量的建筑创作人员终于明白了自己也是普通劳动者，和农民工的本质是一样的。市场经济的基本前提是契约精神，践踏契约精神只能说明市场经济的原则并未确立。文明、公正和诚信是社会主义的核心价值观，违背这些基本的核心价值观的行为，包括地方政府各行政部门及其直属的房地产公司的违背文明、公正和诚信的行为，在建筑设计和工程施工的大量案例中不断出现，这是需要十分警惕的现象。

3.5　问题五：混沌的建筑学科定位

　　当前遭遇的与建筑创作相关的第五个问题是关于建筑学这一学科如何定位的问题。广义的建筑业是国民经济的支柱产业，建筑业的前期谋划的相当部分都属于建筑设计，它构成了建筑产业链上前期的一个无可替代的环节，支撑着整个建筑产业链每年创造超过万亿元的增加值，使得行业上千万的就业人员得以工作，因此有关这一定位的讨论已经不仅仅是学术的讨论。狭义的建筑是对应于英语一直上溯到希腊语的 Architecture 的日文翻译和中文借用，指的是建筑艺术，它是将中国古代的营造放在现代的语境中的重新表达，经历了早期的包括技术和艺术的综合到 80 年代的文化诠释再到当代的具有更多内涵的表达。

建筑是人们衣食住行的一部分，是人人都接触、都不陌生的事物，因而相当多的接触过基本建设的若干官员甚至都自信地认为他们是天然的建筑师，但是真正的建筑师和他们的职业却往往被别人按照削足适履的逻辑安排在尴尬的定位中。

从远古的有巢氏到清代的工部《工程做法》都是建立在工匠营建活动的经验基础之上的。欧洲本来也与此类似，只是到了文艺复兴之后，随着对建筑艺术的不断追求和建筑工程量的增大以及对那些具有艺术创造力的杰出设计者的日益倚重，才华横溢的大师才逐渐从匠师阶层分化出来成为建筑师。他们的设计建立在他们对当时的砖石穹隆和木构梁架多年积累的知识的把握上。到了工业革命阶段，新型的大跨桥梁、工厂、车站等对新型空间的追求和对新的结构安全性和材料断面计算的理性分析，使得欧洲的建立在理性和实证基础上的科学进入到结构、材料等领域，由此推动了建筑和结构等学科的不断分野。直至今日，现代意义的建筑学已经和古代中国的营造活动大异其趣，成为通过运用结构、材料科学等成果，通过各个不同层次的设计活动营建符合当代需求的建筑空间的一门独立的学问。建筑学在我国实行的科学管理即学术分科的管理体系中属于一级学科，其核心内容和灵魂就是建筑设计。

3.5.1　建筑设计的学科特质

马克思在资本论中说："蜜蜂建筑蜂房的本领使人间的许多建筑师惭愧，但是最蹩脚的建筑师从一开始就比最灵巧的蜜蜂高明的地方，是他在用蜂蜡建筑蜂房以前，就已经在自己的头脑中把它建成了。"人类这一不同于蜜蜂的前瞻性的过程及其中间的成果就是设计。人类不是靠遗传而主要靠后天的学习来获得这种技能，设计的潜能可以说是人类区别于动物的一大表征。

设计过程就是人类通过各种模拟的方法对自己即将创造的作品开展预设性研究和调整的过程，通过这一过程，设计者将自己头脑中对未来制品的设想不断具体化和完善化，并使之能够作为实施的依据。建筑设计就是设计师对建筑制品的空间安排和构建方法的预设性表达。建筑类的设计过程和服装设计、工艺品设计及普通工业产品设计除了具有类似的预设性过程之外又显示了相当的不同，这表现在建筑制品不可能像服装和普通艺术品那样可以移动，可以因个人不喜欢就随意更换一件，可以只承担起社会对它的某一两个方面的需求，可以只由一个设计师完成作品创作。不，建筑不是这样，它的高成本性和空间的使用要求使得设计的随意性受到极大的制约，它的建成本身就已经由多个部门、多个专业耗费了大量的材料、能源和技术后才得以完成。即使在设计层次，它也是多种专业设计的合成。即使技术发达的现代，拆除或移走一栋建筑也代价高昂，建筑本身具有时空的稳定性。大部分建筑不可能藏入密室，即使投资者建好了房子，但它的后来居住使用者却是他人。城镇乡村大多数建筑都和万千百姓相关，百姓们有自己的体会和判断，建筑具有明显的社会性。

多数建筑必须承担起社会各个不同的相关者心目中对它的金字塔形的多层次的需求，包括最基本的使用的空间性需求、生理和安全性需求、物理性需求、经济性需求以及文化意义需求直到艺术和心理的需求。按照马斯洛心理学的需求层次分析，低层次的基本需求是初始性的却是不可或缺的需求，离开了基本需求建筑无法持续提供服务和无法保证基本的服务质量，但人类从来不满足于基本的需求，甚至在基本需求还没有达到较高标准时就产生了对较高层次需求的渴望。随着人类文明程度的进展和技术、文化素质的提高，对基本需求和其他需求的要求日益提高且日益敏感。因而优秀的建筑设计就是随着时代的进展在不断完善基本需求的同时，又在营造建筑内外空间等的过程中为社会提供丰富的高层次需求的工作。这种满足社会需求的多层次性就是建筑设计的第一特质。

建筑设计的第二特质是它的双重基础性。一方面是对科学性的依赖。自然科学和技术科学的铁律是刚性的，这保证了它构建的物质成果能达到期待和预设的安全性和经济性要求；另一方面建筑设计又必须在建筑师驾驭物质性要素构建建筑的同时对人类的各种高层次的和深层次的艺术、文化、心理的需求给予回应。这种要求是弹性的，相关的人文学科在总体上也呈现出弹性的和模糊的特征，建筑设计的这种特质使得它的知识域必须横跨技术科学和人文科学。

建筑设计的第三个特质是它的多解性，影响建筑设计的因素如此之多，因而在大多数情况下，设计过程不是单线的逻辑推理而是包含着逻辑思维的多因素的把握和选择。虽然任何违背科学定律的尝试必将受到惩罚，虽然随着时代的前进对建筑科学性的要求日益全面和多样化，但建筑设计仍然保持着艺术类创作的特点，通过设计师的思维和对各种要素的不同把握和选择产生出多种的创作结果，也是"没有最好，只有更好"。建筑常常是遗憾的艺术，因为将所有的影响因素都恰到好处地应用起来绝非易事，而且，设计还要通过另一个层次的营造活动——施工才得以完成其作品。建筑设计如果不能提供施工单位可以操作的图件凭据，其结果也会无从把握，施工的条件同样是制约建筑设计选择的重要因素。

在历史前进的过程中，建筑及其概念的发展、变化、升华与社会的发展、变化与前进紧密相关。在城镇地区已经建成的多数建筑必然成为城镇地区与公众的视觉、心理以及身体各器官感受的组成部分，而公共建筑则更直接地成为他们生活的重要的相关部分，成为社会公众对自己的生存环境寄予期待和希望的一部分，成为社会的物质文化与精神文化的一个构成和依托的部分。不管投资者的好恶和利益取向及生命长短；建筑必须对一代又一代的居住者和使用者、对城镇居民提供功能和精神上的长期的服务。建筑作品不应该因甲方或其他决策者的某种特殊爱好就可以对一代代的业主和公民不负责任，甚至以其丑陋和其他恶劣品质摧残之。建筑的这种技术复杂性、器用性、多重功能性、位置稳定性和作为公众文化的载体作用使得建筑设计尤其是城镇的重要建筑、公共建筑的设计任务成为对设计人员整合科学技术与文化艺术的能力的挑战，获得时代认同的优秀的设计成果成为设计人员的最高追求，作为时代文化载体的作用也使得创新成为建筑设计行业的灵魂。

建筑设计学科是建筑类各学科的核心，它的独特的规律，兼及技术科学和人文科学以及艺术门类的文化属性，使得建筑设计的创作过程呈现了极强的综合性、技术性与空间性的难度。这种特征使得无论是工程师还是艺术家除经过磨炼之外并不能直接代替建筑师的工作。即使在古代，造园这种和山水画密切相关、艺术性要求非常高的建造活动，仍然"另是一种学问，别是一番智巧，尽有丘壑填胸，烟云绕笔之韵事，命之画水题山，顷刻千岩万壑，及倩磊斋头片石，其技立穷，似向盲人问道者。故从来叠山名手，俱非能诗善绘之人……"[88] 这即说明古代叠石垒山能手多数并不是单纯的画家或者石工所能代替。建筑师的成果被现代社会理所当然地称为作品，建筑设计因其包含了创造性的艺术性成果而被称为建筑创作,在一个文明社会,建筑设计单位和相关设计群体、主创设计师对于其建筑设计拥有属于知识产权的基本权利。

3.5.2 混沌的学科定位和学术管理难题

在我国的社会主义制度管理体制中,特别是改革开放后,邓小平提出了科学也是生产力,国家通过一系列的重大举措推动科学技术的发展。1985 年成立国家自然科学基金会,建立我国的学术评价体系,制定学科评估标准,设立科研基金,吸引学术精英开展研究,提高水平,用学术荣誉和资助力度的经济杠杆激励各个高校、各个科研机构的各个学科沿着国家需要的方向发展,将"科教兴国"作为国家发展的战略之一。其基本思路是看重科学技术对生产力的解放作用,和当年的中体西用存在着一定的脉络联系。

虽然建筑学科被很多人认为是"文科中的理科,理科中的文科",但从现在实际的学科划分中其被归为理工科范畴,而瞄准了高考的中学应试教育则使理工科考生的社会人文修养严重缺失。因而建筑学科不少毕业生只知专注物质空间的营造,却轻视人文涵养的表达,他们同其他受分科之害、走上与建筑有关岗位的毕业生一样,都缺乏将文化内涵转化为物质成果的能力。从深层次来分析,这其实也对应着当今城市与建筑发展中的价值观混乱的严重问题。如香港建筑师罗庆鸿曾在《南方周末》上发表"城市怎么建?答案在面试"的小文,文中回忆了他曾四次申请入读加拿大哥伦比亚大学建筑学院均告失败的惨痛经历。罗庆鸿第四次申请时,在入学面试环节的面试官是建筑学院主任Chuck Tier,他问罗庆鸿为何如此坚持,罗庆鸿答:"我对建筑很有兴趣,很想当个建筑师。"Tier 话锋一转:"你知道为什么以前三次申请都不成功?""嗯,不知道。"Tier又问:"你念过心理学吗?""没有念过。""你对社会学有认识吗?""不认识。""人类学呢?""不认识。"Tier:"你知道建筑是什么吗?"罗庆鸿想了一会,谨慎回答:"不知道,但我已有多年从事建筑工程的经验。""这就是你三次申请都被拒绝的主要原因。"接着他又抛出一个问题:"你知道我们为什么要求申请人要先具备一个与建筑学不相关的认可学位吗?""不知道。"Tier:"因为目前建筑学术理念相当混乱,我们也不知道未来的建筑应该是怎样。本学院希望学生们能利用他们已有的学识,从多方向、多角度来探索属于他们自己的建筑道路。"随后 Tier 先生从书架上抽出两本书借给罗庆鸿:一本是心理学教授罗伯特·萨默先生的《个人空间》,另一本是跨文化传播学奠基人爱德华·霍尔的《隐藏的维度》。最后,罗庆鸿再次名落孙山。

因此,建筑学科说到底是"人"学,建筑设计的双基础性要求解决好建筑学科的定位。这对于改善城市建设面貌将发挥潜在的长久的作用。

建筑创作所归属的建筑学科兼具技术科学和人文科学的特点,这使得我国现有的自然科学和社会科学严格分野的学术管理框架在处理建筑学科时遭遇到学术评价标准的难题。目前在我国的科研体系中,国家层面的最高级别的自然科学和技术科学的研究资金归入国家自然科学基金委员会管理,每年都有数十亿的基金用来资助国内各高校、科研机构等单位开展以基础研究为主的自然科学和技术科学研究项目,从而成为中国科学研究导向的杠杆。最高的自然科学和技术科学机构是中国科学院和中国工程院。国家自然科学基金委员会内分设数学物理、化学、生命、地球、工程与材料、信息、管理、医学等 8 个科学学部。中国科学院的学科分布与国家自然科学基金委员会类似,但将力学、天文学等单独分设,共设 16 个研究所。中国科学院院士近年在 700 人左右,建筑界有

6人。中国工程院成立于1994年，是我国工程技术界的最高荣誉性、咨询性学术机构，对国家重要工程科学与技术问题开展战略研究，提供决策咨询，其下设9个学部：机械与运载工程，信息与电子工程，化工、冶金与材料工程，能源与矿业，土木、水利与建筑工程，环境与轻纺工程，农业，医药卫生，工程管理。近年中国工程院院士数量常在700余名，每个学部100人左右，建筑学科有12名院士。国家层面的最高级别的人文科学研究资金是国家社会科学基金（简称国家社科基金），设立于1991年，由全国哲学社会科学规划办公室负责管理。国家社科基金设有马克思主义·科学社会主义、党史·党建、哲学、理论经济、应用经济、政治学、社会学、法学、国际问题研究、中国历史、世界历史、考古学、民族问题研究、宗教学、中国文学、外国文学、语言学、新闻学与传播学、图书馆·情报与文献学、人口学、统计学、体育学、管理学等23个学科规划评审小组以及教育学、艺术学、军事学3个单列学科，这个名单中未列出建筑学或者建筑文化之类的学科。建筑学在科学院被归入材料工程学部，在工程院被划入水、土、建学部。在高等学校中建筑学专业多数设在工学院。21世纪由于人才市场对建筑人才的青睐，在艺术院校和其他综合类高校也都办起了建筑学。按照国家自然科学基金、教育部以及两院的科技成果评价标准，通用的所有自然科学和技术科学的标准都是接近的，都强调技术含量，强调科学问题的凝练及其解决时的科学方法，特别是量化的方法。科学的任务是求"真"，因而科学应该是可以证伪的学问，建筑学的某些二级学科如建筑技术可以遵循这一标准，但是与建筑创作直接相关的建筑设计学科，其探讨的设计问题，大量是没有唯一解的，常常是无法证伪的，至少其理念部分在实践之前是无法证伪的。在建筑学科和同一学部的其他学科成果并置评审时，其他学科专家难以寻找判别其成果优劣的标准。在人文学科系列里，建筑设计和建筑学的若干子学科同样也因为缺少明确的个人创作者、受物质材料的过多制约等原因被认为属于跨界的学科。这样建筑学的跨界特点遭遇了不跨界的评价标准。建筑学是学科整合的成果，却经受了几十年的分裂式的管理体系的管理，这样其价值永远都是排在最后边的。对于这个特点，除了90年代钱学森在研究科学体系时将建筑学区别于其他科学单独定为第十类科学之外（表4）[89]，相关部门和学者至今都没有对此问题开展过深入的研究。住建部建筑科学研究院则是单独设置的——"以建筑工程为主要研究对象，以应用研究和开发研究为主，致力于解决我国工程建设中的关键技术问题；负责编制与管理我国主要的工程建设技术标准和规范，开展行业所需的共性、基础性、公益性技术研究，承担国家建筑工程、空调设备、太阳能热水器、电梯、化学建材、建筑节能的质量监督检验、测试及产品认证业务"[90]。它的12个研究机构直接和建筑创作发生联系的是建筑设计院，以工程设计实践与部分的规划实践为主要工作。该院通过学科研究成果和科研杠杆引导国内学术发展的导向体系的作用不够明显。

同样的价值判断标准争议发生在承担了大量科研和设计创作任务的高校中。和国家自然科学基金委员会一样，教育部对教育、科研成果的衡量制定了不断量化和细化的通用要求，对理工科更加强调科学技术的含量。建筑学特别是其建筑创作部分的尴尬局面日益严重。目前教育部对于评估建筑、规划、景观三个一级学科的各校排名已有一套量化的评估办法，评价的要素包括师资和设施约占32%，科研成果约占28%，教学成果约占22%，声誉约占18%（权重根据专家打分意见经统计处理后微调）。而该表格虽经改进但仍然是遵循理工科的记分方式，以发表在SCI上的论文篇数作为科研成果中论文一项的重要记分标准。建筑学科中的建筑物理、结构机制分析以及规划中的交通规划、景观中的环境科学因有定量的分析等进入该系统的概率较大，而建筑中和建筑创作关系

89 顾孟潮.钱学森论建筑科学[M].北京：中国建筑工业出版社，2010：10。钱学森曾经对建筑学科的定位发表过多次重要的讲话，他说："这一大部门学问是把艺术和科学揉在一起的，建筑是科学的艺术，也是艺术的科学""真正的建筑哲学应该研究建筑与人、建筑与社会的关系"，这无疑是真知灼见。

90 见住建部网站中的介绍。

表4　钱学森的现代科学技术体系构想

马克思主义哲学——人认识客观和主观世界的科学													哲学
性智 ← ┄┄┄ → 量智													学
文艺活动	美学	建筑哲学	人学	军事哲学	地理哲学	人天论	认识论	系统论	数学哲学	唯物史观	自然辩证法		桥梁
文艺理论		建筑科学	行为科学	军事科学	地理科学	人体科学	思维科学	系统科学	数学科学	社会科学	自然科学		基础理论
													技术科学
文艺创作													应用技术
实践经验知识库和哲学思维													前科学
不成文的实践感受													

资料来源：顾孟潮 . 钱学森论建筑科学 [M]. 北京：中国建筑工业出版社，2010.

最紧密的核心二级学科建筑设计则几乎无法进入该系统。技术学科把国家科技进步奖作为权重最高的奖项，该奖项建筑设计同样无法进入。虽然目前的改进已经将科技奖改为各类各级设计奖，使得在行业内部的价值判断畸形获得缓解，但跨学科的评估仍然难以进行，且目前在省部级建筑设计奖项的评审中如何面对多元化的建筑审美需求和如何解决人文尺度的评价问题上仍未获得多数人认同的办法。北京某高校为了获得较高的 SCI 的文章篇数从而提高分值，专门特聘一位理科出身的人才代替全系教师撰写论文。如果评估发展到无法衡量全体教师的真正状态和水平的时候，评估的模式就失去了准确性。提高评估的科学性的方向完全是正确的，但科学本质上是求真，当对建筑类学科的评估已经失去了反映学科真实状态之时，评估就远离了科学性。科学性和科技含量相联系，评估和量化的数学分析相联系也是正确的，但既然当代教育面临着解决创新型人才和创新型思维的培养的关键问题，而艺术家、哲学家和科学家都阐释了创新型思维是建立在直觉的基础上，直觉式的思维"需要更多的迄今尚未能如同逻辑思维那样予以归纳出规律的形象思维"，"是无法之法，它不能教，没有固定的法则方式……不能用概念来认识和表达的东西"[91]，因而根据创新型思维的无法用固定的模式评价这一基本特征，探讨和改进包括建筑教育、建筑成果评价在内的更具弹性和可为人们良知接受的价值评判尺度和标准是涉及未来创新型人才培养引导的大问题。

3.5.3　学科的发展研究有待创新驱动

在这样一种学科定位以及当前的急功近利的大环境中，建筑学科未来发展的前瞻性研究状况如何？特别是在十八大提出了创新驱动的发展战略后，如何以创新驱动战略为

91引号内的引文参见本报告第5.1节。

根本指针检讨问题并认真展望发展态势探讨未来，就适逢其时和值得努力了。建筑创作界的特点是关注当下的设计任务，且只有项目需要时才开展调查研究，其缺少直接的前瞻性研究，多数人对于大环境的期待也是得之我幸，不得我命。但是作为承担国家建筑宏观发展的领导机构和高校以及科研单位则不同，它们通过制定和申报国家相关科研项目获得经费，它们的研究战略布局和研究成果及其转化构成了建筑创作不断发展和前进的基础。

我们可以看到目前的世界科技发展有这样一些特点：科技发展的速度越来越快；科技成果转化的周期越来越短；科技发展的经济需求动力越来越强；科学与技术的整体化趋势日益明显；高技术成为世界科技竞争的焦点；国际合作成为科技发展的强大趋势；各国政府则普遍加强了对科技工作的领导。高技术成为世界科技竞争的焦点，也是经济与社会发展中一个非常重要的特点。中国的建筑学科在科技部各项科研计划申报指南、国家自然科学基金申报指南等的引导下，其创新研究在世纪之交的确取得了大量的成果。但是由于学科的特点，这些成果不是原创性的而是转换性的或者说是二次创新的，即将其他学科的成果转换到建筑领域的应用层面。这些成果大大加强了建筑学科的科学性基础，但即使在这些方面，如何前瞻性地预见和自觉地关注未来的发展，并完成其转化性创造，仍然有待努力。

人们普遍认为，信息技术、材料技术和生物技术将是 21 世纪科技发展的主导，也将深刻影响到建筑创作的内容。但是当前的建筑界的研究状况仍然让人忧虑。例如在与设计直接相关的信息技术方面，数字技术早已从辅助建筑设计发展到规划、城市和建筑设计虚拟等领域，在细胞自动机、多智能体建模、分形理论和地理信息系统等方面都已经获得了应用。其中，建筑信息模型技术（Building Information Modeling，简称 BIM）更是以三维数字技术为基础将建筑生命全周期内的各种信息加以整合并进行有效管理的一种全新的设计方式。它具有可视化、协调性、模拟性、优化性和可出图性等五大特点。BIM 不是简单地将数字信息进行集成，它还是一种数字信息的应用，并可以用于设计、建造、管理的数字化方法。这种方法支持建筑工程的集成管理环境，可以使建筑工程在其整个进程中显著提高效率、大量减少风险。随着 BIM 在国内得到越来越多的应用，它正在给国内建筑界带来一场创作理念和思维方式的革命。建筑的计算机辅助设计正在一步步地转向计算机生成设计："数字技术显著提高人们对城市和建筑空间的理解能力和科学判断水平，加深并拓展了空间研究的深度和广度。通过数字技术，人们可以发展新型城市和建筑空间，依托科技进步逐渐更新现有城市空间和活动组织方式。通过最新数字技术所创造的个性化的新颖空间形态，使视觉审美进入一个广阔的想象空间，并形成'技术—想象力生产力'链条。从世界范围看，这一领域目前已经成为建筑学科最具成长性的学术前沿领域。"[92] 但在研究层面，它的研究者需要具有计算机专业和建筑设计专业的跨专业的知识结构，由于建筑设计专业的学习周期甚长，由计算机专业人员进入此领域困难更大，较好的选择是具有计算机兴趣和技能的建筑设计人员的进入，而目前急功近利的大环境使得建筑设计专业人员不愿意投身到这一项回报率甚低且周期较长的工作。

材料和生物技术的转换性研究方面的特点更为突出，特别是这两项工作都需要产、学、研的结合性研究和集成性创新。在材料技术方面，新材料的不断推陈出新肯定会对建筑材料与构造方式产生重要影响，如生态建材的推广运用。生态建材是指在原料采集、

92 李飚 . 建筑生成设计 [M]. 南京：东南大学出版社，2012：序（王建国）.

产品制造、使用或者再循环以及废料处理等环节中对地球环境负荷为最小并最有利于人类健康的材料，主要包括天然建材、循环再生建材、低环境负荷建材、环境功能建材、多功能复合材料等。未来一二十年的建筑材料将会在净化环境、防止污染、替代有害物质、减少废弃物、利用自然能、材料的资源化等方面取得重要进展，从而实现资源与环境的可持续发展。在生物技术方面，可以通过生物本身对信息处理、运作的方式和生物、电子技术在工程设计中的运用，使建筑更加智能化。具体应用可包括：生物技术与建材的融合，使建筑物更节能；生物技术与环境检测技术的结合，如设计生物智能感应芯片，实现对环境与有害物的实时监测等；生物技术与智能化的结合，使高科技更多融入普通人的日常生活。

然而当前最突出的也是建筑创作最需要的是建筑师本身的原创性思维，建筑学科的特点决定，这种原创性思维要跨越技术科学和人文科学、综合科学和艺术的成果，关注社会和谐发展目标，并能照顾当前中国特色的基本建设管理秩序。这是一种在人居环境营造领域内建立在五个文明基础上的整体思维。而恰恰在这一点上，现有的与学科定位相联系的科研管理和激励机制无法应对这个问题。除了在一定程度上改进和调整针对建筑学科管理的指标体系之外，需要设置新的研究领域和研究成果评价方法，还需要大环境和总目标的调整，而解决这个问题本身就需要创新的思维且是顶层设计的创新思维。这一问题也许短期内依然得不到解决，但毕竟需要将其纳入社会发展的目标里，并为解决这一问题创造适合的土壤。

回顾历史，20 世纪 30 年代，沿海城市的建筑事业蓬勃发展，但日本的侵略引发的抗日战争中断了这一进程，60 年代因政策失调引发的经济发展困难同样导致了建筑业的大范围萧条和停滞，设立建筑学专业的学校和大量设计院急速萎缩。这都说明建筑发展无法脱离社会的发展。建筑师无法按照自己的设想改变整个社会的发展历程，而这历程又充满了偶然性和突发性。当前，十八大制定的路线和目标勾画了美丽中国的愿景，也为解决包括建筑学科发展的社会环境问题提供了可能性，国内外人文学科的具有启发意义的理念或者提出的挑战性问题也在激励着我们，建筑师以及所有的建筑学人应该为健康的继续开拓做好前瞻性的准备。

思考与对策

4 跨文化对话是建筑创作多元创新的基本路径

文化之间的关系问题是中国知识界经久不衰的思考和争论的课题，也是讨论建筑创作所不能回避的问题，只是本报告的讨论是放在更为广阔的历史视域中的。

当我们讨论不同地区、国家、民族的物质和精神的成果及其关系时，文明和文化是我们常常使用的关键词，此二术语在不少情况下意义相近可以换用[93]。对于文化或文明的兴起和衰落期不同文明的关系前辈学者也多有论述[94]。本报告沿用文化人类学将文化定义为一切物质和精神形态的文明成果的概念，将关键词选择为文化，并关注动态的过程和关系，但不排斥必要时对另一词汇的使用。

[93] 当描述一个地区的物质和精神形态的成果的总和时二者相近，另一些情况下则又相当不同。例如钱穆在他的《中国文化史论》中提到，文明是可以共享的，而文化是不能替代的，这里他将文明限定为人类创造的物质形态的成果，而文化则限定为精神层面的成果。他的这种观点至今还被某些学者沿用。概念术语也属于历史的范畴，词的内涵和外延随历史和随观察者的立足点不同而变化是常有的事。历史学家综览古今，看到的是发展的结果，巨大的时空跨度常常忽略不计，故喜用"文明"；社会学者考察社会中的日常生活，见微知著，关注过程特点，喜用文化。中国在经历了文化大革命后痛感失却文化的痛苦，又时值文化人类学和社会人类学在世界的不断勃兴，文化已经成为当代论题的切入点。

[94] 例如英国历史学家汤因比在他的传世之作《历史研究》中将人类划分为 21 个文明社会（后增至 26 个），以一种仰观俯察的宏大气势从文化和社会的关系的角度探讨文明的起源、生长和衰落的问题。几十年过去了，汤氏对文明的区划和将之作为研究单位的某些观点曾受到后学者的批评，然而后学者依然肯定他的理论框架在作出必要的调整之后所显示的巨大的价值。他对文明过程中的兴衰的分析和论点今天依然值得我们重视。例如他认为文明死亡的原因永远是自杀而不是谋杀的论断——其兴，一需具有创造能力的一批少数人不断在环境挑战面前迎战和不断创造的"退隐与复出"的过程，此过程受到多数人模仿；二需自然环境不太有利也不太不利，使得挑战存在又不是不可逾越。其衰，一因少数人丧失了创造的能力，而多数人则撤回了他们的模仿行为；二因作为一个整体的社会丧失了它的社会统一性。见：索罗金.汤因比的历史哲学 // 汤因比.历史研究：下卷 [M].曹未风，等译.上海：上海人民出版社，1986.

4.1 跨文化对话是人类面临挑战的战略性回应

4.1.1 跨文化对话是全球化时代的战略抉择

　　1989 年苏联解体，社会主义体系崩解。冷战结束，政治的意识形态不再成为世界政治分野格局中的决定性因素，美国政治学者塞缪尔·亨廷顿展望未来的政治较量，提出了未来世界的争夺是不同文明的争夺的观点[95]。2001 年美国 "9·11 事件"，更成为亨廷顿文明冲突说的催化剂，虽然包括亨廷顿本人在内的学者对文明冲突都做过不同的解说，并且也不赞成将当代恐怖活动和文明冲突必然联系起来的认识，但文明冲突说的确引起了各国学者的高度重视，甚至有论者将伊斯兰和基督教文明的争夺列为不可避免的冲突。人类共同的命运和当代政治、文化、经济发展的现实将探讨人类文化间的关系问题推到了人类良知的面前。2001 年 11 月，即在 "9·11 事件" 后不久，联合国教科文组织就通过了《世界文化多样性宣言》，表达了代表人类良知和获得参会各国不同文化背景的代表一致认同的基本观点：文化除了文学和艺术之外还包括生活方式、共处的方式、价值观体系、传统和信仰，文化是当代就特性、社会凝聚力和以知识为基础的经济发展问题展开的辩论的焦点，全球化对文化多样性是一种挑战，也为各种文化和文明之间进行新的对话创造了条件，文化多样性是人类的共同的遗产，是发展的因素，它要求相互信任、理解、尊重、对话与合作[96]。接着在联合国教科文组织的 2005 年第 33 届大会上，经法国和中国等国提出，几十个国家缔结了《保护和促进文化表现形式多样性公约》，除了重申宣言精神并将之具体化之外，还明确提出："文化的多样性通过思想的自由交流得到加强，通过文化间的不断交流和互动得到滋养"[97]。该公约强调了对话及其积极意义，这是人类应对全球化挑战的战略性抉择。

95 亨廷顿的 "文明冲突论" 的核心观点有以下几点：其一，未来世界的国际冲突的根源将主要是文化的而不是意识形态的和经济的，全球政治的主要冲突将在不同文明的国家和集团之间进行，文明的冲突将主宰全球政治，文明间的(在地球上的) 断裂带将成为未来的战线。国际政治的核心部分将是西方文明和非西方文明及非西方文明之间的相互作用。冷战后的国际政治秩序是同文明内部的力量配置和文明冲突的性质分不开的。同一文明类型中是否有核心国家或主导国家非常重要；在不同文明之间，核心国家间的关系将影响冷战后国际政治秩序的形成和走向。其二，文明冲突是未来世界和平的最大威胁，建立在文明基础上的世界秩序才是避免世界战争的最可靠的保证。因此，在不同文明之间，跨越界限（Crossing Boundaries）非常重要，在不同的文明间，尊重和承认相互的界限同样非常重要。其三，全球政治格局正在以文化和文明为界限重新形成，并呈现出多种复杂趋势：在历史上第一次出现了多极的和多文明的全球政治；不同文明间的相对力量及其领导或核心国家正在发生重大转变，文明间力量的对比会受到重大影响。一般来说，具有不同文化的国家间最可能的是相互疏远和冷淡，也可能是高度敌对的关系，而文明之间更可能是竞争性共处（Competitive Coexistence），即冷战和冷和平。种族冲突会普遍存在，在文化和文明将人们分开的同时，文化的相似之处又将人们带到了一起，并促进了相互间的信任和合作，这有助于削弱或消除隔阂。其四，文化，西方文化，是独特的而非普遍适用的。文化之间或文明之间的冲突，主要是目前世界七种文明的冲突，而伊斯兰文明和儒家文明可能共同对西方文明进行威胁或提出挑战，等等。见：文明冲突论 [EB/OL].（2014-02-19）. http://baike.baidu.com/view/133501.htm? fr=aladdin.

96 见 2001 年联合国教科文组织大会第 30 届大会通过的《世界文化多样性宣言》。

97 见 2005 年联合国教科文组织第 33 届大会通过的《保护和促进文化表现形式多样性公约》，文化问题涉及意识形态，中国是该公约的发起国，并以发展中国家的立场参与了该公约的起草，2006 年 12 月全国人大正式批准该公约。在中国之后，截至 2007 年 8 月，已有 35 个国家向联合国教科文组织递交了批准书。

在"华夷之辨"观念的影响下，不仅古代如乾隆皇帝那样的统治者认为观念形态的文化不能互换[98]，就是清代晚期直到今天，从严复到钱穆到当代不少学者仍然认为，不同的观念形态的文化不可公约，严复连张之洞的中体西用的观念都予以拒绝，认为这等于是"牛体马用"，这自然有其道理，因为每种文化都有自己的特质。但是越来越多的学人至少认识到，即使从最狭窄的自保的角度，从商业贸易的角度及语言沟通的角度来看，跨越文化间的鸿沟、了解与对话他人以做到知己知彼已是今日世人总体上的基本认识[99]。

不同的工作领域对文化间的对话体会不同，研究古代典籍者一年里也遭遇不上几次跨文化的问题，多数国人要不是孩子出国大约也犯不上为此操心。随着地球村内交流的加速，传媒、文学、电影、艺术、体育的跨文化问题日益明显。一部《功夫熊猫》电影惹得国人愤愤不平，你不理睬别人，别人可爱上你的文化并用它来赚你的钱了。于是，世纪之交，各国、各界知识精英都从自己的角度提出了关于共存、共生的理念，例如日本建筑师黑川纪章就阐述过建筑文化的共生，而具有东方文化的基础又受过英国功能主义人类学熏陶的中国社会学家费孝通的主张有着更加深远的思考，他更加强调对话，并提出了"各美其美，美人之美，美美与共，天下大同"[100]的十六字箴言，表述了不同的文化之间相互认识和尊重直到互动激励的过程与目标。他认为，在全球化的背景下，利益争夺引发的文明的冲突难以避免，而求同存异、平等对话、共同发展，才是人心所向，才是人类面临挑战的战略性回应。

4.1.2 跨文化对话是中国当代文化发展的必然之路

100多年来，从输入西方的物质文化到输入经济、政治、法律理念到输入马克思主义并将之融入中国本土，改革开放30年多来终止了对外的隔绝和封闭，这期间重新引入和消化域外文化的过程，是中国终于崛起的基本条件之一。可以说没有跨文化的对话，以及由这种对话再次激起的中国少数先进分子的创造力，加上多数人为之效仿形成的社会力量，中国将如汤因比在《历史研究》中所断言的那样，古老帝国的文明将停滞和沉沦，中国就不可能取得今天的各种成就。跨文化对话是当代中国发展成功的基本经验。

经济的全球化和科技的发展，特别是信息技术的发展，使得人类从来没有像今天这样命运相连，空间在多数情况下已经不再是阻碍人类沟通和相互学习的障碍，也不再是隔绝自我和阻断外部"瘟疫"的安全阀。跨文化发展是新形势下对以往简单的东西文化关系的深化认识，是我们对世界和自身的深化认识。西方再不能简单地作为外部世界的全称，不但非洲的战争和动乱牵动着中国人的利益，因而需要认真设计从政策到盖房子的安排，就是传统的西方概念如今也不过是一个书面的抽象概念。当落到操作层面时，我们面对的是一个个语言、法律、宗教信仰、习俗等文化并不相同的国家和区域，我们需要具体了解和对待，把其中任何一个当成欧美的全部代表都会闹出笑话。同样也有大量实例说明中华文化作为一个大的文化区域时，即使是汉族的建筑文化都存在着南北东西的差异。认为一个标准和一个法令可以解决所有的问题是不负责任的。当我们批判当年和现代的帝国主义政策中对东方文化和其他弱势文化的歧视的时候，也不该忘记我们自己同样会在国际和国内犯类似的错误。

98 1793年，中国值清朝鼎盛之时，乾隆皇帝在给英王乔治三世的一封信中除了拒绝英国派员来华照管商务之外，还表达了彼时天朝大国对域外文化的态度："咨尔国王，远在重洋，倾心相化，特遣使恭斋表章……深为嘉许……天朝自有天朝礼法，与尔国各不相同，尔国所留之人，即能习学，尔国自有风俗制度，亦断不能效法中国，即学会亦属无用……"这反映了当年中国文化的法统继承者和主流社会对待外来文化的态度。

99 例如新儒家代表人物唐君毅说："吾人说自己话，亦须了解他人之话，否则终互不相知而已。故弟对西方学术，恒觉不敢忽视，如宋命理学家之辟佛，亦未尝不多读佛书，并对之有所取资，只需大本大源未变，固不失其为儒也……吾求他人了解吾祖宗之文化，则吾亦愿了解他人之长，此亦恕之义也……"见：王峰.胡兰成与唐君毅的交往[J].读书，2013（4）。又如将苏东坡介绍到美国的作家林语堂说他自己："两脚踏中西文化，一心评宇宙文章，挚爱故国不泥古，乐享生活不流俗"——见台北林语堂纪念馆室内林氏题字。

100 费孝通.对"美好社会"的思考//费孝通.费孝通论文化与文化自觉[M].呼和浩特：内蒙古人民出版社，2009.

美国 *Architecture* 杂志发表的文章《带一个旅行袋去亚洲》（*Carpet Bagging in Asia*）曾呼吁[101]："在印度尼西亚、马来西亚、新加坡、菲律宾和中国爆炸性的经济发展正创造着利润丰厚的建筑设计委托机会。"[102] 于是我们看到，远在 2001 年 11 月中国正式加入 WTO 之前，外国建筑师和设计机构就已经开始作为重要的力量进入中国市场，北京、上海等地已经开始了吸引外国建筑师参与的重要公共建筑项目的进程。

与此同时，中国建筑师开始走向国际，从 20 世纪 90 年代末期开始，"中国"作为建筑新闻关注点出现。90 年代中期以来，中国的青年实验建筑师群体逐渐在国内媒体中突围，2004 年左右开始，中国建筑师群体和个人也开始出现在西方媒体的大力报道之中，他们还在一系列展览中频频亮相，增加了西方人对中国建筑师的了解和认可。随着张永和、马清运到美国建筑院校出任系主任、院长，王澍接连获得法国建筑学会金奖和普利兹克建筑奖，短短十几年间，中国建筑师已经开始站到了国际主流的舞台上。

中国建筑界，已经不可避免地成为世界建筑界的一个有机的组成部分。无论是近代留洋回国的中国建筑师还是当代的海归派，或者是还在国外打拼世界的建筑界的游子们，都是在遭遇了文化的"时差"的撞击后根据自己的岗位做出不同的调整才取得不同类别的成就的。这调整就是文化的磨合和对话。调整不过来或者调整得不对的就是对话不到位的问题，寻找到不同文化的结合点和发力点就能够获得发展的机会。

4.1.3 跨文化中的论辩

人类文化在历史的长河中不断发展变化，任何文化都是在与社会的发展和外来文化的交流中，不断摒弃不合适的旧质素，同时不断产生新的质素而延续下来的。但是跨文化发展并不等同于不假思索、全盘地接受"他者"的理论、方法。真正的跨文化之路需要建立在批判性思维的基础上，以批判性的目光审视他者与自身。而所谓批判性思维指的并不完全是一种否定性的倾向、质疑性的思考，更不是乱加批评，而是要求在深入了解的基础上，基于严密的逻辑与推理，通过独立性思考发现问题、提出疑问。批判性思维并不是西方独有的产物，《中庸》中说："博学之，审问之，慎思之，明辨之，笃行之"[103]，这其实就是中国人的批判性思维，代表了批判性思维的不同阶段。这其中"博学"是基础，首先要有广博的知识与眼界，深入全面地了解对象，才可能达到批判性的高度。而"审问、慎思、明辨"则是一个在思辨的过程，对事物进行分析、判断与推理。好的要接受，不好的则要舍弃；适合我们的要接受，不适合我们的则要舍弃。在"思辨"之后就是"笃行"，这是一个对理论思考的实践延续，一种切实的行动。中国建筑要实现真正的跨文化道路，就必须坚持这种批判性思维，也就是说既要深入了解对方，又要坚持一种思辨的态度，同时还要勇于实践。

我们今天所说的跨文化发展所针对的经常是与中国传统文化相对的西方现代文化。而西方的现代文化，是在西方传统文化的基础上经历了不断演变逐步形成的。从充满智慧与理性的古典文明到中世纪时期的基督教文明，然后经过了 15 世纪的文艺复兴、近代的启蒙运动与工业文明，逐步形成了今天的西方现代文明，这是一个很长的、同时也是个剧烈演变的过程。在西方文化的影响下，西方建筑学的发展同样也经历了这样一个不断演变的过程。从古典主义时期对于比例、均衡的推崇，中世纪时期由建造体系与设计思想的变迁而引发的形势突变，到文艺复兴时期对古典主义思想的回归，再到后来新古典主义、折中主义的出现，以及后来适应工业化大生产需要出现的现代建筑体系，直

101 见 1994 年美国 *Architecture* 杂志的编者按。Carpet-bagger 是美国南北战争后南方人对（只带一个旅行袋）去南方投机钻营的北方人的蔑称。编者在这里形容在东南亚的美国建筑师，言外之意东南亚是美国建筑师可以"投机钻营"的新市场，而中国第一次作为建筑师的市场在境外媒体中被提及。

102 Bradford Mckee. Carpet Bagging in Asia [J]. Architecture,1994，83（9）：15.

103 《中庸》："哀公问政。子曰：……诚者，天之道也。诚之者，人之道也。诚者，不勉而中不思而得：从容中道，圣人也。诚之者，择善而固执之者也。博学之，审问之，慎思之，明辨之，笃行之。有弗学，学之弗能，弗措也。有弗问，问之弗知，弗措也。有弗思，思之弗得，弗措也。有弗辨，辨之弗明，弗措也。有弗行，行之弗笃，弗措也。人一能之，己百之。人十能之，己千之。果能此道矣，虽愚必明，虽柔必强。"

至今天的多元化格局的出现，西方建筑学的发展与西方哲学与美学思想的变迁是同步进行的，两者之间存在着一种密切的内在联系。

今天中国的建筑创作要实现跨文化对话，既需要对西方建筑与西方文化之间的内在关系有着深刻、全面的认识，同时我们又要以一种批判性的思维去看待西方。以我们经常谈到的"现代性"问题为例，该概念其实是西方启蒙运动后一系列社会进程的产物，是与以人的价值为本位的自由、民主、平等、正义等观念相联系，与欧洲民族国家的政治组织形态相关联的公民的观念[104]。西方的现代的工业化进程是和这种现代性互为表里的，中国的启蒙未竟，社会进程也非常不同，但渴求达到西方的物质文明，因而自始至今都是以拿来主义的态度去追求现代化的。从某种意义上讲中国其实永远不可能西方化，但是就物质层面而言，拿来主义又确实是直接将西方的成果照搬不误的，且现代化的样板也只有在西方发达国家存在过。因而在许多人的潜意识中，现代化就是和西方一个样，而这并不是中国现代化的合理的归宿。以建筑这种包含了观念形态的产品来说，现代化成了西方化无疑是一场灾难，因而不应将现代化等同于西方化。虽然现代化确实和西方有着脱不了的干系，我们也不能把现代化套上去西方化的紧箍咒。如果我们一味地将去除西方化当成目标，不仅不切实际，且会重蹈闭关锁国的厄运。从某种程度上来说，这也是对中国一个世纪以来历史经验的否定。只有以批判性的思维来进行跨文化对话，以代替那种非此即彼的思维怪圈才是可取的。

其次是关于普适价值的问题，此词来源于对 Universal Value 的翻译，多翻译为"普世价值"。在中国现代文化未能形成自己体系的情况下，世俗的人们总是习惯性地接受西方强势文化的影响，自觉不自觉地把西方的各种价值取向和评价标准当做正确的取向和标准，这中间包括了高等学校中的大量学科的建立和知识体系、学术标准的形成，也包括了对各种制度、观念的引进。这在正负两个方面对社会造成了影响。改革开放前，阶级论成为立论的依据，作为主流的观点是，世上没有无缘无故的爱，何谈普世。改革开放后学术界有了巨大的转变，各类观点都有，鉴于政治和经济等国际事务涉及的国家利益需要，当讨论问题涉及观念形态时，中国对外不使用这一概念，以便防止发达国家将西方的价值观作为普世价值强加在发展中国家身上。而在讨论技术层面的问题时，各级官员则用"接轨国际"来标榜潜意识中对普世价值的接受和论述目标的先进。然而像建筑这样的学科，其人文部分和技术部分是相联系的，因而当一味拒绝普世价值时失之偏左，当一味接轨时又失之偏右。作为学术概念不同于外事中的词语选择，它必须是逻辑一贯的，用"普适价值"作为表达显然是一种较好的选择，它表明了非强加的和对不同环境有适应性的含义，另一个选择是"普遍价值"[105]。虽然，我们仍然可以就具体的概念如人权、民主等继续探讨，但是至少说明像世界遗产这样将标志各个文化成就的杰出性作为人类的共享的价值标准不仅为学界接受也为中国政府接受。普世价值本身就包含了文化的多元性，或者说文化多元就是普世价值中的一种。我们不能借口中国文化的特殊性拒绝普适价值这一概念，如同西方发达国家不能借口它们的特殊性拒绝文化多元性作为普适价值一样。同样，我们也可以在中国的社会主义的核心价值观中找到和世界人权宣言中提及的概念的交集。至若建筑设计涉及的"功能适用"、"结构坚固"、"经济许可"等原则从古到今中外都是一致的，自然是属于普适或曰普世价值的，因而跨文化对话无论作为原则或是方法都是有普适意义的。

104 本报告对现代性的阐释是将哈马贝斯等学者关于现代性的论述加以提炼浓缩后得出的，参见：姜义华.现代性——中国重撰[M].北京：北京师范大学出版社，2008.

105 见中国国家文物局对《保护世界文化与自然遗产公约》中的"Outstanding Universal Value"的正式翻译，以及国家文物局《实施保护世界文化与自然遗产公约操作指南》的中译本。

4.2 跨文化视野下的西方文化解读与对话路径

4.2.1 完整深刻地认识西方文明的成果

对西方文化的全面深刻的了解是建筑创作的跨文化对话的基本条件。一如吴良镛先生所说："我们应该学会分辨，学会批判。但分辨和批判的前提是了解与掌握。只有对影响了西方历史上两千年，包括现代西方一百年建筑历史的理论范畴，以及对于中国的建筑历史及其思想理念之精华，有一个比较透彻的理解与把握，才有助于我们有所判断，有所选择，有所创新。这种研究需要与中国的实际联系起来，与我们的建筑创作实践联系起来，只有这样才能够避免那种'尽信书不如无书'的尴尬境地。"[106]

欧洲文明是建立在古希腊文明和基督教文明的基础之上的，这两种文明都发生在地中海周边地区，且基督教思想是希腊思想的宗教化。这一地区同样显示了汤因比对文明诞生的自然环境条件的描述——"不太有利，又不太不利"，海洋、通商、手工业和周边物产富饶却磨难不断诞生了灿烂的古代文化。不同于一统帝国的城邦制为希腊的哲人的概括、系统的思考提供了条件，他们不必将思考从属于政治权威，他们追寻宇宙和数学中的秘密，锤炼着思辨、文法和逻辑。基督教文明在希腊已有的理性追寻的基础上完成了人神二分的世界构建，漫长的中世纪在黑暗中建立的神学诞生了哲学和科学，诞生了独立于世俗政治权威的教育和科研体系。至文艺复兴和工业革命，不仅属于欧洲，也属于全世界享用的现代科学形成并继续发展至今[107]。欧洲文明在不同的国度有不同的思维侧重点和个性，但在总体上这一文明和东方的文明如中国的史官文化相比仍然显示了若干基础性的特征：第一，理性精神，即从柏拉图、亚里士多德到笛卡尔的理性主义精神，与思辨和逻辑思维紧密相连的工具理性；第二，由弗兰西斯·培根倡导的实证方法，即通过实验手段弥补感官觉的不足、验证科学假设的方法论；第三，建立在古希腊分类学和原子论基础之上并经由理性主义发展的学科分野和对终极原因的穷究精神，所谓科学即是分科之学，即是不断分科不断将研究对象分解划定新的边界条件深入探讨之学，整个现代人类的科学体系由此而来。

以建筑而论，当年中国的古代匠师也是用地盘图和侧样来提供施工指导，但是文艺复兴以后的欧洲则通过数学建立起投影几何学并形成了建筑的分解式的精确表达的制图学和透视学。在工业革命时代，通过不断引进数学分析形成的力学改进桥梁和新型建筑的结构设计，并形成了土木结构和建筑学分野的局面。建筑学作为延续古希腊文化精神的人的活动领域之一，把"善"留给了上帝，而把"真"和"美"作为自己的探讨对象。它已经经历了数百年的理论和实践的探讨与梳理，并成就了西方的建筑发展各个阶段的成果。西方现代主义建筑的种种流派及其主张，都是现代主义的西方哲学沿着对建筑的不同的思维方向和关注点形成的。又如计算机在建筑设计上的应用，从辅助作图到各种专业的设计计算和制图软件到正在探索的建筑生成设计等建筑设计数字技术就是这种分解式研究的成果。

所有这些特征都引起过中国前辈学人的关注，并在西学东渐的浪潮中实现了它们的东方传播，改变了东方缓慢发展的学术面貌。这些特征加上其他方面的重要因素，是西方科学技术在总体上仍然领先于东方的原因。所有这些特征也仍然值得具有东方文化背景的中国建筑学人学习，特别是当建筑所面临的环境、能源和生态的问题日益严峻，科

106 吴良镛. 建筑理论与中国建筑的学术发展道路 [J]. 建筑学报，2007（2）.

107 顾准文集 [M]. 长春：吉林人民出版社，2001：第一章《希腊思想、基督教和史官文化》以及此后的几章。

学性要求日益具体而建筑设计本质被扭曲、建筑设计的决策日益被行政化和建筑成果日益被功利化之时。

然而，即使如此，我们在学习和应用过程中仍然要对欧洲文明及其当代发展的成果持批判和分析的态度，这包含两方面的考虑：一是认识欧洲文明先天的不足，二是思考欧洲文明发展到当代遭遇挑战时的局限。任何事物都有两面性，西方的理性思维特别是其工具理性过于倚重逻辑而忽视直觉的作用，而直觉却恰恰是在探讨重大问题时发挥作用的人类的灵性。不少诺贝尔奖金获得者都谈到过他们对直觉的倚重，而直觉又恰恰是东方思维的特点。设计中的对空间、形象的思维也不同于逻辑思维[108]，不能将简单的线性思维和因果关系强加在设计过程中。从根本上说，历史的发展不是沿着理性主义设想的道路前进的，历史充满了偶然性，任何决定论和目的论者都是因为笃信唯理主义而误导芸芸众生，而将理性、将科学推崇到迷信则更为可悲。虽然"唯理主义的最大好处是促使、推动你追求逻辑的一贯性，而这是一切认真的科学所必须具备的东西……是包括在科学的经验主义中的一个必要组成部分"[109]，但是，正如爱因斯坦所说，"切不可把理智奉为我们的上帝。理智对于方法和工具有敏锐的目光，但对于目的和价值却是盲从的"[110]。建筑设计包含了大量生活常识的总结认识，如果迷信理性到和常识作对就近乎愚蠢了。按照某种理念设计的房子最后盖好了连自己都不愿意住的例子并非少见，江南某城市规划建设管理部门在引进南美外资时听任投资商照搬南美的建筑平面，将厨房厕所朝南而居室朝北。除了工作渎职之外，认为外国的月亮圆也是原因之一，其潜意识就是迷信理性、迷信西方文化。由于不少管理部门标榜以科学性和引进新技术来衡量设计水平的高低，部分设计单位也就迎合这种需求，将盲目应用某种方法说成是新概念、新技术，丧失目标和将方法当成目标成了社会通病。

又如分解式的思维，其前提是明确边界条件，在边界条件明确后才能深入研究。设计工作中在大量的前提条件不清晰时，要使之清晰需要的是经验主义的方法，此时过早进入分解式工作只是徒劳，缺少经验主义的工作方法单靠理念的建筑师就无法不走弯路。

另一种问题是时代带来的，西方的社会经过两次世界大战又发展到了后工业时代，社会所遭遇的问题发生了变化，人的价值再次凸显，建筑理论所依托的西方现代哲学也发生了转变，"思辨的理性哲学碰到了各种挑战……他们把目光从理性的、思辨的、绝对的东西，转到'生活'、'生命'上来了。他们都认为现实生活比康德、黑格尔的先验理性和绝对精神要更为根本"[111]。从柏拉图到康德和黑格尔再到尼采，那种来自超人和上帝的理性和绝对精神被推翻了，那个本来被认为更根本、更本原的非尘世的世界被否定了。尼采说上帝死了，福柯说人也死了，本体的探讨被方法的探讨取代。"海德格尔提出'哲学的终结'，他说哲学终结，思想开始……认为旧的形而上学没有了。这都是指的狭义的形而上学。""遵循福柯、德里达的反理性，后现代的特点是摧毁一切，强调的是不确定性，不承认本质的存在，一切都是现象，都是碎片，都是非连续的。自我也是碎片。反对宏大叙事、反整体，一切都是细节，是多元的、相对的、表层的、模糊的、杂乱的，并无规律可循，也无须去寻。于是由理性到感性一般（实践、经验、生命）再到感性个体（死亡、此在）再到彻底的虚无（后现代，'什么都行'）。"[112]这种转变不仅给建筑带来了后现代的解构主义，更引发了深层的危机，那就是那个维系"善"的功能的上帝将把责任交何人托付？人将如何活下去？那些经过千百年锤炼的逻辑学和语言学的成就其意义或者将从此不再。建筑以至整个世界的建构的是非曲直将何以为据！

108 按照李泽厚的观点，艺术创作中的形象的拿捏就不能叫思维，见：李泽厚，刘绪源.该中国哲学登场了[M].上海：上海译文出版社，2011：88.

109 顾准文集[M].长春：吉林人民出版社，2001：第一章《希腊思想、基督教和史官文化》.

110 爱因斯坦文集（卷三），转引自：张远山.顾准论：人类是否真正需要理想主义[M]//顾准文集.长春：吉林人民出版社，2001：38.

111 李泽厚，刘绪源.该中国哲学登场了[M].上海：上海译文出版社，2011：第一章《现代哲学还剩下什么》.

112 李泽厚，刘绪源.该中国哲学登场了[M].上海：上海译文出版社，2011：3.

那些相信历史决定论的中国知识阶层因为对理性和科学的迷信，在一个梦破灭之后又沉浸在另一个梦中。多少建筑精英以为现代主义之路才是中国建筑发展之路，他们讨论过现代主义在中国何时开始，可似乎尚未真正开始，西方的后现代主义就袭过来了。虽然大量现代主义建筑的中国粉丝们在实践中并非顽固不化，但在理论和思想层次上只有台湾的汉宝德先生明确宣布他的大乘的建筑观，宣布他认识到民众需要的是欢欢喜喜的大众文化 [113]。如今，我们固然可以继续研究先行进入后工业文明的西方后现代文化以作为前车之鉴，但是借用一句哲学词语，我们确实应该走出语言，走出概念和逻辑，回归作为生活一部分的建筑本身的矛盾分析，也回归中国建筑借以构建起来的丰富的历史文化土壤。

在剖析西方文化的时候，其实最需要剖析的是我们自己，别人的好也罢坏也罢，选择权在我，会选择会消化的，化腐朽为神奇，不会的则说不定就是饮鸩止渴。最糟糕的是，打着接轨和科学的旗号，却拒绝学习他人之长，推行的仍然是自己最落后的陈货。

4.2.2 跨文化对话中的建筑创作实践

中西方建筑之间的彼此交流始于 20 世纪初。也正是从这时开始，如何在中国文化语境中看待西方建筑与中国自身的文化传统，就成为中国建筑设计发展中的一个重要课题。在此过程中，中国建筑师对于"新"而"中"，或者说是对"中国特色"建筑的追求，构成了中国建筑实践中的一条重要线索。今天我们回首这 100 多年中国建筑的发展可以清晰地发现，我们所讨论的虽然是中国建筑的实践与理论发展，且多以追求中国特色为目标，但是所谓中国当代建筑是与世界建筑学的发展同步展开的，而且也浸润着西方建筑思想的影响。可以说中国当代建筑所取得的各种成绩与进步，以及"中国当代建筑"身份的自我建构是无法脱离开跨文化对话语境的，这也是在不同文化的交流与对话中逐步确立的。

在中西方建筑交流的过程中，最早对中国建筑发展产生影响的西方建筑理论是近代的"布扎"（Beaux-arts）传统。今天我们谈到布扎传统，首先想到的是一种折中主义的建筑设计风格。而实际上，"布扎"首先是一种建筑设计的工作方法与教育体系。从20 世纪 20—80 年代，中国建筑教育的思路的核心理念部分基本上是布扎体系及其延续，而中国的建筑创作也深受布扎体系的影响。客观地看，布扎体系将建筑视为艺术种类之一，并非常重视它与其他艺术之间相互联系的观点对于建筑师的培养是有一定益处的。20 年代以后，随着中国第一代建筑师回到中国开展他们的建筑实践与建筑理论研究，"布扎"体系对中国建筑教育与建筑实践的影响逐渐全面展开。许多中国建筑学者试图在这一西方的建筑思想体系中，寻找中国建筑的未来发展之路。而布扎体系将建筑设计方法归纳为形式要素及与其组合方式的思路也为这种探索提供了可能。1945 年，梁思成先生在《中国建筑之两部文法课本》一文中提到："每一个派别的建筑，如同每一种语言文字一样，必须有它的特殊'文法'、'辞汇'（例如罗马式的'五范'（Five Orders），各有规矩……各部之间必须如此联系……）。此种'文法'在一派建筑里，即如在一种语言里，都是传统的、演变的，都是有它的历史的……" [114] 梁思成所说的"文法"实际上在中国传统建筑的营建体系中是不存在的，它是"布扎"体系在中国语境下，对中国建造传统的一种自发发展与重新阐释。事实上梁思成这句话概括了一个时代的建筑思考，顺着这句话我们向前可以追溯到美国建筑师墨菲在中国所完成的一系列教会建筑，20 世纪 30 年代南京国民政府时期对"中国建筑固有式"的探索，向后则可以预见

113 汉宝德. 我的大乘的建筑观 [J]. 雅砌，1989（5）；1990 年《世界建筑》第 5 期予以转载。

114 梁思成. 中国建筑之两部文法课本 [J]. 中国营造学社汇刊，1945：7（2）；引自：梁思成. 建筑文库 [M]. 北京：生活·读书·新知三联书店，2006：334.

50 年代民族形式建筑，甚至是 90 年代追随中国传统和中国气派的建筑的出现。所有这些建筑设计实践虽然都是从中国建筑传统出发的一种形式探索，但是它们显然已经与中国传统建筑之间有了本质区别。可以说，所有这些对中国建筑传统的追求，都是在与西方建筑文化相对话的基础上完成的，它是对西方建筑体系的一种重新运用与再次阐释。今天尽管许多学者批评布扎体系与"民族风格"中国建筑的历史局限性，但是我们也应该看到中国建筑正是通过对西方建筑的学习而完成它的现代性转型的。老一辈建筑师与建筑学者对于中国建筑"文法"与"语言"的呈现与研究，是一种世界性视野与时代特征的产物，它展现的不仅仅是对自身文化的执著，也包括渗入"他者"所带来的启示。正是这些研究与实践，开启了中西建筑间的共同话语系统与文化交流方式，也为我们真正地在世界文明体系中形成中华民族身份的认同找到了途径。

改革开放以后，中国建筑的跨文化道路是与境外建筑师在中国的实践同步展开的。20 世纪 80 年代的香山饭店（美国贝聿铭事务所，1982）、长城饭店（美国培盖特国际建筑师事务所，1983）、建国饭店（美国陈宣远事务所，1982）和南京金陵饭店（香港巴马丹拿设计公司，1983），是西方建筑师在中国当代语境中的最早实践。如果说北京长城饭店、建国饭店和南京金陵饭店，更多展现的是现代主义的设计语言，那么华裔建筑师贝聿铭先生所设计的香山饭店，由于建筑师本人特殊的跨文化背景，以及其在设计中试图融合中国传统建筑的努力，在当时引起了中国建筑设计界的广泛关注。贝聿铭先生设计香山饭店之时，恰逢西方后现代建筑思潮兴起。今天我们再回首看香山饭店的设计，可以清晰地发现，香山饭店的设计与西方后现代设计思潮之间存在着明显的内在关系。香山饭店将中国传统建筑元素进行了符号化重组的思路，正是后现代设计语言在中国语境中的一种转译。客观来说，香山饭店的设计确实体现了设计者深厚的建筑功底与审美修养，其本身也无愧于中国现代建筑史上具有里程碑意义的建筑作品。但是香山饭店对中国建筑设计的影响却不完全是正面的。在香山饭店之后，一些中国建筑师试图从香山饭店的设计中，或者说是从刚刚进入中国的后现代建筑理论中，寻求中国建筑的跨文化之路。对于一些对中国建筑传统缺乏深入了解的人来说，似乎只要在现代建筑的表皮上拼贴上一些传统建筑的符号，就是"有中国特色的现代建筑"了。仅仅从符号的角度来理解与表现中国建筑传统的方式，不但导致了对中国建筑传统的肤浅解读，使得建筑界对于中国建筑背后的精神内核缺乏深入思考，更重要的是，这种做法导致了建筑设计偏离了本应该具有的客观、理性的道路。真正的跨文化对话依靠的绝不仅仅是符号、表皮，而是不同文化之间的深层对话。

为了纠正后现代建筑理论所产生的一些不良影响，从 20 世纪 80 年代开始，在西方建筑界同样出现了从地域建筑出发来探讨现代建筑发展方向的探索，其被称为"批判性地域主义"理论。这一理论之所以引起普遍兴趣，是因为一方面它与众多后现代批判者的立场一致，反对现代建筑对地域特征与历史文化多样性的忽视；但另一方面，它依然维护着现代建筑的技术成就与理性精神，坚决反对后现代主义所采取的、以怀旧方式和布景式手法解决问题的设计策略，旨在以更恰当的方式回应当代全球化与地域性问题的困扰，为建筑发展寻找到更好的出路。几乎是在"批判性地域主义"出现的同一时刻，在中国本土也形成了一股从乡土建筑的角度，来寻找中国建筑未来发展之路的清流。与国际上的"批判的地域主义"所不同的是，中国 80 年代的乡土建筑所针对的并不是后现代思潮，而是试图脱离"民族形式"的纠缠，而发展出真正具有本土意义的现代建筑。这其中最有代表性的建筑作品包括：齐康的武夷山庄、"正阳卿"（钟训正、孙钟阳、王文卿）的太湖饭店、冯纪忠的方塔园、葛如亮的习习山庄、汪国瑜的黄山风景区建筑等。在这些建筑设计中，我们既可以看到西方建筑学中几何学、透视观念的影响，也可以看到现代建筑组织空间的一些方式，而更多的则是对于传统园林的空间特征以及本土建造技术的自觉应用。它们不仅融于自然山水，借鉴民居、园林，有的还出现了对"空间性"、"身体性"、"场所性"等现代建筑理念的探索。上述建筑实践，尽管与国际上的"批判性地域主义"理论的产生有着不同的背景与诉求，但是它们表达了中国当代建筑从本土出发，介入与推动现代建筑的发展的能力，以及曾经到达的高度。而这些实践中所延伸出来的对于材料、建造、结构等建筑的实体性层面及其潜在表现力的深入探索，已超越了乡土建筑的范畴，预示了 20 世纪末国际建筑界中"建构"这一话题的出现。

如果说 80 年代的中国的乡土建筑实践更多的是一种独立的本土性探索，那么从 90 年代末，在中国建筑界中广泛出现的对于"建构"问题的讨论与实践，则是主动与西方建筑界交流对话的产物。从某种角度上来说，90 年代在国际建筑界出现的建构理论是 80 年代批判性地域主义理论的延伸，它的出现一方面是为了抵抗 60 年代以来建筑的"布景化"，另一方面也是为了扭转现代建筑以来对于空间问题的过度关注。与西方建筑师在一开始就更为关注"建造"、"材料"、"结构"这些建筑学的本质性问题有所不同，中国的"建构"从一开始就更多的是作为一种反抗商业文化霸权与权力意志的策略而出现的。这导致西方建筑学中的建构与中国建筑师所谈的"建构"已经有了区别，后者并不太关注建筑形式与建造逻辑之间的完全对应，它更多指的是建筑形式中一种洗尽铅华的审美取向，表达了建筑师试图摆脱象征与意义的束缚，回归建筑本质问题的愿望。从 90 年代末开始的，一批"实验建筑师"与"先锋建筑师"，如张永和、刘家琨、张雷等人的建筑设计实践，正是通过对"建构"这一建筑学话题的反复思考来展开的。

近年来越来越多的中国建筑师开始关注建筑材料与结构体系的选择，他们认为建筑材料与结构体系虽然是一种"物"的存在，却承载着历史与文化的选择，并与"人"息息相关。他们不再满足于西方现代建筑中的材料与结构语言，而开始在中国本土的营建体系中挖掘"建构"的可能性。例如王澍、李晓东这样一些建筑师完成的建筑设计作品，既体现了"建构"这一来自于西方的建筑理论的影响，同时也体现了建筑师从观念与建造的角度上对中国建筑传统的回望与致敬，可以说是比较成功的跨文化实践。

今天，随着中国建筑界与世界建筑之间联系的日益紧密，我们也愈来愈清醒地认识到，当代建筑学已经进入了一个多元化发展的时代。这种多元化不仅仅是对过去统一的建筑话语霸权的反抗，也是时代发展的必然产物，它与信息技术的兴起、复杂科学的诞生有着深刻的联系。面对这样一种多元化的格局，我们要有一种宽广的眼光，绝不能只是局限在这个变化之中的多元世界的局部与某个角落，我们需要全面地了解别人，也要了解自己。现代建筑的发展经历了近百年的不断演变，其自身也在不断批判与反思。对于与西方相对的"他者"，我们不应该被一时、一派所局限，而应该历史地、全面地去看问题。例如我们今天回首 70 年代曾经席卷西方理论界的后现代主义思潮，其局限性与狭隘性是非常明显的。同样，今天被高度评价的"非线性"建筑，是否能够具有持久的生命力，也需要从历史发展的角度去评价。跨文化对话不是要追赶潮流，而是要通过对话，建立对建筑学更全面的认识，以更为理性、客观的态度来认识建筑创作的问题。而这对于建筑学来说，有些课题是永恒的，而这些课题至今并没有一个很好的答案，例如建筑与自然、历史、人文、人性之间的关系，它需要不同地区的建筑学者与建筑师的共同努力。

同时，如果我们更深入地来看跨文化的问题会发现，当代文化是多元复合的，所谓多元就并不仅仅是东方与西方、中国与外国的关系。本质上来说，任何文化都是由各种差异性的存在所构成的。随着地区物质条件的变化，文化会产生差异，建筑语言与特色也各不相同。正是这种差异的存在与它们之间不断的对话与碰撞保证了人类文化的丰富性与内在活力。认识到不同文化之间的差异性、文化内部的差异性是需要洞察力的。真正的跨文化对话，需要对文化之间的差异性保持敏感，这既需要我们的眼光向外看，有的时候也需要我们深入向内审视，这是当代建筑创新的一个重要前提。

在中国当代功利主义的环境下，如果跨文化对话成为时尚，可以预见，如同社会对待生态、科学发展观等的态度一样，在现有机制的作用下，其在建筑创作领域的进展不会立刻按照学术理想呈现。对话本身的形式就是多样性的，公费出国考察或是旅游，会见几位高鼻子，带回几张迪拜或者新加坡的照片，然后就指令建筑师设计并标榜接轨或者跨文化恐怕也是难免的。倘若有建筑师真以为要照着做一个，那也属于跨出去没跨回来，因为无论是外部的材料和内部的功能以及管理模式、收费标准等都难以做到，早晚是要改的，不然无法结账。结果往往是山寨一个外形而已，表里不一成为其最大的特点。真正做到跨文化仍然是需要按照吴良镛院士所指出的——首先是了解和掌握，然后是分析和批判，并结合创作实践具体扬弃。

从建筑师的职业角度看，建筑类型是如此之多，一如大千世界，应有尽有，就单个的建筑，以其时空位置、功能和服务对象而论，并非所有的建筑都要显示出跨文化的特点，而且跨文化是否就一定能够显示在芸芸众生可以识别的层面上都是未必的。跨文化的对话如果要有效就不能像到国外购物一样去购来个样子做设计，它必须是内外一体的，而且首先是内在的。因而虽然从纯形式上讨论，可以将拼贴式、镶嵌、符号化的以至混搭式的建筑也算成跨文化对话，但是回归建筑的本身，检验其对跨文化对话后建筑创新的表现仍然需要看设计者对建筑在所处的天、地、人的具体环境中的建筑位置、体量、功能的经营，以及对建筑的空间的安排、设计中力求给它的使用者提供的内外环境特征追求和感官感受以至对设备等选择后的构造设计中的立意指向。

在可供我们参考的他者中日本特别值得我们思考。日本历史上受过中国文化的大量影响，从文字到儒学、佛学等。日本和中国历史的相似性使得中国人始终愿意从日本了解建筑的跨文化的经验。但今日的日本现代建筑文化与其说属于东方文化不如说已经成了一种具有日本特色的划入西方体系的现代化和国际化的建筑文化。它是日本近代社会变革的结果，虽说日本在明治维新之后曾提出过"和魂洋才"的口号，但当今日本现代建筑成就的取得是始终与"西化"纠缠在一起的。日本的现代建筑的发展经过二战前作为欧美反映的支流阶段发展到成为现代建筑重要的一部分，经历了相当的努力和探索。其历程和经验或者带有日本式的特殊性——多地震的环境造就了其对结构等科学技术的高度重视以及建筑学和结构科学的更多的融合。

日本建筑史学家藤森照信指出，研究日本现代建筑的历史，必须关注两点：
（1）日本现代建筑在日本本土是在怎样的氛围之中产生出来的，现代建筑如何在日本扎根，又如何对日本建筑产生长期的影响。（2）欧美初期的现代主义运动对日本现代建筑的成立产生了深刻的影响，但更重要的是，二战之后日本的现代建筑已经成为国际现代主义运动的一部分，日本现代建筑的发展和探索历程更多的是指向普遍性的而不是仅仅基于日本的文脉和地域性的[115]。

如果真实地考察日本建筑师思想与实践的发展状况，我们可以发现，当代日本建筑独特而杰出的世界性成就，与其说是由它的传统滋养而得，更不如说是与西方后现代时期的建筑观念发展和设计探索同步成长的结果。因此，建筑史学家藤森照信关于"日本建筑的现代化，其真实内容是向西方建筑学习"的总体性认识，对于日本后现代时期的建筑发展来说，仍然是基本事实。这使它远离了亚洲其他国家持久的"国家与风格"的建筑探索之路。但是即使如此，在日本现代建筑的发展中，传统的"继承与融入"虽然可能仅仅是一条细流，却是使得日本当代建筑在世界建筑发展中独树一帜的重要原因。建立在自信基础上的传统文化基因的自然式的输入造就了有自己特色的当代建筑文化。

20世纪，日本建筑师在寻求日本建筑现代化的道路上形成了对自身传统建筑独特性的认识，在解决传统与现代关系问题时，能够以局部的传统性来平衡全球的共性，并走出了具有世界意义的日本建筑之路，这些日本现代建筑发展的历史轨迹无论如何都是一面独特的镜子，成为我们思考自我状况的重要参照。至少要认识到，建筑风貌的"西化"没有多么可怕，可怕的仅仅是一个民族丢失了民族自信心和自觉性。

5 文化自觉、自信是中国建筑创新开拓的思想基础

与跨文化对话密不可分且构成了中国建筑创新开拓的思想基础的是文化的自觉和自信。没有这样一个立足点和出发点，任何路径都无从谈起，任何跨文化的步伐都得因无所依托而踏空。

5.1 文化碰撞中的中国建筑及其他文化领域的思考

当世纪大变局的难题摆在中国学人面前时，对民族文化未来命运的展望和对中西文化的比较性思考始终贯穿着中国的近代和当代的历史。中华传统文化的一大特点是它的整体性。各个学科虽然千差万别，但古代中国人都是用相似的整体观去对待的，从而当近代的大变局来临之际，他们都或多或少遭遇着类似的逻辑难题。支撑他们的理论框架，那个远取诸物、近取诸身的宏大关系学说体系如果已经无力应对变局而显得过时落后，他们该如何应对存在和发展的难题？

关于如何维系民族文化生命，从严复、李鸿章到张之洞再到胡适等人都有过不同的表述，其中张之洞关于"中学为体、西学为用"的观点因适应了清廷及当时的知识精英对国运的思考且符合多数国人的愿望而长期受到重视。在张之洞等人那里，中体西用就是"以伦常名教为本，辅以诸国富强之术"[116]，就是无保留地拥护中国传统的纲常名教，他们认为西方的工艺科技以至政法制度是拿来便可用的"器"[117]。后来的历史发展使得对"体"、"用"的内涵理解发生了众多的变化。从唯物论的存在决定意识的观点来

115 [日]藤森照信.日本近代建筑[M].济南：山东人民出版社，2010.

116 冯桂芬.校邠庐抗议.转引自：李泽厚.中国现代思想史论[M].台北：三民书局，2002.

117 李泽厚.漫说西体中用[M]//中国现代思想史论.台北：三民书局，2002.

看，根本性的社会存在及其相关观念文化的反映应该是更为根本性的，应该是"体"的内容，且"体""用"是难以二分的。西学东渐始于器用性的学科和知识，但我们不断地发现离开了对西方文化的全盘理解和学习，离开了对中国本身的观念文化制度的体悟和改革，西学是不能解决救亡图存的问题的。历史的真实进程是，西学中的马克思主义及留苏学习了列宁主义和斯大林主义的革命潮流被纳入极富中国实践理性精神的毛泽东思想中才改变了中国。胡适、傅斯年在他们直接经营的学术领域中引进了西方的实证的工作方法和不少理念，改变了中国传统史学的面貌。他们和钱穆等人的分歧和讨论，促成了我们后人对东西学关系的更深刻的理解[118]。但是各个学科都有自己不同的研究对象和学术规律，它们是如何应对西学东渐后的文化冲撞呢？

5.1.1 中国建筑界自身的文化思考

当代建筑界对文化冲撞的思考不是从零开始的。今天思考的多数问题前人已经遭遇过和思考过，其多样性的实践和多样性的认识都值得回顾。当西方的钢筋混凝土和钢结构以及钢木屋架落脚到中国口岸城市之后，除了在租借地延续其西方原型特色的银行、教会、学校等建筑外，还有不少地区特别是内地欠发达地区出现了大量的借鉴西方平面和不少结构材料技术，同时使用当地材料或者按照当地传统形式的屋盖和构件建造的教堂、医院和学校。热心这一改变的不是中国建筑师，而常常是来自西方的教会人员和具有此背景的外国建筑师，这是为了通过迎合当地民众包括信徒的情感、愿望达到弘扬西方文化向中国传播的目的。后来国民政府为了说明自己的正统性，在南京和上海的规划中都要求在建造政府建筑之时使用"中国固有之形式"，在现代功能和材料的办公楼上加上传统的屋顶形式。这是社会需求性的力量在定位建筑的文化属性，建筑师或其建造者只是顺应这一需求而已，于是诞生了在折中主义思想背景下的多种传统复兴的建筑，包括被称为宫殿式、混合式和以装饰为特征的现代式的三种风格[119]。部分受过西方建筑教育的建筑师从设计的合理性考虑，抨击建筑本身的材料技术和外在的那些与传统体系相联系的形象之间的矛盾。如童寯说："在中国，建造一座佛寺、茶室或纪念堂，按照古代做法加上一个瓦顶，是十分合理的。但是，要是将这瓦顶安在一座根据现代功能布置平面的房屋头上，我们就犯了一个时代性错误。"[120] 他们成为和国际接轨的当时的中国现代建筑的设计者。

到了 20 世纪 50 年代，类似的两种思潮及其较量再次出现，具有时代特点的中国社会主义建筑的创作口号被提了出来，中西建筑文化的交汇和冲撞产生过建国十周年时的十大建筑等重要成果，相应地对传统建筑文化的继承的理论总结被概括为神似和形似。但总起来说，其因大屋顶花钱多而受到政府领导人的批评。在当时的背景下，政治因素甚至是领导人的表态成为改革开放前各大设计院建筑创作的主要影响力。在大量新型的交通建筑、会展建筑、医疗教育建筑等走向国际化的同时，在不少博物馆、旅馆建筑、景观建筑和其他需要表达传统文化的公共建筑中，"中国固有形式"不同程度地被使用着。

改革开放后关注中国特色创造的建筑师做出了新的突破，如第二代建筑师戴念慈、王大闳、莫伯治、吴良镛和不少第三代和第四代的建筑师，如齐康、关肇邺、王晓东、程泰宁、崔愷等。传统文化在建筑中的体现获得了多渠道的阐释，如不再按法式去模拟传统屋顶形象，而是通过神似或者通过寻找更多传统喜闻乐见的文化载体的形象来获得建筑的文化归属感，更加具体地强调建筑和所在地域以至地段的文化关联，大量的地域性民族性特色的新作出现了。

118 岳南.南渡北归 [M].长沙：湖南文艺出版社，2011.

119 潘谷西.中国建筑史 [M].第6版.北京：中国建筑工业出版社，2009：第二篇《近代中国建筑》、第十四章《建筑形式和建筑思潮》.

120 童寯.建筑纪事 (Architectural Chronicle)[M]// 潘谷西.中国建筑史.第6版.北京：中国建筑工业出版社，2009.

5.1.2 美术界的文化冲撞思考

美术界同样遭遇了全球化境遇中关于未来命运的探讨，作为文化艺术作品，美术家们更能把握到时代前进和社会的脉搏变化及其审美中引发的微妙新追求。早在民国年间，徐悲鸿、林风眠等人其实已经对中国画的发展做过不同的探讨，也引发了绘画界如同文史界钱穆等人的深层反诘，他们从中国画的思想和美学体系方面质疑这种探讨。当代美术界反思过去，认为20世纪存在着一大误区，即"在对现代性的判定上还没有跳出'现代即西方''传统即中国'的思维模式。其缺憾在于将中国的现代美术等同于西方现代主义在中国的推演，而将中国20世纪美术的主体部分——传统演进、中西融合和大众美术等富有中国特色的形态，排除在'现代性'之外"。因而他们对当代的美术创作不再按照国画还是油画来划分流派，而是按照现代性原发还是继发、变异还是传承等来分析当代的发展，从而得出"四大主义"，分别是传统主义、融合主义、西方主义和大众主义。传统主义指那些"因本身所拘囿的现代意识"的大家，如陈师曾、齐白石、黄宾虹和潘天寿等。融合主义指那些"将中国画和西画两种不同的材质和造型因素结合起来，背后则是各种流派、观念、风格等文化因素……出现了岭南画派以及徐悲鸿、林风眠、刘海粟等"。而西方主义则指"以对西方艺术的主动、自觉的选择为主要表现，但潜在的动机却是解决中国自身的问题……特征包括：形式语言上的纯粹性，强调对西方的学习的纯粹、到位，要深入到西方文化和传统内部去把握精粹，在学理、技法和趣味等方面尽可能与西方艺术完全一致，时间上保持同步性……"等。大众主义包括"为大众的美术"和"大众化的美术"，是"有目标、有组织的自上而下的精英化的策略行为……反映了'五四'以后艺术家普遍的忧患意识和艺术上的民族意识的觉醒。"[121]

在造型艺术中，雕塑被称为是美术界的重工业，有点类似建筑，是三度空间的，且也要依托一定的材料条件和技术条件。2012年中央电视台的艺术人生节目在采访中国美术家学会副主席、中国雕塑家协会会长曾成钢时谈到，曾成钢到欧洲访问后有五年没有搞创作，因为他看到了自己所学的雕塑的源头来自欧洲，不得不久久地思索作为中国雕塑家的自己该走怎样的路。曾成钢经历了五年的寻觅和蜕变，终于重新起步，开始了新的创作道路。他从古代各类文化遗产中沉淀出自己的营养，完成了大量受到各界欢迎的当代中国雕塑作品。当节目结束时，朱军请曾成钢用两个字表达自己未来的愿望，这位艺术家答道："穿越，在古代和现代之间，在东方和西方之间，穿越。"另一位曾经在欧洲产生过重要影响的雕塑家吴为山，同样是从中国的写意画的意境和线的运用中找到了当代人物雕像的创作思路。可以说当代中国雕塑家群体已经摸索到了当代中国雕塑的多种思路和多种表达方式，这足以给建筑创作以深刻启发。

5.1.3 其他相关领域文化冲撞的思考

文化冲撞引发的思考即使在同样有自己的特殊性的或者含有较高科技含量的其他领域中也屡见不鲜。

例如中医，医学是实践性极强的学问，中国的传统医学中医因为运用阴阳五行的学说去解说和指导自己的实践，在近代科学昌明之后形成了和西医重解剖及病理分析的巨大反差，加上内科的经络学说等长期未得到解剖学的验证，在近代以至当代受到科学理性主义的批判和排斥。例如鲁迅当年就反对过中医，好在普通老百姓有实用主义态度，形成了外科看西医、内科看中医或者是有钱看西医、没钱看中医的习俗。而实际远非如

121 中国美术的现代性与四大主义——潘公凯访谈 [N]. 文艺报，2011-11-26.

此简单，经过东西文化的几个世纪的交流，中药学的许多成果已经融入西药的制作中（例如 2011 年 9 月我国生物医学界学者屠呦呦凭借青蒿素获得国际医学的拉斯克临床医学奖）。西医的方法也被运用到中医的医理的基础研究上（如 70 年代以后祝总骧借助实验方法对传统经络学说的实证研究 [122]）。因此即使内科，西医也向微观和深层次的医疗方向拓展了许多。另一方面，中医不仅在内科的治疗上而且在骨科、外科、针灸的跌打损伤、烧伤、针刺麻醉等方面都仍然有许多西医无法企及的疗效。20 世纪提倡的西医学中医实际是一次探索用现代的科学知识重新认识和阐释传统医学的努力，不妨说这是希望以西学为体、中学为用，但由于其功利性太强而基础研究不足，时至今日，虽然也取得了不少成就，例如在量化分析方面及利用西医的检测分析成果方面都取得了进展，但是仍被不少学者认为是一种削足适履的学习，因为其丢掉了中医的灵魂。这就涉及对《黄帝内经》和伤寒论、经络学说等及其背后的深层的《易经》的思想和哲学的研究及应用。中医在和国际接轨的道路上步履艰难。中医除了在保健领域外无法在西方执业，中国的中医外科医生也只有先获得西方的医学院学历及职业资格之后才能在执业过程中一显身手。但是某些进展已经取得，针灸更是风靡了世界。随着对生态、营养、心理等涉及生命科学的多方面的关注，虽有理性主义者反对，虽有江湖术士借传统医学为名行骗败坏中医，但中医学仍然在同西医的比较和借鉴中与西医相互促进和发展。对于建筑界而言，这不仅仅意味着应该看到传统文化的经受过时间检验的应用价值，尤其应该看到传统技艺背后的中国古代哲学和思想的重要性以及其强大的生命力和适应性。

另一种国粹——武术，因影视的传播在国外具有较大的影响。但电影中的武术片在好莱坞被定性为动作片，即武打被理解为一些肢体的动作，这真叫人哭笑不得。武术也是实践性的击技，因而人们总是愿意用比武来决定高下，只有中国传统的某种拳法在比赛中取胜的时候才有人思考它背后的文化和理论源头。尤其是在那些高超的内功拳的出场以及武术在健身领域得到发展以后，有识之士才指出"拳起于易，理同于医"，还指出其内功训练更是以阴阳学说为指导，练拳和经络运行甚至和朝向相结合，又须讲究"拳道合一"、"拳禅合一"、"心意合一"、"形神合一"。以上揭示了那些体现了中国传统文化中的天人合一和讲究辩证法的事物的精髓。武术界发展到当代，多数人士长期停留在练武的体力学习上，或者是在体力学习精进之后才去体会武术后面的深层文化。缺少开放性的学习交流，也缺少对其哲学基础的主动挖掘探讨，这都会影响未来的新拓展 [123]。对于建筑界而言，同样存在着只会照葫芦画瓢似地学习传统建筑的形而下的技法，却忘却了思考背后深层次的形而上的问题，这种对待建筑文化传统的态度同样值得反思和警惕。

即使在科技界，也发生着文化冲撞及科学取得新进展后的反思。例如水利学，"五四运动"以后根据不断分解的学科产生了水利学，在 50—70 年代国家兴建了大量的水库，但是随着环境问题的日益严峻，随着环境科学在西方向整体综合方向发展，水库引发的环境和生态灾难迫使中国学者们对半个多世纪的水利建设进行反思 [124]。即使对于基础的科学领域中，学者也讨论了传统在当代的发展问题，他们不赞成那种认为中国古代只有技术没有科学的观点。他们认为，恢复民族科学地位并非是我们认为民族科学已经超越西方科学，而是认为总体仍然落后的中华传统科学，可以在辩证唯物主义思想、整体和谐思想、复杂理论、科技人文互动、立体逻辑等基础理论以及医学、重大灾害预报等应用科学许多方面弥补西方科学的缺陷，为科学革命提供丰富的思路和途径。他们认为，民族科学文化特别需要在学生中逐渐恢复与传承 [125]。这些思考至少告诉我们建筑界，

122 祝总骧 . 古典经络学说的现代生物物理学证实 [J]. 生物学通报，1988（6）.

123 王广西 . 文人 · 诗学 · 武术 [M]. 北京 : 生活 · 读书 · 新知三联书店，2011.

124 钱正英 . 水利对中国尤为关系重大 [EB/OL].（2011-07-19）.http:// www.nhri.cn/forum.

125 部分专家提出重新认识中国传统科学的现代价值 [EB/OL].（2011-06-13）.http://news.sinhuanet. com.

不要因为传统的局部缺陷而否定它的整体成果，不要因为需要学习西方文化的先进部分就对自己的一切妄自菲薄。

在法学和经济学这些原来兴起过又衰落过却在改革开放后被重新引进的学术领域中，新一轮的西学东渐同样在中国再次引发了文化的冲撞。这一争论可以追溯到 20 世纪初，当时伍廷芳、沈家本以日本明治维新改革为例，认为中国法律的西方化"乃为形势所迫，几乎是不容抗拒的"，他们提出修法必须以"模范列强为宗旨"，其虽无意反对三纲五常，但主张新形势下的父子、夫妻关系等不得不调整。张之洞根据自己的中体西用的纲领，认为法律可以变，但纲常不能变，主张变法不变道 [126]。而当代对我国现行宪法的争论也有论者提及"在世界宪政地图中，中国是大国宪政的异教……被强制纳入西方主导的现代世界体系之中，在文化价值与制度系统的双重层面经受着中国文明有史以来最为惨烈而绵长的生死考验，至今在结构意义上尚未终结……反复在"西化"和"化西"之间寻求自主性的建构之道……我们必须完整而严肃地对待宪法文本，科学而理性地揭示中国宪法自身的历史背景和政治生命，从这一真正严格的科学起点出发讨论中国宪政转型的基本问题……" [127] 吴敬琏、张五常等当代经济学大家所发表的关于当前深化中国经济改革的言论，也包括了既要坚持和完善市场经济的基本方向又不能够照搬外国经济的理论 [128]。时代的改革中的这些讨论至少使我们清醒地认识到，拒绝学习普适性的价值观和知识体系与拒绝认识自己的国情及国情背后的传统的有生命力部分都是同样要不得的。而困难和需要创造性地解决的仅仅是根据当代的基本矛盾不断地前瞻性地完成具体的转换性与整合性的思考与应对。

5.2　优秀的民族文化传统及在当代新变局中的出场

民族文化的自觉和自信是不能建立在夜郎自大和狂妄之上的，这种自觉和自信是建立在中华文化的基本特征及其发展机制上的。联合国教科文组织通过的《世界文化多样性宣言》中对各民族的特色有这样一段陈述："文化多样性是交流、革新和创作的源泉，对人类来讲就像生物多样性对维持生物平衡那样必不可少。从这个意义上讲，文化多样性是人类的共同遗产，应当从当代人和子孙后代的利益考虑予以承认和肯定。" [129] 众多学者用民族的自明性（Identity），来说明每一个民族之所以是此民族而不是其他民族的原因；或者用文化基因、文化密码来说明民族文化中那些最具特色的部分的作用，他们认为民族的传统文化如同生物学中的基因那样，具有控制其发育生长、决定其形状特征的能力 [130]。这种产生于数百万年的生存实践中的能力不断地积淀，造就了民族的社会心理结构和社会观念形态 [131]，影响着民族的审美判断，决定着民族文化的差异。例如不少学者都谈到中国人对《红楼梦》的迷恋，研究红学的著作至今还在增加，然而，虽然有几种《红楼梦》的译本，但西方人对《红楼梦》并不感兴趣。某些学者从心理学的角度研究这种规律，将这种集体无意识归入文化 [132]。

中华文明是世界古老文明中的一个，但并不是最古老的文明，以西方人的观点，中国的文明史可以追溯到商代，约 3600 多年 [133]。以中国人自己的见解，从夏代算起，中华文明有悠悠 4000 多年，若追溯到传说时代的文明始祖三皇五帝，则更为久远，近年来的考古和历史研究日益为传说时代的华夏文明提供了更多的证据。然而，至少 8000 多年前在两河流域、尼罗河流域都存在过更为古老的文明，只是，并不是每种文明都能如同中华文明那样以稳定的形态绵延至今。那些绵延至今的文明除了历史的偶然性外，

126 喻中.张之洞百年祭 [J].读书，2010（12）.

127 田飞龙."八二宪法"中的正是宪法结构 [J].读书，2012(12).

128 吴敬琏和张五常的观点都在《凤凰财经》组织的亚布力论坛上发表过，吴敬琏的观点也在《南方日报》等媒体上披露过。

129 见《世界文化多样性宣言》第一条。

130 刘长林.中国系统思维——文化基因探视 [M].北京：社会科学文献出版社，2008.

131 见李泽厚《美学四讲》和《实用理性和乐感文化》。

132 荣格.分析心理学的理论与实践及其他相关论文 [M].成穷，王作弘，译.北京：生活·读书·新知三联书店，1991.

133 P S Fry，S Adams. History of the World[M]. London:Dorling Kindersky，2007.

其自身文化的基因无疑有特殊的顽强的生命力或存活能力。希伯来文明可以作为这类文明的典范，以色列民族在其历史上经历了若干次的浩劫和灾难，国破家亡，流落四方，但仍然能够重新聚集，重新屹立在世界的民族之林中。这些文化强大的生命力是解释这种现象的最重要因素，否则就只能相信《圣经》里说的他们是上帝的选民的传说。中华民族只是在近代才落伍，且主要是由于工业革命的滞后和政治军事的孱弱。而新近的资料显示，即使到清代，中国的 GDP 总量在 1850 年之前仍然属于世界第一。中国传统文化何以能经历长达数千年的历史锤炼绵延至今，是哪些文化基因使之具有如此顽强的生命力呢？即中华文化的基本特征和机制有哪些呢？

5.2.1 中华民族文化的基本特征和机制

中华民族的文化形成有漫长的和变化的过程，它积淀了先人在久远的远古时代中和环境斗争及社会发展的成果，并长期植根于农业文明的基层土壤上。100 多年来的仁人志士和改革开放后的大量学人对之做了探索，其思维形态的核心构成可归纳如下[134]：

其一，建立在《周易》基础上的天人合一的宇宙观、自然观。即区别于欧洲建立在基督教文明基础上的人类中心说，那里人和自然是治理和被治理的关系，而中国人生活在现世中，讲天、地、人三才，不可分割，在一个世界中。

其二，以《周易》的"天行健君子以自强不息"为起点又经孔子和历代大儒所弘扬的对此岸世界的强调，激励了人的奋斗。以血缘为基础的宗法制度反映了对人际关系和秩序的强调、对人的社会生活的关注，礼制取代信仰，英雄即为神仙，其构建了历代的文化主流，同时通过释和道的流布，补充了非主流和主流文化的多样性。

其三，学而优则仕的科举制的人才选拔制度为下层知识分子提供了出路和进入主流社会的机会，也解决了统治阶层的人才补充和社会相对稳定的问题。

其四，以《易经》中的阴阳关系为基础又经老庄阐发的辩证法和重视关系的整体观是中华文化思维上的基本特征。这种整体观长于宏观把握而拙于微观剖析，长于关系和结构布局而拙于建立在逻辑性上的理性推演，长于定性分析而拙于定量分析。

这些区别于西方工具理性的中国传统文化的基本观念特征被李泽厚先生命名为实用理性，或实践理性精神，在顾准先生那里则被称为经验主义，当赋予具体的历史社会内容时其被称为史官文化[135]。这些观念形态与中国古代的物质环境一起为中国古代建筑及其理论的发展方向做了定位[136]。

实用理性精神是以社会存在为依托的。从中国的历史来看，这种传统文化因具有整体性、稳定性、模糊性、延续性、灵活性、动态性、辩证性和吸纳性而形成强大的调适能力，既包容着互相对立的要素从而可以产生发展，又包容着多元的类似形态可以选择，同时又包括吸纳外来要素进入的能力并使之融化为传统的一部分，从而可以开拓扬弃，外为中用。李泽厚先生曾举例论证包括知识精英的局部的"西学为体、中学为用"的成就在整体上被纳入"中学为体"的框架中，一如马克思列宁主义被纳入中国文化的土壤中，成为毛泽东思想一样[137]。

134 这方面有大量的论述，这些论述主要来自李泽厚在其著作里的多次阐述和基本分析，也吸收了刘长林、张岂之的观点。见：刘长林.中国系统思维——文化基因探视 [M].北京：社会科学文献出版社，2008；张岂之.中国思想文化史 [M].北京：高等教育出版社，2006.

135 从理想主义到经验主义 [M]// 顾准文集.贵阳：贵州人民出版社，1994.

136 有兴趣者可读：潘谷西.中国建筑史 [M].第 6 版.北京：中国建筑工业出版社，2009.

137 李泽厚.中国现代思想史论 [M].台北：三民书局，2002.

中国文化传统并非完美无缺，即使是特色文化，在具有一个方面的优势的时候可能就会显示出另一个方面的不足。不少学者都提到史官文化在和基督教文化、希腊文化的比较中既显示了对宗教迷信的批判，也显示了缺少欧洲因宗教斗争和经院哲学、神学等的发展而产生的宗教容忍精神和科学启蒙活动等[138]。但中国的文化传统不是僵化的，它在历史上已经经历了和外来文化的对话与融合，它在南北朝、隋唐和宋代都吸纳并融汇了印度的佛教文化及后来的禅宗思想，在近代也已经吸纳了不少西方文化。中国文化原来缺少微观的思辨，缺少现代意义的物理学等精密科学，但中国文化的思维形态不仅在中国补上了这个学术领域，且帮助海外的中国和日本的多个学者在合适的条件下获得了诺贝尔奖。中国的文化传统不是过去时，它像一条大河，从古代流淌到现代，并将流淌到未来；它的基本结构不变，却在不断地充实和补充中。

5.2.2　中国古代建筑文化的观念形态

每一个民族的建筑特点或曰自明性都是这个民族所生存的环境及其民族文化积淀的产物，因而是内在的，而不仅仅表现在外在的特点上。例如意大利等欧洲国家的早期混凝土技术及柱式构图立面是和该国火山灰的广泛使用及优质大理石的开采有关，欧洲中世纪以来的建筑发展及其特点是建立在欧洲文化的两个源头——古希腊文明和基督教文明的影响下的。又如日本传统建筑的特点是与日本的多地震、台风、海啸和岛国环境相关联的，因而其建筑体现出"水平抵抗意识"，表现为"结构及意匠、应力分散型立体架构、各层的独立性、耐久上的功夫、材料上的自然性"[139]等特点，当代日本建筑学专业与美国及中国将建筑与结构专业分开设置后建筑学的结构知识薄弱不同，日本的建筑专业包括了浓重的结构意味，建筑师具有良好的结构知识素养，关注做法和关注细部是日本同行的特色。

中国古代建筑文化发生在与欧洲古代文明完全不同的另一种地理和历史文化背景下，以农立国、对水利灌溉管理的需求成就了历史上占主导地位的大一统，也造就了皇权始终高于教权及皇权神授的人间格局。史官文化始终是历史发展的主线，官本位始终是价值判断的基本参照系。在儒家思想成为统治阶级的主流思想以后，道器相分，建筑创作活动中与社会等级差别有关的内容相当多地纳入了礼制的范畴，成为社会制度文化的一部分。与自然环境及社会环境选择相关的一部分留存在风水类的文献中，建筑创作中与士大夫的审美理想相关的一部分则反映或折射在园记、名胜游记、名胜建造记以及园论、画论、诗论中，与造物相关的具象的思维活动成果被纳入了"工"的领域，少数由工官经办的官府营造活动及其规定获得记载和流传，如宋《营造法式》和清工部《工程则例》，其中大多数即使当时获得记载也因重道轻器而失传，特别是由民间匠师承担的营建活动中的规律性要求是以口诀、秘籍和师徒相传的形式流布。形上和形下、治人与治于人渐相分离，以及建筑在其存在的社会进程中承担的社会教化功能都使得中国建筑营造技术的拓展始终难以脱离等级标识和归入艺术定位，难以获得士大夫的归纳、提炼和升华，只能长期停留在工匠阶层的经验层面，未能和观念形态部分整合，只能长期由工官根据礼制和习惯法或行业传承来掌管城市和重要官府建筑的营建，未能如欧洲文艺复兴以后使得从事设计的人员从工匠中游离出并形成独立的建筑师阶层，未能集中凝练成那种在理性主义和实验方法基础上的建筑文化的科学总结和艺术归纳。但这并不等于中国建筑不存在科学与艺术性的观念形态的成果，将散布在各个范畴中的成果汇集起来并结合建筑实践遗存中的案例实证分析，中国传统建筑文化的观念形态成果或曰理论成果清晰可见，主要体现在以下几个方面[140]：

138 从理想主义到经验主义 [M]// 顾准文集.贵阳：贵州人民出版社，1994.

139 参见本项目的专题研究《跨文化对话与中国建筑实践》。

140 具体的阐释见：潘谷西.中国建筑史 [M].第 6 版.北京：中国建筑工业出版社，2009。此外类似的阐释还可以在李允鉌著的《华夏意匠》找到。本文则是根据这些文献结合论题重新加以组织和简要阐释的。

其一，物我一体的环境选择与营造理念。这主要体现在《周礼·考工记》和《管子·乘马篇》以及历代府志、州志、县志以至寺志、家谱等文献中关于城市形胜的描述所显示的古人的观念。人和山川、河流、城池的关系是天人合一的。

其二，家国同构的局部和整体的关系[141]。这主要体现为各类志书所显示的各类和各等级城市的同构特征，也体现为各类堪舆类书及宅经中对方位与要素的阐释，反映在各个同构的城市中与卦象相关的方位文化特征中，例如巽位与代表了文化的文庙的关系。这使得中国的城市和建筑群在总体上总是和谐的、相似的，很少出现欧洲某些局部精彩而总体缺少联系的城市布局。

其三，均衡对仗和主从互补的两类群体秩序。例如在城市、村落、陵寝中对外环境中的山形的要求与体现在堪舆类书中的青龙白虎的不同要求，左与右的不同要求，既有类似西方对称布局却重在文化内涵的呼应的群体关系，还有结合山川地形的不规则布局和在平地上有意呈现的园林的自然式布局，其观念阐释则体现在中国的诗论、画论和书论中。

其四，空间和实体并重，国人对空的钟情由来已久，作为集体无意识运用自如。其观念除了体现在阐释出了建筑界所熟悉的道德经中的经典陈述之外，还体现在统一表达了空间和实体关系的太阴太阳及少阴少阳的阴阳概念分类中。

其五，线性构件的合理的艺术构成。作为中国建筑体系的主流，木构建筑是由具有线性特征的木构件搭起来的，其营造理念虽因属于器用范畴而难以流传，但从春秋的诗经中的"如鸟斯革，如翚斯飞"到唐《阿房宫赋》中的"各抱地势，钩心斗角"再到《园冶》提及的结角，都显示了利用这一天然材料发挥以书法艺术为特征的对线的运用和审美追求。这与欧洲体现在教会建筑上的砖石结构的永恒、向上的审美特征相异其趣。

其六，分类、分等和体现实践理性精神的建筑与构件尺寸设计。无论何样比例的断面，都是根据构件的重要性和彼时、彼地材料的特征及方便来制作和建造的，根据方便日后的修缮来确定。

这些观念都体现了作为中国源文化经典的《易经》中的思想，在总体上体现了中国文化天人合一的特征，即将人和自然置于同一个世界的观念。这是和中国社会的总体观念和文化相联系的，是和社会的存在状况相适应的。这些观念体现了实践理性精神，即它们是由一代代的建造者在实践中经过不断的社会选择后形成的，而不是仅由个别人员仅凭才华和局部的逻辑思考所能创造的，因而它们既有相当的模糊性和选择性，也有着极强的适应性和生命力。

5.2.3　中国文化传统及建筑观念形态的当代意义

虽然中国古代的史官文化通过华夷之辨确定自己文化在世界的地位，但自觉地从文化比较的角度探讨中国传统文化的普世价值，还是要追溯到不在此山中的欧洲文艺复兴以后的学者。虽然他们出于不同的考虑且依然站在西方中心主义的立场上，但总算将汉学即中国文化传统当成了学术研究的对象。其中启蒙主义运动的旗手伏尔泰和不少传教士对中传统文化不乏赞美之词，而莱布尼兹也从六十四卦中获得了启发，发明了微积分。

141 此处的家是指以家庭和核心家族为单位的住宅院落群，此处的国沿用古代对城池的称谓，即城市，它们都体现了围墙围合的内向型防御的特点。

指南针、火药和印刷术是中国三大发明也是培根总结的。但总体而言，直到第二次世界大战之后，当欧洲中心主义在学术界中衰落和思想界对现代西方文明反思后对东方的关注才不断兴起。怀特海的过程哲学为学人提供了西方理解中国文化的桥梁[142]，而李约瑟的《中国科学技术史》则提供了一种另类文化的伟大佐证。面对西方现代和后现代的变化，西方思想家也在探讨，思想界人士总体上既看到了中国文化缺少精密性、缺少严格逻辑的抽象思辨、缺少对彼岸的探讨等问题，也看到了可以贡献于人类的思想资源。曾经被西方认为没有哲学的中国古代形而上学的观念形态，在当代西方哲学不断被消解。在人类面临后现代的生活困境的时刻，恰恰显出了它存在的思想价值和生命力。国际现象学学会会长田缅尼卡在一次世界哲学大会上明确提出，中国文化至少有三点值得西方学习：一是崇尚自然，要消除人与自然的对立，主张人与自然的和谐；二是体征生生，生生是从周易中"生生之为易"来的，就是说要充分认识并适应万物生生不息的变化；三是德行实践，是要规范人的行为准则[143]。

过程哲学的追随者当代汉学家郝大卫在《期望中国——中西哲学文化比较》一书中则勾勒了中国文化和西方文化的互补作用：其一，在本体论上，西方人偏好实体或事实，中国人偏好过程，这种关联性思维与有机宇宙论相联系；其二，在方法论上，西方主张中立性或客观性，中国则不存在理性和感官经验的冲突，更接近以实物"象"的类推和关联活动来理解事物；其三，西方通过纯粹的抽象思辨和逻辑推论，预设了一种超越的、普遍必然的"原则"来认识事物，规范社会，而中国人则从直接的经验出发观察和体认具体事物，通过调和事物的差异性和特殊性以达到"审美的和谐"；其四，西方通过构造定义以追求客观"本质"的方式来理解事物，而中国人不太重视定义，却通过距离和事发的方式来说明事物；其五，西方以普遍主义和超越的原则来规定人性，而中国重视在文化传统的展开过程中对人的塑造，重视文化和道德精英人物的示范作用。另一位汉学家安乐哲在《儒学与杜威的实用主义》一书中指出，"从事中国哲学的研究能够增强西方哲学的生命力，反过来受过西方学术训练的学者，能够为重新阐释中国哲学带来新颖的分析工具和崭新的视角"，并希望对中国思想的理解能为批判和改造西方文化传统的缺陷提供资源[144]。

中国学人则是沿着严复、张之洞、康有为、梁启超、章太炎、胡适、傅斯年、鲁迅、钱穆，以及毛泽东、邓小平的思考蹒跚而行的。李泽厚先生提出"该中国哲学登场了"，因为与西方的人神相对的两个世界相比，中国的天人合一是人（社会）和天（自然）共生的一个世界，是生活的存在的世界，是和家乡、山川、自然的热爱相联系的，是情本体。它为当代人类应对机器包括从计算机到社会机器对人的奴役提供了思路。沿着这样一种思路，我们应该看到，以儒家思想为核心的东亚汉字文化圈中的古老文化日益显示出对全人类的普适性的价值。

中国文化传统对当代科学的意义见之于日本诺贝尔物理学奖金获得者汤川秀树的见解，他认为科学的创造力取决于两个因素：一个是抽象，一个是直觉。不少学者提及，中国没有产生像达克拉斯和德谟克利特这样的伟人，没有诞生数学和逻辑学，这是中国古代文化中抽象思维能力不如古希腊之故，但是中国的整体观和辩证思维却使得中国人有着更优秀的直觉能力，以致李约瑟说，欧洲文明的两个基础——理性主义和实验手段中国都不具备，但在中国把一切都做出来了。汤川秀树在讨论物理学的新旧理论所解释的事实出现矛盾时说："单靠逻辑学是什么也干不成的，唯一的道路就是直觉地把握整

142 王治河，樊美筠. 第二次启蒙 [M].
北京：北京大学出版社，2011：
第五章《互补并茂》.

143 汤一介. 中国文化对 21 世纪人类
社会可有之贡献 [J]. 文艺研究，
1999（3）：第三部分.

144 王治河，樊美筠. 第二次启蒙 [M].
北京：北京大学出版社，2011：
第五章《互补并茂》.

体，并且洞察到正确的东西。"他指出，直觉和想象力中"最重要的一种就是类比……中国人自古以来就很擅长于这一领域"。他还介绍了老子的自然观和庄子的混沌概念对他的影响。

中国文化对于当代建筑艺术创作又如何呢？康德说过，"只有天才才能创造艺术"，李泽厚解释说："他指的天才并不是天资，而是指艺术作为审美理想的表现，有将深刻的人生内容转化成艺术形式的伟大才能……这种创作是无法之法，它不能教，没有固定的法则方式，纯靠艺术家个人去捕捉，从而去表现那既有理性内容、又不能用概念来认识和表达的东西。创造既是典范，又是独创的富有人生意味的作品。"建筑艺术正是因为具有了"既有理性内容，又不能用概念来认识和表达的东西"的这一属性，才需要更多的直觉，需要更多的迄今尚未能如同逻辑思维那样予以归纳出规律的形象思维，但它有"时代性、历史性"，"艺术把时空凝冻起来，成为一个永久的现在"[145]，只有具有中国文化的素养和积淀的建筑师才有可能完成这种艺术创作的转换。艺术创造的本质直接联系着人性以及人类特有的文化—心理结构，"这个结构并不是经验科学的个体主观心理状况，而是具有历史性的超越的哲学本体存在……人们在这物态化的对象中，直观到自己的生存和变化而获得精神上的培养，增添了自我生命的力量"[146]。因而那些自觉认识、继承了中国所特有的以天（自然）、人（社会）合一为最高要求和准则的建筑师最有可能创作出人和社会、宇宙相互沟通的伟大作品。如果缺少这种素养，即使口头和文字写得天花乱坠，其作品最多也只是东施效颦式的符号拼贴。

西方建筑学者从东方吸收文化营养的实例以美国的有机建筑大师莱特引用老子的名句最为经典，建筑史学研究还找到了悉尼歌剧院的设计人伍重对中国建筑文化迷恋的证据。80 年代后，西方建筑界再次关注了中国建筑文化的资源，西方来中国的学生甚至还礼失求之野，连他们自己近年因模型教学和使用计算机而放弃的水彩渲染都到中国学习。他们还用自己的知识框架和方法论来研究中国的书法、太极拳，等以便使自己的传统有新的突破。他们邀请中国学者介绍我们自己都常常不当回事的传统木构建造技术。国际主流学术界本身也已经脱离了单纯的欧美文化的视野，吸纳了许多其他文化的成果，例如场所精神、无形文化遗产等概念都已经带上了东方的特色。自然，在学术界之外，各个发达国家在政治、经济领域以及文化领域出于保护和扩大自己利益的需求，仍然会将它们的价值观和游戏规则强加给发展中国家。普利兹克奖花落中国的现实证明，即使在中国建筑的原材料木材淡出中国当代的建筑结构体系之后，中国的文化传统依然作为无形的生命力会对中国当代建筑创作产生影响，这是国际建筑界对中国同仁的期待[147]。

5.2.4　准备中国建筑文化的出场

随着发达国家对现代文化的反思和中国经济的迅猛发展并走向世界，中国文化已经越来越多地出现在世界舞台上。这种形势同样呼唤着中国建筑师和中国的建筑文化走向世界。我国的建筑学科是在从 80 多年前在大学引入西方的建筑学知识体系并培养人才开始其现代构建的。它和中国几千年来的营造传统及近代学人包括营造学社学人的学术思考、文化思考以及后来发生在中国的实践成果相互影响，构成了今日中国的建筑创作队伍和他们的学术体系。他们的知识体系、工作方法的核心技术部分是西方的。今天对建筑创作的探讨，宏观上颇有西学为体的特点，但中国的创作实践说明，设计创作是复杂的思维过程，远非文字所能界定。对建筑创作中的中西文化的探讨仅仅用"体"和"用"

145，146 李泽厚.美学四讲 [M].天津：天津社会科学院出版社，2001.

147 关于木材作为建筑材料包括作为未来建筑材料的合理性，学者论述甚多，且在北欧和北美通过森林复种策略，仍然作为可持续的建筑材料使用，这里仅仅是针对当代中国相关防火规范的约束及高建筑密度的城市环境形势下的建筑设计的现实状况展开讨论的。

两个宏观概念是无法理清头绪的。日本在探讨文化冲突问题的时候曾经用"洋才和魂"一词说明日本先进人士对文化关系的设计，其和张之洞的"中体西用"的立脚点不同，更灵活一些。20世纪五六十年代中国学术界遭遇复古主义批判的困惑的时候，并未明白中国实践理性精神其实是不拘一格的。

面对中国社会急剧转型引发的中国建筑文化的危机，一直在寻找一条有中国特色的建筑之路的中国建筑师群体也曾经有过两种重要的思路：一种是以西方的思想、学科体系为主导，重新审视中国的建筑设计成果，争取或力求中国传统建筑文化在当代背景下能获得一种新生；第二种是以中国传统文化为先导，思考中国传统的建筑文化是否能够适应今日要担当的城市与建筑发展，思考如何将中国的传统文化融入当代的建筑文化中。第一种思路，由于西方建筑体系的先天优势，由于中国传统建筑文化在近现代发展中的体系断裂，传统建筑很容易被简约为某种建筑符号、形式特征，被拼贴到完全以西方建筑体系为主导的建筑实践中。第二种思路是对中国传统建筑文化的再挖掘和探索，由于传统建筑文化自身缺乏介于思辨和营造之间的中间层次的思考，中国传统建筑在其现代化探索过程中或者偏重于建筑构造和细部材料的现代化，或者偏重于传统文化中某些局部的抽象概念和途径的泛泛采用，这两种思路在多元的当代建筑文化的需求中依然可以找到自己的用武之地，但是当经济全球化已经将时代推进到跨文化的对话阶段，当人类共同面对着生态、环境、文化等多种危机之时，当世界文化的互补需求也在呼唤东方文化尤其是中国文化出场之时，当中国的建筑业和建筑创作界不仅在国内面临着和外国同行的竞争且已经不断深深介入亚洲、非洲以致西方的建设项目之时，走向世界的中国的从事建筑创作的优秀建筑师，还需要一种超越前两种思路的具有传统中国建筑精神的整体性探索思路。

程泰宁建筑师并没有刻意研究理论家们对中国文化和艺术创作规律关系的分析结论，他在亲身经历了半个多世纪的创作、经历了包括记录在20世纪世界著名建筑评选名单上的援外建筑设计等大量实践后，针对当前的创作局面，结合自己有所成功的创作体会，做了如下总结："天人合一是我试图建构的一种建筑观，理象合一则是一种方法论，情景合一是我的审美方式和审美理想。"[148] 这或者可以作为对新的思路的一种回应，体现了中国社会文化心理结构的久远力量和一位对民族文化具有自信心和自觉性的建筑师的思想深刻之处。时代对建筑师的期待确实是：既要立足于本土文化的整体特点，关注并在逐渐深入研究中国文化的物质遗产之后深入研究它的精神遗产及其物质空间的深度把握，也要借鉴其他文化中的概念和方法论，深入揭示其价值；既要探讨抽象继承和转换性的创造，又要虚怀若谷，跨越不同文化的边界，学习和吸纳人类的一切优秀成果，将东方的实用理性精神，根据此时、此地、此人，彼时、彼地和彼民族的特点，完成其转换性的空间创造，并彰显多种个性特点，为世界的新世纪的建筑增添光彩。这就是对中国建筑创作界的出场的期待。

5.3 提高文化自觉和自信是根治建筑乱象的基础

传统文化基因具有足够的生命力参与推动当代中国的社会发展和对整个世界后工业文明产生的问题做互补性的反驳，如果说以前学术界的人士对传统文化的思考是发自个体的或者是潜意识的甚至是被迫的，那么2011年的中国共产党十七届六中全会发出的提高民族文化的自觉和自信的口号则是作为党的领导阶层有意识的号召和对当代中国主

148 程泰宁建筑作品选 2001—2004[M]. 北京：中国建筑工业出版社，2005：代序.

流社会的文化要求了。会议公报明确提出："深入贯彻落实科学发展观，坚持社会主义先进文化前进方向，以科学发展为主题，以建设社会主义核心价值体系为根本任务，以满足人民精神文化需求为出发点和落脚点，以改革创新为动力，发展面向现代化，面向世界，面向未来的、民族的、科学的、大众的社会主义文化，培养高度的文化自觉和文化自信，提高全民族文明素质，增强国家文化软实力，弘扬中华文化，努力建设社会主义文化强国。"[149] 在这里，科学发展是主题，建设核心价值体系是任务，增强软实力和建设社会主义强国是目标。虽然该次会议并未直接提及建筑文化，但其精神已经足以为建筑文化的发展方向作出引导。只是要解决建筑创作中的文化自觉和自信，还必须明晰这些概念和精神结合具体的相关争论，唯此才能扭转当前乱象纷呈的局面，否则就只是隔空放炮。

5.3.1 传统批判的反思与辨析的基本点

在我们期盼用文化自觉和自信来面对未来的时候，我们不得不面对整个近现代历史中的历次对文化传统的批判的信条和口号以及伴随它们的历次运动制造的后果和乱象。这些从五四时期前后到当代的批判虽然多数是中国仁人志士为了启蒙和救亡图存发愤而为，但也激励了青少年的奋斗精神。它们"……是人类历史上的一次'壮丽的日出'（黑格尔语），在将人类从专制愚昧中解救出来，在唤醒人们的自由意识和尊严意识方面，它所起到的革命作用是不可估量的，因此其历史功绩怎么评价都不过分……然而，我们如果因着对第一次启蒙的崇拜而对其所带来的种种严峻的问题熟视无睹的话，则不仅是理论上的不负责，而且也是有悖启蒙真精神的……"[150] 我们必须面对"五四"运动以后产生的一系列严重的问题，就中国的启蒙而言，启蒙未解决的问题和产生的问题是叠加的。例如，"反右"运动和文化大革命是对启蒙的反动和对思想自由的绞杀。历次运动中实用主义、功利主义是对孔子的整体否定；文化大革命中将所有历史遗产均定为封、资、修，又不加任何思想分析，纵容群众将批判发展到毁坏一切先人遗物，发展到拆除大量庙宇，包括少数民族自己的祖先庙宇、祭坛等一系列历史文化的证物，其后果之严重今日已经看得十分清楚了。如果说"五四"时代的不少学者，包括严复、康有为，甚至部分主张全盘西化者在钦佩西方物质文明的同时，依然看到了中国传统的精神文化的优势，至少依然坚守礼仪道德等精神文明，那么在经过了历次运动的扫荡之后，当代后学者已经不仅被建立在工业文明基础上的物质成果包围，也被西学东渐后在中国建立起来的西学知识体系包括工具理性至上的观念所包围。中国的农业文明的基地——农村的相当部分已经成为落后的象征，甚至因城市化而成为社会的弃儿，中国 21 世纪的学人将面临着传统文化的物质部分大量丧失的现状。和前人相比，他们很容易就成为社会的拜物教奴役的对象。在这种情况下民族文化的自觉和自信谈何容易。我们必须正视近代历史，反思和清理历史，通过今日对文化传统的辨析的基本点，拨乱反正，这些基本点包括：

（1）坚持批判精神和对度的把握，推动传统的发展。今天的世界已经是工业文明和后工业文明环绕的世界，跨文化的对话是应对挑战的基本路径，因而今天对传统的复兴不是用当年打倒孔家店的方式去对待域外文化，也不再认为民粹主义和民族沙文主义会导向传统复兴，而是通过批判的精神认识这个世界也使得传统文化在比较中获得认识与揭示。批判精神使人类发现问题，改善自身，获得前进的推动力。批判精神包括对工业文明的批判，也包括对传统的批判。但是批判必须实事求是和发现真问题，例如顾准先生对传统文化中隐恶扬善道德背后潜在问题的批判，李泽厚和顾准等人对宗教精神缺

149 见十七届六中全会公报。

150 王治河，樊美筠 . 第二次启蒙 [M]. 北京：北京大学出版社，2011：序言 .

失引发的问题的揭示等。批判必须有度的把握，过犹不及。思想领域中的批判必须有对立面，必须允许存在不同见解。科学是求真的，只有深入精研才有可能有所发现，当年在引进西方实证的考古学科学体系后反衬出中国传统文化的问题，产生过顾颉刚的古史辨的学术成果，并引起了对中国传统文化的反思和批判，这种反思又通过考古学和其他学科的深入研究回应和纠正了古史辨中的错谬观点。这种各有各的道理的求真的学术讨论推动了学术文化的发展。历次运动中那种凭借权力"扣帽子"和"打棍子"，不允许另类观点申诉的做法是扼杀思想自由的专制做法。在建筑创作领域中，权力决策不改变，和权力相联系的学术霸权就永远伴随着学术思想的窒息而存在。对传统文化的争论无论是正方还是反方都只会争夺话语权而不去争夺学术真理，此种环境下对传统的再发掘就会成为空中楼阁或者只是权杖上的虚假的装饰。

（2）反对理性至上主义，反对对科学的盲目崇拜，反对以科学沙文主义和霸权主义处置社会问题。人类社会除了需要解决求真的问题之外，还需要解决求善和求美的问题。科学只是人类文化的一种形态，不能以为科学是最高的知识权威，工具理性的分析式思维代替不了综合性思维，也代替不了直觉。面对新的生态危机，再不能认为局部的学科分析和量化指标就等于科学的全部，例如对中医的批判，更不能将科学当成瞒天过海的旗帜，成为"科学的"形式主义。重新发现传统的整体思维、关系思维和直觉思维的价值，对于重新发掘传统文化的价值是十分必要的。

（3）反对急功近利，开展深层和比较性文化研究。为了救亡图存和建设现代化，我们的前人不断将现实的功利置于首位，从"一万年太久，只争朝夕"到"一年一个样，三年大变样"，并延续到当代各城市不顾建设规律的限期献礼的各种速度的建城运动。虽然其功居伟，但是所引发的巨大后遗症已经到了总体解决的时刻，历次思想运动给后代留下的精神遗产近乎文化荒漠或者是布满荆棘，几十年的建设在取得了城乡面貌巨变的同时，也带来大气、地下水和江河湖海水体的污染以及难以逆转的土壤污染后果，我国的基本建设超出发达国家几倍的能源消耗和材料消耗，用尽了几代子孙的各种资源。这些已经促使我国将科学发展观作为基本的建国方略，同时也促使党和政府过问文化发展。但是文化发展不只是产业，它最需要的是对于几十年来疏于关注的文化深层次问题开展跨文化的研究。我们常常看到，往往是国外的汉学家或者其他专家首先发现了中国传统文化的价值，例如是李约瑟首先完成了《中国科学技术史》的研究告诉世人东方文明的价值，是莱特告诉我们老子的思想成就了他的有机建筑，是怀特海认为"科学进一步的发展所需要之基本世界观与其说接近第一次启蒙的世界观，不如说更接近于古典的中国思维，那么，让大多数中国古典思想获得新生，此其时也"[151]。近百年的功利主义已经到了非划句号不可的时候了。

（4）坚持有破有立，不要只破自己的传统，只立别人的标记。以往简单的不破不立、以为破字当头、立也在其中的态度已经让我们尝尽了苦头，以往的拿来主义可以应付于一时的功利性的需求，却不能解决深层文化问题，养成的不知独立思考、不知探索、只知抄袭的学风也加速了当代建筑文化的同质化倾向。有朝一日我们的后代检点起世纪之交的如此之多的中国城市和建筑的混乱的雷同特征，或者会径直问道当年决策者的大脑何在？今天当我们面临着地球历史上只有像恐龙灭绝这样的灾难可以比拟的生态灾难的威胁和重重文化危机的时刻，没有现成的可照抄的标本了。人类需要共同探讨未来之路，而古代中国的思想武库就在旁边，要学会寻找资源和营养去应对挑战。

151 王治河，樊美筠. 第二次启蒙 [M]. 北京：北京大学出版社，2011：序言.

5.3.2 重新构建共同的精神家园

中华民族历史悠久且长期在大一统的国度里生存,虽然没有国家性的唯一性的宗教,但是借着以儒家文化为核心的文化传统维系了自己的精神家园。只是经历过一百多年的社会动荡中的转型变化,民族的精神家园已被拆除殆尽,那个借以维系我们精神家园的社会存在的基础已非昔日模样,就是精神家园中的精神文化本身也因不断地被批判和淘汰而罕为人知。大部分的国人对自己的传统都是一知半解,大量的国人实质上是精神上的流浪者,无依无傍。十七届六中全会等会议上,党和国家领导人提出要构建中华民族共同的精神家园正适逢其时,且任务艰巨。

有人认为"皮之不存,毛将焉附",既然社会生产力和生产关系产生了巨大的变化,相应的意识形态必然变化。此话言之有理却并不准确,生产力和生产关系仅是"皮"的一部分,何况传统文化的相当部分还保留在东方的生产关系中。按照李泽厚先生的研究成果,作为社会文化的心理结构,其形成历史漫长,不是一朝一夕可以毁灭的,至少是仍然作为文化基因潜伏在国人的心中成为社会存在的重要组成,有待于主流社会和为师道者认清并去激发和活化的。犹太人的先例已经证明观念形态的巨大作用,中华文化的传统历久不衰和与时俱进的特点更是经过历史验证的。只要我们总结历史教训,在上文提及的正确对待传统文化的基本点的基础上,重新构建我们民族共同的精神家园就是充满希望的。我们应该做的工作包括:重新挖掘我们的无形文化遗产,并在新的跨文化的新形势下对话共存,构建当代的精神文明;大力加强至今依然影响着中国人民日常生活的书法、国画、武术、中医、地方戏曲、烹调等传统文化与工艺,并将之纳入当代开放和对话的社会主义文化体系中,使之与时俱进;保护和整理民族建筑文化遗产,特别是保护其真实载体以传承历史信息,将传统园林和建筑中的理念应用到城乡的环境建设中,使其成为现代中国的有机组成部分,将精神家园的构建和美丽中国的构建紧密相连。

5.3.3 提炼融汇中西文化的建筑创作的元理论和方法论

沿着十七届六中全会公报所引导的文化发展方向,认真分析当代中国建筑创作的重重矛盾之后,重建我们的建筑创作的价值体系,并不断应用、坚持与改进这个体系,已经成为能够凝聚和引导国人也凝聚建筑学人共同努力建构新世纪中国建筑文化的一项核心工作,因而也是最重要的一项工作。这个体系除了从属于整个中国当代文化的价值体系因而具有十七届六中全会对当代文化建设的同样定位之外,还具有应对建筑矛盾的针对性,努力在当代建筑的丰富的跨文化创作实践的基础上,凝练可以融汇中西文化的属于建筑学和建筑设计的元理论及其方法论。结合中国文化传统中对过程和目标关系的把握,结合本报告第4、第5节对中西文化的剖析和跨文化对话的阐释,本报告提出如下若干思路:

(1)中国古代文化的根本观念或曰元理论是《周易》所反映的实用理性精神,在《周易》的体系中,"远取诸物,近取诸身"是可以包罗万象的。在中国历史上它为中国文化不断开放吸纳外部文化提供了思路,应将这一基础性思想和西方的实证主义精神及其他文明成果相融汇,跨越文化差异,凝练当代人类思想成果,作为当代中国建筑元理论的思想基础。

(2)吸纳中国古代思想中的天、地、人和谐共生共处的关系,也学习西方文明中那种承担起管理世界的人类责任精神和层层解剖精细分析的方法，以应对当代环境、气候、生态等多种危机，以应对人类共同的文化危机为目标，通过各级的转换性创造，深化未来建筑各领域和各层次的次级理论和方法论。

（3）克服传统中轻视理性的缺陷，学习西方包括建筑理论中求真的理性精神，但要防止理性至上主义。既要学习西方美学思想中对实体和形式美的研究成果，更要学习、继承和发展中国美学中对虚空和对意境美的追求；既要了解世界各地已有的、刚性的、量化的、具有突出应用价值的、可以应用于建筑工程上的技术成果，以便应对当代各类问题，也要继承中国传统中的以变应变、以柔克刚的思想智慧。

（4）回归建筑创作本身的基本属性和基本规律，了解不同文化的原点特征，并将之纳入社会发展的大趋势中，将任何形而上的探讨都立于对形而下的驾驭上，落实到对建筑空间和实体的效能的创造上，落实到对价值主体的人的关怀上。

在后工业文化君临中国并将影响全球的当代，文化的多元是必然的，也是值得我们珍惜的。即使价值观相同，对建筑创作的结果也会有不同的认识，何况思想观念本难雷同，而且文化有雅有俗，因而不必要也不可能为创作的所谓风格做一刀切的定位，不可能将价值观等同为建设管理甚至方案审批的操作性指标依据。但是作为宏观的方向性、引导性和弹性的要求，我们至少期待社会主流阶层，包括建筑学人在内，在构建精神家园的过程中提高认识，自觉和自然地认同这一观念体系。当代建筑师群体如果能沿着这一观念体系所确定的目标努力探索，并积累相应的自我的学养和必要的实践磨炼加上必要的形而上的总结，在整体上就具备了创新拓展的基本条件，剩下的只是为建筑师提供能激励他们创造的必要的外部条件了。

6　完善制度文化是建筑创新的必要条件

当今中国已经到了必须实施制度改革包括政治制度改革的时候了。正如经济学家吴敬琏所述，虽然中国经济体制的市场化已经取得长足的进展，但是，市场经济是一套配置稀缺经济资源的机制，需要其他方面制度安排的配合和支撑，否则，市场自由交换的秩序就得不到保证，就会出现混乱，权力的介入还会造成"丛林法则"支配市场，使整个经济变成了一个寻租场。政治改革的任务，不仅是要减少和消除对资源配置和价格形成的行政干预，使市场机制有可能发挥基础性作用，其更艰巨的任务，还在于建设一个能够为市场机制提供支持的法治环境。没有这样的制度平台，就难以摆脱公权不彰、规则扭曲、秩序紊乱、官民关系紧张的状态，难以使经济和社会生活进入和谐稳定的正轨。本报告前几部分剖析的建筑创作界遭遇的问题同样件件都最终指向了制度文化的调整和改革。这里说的制度文化 152，它不仅是指制度本身，而且是指整个作为社会存在的制度引发的工作机制及人们在制度下的态度。中国社会正在经历变化剧烈的社会转型期，中国城市化没有类似先例可直接借鉴，一切制度文化都需要在发展中经受实践的检验和调试，绝不要以为几年前制订了一纸章程制度改革就已经完成。当上层建筑严重制约生产力发展之时，调整上层建筑就是高层政治家及相关主管部门领导人必须思考和行动

152 制度文化是人类为了自身生存、社会发展的需要而主动创制出来的有组织的规范体系，主要包括国家的行政管理体制、人才培养选拔制度、法律制度和民间的礼仪俗规等内容，是文化层次理论的要素之一。所谓文化层次理论包括精神文化、物质文化、制度文化。制度文化是人类在物质生产过程中所结成的各种社会关系的总和。社会的法律制度、政治制度、经济制度以及人与人之间的各种关系准则等都是制度文化的反映。

的。我们应该站在改革的历史新起点，重新估计推进政治体制改革和社会体制改革的现实需求 [153]。

在涉及建筑创作的制度改革方面同样要适应利益关系变化的新趋势，实现政府转型的实质性突破，建设好我国社会主义民主法治体制。作为与建筑创作相关的制度文化改革应包括以下几个方面。

6.1 推进体制改革，提高政府决策的科学性和民主性

6.1.1 推进政治体制改革与社会体制改革

离开大的政治体制改革和社会体制改革，孤立的建筑管理体制改革不过是隔靴搔痒，因而推动改革攻坚是整个建筑管理改革的前提性工作。中国（海南）改革发展研究院近年的研究说明，当前进入新阶段的改革对需要攻坚的政治体制和社会体制改革的现实要求有 [154]：

（1）适应利益关系变化的新趋势，……全面、合理地调整利益关系，……积极稳妥地发展社会民间组织，形成有组织、有秩序的利益表达和利益诉求机制。并且，通过正当的利益表达和利益诉求，防范与化解经济社会矛盾与风险，形成经济社会发展的合力。

（2）实现政府转型的实质性突破。……从现实出发，政府机构设置有三个亟须解决的问题：一是决策与执行未能很好分开；二是宏观规划和经济政策决策的职能比较薄弱；三是综合监督不适应经济社会发展情况的变化。因此，要规范宏观经济部门，纠正主管部门事实上把主要精力放到具体项目审批上的问题；要加强综合决策和监督，防止在机构调整中回到"全能型"管理的老套路中去。

（3）建设我国社会主义民主法制体制。……为实现依法治国，需要推进国家政治经济社会生活的法制化、制度化。

对照建筑设计现状，这三点同样是建筑设计要获得改进面临的攻坚任务。

6.1.2 从权力决策走向民主决策

前文已经说明，我国建筑设计方案决策包含了大量的权力决策。由于目前我国的重要公共建筑的方案的最后抉择权仍然和各级政府领导人密切相关，特别是和权力机构中的第一把手的好恶甚至是一念之差密切相关，因而改进把建筑创作的命运押宝在一把手上的决策机制就成为方案遴选制度改革的切入点。其基本目标不是剥夺一把手的权力将之换为二把手或者换为某专家的权力，而是要提高领导人决策过程的民主性和科学性，注重公共建筑设计方案选择过程的公开性，优化分类分层的招投标和其他方案征集制度。用制度约束权力、规范行为，通过制度建设，最大限度地减少建设项目决策过程中的人为因素。

科学的权力运行机制应当是体现民主、公平、规范和权威性的机制。规划与建设管理作为一种公共权力，能否体现公众的权益，取决于两个方面：一是是否有有效行使权力的途径，二是是否有有效制约权力的方式，二者缺一不可。既需要通过权力的正常行

153，154 中国（海南）改革发展研究院. 2006 '中国改革评估报告 [EB/OL].（2006-04）.http://www.chinareform.org.cn/ad/2006-04/index.htm.

使规范社会行为，促进社会的进步和发展，又需要制约机制以防止内部及外部的权力无限扩张和泛滥[155]。

城市社会的稳定和城市建筑的有序发展，不仅仅取决于稳定而强大的政府，而且取决于社会利益集团行为的有序化和个人行为的理性化，取决于能否建立一种科学的行政制度渠道，引导各社会利益集团和个人进入具体的经济和管理过程以增强他们的理性程度和责任感。沟通渠道使城市社会的各种力量在表达中缓解矛盾，冲突的表达渠道成为社会安定的"安全阀"，有效的监督机制是社会发展的基石。重新审视和修改城市建设相关制度的需求，既来自渴求社会稳定、经济繁荣的城市政府，也来自日益强大的城市社会各利益集团和个人，更来自自身存在合理性的危机感。因此，应将决策主体由现在的政府一元主导走向多元化，即推进建设项目决策由政府、市场、公民等多种力量共同作用，在这三者之间进行权力协调，保证在政府合理干预市场的条件下能够保障公民的权利，实现公民的社会力量在建设决策中的更大作用。

6.1.3 项目决策制度化，建设管理规范化

近几年国内建筑界在对社会公开、加强民主方面做了不少的努力。但是，要适应现有和将来中国社会发展的状况，保证城市建筑发展的整体、长远利益，维护公众利益，保障自身的权威地位，还需要进一步建立明确的制度化渠道。面临世纪转型的城市建设需要进行的是彻底的角色转变和机制重构，并使建设管理公开化、民主化，以走上规范化的道路。

归纳而言，推进项目决策制度化，建设管理规范化可分为以下几个方面：

（1）确立严格缜密的行政程序。行政程序包括对行政主体实施行政行为的步骤、形式、方法、顺序、时限等的要求，科学的行政程序是体现公众权益，实现管理规范化、法制化的必要前提。严格缜密的行政程序并不意味着行政效率降低，相反，它可避免行为主体的随意性，有助于保障当事人的合法权益和排除外界干扰。

（2）加强行政法制监督，保障依法行政，防止权力滥用，提高建设管理水平，维护公众合法权益。管理的行政监督可包括行政监察监督、审计监督、司法监督、社会监督等方面。

（3）增强规划委员会的职能作用。委员会可由规划专家、建筑专家、相关政府部门代表、民间代表组成。部分由政府委任，部分由专业委员会和社区推举，采取少数专职、大部分兼职的方式，以保证仲裁的公正性和合理性，同时避免导致机构人员的过度膨胀。

6.2 改进建筑设计招投标与方案遴选模式

6.2.1 改进设计招投标和方案征集、设计竞赛制度

改进《建筑工程设计招投标管理办法》和改进建筑设计方案征集和设计竞赛制度，通过媒体宣传，根除暗箱操作，方案征集和竞赛任务书要公布评审人员名单，评选人实行署名投票，阐释投票的原因，并通过网络向媒体和公众公布，承担相应的责任。通过实施细则的制定对其中的第十九条关于招标人的资质做出更为明确的界定，逐渐建立如新加坡和台湾等国家和地区实行的投标评选和项目设置决策相分离的行政制度：主要领

155 侯丽. 权力·决策·发展——21世纪迈向民主公开的中国城市规划 [J]. 城市规划，1999（12）：40-43.

导只负责决策项目是否设置而不具体负责对方案选择的拍板，只负责对标书的内容提出进一步明确的要求。在质量评选中加大其他价值主体的决策权重，领导不能违反《建筑工程设计招投标管理办法》改变评选的结果，评选出来的方案即确定为实施方案，如领导部门有不同意见需另选方案应有充分的理由，并在网络等媒体上公开说明。

政府采购规划设计方案（招投标）要对国外和国内投标者一视同仁，既不能歧视外国设计师，也不应该给予他们超国民待遇。在同等条件、同样质量的前提下优先采购本国设计机构的产品，以此鼓励国内设计机构与人员，培育创意文化产业的繁荣发展（因为政府采购优先考虑国内产品是国际惯例）。要学习国外经验，改进招投标法，加大今后对本国设计企业的保护。招投标书对甲乙方的责、权要对等规定，不能"只许州官放火，不许百姓点灯"，要明确设计师对设计拥有的知识产权。

在招投标过程中还可充分运用科技手段，如建成评标专家语音通知系统，专家名单由电脑自动生成，有效预防和堵塞评标专家管理、抽取中存在的暗箱操作等漏洞，同时通过完善的电子监控和数据传输设施，使招投标活动公开透明，且处于严密监控之下。

设计前缺乏足够的前期研究，招投标前期领导、标书撰写人及有关机构缺乏民主沟通及标书撰写人不熟悉建筑设计的规律是造成大量招标达不到愿望中的目标的原因。针对中小城市及欠发达地区中技术、经济力量较弱，政府公共建筑招标不规范较多的现象探讨制定更有针对性、更灵活的招标或方案征集办法，特别是学习日本的设计提案方式和文件审查方式这两种方案征集办法[156]。在此基础上要向职业建筑师负责的国际招投标制度靠拢，要在招标法中明确不必所有重要项目都要进行国际招投标，并非所有工程项目都要采取招投标来获得设计方案，要学习福建等省已经采纳的方案征集模式：在公开透明并制订某些前提条件和规则的情况下，可以不采取招标而是采取直接委托的方式[157]。

6.2.2 制定追究决策失误责任、经济赔偿和行政处分的制度

长期以来，我国司法和干部管理制度对那些贪污受贿的干部已经积累了丰富的惩处经验，但对那些因决策失误造成国家巨大经济损失包括巨额资金浪费者却始终无力查处，虽然后者的损失是前者的成千上百倍。制度建设的重要内容就是要从司法和干部管理的角度，明确那些因为拒绝科学决策而造成无法挽回的经济损失的应承担直接责任的领导人的经济和行政惩处，同时对那些明知决策错误却事前不提醒、不建言、不报告后果的主管行政负责人追究连带的渎职责任。应让"问责制"成为常态，使对国家和城市造成重大损失的不负责任的人得到应有的惩戒，坚决杜绝一些领导干部只顾权力决策，不愿承担责任，漠视老百姓呼声和权益，一旦出了问题就互相推诿，或以集体负责为借口而敷衍塞责的现象发生。构建领导干部尽职尽责的内在驱动力，保证政府权力的健康运转。

要建立和完善与行政问责制度相关的配套制度，让公众及时、准确地了解行政问责程序，让问责主体能充分、有效地了解行政行为的有效性和合法性，使问责制度常态化。

6.2.3 改进干部业绩考核制度和培养制度

党的科学发展观口号早已成为各级党代会和政府报告的必备内容，但是却远远没有成为干部能够融会贯通和身体力行的行为准则，大量的干部不是根据科学发展观而是根

156 姜涌，等.职业建筑是业务指导手册 [M].北京：中国计划出版社，2010：设计收费与运营管理部分.

157 福建省发改委规定中有，院士可以直接接受委托，大师可以用邀标方式进入设计方案阶段.

据官场规则包括他的工作将获得上级何种评价来决定行动的，改进干部业绩考核制度成为干部管理中的大问题，为了提高干部执政能力，提高城市建筑文化素质，杜绝权力决策和权力寻租，应结合国家干部管理制度中的改革要求，着重解决好以下几个问题：

（1）反对急功近利，任何城市重点工程只有符合城市百年大计目标的项目才能成为评价相关领导个人业绩的构成内容，要防止政府领导人"种了别人的田，荒了自家的地"[158]，不去解决城市中那些关乎民生的虽然困难却是基本的问题，而把精力和资源投入到塑造形象工程上，即使是对百年大计的工程也要通过科学的、长效的考核机制和追踪机制得出考核干部业绩的凭据。

（2）如同工程管理中的优秀设计奖必须是优秀工程一样，只有获得了优秀工程的项目才能列入相关领导人的业绩，如同重要工程中对设计、施工单位的终生问责制一样，对权力决策涉及的领导的问责也应该是长久的和可以追索的。

（3）加强对献礼工程的考察，献礼工程可以动员和凝聚干部群众的力量，集中资源完成重要工程，但是许多无米之炊、仓促献礼和硬性要在任期内献礼的做法却又是违反科学决策和违法行为的滋生之地，因而，要考察决策过程，方案拍板只能在策划研究和规划设计之后而不是之前进行，程序违法就是行政违法，任何单个领导违反程序的决策都不能作为业绩考核达标的依据。

（4）充实考核机制中的评价主体，注重听取基层干部和人民群众对业绩工程的评价，扩大基层干部和群众对领导干部的最终评价权和选择权。

在各级党校和行政学院开设关于项目决策的科学性和城市文化塑造的课程，开设关于公民权利和政府义务的课程，开设关于城市规划和建筑投标方面法律法规的课程，讲解项目策划的重要性和基本内容等等。逐步实现干部对领导负责转变为对制度负责，将法规制度作为决策判断的准绳，至少要首先在东部发达地区和大城市做到这一点。

6.3　规范建筑设计程序管理，提高建筑师素质与设计的科学性

针对不少部门和城市的领导人早已摸索出了如何将权力决策通过程序合法来获得科学性的外衣的实际状况，制度建设的一个重要内容就是加强对设计全过程的管理制度建设及其落实。

6.3.1　加强建筑设计前期的可行性研究

前期研究对建设项目立项、实施乃至管理均具有决定性作用，在很大程度上是整个建设项目成败的关键。为了杜绝可行性研究变成了"可批性"研究的形式主义倾向，要对建筑设计前期的可行性研究提出以下要求：

（1）前期评审的专家除要由相关的不同专业的专家组成之外，对于关键可能有争议的问题要邀请持不同观点的专家参加，所有的专家要在自己的意见书上签名担责。

（2）无法达成一致意见的，要举行扩大组成的第二次论证会，要允许对原来的意

158 从大部制改革看中国政府治理的转型 [J/OL]. (2014-09-15). http://news.sina.com.cn/z/dbz/?from=wap.

见书提出修改。

（3）当项目涉及当地居民的基本利益时，要听取居民及其代表的意见，并对居民意见作出回应，包括对项目设置的方案内容做重大修改。

（4）项目前期的预设目标要符合国家技术标准和城市规划的控制要求，符合城市建筑文化规划的设定目标，当突破这些要求时，要履行相关程序。

（5）在可行性研究报告确定或获批准后，如果后续建筑设计完全不符合前期的可行性研究，有关部门应拒绝将之纳入评审程序。

（6）方案批准或领导拍板前应该尽可能公示以听取公众意见并对意见作出回应。

大型设计单位要适当引进解决前期相关问题的交叉学科人才和加大研究的资金投入，必要时要建立企业与高校共同参与的创新战略联盟，集聚多方面的人才以应对重大项目的前期工作。设计合同中的设计周期要双方协商、合理确定，确保其设计品质与设计的完成度。要通过建立法治的秩序为中小型设计企业的生存和发展提供空间，形成和大型设计企业互补的整体布局。

6.3.2 加强建筑设计过程的规范化运作

强化施工过程中建筑师的配合工作的要求，景观工程项目要纳入与建筑师相同的控制管理中，施工配合的费用应该在普通的设计费外单列；要加强和改善现有的施工制度管理；要防止低价中标、层层转包；要加大技术标的评分、提升施工工程的完成度；要明确在施工单位未获设计单位同意时，不得改变设计的基本原则，甲方的任何与设计有关的更改要求必须通过设计单位的认可，并以设计文件的形式告知施工单位后方可执行。任何缩短施工周期的要求必须获得设计、施工单位的认同，允许设计单位对任何违反科学性的施工周期提出和坚持自己的意见。未获设计单位签字的工程项目不得竣工验收，主管部门要对每年竣工但未能验收的工程项目予以公布。《中华人民共和国建筑法》要补充当责任人为政府官员时对这类工程的工程费的支付与惩处责任人的办法，法院在受理相关案件时要依法判决。

通过注册建筑师考试和担负项目负责人的建筑师要对建筑项目各专业的配合负全面责任和协调责任，并接受因协调工作引起的调整设计的任务，直至赔偿因工作失误造成的损失。

6.3.3 重视项目建设完成后的评估反馈

要制定通过中介机构对经历了一段时间的使用后的政府工程进行使用后评估（POE），并以功能和日常使用等方面作为主要关注点，要求设计单位进行追踪式调研与评价，检讨建筑设计策略方案的适合性与准确性，并提出针对性的完善措施，应将这一工作纳入设计合同中并支付相关费用。其中绿色建筑的后评估是值得关注的方面，鼓励城市中的大型标志性建筑取得绿色认证，并完善其认证与后评估机制。

6.4 普及建筑文化，加强建筑启蒙与公众参与

如同解决体育竞技中的问题那样，要将建筑创作中没有裁判和以教练员代裁判员的现象迅速扭转，必须将建筑文化价值判断的主体——公民的作用引入价值体系。按照市场经济主导下的社会术语的表述方式，纳税人有权利过问他们的税收是如何被政府使用的，按照传统的党性的要求，党章中规定了共产党员要接受群众的监督。因此，无论是党章国法，公众参与对于当代中国社会来说都应该是自然而然的一件事。只是历史上长期的治人和治于人的分野习惯和几十年权力高度集中的传统加上普通群众长期为获得基本生活保障所困扰，使得发达国家公众参与的条件——公民社会[159]尚未在我国健全形成，普通市民和广大工农群众并未形成参与切身利益之外的公众事务的习惯，这些使普通群众在参与涉及切身利益的公众事务中也带有强烈的利己色彩。但这不等于我国无法实现公众参与建筑文化事业的条件，特别是这一领域在多数情况下与维稳和房产权益纠纷并无干系，更和评价领导干部的政治态度没有干系，因而具备优先开展公众参与活动的可能性。

要普及建筑文化，首先需要在建筑师内部对建筑设计的发展取得一定的价值认同。可以看到，在当下的社会环境中，我们的建筑违背基本原理的情况十分突出，建筑的基本属性——物质属性和文化属性受到了严重挑战。当建筑异化为装置布景，沦落为商品广告，建筑的本原和基本属性已被消解，建筑设计也就失去了相对统一的评价标准。价值判断的混乱和失衡，成了当前影响建筑创作健康发展的一大挑战。因此，在我国经济逐步走向富强的今天，我们仍然需要强调建筑的物质属性，避免贪大求奢，使建筑设计能够满足适用、安全、生态节能以及技术经济合理等基本要求，也就是国际建筑师协会《北京宪章》所说："在风格流派纷呈的今天，我们不能忘记回归基本原理。"

在当前的国情下，至少以下几方面的工作是可以开展的。

6.4.1 加强公众建筑教育，推进社会建筑启蒙

城市规划与建筑学除了有其特殊的专业和技术要求外，它所蕴含的人文需求和城市公民感悟建筑的素质相关，因而建筑基础知识的教育宣传是城市建设工作实现公开民主的基础之一。尽管不少城市的市民通过参与城市规划公示、建筑设计方案公示以及参观游览和旅游活动逐渐理解建筑，但是和发达国家相比，由于教育体系的差异，他们在总体上对城市、建筑和建筑科学技术文化审美的认识仍待提高。应继续改进各地城建展览馆的展陈质量，增加人文因素，延续各地实施的博物馆对公众免费开放的政策，并在其中举办相关的群众活动和学术报告、研讨会等活动，使得公众基础建筑教育和学界研究互为良性循环，两方面可以共同促进、提高，共同对社会的建筑启蒙发挥作用，并让由此引发的情感激活城市。

6.4.2 鼓励非政府组织、高校、媒体有序参与建筑评论等学术活动

虽然官本位思想已深入渗透到社会各个角落和各个组织，但在独立思考的时候仍然可以发挥公民社会中的良性互动作用。目前我国的重要媒体都出现了对政府某个部门某个方面工作的批判性文章，这是社会进步的标志，也是当代社会急剧转型时公民宣泄不同意见的正常方式。民间组织和媒体积极参与建筑评论及其相关学术活动，并形成独立健全的评价机制，不仅将推进正确建筑价值观的有效建立，还会让生活中无所不在的建

159 公民社会或市民社会（Civil Society）是指围绕共同的利益、目的和价值的非强制性的集体行为。它不属于政府的一部分，也不属于盈利的私营经济的一部分。换而言之，它是处于"公"与"私"之间的一个领域。通常而言，它包括了那些为了社会的特定需要，为了公众的利益而行动的组织，诸如慈善团体、非政府组织（NGO）、社区组织、专业协会、工会等等。公民社会是个历史范畴。两千多年来，随着社会政治和经济关系的发展变化，公民社会概念共经历了多次大的转型。20世纪以后，随着资本主义由自由竞争阶段进入垄断阶段，公民社会观念也进入新的发展时期。30年代，西方马克思主义者葛兰西，通过对发达资本主义国家无产阶级革命道路的深刻反思，提出了"文化领导权"的思想，赋予公民社会新鲜的文化生命，开创了从社会文化意义上研究公民社会的理论传统，启动了公民社会观念的当代转向。当代西方马克思主义者通过对20世纪资本主义和社会主义在发展过程所遇到的各种问题的深刻反思，提出了"重建公民社会"的理论主张，认为应该把经济领域从公民社会中分离出去，把社会组织和民间公共领域当做公民社会的主体，并系统提出政治社会—经济社会—公民社会三分的社会生活划分模式，从而完成了将公民社会指向社会文化领域的当代转型。见：田华.公民社会理论[J].民主与科学，2004（1）.

筑得到公众更多的关注，并借此促进建筑与社会的互动，推进公民空间建设和公民社会
进程。

应该改进社团法，通过社团等机构设立推动公众建筑教育的基金，鼓励它们设立面
向民间、个人的建筑创作创意奖，如《世界建筑》杂志社主办的"WA 中国建筑奖"，
《南方都市报》《南都周刊》主办的"中国建筑传媒奖"，鼓励民间爱好者、自由职业
设计者乃至体制外的普通建筑设计小公司的杰出建筑设计人员以个人作品、个人身份参
奖，全方位推动建筑设计创意的发展，形成体制外的良性的调节和补充完善机制。

要鼓励和支持媒体和高校开展建筑文化与建筑评论的讨论，不得用行政命令限制评
论的独立性，没有必要要求媒体和地方领导在建筑评论的观点上保持一致，改进工程项
目的新闻报道中只报道首长不提主创设计单位和施工单位的多年恶习，发挥网络的评论
作用，推动民间审美情趣的提高，开展相关的奖项评选。

有计划地开展对媒体记者建筑文化方面的培训，鼓励他们在各类媒体上开展和引导
公众对本地或外地各类影响城市景观的重要建筑的讨论，鼓励各媒体开辟建筑文化普及和
评论的专栏。鼓励各城市公众探讨自己的文化审美定位，在城市规划和建筑设计过程中
尤其是在新区和重大公共建筑及其环境设计中将历史和环境特色的表达列为必要的要求。
在评奖时增加必要的评选时间，提高媒体和公众的参与度，特别是各阶层精英参与度和
参与决策的权重，通过长期的文化建设，如同藏富于民一样藏文化于民，养文化于民。

6.5　推动注册建筑师制度接轨国际

中国当代的注册建筑师制度即使是从加入 WTO 后算起也已过去十多年了，我们必
须通过制度建设推动这一制度和国际职业建筑师的规范接轨，否则其不仅无法走向世界，
也会在国内日渐萎缩。

6.5.1　解决相关制度难题，为注册建筑师承担双重职责提供条件

注册建筑师制度和国际标准接轨的一项基本要求就是要中国建筑师承担起他们职
业中的双重社会职责：其一是作为签约甲方的利益的全权代表者；其二是同时且根本上
是社会公众利益的代表者。这些要求是中国建筑市场管理者乐于看到但却至今未能落实
的，这是因为要建筑师承担起法律和道德这两种社会职责的前提是注册建筑师获得设计
事务本身的决定权，而这又恰恰是中国城市公共建筑设计时难以做到的。当他们剥夺了
建筑师保护自己的设计权利的同时，也将建筑师所承担的技术和经济上的责任卸了下来；
当他们改进了自己对建筑的认识和把握能力的同时，也挫伤甚至毁去了注册建筑师的责
任心和把握设计的热情与能力。虽然政府官员可以调动行政资源、推卸掉赔偿的责任，
但再要求建筑师承担起这种责任已经不可能，义务和权利总是这样相随相生的。当养成
了不必负技术和经济责任的习惯的中国注册建筑师遭遇到正规要求的重要建筑设计项目
时，就难免产生种种不适应的问题。尤其是在走向国际市场的竞争时，就会技差一筹。
因而提高中国建筑师的国际竞争力的一项基本要求就是解决好赋予中国注册建筑师的双
重职责的相关制度文化的建设。

"我们也越来越明显地看到：我们的设计机构管理还停留在承包经营、分灶吃饭，

不能有效地实行现代企业管理，无法形成核心竞争力；我们的职业培训和知识管理还停留在师徒相承、个人中心，无法进行持续的研发和集团的创新；建筑设计界沉湎于创收的忙碌和作品的自我陶醉，往往忽视了几十年建筑设计作为产业的发展和制度建设……引进先进的制度和管理经验，从而产生巨大的创造力。"[160] 注册建筑师制度要求"……建筑师职业……的核心是业主的建筑生产全程的、全面的代理人，其建筑学实践的范围应该涵盖整个建筑生产过程，即从策划、设计到招投标和施工的全过程……是一个必须产业化管理、标准化流程的服务过程……"[161]

住建部已经将这一目标纳入了注册建筑师的培训目标中，以便在未来条件允许时建筑师能够适应国际的规范做法。但是，解铃还须系铃人，前提条件仍然需要从更高层次上解决我国建筑领域的决策机制问题，探讨中国自身的条件与需要解决的问题。我们建议请住建部周密研究该制度涉及哪些重要法律法规以至政策和方针的调整并提出改进建议，结合国情及各类建筑创作的差异性，通过小范围实践，逐步改革，不必一蹴而就，同时要加强对大的甲级设计院的职业再教育，首先在援外项目上接轨国际。

中国加入 WTO 以后国外建筑师的大量进入对中国建筑设计市场产生了很大的冲击，我们不能期望通过政府设立各种约束限制国外建筑师的进入而自保，除了要求平等的待遇外，关键是要使国内建筑师自身具备与国外建筑师竞争的能力，充分迎接挑战、参与竞争，通过实践提高我们的设计水平，为社会提供更好的建筑作品[162]。因而主管部门应该继续加强对注册建筑师再教育中的文化素质、关注社会问题的素质的培养，加强对当代优秀建筑成果与经验、文化遗产和历史文化传统及其当代的转换案例的介绍等。

6.5.2 提升自身使建筑师从接轨国际到走向国际

在初步完成国内注册建筑师制度的改进之后，还需要解决中国建筑师在国外设计市场上的竞争问题。通过走向国际，与国外一流企业同场竞技，并输出"中国标准"，是新时期中国建筑实现跨越式发展的必然选择。在这一进程之中，以下几个方面应予关注。

建筑师协会应该组织具有国际市场经验和市场需求的设计机构开展关于国际项目运作方式、组织架构、机制体制、风险管理、财务融资、市场开拓等方面的交流，召开关于不同地域的国际设计市场设计文献的规范、语言、气候、文化习俗等方面的建筑师交流会议，鼓励各设计机构对建筑师开展不同形式的跨文化和国际化的培训，鼓励各高校继续加强面向国际的联合教学和其他形式的提高建筑师素质的业余培训及再教育活动。

住建部及各省住建厅应支持各地设计、施工企业在国外工程中不断推广中国产品和中国的技术标准，鼓励中国建筑师以不同的形式开拓域外设计市场，鼓励中国建筑师、中国建设企业在国外获奖。表彰和鼓励那些在国际市场上产生了影响的中国建筑师进一步提升话语权，推动我国建筑业从对国际相关标准的被动接受过渡到积极主动参与国际标准的制定的进程中去。

建筑师必须提高自己的职业素质，从根本上说，具有创新能力的建筑师毕竟是少数，现有的制度将这少数的创新热情几乎熄灭，制度改革就是要让有才华、有能力的建筑师焕发热情，带动群体，振兴中国，走向世界。但挑战是严峻的，只有不断提升自身，与时俱进，才有希望在全球性的竞争中胜出。

160，161 姜涌，等.职业建筑师业务指导手册 [M].北京：中国计划出版社，2010：前言.

162 赵春山.培养职业化的建筑师.中国考试(研究版),2006(12):6-7.

6.5.3　推荐首席建筑师或领衔建筑师负责制

推荐各大城市在有关重要项目上已经采用的首席建筑师或领衔建筑师负责制度，通过他们的敬业精神和协调好各种关系的才干和威信，保证项目全过程的优化，应继续加大政府聘任的首席建筑师的决策权，同时也要明确他们的职责和义务，务必减少政府的无端干预，避免走回头路和推倒重来，从而减少技术决策失误造成的重大损失。建筑师负责制是以建筑师为责任主体，其受建设单位委托，从设计、施工到工程竣工的全过程，甚至包括使用质保期，全权履行建设单位赋予的领导权力，直至将符合建设单位要求的建筑工程交付给建设单位。在建筑师负责制中，建筑师作为工程的总负责人，直接对建设单位负责，不但负责设计，而且还负责建造的管理。这种责任是从方案设计开始一直到工程竣工交付使用，甚至延续到工程使用质保期。标准的建筑师负责制服务涵盖三大内容：项目设计、施工管理和质保跟踪。建筑师负责制使各参与方职责简明清晰，全面保证了工程整体质量，是反映设计理念，倡导设计个性，鼓励设计创新的基础。

建筑师负责制保证了建筑工程的质量，理清了工程各参与方的职责，尤其在没有法定工程监理制度的国家，建筑师负责制成为建设单位控制工程质量的根本。在我国现行的法律和基建程序规定的工程监理体制下，引入建筑师负责制，不但不会削弱监理的职责，而且能使工程质量更上一层楼，更能反映设计理念，倡导设计个性，鼓励设计创新。

与之相配合的是各种媒体要增加对建筑师创造性工作及其成果的指导，进一步推动社会形成尊重创新和尊重知识产权的风气，要让更多的百姓了解中国自己的优秀建筑师，了解他们的贡献和才能，通过这些工作特别是首席建筑师或领衔建筑师的活动和带动，提升建筑师在建筑创作中的话语权。

6.6　推动建筑教育中创新型人才培养机制的形成

教育问题是当代中国公众关注的三大焦点问题之一，也是改革开放以来的重大问题之一，本文无力全面探讨，仅就上篇已经涉及建筑创作的建筑教育和教学问题从完善制度文化建设的角度加以阐释。

首先应该看到改革开放以来，中国的建筑教育已经经历了多项改革，其成果之一就是直接为 80 年代以后的中国社会主义建设输送了大量的人才。但是无论是教育本身还是建筑创作市场对教育教学的反馈都要求必须将改革在以下几方面深入进行下去。

6.6.1　为创新型人才和创新型思维的成长发育创造条件

学生是学习过程的主体，学校是为了学生的健康成长而营造的学习环境和学习设施，是组织提供教学、启发和教育学生的教师的机构。已故清华大学老校长梅贻琦的名言"大学之大，非大楼之大，乃大师之大之谓也"值得教育组织者关注。优秀的大学就是要为学生提供大师级的教师和为培养造就未来各学科的大师而努力。离开了这一目标奢谈管理和评估，就是缘木求鱼。教育部已经将培养创新型人才纳入了新世纪高校的培养目标，但是同时高校的各项管理制度虽然对于推动高等教育走向法治避免诉讼、避免徇私舞弊作出了贡献，却并未能解决如何使得各类潜在的大师型人才有可能获得入场券及获得良性发展的机会。陈丹青事件 [163] 后我们虽然不能奢望废除原有的研究生招考制度的某些条款，但至少仍希望该制度的某些部分获得改进，然而各高校研究生考试以及本科生考

163 陈丹青原为清华大学美术学院（原中央工艺美院）教授，油画家，因他连续两年无法录取自己认为有前途的却未能通过外语考试的考生后愤而辞职。

试都显示了中考未必中用的考生仍然是录取的主流。

创新型人才是建立在创新性思维的基础上的，如何教会学生摆脱传统的习惯性的因袭性的思维是各高校新时期的最基本的任务。电脑时代的拷贝技术、数字摄影技术、网络搜索技术和考试中的试题库等制度虽然提高了工作效率，却也为抄袭模仿以至舞弊提供了唾手可得的范本和低成本的风险。我们的设计教学依然充斥着强烈的教学生如何因袭前人的集体无意识，教师面对课程设计总是从前人的案例讲起而缺乏对问题及案例矛盾本身的思维性分析，对大师的学习长期停留在对大师作品的空间成果和大师理念的学习而缺少对大师设计过程的创造性思维的学习。从教师开始并影响到一代代的学生的另一个思维缺陷是缺少社会和人文学科知识，缺少社会生活知识。迷信科学、笃信理性和贬低经验、轻视实践成为许多人的通病，这对于建筑创作是致命的缺陷。各个高校已经开始了写作训练和举办作为通识教育的素质性讲座，但是它们尚未构成高校教师和学生思想体系的有机组成部分。要考核学生的创新能力就必须有创新式的考核办法和创新式的激励办法，这种考核不能是始终不变的。这就要求必须将调整的相当部分的权力交还教学机构，而不能用一刀切的管理模式处理250余所完全不同的高校。

6.6.2 加强社会人文教育、传统文化教育和跨文化的交流与学习

首先，应在建筑教育中加强社会人文内容。贝聿铭曾说，"建筑有生命，它虽然是凝固的，可是其上却蕴含着人文思想。"其实，既然建筑要供人使用，就必先要认识人，才能为人办好事，而人类学、社会学及心理学等都是"人"的学问。从点到面，从门到墙，从地面到地下，从社区到城市……只要与人生活有关，莫不是建筑学的范畴。当科学文明渐渐替代了历史文化，成本效益慢慢掩盖了人文元素，生产效率催生了专业制度，经世致用只剩下了经济实用，视觉艺术取代了美学观念，专业知识演化为"通通不识"，我们如何能建造出好的建筑、好的城市？

其次，应在建筑教育中加强传统文化内容。中国民族建筑研究会在一次涉及传统文化传承的会议文件中就明确批评高校教学中传统建筑文化的缺失[164]。高校在不少中外学生交流过程中，当外国教师和学生要求中国学生介绍自己的建筑成就和传统建筑文化理念时，中国学生的介绍总是显得苍白无力和模糊肤浅。在250余所设有建筑学专业的高校中，不少学校建筑历史和理论的课程学时不足甚至没有称职的教师。缺少分析与综合能力训练的传统教学课程丧失启迪性而沦为应付考试的过场，在急功近利的社会风气中加上丧失思考能力和推理转换应用能力，相当多的学生不肯潜心分析案例而指望直接学得一种放之四海而皆准的设计理论教义和方法论。

第三，应在建筑教育中加强跨文化内容。以中外高校联合教学为突破口，一些重点院校已经在这方面取得了良好的成果，为中国学生获得跨文化的学习奠下了基础，但仍有不少值得深入的地方，因为联合教学毕竟是短期的，要获得深层的跨文化的学习成果必须在教学正式课程中解决。请进来讲学的方式已经在若干重点高校开展，为近距离和直接了解发达国家的学术规范、建筑传统和历史理论提供了范例。但作为和平崛起的世界大国，中国如果要走向世界，就必须了解自己之外的各个部分的世界，且能够换位思考展开对话，不能仅仅眼睛盯住西方而罔顾其他欠发达国家。学术本身是没有国界的，改革开放后大量人员已经走出去了解世界，但深层对话者仍是凤毛麟角，这样对中国建筑在世界格局中占据应有地位是极为不利的。

164 见中国民族建筑研究会第十次年会会议上的《西安宣言》。

6.6.3 优化高教普及条件下的建筑教育评估体系

建筑学专业教育评估是对该项专业的办学条件、教学过程、教学成果进行的专项评价，也是我国建筑师执业注册制度的重要组成部分。专业教育评估对于规范和改进我国高等学校建筑学专业教育过程和教育标准，提高建筑学专业毕业生的质量，促进注册建筑师执业注册制度的建立和发展发挥了重要作用[165]。

对于大量新建建筑院系而言，90年代后逐渐完善的建筑教学评估制度对它们提高教学质量、增加教育经费、增添教学设施起到了引导和推动作用。注重行内评价，优化教师评价体系、强调教师的主导作用、发挥专指委的教学检查作用，有助于建立良好的师生关系，推动了建筑教育在各校中的良性发展。当然，当前的建筑教育评估体系也远非完美，在对其进行优化调整时应注意以下几个问题：

（1）继续推进评估体系的国际互认和跨文化对话。建筑学专业教育评估的国际互认，对于我国建筑学专业教育的国际化进程具有非常重要的意义，有利于建筑教育人才的国际交流，也有利于毕业生的跨国服务。2008年我国以发起国身份与美国、英国、墨西哥、韩国等国一起在澳大利亚签署了评估互认的《建筑教育评估认证实质性对等互认协议》(Recognition of Substantial Equivalency between Accreditation / Validation Systems in Architectural Education)，即《堪培拉协议》（Canberra Accord）[166]，已成为我国建筑教育国际化的一个新起点，也将为我国建筑创作人才的跨文化对话创造条件。

（2）进一步完善评估标准、评估程序及评估方法。根据国际建筑教育的发展和中国的实际情况，对评估标准、评估程序及评估方法进行增减与调整，并确立正确的学科发展原则与方向。

（3）进一步接轨注册建筑师制度。既关注研究生教育中和注册建筑师考试相衔接的内容，更应该为未来的注册建筑师全面提高相关素质提供良好的素质教育，以提高他们未来的竞争力和创新能力。

6.6.4 认清经济杠杆的边界条件，加大教学工作的直接投入和考核

当我们强调建筑创作的重要性并试图解决设计创作的各类问题时，我们发现我们不得不回归并不直接从事创作的建筑教学，当我们强调建筑教育的重要性并试图解决涉及教育的各类问题时，我们发现我们又不得不离开教育教学的技巧性问题而回归到一个更为基本的问题，那就是高等教育的目标和任务是什么。如果说其基本的目标和任务是培养人才，那么何以改革开放以来直到2011年，我的的教育总投入才达到国民经济总收入的4%，即刚刚达到20世纪40年代的百分比[167]。据中国(海南)改革发展研究院《2006′中国改革评估报告》披露的问卷调查显示，69.21%的专家学者认为，我国高等学校学费偏高，主要根据在于政府，即在教育产业化政策前景下，政府投入不足，教育资源使用效率低下……。本文不探讨造成这一问题的历史原因，而是着重研究当下高校的状况。诚然，近20年多来我国的高等教育获得了量的长足的发展，为我国高等教育的普及作出了突出的贡献，但是其相当的部分是靠举债和纵横科研创收所获得的。经济杠杆被引入高校的科研体制中，促进了科研，改善了教师仅靠工资为生的不足，以及在一定程度上反哺了教学。但是当前的局面说明，经济杠杆不是万能的，它不能解决公益性问题，

165 周畅.建筑学专业教育评估与国际互认 [J].建筑学报，2007(7)：1-3.

166 高延伟.堪培拉协议——中国建筑教育迈向世界的新起点 [J].高等建筑教育，2008，18（1）.

167 东南大学校史资料

它不能解决社会对教育均等化等的基本权利公平的追求，教育中的重科研、轻教学如同医疗中的以药代医一样成为阻碍创造性劳动获得承认的藩篱。面对当下，各高校比拼且重视的是纵横向的科研经费，以东南大学建筑学院而言，2012 年纵向科研经费为 1450 万元，横向科研经费为 8800 万元，而该学院的正常渠道的教学经费仅为 100 余万元，不足部分是学院凭借各学科的国内地位和优势通过国家和学校提供的特殊渠道资金来缓解的。这一数字既说明了该校师资队伍的强大和科研水平的巨大潜力，说明了改革开放以来我国高校在国家科学技术事业中发挥的重大作用，也说明了高校确实是教学基地的同时也是科研基地，但是却反过来显示了教学经费的微薄。由于经费使用受刚性管理控制，当科研经费较为充足而教学经费捉襟见肘时，这一指挥棒如何保证教学基地的良好运转就成了严重的问题。当教学经费按照学校的等级只和招生人数正相关时，如何遏制盲目办学和扩大招生以及引起的误人子弟就是一个必须考虑的社会问题。当生活费用上涨、教学实习等活动的费用上涨、书籍等教学资料和设施费用上涨之时，当各种物质产品的价格不断上涨之时，何以培养新型人才的教育本身却资金不足？！它是当代社会功利观侵入社会机体的反映，是造就我们培养对象的实用主义学风的社会温床之一。我们必须有新的国家对策，在加大对教学过程投入的同时，要建立起新型的合理的考评制度，但我们首先要明确，改变学生的实用主义功利观的前提是国家和高校自身改变对待教学的实用主义的功利观。

当我们回归教育研究时就会发现，改变教育的功利观还不得不追溯到从改变中学的应试教育和中国当代的家长们望子成龙的教育观念做起。当 90 后和不久后的 00 后的青年学生在大批家长的陪同下前呼后拥地进入高校时，当大量的学生因加入高校而洋洋得意于理科、工科和文科的分裂式教育时，当不少学生再次呈现出新型的肩不能担、手不能提的弊病时，你有信心指望他们承担起像建筑师这类需要有社会责任的职业吗？鲁迅的"救救孩子"的声音似乎再次在耳边响起。

6.6.5 确定建筑的学科定位

"科学作为一个整体可以被看做一个巨大的研究纲领"，建筑学作为"科学"，其研究内容就必须为建筑学理论寻求理论支点和理论基础。1996 年钱学森先生提出了建立一个"大科学技术部门"——作为对建筑科学的设想，其中所圈定的建筑科学，是包含城市科学（城市学、城市规划学等）的"广义的"建筑科学结构[168]。这一点和吴良镛先生的建筑学科构架的理论观点有相似之处。吴良镛先生认为在人居环境的五大系统中，建筑是人与自然的中介物，这是一个建筑学公认的理论前提。建筑、人、社会、自然之间关系的存在，提供了以建筑、人、社会、自然为经纬的交错的关系切入点，这是建筑学分析的基点。在以建筑、人、社会和自然为基础的建筑学的讨论中，这几个因素之间形成各种建筑与相关内容的扩展[169]。面对变化日益复杂的社会和环境问题，原有的建筑学科体系已日显其不适与不足，单纯依靠原有的传统建筑学知识和方法手段已无法承担起解决这些问题的重任，人类聚居学和广义建筑学的引入和建立，对建筑学的原有思想观念是一个巨大的冲击，为建筑学的可持续发展注入了新的活力和生机。

其次是应关注多学科交叉在建筑学科建设中的拓展。多学科交叉的具体应用途径可分别从研究范畴、研究方法论和技术手段三个层面来探讨。从拓展现有的建筑学研究领域和范畴的角度看，现代科学体系在高度分化的同时又高度综合，这种综合使人们对自然界的认识体系进一步整体化，克服了单学科研究领域的专一与狭窄。人们通过学科综

168 顾孟潮. 论钱学森关于建筑科学的五个理论 [J]. 华中建筑，2006（12）.

169 吴良镛. 广义建筑学 [M]. 北京：清华大学出版社，2001.

合的方式扩大各自的研究范围和成果，例如人类聚居学建立在系统论基础上，综合了政治、社会、文化、技术等各门学科，克服了单一的传统建筑学的局限性，是对传统建筑学认识的一种拓展。从研究方法的角度看，寻求建筑学科学体系中多学科交叉的途径也可以通过尝试不同的观察视角、新的事物理解方式来达到。另外，从研究的技术手段的更新与结合角度看，建筑学与自然科学的结合也较多体现在具体的建造技术方面，当今的信息科学、计算机技术等学科的进步提供了广泛交叉结合的技术发展途径。

确定建筑的学科定位，在钱学森先生已经构建了科学系统的研究成果的基础上需要研讨建筑文化的学术定位，研究如何设置跨越科学技术学科和社会人文学科的研究课题及其意义；研究目前我国的自然科学、技术科学和社会科学分头管理的机制如何回应这种需求；研究我国科学技术管理如何与文化管理相整合；研究新世纪科学的综合发展时期中这种整合式的系统工程的行政管理办法。另一个涉及长期发展的目标是人才培养，即：如何认识建成环境与创新型人才培养的关系；如何将建筑文化作为基础文化教育的部分内容；如何在青少年阶段开始培养中国的具有跨文化视野、具有对世界各种其他文明环境的亲和性和适应性的未来开拓型人才。这一基础性的建设，是一项民族文化传承的伟业，是一项社会管理工程，是一项泽及东亚、造福世界的壮举宏图。

6.7 立足民族未来，建立国家长期计划

鸦片战争后的 170 多年过去了，当中国整体上已经取得了独立、接近取得富强小康的成就之时，我们回首历史，也深感在泼去脏水的同时也曾将孩子一起泼掉过。我们种了不少新树，也砍了不少老树古树。我们为中国终于摆脱了积弱贫困和受尽侵略凌辱的命运而高兴，也理解为此而付出的代价是巨大的。有些代价也许是难免的，但是到了我们自己把握的新世纪，我们再不能去砍伐中华文化这棵大树了，需要的是列出如何让中华文化之树在新的世纪中根深叶茂的计划。

在我国的国情下，如同所有重要事业的发展一样，建筑文化的发展需要有全局性、长远性、前瞻性的战略研究。这就需要建立面向世界、面向未来的国家长期计划。在我国的科学发展规划、经济发展规划和社会发展规划以及有关文化体制改革的国家性的"十二五"规划或文件中，与设计相关的建筑文化发展的计划或规划皆未列入。建筑文化的发展规划和改革开放中的"211"、"985"等工程计划促成相关学科发展相类似，将会促成相关的领域发展，不同的是除了需要以往已经存在的硬科学研究之外，更要加强软科学研究、文化研究以及科学文化的整合性研究，要更加侧重前人种树、后人乘凉的长期效应。我国城市化率达到 70% ~ 75% 以前，是我国建筑文化发展规划能够较好发挥作用的剩余阶段。要紧紧围绕城市经济、社会管理、文化发展和生态建设等方面的需求，围绕十八大提出的建设美丽中国的目标，对未来 20 年或更长一些的时间段中我国的建筑文化发展作出全面的研究和规划，建议在以下两个方面开展工作。

6.7.1 确立与国家地位相符的建筑文化发展目标和战略

作为已经走向世界的大国，我们要补上认识外部世界文化多样性和对话多样性的一课，要补上认识自己民族文化在世界文化系统中的定位、潜力和优势以及存在的不足因而需要发展调整的一课。这也就是包括建筑文化在内的文化建设需要规划研究的出发点，完成这种准备和取得并不断深化这种认识即是这一规划的目标。我们建议，国务院可以

依托科学院和工程院组织召开多部门、多学科参加的建筑文化发展战略研讨会。发改委、住建部和社会学科与人文学科对此问题有过研究的代表可以参加该会议，并就本报告和该会议上提出的问题特别是制度建设问题作出回应。在解决急迫问题之后，对涉及长期发展任务及其战略采取行动。

（1）责成有关部门和独立的专家或研究机构继续开展关于设计建筑创作的三个定位的研究：一是建筑业在经济发展和全球化进程中的产业定位；二是建筑学科在科学体系中的定位；三是建筑设计在建筑学、建筑文化以及国际文化交流中的学术定位。在报告的基础上确定可以采取面向未来、面向世界的对策和措施。

（2）确定结合可持续发展目标，以反映建筑文化的地域性和创新性为基本原则，为地方编制相关规划。

（3）由于建筑学科的特质以及广义建筑学的需求，如何评价其优劣的问题不是靠任何硬性规定能够确定的，在现有的管理框架内调整规则也要有一定的限度，需要建立跨越狭隘分工和行政分割的新的整合各类人才的组织形式。为此应该研究长期的战略和制定相应的政策和法律法规，使高等学校和科研机构、民间力量、社会力量有更大的自主权和财力去组织讨论、交流有关建筑创作繁荣的理论和方法的学术活动。要为在社会上形成不同见解的学术派别提供健康的社会环境，为民间社会团体和企业不持立场地赞助学术活动提供法律支持。

（4）政府支持。学术机构要推动我国建筑文化的理论研究，要建立具有我国特色的建筑学层面的元理论和具有阶段性以及针对性的理论、思想和方法论。

6.7.2 将繁荣建筑文化纳入各重要大城市的城市、文化发展规划

无论国家层面的规划是否能够制定，都应该允许和鼓励各个地方城市特别是省会城市在不同的资源基础上像制定普通文化发展规划一样制定建筑文化发展规划，因为改革开放和经济全球化带来的文化同质化危机已经促使各地方城市关注自己地域的文化特色及其当代的表达。通过制定地方的建筑文化发展规划构建现代多元的建筑文化布局，是地方城市的任务和关注点。由于不少城市的领导都对城市的标志性建筑和城市的市容特色极为关注，甚至越俎代庖、捉刀代笔干起画建筑草图的营生，因而，在提高他们的决策科学性之后，以前瞻性的眼光让地方政府特别是其领导人将精力的一部分放在这一新的课题上是有基础的。

应在研究的基础上进行建筑文化发展规划，研究内容包括：城市及其地区的历史文化特色的归纳，传统建筑文化的地区特色和表现形式的抽象概括；市民不同阶层对相关城市公共建筑的认识；使用城市公共设施的单位和人员对该建筑的反映；城市各地块的历史遗迹、历史事件和人物的调研；地块在当代总体规划中的定位和要求。规划应区别于以往的城市景观规划，将文化内涵置于重要地位，应探讨城市特色抽象继承的可能性、城市色彩的选择及其由来、城市的建筑群与地理环境等的关系。和其他规划中的指标性任务不同，规划中的大量目标应该是有弹性的，过程和参与性比具体成果更有意义，参与过程的部门及社会非政府组织和普通市民的多寡、过程中涌现的评论的质量与数量就是评价其成果优劣的指标之一。目标总体上应该是政府主导的又是多元的，是社会各阶

层的理想的博弈、叠加和融合，是包容性的又是和谐的和有主有从的。在我国的条件下，政府的主要领导人可以发挥重大作用，可以对城市文化的发展提出引导性意见，但不应该由城市个别领导人来确定城市的建筑文化定位，不应该只有一种模式和一种答案，不应该由一代人将文章做绝，要相信后代的能力并保留他们的发展权利。

结 语

改革开放 30 多年的历史以至整个中国的近现代史都说明，建筑业、建筑创作、建筑文化的发展是和时代的命运联系在一起的。离开了国家、民族的存亡兴衰就不存在独立的建筑文化的存亡兴衰。同样，国家民族的存亡兴衰也和各个行业、各个阶层及其成员特别是其代表性成员的努力相联系，并由他们在历史机遇面前的表现汇集而成。展望未来的发展，似乎仍然要用已经被用俗了的那句 "挑战和机会并存" 来概括。当前，世界不稳定、不确定因素此起彼伏，国际金融危机已波及我国，国内的地方政府债务危机已经严重制约了城镇化的进程，土地和人口的红利将近枯竭，生态、环境等危机和社会矛盾互相交织，这些都直接制约着建筑业的发展方向和步伐。改革已经进入深水区，各级政府的执政能力正面临着挑战。另一方面，改革开放已经为我国积累了走中国特色社会主义道路的经验。十八大提出的五个文明并举，包括新型城镇化在内的落实科学发展观的理念已经呈现，实现中华民族伟大复兴梦想的蓝图已经为包括建筑创作的繁荣在内的可能性提供了新的机遇。本报告仅作为中国建筑设计界的中国梦奉献给关心中国建筑发展的人们。

上篇

当代中国建筑设计现状与发展蓝皮书

The Blue Paper of the Present and Future of Architectural Design in Contemporary China

当代中国建筑设计现状与发展蓝皮书
The Blue Paper of the Present and Future of Architectural Design in Contemporary China

陈 薇

1 当代中国建筑设计发展历史回顾

当代中国建筑设计发展是中国自近代以来又一次蜕变和飞跃式的进程。

如果说近代中国建筑相对于中国古典建筑，是一次革命性的改变——它以结构和材料改变为基础、空间和形式改变为特征、规模和功能改变为动因，那么当代中国建筑相对于 1949 年新中国成立后的断续发展，则是一次世界罕见的持续高速的建筑设计和建造过程——它以需求数量大、建设速度快、规模扩大化为特征，呈现出中国政治、经济、文化及社会的发展状态以及在建筑上的应对。

在近代和当代之间，建筑民族形式的探讨、建筑设计源泉的追索始终是建筑界关注的重点。其中，以梁思成先生为代表的一支，着力关注传统建筑词汇研究，"每一个派别的建筑，如同每一种的语言文字一样，必有它的特殊'文法''辞汇'"，"此种'文法'，在一派建筑里，即如在一种语言里，都是传统的演变的，有它的历史"[1]，倡导发扬中国传统建筑精髓；以刘敦桢先生为代表的另一支，在 1953—1965 年间以"中国建筑研究室"[2]为核心，开展传统民居和古典园林研究，其目的也是为了探索民族建筑对于新建筑设计的作用，以解决设计工作中中国传统建筑知识缺乏的困难。这些工作均是对 1929 年成立"中国营造学社"之根本目的"浚发智巧"[3]的持续传承。当代中国在改革开放后的一个重要探索，便是提出"民居是建筑创作源泉"，并延伸到后来"中国现代建筑创作小组"[4]的重要活动中。北京香山饭店的落成和热议[5]，武夷山庄、阙里宾舍、白天鹅宾馆、太湖饭店、黄龙饭店等一批融民居、园林于现代建筑的获奖（图 1），使得"新乡土建筑"蔚然成风，并产生积极的作用和重要影响，相关的还有诸如以冯纪忠、莫伯治等先生为代表的南方建筑学者和建筑师对于现代建筑与地方性结合的探索（图 2）。

伴随着中国的经济复苏、文化寻根、现代化的追求等，价值身份认同和中国向何处去成为全社会关注的问题，建筑是其中的一个侧面（图 3）。新疆维吾尔自治区成立三十年大庆系列具有地方民族特色的现代建筑问世、陕西历史博物馆对于"新唐风"的

1 梁思成，中国建筑之两部"文法课本"[J]. 中国营造学社汇刊，1945，7（2）：1，四川南溪县李庄，中华民国三十四年十月.

2 "中国建筑研究室"（1953—1965年）：1953 年 4 月由南京工学院和华东建筑设计公司合作创立，主任：刘敦桢。1958 年 6 月并入建筑工程部建筑科学研究院建筑理论与历史研究室（现"中国建筑设计研究院建筑历史研究所"），下设"南京分室"和"重庆分室"，主任：梁思成，副主任：刘敦桢。"中国建筑研究室"的重点工作之一是开展民间住宅和古典园林研究。

3 社事纪要 [J]. 中国营造学社汇刊，1930，1（1）：3，北平东城宝珠子胡同七号.

4 中国现代建筑创作小组于 1986 年成立。主要成员有：刘开济、罗小未、艾定增、曾昭奋、吴国力、张在元、程泰宁、邢同和、李大夏、布正伟、罗德启、饶维纯等，这批人士在 21 世纪成为世界华人建筑师协会（WACA）的主力。

5 顾雷. 三访香山饭店 [J]. 建筑师，1983（3）；范守中，等. 香山饭店观感 [J]. 建筑师，1983（3）；潘昌侯. 红叶白璧思乡情 [J]. 建筑师，1983（3）；卢思孝. 香山饭店的一个启示 [J]. 建筑师，1983（3）.

图1 新乡土建筑
1.北京香山饭店（建筑师：[美]贝聿铭） 2.武夷山市武夷山庄（建筑师：杨廷宝、齐康、赖聚奎） 3.曲阜阙里宾舍（建筑师：戴念慈、傅秀蓉） 4.广州白天鹅宾馆"故乡水"园林中庭（建筑师：佘俊南、莫伯治） 5.无锡太湖饭店（建筑师：钟训正） 6.杭州黄龙饭店（建筑师：程泰宁）

图2 南方现代建筑
7.广州南越王墓博物馆（建筑师：莫伯治、何镜堂） 8.上海方塔园（建筑师：冯纪忠） 9.福建省图书馆（建筑师：黄汉民）

图3 传统继承与创新
10.乌鲁木齐友谊宾馆（建筑师：王小东） 11.西安陕西历史博物馆（建筑师：张锦秋） 12.杭州铁路新客站（建筑师：程泰宁） 13.北京清华大学图书馆新馆（建筑师：关肇邺） 14.北京亚运会主场馆（建筑师：马国馨）

图4 奥运会和世博会建筑
15.上海世博会中国馆（建筑师：何镜堂） 16.北京奥运会国家体育场（建筑师：[瑞士]德·梅隆、赫尔佐格、李兴钢等）

探索、清华大学图书馆新馆（逸夫馆）关于中西合璧及新老建筑的结合，使得传统继承是形似还是神似以及中西文化的纷争旧话重提。社会普遍关注的"文化热"呈白炽化，并延伸到北京亚运会建筑场馆中。不同的是，相对于地方城市或乡土建筑的特色讨论，亚运会建筑体现的传统继承和现代化技术进步的交织，反映出中国整体社会当时的探索和思辨。

1999 年 6 月 23 日，国际建筑师协会（UIA）第 20 次大会在北京召开，通过了以吴良镛先生为主起草的《北京宪章》[6]，中国建筑及其主张受到世界关注。与此同时，随着中国社会主义市场经济体制改革和建筑发展，1999 年 8 月 30 日第九届全国人大常委会第十一次会议通过并发布了《中华人民共和国招标投标法》，这标志着我国的建筑市场竞争在法律层面得以规范，也因此国内外建筑师比较频繁地同台对话。与之平行发展的是，外国建筑师选择或被选择设计中国建筑——在异域文化背景下进行实验和实践，是外国建筑师的探寻过程，也是中国主动接受国外各种建筑风格、技术及个人流派和特色的开放历程。这些建筑尤其在城市新区（如上海浦东）和经济发达城市（如深圳）如雨后春笋般层出不穷，既带来新风，引进了技术，也左右和导致了其他城市和新区及一般中国建筑师的取向，去中国化、同质化成为一种特征。

21 世纪奥运会和世界博览会是中国在国际视野中的精彩亮相，建筑和环境设计进入了新的层次，中外建筑师合作增多，技术进步和创新显著（图 4）。同时，自 20 世纪 90 年代房改带来的全社会尤其是城市的商品住房的供求关系，使得多样化的住宅建筑成为中国最大的建筑市场和设计市场，其中既包括欧式、美式、瑞士的技术派、SOHO 的理念等，引导和改变着人们的生活方式，产生了迥异于中国本土特色的住宅（图 5），也包括诸如"万科"和"绿城"集团开发的对于传统宅园延伸的新式豪华中国住宅。另一方面，部分中青年中国建筑师长期对本土建筑秉持尊重、求索、坚持、创新，气象盎然（图 6），"本土设计"作为一种主张[7]，代表了一批建筑师的设计理念和创新思路。2012 年吴良镛先生被授予国家最高科学技术成就奖、王澍先生获得普利兹克建筑奖，这标志着在国家层面对建筑学作为一种科学的高度认可和国际对当代中国建筑设计的高度重视。

图 5　异于本土特色的住宅
17. 北京建外 SOHO（建筑师：[日] 山本理显）　18. 北京银河 SOHO（建筑师：[英] 扎哈·哈迪德）　19. 南京朗诗国际街区（采用瑞士地源热泵技术）　20. 南京玛斯兰德社区（以欧美建筑风格和环境为主调）

6 《北京宪章》，主要包括：1. 认识时代；2. 面临挑战；3. 从传统建筑学走向广义建筑学；4. 基本结论：一致百虑 殊途同归。

7 崔愷. 本土设计 [M]. 北京：清华大学出版社，2008.

图6 "本土设计"建筑
21.北京二分宅（建筑师：张永和） 22.丽江玉湖完全小学（建筑师：李晓东） 23.苏州火车站（建筑师：崔愷）
24.西安大唐西市博物馆（建筑师：刘克成） 25.北京胡同泡泡32号（建筑师：马岩松） 26.成都锦都二期商业院街（建筑师：刘家琨） 27.天台博物馆（建筑师：王路） 28.苏州园林博物馆新馆（建筑师：丁沃沃） 29.宁波博物馆（建筑师：王澍）

图7 外国建筑师"抢滩"中国高端建筑市场
30.北京CBD（国贸） 31.上海陆家嘴 32.广州珠江新城

　　这样的历史回顾使我们有理由相信：当代中国建筑正呈现多元并存的发展趋势，其历程和积淀也为未来的深入发展奠定了基础。从社会层面而言，当代中国建筑设计也不再是专业领域内的自说自话，政府领导、普通民众、投资方、中外建筑师的集体参与，甚至是外国建筑师在中国的"抢滩"：以中国一、二线市的中心区——北京国贸、上海陆家嘴、广州珠江新城为研究对象，以约1平方公里的城市用地作为分析样本，对其中标志性建筑的设计者及建设状况进行调研发现，参与设计的国外建筑师高达60%以上（表1、图7）。当代中国建筑在今天其实是大众的现实话题、媒体的舆论中心、社会的关注焦点，正处在激烈的国际竞争中。

表1 我国一线城市核心区标志性建筑现状统计

选区名称	北京CBD（国贸）	广州珠江新城	上海陆家嘴
建筑总数（幢）	10	17	36
国外事务所设计建筑（幢）	6	10	29
国外设计占总建筑比例（%）	60	58.8	81

资料来源：东南大学建筑设计与理论研究中心提供

2 当代中国建筑设计存在问题剖析 [8]

2.1 失重：历史文化断裂

中国历史悠久，当代人群生活的主要背景是具有历史和文化的城镇和乡村，但是35年来的城镇发展和建筑建设，却出现了不少历史文化断裂现象。20世纪80—90年代，中国曾因盲目跟从后现代主义思潮而出现建筑形式符号的浮浅拼贴现象；21世纪后追随国外建筑师在中国设计建造的作品也成为突出问题，甚至出现"山寨"鸟巢、"山寨"金茂等。享受赝品成为急功近利的市场需求与满足（图8）。本课题组经过广泛调查，结果显示：建筑师及普遍民众均认为当代中国建筑设计整体水平一般，缺少艺术与技术的创新，更缺少文化底蕴，这是对当代建筑失重、表浅的一种否定（图9）。

《城市中国》第52期刊首语有一幅照片，引人关注并耐人寻味——四位中国游客手持奢侈品GUCCI购物袋站在威尼斯圣马可广场前合影（图10）。如果说追求浮华是当代中国普遍的从众心态，那么在建筑界普遍存在着趋浅和盲从现象，这除了建筑师自身的原因外，还和社会尤其是决策层普遍存在的对现代化建设的肤浅认识和粗暴实践有关。从根本上说，是社会整体对于文化自觉意识缺失的体现。唯新奇、重名气，成为社会的价值取向。

8 以下调查来源：1. 专家：何镜堂、崔恺、孟建民、庄惟敏、李兴钢、刘克成、高民权、李秉奇；2. 单位：中国建筑西南设计研究院、中国建筑西北设计研究院、华南理工大学建筑设计研究院、孟建民建筑研究所、重庆市设计院、东南大学建筑设计研究院；3. 职业建筑师与建筑学者问卷，收回717份；4. 网络调查（与House365网站合作完成）有效问卷1200份；5. 公众调研问卷1320份，收回1200份。

图8 "山寨"建筑图
33. 山寨鸟巢：南昌国际体育中心 34. 山寨金茂：常州现代传媒中心 35. 山寨欧陆建筑：南京威尼斯水城

图10 GUCCI潮与秀
四位中国游客手持GUCCI购物袋在圣马可广场前合影
资料来源：城市中国，2012（52），摄影：Paul Seheult

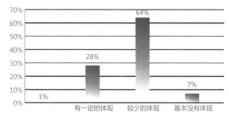

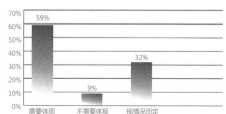

图9 当前中国建设是否体现了中国文化特征
资料来源：东南大学建筑设计与理论研究中心调研数据

2.2 失根：地域特征丧失

2008年，英国小说家巴拉德（James Graham Ballard）在临终前写道："对于我这一代人来说，大城市意味着文化生产的源头；现在，它却化身为主题乐园（拉斯维加斯、迪拜），无边的工地宿舍（中国城市）和彻底错乱的建筑异型（东京）。"这里"无边的工地宿舍"（图11），就是当代中国城市快速发展带来的大量建设和淡漠地域特征的写照（图12，图13）。

在快速发展、规模巨大的建设中，表征最突出的是千城一面现象（图14）。没有思考、没有特色、不甘落后，在有些城市新区、发展中的城镇以及老城市中心，比新、比高、比大、比夸张、比奢华等层出不穷。规划和建设千篇一律，其中的去中国化、超大尺度和豪华材料的运用，使得城市发展缺失地域特色，建筑也形成单一化倾向，甚至以模仿代替设计，如种种被称为"白宫"的建筑和美国国会大厦大同小异（图15）。

中国城市的千城一面还体现为城市重要的公共空间和新建住区类似，如高架路、立交桥、大广场、下沉式商业街、西式住区等。

图11 无边的工地
36. 南京部分拆迁工地

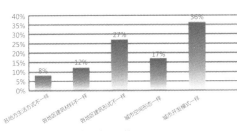
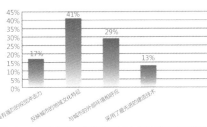

图12 中国当前城市风貌雷同的原因
资料来源：东南大学建筑设计与理论研究中心提供

图13 中国当代优秀建筑在形式上应该具备哪些特征
资料来源：东南大学建筑设计与理论研究中心提供

图14 同质化现象
37. 鄂尔多斯新城

图15 "白宫"建筑
38. 阜阳颖泉区政府大楼 39. 娄底市政府大楼 40. 平湖茉织华集团办公楼

2.3 失度：保护与发展矛盾

中国目前城市化率已超过 50% 的峰值，与国际发达国家城市化均值比肩。与此关联的是中国建筑市场居全球第一，建设投资每年以 20% 以上速度增长（图16～图18）。中国住房和城乡建设部资料显示，每年 20 亿平方米新建面积，使中国成为世界上每年新建建筑量最大的国家（图19）。而根据国家统计局官方数据，自北京奥运会以来，全国房屋实际竣工面积呈逐年增长趋势，2010 年已经达到 27 亿平方米[9]。

大规模住宅开发、大规模旧城改造、大规模商业开发，或片面以遗产作为旅游发展的资源，不惜在历史文化名城和遗产地大修大建，抑或没有依据地成片仿古规划和建设，造成了历史文化城镇、历史街区迅速消解、遗产破坏、人文关怀缺失的困境，保护与发展没有形成良性循环，而有些新建建筑由于定位不准确很快被拆毁，造成巨大浪费。有着文化传统的历史文化名城大同市则以复兴工程为名，拆古城，造新城，造成另一种文化破坏（图20）。

这种由于速度快、数量多、强度大带来的失度现象，除了观念、手段、管理层面的原因，主要还在于缺少科学发展观、超前意识和前瞻研究，尤其可怕的是长官意志和政绩思想指挥下的盲目带来的巨大文化破坏和资源浪费。

图16　中国1949—2011年城市化率统计

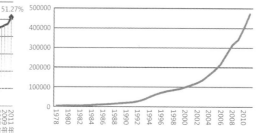

图17　中国1978年以来国内生产总值统计

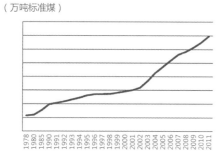

图18　中国1978年以来能源消耗总量统计

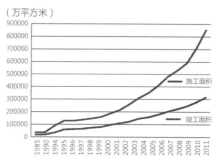

图19　中国1985—2011年房屋建设总量统计

图20　拆毁与建设中的巨大浪费

41. 杭州浙江大学湖滨校区3号楼炸毁前　42. 杭州浙江大学湖滨校区3号楼炸毁后　43. 山西大同"造城运动"

9 中华人民共和国国家统计局.中国统计年鉴（2005—2012）[M].北京：统计出版社，2005—2012.

2.4 失范：制度不够完善

建筑设计是一项综合性的工作，特别是如何从城镇整体、长远规划、文化传承、生活使用、技术创新等方面综合平衡，如何进行判断、优选、把控、运作、维护是一项专业性极强又需要缜密的工作。

目前在机制和管理中出现了如下问题：一是方案选择有专家评审制度，但实际操作由领导或投资方主导说了算。二是对境外建筑师进入中国建筑设计市场参加投标缺少认定，部分外国建筑师对于中国国情认识不够、文化理解不透、现场研究不足，导致部分建筑不合地方水土。三是管理部门各自为政，互不衔接，结果造成个体建筑也许是推陈出新的，但整体上看，是分散和杂乱无章的。这也是导致当代中国建筑中屡屡出现怪诞、荒唐、离奇现象的缘由之一（图21）。如甘肃某城市一项公共景观在经历方案筛选、施工单位和材料进场后，只因领导不喜欢便被废除而置换。浙江某市会展中心在投标评选结束后某外国建筑师补送方案因得领导青睐，而决定评选作废。又如，在山东某城市新区标志性建筑方案招投标现场，市领导作为业主方，在招投标专家评审结束后，根据个人喜好推选另一设计单位现场讲述另一方案，超越常规。

调查结果也印证了这些不合理，如：认为招投标作用是积极的占45%，而认为公正性比较模糊的占50%（图22，图23）。境外建筑师进入中国建筑设计市场其实是当代中国建筑师面临的新职业环境。20世纪80年代外国建筑师在北京部分实践取得了较好效果，如建国饭店和长城饭店的设计，但是目前在外国建筑师承接了许多重要工程后，国内大型设计机构只能作为境外公司方案入主后的施工图配合单位，中国建筑师的设计能力无法得到正常发挥，相应的工作报酬也不成比例。经过调查，建筑师作为个体有时对现状表示无能为力，有时对操作过程中速度跃进恐惧，这些都反证了这个时代需要全方位和系统地进行有关发展战略的思考。

图21 荒诞建筑
44. 沈阳方圆大厦　45. 北京天子大酒店　46. 宜宾五粮液酒厂办公楼

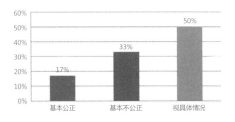

图22 现有招投标制度执行状况中的公正性

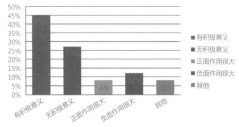

图23 现有招投标制度对于推动建筑设计水平的作用

3 当代中国建筑设计发展策略思考

3.1 树立文化自信，认知传统智慧，创新本土建筑

　　当代中国建筑经历 35 年发展，有失误、有教训，但是在繁华盛景或万象变幻中，我们还是欣慰地发现，有相当一批建筑师精英坚守底线、恪守原则、坚持探索，甚至以中流砥柱的精神不断磨砺创新，得到了国内、国际的认同。探索是艰辛的，但从没有间断，它在失重、失根、失度、失范的大环境下，呈现出它的坚韧和弹性以及深远的发展前景。

　　这条探索之路是以中国深厚的文化底蕴为基础的。对于建筑设计而言，其最赋理念价值的乃是强调整体性，"天人合一"是古人对这种认识的高度概括，也是中国哲学的基本精神和中国思想的核心信念，它影响着中国传统的建筑观和设计方法，反映在互为表里和相互融合的城市或乡村、建筑、山水景观中，成就了具有中国特色和智慧的建筑大成（图 24）。建筑、城市、自然和景观不可分，催生出当代中国建筑设计的优秀作品，其设计思路表征为：不是将建筑作为孤立自证的逻辑体系和审美对象，而是将其作为环境的组成部分——建筑的空间、形体、材料与构造等被归置到与环境的相互关系中考量。

　　而自中国近现代以来的建筑学科发展基本上沿袭和学习了西方建筑及相关学科的划分及其职业制度。20 世纪 90 年代我国实行注册建筑师制度，接续了近代由西方引进的、1949 年新中国成立后断裂的专业制度；2012 年国家正式将建筑学、城乡规划学、风景园林学作为三个一级学科进行建置，标志着将来与相关建筑师、规划师、景观师职业制度的应对和接轨。正是在这点上，学科设置有可能忽略了中国传统的具有东方特色的整体观对于建筑设计的重要影响。吴良镛先生的《广义建筑学》[10]和钱学森先生的"山水城市论"[11]，均是高屋建瓴之作，对中国建筑及其城市的精髓有深度揭示。2005 年国际古迹遗址理事会（ICOMOS）第 15 届大会通过的《西安宣言——保护历史建筑、古遗址和历史地区的环境》[12]，以中国建筑与环境的整体观对世界遗产保护的理念和法规建设作出了重要贡献。尽管如此，由于长期以来培养的大量建筑师，缺少对于上述东西方建筑之差异的自觉认识和对相关职业知识结构相互补充的运作能力，同时在理论层面也缺少具有中国智慧的建筑设计理论系统建树和相关教育，加上在决策层面也不能做到林木互见，从而使得当代中国建筑设计缺失频出。而其中，缺少文化和追求、缺少对于场所和地域特色相关的整体认识是病因。

图 24 建筑、城镇、景观互为表里
47. 丽江古城与环境　48. 南京的城、水与山　49. 五台山建筑与景观

10 吴良镛. 广义建筑学 [M]. 北京：清华大学出版社，1989。《广义建筑学》从聚居论、地区论、文化论、科技论、政法论、业务论、教育论、艺术论、方法论和广义建筑学的构想等 10 个方面，完整而系统地论述了广义建筑学的体系和围绕其展开的思考。

11 鲍世行. 钱学森论山水城市 [M]. 北京：中国建筑工业出版社，2010。其中包括：1984 年 11 月 21 日，钱学森在致《新建筑》编辑部信中提出的"构建园林城市"的设想。1990 年他明确指出"城市规划立意要尊重生态环境，追求山环水绕的境界"。1992 年 10 月他再次呼吁："把整个城市建成一座大型园林，我称之为'山水城市、人造山水'。"之后，他进一步提出"把微观传统园林思想与整个城市的自然山水结合起来"的观点，把中国未来城市描绘为"有山有水、依山傍水、显山露水和有足够森林绿地、足够江河湖面、足够自然生态"。

12 《西安宣言》主要内容分为 5 部分13 条，包括：承认周边环境对古遗址重要性和独特性的贡献；理解、记录、展陈不同条件下的周边环境；通过规划手段和实践来保护和管理周边环境；监控和管理对周边环境产生影响的变化；与当地、跨学科领域和国际社会进行合作，增强保护和管理周边环境的意识等。

图 25　跨学科开展的建筑设计
50. 敦煌莫高窟游客中心（建筑师：崔愷、刘加平）　51. 北京凤凰国际传媒中心（建筑师：邵伟平）　52. 中国普天信息产业上海工业园智能生态科研楼（建筑师：张彤、毛烨等）　53. 扬州南门遗址博物馆（建筑师：韩冬青、马晓东、陈薇）

图 26　国外建筑师设计的优秀建筑
54. 波尔图阿莱绍街办公楼（建筑师：[葡]阿尔瓦罗·西扎）
55. 日本浦和现代艺术博物馆（建筑师：[日]黑川纪章）
56. 苏州博物馆（建筑师：[美]贝聿铭）
57. 国家游泳中心（建筑师：PTW、中建国际（深圳）设计顾问有限公司）

因此，我们倡导以整体哲学观和广博的知识结构为基础，加强建筑师的专业素养和文化自觉的教育，增强建筑学教育中的人文修养和批判意识，并建议在职业建筑师继续学习中对以上内容进行相关补充，如此才可能减少失误，实现"国家'十二五'发展计划纲要"指出的城镇建设要突出特色、保护遗产、传承文化的目标。

3.2　科学跨越界限，独具慧眼融合，五位一体发展

中国当代建筑发展也要同时应对新型城镇化带来的城乡统筹、城乡一体、产城互动、节约集约、生态宜居、和谐发展的相关问题和内涵加强、复合性突出的需求，国家已经提出的绿色建筑行动方案——"十二五"期间完成 10 亿平方米新建绿色建筑，将会大力推动科学技术与建筑设计的一体发展。

相对传统建筑学科的建筑设计，当代已经或未来会更突出运用新型科学技术解决复杂和综合问题，包括材料、结构、构造、空间、形态与节能、生态、数字、环境及遗产等的交错。在这些方面，跨学科的合作会加强（图 25），跨国界的交流会密切，跨文化的广度会拓展。它山之石，可以攻玉（图 26）。我们倡导独具慧眼，学习先进，融会贯通，酝酿机制，培养领军人物。

在多元开放的视野下，发展顺应民族、环境、社会、审美和技术变化需求的建筑科学，丰富建筑创新能力和想象力，通过领军人物架构的团队，广泛研究和实践，形成专业互动以应对和推进创新和发展，改变简单、盲目、浅显学习与追求西方高科技和时髦方法的局面，以科学理性应对和抵制对更高、更强、更大建筑的追随，摆脱浮躁、讲究研发，引导建筑设计创新科学在"五位一体"的布局下有序地保持可持续发展。

3.3　加强决策管理，有效链接系统，完善制度建设

全社会对于可能形成的建筑决策者（包括领导、管理者、投资方、专家、民众），应学习判断、掌握取舍、形成选择。在管理层面，加强前瞻研究，控制开发规模，给足设计时间，完善投标机制，增强过程透明；在领导层面，摒弃以名人效应为标榜、以夸张个性和建筑形象为特色的认同标准，改变以速度完成业绩的局面。倡导在和谐的城市文化、村镇特色传承下，对于全球优秀多元文化和科学技术进行学习，顺应社会发展和生活需求，注重根植于本土文化和提升生活和环境品质的建筑精品创造。

同时建议加强相关机制改革和制度完善，架构当代建筑优秀作品诞生的有效链接。从教育层面（如中小学的建筑普及教育和建筑专业人员的终身教育）、专业层面（如打通建筑学、城镇规划学、风景园林学等学科的基础和更高层次的融汇）、管理层面（如领导和专家决策、规划局、建设局等之间的制约、管控和衔接）、实施层面（如投资方、设计方和施工方的义务和责任等）着手调整，从素质内修、能力培养，到设计实践、决策管理、施工衔接，再到社会维护、公众参与，健全系列制度等方面着力，保障当代中国建筑优秀作品的问世和传世。

3.4　倡导终身教育，加强素质修养，健全社会环境

一个民族的文化素养在某种程度上决定着一个民族和国家的发展大计，其中包括思想道德情操、审美修养和文化价值追求。对于有着五千年悠久历史的中国，深厚积淀、不断学习、长期融合、探索创新都至关重要。尤其对于文化价值观的形成和完善，无论是建筑师还是普通民众，都需要从小培养，终身学习。

相对于经济迅猛发展和快节奏的生活方式，在日益注重视觉感受、享受感官冲击力和快餐文化的当代中国，我们倡导全民尤其是建筑师了解中国历史、认识民族传统、尊重地域文化、具备科学精神、加强参与意识、崇尚生活品质。将加强文化底蕴建设、培养高尚审美能力、接续和传承优秀的建筑文化落实到全社会：将建筑作为一种人类发展的文化表征在一定的高度形成共识。在全社会追求审美高雅和品质卓越、致力风尚和精神建设的环境下，推动当代中国建筑设计走向内涵丰富、科学理性、健康活跃、充满生机和对世界有所贡献的坦途。

附录　外国建筑师抢滩中国高端建筑市场

　　本调研以中国一线城市——北京、上海、广州的重点地区为研究对象，根据 google earth 地图，以约 1 平方公里的城市用地作为分析样本，对其中标志性建筑的设计者及建设状况进行调研，研究参与设计的国外建筑师和中国建筑师的比例失调问题。

北京 CBD（国贸）

序号	建筑名称	建筑设计者	竣工时间
1	中央电视台新大楼	由荷兰人雷姆·库哈斯和德国人奥雷·舍人带领大都会建筑事务所（OMA）设计	2009 年 1 月
2	北京环球金融中心	西扎·佩利建筑事务所	2009 年 1 月
3	北京财富中心	GMP、LPT、WTIL、ARUP 等国际著名建筑事务所	一期、二期：2005 年／三期：2012 年
4	国贸中心三期	SOM 建筑设计事务所	2008 年 8 月 16 日
5	北京银泰中心	约翰·波特曼国际建筑设计事务所	2008 年 3 月
6	建外 SOHO	山本理显（日本）	2007 年

上海陆家嘴

序号	建筑名称	建筑设计者	竣工时间
1	21 世纪中心大厦	美国 Gensler 建筑事务所	2010 年
2	上海环球金融中心	KPF 建筑设计事务所	2008 年
3	金茂大厦	SOM 建筑设计事务所	1998 年
4	上海中心大厦	美国 Gensler 建筑设计事务所	2014 年（在建）
5	太平金融大厦	（日本）株式会社日建设计	2011 年
6	上海东亚银行金融大厦	英国 TFP 建筑设计事务所	2008 年
7	汤臣一品	台湾 GDG 建筑设计公司	2009 年
8	上海花旗集团大厦	日本（株式会社）日建设计	2005 年
9	震旦国际大楼	上海建工设计研究院	2003 年
10	上海未来资产大厦	KPF 建筑设计事务所	2008 年
11	上海香格里拉大酒店扩建工程	KPF 建筑设计事务所	2005 年
12	上海正大广场	美国捷得国际建筑师事务所	2002 年
13	上海国际金融中心	西萨·佩里 + 郑翔	2009 年
14	上海中银大厦	日本（株式会社）日建设计	2000 年
15	中国平安金融大厦	（日本）株式会社日建设计	2010 年
16	上海交银金融大厦	德国 ABB/OBERMEYER 设计事务所	1999 年
17	上海银行大厦	丹下健三都市建筑设计研究所	2007 年
18	汇亚大厦	KPF 建筑设计事务所	2005 年
19	黄金置地大厦	同济大学建筑设计研究院	2007 年
20	招商银行上海大厦	RMJM 香港有限公司 + 奥雅纳工程有限公司 + 上海建筑设计研究院有限公司	2011 年
21	上海时代金融中心	日本（株式会社）日建设计	2008 年
22	上海中融·碧玉蓝天大厦	美国 GS&P+ 上海江欢成建筑设计公司	2006 年
23	上海恒生银行大厦	藤田／大林组设计共同体	1998 年
24	中商大厦	香港黄兴华建筑师有限公司	1995 年
25	华能联合大厦	华东建筑设计研究院	1997 年
26	华夏银行大厦	华东建筑设计研究院	1999 年
27	世界金融大厦	香港利安建筑设计及工程开发顾问（中国）有限公司	1996 年

序号	建筑名称	建筑设计者	竣工时间
28	新上海国际大厦	加拿大 B+H 建筑师事务所	2000 年
29	上海招商局大厦	香港关善明建筑师事务所	1995 年
30	中国人民银行上海总部	未知	
31	中国保险大厦	加拿大 WZMH 建筑事务所	1999 年
32	国家开发银行大厦	华东建筑设计研究院	2000 年
33	渣打银行大厦	未知	2008 年
34	上海信息大楼	日本（株式会社）日建设计	2001 年
35	上海证券大厦	加拿大 WZMH 建筑事务所	1997 年
36	上海浦东发展银行大厦	加拿大 WZMH 建筑事务所	2005 年

广州珠江新城

序号	建筑名称	建筑设计者	竣工时间
1	广晟国际大厦	广州瀚华建筑设计有限公司	2011 年 3 月
2	富力盈信大厦	西扎·佩利建筑事务所	2009 年 1 月
3	珠江城	美国 SOM 公司与广州设计院联合设计	2007 年 8 月
4	恒大中心	香港 IFC 设计院	2012 年 12 月
5	富力盈隆广场	广州市设计院	2006 年 9 月
6	利通广场	Murphy/Jahn 设计团队、华南理工大学建筑设计研究院	2011 年 12 月
7	广州银行大厦	广州市设计院	2011 年 9 月
8	高德置地广场	广东省建筑设计研究院	2011 年 10 月
9	广州东塔	广州市设计院、刘荣广伍振民建筑师事务所（香港）有限公司、深圳华森建筑与工程设计顾问有限公司	2013 年 12 月
10	富力盈凯广场	美国 GP 建筑设计事务所	2010 年 8 月
11	广州国际金融中心	Wilkinson Eyre Architects Ltd. 及 Ove Arup & Partners 联合体设计	2009 年 11 月
12	合景国际金融广场	中信华南建筑设计院、许李严建筑设计有限公司、广州容柏生建筑结构设计事务所	2007 年 3 月
13	广州大剧院	英籍伊拉克建筑师扎哈·哈迪德	2009 年 12 月
14	广州第二少年宫	美国 SBA 国际设计集团	2005 年 7 月
15	广州新图书馆	日本（株式会社）日建设计和广州市设计院联合体	2012 年 5 月
16	广东省博物馆	广东省建筑设计研究院、许李严建筑设计有限公司	2010 年 5 月
17	广州富力丽丝卡尔顿酒店	广州市设计院	2008 年 3 月

上篇

希望·挑战·策略——当代中国建筑现状与发展

Aspirations, Challenges, Strategies: the Present and Future of Contemporary Chinese Architecture

希望·挑战·策略
——当代中国建筑现状与发展

Aspirations, Challenges, Strategies:
the Present and Future of Contemporary Chinese Architecture

程泰宁

1 世界走向与中国语境

改革开放卅年来，中国以比人们想象更快的速度融入世界。建筑设计领域的表现尤为明显。西方的建筑理论早已通过各种渠道引入中国，特别是一大批西方建筑师进入中国市场，他们遍布中国大中城市的大量作品以及这些作品所蕴含的设计理念，对中国建筑设计产生了很大的影响。在某种程度上可以说，国际上形形色色的建筑思潮在当代中国有比其他任何国家更为丰富、更为全面的实体呈现，以至于目前谈世界建筑的走向，不可能不谈中国，而探讨当代中国设计的发展，也很难脱离世界。因此，以此次国际高端论坛为平台，邀请国内外同行，以国际化的视野，从世界建筑文化发展的高度，来研讨当代中国建筑设计的未来发展策略是很有意义的。

当然，既然是研讨中国问题，就必需联系中国实际，研究寓于世界建筑普遍性问题中的中国特殊问题。这里，有三个因素是我们必须关注的。

其一，是快速城镇化的社会进程。它带来了每年 27 亿平方米（2012 年）、即将近世界一半的建筑规模。当其他国家在讨论建筑设计问题还是以一个工程单体，或一个片区为对象的时候，我们所面对的却是一座座日夜疯长的城市，两者所面临的问题和影响是完全不同的。

其二，是复杂多变的文化背景。当前，尽管西方文明已"从高峰滑落"（亨廷顿），但它经历了二三百年发展所形成的比较完整的价值体系，仍具有颇大的影响力。中国虽然拥有五千年文明，但长期以来却面临传统价值体系已"被解构"，而新的价值体系尚未能建立的尴尬状况。中西文化比较的陈旧话题，"路在何方"的文化困惑，在建筑设计领域中表现得尤为突出，这也是我们在研讨中国建筑设计发展战略时，不得不面对的文化现实。

其三，是"美丽中国"的愿景。十八大提出的"五位一体"之一的生态文明建设和"美丽中国"的愿景给中国建筑的发展指出了虽不具体、但却十分明确的方向。"中国梦"而不是"欧陆梦"、"美国梦"，我相信这不仅是很多中国建筑师"心有戚戚焉"的梦想和追求，它也将成为社会大众观察和评价中国建筑现状与发展的标尺。

以上三点——飞速发展的城镇化进程、复杂多变的文化背景和"美丽中国"的愿景梦想，构成了研究当代中国建筑设计发展战略所必须面对的现实语境。在这一语境中，理想与困惑并存，挑战与希望同在，明确的目标与严重滞后的理论和制度建设以及与错综复杂的现实矛盾相交织，突出了我们探讨这一问题的复杂性、重要性和紧迫性。

2 希望与挑战

我们首先关注"希望"。

谈到希望，我们首先会想到 2011 年吴良镛先生获得"中国最高科学技术奖"和 2012 年王澍先生获得普利兹克建筑奖。他们的获奖说明了中国社会以及国际建筑界对中国现代建筑的关注和认同，这是中国建筑发展进程中的一个重要标志，值得我们高兴和珍视。同时我们也应该看到，在这些获奖个案的背后，是中国建筑师群体的成长，而这，往往是容易被人们忽视的。

快速城镇化给中国建筑师提供了广阔的用武之地。经过卅年的磨炼，我们的建筑创作水平有了明显提高，涌现了一批优秀的建筑师和优秀作品，尤其值得高兴的是，通过全方位的对外交流，中国建筑师逐步打破了"一元化"观念的束缚，开始展现了向建筑创作多方向探索的可喜局面。

这其中，很多中国建筑师关注"中国性"的思考。他们或主张"地域建筑现代化"，承接传统、转换创新；或主张现代建筑地域化，直面当代、根系本土；或主张对中国文化的"抽象继承"，注重"内化"、追求境界；或强调建筑师个人对传统和文化的理解，凸出个性化、文人化的表达。

也有很多建筑师不囿于对"中国性"的解释，或强调对建筑基本原理的诠释；或提倡城市、建筑一体化的理念；或关注现代科学技术和绿色生态技术运用，力求展示建筑本身的内在价值和魅力。

当然，也有不少建筑师继续现代主义的当代探索和发展；更有一些建筑师直接移植西方当代建筑理念，进行先锋实验探索等等。

以上分析，不是对"多元"的准确概括（事实上不同方向会有交集），而是说明，改革开放卅年来，在创作环境并不理想的情况下，不少建筑师一直在坚持多方向探索，并已取得了明显效果。与过去相比，我国的建筑创作开始呈现出更为丰富多彩的整体风貌，产生了一批各具特色的优秀作品。这是中国现代建筑进一步发展的基础和希望。对此我想说，我们，不仅是建筑师，也包括公众、媒体、领导都不应妄自菲薄，对于我们的进步和成果应该充分肯定并加以珍惜。

但是，现实是复杂的。我们谈到希望，却不能掩盖建筑设计领域存在的诸多问题，现实是，飞速发展的城镇建设与现代文明的发展进程不相匹配，以至我们的建筑创作在发展中矛盾重重、积弊甚深。我认为，"价值判断失衡"、"跨文化对话失语"，"体制和制度建设失范"已成为制约我们建筑设计进一步健康发展的重要问题。这里需要特别强调的是我这里所谈到的三"失"，所针对的并不仅仅是建筑设计领域的学术问题，更与当前中国的社会现实密切相关。因此问题变得很复杂，也更具有挑战性。

2.1 价值判断失衡

建筑的基本属性——物质属性和文化属性受到严重挑战。

强调建筑的物质属性，是要求建筑设计能够满足适用、安全、生态节能以及技术经济合理等基本要求，这也就是国际建筑师协会《北京宣言》所说的"回归基本原理"。但是在当下的社会环境中，我们的建筑违背基本原理的情况十分突出。

最近的一个例子是长沙拟建一幢 838 米的超高层建筑，为什么要在长沙这样的城市建世界第一高楼，令不少人感到费解，这是城市环境的要求，是实用功能的需要，还是当前建筑工业化发展的需要？都不是。尤其是计划仅用 8 个月的时间建成这座 105 万平方米的超大型建筑，届时将会有怎样的建筑速度，实在令人怀疑。这种违背理性的"炫技表演"使这座大厦已经失去了本该具有的建筑价值而成了一个巨型商业广告。至于一些国家投资的"标志性"建筑在设计上存在的问题也很突出，中央电视台新大楼为了造型需要，不仅挑战力学原理和消防安全底线，还带来了超高的工程造价。一座 55 万平方米的办公、演播大楼原定造价为 50 亿元，竣工后造价大幅度超出，高达 100 亿元人民币。在某种程度上可以说，这样的建筑已很难用通常的价值标准来评价，因为它已经被异化为一个满足功利需要的超尺度装置艺术，成为欲望指针与身份标志。这种违反建筑本原的非理性倾向值得我们关注。

上述两个例子也可以说是特殊情况下催生的特殊案例，但是这些具有风向标作用的重要公共建筑，对于城市中的大量建设项目有着重要的引领作用。在这样一些"标志性"建筑的影响下，当前在建筑设计中有悖于建筑基本原理的求高、求大、求洋、求怪、求奢华气派已成为一种风气。一些城市的行政建筑的超标准建设，和部分高铁站房追求高大空间以至建筑耗能严重，就是一些比较突出、同时也比较普遍的例子。这类俯拾即是的例子说明，回归基本原理，是当前建筑设计亟待解决的问题。

至于建筑文化价值被歪曲以至否定的现状，更可说是乱象丛生。类似天子大酒店、方圆大厦等恶俗建筑时有所见，盲目仿古之风也在很多城市蔓延，特别是形形色色的山寨建筑几乎遍及全国城镇。最近美国出版的《原创性翻版——中国当代建筑中的模仿术》（*Original Copies: Architectural Mimicry in Contemporary China*）一书中列举了上海、广州、杭州、石家庄、济南、无锡等地一大批山寨建筑的实例，有学者读后称"出乎想象""令人震惊"。事实上，对这类恶俗建筑、山寨建筑的制造者而言，建筑的文化价值已经消解，建筑已经沦落为某些领导和开发商夸功炫富的宣传工具，一种被消费、被娱乐的商品。我经常在想，对于当下影视、音乐、绘画等领域中流行的穿越、拼贴，以至恶搞的"后现代"艺术现象，我们需要宽容。但是对于将存在几十年、甚至上百年的建筑中存在的这些"后现代"现象，是否也应该任其自由生长？如果这样，那么，我们未来城市的文化形象将真是不堪设想了。

当建筑异化为装置布景，沦落为商品广告，建筑的本原和基本属性已被消解，建筑设计也就失去了相对统一的评价标准。价值判断的混乱和失衡，成了当前影响建筑创作健康发展的一大挑战。

2.2　跨文化对话失语

历史已经告诉我们，跨文化对话是世界文化，也是中国现代建筑文化发展的必由之路。对此，我们不应有任何怀疑。而问题正如我们前面提到的，"五四"以降，中国文化出现断裂，在一定程度上存在的"价值真空"使人们往往自觉不自觉地接受强势的西方文化的影响，以西方的价值取向和评价标准作为我们的取向和标准。与此相对应的则是对中国文化缺乏自觉自信，在跨文化交流碰撞中的"失语"是文化领域中颇为普遍的现象，而在建筑设计领域表现得尤为突出。

一个最具体、也最能说明问题的事实是：廿年来，中国的高端建筑设计市场基本上为西方建筑师所"占领"。我们曾经对北、上、广的城市核心区以"谷歌"进行图片搜索，发现上海的 36 幢建筑中有 29 幢为国外建筑师设计；广州的 17 幢建筑中仅有 4 幢为国内建筑师设计，而北京的 10 幢建筑中有 6 幢为国外建筑师设计。也即是说，在北京、上海、广州这三个中国主要城市的核心区，只有 1/4 的建筑是国内建筑师设计的。这状况可算是世界罕见。尤其值得关注的是，目前请西方建筑师做设计之风，已由一、二线城市蔓延至三、四线城市，不少县级市也在举办"国际招标"以招揽国外建筑师。随着大批国外建筑师的引入，西方建筑的价值观和文化理念也如水银泻地般渗入中国大地的各个角落。甚至那些西方最"前卫"的建筑思想，在中国也可以被无条件接受。以至一位美国前卫建筑师坦言："如果在美国，我不可能让我的设计真的建起来，而在中国，人们开始感觉一切都是可能的。"[1] 这种现象，不可思议，耐人寻味。

跨文化对话的"失语"，导致人们热衷于抄袭模仿、盲目跟风。大家已经看到，当前在中国，西方建筑师的作品以及大量跟风而上的仿制品充斥大江南北，"千城一面"和建筑文化特色缺失已受到国内外舆论的质疑和诟病。这类设计被称为"奴性模仿"，一位国外建筑师更是尖锐地指出，在中国，"建筑的记号作用正在消失"。"中国建筑师亟须考虑环境，否则建筑就会成为毫无意义的复制品，甚至是垃圾"（安藤忠雄）。我不欣赏这种语气，但重视这一提醒，因为我想得更多的是，如果这种文化失语、建筑失根的现状不能尽快得到改变，再过 30、50 年，中国的城镇化进程基本结束，到那时，我们将以什么样的建筑和城市形象来圆"美丽中国"之梦？建筑作为"石头书写的史书"又怎样向我们的后代展示 21 世纪"中国崛起"的这段历史？这一问题应该引起建筑师，同时也应该引起全社会的严肃思考。

2.3　体制与制度建设失范

我们在探讨以上问题时，追根求源往往自然会归因于体制与制度建设的"失范"。在某种程度上可以说，违反科学决策、民主决策精神的"权力决策"是造成当前建设领域中种种乱象的根源。例如：每个城市重要公共建筑的立项常常是有法不依，项目前期的可行性研究实际成了迎合领导的可"批"性研究。人们会问，一城九镇、山寨建筑、方圆大厦以及那些贪大、求洋、超高标准的建筑怎么会出笼？舆论特别关注的　"鬼城"

1 尹国均. 城市大跃进 [M]. 武汉：华中科技大学出版社，2010.

现象以及破坏城市历史文脉的大拆大建的恶劣案例又为什么会不断发生？其实所有这些的最初"创意"和最后的决策往往都出自各级领导，特别是主要领导。一旦主要领导"调防"，人走政息；新领导上任，另起炉灶规划设计意图的改变以至项目的存废，全都在主要领导的一念之间，这也使包括建筑师在内的很多人感到头痛。这种权力高度集中、既不科学也不民主的决策机制不仅压制了中国建筑师自主创新的积极性，更造成了城市建设的混乱无序和资源的严重浪费。在现实中这类例子往往十分典型，影响很坏。

除了决策机制失范外，有关建筑设计的各种制度在执行中也存在严重的有法不依和监管不力的情况。例如大家关心的《中华人民共和国招标投标法》，执行已有多年，但实际上多处不符合建筑设计规律，虽然反应很大而至今来见改进。即使是这样一部招投标法，在现实中也早已变味，围标、串标、领导内定、暗箱操作等已是公开的秘密。它不仅破坏了公平竞争的环境，也成为滋生腐败的温床。至于有关建筑设计的市场准入和设计管理等制度漏洞甚多，监管更是乏力。例如科学合理的设计周期是提高建筑设计质量的基本保证，但在要求大干快上的今天，原有的规定早已成一纸空文。一个星期出三四个大型公建方案，八天出一个二三十万平方米小区住宅的施工图，八个月设计并建成一个两三万平方米的展览馆建筑……在现实中这样的例子极为常见。在这种情况下，我们常说的保证设计质量也就只能成为空话了。

这里要特别谈谈建筑的完成度问题。与国外比较，我并不在意设计水平的差距，但是却深感在建筑完成度上的差距极其明显。这是一个包括设计在内的工程全过程管理的问题。目前这方面问题实在太多：施工招标中存在的弊端比设计招标更为突出，很多地方执行的最低价中标，不仅造成了工程粗制滥造，也加剧了施工过程中的矛盾；代建制很不完善；工程监理常常形同虚设；绝大部分建筑师在工程建设过程中没有话语权；政绩观和商业利益造成的"抢工"，使建筑完成度受到很大影响；而工程评奖，则常常成为掩盖工程质量低下的遮羞布……从这些问题中可以看出：体制和制度建设是一个亟待破题的系统性工程，如不下大力气尽快扭转，它所产生的负面影响将是长期性的，不可逆的。

"价值判断失衡"、"跨文化对话失语"、"体制和制度建设失范"这三个方面的问题，已经成为制约中国当代建筑进一步发展的重大障碍。要解决这些问题既需要建筑师的努力，更需要领导层、媒体、公众的共同关注。说到底，这都是现代文明建设中亟待解决的问题。重视并解决这些问题，既是中国现代建筑健康良性发展的关键，也是能否提高我国城镇化质量、实现"美丽中国"之梦的一个重要因素。

3 路径、策略

针对中国现代建筑发展中存在问题已经提出的应对策略是多方面的（工程院课题中已有详细论述），而我认为其中最根本的有两条：一为理论建构；二是制度建设。

3.1　理论建构

在价值取向多元、世界文化正在重构的大背景下，重视并逐步建构既符合建筑学基本原理，同时又具有中国特色的建筑理论体系，既是建筑学学科建设的需要，更是支撑中国现代建筑健康发展的需要。所以讲发展战略，我们首先提出了理论建构的问题。

现在不少建筑师回避甚至反对谈理论，更不愿意谈"中国"的建筑设计理论。但是，从我们前面分析的问题以及西方现代建筑的发展经验来看，如果没有自己的价值判断，不重视自己的理论体系的建构，中国建筑师要摆脱当前的价值观乱象，走出文化"失语"状态，找回自己并闯出新路将会十分困难。而且还应该看到，中国现代建筑的理论建构，不仅关乎建筑师，也关乎整个社会。如果我们的社会能在一些有关建筑的价值判断和评价标准上取得某种共识，就有可能形成一个比较好的社会舆论环境，这对我们的建筑创作无疑是非常重要的。

那么，如何来建构这样一个既符合建筑基本原理又具有中国特色的理论体系呢？可能不少建筑师都有自己的思考，就我而言，我很赞同一些学者提出的观点——在当下，"中国文化更新的希望就在于深入理解西方思想的来龙去脉，并在此基础上重新理解自己"[2]。也即是我们经常说的，通过跨文化对话，做到深入了解他人，而后通过比较反思，剖析自己、认识自己、提升自己，这是建构中国现代建筑理论一条具有可操作性的有效路径。

我一直认为，对于西方现代建筑，应该作历史的、全面的观察而不应为一个时期、一种流派所局限。两百年来，"以分析为基础，以人为本"的西方现代文明，支撑了西方现代建筑的发展；强调理性精神，重视基本原理的建筑原则不仅造就了西方现代建筑近百年的风骚独领，而且，这些具有普适价值的理念也推动了世界建筑的发展。但是，近半个多世纪以来，随着西方由工业社会进入后工业社会，人们对文化多样性的向往和追求，凸显出现代主义在哲学和美学上的僵化和人文关怀的缺失，由此催生了后现代主义。应该看到，"后现代"确实开创了文化、包括建筑文化多样化的新局面。但是，在"后现代"的冲击下，原有相对统一的建筑原则变成了一堆碎片。文丘里的《建筑的矛盾性与复杂性》 在揭示建筑文化发展某种趋势的同时，也带来了价值取向的模糊性和不确定性。当前，五光十色、光怪陆离的西方建筑，事实上也反映了价值判断和文化取向的紊乱。一方面，现代主义虽早已"被死亡"，但"包豪斯"思想、现代主义所蕴含的一部分具有普适价值的建筑理念至今仍有颇大影响；而另一方面，当前西方那些新的复杂性、非线性思维，既触发了人们对建筑的更深层次的感悟，拓展了一片新的美学领域，也使人们看到了以"消费文化"为实质的、强调视觉刺激的图像化的建筑倾向。正如法国学者居伊·德波所说，西方开始进入"奇观的社会"，一个"外观"优于"存在"，"看起来"优于"是什么"的社会。在这种背景下反理性思潮盛行，一些人认为"艺术的本质在于新奇，只有作品的形式能唤起人们的惊奇感，艺术才有生命力"，甚至认为"破坏性即创造性、现代性"。对于此类哲学和美学观点对当代西方建筑所产生的影响我们应该有充分的了解和认识。由此，我们也可以看到，自20世纪初至今，西方建筑也在不断演变，既有片面狂悖，也有不断调整的自我补偿。有益的经验往往存在于那些观点完全相反的流派之中。因此，我们不仅要研究形形色色的西方建筑思潮的兴衰得失，还要关注它的发展走向，这对于建构我们自己的理论体系十分重要，需要深入研究借鉴。

2 乐黛云，[法] 阿兰·李比雄.跨文化对话 4[M].上海：上海文化出版社，1999.

分析西方现代建筑发展历程，通过对比和思考，将使我们对多元复合动态发展的中国文化中所包含的一些闪光的积极因素有新的理解，并由此引发了新的思考："以分析为基础"是否还应该强调综合？"以人为本"，走过了头，必然产生人与自然、个体与社会的矛盾，如何协调发展？理性精神与反理性思潮之间的冲突能否化解转换？审美上的"视觉享受"与"心灵体验"相结合能否使建筑具有更强烈的艺术感染力？

反思西方现代建筑的三百年发展，思考五千年中国文化精神，我在考虑是否能够以"相反相成"、"互补共生"的思维模式建构一种有中国特色的，同时又具有"普适价值"的建筑理论体系。例如：能否把视建筑为万事万物中不可分割的一个元素的中国哲学认知作为我们的"建筑观"，从而建构一种既强调分析，又强调综合的有机整体、自然和谐"认识论"；建构一种在理性和非理性之间进行转换复合的"方法论"；建构一种既注重形式之美，更重视情感、意境、心境之美的美学理想。我们的思考能否超越形式、符号、元素的层面，对"道"、"自然"、"境界"等哲学认知以及对直觉、通感、体悟等等具有中国特色的思维模式进行研究。这些，都是我们建构自己的建筑理论所需要的。当然，这些纯属个人思考，但从这里我确切地感到如果有更多的人能通过自己的创作从不同的角度进行思考，那么经过长期的努力和积累，逐步建构一个有自己特色的多元包容、动态发展的建筑理论体系是完全可能的。这不仅将帮助我们走出文化失语的怪圈，为建筑创新提供理论支持，而且具有普适价值的理论体系也能为世人所理解、所共享，从而真正实现中国建筑的世界走向。

3.2 制度建设

制度建设是现代文明建设和价值体系建构的一个重要组成部分。我们前面提到的诸如决策机制等问题，无一不和十八大提出的核心价值体系有关，与"科学决策、民主决策、依法决策"的决策机制有关。建筑设计领域的制度建设，涉及我国政治、经济改革全局，涉及顶层设计。从这个角度讲，解决问题困难很多，难度极大。但换一个角度看，如果有关部门本着先局部、后整体的原则，在各个领域，包括建筑设计领域，就一些具体问题花大力气抓起，是否也能解决一些具体问题，并为全局性改革打下基础呢？我认为这是有可能的。

根据上面所说的体制与制度建设失范的问题，我认为制定科学合理、切实可行的游戏规则，提高政策执行的透明度并加强监管力度，是制度建设的关键。

例如大家关注的招投标问题，我们完全可以对原有的《中华人民共和国招标投标法》加以细化改进，明确规定哪些项目必须招标（事实上，并不是每一个项目都需要或适合招标），对于必须招标的项目制定办法，做到招标全过程透明：信息发布透明、方案评选透明、领导决策透明。对每个过程的具体操作情况（包括每一个评委的具体意见、领导决策的程序及其选择方案的具体理由等）全部在网上公布。这样做，可以在很大程度上杜绝暗箱操作和一把手决策的积弊。这样，招标的公正性就能够得到维护，也就真正能起到设计招标的作用。

又如大家关注的国外建筑师"抢滩"中国高端设计市场的问题，虽然某些人的崇洋积习难改，但如果采取适当的办法也是可以对其加以控制的。有同行建议，应该参照影视等文化领域有关市场准入的规定，规定凡是政府（包括国企）出资的项目，不得直接委托国外建筑师设计，而且应根据具体情况决定是否需要邀请国外建筑师参加投标，同时不得以任何形式（如规定中外联合体方可参加投标等）排斥中国建筑师。对于这个建议我完全赞成，我想补充的是：还是要坚持设计市场开放，但这必须与营造一个公平公正的竞争环境互为表里，否则必然会造成混乱无序。以国内的国际招标为例，它的全过程，必须做到公正透明，避免行政干预，改变对国外建筑师的"超国民待遇"。应该看到，这是当前设计市场管理中的一个突出问题，不仅涉及"天价"设计费的流失，而且涉及需要给中国建筑师、特别是中青年建筑师留出发展的空间，尤其是建筑设计市场的开放毕竟与一般商品市场的开放不同，它关系到建筑设计的文化导向，必须引起领导部门的充分重视，并下决心加以解决。

由此，也可以看出加强领导部门、特别是国务院有关部门对建筑设计工作的领导，重视研究并解决建筑设计领域中存在的种种问题是十分重要的。人们还记得 1958 年，当时的建工部部长刘秀峰同志曾经就建筑设计问题做过一个报告，题目是《创造社会主义建筑新风格》。尽管对这个报告一直有不同的观点，建筑师也不希望对其创作进行行政干预，但是，当时的高层领导对建筑创作的重视和关注还是给人留下了很深的印象。事实上，就中国的国情而言，探讨有关建筑设计的制度改革、研究当代中国建筑设计发展战略，离开有关领导部门的支持和主导是不可能办好的。当下，建筑设计领域中问题多多，如何规范已经很混乱的设计市场，如何制定和健全已经不适用的规程规范？如何采取措施加大执法过程中的监管力度，如何加强前期的可行性研究和工程建设的后评估机制，如何完整地贯彻《中华人民共和国注册建筑师条例》中规定的建筑师的职责和权利等，都须有部门花大力气去研究解决。与过去比较，建筑设计领域存在的问题更为复杂多变，但现在有关部门的管理职能却反而大大削弱了，20 世纪六七十年代的设计总局撤销了，八九十年代的设计管理司（局）精简了。机构可以撤销精简，但制定游戏规则、强化监管的基本职能不能改变。在探讨制度建设的时候，希望引起国务院有关部门对这一问题的充分重视，否则，问题日积月累，将更加积重难返了。

但是，不管现状存在多少问题和困难，我相信，只要我们面对现实、冷静思考，有针对性地提出发展战略，这些问题一定会逐步得到解决。中国是有希望的，中国的建筑设计事业也是有希望的。中国建筑师一定会以自己创造性的工作，为中国、也为世界建筑的发展作出自己的贡献。

下篇 基础研究

下篇

一　调查分析

Investigations and Analysis

公众的建筑认知调研分析报告

Analysis Report of the Investigation on Public's Cognition on Architecture

闵学勤 丁沃沃 胡 恒

1 前言

从建筑本身出发探讨建筑发展问题的研究范式难以避免陷入单一视角的困局，尤其是在全球化的时代背景下，我们正目睹一场大规模的结构转型，这场大变局使得对诸多社会现象的解读必须同时考虑到全球化与地方性的影响。就建筑领域而言，从传统向现代的社会转型造成了现代建筑体系与传统建筑体系两大体系并存的局面。全球化在带来最新的建筑技术和先锋理念的同时伴随着回应全球化挑战而凸显的传统建筑文化与地域性建筑文化的复兴与重构；与此同时，建筑与环境间的物质、能量、信息的动态关系正日趋多元化，并重新塑造着城市居住环境、影响着公众的生存质量。亚里士多德曾经说过："人们为了活着而聚集到城市，为了生活得更加美好而留居于城市。"从这一意义上说，本次公众的建筑认知调查，不仅关乎建筑、建筑学界，更关乎城市以及越来越多居住在城市的人。可以相信，从人与建筑、文化与建筑以及多元互动关系出发所展开的问卷调查，使公众有机会充分表达自身的建筑理念，参与建筑文化对话，将有助于进一步推进建筑行业和城市建设的良性发展。

本次公众的建筑认知调查分设市民调查与大学调查两部分，一方面寄望于市民调查厘清持续不断的社会转型过程中，公众的建筑认知所表现出来的时代特质以及可能的影响因素；另一方面则借助大学调查试图探析中外学界对大变局中的中国文化的审思，以及由此对建筑的反思。2011年6月27日至7月15日，在问卷设计及随机抽样的基础上，来自南京大学社会学院的13位硕士研究生与市民代表分别深入南京市鼓楼、玄武、白下、栖霞、雨花、下关、建邺、秦淮八个主城区以及南京大学、南京师范大学和南京艺术学院展开入户问卷调查，共计发放问卷1320份，有效回收1200份（其中包括800份市民卷和400份大学卷），有效回收率达90.9%，运用SPSS18.0统计软件分析建立数据库并进行统计分析。

2 调查概况

在受访的800位市民中，男女性别比例基本均衡，年龄区间跨越幅度较大（从14～82岁）（表1）。为便于后续比较分析，受访者年龄变量被重新编码为青少年群体（18岁以下）、青年群体（18～34岁）、中年群体（35～54岁）以及老年群体（55岁及以上），4个群体的样本比重分别为1.1%、54.2%、32.8%、12.0%，基本符合实际人口分布。采访市民的职业分类如图1所示。

表1　市民年龄与性别比

性 别	年龄分组							合 计
	18岁以下	18～24岁	25～34岁	35～44岁	45～54岁	55～64岁	65岁以上	
男 性	7	49	133	91	60	41	27	408
	8.8%	6.2%	16.8%	11.5%	7.6%	5.2%	3.4%	51.4%
女 性	2	97	151	59	50	19	8	386
	2.5%	12.2%	19.0%	7.4%	6.3%	2.4%	1.0%	48.6%
合 计	9	146	284	150	110	60	35	794
	1.1%	18.4%	35.8%	18.9%	13.9%	7.6%	4.4%	100.0%

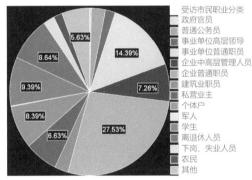

图1　市民职业分类图

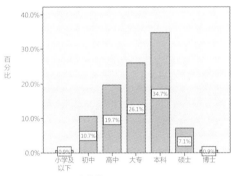

图2　市民文化程度柱状图

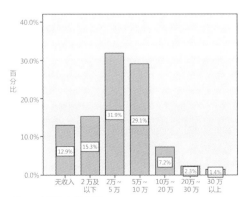

图3　市民收入柱状图

文化程度上，800位受访市民中以本科学历人数最多，占总人数的34.7%（与学历较低者拒访率较高有关）；大专、高中和初中比例分别为26.1%、19.7%、10.7%。此外，受访市民的年收入状况与受教育程度呈现出一定程度的相似性，以中等收入水平群体居多（图2，图3）。

400位被访大学师生的年龄分布与市民年龄分布稍有不同，表2显示，老、中、青三代的人数占比分别为0.3%、6.6%和93.3%。青年群体以在读研究生为主，其中硕士生占75.3%，博士生占12.3%，他们中的86%尚未正式踏上工作岗位，处于无收入或低收入状态；中外学者比例分别为10.5%和2%。

考虑到建筑与艺术学科关系密切，本次调研针对性地抽取艺术类院校样本67名，以便通过差异比较，分析探索建筑教育与建筑认知二者间的相互关系。南京大学和南京师范学院分别抽取样本200名和133名，并尽可能均衡分布于各学科（表3）。

调查概况显示此次公民建筑认知调查具有较高信度，样本构成具有下述特征：首先，抽样误差较小，样本代表性强。市民调查所取样本在年龄分布、性别结构、受教育程度以及收入状况等方面均拟合正态曲线；仅就高校社区而言，大学师生的样本分布充分考虑到了专业学科间的均衡，同时在年龄分布、性别结构、职业人数等指标上也满足正态分布要求。

其次，就研究主题而言，公众对建筑的认知需要借助建筑形象、功能、文化等符号系统加以阐释。换言之，建筑认知水平受被访者的受教育水平和专业化程度影响，分设市民问卷与大学师生问卷具有合理性，充足的样本量使得不同教育水平间的建筑认知可比性增加。

最后，市民样本具有明显的异质性特征，大学师生样

表2 大学师生样本年龄与性别比

性 别	年龄分组						合 计
	18～24岁	25～34岁	35～44岁	45～54岁	55～64岁	65岁以上	
男 性	92	109	9	3	1	0	214
	23.0%	27.3%	2.3%	0.8%	0.3%	0	53.5%
女 性	100	72	14	0	0	0	186
	25.0%	18.0%	3.5%	0	0	0	46.5%
合 计	192	181	23	3	1	0	400
	48.0%	45.3%	5.8%	0.8%	0.3%	0	100.0%

表3 大学师生院校与院系分布

院 校	年龄分组						合 计
	人 文	社 科	经 管	理 科	工 科	艺 术	
南京大学	35	59	36	26	44	0	200
	8.8%	14.8%	9.0%	6.5%	11.0%	0	50.0%
南京师范大学	56	38	5	16	7	11	133
	14.0%	9.5%	1.3%	4.0%	1.8%	2.8%	33.3%
南京艺术学院	0	0	0	0	0	67	67
	0%	0%	0%	0%	0%	16.8%	16.8%
合 计	91	97	41	42	51	78	400
	22.8%	24.3%	10.3%	10.5%	12.8%	19.5%	100.0%

本则具备较强的同质性。前者在年龄、学历、职业、收入等方面均有所体现；后者主要表现在职业单一、受教育程度相近等方面。两个样本的建筑认知是否会受自身群体的上述特征影响而呈现出相似性或相异性有待调研数据的进一步剖析。

3　华彩与简约：公众的建筑认知[1]

德国哲学家黑格尔认为，建筑是一种象征性的艺术。纵观人类发展历史，建筑这门艺术象征着生活方式的物质表述、文化历史的空间和视觉表达以及时代内质的表征。所谓的建筑认知有广义和狭义之分，广义的建筑认知泛指公众对于建筑的整体性意象的把握，与广义建筑认知不同，狭义的建筑认知则可以具化为建筑形象认知、建筑功能认知与建筑文化认知。建筑首先引人注意的是其外形，因而建筑形象认知主要指建筑所带来的视觉认知；建筑的功能认知则指个体对建筑表现出来的满足人的建筑需求的固定效用的认识或预期；建筑文化认知更多的指向建筑的文化内涵和审美体验等。

---

1 为探寻公众的建筑认知的普遍特征，消解400份大学卷比重过重的影响，部分数据分析从400个大学师生样本中随机抽取200份，汇同800份市民样本构成"建筑认知数据库"，其余均采用1200份全样本进行数据分析。

表4　公众对城市建筑的总体评价（P < 0.05）

总体评价	A市民卷	B大学卷	年龄分组							
			青少年		青　年		中　年		老　年	
			市　民	大　学	市　民	大　学	市　民	大　学	市　民	大　学
非常好（%）	3.8	2.0	11.1	0	4.2	1.6	3.1	9.1	3.2	0
比较好（%）	26.1	17.5	44.4	0	21.9	18.6	27.6	0	41.1	0
一　般（%）	57.1	58.5	44.4	0	6.19	58.5	54.4	54.5	42.1	100
比较差（%）	11.0	18.0	0	0	10.9	17.0	11.9	36.4	10.5	0
非常差（%）	2.0	4.0	0	0	1.2	4.3	3.1	0	3.2	0
样本数（份）	795	200	9	0	430	188	261	11	95	1

4　建筑的感知与意象

　　建筑作为象征性的艺术，个体对建筑的认知首先依赖于对建筑形象的感知，调研结果显示，公众对于中国城市建筑整体意象的感知[2]趋向于建筑价值观念的中庸理性（57.7%），积极与消极评价比例分别为26.9%和15.5%（表4）。这一结论在市民群体与大学师生群体均得到验证，但具体到群体间存在着细微差异，大学师生群体对于城市建筑的评价标准相对市民较高，表现为对城市建筑的积极评价低于市民群体，相应的消极评价比例高于市民群体。

　　影响城市建筑评价的单因素方差分析（方差齐性检验Sig.=0.000,检验通过,结论具有统计学意义）进一步表明，公众对城市建筑的总体评价随着教育程度的提升而降低，简单而言，学历越高评价越低（图4）。知识构成影响审美体验，受教育程度不同所带来的生活方式差异也间接影响了其对建筑价值、建筑内涵的差异化理解。

　　虽然教育程度影响公众的建筑评价，但总体上公众的建筑认知在市民与大学师生群体间表现出高度的一致

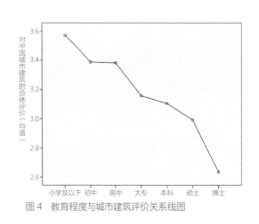

图4　教育程度与城市建筑评价关系线图

性。国内建筑界大多从"自然（环境）特征、技术经济特征和文化特征"[3]阐述建筑的特征，调查显示公众对建筑的感知主要围绕建筑的文化内涵展开，分别指向城市建筑的象征性、文化内涵和时代感。1000名汇总的被访者中，34.0%的公众认为建筑首先是城市文化的传承，同时也是城市实力的象征（23.1%）和城市的名片（22.0%），13.4%的公众则认为建筑是"城市精神"表征（表5）。城市的名片、实力体现了建筑包含的象征意象，但象征意象具有抽象的特征，往往需要通过建筑的文化内涵的符号化传递给公众。公众对城市建筑的文化意象的感知具有普遍性，不同性别、不同年龄、不同收入的群体较为一致地将建筑视为城市文化象征，但生活氛围的不同

---

2 公众建筑认知调研问卷设计中"公众对中国城市建筑的总体评价"采用5分法，依次为"非常好"赋值1、"比较好"赋值2、"一般"赋值3、"比较差"赋值4、"非常差"赋值5，其中前两者归类于积极评价，后两者为消极评价，"一般"被视为中庸评价，公众建筑认知调查的总体评价均值为2.86，取向"一般"评价。
3 秦红岭.全球化语境下建筑地域性特征的再解读[J].华中建筑，2007（1）.

表5　建筑的城市感知与意象比较分析

建筑的城市感知与意象	A 市民卷	B 大学卷	B 大学卷		
			A（综合院校）	B（师范院校）	C（艺术院校）
城市图画（%）	6.2	6.2	5.0	8.3	5.4
城市名片（%）	20.6	26.9	28.9	24.1	26.8
城市实力（%）	24.7	17.6	18.2	18.5	14.3
城市文化（%）	34.3	32.8	32.7	33.3	32.1
城市精神（%）	12.8	15.5	14.5	13.9	21.4
其他意象（%）	1.5	9.0	6.0	1.9	5.4
总　计（%）	100	100	100	100	100
样本数（份）	799	200	96	69	35

表6　老、中、青三代对建筑的个体感知与意象比较

建筑的个体感知与意象	总　体		年龄分组			
	选择频数	百分比（%）	青少年（%）	青　年（%）	中　年（%）	老　年（%）
生活工作场所	169	11.0	12.5	9.1	13.3	17.1
审美观	146	9.5	6.3	9.5	10.0	8.9
归属感	161	10.5	6.3	12.3	8.0	6.2
认同感	239	15.5	37.5	16.6	15.5	9.6
社会变迁	471	30.6	37.5	29.5	30.1	39.0
城市或国家差异	339	22.0	12.5	22.3	21.8	18.5
其　他	15	1.0	0	8.0	1.3	7.0
总　计	1540（多选）	100	100	100	100	100

使得群体间的建筑意象存在细微差别。与市民群体比较，大学师生尤其是艺术类院校师生更加强调建筑之于城市的精神表征，相对弱化建筑作为城市实力的经济特征。

诚然，建筑的感知意象与社会变迁紧密相连，建筑本身即社会现实的折射，例如我国传统的建筑往往表达庄重、雅致的格调和含蓄的意味，这与中国书法和绘画的艺术文化一脉相承，但现代建筑因商业性的作用更多地体现直观、效率等特征，即在一个狭小又十分宝贵的土地上争取最多的使用空间，契合现代社会的商业精神。调查也显示，建筑的时代感成为公众感知社会现实的一个向标，30.6% 的公众通过建筑把握时代特征（表6），"建筑是时代的表述"这一观点已经根植于老、中、青三代人的建筑意象中，尤其体现在老年人群体中。

5　建筑的功能与定位

与建筑形象认知的抽象性不同，建筑的功能表现为满足人的活动对于实体和空间的要求，因而对于建筑功能的认知会随着社会变迁以及人对建筑需求的变化而移转，但这种变化往往缓慢而隐性。漫长的建筑发展过程中，建筑的功能首先表现为某种固定的效用并于建筑设计者和使用者头脑中形成相应的思维定势，例如对"居住和工作的场所"强调一直延续至今，随着现代主义的兴起和人本思想被普遍接受，"建筑的使用'功能'逐渐为'功效'所取代"[4]，

4 曲冰，梅洪元.建筑功能的再认识 [J].低温建筑技术，2004（4）.

即是建筑功能正在从单一指向趋于多元化。

在个人与建筑的互动过程中，人们不仅将建筑视为生活和工作的场所，同时更加关注建筑的审美和精神愉悦功效（表6）。9.5%的样本表示通过建筑能够体会到时代的审美观念；10.5%的样本通过建筑获得归属感；15.5%的样本认为建筑能够唤起人们对城市的认同；22.0%的样本通过建筑认识世界或其他城市以了解异域文化。当我们理解了建筑功能的多元化转向，便不难理解公众对地域代表性建筑的偏好。

与中央电视台新大楼或上海世贸中心等相比，鸟巢、东方明珠和世博会中国馆的居住或工作场所的功能并不明显，虽然不排除建筑象征性作用给公众心理上带来"晕轮效应"，但公众对建筑的认可和偏好（表7）足以表明建筑的居住或工作场所的固定功效已经不再作为唯一的评价标准。同样公众所喜爱的今年建成的建筑作品，或代表工作场所（如上海世贸中心、中央电视台新大楼、上海金茂大厦），或能联想到历史事件（中国国家体育场、世博会中国馆），再或是城市名片（东方明珠、深圳世界之窗），建筑功能从单一走向多元。

既然建筑功能日趋多元化，那么当代的建筑需要具备哪些特质才能博得公众的青睐？通过SPSS因子分析发现，12个好建筑的特质可以归类为4个方面（表8），即建筑参与（F1，特征根为3.809，解释度16.9%）、建筑形象（F2，特征根为1.3，解释度16.64%）、建筑功能（F3，特征根为1.1，解释度13.9%）、建筑技术（F4，特征根

为1.03，解释度12.89%）。

因子成分矩阵提供的信息表明，公众眼中的"好建筑"围绕4个认同维度进行定位：一是当代建筑应满足公众建筑参与的需求，包括引领城市居民对美的感知、有充分的市民参与表达机会以及符合城市风格定位，这3项建筑参与因子的贡献度分别为0.793、0.671、0.631，其中建筑为使用者带来的审美共鸣备受强调；二是具备良好的建筑形象，按贡献度大小依次排序为具有强烈的视觉形象、国际先进形象和清晰的建筑形式语言，这些特质都与建筑的形象相关；三是能够达到满足使用者物质及精神需求的功能，按贡献度大小依次排序为契合使用者的精神需求、契合使用者的功能需求、具有本土文化内涵，契合使用者的精神需求进一步验证了建筑功能的多元趋向；四是从建筑技术出发，满足运用先进建筑技术、经济、节能、环保等技术经济特征。建筑功能的多元化使得公众对建筑的预期、定位和需求都走向多元化。可以认为建筑功能的定位在适应人们对现代生活模式的追求基础上，也正在契合市民的异质化需求。

6 对建筑的参与

对于公众而言，建筑的功能之一致力于创造这样一个空间：满足建筑与城市一体化的关系，体现建筑与历史的

表7 公众眼中具有代表性/地标性的现代建筑

公众眼中的代表性/地标性现代建筑	总 体		分 组			
			市 民		大 学	
	选择频数	百分比（%）	选择频数	组内（%）	选择频数	组内（%）
中国国家体育场	615	27.2	511	28.2	104	23.4
中央电视台新大楼	90	4.0	70	3.9	20	4.5
国家大剧院	190	8.4	143	7.9	47	10.6
东方明珠	527	23.3	416	22.9	111	24.9
上海世贸中心	120	5.3	101	5.6	19	4.3
上海金茂大厦	39	1.7	30	1.7	9	2.0
香港会展中心	85	3.8	61	3.4	24	5.4
南京紫峰大厦	167	7.4	138	7.6	29	6.5
深圳世界之窗	93	4.1	74	4.1	19	4.3
世博会中国馆	334	14.8	271	14.9	63	14.2
总 计	2260（多选）	100	1815	100	445	100

表8 公众建筑认同维度—旋转后的因子成分矩阵

好建筑的认知维度	主成分			
	F1 建筑参与	F2 建筑形象	F3 建筑功能	F4 建筑技术
引领城市居民对美的感知	0.793			
有充分的市民参与表达机会	0.671			
符合城市风格定位	0.631			
具有强烈的视觉感受		0.822		
代表一种国际先进形象		0.708		
清晰的建筑形式语言		0.704		
契合使用者的精神需求			0.854	
契合使用者的功能需求			0.711	
具有本土文化内涵			0.474	
节能、环保				0.697
经济性				0.646
运用了先进的建筑技术				0.610

备注：因子分析变量间相关性的 KMO 统计量为 0.816，球形假设检验的结果 Sig.=0.000，证明提取的 4 项认知维度具有高效度，能够概括公众的建筑认知，由主成分法形成了特征根大于 1 的 4 个因子，其总解释方差为 60.37%（解释度近 2/3），进一步对因子分析进行可靠性分析统计量基于标准化 Cronbachs Alpha 系数为 0.802，表明因子分析具有高信度。

表9 对代表性建筑设计者了解程度对比（Sig.=0.000）

是否了解代表性建筑的设计者	总 体	A 市民卷	B 大学卷	B 大学卷		
				A（综合院校）	B（师范院校）	C（艺术院校）
完成了解（%）	1.1	1.0	1.5	1.5	0.8	3.0
比较了解（%）	7.3	6.8	9.3	5.0	12.0	16.4
一 般（%）	21.3	22.2	18.3	10.0	26.3	26.9
不太了解（%）	47.0	49.1	40.0	40.5	42.1	34.3
完全不了解（%）	23.2	21.0	31.0	43.0	18.8	19.4
总 计（%）	100.0	100.0	100.0	100.0	100.0	100.0
样本量（份）	1200	799	400	200	133	67

延续性，重视建筑与人的交流，实现建筑与公众的对话。建筑认同的因子分析中公众提出了建筑参与的需求并认为好的建筑应该给予公众充分参与的机会。公众认为目前国内建筑的整体水平差强人意，这在一定程度上受建筑活动中公众话语缺失的影响。以样本对"建筑设计者的了解情况"为例，仅有8.4%的样本知晓代表性建筑背后的设计者，大多数（70%）的样本并不清楚（表9）。相比而言，67名艺术院系师生对建筑师的知晓度为21.8%，远远高出理

科、人文、社科、经济管理、工科院系不足10%的比例；同时不了解建筑设计者的比例（47.5%）也远低于其他院系（平均约为70%），这是一个简单的事例，但是这个事例间接地表明，公众对建筑信息的关注度不高，同时建筑教育确实会影响到公众对建筑及行业的了解程度。尽管如此，仍有过半的艺术院校的师生并不了解建筑设计者，侧面反映了我国当前建筑专业教育和建筑通识教育的不足[5]。

建筑公众参与的话语缺失还体现在公众基本没有城市

5 丁沃沃. 回归建筑本源：反思中国的建筑教育 [J]. 建筑师 2009（4）.

表 10　公众对城市建设与建筑设计决策权归属的认知

城市建设与建筑设计的决策权归属认知	总 体		市民卷		大学卷	
	选择频数	百分比（%）	选择频数	百分比（%）	选择频数	百分比（%）
政府官员	615	30.7	476	30.4	256	30.5
规划管理人员	378	18.9	290	18.5	155	18.5
建筑开发商	364	18.2	282	18.0	167	19.9
建筑设计与城市规划专家	559	27.9	448	28.6	219	26.1
市 民	89	4.4	70	4.5	43	5.1
总 计	2005	100.0	1566	100.0	840	100.0
样本量（份）	1200		799		400	

发展或建筑设计的话语权。被访者认为，中国城市建设与建筑设计的决策权主要集中在两个方面，其一政府和建筑设计与城市规划专家，其二是规划管理人员和建筑开发商，公众的参与程度非常低（表 10）。虽然每个个人是建筑的最终使用者，但公众对建筑发展甚至是对建筑功能的获取都相对被动。

物质文明的长足发展，公众建筑需求已从单纯的物质满足走向精神审美，尽管意识到自身缺乏话语权，但公众明确表达了建筑参与的重要性，67% 的样本认为，市民对建筑活动的参与有利于好建筑的出台（公众参与重要性的均值分别为 3.93 与 3.95，5 分为满分）。传统的从建筑出发讨论建筑发展的范式难以避免地将建筑研究陷入单一视角的困局，公众参与建筑建造的全过程是建筑理念中人文关照的第一步。

7　传统与现代：中国建筑的文化归依

从传统建筑向现代建筑的转型大致经由两种进程，一是外来移植，二是本土演化，两种发展途径都离不开物质技术和地域文化两股发展动力。百余年的外来建筑经验的借鉴证明，"建筑的科学技术永远是属于全人类的，它不受国界的阻挡……而建筑的精神文化则不可避免地要带上民族和地域的特征"[6]。之所以世界各地的建筑风格迥异、建筑形态不同乃是在于建筑具有地域文化特征，诸多研究表明决定建筑发展走向的根本因素极有可能根植于地域文

化之中。事实上，公众的建筑认知也呈现出鲜明的文化取向。然而，面临着全球化不可逆转的文化融合所带来的文化趋同，引发了学者们关于"丧失地域文化专属性"的担忧，这使得人们在加速世界文化融合的同时意识到加强自身文化认同的必要性和紧迫性[7]。建筑文化研究担负着历史文化的传承、当代文化的创造与未来发展的方向的使命，这要求我们要以理性的方式反思中国的建筑文化。

8　中国建筑的地域文化特征

公众的建筑认知首先感知到的是建筑的文化意象，但这种建筑文化的地域思想已经深入人心，成为一种被普遍认同和接受的建筑认知准则。地域文化特征首先体现在建筑的文化特征。因为文化本身具有的抽象性需要借助构成建筑的文字以及扩展性标志如色彩、形体、空间、光、触觉等多元符号加以表达，因而建筑的文化特征也通过一系列建筑符号传递给公众。同时任何建筑最终都需要落实到某一片土地上，所以建筑需要对场地与环境进行考虑，适应某一地区的气候、地形、材料以及居住习惯等；当然建筑的文化内涵也通过外形、功能、空间等得到传递和表达。

建筑蕴含的人文及历史等背景最能体现建筑的文化特征（表 11），如中国国家体育场包含着奥运文化；与此同时，教育程度越高的群体越认同人文及历史背景赋予建筑的文化特征（小学及以下 8.3%、初中 16.1%、高中 23.1%、大专 24.2%、本科 24.6%、硕士 26.0%、博士

6 刘先觉，葛明. 当代世界建筑文化之走向 [M]. 华中建筑，1998（4）.
7 Sahlins M. Goodbye to trisestropes: ethnography in the context of modern world history [J].Journal of Modern History, 1988:1-25.

表11 建筑文化特征的体现

文化特征的表现方式	总体		问卷类型（%）		B大学卷职业分组（%）			
	选择频数	百分比（%）	A市民卷	B大学卷	硕士	博士	教师	外教
外形	518	18.6	18.0	19.9	19.4	20.4	23.4	15.8
空间	215	7.7	7.2	8.7	9.3	7.1	8.4	0
功能组织	401	14.4	13.5	16.2	17.3	12.4	13.1	15.8
对场地与环境的考虑	601	21.6	23.3	18.3	18.1	19.5	15.9	31.6
材料与建造方式	365	13.1	14.3	10.8	10.7	8.8	14.0	10.5
人文及历史等背景	681	24.5	23.6	26.2	25.4	31.9	25.2	26.3
样本量（份）	2781（多选）	1829	1829	952	713	113	107	19

表12 中国当代建筑风格和形式的文化呼应

—	总体		问卷类型（%）		B大学卷（%）			
	选择频数	百分比（%）	A市民卷	B大学卷	硕士	博士	教师	外教
中国历史文化	396	33.0	29.8	39.5	37.2	55.1	42.9	12.5
当代中国文化	316	26.3	27.1	24.8	27.2	18.4	9.5	50.0
中西合璧	190	15.8	16.6	14.3	14.3	12.2	16.7	12.5
当代西方文化	12	1.0	9	1.3	18.1	1.7	0	0
视情况而定	259	21.6	23.0	18.8	17.9	14.3	28.6	25.0
无需做呼应	27	2.3	2.6	1.5	1.7	0	2.4	0
样本量（份）	1200	—	800	400	301	49	42	8

28.6%）。与此同时，中外学者对于建筑文化表征的理解存在异同，相同的是对于人文及历史背景重要性的强调，不同的是国内学者认为外形对于表现建筑文化十分重要，而国外学者更加看重建筑对场地和环境的考虑，这体现两种不同的建筑文化取向，前者强调文化的直观表达与可理解性，后者则更看重文化隐喻性以及与环境的交互作用。

地域文化与建筑形式、建筑风格的关系同样体现了建筑文化的地域特征。无论是市民还是中外学者，首先充分的肯定中国文化自身的价值，并认为中国当代建筑的风格与形式都需要与之呼应。中国学界倾向于强调中国建筑对历史文化的延续和继承，与之不同的是国外学者则更多的关注中国建筑对当代文化的表达（表12）。

当然，在关注文化的同时，对中国地域建筑文化的体现不应是对已有形式、风格和原形的简单模仿、拼贴与借用，文化本身面临着历史转型及其内在文化内涵的变迁，在公众看来中国文化在建筑风格与建筑形式上的文化选择还应更具灵活性，不仅需要考虑到地域性建筑文化，还需要体现时代要求。

纳入年龄、性别、职业、文化偏好及受教育水平等变量的多元线性回归分析发现，对建筑风格和建筑形式的文化体现同时受到个人文化偏好的影响（回归系数0.517，表明个人文化偏好对建筑文化呼应的偏好影响度达51.7%）。对于文化的偏好自然而然地导向一种文化建构路径，强调文化尤其是地域文化对于建筑水平发展的动力作用。公众寄望于通过解读中国文化丰富建筑的地域文化内涵以及提升社会的建筑修养和建筑师的水平以促进中国建筑整体水平的提升（表13）。

但这一文化提升路径同样面临着来自全球化与地方性的抗争，虽然借用全球化的某些优势，如先进技术、新的材料等要素来调节地域建筑自身与全球化相比所显现的不足与弊端，但对于引入更多国外设计力量提升国内建筑水平的方案，国内学者的认同度较低（图5）。我们强调对中国地域建筑文化的继承和发展，需要避免将"民族性"和"地域性"简单化，应该建立在对其内在信仰、审美意境的认知和体悟之上，从抽样层面把握地域建筑文化超越时代特征的内涵，这是现代建筑文化最缺乏的元素。值得一提的是，对于决策制度在提升中国建筑水平作用并没有得到强调。

表13 提升中国当代建筑整体水平路径

—	总 体		问卷类型（%）		B 大学卷（%）			
	选择频数	百分比（%）	A 市民卷	B 大学卷	硕 士	博 士	教 师	外 教
国外设计力量进入	307	11.6	12.1	10.6	10.8	9.6	8.9	21.1
更多解读中国文化	636	24.0	21.7	28.2	28.4	27.0	29.7	21.1
客户建筑作品要求提高	249	9.4	9.8	8.6	9.2	7.8	5.0	10.5
社会整体建筑修养提高	603	22.7	22.8	22.6	21.5	26.1	26.7	15.8
新型建筑设计工具普遍	228	8.6	9.2	7.5	8.0	5.2	5.9	10.5
决策制度	250	9.4	9.1	10.0	9.6	11.3	10.9	10.5
提高国内建筑水平	380	14.3	15.3	12.6	12.5	13.0	12.9	10.5
样本量（份）	2653（多选）	—	1731	922	687	115	101	19

9 中国特色的建筑及其文化追求

什么样的建筑能够经得起历史见证？正如荷兰建筑师赫兹伯格指出的，它应该是"用某种个人得以解释集体模式的原形来代替集体对个人生活模式的解释，因为我们不可能造成一种能恰好适应每个个人的个别环境。"[8]。这种建筑应当包含地域特色，使得我们创造的事物真正成为可以被解释的。对于如何构建具有中国特色的建筑，公众的态度十分明确，聚类分析结果表明，构建具有中国特色的建筑应强化的元素分为两类，其一是强化地域性建筑文化，其二是强调建筑的地域性特征与时代文化的整体性。

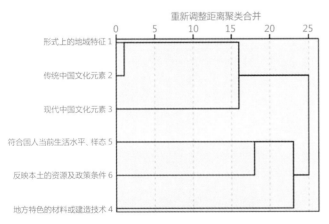

重新调整距离聚类合并

图5 使用平均连接（组间）的树状图

对地域建筑文化的强调受文化偏好影响显著，65.3%的公众偏好中国文化（市民66.2%，大学63.8%），对于西方文化的偏好大学师生的比例（19%）略高于市民（13%），与偏好西方的市民相比，偏好中国文化的市民更加认同在构建特色建筑过程中对中国文化的强化，这在表14的多重比较分析中得以验证。

平均超过七成的公众多次表达了文化至于建筑的重要性（表15），并且都更加看重地域特征、传统中国文化元素与建筑文化的结合。面对全球化的汹涌潮流，人们往往产生强烈的精神寻根的需求，或者称之为"对个性的追求"。但在寻根的过程中，"我们很可能会陷入一种浅薄的形式转换的危险之中"[9]，即是对传统理解的简单化和形式化，"得其形而不得其神"。事实上这也是当代中国建筑最为缺乏的元素，在缺少系统的传统建筑理论史料的情况下，面对丰富的地域建筑文化，对它们内涵与精神特质的阐述只是隐性地渗透于大量历史建筑之中，这就使得建筑文化在传承时变得相对困难。

国外学者认为当代中国的建筑风格和建筑形式应当与当代中国文化相呼应，但在建构特色中国建筑时，却认为不应过多地强化现代中国的文化元素。看似矛盾的观点包含了他们对于"中国特色"的理解，在西方建筑形式的基础上加上中国式的屋顶并不能体现中国建筑的特色，面对全球化的汹涌潮流，当代中国建筑文化存在着历史断裂和临阵失语的现象："技术和生产方式的全球化带来了人与传统地域空间的分离，地域文化的特色渐趋衰微；标准化的生产致使建筑环境趋同，设计平庸，

8 吴良镛.广义建筑学 [M].北京：清华大学出版社，1989.
9 汪芳.查尔斯·柯里亚 [M].北京：中国建筑工业出版社，2003.

表 14　多重比较分析（P < 0.01）

因变量	（I）文化偏好	（J）文化偏好	均值差（I-J）	标准误差	显著性	99% 置信区	
						下限	上限
形式上具有中国建筑地域特征	中国文化	西方文化	0.092	0.037	0.012	0.00	0.19
		无所谓	0.284*	0.033	0.000	0.20	0.37
	西方文化	中国文化	0.092	0.037	0.012	0.19	0.00
		无所谓	0.191*	0.044	0.000	0.08	0.34
	无所谓	中国文化	-0.284*	0.033	0.000	-0.31	-0.08
		西方文化	-0.191*	0.044	0.000	-0.31	-0.08
具有传统中国文化元素	中国文化	西方文化	0.169*	0.039	0.000	0.07	0.27
		无所谓	0.261*	0.035	0.000	0.17	0.35
	西方文化	中国文化	-0.169*	0.039	0.000	-0.27	-0.07
		无所谓	0.093	0.047	0.048	-0.03	0.21
	无所谓	中国文化	-0.261*	0.035	0.000	-0.35	-0.17
		西方文化	-0.093	0.047	0.048	-0.21	0.03
具有现代中国文化元素	中国文化	西方文化	0.020	0.045	0.655	-0.10	0.14
		无所谓	0.167*	0.041	0.000	0.06	0.27
	西方文化	中国文化	-0.020	0.045	0.655	-0.14	0.10
		无所谓	0.147*	0.054	0.007	0.01	-0.29
	无所谓	中国文化	-0.167*	0.041	0.000	-0.27	-0.06
		西方文化	-0.147*	0.054	0.007	-0.29	-0.01

表 15　如何强化具有中国特色的建筑

		总体	A市民卷	B大学卷	B大学卷			
					硕士	博士	教师	外教
形式上具有中国建筑地域特征（%）	应强化	78.70	77.6	79.8	81.1	75.5	81.0	50.0
	无所谓	19.80	20.6	19.0	17.6	22.4	19.0	50.0
	不应强	1.55	1.8	1.3	1.3	2.0	0.0	0.0
具有传统中国文化元素（%）	应强化	76.70	75.9	77.5	78.4	71.4	78.6	75.0
	无所谓	32.15	32.5	31.8	27.9	42.9	40.5	62.5
	不应强	3.55	2.8	4.3	4.0	2.0	9.5	0.0
地域特色材料或建造技术（%）	应强化	55.65	55.5	55.8	57.8	42.9	54.8	62.5
	无所谓	40.50	40.0	41.0	40.5	44.9	40.5	37.5
	不应强	3.90	4.5	3.3	1.7	12.2	4.8	0.0
符合中国人当前的生活水平及状态（%）	应强化	70.45	72.4	68.5	70.1	69.4	52.4	87.5
	无所谓	25.95	23.6	28.3	27.2	24.5	42.9	12.5
	不应强	3.65	4.0	3.3	2.7	6.1	4.8	0.0
反映本土资源及政策条件（%）	应强化	57.15	59.8	54.5	55.8	55.1	42.9	62.5
	无所谓	34.10	32.4	35.8	33.6	38.8	50.0	25.0
	不就强	8.85	7.9	9.8	10.6	6.1	7.1	12.5
样本量（份）		1200	800	400	301	49	42	8

建筑文化的多样性遭到扼杀"[10]。可以说中国当代文化的特质并不清晰明确，更在某种程度上表现为一种大同化的世界文化。深入分解当代中国文化的总体特质与重视传统文化一样，是建筑界完成传统建筑文化与现代建筑文化融合的必要文化前提。

10　结语

公众对于中国建筑的认知如此鲜明一致以至于我们无法找寻到年龄、性别等因素导致的不同，这是一种文化取向的建筑认知，它体现在公众对建筑意象的感知、对建筑功能的认知以及建筑活动和建筑需求诸多方面。对于公众而言，建筑就是城市的文化体现和精神象征，是历史文化超越性的时代表述，更是人类生活的栖居地。但令人遗憾的是，当代中国建筑缺乏与公众的沟通和对话，公众对建筑文化与审美意境的感知，甚至是对建筑功能的获取都相对被动，尤其在物质文明长足发展，公众建筑需求从单纯物质满足走向精神审美，公众已经具备一定的建筑认知的今天，架空人的主体性，追求建筑的发展和文化关怀只能收获公众给予的"平庸"评价。当代中国的建筑发展现状，面临公众话语的缺失的同时存在着中国建筑文化的历史断裂和临阵失语，对传统中国文化缺乏系统理解，对当代中国文化缺少清醒的认识，加之国内建筑发展过分重视形象工程、忽视合理的规划引导，以及建筑专业与通识教育的

缺位，当前对建筑文化的探讨只能止于纸面而难以为中国建筑文化发展提供源头活水。

历史文化的特点在于其连续性，这种特点的积极意义在于纠正前行道路上的种种"偏误"。对于中国建筑的定位不应仅仅局限于自我文化的挖掘，更需要在整合并发挥地域建筑文化精髓的同时，对世界建筑有所贡献。

参考文献

1. 丁沃沃. 回归建筑本源：反思中国的建筑教育 [J]. 建筑师，2009（4）.

2. 韩冬青. 论建筑功能的动态特征. 建筑学报，1996：4.

3. 刘先觉，葛明. 当代世界建筑文化之走向 [M]. 华中建筑，1998（4）.

4. 秦红岭. 全球化语境下建筑地域性特征的再解读 [J]. 华中建筑，2007（1）.

5. 曲冰，梅洪元. 建筑功能的再认识 [J]. 低温建筑技术，2004（4）.

6. 曲冰，梅洪元. 2001，建筑与环境文脉的整合 [J]. 新建筑，2001（1）.

7. 汪芳. 查尔斯·柯里亚 [M]. 北京：中国建筑工业出版社，2003.

8. 吴良镛. 广义建筑学 [M]. 北京：清华大学出版社，1989.

9. 吴良镛. 世纪之交展望建筑学的未来 [J]. 建筑学报，1999（8）.

10. Sahlins M. Goodbye to trisestropes: ethnography in the context of modern world history [J].Journal of Modern History, 1988:1-25.

---

10 吴良镛. 世纪之交展望建筑学的未来 [J]. 建筑学报，1999（8）.

我国职业建筑师的工作状态和社会生态调查报告

Investigation Report on the Working Conditions of Professional Architects in China and Their Social Ecology

韩冬青　唐　斌

当代中国建筑师正处于一种机遇与困扰并存的时代。一方面中国的快速城市化使得建设项目空前增长，建筑师们正以世界上最快的速度完成建设项目的设计。另一方面，伴随着项目的增长，建筑师与项目的投资者和相关部门之间在建筑价值观上的差异，因管理机制和竞争机制而导致的项目投标工作中的种种困惑，建筑设计行业存在的不良竞争等因素都可能成为影响建筑师日常工作状态的关联因素。

职业社会生态导致建筑师群体共同的工作氛围，从而进一步在其创作领域产生潜在的价值导向和策略导向。从近年来 25 ~ 45 岁建筑师的成长流向可以看出，职业的社会生态对于中国建筑师队伍的稳定和长久发展具有明显的作用，进而影响到最终的设计产品的品质。本报告希望通过对职业建筑师的社会生态的调查，呈现其职业生态状况，发现问题，并分析其可能的根源，从而寻找良性的机制，使中国建筑创作的职业和社会环境得到发展和优化。

1　调研设置

本次建筑师的社会生态与组织的调研采用问卷调查与访谈相结合的方式进行。课题组希望通过问卷调查获得各类建筑设计从业人员在其工作中对相关问题的基本评价，并通过数据的统计比对，寻求建筑师群体对这些问题的共同性判断。问卷调查分为两种类型。一种是针对职业建筑师或与建筑设计密切相关的从业人员，希望获得业内对相关问题的看法和解答。此种调查表共发放 847 份，回收 818 份。主要数据来源于第 18 届当代中国建筑创作论坛和 2011 年全国高等学校建筑学学科专业指导委员会专指委会议暨院长系主任年会等会议的问卷发放，以及清华大学建筑设计研究院、东南大学建筑设计研究院、中国建筑西南设计研究院、中国建筑设计研究院等大型设计机构的集中问卷发放。另一种调查问卷为针对普通市民层面，希望通过业界以外的视点审视公众视野中建筑师的工作与生存状态，了解建筑师的工作在广大公众层面中认可和理解的程度。该项问卷调查工作由两部分组成，一部分为通过东南大学建筑学院的研究生向社会公众发放，另一部分联合 365 家居网进行网络问卷的调查。现回收网络有效问卷 817 份。两种问卷回收总计 1635 份。

课题组注意到建筑师由于其工作的地域不同、所属的设计团队差异，在建筑设计领域的工作范畴、职级的差别，对同一问题的个体性差异较大，仅仅通过量级比较不足以发体现其背后的潜在原因，故此课题组对相关深层次信息的采集多采用走访、访谈的形式。访谈对象包括大设计院的一线建筑师、独立建筑师事务所的主创设计师、院校里从事建筑设计与教学工作的学者。访谈兼顾著名建筑师与普通的职业建筑师，兼顾不同的地域差别，不同的年龄构成，以期获得相对客观的一手数据和内容。本次调研共走访了 8 个设计院，专访了 10 位建筑师。

其中设计院的集体座谈选取各个年龄层次，由生产一线的建筑师参加。由于参与单位的情况不一，有的设计院以年轻建筑师为主，有的以各院、所总建筑师为主。知名建筑师个人访谈的对象选择主要以其在近年来的国内建筑界的影响力、建筑作品的公认水准、参与国内各种建筑活动的频次为主要甄选依据，同时兼顾这些受访者的区域分布。

2 问题构成

建筑师社会生态方面的问题选择聚焦于如下几个方面：

（1）招投标制度的相关问题；

（2）建筑设计的决策权问题；

（3）与境外建筑师竞争的公平性问题；

（4）建筑师与"山寨建筑"；

（5）建筑师的生存状态。

根据调查方式和对象的差别，采用了问题的不同组合形式和发问方式，同时也选择了不同的问题侧重点。本次调研由于涉及一些具体设计院与个人的相关言论，在问题的呈现中将不涉及其具体的单位与个人的名称，只对其在相应问题中的观点做出客观表述。通过对同一问题的不同观点以及相应的问卷调查数据的比对，展示当代建筑师及公众对这些问题的不同思考。其中有些观点和答案的选择体现出不随地域、个人背景而改变的具有共性的特征，说明其问题存在的普遍性和公众认知的明确性；有些则具有相对的差异，说明在不同的地区，问题的呈现并不均质；还有一些问题在公众与职业建筑师的判断中呈现不同的倾向，在一定程度上说明在不同的专业背景下，对这些问题的认识是有差异的，职业建筑师的思考与公众关心的方面并不完全重合。

在我们的走访过程中，从问题的提出到答案的呈现并不完全按照我们预先研究而设定的路线，其中显现出中国当代建筑师关心问题的多样性，生存状态的严峻性，以及在这种复杂环境中多数建筑师的历史责任感，让我们真切地看到当代中国建筑设计行业的发展进步和面临的种种困境，同时也看到在困境之下希望的曙光。

3 调研对象

调研对象包括专业人员和公众两种类型。

在针对专业人员的问卷调查中，受访对象的年龄构成情况如下（图1）：20～35岁的年轻建筑师占绝大比例，随各年龄层的增加，参与人数逐渐减少。这一方面说明了在各设计院中，随着年龄和经验的增长，存在一定的人员流失情况，使得设计团队中的中年以上的设计人员

数量锐减；另一方面说明在目前的设计院人员构成中，年轻人由于主要承担一些基础性的设计工作，所面临的职业困惑更大，有更加强烈的诉求反映其工作生活中的相关问题。

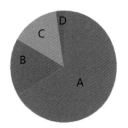
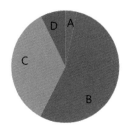

A. 20～35　66%　　　　A. 大专　4%
B. 35～45　17%　　　　B. 本科　54%
C. 45～59　14%　　　　C. 硕士　35%
D. 60及以上　3%　　　　D. 博士　7%

图1　问卷受访者年龄构成　　图2　受访者学历构成

从受访者的学历背景上看（图2），绝大部分受访者为本科及硕士，整体上说明了中国当代的建筑师基本在学历背景上属于社会的精英人群，同时也说明了在一线的建筑师主要由本科及硕士构成，具有更高学历的从业者往往任职于高校，或采用兼职方式参与建筑创作。而更低的学历构成在专业设计院往往得不到较好发展机会，人群数量较低。

受访者的职业情况如图3所示，77%受访者来自于全国的各个建筑设计机构，由于采样人群包括了两次重要的国内建筑教育和设计会议，有21%的受访者来自于建筑教育界。建筑设计领域的人群分流一般在建筑媒体、建设规划管理部门和政府行政管理部门等方面，同时，这些领域与建筑项目的实施与宣传有着密切关系，因此调研中也关注到此类人群。但从回收结果来看，相关行政管理部门较多采取回避方式。还有少数为在读建筑院校的学生，对当今建筑师的职业状况及未来发展持有一定的关注。

受访者的地域分布情况如图4所示，除了港、澳、台及海外地区以外，基本做到国内的全覆盖。其中由于本课题的参与单位多在华东地区，因此采样数据在东部所占比例最高，为53%。西部地区和华南地区有较多设计单位参与了本次的调研活动，并给予了积极的回应，有效问卷的回收情况良好。总体而言，由于受访对象的区域分布相对均质，其中反映的问题可以认为具有一定的普遍性。

在针对公众的调查中，受制于网络调查的特殊性，以及协作网络机构的地域性特征，受访人群呈现出年龄和地区性集中的特点。在年龄构成方面，20～39岁的青年阶层占据了所有调查对象的92%，在分布地区方面，南京地区的受访者占绝对多数，达96%（图5，图6）。

由于 365 网站主要针对的是有潜在购房意向或对房地产及建筑市场关注的特定人群，所以在受访人群中普遍对建筑学领域具有一定的兴趣，而较少的人表示并不关心建筑设计职业本身，更多地关心设计的最终产品（图7）。给出肯定回答的人数约占 2/3 的事实说明，随着房地产业的发展，建筑设计已经与市民的日常生活紧密相关，建筑的品质在某种程度上体现了人们的生活水平和设计的经济发展状态。这在受访人群的教育背景中也有所体现。具有高等教育以上的人群占据了绝大部分，这也说明随着我国的经济发展，具有较高文化素养的市民阶层对自己生活的城市以及城市里的建筑状态具有越来越高的关注度（图8）。

4 调研结果呈现

对于本次调研的结果呈现，以同一问题的不同解答并置展现，数据比对与访谈意见相互参照，力求对该问题做到较为完善和全面的梳理。

4.1 与现行招投标制度相关问题

（1）问卷调查：您认为现有招投标制度对于推动建筑设计水平的作用是什么？

问卷统计显示，53% 的受访者选择有积极意义或对当代建筑设计水平的提高有正面作用，39% 的受访者提出相反的观点，8% 的人认为其作用在于其他方面，但并没有在问卷中对其选择做进一步说明。从表面数据看出，目前推行的招投标制度并没有在职业建筑师层面获得一致的赞同，没有做进一步说明的 8% 受访者虽然在数量上不占多数，但根据业内的熟悉程度可以判断，或由于种种难言之隐无法表述，其立场应与反对票等同（图9）。另一方面也说明，招投标制度虽然在一定程度上能够通过方案的对比使得优胜者获得项目的设计权，并以此来激励设计者提升设计作品的水准，从而带动中国建筑市场设计水平的提升，这个良好的初衷并没有完全在实际操作中得以体现，甚至由于种种原因招致相当的负面效果，而使其在建筑师的专业层面形成较为强烈的反对呼声。

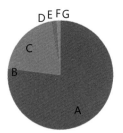

A. 建筑设计 77%
B. 地产开发 0%
C. 建筑教育 21%
D. 建筑媒体 0%
E. 城市建设与规划管理 1%
F. 政府行政管理 0%
G. 其他领域 1%

图3 受访人群职业分布

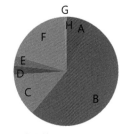

A. 华北地区 8%
B. 华东地区 53%
C. 华南地区 13%
D. 东北地区 3%
E. 中部地区 3%
F. 西部地区 20%
G. 港澳台地区 0%
H. 海外地区 0%

图4 受访人群区域分布

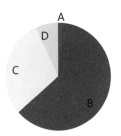

A. 20 岁以下 1%
B. 20～29 岁 63%
C. 30～39 岁 29%
D. 40 岁及以上 7%

图5 市民受访人群年龄构成

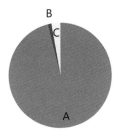

A. 南京
B. 江苏其他城市
C. 省外城市

图6 市民受访人群居住区域

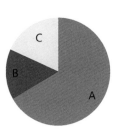

A. 感兴趣 67%
B. 一般 15%
C. 不感兴趣 18%

图7 受访人群对建筑的兴趣程度

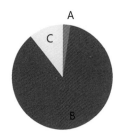

A. 专科以下 2%
B. 专科及本科 87%
C. 硕士及博士 11%

图8 受访人群受教育水平

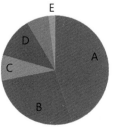

A. 有积极意义 45%
B. 无积极意义 27%
C. 正面作用很大 8%
D. 负面作用很大 12%
E. 其他（可以进行补充） 8%

图9 招投标制度对建筑设计作用的统计结果

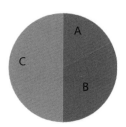

A. 基本公正 17%
B. 基本不公正 33%
C. 视具体情况 50%

图10 现行招投标制度的公正性统计结果

（2）问卷调查：您对现有招投标制度执行状况中的公正性的意见。

问卷统计显示（图10），17%的受访者回答是公正，33%的受访者选择不公正，另有50%的人数认为需视具体情况而定。从绝对的数量参照上看，招投标制度的公正性无疑受到建筑师的明显质疑。更值得关注的是近半数的受访者选择"视具体情况而定"，其背后的真正原因与潜台词无非两种：当评选结果出自于专家，其评判标准以专业的价值尺度为依据，能够与设计师获得技术层面的一致性，相对能够获得建筑师的肯定。相反，当设计水平不是作为判定中标与否的主要因素，或由于种种操作过程中的"暗箱"处理而导致的投标失利，往往成为众多建筑师的切肤之痛。

在访谈中的众多观点从各个侧面印证了问卷调查结果，并通过这些观点的呈现，对现行招投标制度的种种问题做出了尖锐而明确的呈现。

问题一：您认为现行的建筑招投标制度是否影响建筑师的创作自由度，原因何在？个人认为如何有效解决？

问题二：您认为在现行的建筑招投标制度中，专家是否拥有独立的决策权？现行的制度是否有利于选出真正的优秀方案？您职业生涯中有无记忆深刻的相关案例？

观点1：目前的招投标制度有很多的问题，总体上不利于产生优秀的设计方案。很多时候，招投标形同虚设，完全变成了为业主服务而设置的条条框框，甚至还有很多暗箱操作在里面，业主想要什么样的建筑，就会设置什么样的招投标程序。

观点2：中国的建筑设计招投标制度还没有形成完整的体制，都是外行人制定的清规戒律，没有体现到一个作品的建筑师的核心地位。招标的目的是为了廉政，避免暗箱操作，而不是为了挑选好的建筑作品。说到底是一种保护性政策，尤其是一种对官员的保护。但现实的情况可能是前一个目的都达不到。

观点3：现在的投标整个就像在作秀。有的招投标结果与评委的倾向是很有关系的，不同评委的结果是不一样的。有的在中标后要求进行方案调整，结果大不如前。也有按照施工招标的模式做建筑设计招标的，强调设计费，强调工期及造价，结果就不是对建筑创作的优选。这些都与招投标的初衷相违背，所以在制度上还有很多可以进一步完善的可能性。

观点4：招标制度虽说有一些问题，但目前没有还不行，需要有这样一个制度来约束，但应该做升级版。如把评委会成员的名单、主席等公布出来，达到一个明朗和透明的公共监督环境。同时，鼓励一些小的事务所来参与投标。

招投标要把商务投标和方案投标完全分离，重要方案的征集，要建立完善的招投标体制，制订完善的任务书和评审标准。

观点5：投标需要揣度业主的心思，经常是做的设计夸张一些、炫一些，就容易中标。以这种投机的心态去做设计会导致建筑界对设计价值判断的失衡。现在的投标不但扩大了设计成本，而且容易在设计界形成一种投机心态，也导致一些人使用不正当的手段来获取项目。业主跟建筑师之间的信任感是国际上通行的产生优秀建筑作品的基本渠道，通过交流达成共识，这个时候作品最容易呈现好的一面，而非仅仅依靠招投标程序。

观点6：很多政府招投标项目，领导本身就有了心理预期，很多时候领导的意愿决定了最终的结果，专家的话语权和决策权是很有限的，主要由甲方和领导来决策。所以在招投标制度里面，专家很难具有独立的决策权。这种招投标制度不一定有利于选出真正的优秀方案。

依据上述问卷和访谈的结果，可以看出业内对于目前推行的建筑设计招投标制度存在严重的质疑，虽然从本质上看，招投标制可以促进竞争，防止一些利益链的形成，对建筑师来讲也是一个交流、学习和竞争的机会。但不规范的管理手段并没有实际达成预期的效果，甚至导致新的问题产生。因此需要重新思考招投标制度建立的基础，结合本专业的特点，形成能够真正促进设计环境优化的相关制度。

4.2 设计市场国际化后的相关问题

（1）问卷调查：您是否赞成城市中的标志性建筑由外国建筑师来设计（图11）？

（2）问卷调查：您如何评价国外建筑师在中国的建筑设计作品（图12）？

业内对于国外建筑师从事中国建设项目的设计评价相对真实。一方面从现代建筑理论、教育体系及实践等方面来看，西方（尤其是欧洲、日本、美国）具有相对系统化的研究体系，相对清晰的设计理念和技术手段，相对科学的项目管理措施和制度；另一方面，这种整体化的优势并不是一种泛化，也存在对于某些特定项目上的差异性，而且这种差异性随着境外建筑师对于中国建筑设计市场的熟悉，对于中国评审制度甚至是中国设计项目最终决策者的熟悉而呈现日渐扩大的趋势。所以我们在数据解读中看到了对于他们在中国作品的两种截然不同的评价。同时建筑作为一种特定的设计产品，必然与社会价值认同、城市文化背景等城市潜意识有着密不可分的关系，使得设计行为不能脱离具体的城市、基地条件而成立。国内外的物质文化的巨大差异使得境外建筑师介入国内项目时，这种文化与地域的裂隙会形成其创作的不可回避的问题。正如当初教堂等新建筑类型进入中国时所进行的部分本土化的转译，有些境外建筑师能够以真诚的态度去分析、研究中国的具体物质、文化环境，使其设计作品能够做出正确的回应，而更为多数的情况呈现的是相反状态，这也成为国内业者质疑的主要原因之一。

随着中国建筑市场的开放，越来越多的境外建筑师与境外设计作品进入了中国市民的视野。这些设计者和设计作品在带给人们新鲜感以外，也更多地引发了一些思考。比如在针对是否应由境外建筑师主持城市标志性建筑设计的问题时，仅1/4的人群选择了赞成，而选择不赞成或无所谓的各占37%（图13）。这说明了虽然有些境外建筑师能够在设计的理念和技术层面具有相对的优势，而其对于城市、对于城市传统的理解与表达能力明显不如中国建筑师。如果说城市的标志性建筑在某种程度上传达了建筑与城市、建筑与城市传统的必然联系，那么设计的评价标准在于设计是否遵循了这样的判断指标，在于设计作品完成的质量与品质，而不在于设计者的国籍背景。就境外建筑师进入中国建筑设计市场的原因这一问题，市民从各自理解的角度给予了相应的解答（图14）。其中1/3的人选择了市场经济的原因，占统计量的多数；26%的人选择了崇外心理；18%的人认为西方的文化在当下主导了中国文化；还有20%的人认为西方建筑师的设计水平高于中国建筑师。从这些认知看来，有些相对客观，有些则是由于对中国当代文化、建筑以及中国建筑师的判断不清，从而为盲目选择境外建筑师的现象做出一定的解释。其根源在于一种盲目的崇拜与追寻，容易导致在自我认知缺失的

前提下进一步否定自我，从而带来群体性的选择错误。

如何正确面对由于建筑设计市场的国际化而形成的国内建筑师的竞争问题，是近年来国内建筑师思考较多的方面，在访谈中大家都进行了辨证性的反思。

问题：当代很多重要的建筑都是出自境外建筑师，您是如何看待这一现象的？

观点1：中国建筑师还是要向西方建筑师学习，我们现在还不够成熟。一个城市应该有更宽容的态度，有些国外建筑师对于中国建筑文化的展现，也很给人以启发。10多年前，中国在一些重大项目的建设上没有很多的经验，引进国外的一些成熟的经验是必要的，一些通过境外建筑师完成的重要项目对我国建筑界具有积极的意义。但是如果大量的项目都交给西方人来做，是不恰当的。还是要给本土建筑师一个学习实践和成长的机会。

观点2：目前一些国内举办的国际性竞赛项目，往往通过对于参赛设计单位的筛选，国内设计单位所剩无几，大部分由国外设计事务所或者联合体作为参赛主体。这说明政府在大型项目的定位和决策时有一种明显的取向，有一种对国外东西盲目认同的心态。这是决策者的取向问题。

观点3：国外建筑师把中国作为他们的试验场，只能怪中国人自己，因为中国人请他们来的，我们缺少自己的价值判断标准是问题的核心所在。

观点4：在信息全球化的现在，中外建筑师的差距没有想象的那么大。如果给中国建筑师同样的环境，同样的外部条件，中国建筑师也可以创造好的作品出来。过分强调海外建筑师的作品而忽略我们自己的东西有失公允。中国建筑师最为不满的地方在于社会没有把西方建筑师和中国建筑师同等对待，西方建筑师和国内建筑师应形成一种

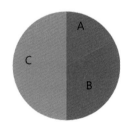

A. 赞成　14%
B. 不赞成　43%
C. 无所谓　43%

图11　标志性建筑的设计师选择倾向性

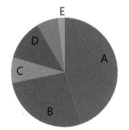

A. 大多体现了很高的建筑设计水平　33%
B. 大多没有体现很高的建筑设计水平　23%
C. 大多契合中国国情与物质、文化环境　16%
D. 大多不契合中国国情与物质、文化环境　25%
E. 其他（文化背景、设计手法、费用、设计深度等差异大）　3%

图12　国外建筑师的设计作品评价

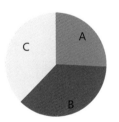

A. 赞成　26%
B. 不赞成　37%
C. 无所谓　37%

图13　市民对境外建筑师主创标志性建筑的态度统计

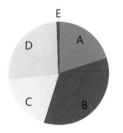

A. 西方建筑师水平高于中国建筑师　20%
B. 市场经济的选择　35%
C. 西方文化主导当代中国文化　18%
D. 崇外心理　26%
E. 其他　1%

图14　境外建筑师进入中国建筑设计市场原因统计

相互影响，互动和交流的氛围，这种平等的关系要建立在统一评价标准的基础上，理性看待国外建筑作品。达成这种平等，一方面要提升国民的整体素质，另一方面要建立合理的项目管理体制、决策机制和评审机制。

观点 5："别人是爷，咱们是孙子。"在别人的体系下，选择别人的东西，结论不言自明。反过来，东方体系成熟的是传统，所以越是传统的东西，越与传统相像的东西就越容易赢。现在我们的建筑师跟咱自己的前辈比不成熟，跟西方的比也一样。双重的不成熟，被西方建筑师打败就是自然的。

观点 6：与国外建筑界相比，我们确实还是有不小的差距。这不仅体现在技术水平上，也体现在观念层次上。设计技术如软件变革、数字化建造等都是国外发展的前沿，我们在这方面还有不小的差距。让国外建筑师参与有助于国内设计整体水平的提高，同时这种差距随着双方合作正在缩小。

观点 7：国外建筑师带着强势的文化进入中国建筑市场。从开始阶段对中国市场进行简单、展示性的设计方式，发展为逐渐熟悉并融入中国环境的整个过程可以大致分成几种类型：一种是在熟悉过程中，创造符合中国文化的建筑，将他们的作品融入中国环境的，反映其对中国文化的欣赏与推崇；另一类建筑师是商业化的，他们将最为国际化的建筑语言带到中国，将某一类型的建筑做到极致；但是也有相当普遍的建筑师是机会主义的，迎合现在中国建筑市场喜欢新奇的心理，做一些非常夸张的设计。前两种建筑师是我们欢迎的，而后一种建筑师是我们需要警惕的。

以上观点从不同的侧面反映了中国当代建筑师面对市场化、国际化的多方位思考。在全面比较了中外建筑界差异的前提下，理性地面对由境外建筑师介入中国建筑市场带来的挑战与竞争。对中国建筑师而言，这种竞争既有压力，也有因交流、学习带来的自身素质的提高。这样的自我提升是由内因的完善实现的。但不可否认的是，对建筑师而言，不易撼动的外因，也就是某些具有最终决策权的主导者对境外建筑师的一味盲目认可，一方面让中国建筑师失去了平等竞争的机会，另一方面也助长了其投机目的。不切实际的设计最终只能由中国的城市环境和公众"买单"，抹不去的将是生硬锲入中国城市中的"舶来品"。

4.3 建筑设计者与最终决策者的博弈

建筑设计是一种特殊服务业的性质从某种程度上决定了建筑师的设计作品必须满足投资者的基本要求，也必须满足城市建设管理部门的相关规定，但建筑师绝不能沦为甲方和管理者的"绘图师"而丧失应有的创造性和主动性。但中国建筑师日常工作中不可回避的问题是创造性与主动性的逐步丧失，设计师的价值底线一次次在与甲方与决策者的博弈中崩溃和沦陷。

（1）问卷调查：您认为建筑设计的决策权现在主要属于谁？

如图 15 所示，目前的设计项目决策权按照权重的比例依次为政府官员、建筑开发商、规划管理人员、专家学者和市民。其中我们惯常在设计评选中认为对设计品质起到关键作用的建筑设计与规划方面的专家和规划管理人员在最终的决策中仅仅不足 30% 的作用，而作为项目的开发商和政府官员却占据了近 70% 的决定性。强烈的数据对比可以看出，虽然专业人士与管理人员的专业性在项目的运作过程中不容置疑，但对于最终的项目决策与价值取向而言，专业的评价标准不足以成为唯一评判，或者其标准与政府、与甲方不完全一致。而话语权的缺失使得非专业性的判断超越了技术层面的选择成为最终左右项目选择的主因。政府官员与建筑开发商分别代表了两种类型的决策者，前者以政府项目为主，后者以商业地产为主，从某种程度上，都可以归于"甲方"范畴。而以技术核定为职责的专业性在面对甲方的选择时往往失语，或力不从心，即使据理力争也常抗辩无效。同时，专家 10% 的权重与前三者近 90% 的数据对比，也正说明了在目前的建筑设计行业中的问题的严重性，每个决策者的"指点"都成为建筑师设计调整的必要过程，而设计的真正创造性就在这些过程中逐步丧失。值得注意的还有作为市民层面的 1%，数据的微不足道说明了在当代中国，社会参与和民主的决策与世界发达国家相比存在巨大的差距，说明在我们目前的规划设计民主化进程中公众参与性的缺失。

（2）问卷调查：您认为建筑设计的决策权应该属于谁？

与上一问题的结果相比较，其中的权重发生很大的改变（图 16）。首先专家学者所占比例由 10% 上升至 40%，市民的决策权也由 1% 上升至 18%；而政府官员与建筑开发商的决策呈现很大的下降，由 69% 降为 31%；规划管理人员所占比例基本持平。这一数据变化说明，在职业建筑师的眼里，建筑作品的最终决定权主要受到三方面的影响。首先，建筑作为城市的微观组成，必定与城市系统之间保持内在的联系性而不是完全自为的过程，因此受到种种城市规划条件的管控是必要的。其次，建筑设计作为一种专业的技术领域，其评价体系应具有专业自身的特点，而不受某一个人或团体的喜好左右。再者，现代城市的民主化进程要求城市为市民服务，市民作为建筑产品

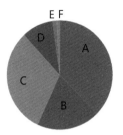 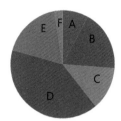 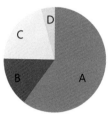 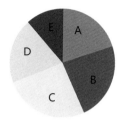

A. 政府官员 38%
B. 规划管理人员 19%
C. 建筑开发商 31%
D. 建筑设计与城规专家学者
10%
E. 市民 1%
F. 其他 1%

A. 政府官员 8%
B. 规划管理人员 18%
C. 建筑开发商 13%
D. 建筑设计与城规专家学者
40%
E. 市民 18%
F. 其他 3%

A. 积极参加，投上自己选
票 60%
B. 看心情，参加与否无所
谓 15%
C. 不积极，投了也说了不
算 21%
D. 没考虑过该问题 4%

A. 高校建筑专业的教授专
家学者 20%
B. 大型建筑设计院总建筑
师 23%
C. 政府规划与建设相关管
理部门 26%
D. 领导官员 20%
E. 市民 11%

图 15 建筑设计决策权的
归属现状

图 16 建筑设计决策权的
正确归属

图 17 市民参与设计方案
决策的态度

图 18 市民眼中的重大建
筑决策归属

最终的使用者，有权对其功能设置、空间组成、形态趋向等方面提出自己的意见。与之相反，不管是建筑开发商还是政府官员，他们是建筑项目的出资方或城市的管理者，其身份背景不等同于专业背景，过多地参与建筑项目的决策，只能助长项目审批环节的暗箱操作，或因个人好恶导致评选公允的丧失。

在职业建筑师层面对设计决策权的判断从一定程度上反映了现阶段中国建筑设计市场上的一个普遍性问题，数据鲜明的对比关系从一个侧面说明了解决问题的可能途径。切实增强建筑评审、决策环节中专家、市民的作用能够杜绝不良的评价导向，有助于社会公允的建立和建筑品质的提高。

相对于职业建筑师的回答，市民层面的调研显示出更强的参与性。从图 17 的统计数据上看，60% 的受访者选择了积极参加，显示出其对城市发展状态的一种关心，同时也将参与重大建筑的决策作为自己应尽的责任。这体现了现代城市的文明程度，也反映了随着近年来城市规划公众参与活动的进行，全民参与规划民主化、透明化建设的成效。同时引起课题组关注的是选择无所谓和不积极两个方面的人群不在少数，占 36%。这说明了在公众参与过程中确实存在的一种现象，即民众的参与更多的是一种展示和形式，而不能根本上解决最终的决策机制问题。这从一定程度上挫败了市民参与的积极性，也不利于真正的规划与决策的民主化进程。当问及当前重大建设项目的最终决策者时，市民的回答也与职业建筑师有着较大的差异（图18）。首先在市民的眼中，重大建设项目的决策是城市的大事，须由相关的技术部门进行总体的把握和评价，因此相关的专家、学者及管理部门的技术权威性在最终的决策中占有绝对的比重。这与建筑师的判断存在着非常大的差

距。是公众眼里的公正性更加偏向于通行的决策标准，还是建筑师的判断与市民格格不入？政府官员的价值取向更代表了公众的利益所在，还是建筑师的判断失误？或许其中有技术层面、观念层面能够解决的方面，也有无法梳理明晰的方面存在。其次，在市民的眼中，他们对于项目决策的参与得到了一定程度的认可，这也与建筑师的判断相左。从数据上看，二者的巨大差异再次回应了上一个问题的答案，是建筑师身在其中更加了解决策操作的过程，还是公众身处其外能够更公正地做出判断？是建筑师的专业性重要，还是与公众取向的一致更为重要？如此的矛盾只能说明，至少在我们目前认为公平、公正的决策机制中确实有着种种的不完善，至少是透明度与公开性的不足。同时也在提醒建筑师，技术与专业的权威性并不能囊括一切，并不能解决一切问题，尤其是社会性的审美及文化认知方面，业内与业外是不完全一致的，有时一种社会的认知更代表了一种群体的肯定。地方政府官员也应属于这一广义群体。

建筑设计是一个综合性的系统工程，其中的功能、空间、材料建构问题具有一定的专业性，较少受到非专业决策人员的讨论；而建筑形态由于涉及的影响因素较多，且这些因素大多不在建筑学本体层面，往往受到的决策影响最大，甚至因对建筑形式的异议而导致对建筑设计作品的全盘否定。尤其是在建筑设计市场化后，投资方的个人喜好多集中在外在建筑形式的判断层面，这也成为困扰建筑师的主要问题之一。

问题：在建筑设计工作中，当甲方与建筑师在形式价值取向存在分歧时，以您的工作经验是如何处理这类问题的？

观点 1：作为一个建筑师，我们是很被动的一种服务。

职业建筑师主要还是服务于社会，这不是建筑师一个人的作品，这样的定位有助于建筑师心态的调整。甲方要求改方案，开始很抵触，最终的结果都是比较好的。有时候跟甲方的分歧还没有跟规划管理者的分歧大。

观点2：价值取向的分歧存在于两个方面，一个是审美取向本身，二是价值观的问题。甲方的审美取向直接影响到项目整体品位，开发商的价值观直接影响到项目的社会效益。我们建筑师就在这之间博弈，然而我们要肩负引导甲方，引导大众的责任。

观点3：不同的建筑师，不同的工作状态也有很大差异。比如在高校的建筑师，他们具有双重身份，对于项目的自由度可能会更大一些。遇到谈不拢的项目或者甲方，他可以选择不做，这说明建筑师是可以跟业主说不的。而对于设计院的一线建筑师，可能服从甲方的要多一些，要通过沟通解决这个矛盾。

观点4：甲方跟建筑师的价值取向肯定不一样，因为出发点不一样，甲方是出于某种利益的，他们认为自己没有为城市树立地标的责任，作为我们要服从于甲方的一些想法，但是我们应该在他们要求的前提下，维护我们职业道德所能接受的底线，从而发挥最好的水平。最理想的结果是采用折中原则，有些坚持，有些抹掉。最好能在妥协的条件下能够保留一点自己的小理想。

观点5：中国现在的建筑制度中，话语权最大的是领导。很多大的项目，标志性建筑都是领导说了算，建筑师沦为一个画图匠和长官意志表达者的角色；其次是业主，业主招标或者委托的时候都已经划定了范围，建筑师只能按他们规定的范围命题作文，建筑师只能在这个基础上凭自己的职业道德做得更好点。西方社会倾向建立机器一般的严密制度，大家按制度运行。但中国从来不这样，中国有人治的传统，这样就会产生很大的不确定性。在西方，建筑设计作为一种独立的创作一直是被认可的，但是在中国，建筑师的独立性是不被尊重的，领导、业主的语言更强势。

观点6：我们的城市发展政策是通过当地行政主管的概念体现的。一换领导就从总体规划开始变规划，变建筑设计的决策走向，建筑师就陪着领导走。中国的设计决策层中长官意识非常严重，在方案公布之前，专家的意见不会公示，基本都是领导拍板。甚至很多专家都成了领导实现他自己想法的一个借口。只有当评价的标准决定在民众身上的时候，才会出设计精品。

观点7：建筑师的创作必须符合整体环境整体控制，要符合大众的审美心理。所以决策权不完全在建筑师，也不完全在规划局，而是归市政联合体控制。市政联合体由不同层次、不同部门的人员来组成，代表大多数的意志，然后确定一个总建筑师来把关。总建筑师确定一些规则（包括统一性），建筑师考虑细节，那么风格上能够统一，既保持了建筑师个人的意志，又保护了大众的需求。建筑师得到发挥的同时，又体现一种大众意识，这是一种比较理想的模式。

观点8：我们以前经常指责甲方不懂专业，现在的情况不一样了，他们的见识比我们建筑师还多。经常是一个项目来了甲方带着我们建筑师去看参照案例，所以说他们的话语权不得不承认。我们建筑师如果没有更进一步的学习环节，就会丧失应有的话语权。同时，甲方的判断建立在其自身价值基础之上，如果想取得更好的沟通，还在于中国国民整体建筑素质的提高，这对建筑师的职业发展良性循环会有很大好处。

以上访谈观点反映的问题与问卷调查保持了相当的一致性，再次印证了在当代中国建筑师与甲方、与政府官员之间的畸形关系。建筑师的服务性被曲解，技术服务的专业性被严重否定，而导致建筑师失去了基本的判断权利和选择的话语。调查走访中，课题组发现大牌建筑师，遇到类似的问题相对较少，说明社会整体上存在对建筑师的信任度问题。当技术不能成为决策层的主导作用因素，主创建筑师的名气或许能够成为判断设计水准的标尺，在建筑形式的选择上，建筑师也相应获得更多的主动权。同时，也有一部分建筑师和设计团队，在市场的竞争与选择的双向过程中，逐渐形成相对固定的服务圈层，以自己的设计特色获得特定业主的认可。这类建筑师的作品在决策中受到的影响相对较少。这些个案说明，建筑师与业主及社会认同之间的相互信任是非常重要的，当彼此的尊重建立，沟通得以实现，技术的科学性才会真正被正视。

4.4 建筑创作环境的相关问题

建筑师的创作环境是一个相当宽泛的范畴，既涉及外部的社会环境，也有创作团队的管理机制、激励机制等中观层面问题，还包含建筑师个人的学术修养、能力提升等方面的因素。此方面的问题没有在问卷调查部分涉及，一方面由于通过前期预研究，将部分主要影响因素已单独设立；另一方面，这些相关问题更多地会以个人化散点方式呈现，以访谈的方式能够更为有效地发现问题及背后的原因。

从走访的情况来看，这些问题集中在以下几个方面：中国建筑师的工作特点、中国建筑师的生存状态、山寨建筑与设计模仿、建筑师的流失等。看似并置的几个方面，

151

却呈现出一种内在的逻辑因果关系。如今中国建筑设计市场的空前繁荣造成建筑师工作压力的极度增长，必须在外部艰难的环境中，在极短的时间内完成大量的设计任务，如果不以牺牲设计的品质为代价，就以牺牲建筑师个人的休息和健康为代价，使得部分项目的设计采用模仿方式成为必然。面对市场的繁荣，设计院管理体制也发生了变化，多样化的模式给建筑师提供的机会往往不能抵消因工作和生活压力产生的消极动因，从而产生建筑师的流失。

问题一：您怎么看待当下建筑师的创作环境，您认为这对您自己的建筑创作活动会产生怎样的影响？

观点1：当今建筑创作中突出的一点就是速度太快，在这个"快"的大背景下，建筑师的心态都变得浮躁了。不管是业主，还是我们建筑师自己，都把建筑设计推向一个高速运转的状态。快点谈项目，快点签合同，快点出图，快点回款。各个方面都在压短时间，不得不在这个时间内完成，这就导致我们不得不将很多不完善的东西付诸实践。机械式的操作替代了创造性的设计。在这样的背景下，是很难出好的设计作品的。现在也许大家都在等，等到建设的速度慢下来了，我们可以静下心来反省这些年来创作的经验教训了，中国的建筑设计水平也许能上一个台阶。

观点2：建筑创作的背景不好，决策权在政府官员和业主手上，导致了很多情况下是外行决定内行，因此建筑质量难以保证。其次施工企业的生存环境也很恶劣，导致很多项目施工费用太低而出现偷工减料，影响建筑的施工质量。再者，我国的监理制度也有很大的问题，国外监理工作都是由建筑师承担的，现在监理与设计分开，出现的很多情况都是监理和施工方成为一个利益集团。

观点3：中国建筑师目前的创造心态是最差的时期。新中国成立初期，产生了一批好的建筑师，那个时候建筑师有社会地位和话语权；改革开放初期，建筑师也有短暂的春天。目前建筑师的创造是比较艰难的，创造一个好的作品是偶然的，我们体制的决定性可能是必然的。目前，我们没有一个满足和适合创作的机制，包括选拔方式。尤其在施工过程中，一个建筑师的地位和角色完全缺失。一个建筑师在施工现场是没有话语权的。

观点4：许多建筑师，刚毕业的时候满怀热情，但在这样恶劣的职业环境中逐渐消沉。也有一些建筑师，随着年龄的增长，经验和能力也不断提高，但工作的强度与收入相比实在不能继续从事这个职业了。设计院里25～35岁的设计师承担的工作最多，40多岁以后就考虑转换职业的问题了。一般的流向不是变成甲方，就是成为政府管理人员。而这个年龄正是建筑师最能出作品的时候，非常可惜。反过来想，由设计人员变成甲方和管理者也有一定

好处，至少不是外行指导内行了。

以上观点在不同地域的走访与访谈中，基本成为一种共识。在中国快速城市化的背景下，建筑师的工作强度空前放大，加之外界对建筑师的作用不重视，使得建筑师的创作环境"恶劣"。有的人在坚守，有的人选择放弃，有的人疲于应付。同时也有众多有良知、有责任心的建筑师，他们在坚守的同时显示出对中国当代社会问题的关注，希望通过建筑的方式消解这种不利的社会问题。他们真正关心的不是建筑创作中的文化问题，而是切实关乎民生生计的问题，希望通过建筑设计研究解决普通民众的居住问题，解决针对不同人群的住宅设计问题，希望国家的规划政策能够通过对居住模式、地域特点的研究作出不同的调整，以从根本上解决目前中国城市同质化的问题。这是课题组没有预想到的，从中也看到一些中国建筑设计的希望所在。正是由于这样一批建筑师的存在，我们的城市和建筑状态才不至于滑向更为糟糕的境地。

问题二：建筑师的生活状态和工作状态是什么样的？

观点5：以前在大学里学建筑的时候不怎么熬夜，现在想不熬夜都不行。现在设计项目那么多，甲方恨不能今天给你任务，明天就能看到成果，后天就能建设。一方面催着你加快进度，一方面在设计费上和你讨价还价。你如果不做，有其他单位做。所以为了设计院的正常运转，不管怎么苛刻的条件，一般都会答应，压力就这样转嫁到建筑师的身上，他们一方面要承受巨大的工作压力，另一方面不能保证应有的收入水平，由此就逼着建筑师用各种方式去"应付"甲方，只要你接受最终的成果，一切你说了算。如此这般，设计质量怎么保证？

观点6：虽然年轻建筑师也有很多好的作品，但是对于中国这么大的建筑量，这样的作品数量远远不够。看看我们年轻建筑师的生活状态就知道我们怎么做设计了，全年无休，三餐不定点，随叫随到，还要冒着过劳死的风险。过去以为做设计是拼脑力，现在是不但拼脑力更要拼体力。现在，房价、物价在上涨，设计费在降，我们年轻建筑师的生存压力真的很大。

观点7：林子大了什么鸟都有，鸟多了什么林子也会有。这个社会上什么样的建筑师都有，同时有什么样的建筑师就有什么样的特定服务对象。每个建筑最终都能找到设计师，你不做就有别的人做；同样你做你自己，也有欣赏的人群，我只为这些人做设计。

观点8：我有两个手机，一个是只谈工作的，一个是联系家人和朋友的。我不管每天工作强度怎么样，只要回到家，工作手机都关掉。我帮甲方做设计，我会明确告诉你，我关心的只是做设计本身，是通过你的这个项

目实现我的建筑理想，换句话说我是在花你的钱办我的事。所以不管外面的事情怎么样，我都只关心我自己的状态，不被左右。

目前中国的建筑师基本可以分为这样几种：一种是大量的在一线进行设计的建筑师，完成产值成为其工作的主要目标；一种是具有一定知名度的建筑师，对设计项目具有一定的自主选择性，同时也有相对较高的设计收费标准；还有一种是个人事务所的主创建筑师，或从事建筑院系的教学工作的"兼职建筑师"，他们以自己的兴趣导向作为对设计项目选择的标准，受到市场的影响较小。不同的建筑师人群，其工作状态和生活状态在同质化大背景下有着稍许的差异性。共同点在于工作的高强度，生活质量的下降；不同点在于对项目选择性，对市场的选择性，及对业主的工作关系方面。无疑大量的建筑师还是处于一种极度被动的状态，在这种状态下，服务者的身份被无限放大，创作的能动性被无限压缩。而后两者情况与理想中的建筑师状态较为接近。这种建筑师圈层的分野说明，目前的中国建筑设计市场虽经过了一系列的改革，但真正能促成设计行业良性发展的外部环境还没有形成。对设计专业本身而言，过于同质化的市场定位，必然形成瓜分目标人群的状态，竞争的压力也陡然增高。如果市场和设计团队之间能建立一种对位的选择关系，市场的创作氛围或激励方式会有不一样的走向，建筑师的工作状态也能得到根本改变。

问题三：不同的设计团队组成背景下，工作状态有什么区别？

观点9：不管大设计院还是个人的建筑师事务所，在面对市场竞争时，价格的竞争都已经成为左右设计权获得的重要因素，而不是设计的质量。现在一些大设计院都参与了压价竞争的行列，一些小公司就更没有了生存的空间。设计费的价格一降再降，其结果必然是设计质量的下降。

观点10：大设计院相对个人事务所的最大好处是有历史的积累过程，在这个过程中，年轻人可以获得很多学习的资源，这也是很多大学毕业生在单位选择时首选大设计院的根本原因。但是大院的项目资源并没有得到充分的整理和挖掘，往往项目归档后就很少有人过问，这样也造成了资源的浪费。如果有专门的部门对这些资源进行分类的管理和梳理，就能形成模块化的资源集成，从而加强设计的效率。

观点11：事务所带有很强的主创建筑师个人色彩，往往个人的设计取向决定了团队在市场中的定位。以前做项目仅凭自己的兴趣，谈不拢的甲方宁愿选择放弃项目，感兴趣的项目宁愿少收费也要做。但是我们发现这是有问题的，至少团队的生存状态受到很大影响。相对于大设计

院，事务所要想保证按照自己的方向走，要有一定的项目作为基础支撑，为研究提供条件。所以现在我们有专门的团队完成产值的任务，有专门的团队完成我们感兴趣的项目。

目前中国建筑设计行业并存着设计院模式和事务所模式两种，在不同的模式下，其市场运作的方式有所不同。但不管何种模式，都面临着市场的无形压力，也都有各自的利弊。尽管大设计院也已开始一系列的改革措施，如设立工作室制度、设计与经营分离等举措在一定程度上鼓励了建筑师的创作，并取得一定成效，但总体而言，建筑师尤其是年轻建筑师在专业上的发展仍然有一定的瓶颈，在机会的获得、后续的培养、资源的整合利用等方面仍有不足，亟待解决。事务所为了自身的生存，也在设计选择上不得不有所放弃，通过部分市场化运作走向小型设计院模式。这一切都说明，目前的设计市场仍处于一种同质竞争的状态，市场化的细分远未达到理想化程度。一方面需要设计单位在专业优势上进一步强化，另一方面也要从整个社会层面对建筑设计进行一定的全民普及，正视并尊重建筑师的工作的严肃性与专业性，从大环境上促成建筑师良好的社会生态。

5　调研结果分析

以上的调研数据与访谈结果基本反映了当前中国建筑师的创作环境与社会生态，这种状态基本覆盖各个地域，具有相当的普遍性。在这种背景下，中国建筑设计行业的整体突破面临严峻挑战。无论是体制上、管理方法上、社会认知上都需要整个社会对该专业给予大力关注，优化建筑师的创作环境，鼓励好的作品出现。

通过对调研结果的呈现，课题组发现，建筑师目前的这种社会生态并非突然出现，而是和中国建筑师历来的身份定位、社会发展背景及建筑师的社会组织等方面有着潜在联系。只有梳理好这些潜于表面之下的关键性因素，才能从根本上改变现状。

5.1　建筑师职业生态的东西方差异

在西方建筑史中，建筑师是自古就有的一种所谓"高尚"职业。正如阿尔伯蒂所言，"建筑学是一门十分高尚的科学，不是任何人都可以胜任。建筑师应是一位天赋极强的人，是一位实践能力极强的人，是一位受到最好教育

的人，是一位久经历练的人，尤其是要有敏锐的直觉与明智的判断力的人。只有具备这些条件的人，才有资格声称是一位建筑师"。伴随着优秀建筑的诞生，建筑师常常以城市英雄的身份被市民所铭记。按照张钦楠先生在《中国古代建筑师》一书中的记载，中国最早的建筑师是有巢氏，其原始草屋的建造似乎从开始就只是在技术上解决生存的基本问题，而与美感无关。后世的建筑从业者或相关者既有以木匠始祖闻名的鲁班，也有嬴政、萧何等因奠定了中国集权式国家建筑文化的政治家，陶渊明、白居易等文化名流及梁九、雷发达这样的御用职业建筑师。一方面其身份从开始注定了低下和卑微，以至于长久以来以"匠人"相称，另一方面其外延的扩大也从开始就注定了其职责范围与众多领域存在交叉与混杂，交叉与混杂的结果导致建筑自古以来就与政治、宗教、民族、民俗保持着脱不开的关系，而使建筑不可能成为相对自治的体系发展，也注定了"建筑师"的设计行为受到方方面面的制约。

现代意义上的建筑师是从欧洲文艺复兴至工业革命间的200年里逐渐出现和成型，建筑师的职业范围开始由传统意义上的"全能之人"转变为一个领域内相对明确的专业设计师。18—19世纪发达国家中建筑教育的发展和建筑师协会的相继成立，标志着建筑师作为一种职业得到社会的承认。20世纪以来，自美国建立注册建筑师制度后，世界各国陆续实施了注册建筑师制度和相应法规。中国建筑师得到社会的正式承认是20世纪20年代前后，随着赴欧、美、日学习建筑学的一批学者回国，在国内开始建筑设计实践、教育与研究而开始。而中国真正意义上的现代建筑师，直至1997年国内推行注册建筑师制度才正式被社会所认可。因此从制度角度而言，中国的建筑师管理制度、社会认知、工作职责与范畴在诸多方面还有待健全。

从某种意义上，建筑师的职业是建立在高度专业化基础上的一种现代服务业，服务的主要对象为建设项目的投资者和使用者。同时，建筑师在日常工作中必定与城市的规划管理部门产生方方面面的联系，从某种意义上说，他们是建筑师的另一个"甲方"。但这两个"甲方"所代表的利益是不同的，往往在两个"甲方"的博弈中，被决策、被动地接受双重性的失语。相反，发达国家的一系列技术审评制度和公众参与制度有着相对的法定的严肃性，对专业技术的尊重从一定程度上提升了建筑师的社会地位，限制了建设项目的不良操作，以此保证建筑设计评价的公正性。从调研中对现行的招投标制度及决策权归属等问题的分析，已经显露出一些不良行为对竞争公正性的破坏，对

建筑设计科学性的漠视，急需新的探讨和改革。

5.2 高速运转背景下建筑师的创作生态

中国的城市化和城乡建设目前正以惊人的速度发展。预计未来20年内将有至少2.5亿中国人从农村搬迁到城市或在城市生活居住。按照目前的发展趋势，2030年前中国城市建设速度相当于每年新建一座芝加哥[1]。中国的建筑师面对大量建设项目的涌现，表现出了在工作方法、质量控制等多方面的准备不足；同时，超出常理的合同时间约定、设计费减免的要求更加影响了建筑设计的完成度和质量，致使中国建筑师处于一种明显的被动状态。

建筑理论的产生、发展、演化都不是一朝一夕促成的，只有经历漫长时间的积累、转化、反思，并在大量建筑实践的支撑下，才能以完整的面貌展现。对于中国这个正在经历现代化过程的国家而言，无论建筑理论还是实践都任重而道远。同时，传统建筑文化的梳理，大都集中于明清以前，近代以来的建筑设计历程还没来得及完整总结。纵观近几十年来中国的建筑设计状态，基本都在跟风，追逐国际上不停流变的新鲜感，却遗忘了对其中不变成分的探索。这样的盲目追逐，其实是一种对自己固有建筑文化传统的不自信，是一种面对扑面而来建筑潮流的浮躁，同时也是面对建筑市场要求的无奈。在所有的快速转化中，失去了对建筑基本价值的判断，失去了建筑师应有的独立思考和社会责任感。简单的拿来主义造就了建筑市场一种矫饰性的繁荣，遮盖了表面热闹背后理性的丧失；造就了模仿与山寨的一次次无意义的复制，使得城市同质化现象普遍，地域特色在一片建设大潮中逐渐消弭。

对于目前的中国，城市发展是不容回避的前提，我们不能指望通过发展速度的减缓赢得闭门思考的时间，也不能指望借助于西方的经验复制一个适应于中国建筑道路的方向。能做的只有对自身工作方法的调整，对于建设监管程序的强化，在发展的同步中，实现效率的提升而非创作水准的下降。现阶段，有的设计单位已经在探索这样的实施途径，如通过整合设计信息，将设计内容进一步分化，通过专业化的设计提高设计效率；通过建立一体化的设计信息平台，使各专业在同一平台下工作，减少设计过程中的冲突与矛盾等等。对于外部环境而言，则需要建设管理部门对设计的时间、质量、完成度等问题进行仔细研究，完善现有的招投标程序，充分尊重建筑与规划专家的决策意见，杜绝以获取项目为目的的不良竞争，以一种严肃的

1 城镇化考量大智慧[EB/OL]. (2013-04-15). http://finance.eastmoney.com/news/1350201304152854225778.html.

规定性对项目的实施进行监控，尽力做到又快又好，"快"要以技术理性的"好"为前提。

5.3 建筑师组织的有效性影响建筑师的工作状态

目前中国的建筑师组织根据工作侧重面的不同有中国建筑学会、中国勘察设计协会建筑设计分会，还有中国建筑学会建筑师分会等次级组织。其中中国建筑学会成立于1953 年，是经国家民政部批准注册的独立法人社团，也是中国科学技术协会的组成成员之一，是国际建筑师协会（UIA）和亚洲建筑师协会（ARCASIA）的国家会员，并支持和参与其所组织的活动。其成立宗旨在于贯彻百花齐放、百家争鸣方针，开展各种学术活动，编辑出版学术、科技刊物，对重大科技问题及工程项目进行咨询、评估，组织国际学术交流、考察，促进建筑创作繁荣与科技进步[2]。应该说，中国建筑学会是建筑师的学术组织。中国勘察设计协会建筑设计分会是中国勘察设计协会的分设机构，是具有社会团体法人资格的勘察设计咨询行业全国性的社会团体。共有勘察设计单位会员 497 个、地方协会团体会员单位 44 个、部门行业协会团体会员单位 23 个，协会分会和工作委员会 15 个及行业知名人士的个人会员、资深会员，基本覆盖了全国的勘察设计咨询单位[3]。相对于中国建筑学会，该组织更侧重于建筑师的职业技术规范的制定和管理。1989 年，以建筑创作委员会为基础成立了中国建筑学会建筑师分会，按照分会"开展学术活动，提高建筑师的理论水平和实践水平，繁荣建筑创作；发挥建筑师的社会作用，维护建筑师的权益；关注建筑教育建筑人才的培养和提高；发展与世界各国建筑师的交流与合作"的宗旨，在短短的 14 年里做了大量的工作，起到了推动行业进步的重要作用。该组织因其自身的产生背景，更加关注建筑师自身的职业发展和创作实践。

总体而言，这些建筑师的组织在不同的历史时期，对中国的建筑设计起到了积极促进作用。但随着国内建筑设计行业的市场化、国际化，建筑师面临着一些新的问题和困扰，虽然这些问题部分已经纳入各组织的规章制订范畴，但多年来建筑设计行业各自为政的状况使得建筑师个体并不能有效地参与规则的制订和实施，进而影响到其个人利益获得与基本权利保障，在外界多重压力的共同作用下，更进一步影响到建筑师创作环境的优化。在这方面，我国台湾地区的建筑师公会对于大陆建筑师组织的建立和运作或许有一定的借鉴作用。台湾地区的建筑师公会是 1979 年由台湾省、台北市、高雄市建筑师公会共同依据建筑师法相关规定发起筹组的全台湾地区联合会，秉持研究建筑学术、促进建筑技术、彰显同业品德、增进共同利益为宗旨。其主要的工作方针包括争取会员权益、改善执业环境；确立执业尊严、塑造职业形象；扩展国际事务、强化公共关系；参与公共事务、善尽社会责任等。其中对广大建筑师工作状态紧密相关的福利、业务章程及公约、设计收费、事务范畴、标案监督、相关法规等方面都做出详尽规定，既得到广大建筑师团体的共同遵守，也受到社会的共同认知。虽然台湾建筑师公会的某些组织形式与大陆建筑师组织有一定相似性，但其内部任务切实关注了建筑师的执业环境，这些措施的实行，以共同约定的形式有效地避免建筑师之间的恶性竞争，优化了建筑师的创作环境。

针对目前中国建筑师的社会状态，相较于学术层面、管理层面和技术规范层面的管控，应该更加强化对建筑师创作的工作环境和社会生态的关注。建筑业界最缺少的或许还不是优秀的设计人才，而是全社会的广泛认同和对建筑师身份、作用的科学认知和尊重。健康的外部环境是对中国建筑创作发展和繁荣不可或缺的重大推力。

2 中国建筑学会 [EB/OL]. （2014-07-29）.http://baike.baidu.com/view/293698.com
3 中国勘查设计协会 [EB/OL]. （2013-06-22）.http://baike.so.com/dco/6400148.html.

下篇

二　机制剖析

Analysis on Relevant Systems

中国注册建筑师制度对建筑创作的影响
The Impact of the System of Registered Architect on Architectural Creation in China

宋 刚 王 路

1 研究背景和意义

1.1 研究背景

我国从 20 世纪 70 年代末实行了改革开放政策，加快了经济与文化的发展。在建筑设计行业，随着全球一体化进程的加快，以及跨国经济的合作与发展，通过对其他国家建筑师执业进行参照研究，经过多年努力，我国已经基本建立了一套完整的建筑师考试、注册和执业资格制度。

随着注册建筑师制度的建立，我国建筑师逐步走向职业化。面对来自国内和国际的竞争压力，注册建筑师必须提高职业素质。目前中国的建筑师与国际水平还存在着一定差距，"勘察设计人员技术水平提高不够，客观上，建设单位不合理地压缩勘察设计周期和压低勘察设计费用，使得设计人员难以精雕细琢；但是，设计人员心态浮躁，过分依赖软件和标准图，缺乏创新和提高的意识也是重要的因素"[1]。

"当前部分建筑设计片面追求形式，标新立异、浮华造作，忽视建筑功能、技术风险，忽视建筑与周围自然和人文景观的协调，忽视能源、资源、生态环境可承受能力和人文的保护，忽视经济性等问题还很突出，已引起行业内专家学者的广为关注。"[2]

1.2 研究的目的和意义

（1）建筑对于社会的重要意义

"建筑的发展综合体现了一个社会经济、科技、文化的全面发展，在建筑设计中处理好资源与需求的关系、一次性投资和全寿命使用周期的关系、传统和革新的关系、传统文化和外来文化的关系、内容与形式的关系，摆脱浮躁和非理性思想，这对于引导城市建设健康有序和可持续发展、规范建筑活动，有着十分重要的意义。"[3]

同时，在更高的层面上，我们希望建筑要有灵魂，要有教育意义，要实现人与建筑的精神互动，最终提高人的精神境界，即提高公众的鉴赏力、判断力、想象力和创造力，而不是仅仅满足人类的物欲，更不是简单地服务于金钱与权力的角逐。正如英国前首相丘吉尔论述的那样："人建造了建筑，建筑反过来塑造了人。" 我们要实现中华民族的伟大复兴，前提之一就是必须首先实现建筑文化的全面提升。

（2）建筑师的重要责任

"勘察设计是落实设计理念、把科学发展观落实到投资运作全过程的重要载体，对提高投资效益、优化重大布局、调整产业结构、保护生态环境、发展循环经济等方面具有引领作用，而勘察设计人员的水平和能力、设计理念

1 徐波．2006 年 9 月 11 日在全国勘察设计质量座谈会上的讲话 [EB/OL]．（2006-09-11）．http://www.mohurd.gov.cn/zcfg/jsbwj_0/jsbwjgczl/200611/t20061101_158181.html.
2，3 尚春明．2006 年 9 月 11 日在全国勘察设计质量座谈会上的总结讲话 [EB/OL]．（2006-09-11）．http://www.mohurd.gov.cn/zcfg/jsbwj_0/jsbwjgczl/200611/t20061101_158181.html.

的先进与作用的发挥决定着勘察设计的质量水平。因此，我们要从市场需要出发，培养专业带头人，提高勘察设计技术人员的能力与水平，促进我国勘察设计人员在节能减排、工艺技术创新等方面实现新突破。"[4]

"勘察设计是工程建设的关键环节，在工程的建设中有着举足轻重的作用，设计师有责任精心设计，多出佳作、多出精品，充分考虑当今时代的变化，使建筑尽可能地先进和美观，并且给凝固的建筑预留发展的空间、变化的空间，使建筑的美观尽可能地不因条件的变化而落伍。但同时，设计师更应该有强烈的社会责任感，我国是一个能源资源匮乏的国家，也是一个底子还比较薄的发展中国家，在满足人民群众对使用功能愈来愈高的要求的同时，在弘扬建筑文化、推动技术创新的同时，也要认识到勤俭节约、保持经济社会可持续发展始终是我们的指导思想。要树立正确的设计指导思想，让建筑设计回归到内容决定形式的基本原理上来。"[5]

（3）研究目的和意义

面对信息化时代，如何缩小与国际先进水平的差距以适应时代变革和技术进步，成为我国注册建筑师制度需要反思和解决的问题。我们应该及时调整和完善建筑师注册制度的细节，以便在落实和改进我国注册建筑师制度中不断推动中国建筑师建筑创作水平的提高。

2 中国注册建筑师制度的建立与发展

2.1 我国实行注册建筑师制度的背景

国家统计局的调查表明，在建立注册建筑师制度以前，我国建筑设计质量不佳，与当时建筑设计企业技术装备落后，设计图纸粗劣、设计管理水平不高有直接关系，导致这一切的重要根源在于没有以法规形式明确建筑师和其他专业工程师的责、权、利。注册建筑师制度不仅仅是体现在设计图纸的签字这一表面形式上，而且更是适应市场经济的需要，在建筑工程的前期、中期和后期，包括策划、经济核算、技术服务、选材和用材等方面都要充分发挥专业技术人员切实的主导作用。

2.2 我国实行建筑师注册制度的必要性

（1）注册建筑师制度是保证建筑工程质量，保障公众利益的要求

为保障人民生命和财产的安全、保护公众社会利益，必须实行注册制度以强化建筑师、工程师的法律责任。建筑物的设计与建造需要具有一定专业知识和技能，并由国家认可其职业资格的人员来进行。当前世界上大多数国家对从事涉及公众生命和财产安全、保护公众社会利益的职业，如医生、律师、建筑师、土木工程师等职业都制定了严格的资格审查制度、注册制度和相应的管理制度，其中对建筑师、土木工程师实行注册已成为一种国际惯例。

获准注册的建筑师、工程师才能担任设计工作的关键岗位，并承担相应的法律责任。这对于改变目前我国处理工程事故以及解决由工程设计引起的民事纠纷无法可依的状况，促进设计工作的法制化、科学化，从而确保设计质量，更好地保障人民生命和财产安全、保护公众社会利益都将起到重要的作用。同时，这也相应地提高了注册建筑师、工程师（以下简称注册师）的社会地位。

（2）注册建筑师制度是深化我国设计管理体制改革的需要

以前我国工程设计资格管理实行的是单位资格，主要是依照具有某种等级技术职称的人员数量来判定。这种办法虽然从总体上管住了单位的资格，但对于单位内设计人员的设计能力与水平缺乏定量、有效的评定。加上单位内部技术责任制不够明确，对工程设计项目主持人或主要设计人的资格、水平并未能有效控制住。实行单位设计资格与个人注册资格的有机结合，便于对一个单位的资格做出更全面、准确的评定。由注册建筑师负责本单位设计工作的关键岗位，将有利于提高建筑设计的质量与水平；同时，各级建筑设计行政主管部门，也将过去重点管理设计单位的作法逐步转向对注册建筑师实行重点管理与监督的作法上来，并通过颁布注册法规，对注册建筑师的权利、义务与责任做出明确的规定，使我国建筑设计管理工作逐步走上规范化、法制化的轨道。

（3）注册建筑师制度是对外开放和适应国际设计市场变化的需要

随着改革开放的不断推进，我国和国外设计同行的业

4 王素卿.创新管理，加强服务，促进大型勘察设计企业又好又快发展 [EB/OL]. (2009-02-25) .http://www.mohurd.gov.cn/zcfg/jsbwj_0/jsbwjjzsc/200903/t20090317_187385.html.

5 资料来源：尚春明. 2006 年 9 月 11 日在全国勘察设计质量座谈会上的总结讲话 [EB/OL]. (2006-09-11) . http://www.mohurd.gov.cn/zcfg/jsbwj_0/jsbwjgczl/200611/t20061101_158181.html.

务往来与日俱增，我国建筑师、工程师在承揽国外建筑业务时首先遇到的就是注册资格的障碍。也由于同样的原因，改革开放初期，国外在华投资的大部分建设项目被国外的注册师所承接，即使是国内具有高水平的设计人员，也只能从事配角工作，严重地挫伤了建筑设计人员的创作热情，同时也影响了我国建筑设计行业的发展与进步。另一方面，随着当前国际设计市场的开放，一些发达国家已经酝酿对注册法规进行修改，逐步实行统一注册资格，互相开放建筑设计市场。为使我国设计行业尽快适应改革开放和国际设计市场的变化，必须在实行注册制度的各个环节上尽可能向国际惯用的体制靠拢，使我国能尽早跻身于各国相互承认注册资格的行列中，为我国工程设计走向世界创造必要的条件。与此同时，在对等条件下，将外国建筑技术人员和先进的建筑技术引入中国的建筑市场，进一步扩大对外开放，推动我国工程设计水平的提高。

（4）注册建筑师制度是不断提高设计人员业务水平和队伍整体素质的一种激励机制

设计工作在经济与社会发展中的重要地位决定了这支队伍必须具备良好的人员素质，而从业前的专业技术教育，从业后的工程实践和继续教育是提高设计人员业务素质的主要途径。在设立注册建筑师制度前，我国建筑师队伍整体素质与社会的要求不相适应，在设计人员培养和从业的全过程中，缺乏能动性的、自我激励的机制。确定专业人员技术职称采用的是以软标准评议为主的办法，难以避免论资排辈、职称与岗位脱节等弊端。特别是这种职称终生有效，与继续教育脱钩，所以起不到自我约束、自我激励的作用。实行注册制度的基础环节是对大学本科教育进行严格的评估，保证毕业生的培养质量。毕业生从事设计工作后，要接受设计全过程的实践训练，并通过注册考试方能取得注册资格。只有通过注册才能在设计工作中担任一定的职务，才能在设计岗位上享有相应的权利和注册师的待遇并承担一定的责任。这将激励工程技术人员从大学教育开始就不懈地努力，以尽快成为一名注册建筑师作为自己奋斗进取的目标，从而有利于加速人才的培养。为取得注册资格而设立的考试，除要求技术人员掌握本专业的知识、技能外，还要熟悉了解相关专业的基本理论和常识，熟悉工程建设有关的行政、技术法规与规范标准。同时，注册不是终身制，随着建筑科学和技术理论的发展，以及标准、规范和相关法规的不断更新与完善，设计人员在获得注册资格后，还要参加继续教育，接受定期复核。这就要求注册师不断更新知识，提高业务水平，使其技术水平和从业能力始终保持在一个较高层次上。这对提高设计人

员业务水平和队伍整体素质无疑是一个有效的激励机制。

2.3 中国注册建筑师制度建立的目的和意义

中国注册建筑师制度主要目的和积极意义如下：

（1）确定了注册建筑师的法律地位，使注册建筑师的名称和执业行为置于法律监督和保护之下；

（2）建立了将教育评估、职业训练、资格考试、继续教育结合在一起的人才评估体系与国际上一些发达国家做法相平行；明确了注册建筑师的责任、权利和义务，更好地发挥他们在工程设计中的主导作用；

（3）实施了执业资格注册管理，促进优胜劣汰机制的形成；

（4）实行了市场准入控制，只有取得注册建筑师资格的人员才能执业。

注册建筑师制度是对建筑师个人专业资格的规范化认证。目前国家实行的是单位资质与个人资质并行的管理体制。但随着投资体制、勘察设计行业体制和人事制度改革的进一步深入，将逐步由单位资质管理为主，转到个人资质管理为主并在实行执业制度的专业领域内淡化或取消专业职称。

注册建筑师制度对中国建筑设计市场的发展产生了极其深远的影响。建筑师注册制度是我国建筑业改革的重要组成部分，对于提高我国建筑师在国内外的社会地位，明确建筑师的法律责任和义务，提高建筑师的设计素质，发挥建筑师的社会作用，推动建筑教育的改进，促进中外建筑行业交流等方面，都起到了重要的推动作用，是我国建筑师走向规范化、职业化的标志。

2.4 中国注册建筑师制度的特点

（1）准入门槛较高

相对于其他资格证书而言，我国的注册建筑师"门槛"从一开始就较高。根据《中华人民共和国注册建筑师条例》规定，一级注册建筑师应该是从一所国家认定的大学毕业，取得建筑学专业第一学位，有3年的建筑设计从业经历，才能申请参加注册建筑师资格考试。

我国实行注册建筑师制度始终坚持教育标准、职业实践标准、考试标准并举，三者之间相辅相成，缺一不可。所谓教育标准就是大学专业建筑教育。建筑教育是培养专业建筑师必备的前提，一个建筑师首先必须经过大学的建筑学专业教育。职业实践标准是指经过学校专业教育后，又经过一段有特定要求的职业实践训练积累。只有具备这

两个前提条件后才可报名参加考试，考试实际就是对大学建筑教育的结果和职业实践经验积累结果的综合测试。注册建筑师的产生都要经过建筑教育、实践、综合考试3个过程，而不能用其中任何一个去代替另外两个过程。专业教育是建筑师的基础，实践则是在步入社会以后通过经验积累提高自身能力的必经之路。如从本质上说，注册建筑师考试只是一个评价手段，真正要成为一名合格的注册建筑师还必须在教育培养和实践训练上下工夫。

（2）分为一级注册建筑师和二级注册建筑师两个层级

我国在建立注册建筑师制度时，在充分考察、论证、比较了美国、英国、日本、新加坡等国家注册建筑师制度基础上，选择美国为参照系；同时兼顾国情，设立二级注册建筑师。为保证我国大、中型民用建筑设计的质量和水平的提高，为便于今后国际间相互承认注册建筑师资格和我国建筑师走向世界舞台，需要一批具有丰富设计经验的高水平建筑师。这一档次是一级注册建筑师，严格与国际接轨，其注册标准不能降低，人数比例只能逐步增大。

我国建筑任务繁重，人才需求量大，仅有一级注册建筑师满足不了市场需求，设立二级注册建筑师有利于满足老、少、边、穷地区，尤其是西部大开发的需要。我国建筑专业设计人员的现有水平不一，在相当长时期内难于普遍取得一级建筑师注册资格，且现在我国建筑设计人才资源相对匮乏，一般民用建筑设计、小城镇住宅设计及部分村镇建筑设计急需大量的中、初级设计人员。为此，需要设置相对低一些的层次，来确认一批能承担相应责任的二级注册建筑师。此外，两级考试、两级注册的制度，为不具有本科学历的从事建筑设计的人员（包括自学成才者）的进取提供了可能。

当然，一、二级注册建筑师的标准是不同的，一级注册建筑师的建设设计范围不受建筑规模和工程复杂程度的限制，可进入国际市场承揽设计业务；二级注册建筑师的建筑设计范围只限于承担国家规定的民用建筑工程等级分级标准三级以下项目。所以二级注册建筑师立足于国内建筑市场。

（3）注册考试科目的完整性和对通过率的严格控制

中国的注册建筑师考试总体采纳美国注册建筑师委员会（NCARB）的考试科目和方法，同时吸收其他国家的经验。现在一级注册建筑师的考试分为9科，即设计前期与场地设计（知识）；建筑设计（知识）；建筑结构；建筑物理与建筑设备；建筑材料与构造；建筑经济、施工与设计业务管理；建筑方案设计；建筑技术设计；场地设计。其中前6个科目为选择题，后3个科目为设计作图题，共32小时。考试通过率一般都不超过5%。一、二级注册

建筑师的全国考试每年举行1次。

2.5 中国注册建筑师制度的建立与发展过程

为提高建筑设计质量与水平，强化建筑师的法律责任，保障公民生命和财产安全，维护社会公共利益，逐步实现与发达国家工程设计管理体制接轨，建设部从1992年就开始着手在我国建立注册建筑师制度。1994年9月，建设部、人事部联合下发《关于建立注册建筑师制度及有关工作的通知》，正式决定在我国实行注册建筑师制度。该通知决定成立"全国注册建筑师管理委员会"，负责注册建筑师的考试和注册的具体工作。

1995年9月23日，国务院颁布了《中华人民共和国注册建筑师条例》（以下简称《条例》），这是迄今为止建设行业执业资格制度法规体系中具有最高法律效力的专门法规，中国开始实行注册建筑师制度。1996年7月1日建设部颁布了《中华人民共和国注册建筑师条例实施细则》（建设部令第52号），并于1997年开始正式实行执业签字制度。根据《条例》规定，所有建筑设计文件须有许可的设计单位印章和一个注册建筑师的签字方能生效。考虑到中国的国情，确定了一、二级注册建筑师。二级注册建筑师只允许承担一定范围和复杂程度受限制的工程项目建筑设计。《条例》同样规定了一、二级注册建筑师的义务和要求、权利和责任、奖励和处罚。《条例》在维护公共安全、健康和福利和保护行业的合法权利等方面都明确规定了相应的法律责任。

1994年10月在辽宁省进行了一级注册建筑师试点考试，1995年1月建设部与人事部联合下发《全国一级注册建筑师考试大纲》及《一级注册建筑师考核认定条件的规定》。首次全国一级注册建筑师正式考试于1995年11月11—14日举行。二级注册建筑师考试试点于1995年在辽宁省、浙江省和重庆市进行，《二级注册建筑师考试大纲》及《二级注册建筑师考核认定条件的规定》于1995年10月由全国注册建筑师管理委员会印发，首次全国二级注册建筑师考试于1996年3月16—17日举行。全国注册建筑师管理委员会于2002年对考试大纲进行了修订。

2005年12月25日，全国注册建筑师管理委员会颁布了《关于注册建筑师执业资格注册管理有关事项的通知》，其中取消了以往相关文件中一直规定的"在不影响原单位设计资质前提下"的条款，改为只要"与原聘用单位解除劳动关系"即可。这是我国注册建筑师管理方式上的一次重大突破，注册建筑师在劳动关系上终于基本摆脱了与设计单位的不对等地位。

2008 年 3 月 1 日，由建设部颁布的经修订的《中华人民共和国注册建筑师条例实施细则》开始生效，其中规定一级注册建筑师科目考试合格有效期由 5 年延长至 8 年，二级注册建筑师科目考试合格有效期由 2 年延长至 4 年。新细则明确了继续教育的作用和学时要求。注册建筑师在每一注册有效期内应当达到全国注册建筑师管理委员会制定的继续教育标准，继续教育作为注册建筑师逾期初始注册、延续注册、重新申请注册的条件之一，分为必修课和选修课，在每一注册有效期内各为 40 学时。 同时，1996

年 7 月 1 日建设部颁布的《中华人民共和国注册建筑师条例实施细则》（建设部令第 52 号）同时废止。

在《中华人民共和国注册建筑师条例》和《中华人民共和国注册建筑师条例实施细则》的有效指导下，我国的注册建筑师制度顺利实施和发展，一级注册建筑师的人数得到严格控制，总体数量保持了基本稳定，有力地保障了新时期我国建筑业的蓬勃发展和建筑设计市场的充分竞争。目前全国一级注册建筑师的统计如表 1 所示[6]（至 2012 年 5 月 29 日）。

表 1　全国一级注册建筑师统计表

序 号	省 份	人数（人）	序 号	省 份	人数（人）	序 号	省 份	人数（人）
1	北京	3074	12	安徽	372	23	重庆	379
2	天津	525	13	福建	641	24	四川	1095
3	河北	644	14	江西	228	25	贵州	157
4	山西	360	15	山东	1200	26	云南	278
5	内蒙古	184	16	河南	596	27	陕西	587
6	辽宁	741	17	湖北	646	28	西藏	2
7	吉林	270	18	湖南	413	29	甘肃	196
8	黑龙江	353	19	广东	1295	30	青海	13
9	上海	2140	20	广西	300	31	宁夏	38
10	江苏	1599	21	海南	150	32	新疆	235
11	浙江	1771	22	深圳	842	33	全国总计	21324

从上表的统计不难看出，我国一级注册建筑师的分布极为不均衡，这与各省、市、自治区的社会经济发展水平的差异性高度一致。一级注册建筑师的人才分布明显集中在东南沿海等经济发达地区（如北京、上海、广东、浙江、江苏等省市），而西部经济欠发达的少数民族地区的一级注册建筑师数量严重不足（如西藏、青海、宁夏），都只有两位数甚至个位数，与东南沿海经济发达地区少数超大型国有设计企业动辄几十名、上百名一级注册建筑师的强大阵容形成鲜明对比（表 2）。这就自然形成建筑设计高端人才的巨大落差。

随着国家开发西部政策的逐步推进，西部经济欠发达地区的经济发展和城市建设也走上快速轨道，建筑设计市场的高端人才缺口日益扩大；而在少数发达地区人才济济的大型设计单位，资格浅的年轻注册建筑师长时间轮不上主持大中型工程项目，甚至很多年连专业负责人都当不上。

所以近年来出现的注册建筑师和其他专业的注册工程师的挂靠现象，绝不仅仅是单纯为了维持地方设计单位的设计资质那么简单。是放任还是加大管控力度，面对挂靠双方一个愿打、一个愿挨，"两情相悦"的利益共同体，中央和地方的注册建筑师管理机构在操作层面上取证难，惩处更难，往往只能听之任之。

有需求才会形成市场。我国注册建筑师制度本身就是为了满足和适应建筑设计市场的发展需求和充分竞争而建立的。对于屡禁不止的挂靠现象，与其消极地想方设法杜绝，不如积极地鼓励结合援建和支边工程项目，通过合规的注册建筑师借调制度和设计单位之间的联合设计，实现"传、帮、带"；同时欠发达地区的地方政府应设立更加优惠的建筑设计高端人才引入机制，积极地利用市场调节手段因势利导，逐步提高落后地区的建筑设计水平。

6 本表由本节作者统计制做，数据来源：住房和城乡建设部执业资格注册中心官方网站 http://www.pqrc.org.cn/query_guihuashi.aspx.

表2 十家大型国有建筑设计单位一级注册建筑师人数统计表[7]

序　号	设计单位名称	国家一级注册建筑师人数（人）
1	北京市建筑设计研究院	253
2	同济大学建筑设计研究院	187
3	中国建筑设计研究院	134
4	中国建筑西北设计研究院	108
5	深圳市建筑设计研究总院有限公司	107
6	中国建筑西南设计研究院有限公司	89
7	清华大学建筑设计研究院有限公司	89
8	浙江省建筑设计研究院	73
9	中国中元国际工程公司	71
10	上海现代建筑设计（集团）有限公司	67

3　中国注册建筑师制度对建筑创作的影响

3.1　中国注册建筑师制度建立以来建筑创作取得的成就

中国的建筑创作在实行注册建筑师制度以后呈现出多元化发展的格局。特别是"由于北京第 29 届奥运会及 2010 年上海世博会的申办成功引发了更高的建设热潮。在这一阶段，建筑设计作品类别更加丰富，许多建成的项目呈现出浓厚的地域特色，创作中在汲取西方建筑特点的同时，一直在多元共存、回归本土设计的道路上努力。在北京、上海、天津、深圳等城市，涌现出大量的优秀作品，其中有大规模的城市综合体建筑，也有符合当时、当地人们生活需求、注重细节推敲的人性化设计作品"[8]。注册建筑师制度的建立，总体上提高了中国建筑设计的质量，促进了建筑师在职业化、专业化和市场化方面的进步。

3.2　中国注册建筑师制度建立以来建筑创作中存在的隐忧

注册建筑师制度建立以来，我国的建筑创作仍然长期存在一些消极的现象。

这主要是因为我国注册建筑师群体自身固有的一些不足。

（1）缺少具有社会示范效应的建筑师，主要表现在：缺少在国际上知名的建筑师；缺少有独特设计风格和个人魅力的建筑师；普遍存在文化自卑心理，缺少坚持发扬中国传统文化精神的建筑师；缺少敢于客观辛辣评判同行作品的建筑评论家；缺少勇于引导社会思潮的建筑思想家；缺少关注社会弱势群体的建筑师；缺少在实践中坚持推行节能环保理念的建筑师；普遍缺乏建筑思想、建筑理想、建筑梦想和对建筑的哲学思考。

（2）缺少具有全面综合能力的建筑师，主要表现在：建筑师普遍缺少对从总图设计、竖向设计、管网综合、工程管理、设计监理、工程监理、工程概算到相关法律事务等全方位、全过程的服务能力；建筑师普遍缺少与国际水

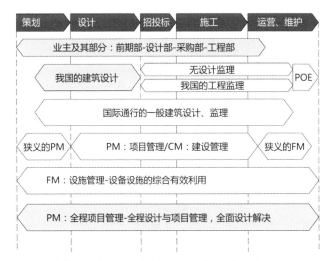

图1　目前我国建筑设计与国际通行的建筑师执业范围的区别

资料来源：北京市注册建筑师管理委员会. 一级注册建筑师考试辅导教材 [M]. 北京：中国建筑工业出版社，2003.

---

7 本表由本节作者统计制作，数据来源：住房和城乡建设部执业资格注册中心官方网站 http://www.pqrc.org.cn/query_guihuashi.aspx.

8 林娜. 多元共存，百花齐放——中国建筑创作 60 年发展历程回眸（二）[N]. 建筑时报，2009-10-19：6.

平同步的创作技能与创作技巧；缺乏项目的前期策划能力。（图1）

（3）少数建筑师自我展示的意识较强，但是服务意识不足。

3.3 "王澍现象"：体制外的"非注册建筑师"获得国际高度认可

（1）王澍获奖引起的质疑

2012年2月28日，普利兹克建筑奖主席汤姆士·普利兹克在美国洛杉矶正式宣布，49岁的中国建筑师王澍荣获2012年普利兹克建筑奖。中国建筑界盼望中国人获得普利兹克奖是一直以来的梦想，当这种荣誉真的到来时又有些茫然。同时，因为王澍是体制外的"非注册建筑师"，使我们不由得思考这样一个问题：中国的注册建筑师制度对于提高中国建筑师的创作水平究竟有什么样的影响？

依据中国现行的法规，民用建筑工程项目设计的总负责人，即工程主持人，应该是注册建筑师；按照建筑工程的规模不同，可由一级或二级注册建筑师主持。据报道，王澍没有一级或二级注册建筑师资格，应该说，王澍是一位"体制外"的建筑师。普利兹克奖官方网站上列出的所有获奖者项目的施工图纸上都没有王澍的名字。王澍只是建筑方案的设计师，或可称为建筑创意设计师。

由于体制所限，王澍、张永和、艾未未、马青运、马岩松，以及近日出名的朱俊夫等体制外的"非注册建筑师"只能参加国外的一些建筑评奖，正所谓"墙内开花墙外香"。而从王澍的介绍来看，他的作品也多是在国外获奖；他曾获第十二届威尼斯建筑双年展特别荣誉奖、法国建筑学院金奖、德国谢林建筑实践大奖以及刚刚颁布的2012年普利兹克建筑奖。

（2）王澍获奖的深层原因

1997年，王澍成立了业余建筑工作室，并一直关注着中国传统建筑，还致力于对建筑与环境关系的研究。48岁的王澍在得知自己获奖后说："这真是个巨大的惊喜，我突然意识到在过去的十多年间做了如此多的事情，看来真诚的工作和足够久的坚持一定会有某种结果。"普利兹克建筑奖评委会主席帕伦博勋爵，引用今年获奖评审辞来说明了王澍获奖的理由："讨论过去与现在之间的适当关系是一个当今关键的问题，因为中国当今的城市化进程正在引发一场关于建筑应当基于传统还是只应面向未来的讨论。正如所有伟大的建筑一样，王澍的作品能够超越争论，并演化成扎根于其历史背景、永不过时甚至具世界性的建筑。"

王澍所说的"年轻建筑师要更加重视建筑的原创话题"似乎更加中肯，"中国的建筑师往往对真正原初的创造性概念比较模糊，他们中很多人都是参考着已建成的作品和方案，在模仿中思考。""中国的城市在过去二十多年的发展里面，传统的这部分被破坏得很厉害，有非常多的高层建筑出现，可能是发展太快，思考太少，就不认为这里面有太多的文化的问题。实际上它直接冲击到中国的传统文化。但是反过来，我们这么多的人口，高层建筑是不可避免的。我觉得还是比较缺乏这种原创型的带有思考的探讨"（引王澍语）。

普利兹克奖一直坚守着它的选择标准：有独立见解的、有独立思维的和有强烈的社会责任感的建筑师。王澍曾被评为中国最具人文气质的建筑家。毋庸置疑，获得普利兹克奖的建筑师都是具有才华的建筑师，我们不应该纠结于获奖者是否具有哪一国家的注册建筑师身份。

（3）王澍获奖的深远意义和重要启示

普利兹克建筑奖暨凯悦基金会主席普利兹克（Thomas J. Pritzker）在揭晓评委的决定时说："这是具有划时代意义的一步，评委会决定将奖项授予一名中国建筑师，这标志着中国在建筑理想发展方面将要发挥的作用得到了世界的认可。此外，未来几十年中国城市化建设的成功对中国乃至世界，都将非常重要。中国的城市化发展，如同世界各国的城市化一样，要能与当地的需求和文化相融合。中国在城市规划和设计方面正面临前所未有的机遇，一方面要与中国悠久而独特的传统保持和谐，另一方面也要与可持续发展的需求相一致。"

浮躁的中国社会中的"注册建筑师"资格证似乎已经成为一种获利的工具，欠缺思考和原创正在成为注册建筑师们的通病。也许王澍离以往的那些获奖者、那些真正国际顶级的建筑大师，无论从作品的数量和质量都还有距离。但王澍是国内所谓"明星建筑师"队伍里少数没有西方教育背景的建筑师，他对自己建筑理想的执著与国内建筑界普遍的浮躁气候形成鲜明对比。在一个西方建筑师及西方建筑理论占统治地位的大背景下，在上上下下都追求视觉冲击力，从国家到个人都急于显示自己的时代，要走一条中国建筑之路，需要定力与信仰，而王澍正是寻求当代中国建筑之路的建筑师的优秀代表，值得同行的敬意。中国建筑师所需要引以共勉的，也正是王澍的那句话："建筑业需要的是批判的创造，建筑传统需要的是进取的保护。"

获奖的王澍是真正中国籍的建筑师。普利兹克奖有33年的历史，共产生了37位建筑师。而在这37位建筑师中，有6位是亚洲人，5位是拉丁美洲人。不管怎样，正如普利兹克奖杯上的那三个词：坚固、实用、愉悦才是最重要的。我们希望更多的中国建筑师对建筑设计进行思考和创新，希望更多的中国建筑师在国际舞台上展示才智、想象力和责任感，在建筑创作领域取得更大的成就。

3.4 体制内的注册建筑师和体制外的创作型建筑师的关系

体制外的"实验建筑师"和"空间艺术家"们对建筑理想的坚持，以及体制内某些注册建筑师们的对市场因素和商业文化的屈从，在建筑创作的出发点上有着本质的区别。

当然，建立注册建筑师制度的主要目的是为了保证建筑设计质量，确保设计产品满足设计规范和其他法律法规的要求，而不是强调针对提高建筑艺术创作水平而设立的。

基于以上的理解，我们既应该允许和鼓励"实验建筑师"和"空间艺术家"们怀着他们的建筑梦想，坚持他们的建筑思想，实现其建筑理想。同时从技术和法律角度来看，他们要实践这些"实验建筑"或"空间艺术"作品，肯定需要其他建筑师，特别是注册建筑师们提供技术支持，如落实设计规范和其他法律法规的条文，组织协调各专业的合作，并且对施工图设计质量和工程实施负责。体制内外的两个建筑师群体不是对立的。

现行体制允许这些体制外的建筑师与体制内的设计单位合作投标方案和进行施工图设计，两者能够密切合作。事实也证明，这样的合作成果大量建成并得到了国际国内的认可。我们的注册建筑师制度并没有阻止"实验建筑师"和"空间艺术家"们在建筑艺术创作上的探索，而是给予了有效支持和配合。

所以没有必要把"实验建筑师"和"空间艺术家"们以打破现有注册建筑师制度（如破格任命）的形式强行纳入体制内；也无需修正现有注册建筑师体制，强求它去完成与它的初始目标完全不同的、力所不能及的使命。

4 对中国注册建筑师制度的反思

4.1 注册建筑师准入制度

注册建筑师的工作涉及重大的技术、经济责任，影响到国家财产、公众利益和人民生命安全，因此对注册建筑师实行严格的准入门槛，即考试（包括报名资格的审查）和注册制度是国际惯例，也就是要坚持"宁缺毋滥"的原则，严格执行注册建筑师报名资格审查制度，特别是一级注册建筑师的资格审查；同时控制注册建筑师考试的通过率，使我国注册建筑师的数量在确保质量的前提下稳步提高，决不能为了在短时期内补足注册建筑师的数量而放松报名资格审查和提高考试通过率。

4.2 注册建筑师再教育制度

继续教育是在职教育的一种行之有效的教育形式，它特指具有专业学历背景的在职人员从业后，因社会的发展使其原有知识需要不断更新，要通过参加新知识、新技术的学习以调整原有知识结构、拓宽知识范围。它在性质上与在职培训相同，但又不能完全画等号。继续教育是有计划性、目标性、提高性的，从整体人才队伍和个人知识总体结构上做调整和补充。当前，社会在职教育在制度上和措施上还不够完善，质量很难保证；有一些人把继续教育当做"过关"。虽然最后培训合格证明拿到了，但实际的创作水平并没有相应提高。为此需要我们做两方面的工作，一是要让我们的建筑师充分认识到在职教育是我们职业发展的第一需求，二是我们的教育培训机构要完善制度、改进措施、提高质量，使参加培训的人员有所收获。

目前我国注册建筑师的继续教育课程主要偏重于法规、规范和技术设计的培训，而基本上没有安排建筑创作艺术的课程与讲座。为了在及时普及和更新对法规和技术的掌握的同时，不断培养和提高注册建筑师们的建筑艺术创作能力和技巧，应该适当增加与国际同步的有关建筑理论和建筑艺术的培训课程，多请一些在国际、国内有影响的、特别是获得过重要奖项的创作型建筑师以及高等院校的教师（哪怕不是注册建筑师）来授课，全面提升注册建筑师的创作素养。

4.3 注册建筑师必须不断自我提高

从一般建筑师个人角度来说，每天穷于应对各种各样的甲方和技术问题及程序问题，根本没有精力也没有心情去注意世界建筑领域不断发生的新思潮、新技术，甚至连在学校里掌握的很有限的一点点建筑历史和建筑理论知识都快荒废了，更不用提通过建筑设计实践，进一步提升自己的理论和学术水平，完善自己的知识体系了。

"建筑是时代发展的历史见证，它凝固了一个时期科技、文化发展的印记，建筑师如果不能与时代发展相适应，努力学习和掌握当代社会发展的科学技术与人文知识,提高建筑的科技、文化内涵,就很难创造出高水平的作品。

"当今,社会进步速度很快,建筑所蕴含的深厚文化底蕴也在不断地丰富、发展。现代建筑创作不能单一强调传统文化,更要充分运用现代科技发展成果,使建筑在经济、安全、健康、适用和美观得到全面体现。在人才培养上也要与时俱进,加强建筑师科技能力的培养,让他们学会适应和运用新技术、新材料去进行建筑创作。

"一个好的建筑要实现它的内在和外表的统一,必须要做到:建筑的表现、材料的选用、结构的布置以及设备的安装融为一体。但这些在很多建筑中还做不到,这说明我们一些建筑师在对结构、新设备、新材料的掌握和运用上能力不够,还需要加大学习的力度。只有充分掌握新的结构技术、设备技术和新材料的性能,建筑师才能够更好地发挥创造水平,把技术与艺术很好地融合起来。"

"中国加入 WTO 以后面临国外建筑师的大量进入,这对中国建筑设计市场将会有很大的冲击,我们不能期望通过政府设立各种约束限制国外建筑师的进入而自保,关键是要使国内建筑师自身具备与国外建筑师竞争的能力,充分迎接挑战、参与竞争,通过实践提高我们的设计水平,为社会提供更好的建筑作品。"[9]

4.4 国外注册建筑师制度的启迪与借鉴

参照欧美和日本多个发达国家的注册建筑师制度,我国注册建筑师制度,可以在以下几个方面进行改进[10]。

(1)不断完善注册建筑师和设计行业管理的法规体系。

目前,我国注册建筑师制度的法规体系已基本建立,《中华人民共和国注册建筑师条例》已由国务院发布实施,相配套的《中华人民共和国注册建筑师条例实施细则》也已颁布施行多年。但这还不能适应依法管理的需要,必须尽快制定《注册建筑师法》和注册工程师方面的法规,以提高其权威性和法律效力。

各项相关法规的顺利实施还必须有更加详细的、可操作的规定。当前最急需的就是拟定具体的省、市、自治区建筑师执业管理办法。这一办法的制订要根据本地区的实际,要注意单位资质和建筑师个人的资格的结合;注意注册的管理与项目的规划、设计和施工等管理阶段的结合;注意与国际接轨的关系。同时,还要注意简化和可操作性。

(2)认真研究和改进管理设计市场的措施,为建筑设计行业的发展创造良好的环境。

我国市场经济的建设还不完善,设计市场也同样不健全,特别是还有很多计划经济沿袭下来的内容。创造一个良好的市场环境,对于提高建筑设计水平、繁荣设计行业起着至关重要的作用。可以从以下措施考虑如何来完善我们的设计市场:

——不断根据建筑设计自身的规律,改革设计市场准入的管理。现行设计单位资质管理标准还是以单位资质为主,现在实际上市场环境已经发生了很大的变化,结合注册建筑师制度的实施,可以考虑实施与国际接轨的个人职业资格为主的资质管理办法。

——加强对建筑设计方案竞选工作的推动,特别是对国家投资的、大型的项目一定要引进竞争的机制,规范竞争,保证公平、公正、公开,优胜劣汰。

——进一步确立建筑设计责任保险制度。解决好准入与经济责任的关系。对于建筑师来讲,保险也是保障设计师权益的重要内容之一。实施保险制度后,也将对设计体制的改革产生重要影响。

——勘察设计协会和注册建筑师协会作为行业的自律组织,起着联系政府的纽带作用。我们和加拿大相比管理机构过多,但是,加强协会发展个人会员是个方向。

(3)采取有效措施保证建筑师的技术业务和职业道德水平的不断提高。

我国注册建筑师制度虽然正处在初步建立阶段,但高等院校建筑学院系的评估、注册考试都是高起点,和美国的标准相同。这说明我国的一级注册建筑师的专业水平完全可以和国际接轨。但在大学毕业后的实践管理上,还是一个薄弱环节。今后应对毕业后准备进入建筑师行业的学生,进行登记,并规范实习的内容、记录格式和指导建筑师,不断加强这方面的管理,全面把握进入市场的技术业务水平的标准。但是,开展多种形式的继续教育培训,并在档案上做好记录,无疑是保证建筑师技术水平提高的一种有效管理手段。

对建筑师、工程师资格的确认,应重视其学历教育,但更应注重其实践经验。目前,我国尚处在社会主义初级阶段,国民教育的普及程度不高,更应注重参加考试人员的实践经验,鼓励自学成才,不能将没有学历而又有真才实学的人员排斥在考试门外。

通过实施设计质量投诉制度,加强对注册建筑师职业道德上的有效监督。我们应该在加强行业精神文明建设和职业道德教育的同时,研究完善监督机制,包括内部和社

9 赵春山. 培养职业化的建筑师 [J]. 中国考试(研究版),2006(12):6-7.
10 于春普. 加拿大建筑师注册制度给中国的思考 [J]. 中外建筑,2004(1):127-129.

会监督，才能把这项工作落到实处。

（4）大力宣传建筑师在社会中的地位与作用，促进勘察设计行业的发展。

建筑师行业的重要作用就在于它肩负着重大的社会责任。根据加拿大的经验，首先要在全社会广泛宣传建筑师的作用，使大家理解和尊重建筑师的劳动。特别是在我国当前社会主义市场经济进一步完善的时期，提高建筑设计产品的商品化水平尤为重要。同时，建筑也是一种文化，是提高全民素质的一项内容。对于建筑师来说，也是他们进行建筑设计创作的必要环境。宣传的内容，不仅要宣传优秀的建筑作品，还要宣传建筑师们是如何工作的，使全社会都来关心我们这个行业的发展。要通过各种媒介加以宣传，不仅有利于社会对建筑师权益的认可，也有利于对建筑师执业的社会监督。

（5）注册建筑师制度的实施，既要明确政府的职责，又要发挥事业单位和社会团体的作用。

注册建筑师的考试、注册、执业等管理，目前还是政府主管部门的职责。我国正在建立社会主义市场经济，政府切实需要转变职能，应在严格标准、加强监督的前提下，允许和鼓励政府主管部门将具体事务委托给事业单位或社会团体。这样，既符合中国的实际情况，又符合中国政府的机构改革的方向。

4.5 通过改进注册制度有效提高中国注册建筑师的素质

（1）通过调整实践环节的设置，提高注册建筑师的社会责任感和关注社会弱势群体的意识，同时可以在社会上树立和宣传建筑师的职业形象。

参照国外律师制度中，由法庭指派律师免费为请不起辩护律师的穷人服务的相关惯例，建议在省、市、自治区建筑师执业管理办法中规定，注册建筑师在每个注册周期内应该免费就近为当地社会公益事业完成一定规模的建筑设计。其中主要是社会公益事业中的设计效益不高的中小型建筑，包括城市的保障性住房、公交车站、治安岗亭、公共厕所等，也可以为老、少、边、穷地区设计村镇建筑。注册建筑师在完成项目设计后经评审合格，计入继续教育或实践环节的分值。受益的城市或村镇政府应报销相应的现场服务和出图费用，并应在建筑落成时，以铭牌的形式确认建筑师的贡献。

在上述实践环节中，每个注册建筑师都应该独立完成或深入参与从规划、方案设计、施工图设计、设计管理（包括各专业组织协调和设计进度安排）到总图设计、竖向设计、管网综合、工程概算和施工工地现场配合的全过程服务；勘察设计主管部门在这个过程中可以考察每个注册建筑师全面完成工程项目的能力。另外，也可以为在大型设计单位里没有机会主持工程的年轻注册建筑师提供独当一面的机会，在实践环节中得到培养和锻炼机会而迅速提高业务水平。

发达地区和欠发达地区的设计单位在设计人才的数量和质量上存在巨大差异，勘察设计主管部门应该考虑结合援建或支边工程项目，建立合作设计和注册建筑师借调的常态机制。

（2）实行施工图审查、设计成果网评和注册建筑师年审的联动机制，督促注册建筑师严格执行和积极推广节能环保理念和技术，同时不断提高自身建筑创作水平。

建议在《中华人民共和国注册建筑师条例实施细则》中规定，如果某个注册建筑师在他盖章签字送审的施工图中未能满足法规规定的环保和节能标准的基本要求，在年审阶段要予以警告；造成严重的经济和社会不良后果的，应当向社会公示并记入其信誉档案，直至暂停其执业资格；经多次警告和暂停执业资格的处分后，在执业过程中仍然拒不执行国家和地方的环保节能标准，该注册建筑师的执业资格应予注销。

注册建筑师年审制度不能流于形式。建议在《中华人民共和国注册建筑师条例实施细则》中规定，每年由地方的建筑师协会对已完成施工的设计项目进行网上公示，并组织该协会的全体注册建筑师在网上投票评优和评差，列入最差设计名单的主持对应工程的注册建筑师应该在年审阶段要予以警告；连续几年都列入最差设计名单的注册建筑师，要在权威网站上向社会公示并记入其信誉档案。

（3）在注册建筑师在教育环节的培训课程中，应该增加介绍不同建筑风格、建筑流派的培训课程，拓宽建筑师的艺术视野，使其心胸广博宽容，能正确理解和实践不同的建筑流派。只有这样，才能使不同建筑风格的建筑在新世纪中国大地上百花齐放，争奇斗艳，让中国的城市和乡村面貌不再千篇一律。

目前国际化对中国建筑的最大影响是城市化的发展和城市空间的趋同。但建筑是与文化密切相关的领域，文化不应该被简单地国际化，地方化始终是人类文化不可分割的一部分。城市的国际化绝非城市与城市的一体化，而应该是城市的地方化特色和城市内部的现代化。

从 20 世纪 90 年代开始，建筑的发展进入到了一个以现代主义，或者是在现代主义基础上加以提炼、改良的新现代主义为核心，结合各种具有后现代主义倾向的装饰主义、历史主义以及地区主义、技术风格主义、生态主义、机器主义、解构主义、反造型主义的多元化进程当中。与此同时，具有超越性的、非主流的建筑探索也从来没有停止过，由于技术的进步，经济的发展，艺术的丰富，探索建筑的各种可能性，探索建筑边界被消解和渗透的中间态，探索除功能生活以外的建筑表达的丰富性和精神性，乃至探索建筑的非物质性、纯观念性、纯艺术性、纯个人性等的各种努力，也在当代为丰富建筑的多元化创造了各种可能性。

（4）在注册建筑师的再教育环节中，应该适当增加其他相关学科的课程作为选修课，甚至是必修课。其中应该包括人文、艺术、历史、科学、哲学、社会学、经济学和心理学等相关学科，从而使注册建筑师全面提高创作修养和基础知识，做到潜移默化、触类旁通，使建筑师们的创作思维在整体上得到不断进化和升华。

建筑学关注人类生活的各个方面，吸收各门学科一切有用成果以满足人类居有其所的基本需求。它是一门综合性学科。随着社会的发展、科学技术的日新月异、城市化进程的加快，建筑学也不断地拓宽着它的领域，社会学、环境学、城市学、生态学、人休工程学、行为心理学、市场经济学、系统工程学等，都已逐步渗入建筑学这门古老的学科中。建筑学是交叉学科，要求建筑师必须是具有全局眼光的复合型人才。建筑师应关注人类生活各方面的发展状况和存在问题，为创造可持续发展的人类聚居环境做出自己应有的贡献。

（5）在注册建筑师的教育环节中，应该强化讲解中国传统历史、文化和艺术的课程，使建筑师以自强和自信的心态，在建筑创作中自觉继承和发扬民族、地方传统文化精髓，同时注意保护各个时期的建筑遗产。

中国当代建筑艺术在国际化和地方化中要确立自我位置，不仅要以开放的态度去主动而积极地吸收现代主义或国际风格的优点，而且要突出自主性和独立性，这样才能摆脱被"格式化"，并能确立一种差异性的建筑语言。所以我们应该从全球化的立场把握中国建筑的位置，在国际化的大背景下，思考中国建筑发展特殊的民族性和地方性。

全球化的趋势是职业建筑师所面临的重大挑战，也是各国职业建筑师管理机构所面临的重要的问题。全球经济一体化使得建筑师双边或多边互任成为必然。但由于各国在政治制度、文化背景、历史发展、经济状况等方面不尽相同，所以建筑师的全球化必须尊重各国的现状，尊重当地的文化传统，以保证各地区建筑、环境和文化的可持续发展。中国建筑师愿意与其他国家的同行进行交流，但我

们更清楚中国悠久的历史文化对于我们的责任。只有尊重和发展当地的文化传统，将当地的文化与建筑的创作相结合，才是对世界文化多样性的尊重。

5 结论和建议

5.1 中国注册建筑师制度现状的总结

自从我国建立注册建筑师制度以来，基本上达到了引入该制度的初衷。同时，建筑师群体某些固有的问题没有得到根本扭转，也出现了一些新情况，需要引起我们的注意和思考。

（1）注册建筑师制度的建立和运行，促进了建筑设计市场的有效竞争，有力地支撑了新时期我国城市发展建设的大踏步迈进，满足了社会生产生活水平不断提高的要求。

（2）注册建筑师制度的建立和运行，从整体上保证和提高了建筑设计质量，促进了建筑师在职业化、专业化和市场化方面的进步；建筑创作也日益呈现多元化的趋势，产生了一批在国际国内有影响的建筑作品，少数建筑师的创作水准得到国际认可。

（3）建筑创作在一定程度上仍然存在着过分炫耀技术、过分追求时尚和商业化、与环境严重对立的不良倾向；我国建筑师的知识素养、创作水平和综合能力在整体上与发达国家还有相当大的差距；缺少坚持在创作实践中积极探索传承民族和地方文化的建筑师。

（4）注册建筑师制度的建立和运行，凸显了地区之间高端建筑设计人才分布不均的固有格局，因而不可避免地出现了建筑师注册资格的挂靠现象。

5.2 完善中国注册建筑师制度的建议

针对上述的现状，为完善注册建筑师制度，提高我国注册建筑师的整体创作水平，我们提出以下建议：

（1）坚决贯彻执行《中华人民共和国注册建筑师条例》其《中华人民共和国注册建筑师条例实施细则》，坚持不降低注册建筑师准入门槛的标准；在确保注册建筑师质量的前提下稳步提高注册建筑师的数量，特别是要通过有效的政策手段，大力提高西部欠发达地区的注册建筑师的人数。

（2）认真参照国外注册建筑师制度和注册工程师制

度，积极推进和深化我国注册建筑师制度法规体系的改进和完善。结合注册建筑师制度的实施，可以考虑实施与国际接轨的个人职业资格为主的设计资质管理办法。尽快研究和建立建筑设计质量保险制度，解决建筑师创作的后顾之忧，为我国注册建筑师的真正职业化提供保障。

（3）大力宣传建筑师在社会经济发展中的作用；落实政府部门的职能转型，积极发挥勘察设计协会和建筑学会等社会团体在运行建筑师注册制度中应有的作用。

（4）为了深入推广节能环保理念，保证施工图设计质量，促进建筑师创作水平的不断提高，可以考虑建立施工图审查制度、设计成品评差制度与注册建筑师年审制度的联动机制。

（5）建议在省、市、自治区建筑师执业管理办法中规定，注册建筑师在每个注册周期内免费完成一项当地社会公益建筑（包括保障性住房）的方案和施工图设计，或者为老、少、边、穷地区免费设计一定规模的村镇建筑。通过把以上工作成果纳入注册建筑师的再教育或实践环节，不仅可以提高注册建筑师的社会责任感和关注社会弱势群体的意识，同时也可以在社会上树立和宣传建筑师的职业形象。

（6）勘察设计主管部门和行业组织应该考虑结合援建或支边工程项目，积极引导发达地区和欠发达地区的设计单位之间建立合作设计和注册建筑师借调的常态机制，以积极疏导的方式逐步消除注册建筑师的挂靠现象。

（7）在注册建筑师再教育环节的培训课中，应该增加介绍不同建筑流派，讲解中国传统历史、文化和艺术和其他相关学科的课程作为选修课，甚至是必修课。利用再教育环节拓宽建筑师的艺术视野，增强建筑师对传统文化的理解，提高创作素养和知识储备，从而逐步使我国建筑师们的创作水平在根本上得到质的飞跃，为中华民族的伟大复兴贡献出绚丽多彩的建筑形象。

参考文献

1.（法）勒·柯布西耶.走向新建筑 [M].陈志华，译.天津：天津科学技术出版社，1991.

2. 谢工曲，杨豪中.路易·巴拉干 [M].北京：中国建筑工业出版社，2003.

3. 李大厦.路易·康 [M].北京：中国建筑工业出版社，1993.

4. 支文军，徐千里.体验建筑——建筑批评与作品分析 [M].上海：同济大学出版社，2002.

5. 杨志疆.当代艺术视野中的建筑 [M].南京：东南大学出版社，2003.

6. 赵巍岩.当代建筑美学意义 [M].南京：东南大学出版社，2001.

7. 万书元.当代西方建筑美学 [M].南京：东南大学出版社，2001.

8.（英）希拉里·弗伦奇.建筑 [M].刘松涛，译.北京：生活·读书·新知三联书店，2002.

9. Franceso Dal Co, Giuseppe Mazzariol. Carlo Scarpa : The Complete Works[M]. London: The Architectural Press Ltd, 1986.

10. 张伟.互动设计的路径及其拓展——建筑设计市场对建筑师的挑战及其应对探究 [D].西安：西安建筑科技大学，2001.

11. 于春普.加拿大建筑师注册制度给中国的思考[J].中外建筑，2004（1）：127-129.

12. 赵春山.培养职业化的建筑师 [J].中国考试（研究版），2006（12）：6-7.

13. 林娜.建筑中国六十年：建筑创作发展历程分析（二）[J].建筑创作，2009（07）178-183.

14. 郭保宁，陈英.我国注册建筑师执业资格考试制度.中国考试，2006（7）：54-57.

15. 华建.让建筑师张开自由的翅膀 [J].建筑，2006（6）：39-40.

16. 林娜.多元共存，百花齐放——中国建筑创作 60 年发展历程回眸（二）[N].建筑时报，2009-10-19：6 版.

17. 东方鑫.关于勘察设计行业资质与注册问题 [J].中国勘察设计，2003（11）：36-37.

18. 黄寿德.谈谈注册建筑师的执业资格制度 [J].中外建筑，1997（1）：55-56.

19. 高延伟.中国土建类专业评估认证与注册师制度回顾与思考 [J].高等建筑教育，2009（2）：1-4.

20. 李武英.注册建筑师制度在中国的建立及管理统计 [J].时代建筑，2007（2）：16-17.

21. 辛建华.试论建筑师的基本素质 [J].福建建筑，2004（3）：30-32.

22. 建设部.建筑师、工程师注册制度研讨会纪要 [EB/OL].（1992-10-05）. http://www.mohurd.gov.cn/zcfg/jsbwj_0/jsbwjrsjy/200611/t20061101_152973.html.

23. 日本注册建筑师（建筑士）制度介绍 [EB/OL].http://www.caepi.org.cn/abroad-system/3847.shtml.

24. 赴法国、德国专业人士注册执业制度考察报告 [EB/OL].http://www.pqrc.org.cn/show.aspx?id=180&cid=19.

25. 关于执业资格制度与执业资格国际间互认的研究报告 [EB/OL]. http://www.pqrc.org.cn/show.aspx?id=181&cid=19.

26. 中华人民共和国注册建筑师条例 [EB/OL]. http://www.pqrc.org.cn/show.aspx?id=49&cid=4.

27. 中华人民共和国注册建筑师条例实施细则 [EB/OL]. http://www.pqrc.org.cn/show.aspx?id=50&cid=4.

附 录

6.1　马来西亚、新加坡的注册建筑师制度

6.1.1　两国的注册建筑师立法

　　马来西亚、新加坡两国都通过立法的方式，明确规定建筑师的管理体制，权利、义务、责任，建筑师的考试注册，开业及具体的管理制度等。《马来西亚建筑师法》1967 年由马来西亚议会通过的。1973 年对该法做了修改。该法的主要内容包括：建筑师委员会的设立及职责；建筑师的注册；注册的吊销、变更和恢复；关于注册的建筑绘图人的特别规定；争议的解决程序和方式等。

　　《新加坡建筑师法》1991 年由新加坡议会通过。该法的主要内容包括：建筑师委员会的设立、成员组成、职责；建筑师的权利；建筑师的注册；开业的方式；惩戒程序和执照的撤销；争议的解决程序和方式等。

　　马来西亚、新加坡通过立法，建立和推行建筑师注册制度，以法制手段对建筑师进行管理，值得我国借鉴。

6.1.2　两国建筑师的级别设置

　　建筑师的级别设置指建筑师分为几级，需要登记注册的人有几类。

　　根据马来西亚法律的规定，在马来西亚，需要向马来西亚建筑师委员会注册的人有 3 种：

　　（1）建筑学专业大学毕业生；

　　（2）建筑师；

　　（3）登记的建筑绘图人。

　　根据新加坡法律规定，在新加坡，需要向新加坡建筑师委员会注册的人，只有建筑师。也就是说，新加坡建筑师只设一级。马来西亚、新加坡都是根据本国的实际情况来确定需要注册的人员种类或建筑师的级别设置，这种经验值得我们学习。

6.1.3　两国建筑师管理机构

　　马来西亚、新加坡两国均依法设立了建筑师委员会作为建筑师的管理机构，该委员会由政府授权任命有关人员组成，在政府内设立注册局按法律和委员会的规定具体管理注册事宜。

1）建筑师委员会的设立

　　马来西亚建筑师委员会的委员由部长任命，共有 14 名委员。其中，主任 1 名，在建筑师中任命；为联邦公众服务的建筑师 1 名；为当地机构或法定机构服务的建筑师 3 名；在马来西亚私人开业至少 3 年的建筑师 6 名，其中 3 名由马来西亚建筑师协会推荐；工程师委员会推荐的委员 1 名；测量委员会推荐的委员 1 名；在登记的建筑绘图人中任命委员 1 名。马来西亚政府注册局设在工程部内，由部长任命 1 名注册官，在委员会的指导下，代表政府签发注册证明和执业

执照。

　　新加坡建筑师委员会的委员由部长任命，共有 10 名委员，其中：主任 1 名，在注册建筑师中任命；注册建筑师 2 名，从新加坡建筑师协会提交的不少于 3 名注册建筑师的名单中选择；注册建筑师不超过 6 名，由部长决定；职业工程师 1 名，由职业工程师委员会推荐。建筑师注册委员会的常设机构是注册局，隶属于国家工程部，是政府机构，注册官员由部长任命，并负责建筑师注册、执业执照登记、取消及恢复登记的档案建立。注册官应参加委员会全部会议，完成委员会主席交办事宜。注册官每年 1 月 1 日负责在公报上颁布领到执业证明的注册建筑师名单，工作地点。同时颁布新增加的领取执业证明注册建筑师的名单和取消执业证明的建筑师的名单。

2）建筑师委员会的职责

　　马来西亚建筑师委员会的职责主要有：

　　（1）对建筑师和建筑绘图人注册登记表进行保存；

　　（2）依法批准或不批准注册申请；

　　（3）依法处以警告，不超过 5000 马币的罚款，暂停执业 1 年或吊销注册，变更或恢复注册名单；

　　（4）草拟建筑师和登记的建筑绘图人提供咨询或服务的收费范围和标准，由部长批准；

　　（5）审理和决定建筑师和登记的建筑绘图人的职业道德或规范方面的争议，并任命一个委员或裁员来审理和决定这种争议；

　　（6）制定事业道德、规则；

　　（7）在必要或有利的事务方面代表建筑师或代表建筑师向政府或其他有关部门提出建议，并组织检查团对建筑师的行为进行检查；

　　（8）确定人员对建筑师资格考试进行评价；

　　（9）为建筑师教育和训练提供奖学金和设备；

　　（10）其他有关工作。

　　新加坡建筑师委员会的主要职责是：

　　（1）对建筑师、开业者、设计公司进行注册、登记存档；

　　（2）依法举行或安排必要的注册资格考试；

　　（3）制定建筑师职业道德规范、行为规范；

　　（4）自身或与其他专业团体共同开展和建筑有关的专业训练和教育；

　　（5）审理和决定注册建筑师职业道德和行为方面的争议或任命一名委员或仲裁员来审理和处理这些争议；

　　（6）确定仲裁员裁决注册建筑之间、设计公司之间或合伙人与其他人之间的争议；

　　（7）颁发在新加坡进行建筑设计的公司或合伙设计公司执照；

（8）其他有关工作。

马来西亚、新加坡的建筑师管理机构均是实行由优秀的建筑师及其他有关人员组成，对建筑师的注册、考试、执业等进行管理的委员会负责制。这种管理体制既有利于加强对注册建筑师的统一、有效的管理，又有利于对注册建筑师进行民主管理。

6.1.4 两国建筑教育评估

教育评估是注册制度和国际相互承认学历的前提和基础。马来西亚、新加坡建筑教育评估标准、机构及组成人员、任期、工作内容、方式等都有严格的规定。

马来西亚法律规定，参加马来西亚建筑师资格考试，一般应取得马来西亚国家承认的学历。在马来西亚国内，目前有 3 所大学经评估后，其建筑学专业学历被国家承认。在与国外学历相互承认方面，马来西亚国家支持对等原则，实行相互承认。目前，马来西亚已与英国、澳大利亚、美国等国家的一些大学实现了相互承认。马来西亚国家为了方便境外获得专业学历者（本国人或外国人）在马来西亚注册，有一张外国大学名单。

新加坡法律规定，参加新加坡建筑师资格考试，一般应取得新加坡国家承认的学历。新加坡的教育制度是沿袭英国的考试制度。在新加坡国内，只有新加坡大学的建筑学专业学历被国家承认。在与国外学历相互承认方面，新加坡国家坚持开放政策，不实行对等的原则。新加坡注册局派出考察小组（由专家、学者、管理部门人员等组成）对国外大学进行考察，认为符合条件、写出报告，经部长批准后即予以承认其学历。新加坡国家有一张经其评估合格的、承认其学历的外国大学名单，这样有利于为境外获得专业学历者（本国人或外国人）在新加坡考试、注册提供方便。目前，美国、英国、澳大利亚、德国、日本、法国等国家的一些大学的学历被新加坡国家承认。

6.2 法国职业建筑师制度简介

虽然法国并无法律明文规定从业建筑师需要注册执照，但从业建筑师需要一个法国政府承认的职业教育学位证明。

在法国，批准并颁发建筑职业教育文凭的机关是法国设备部（French Ministry of Equipment），而欧盟成员国或美国的建筑职业学校则必须是法国设备部认可的（中国的建筑教育还没有获得法国政府相关部门的认可）。

对法国本国建筑师或是外国建筑师来说同样，其建筑专业学习必须是五年制教育，5 年学习终的结业考试并顺利通过是最低要求。而外国建筑师还会被要求增加面试。不从事建筑设计职业的人员如果想以建筑师的身份出现，也必须有五年制法国政府承认的职业教育证明。

在法国，建筑师一般都会在法国建筑师协会（l'Ordre Regional des Architectes）登记，而真正从业的职业建筑师则必须是法国建筑师协会（Conseil National de l'Ordre）的会员。但是，建筑师协会并不是合法的注册机关，也并不颁发职业执照。

在法国，法律规定在所有建筑相关项目（设计方案或是建设工程）中，项目主建筑师都必须对其设计及建造质量进行为期 10 年的质量保证，所以建筑师们在从事职业实践时其责任及义务被全程置于项目的各个阶段中，其技术专业水平及职业道德操守以市场及法律共同作用的方式被得以管理。

作为外国建筑事务所要在法国开展业务，法律上并无特殊的要求，只要开业建筑师申请并被批准成为法国建筑师协会成员，就可以在法国成立个人事务所。有关手续的信息及要求可以在成立地的当地政府管理部门或是分支机构处获得。

法国法律并不要求在法国开业的外国建筑事务所必须有法籍人士作为机构代表，外国事务所可以直接在法国执业。但是，外国事务所要在法国提供建筑类的服务，必须妥善应对法国当地的法律、法规、行业规范及标准等的具体要求，所以外国事务所延聘一位法籍专业人士作为机构代表或是与法国本地事务所进行必要的合作是有益处的。统计表明，凡是在法国取得了成功的美国建筑公司或是在真正开展业务以前进行了长期实质性的投入，或是拥有一个法国的合作伙伴。

外国事务所在法国的业务中，法律并不规定法方合伙人以何种形式及程度参与业务合同，但是法方合作伙伴必须购买 10 年的设计建造保险。

外国事务所在法国业务的各类文件的工作语言为法语，制图单位为公制。用于法国工程的施工文件如果在国外绘制，进入法国时将免除关税（但该文件只能用于特定工程，若文件被用于商业销售则不能免税）。

甲方乙方
——中国当代房地产市场背景下的建筑创作机制研究

Client vs. Architect: Research on the Mechanism of Architectural Creation in the Background of Current Real Estate Market in China

李文虹　王　路

1　研究的背景与意义

1.1　甲方乙方解读

"甲方"一般是指提出目标的一方，在合同拟订过程中主要提出要实现什么目标，是合同的主导方。"乙方"一般是指接受目标的一方，在合同拟订过程中主要是接受甲方提出的目标。在建筑设计行业中，"甲方"、"乙方"是指设计服务合同中的委托人和被委托人。乙方是指设计单位，而甲方则是指委托设计的房地产商、企业、政府机构或私人业主。在本研究中，为了使讨论的命题更明确、更直观且更具有代表性，这里提到的甲方仅仅是指房地产商。

从法律意义上讲，甲乙双方的责权利在合同中都是有明确界定的，但是在现实生活中，甲乙双方的关系却是变幻莫测、错综复杂，很难一言以蔽之。无可否认的一点是，在建筑创作过程中，甲乙双方的关系对于最终设计成果的影响至关重要。一个好的设计，必定是在建筑师与甲方相互信任、成功合作的基础上诞生的；而一个不尽如人意的设计，也并不单纯意味着建筑师水平差、品位低。建筑创作的成功与否，很大程度上取决于甲乙双方在互动和博弈中达成的共识。建筑创作绝不是建筑师一个人的独角戏，而是受到所处创作环境的制约与影响的。建筑创作水平的提高，不仅取决于建筑师的个体职业素养，也有赖于整个社会背景下的创作环境。研究甲方乙方的关系，对于如何提高我们的建筑创作水平具有相当重要的意义。

1.2　中国当代房地产市场的发展过程及特点

从建筑师的角度来看，中国的房地产发展大约经历了以下几个阶段。

第一阶段，20世纪80年代改革开放初期。这时的消费者对产品的要求不高，还仅是对一个居所的基本需求，对产品质量并不太重视。此时的市场处于起步阶段，总体来说是卖方市场；房地产公司多为国有企业，所开发的项目也多用于计划经济体制下的福利分房。正因为如此，住宅的标准是国家规定的。建筑师的任务就是按照这个标准，一点儿一点儿地抠面积、压指标，研究出一套方案，从一个小区、到一个城市，甚至到一个地区大规模地重复使用。"千篇一律"，是这一时期大家最常用的抱怨之词。

第二阶段，大约是90年代初期到中期，经济的过热使得整个社会进入一种浮躁的状态。国有、民营的房地产公司大量涌现，占地、炒项目、追求容积率成为一股风气。多出面积就可以给房地产商带来暴利，于是在经济杠杆的驱使下，建筑师过分地去突破规划条件，甚至以此作为争取设计任务的条件。于是，城市中如雨后春笋般长出了片片臃肿不堪的庞然大物，建筑质量低劣、城市环境恶化。

第三阶段，即90年代后期，福利分房进入尾声，商品房逐渐成为房地产市场的主体。房地产公司为了抢占市场、争取客户、促进销售，开始对商品房进行全面包装。这种包装从前期的概念炒作，到设计施工中的建筑立面装饰，再到后期的广告宣传，可谓轰轰烈烈。建筑师再次转向，跟风追潮，设计出了一大批浮华的应景之作，"欧陆精典"、"时尚风情"到处泛滥。

第四阶段，2000 年至今。新世纪伊始，各行各业都在反思和展望，房地产界也出现了新的气象。整个中国的房地产都在快速发展，对项目的要求也提高了，不仅要有理念，还要有文化、讲产品；这就要求房地产商要更具有实力，要能够更好地整合资源，把物质和精神两方面都做扎实。房地产市场逐渐趋向成熟，商品房的购买者从先富起来的那批人扩展到大量的工薪阶层和普通人群。消费者变得更精明了，他们不仅要看立面，更要看房型、看环境、看质量等等。国家适时提出了一系列针对房地产这一支柱产业的政策导向，例如通过住宅产品的产业化来提高住宅质量，带动相关产业的发展，使之成为国民经济的一个新的增长点。

我国房地产经过了 20 年的发展，在开发理念、建筑风格等方面都日益成熟，人们从"居者有其屋"开始向"居者优其屋"转变。现代的住宅户型设计将"以人为本"的准则发扬光大了，在设计上不但充分考虑了居住者的需求，而且不断创造出新的居住理念，使住宅的户型设计与周围的城市景观、人文环境、生态环境等融合在一起，希望实现"人居合一"的理想境界。这就要求建筑师自身不断提高设计水平和业务素养，自觉地把自己的声誉与项目品牌联系在一起，去研究市场和消费者的心理、行为，以满足他们不断增长和变化的居住需求。建筑师的创作既要满足市场需求，又要有所创新，同时还要满足甲方利益、社会效益及环境效益，这一点在今天快速发展的房地产市场背景下，对建筑师的要求是相当高的。

1.3 研究的目的与意义

本研究通过市场调研，首先总结了中国当代房地产市场背景下建筑创作机制运作的各种现状；在此基础上，进一步理性分析甲方、乙方合作关系中存在的不良倾向，深刻挖掘建筑创作机制的内在规律；最终提出改善甲乙双方合作关系，健全建筑创作机制的合理化建议，从而促进甲乙双方积极把握中国房地产市场迅速发展的大好局面，实现共同利益的最大化，达到多出优秀建筑作品的双赢局面。

2 访谈调研——现状与思考

2.1 调研方法——访谈

考虑到本研究的范畴及目标特点，在多种社会调研方

法中优选了人物访谈的调研形式。根据当前房地产市场及建筑创作的现状，有针对性地提出若干问题（详见访谈提纲），分别对一些有代表性的房地产公司管理者及知名建筑师进行访谈调研；从多位人物访谈的结果中汇总各种现状问题，并试图发现解决问题的途径。

2.2 访谈提纲

甲方、乙方共同问题：

（1）当代中国房地产市场的变化、特点和趋势（包括住宅和商业地产）？

（2）您所了解的国外房地产状况？

（3）怎样理解设计任务书的作用？在您参与的工程中，设计任务书一般由哪一方编写？

（4）项目策划一般由甲方自己完成，还是委托乙方完成？

（5）甲方自己的设计部在设计过程中的作用？

（6）甲方是否会事先预设建筑风格和建筑标准？

（7）您认为甲方、乙方之间的关系应该是雇佣关系、主仆关系，还是合作关系？

（8）您认为应该如何理顺、改进和规范甲方、乙方之间的责、权、利关系？

（9）中国房地产市场的快速发展对于建筑创作有什么正面和负面的作用？

（10）在产品设计上，甲乙双方各有什么侧重点？

甲方问题：

（1）在设计过程中，乙方是否接受甲方的合理化建议？

（2）目前乙方的服务是否能全面满足甲方的要求（包括户型创新、业态研究、产品策划等）？或者说甲方希望乙方能提供什么样的更高层次的服务？

（3）在选择合作乙方的问题上，甲方一般会优先考虑国外建筑师和有国际背景的设计机构吗？为什么？

（4）您认为哪类设计单位的服务态度和服务质量最好？哪类最差？

（5）如果没有甲方的积极参与，乙方的产品设计能否直接面对市场？

（6）在相关政府部门的评审报批中，是否要求乙方具有资源支持？

（7）在房地产精细化管理的要求下，如何将成本控制贯彻在设计中？

乙方问题：

（1）有的甲方自己持有设计院，这一现实对建筑设

计市场有何影响？

（2）甲方压缩设计周期的现象是否普遍？对于设计质量有何影响？

（3）由于甲方因素造成的颠覆性修改对设计质量有何影响？

（4）设计市场中的恶性竞争对于建筑创作有何影响？

（5）甲方主要领导的个人喜好对建筑创作有何影响？

（6）在建筑创作过程中，甲方是否尊重乙方的创作自由？

（7）甲方对于建筑造价的要求是否会直接影响到建筑设计？

（8）当乙方是国外建筑师和有国际背景的设计机构时，甲方的态度会有何不同？

（9）您更愿意和哪一类甲方合作？

2.3 访谈名单（以姓氏拼音为排序）

（1）甲方——房地产公司（共计10位）

薄　红　金融街控股股份有限公司产品研发部高级设计经理

邓　健　北京龙湖置业有限公司研发总监

林　曈　烟台万科房地产公司总经理

刘克峰　北京立体文城投资有限公司副总经理，立体城市规划设计研究院院，原北京万通地产股份有限公司设计总监

郭晓东　华润置地有限公司副总裁、设计总监

彭　松　富力地产集团北京设计研发中心副院长

于　光　北京万通地产商用物业研发与设计中心总经理，原北辰置地副总经理、总建筑师

遇绣峰　金地集团华北区域副总经理

王海滨　大同市鸿浩房地产开发有限公司设计总监

王　巍　鑫苑（中国）置业有限公司设计管理部商业职能副总监，大连万达集团商业规划研究院资深建筑师

（2）乙方——建筑师（共计11位）

陈一峰　中国建筑设计研究院总建筑师

崔　恺　中国建筑设计研究院副院长，总建筑师

樊则森　北京市建筑设计研究院十所副所长

李兴钢　中国建筑设计研究院副总建筑师

刘晓钟　北京市建筑设计研究院总建筑师

叶晓健　日本设计首席建筑师

俞　挺　独立职业建筑师，原上海现代建筑设计集团有限公司现代都市院副总建筑师

王　戈　北京市建筑设计研究院副总建筑师

吴　钢　维思平建筑设计主设计师

周　恺　华汇工程建筑设计有限公司总建筑师

庄惟敏　清华大学建筑设计研究院院长、总建筑师

2.4 访谈问题汇总及启发与思考

在访谈问题的设置中，虽然面对的是同样的问题，但由于每个人所处的位置不同、思考问题的角度不同，回答也就仁者见仁、智者见智，各具特色。很多回答有逻辑、有分析，举例生动，可以用"精彩"二字来概括；这种多视角、多层次的答案有助于全面地、客观地来研究我们的课题。汇总和整理各位业内专业人士访谈的过程，也是一个引人深思的过程，回望这些年房地产市场轰轰烈烈的发展历程，确实发现我们的建筑创作机制中还存在着诸多有待解决的问题。笔者试图从以下一系列问题来概括现状，并提出反思，希望对日后进一步提高我们的建筑创作有所启发。

2.4.1　关于当代中国房地产市场

中国的房地产作为国家经济发展的支柱产业，持续高速发展。中国当代房地产商品化从1998年开始，经历了三个阶段。第一阶段是1998—2005年，从取消福利分房到推出商品房，这个阶段是房地产急速上升的阶段。第二阶段是2005—2010年，市场对商品房品质的要求逐步提高，房地产业进入了一个多元化需求的时代，房价在这段时间是成倍地上涨，住宅设计也呈现出前所未有的活跃和多样化。第三阶段从2011年开始，国家进行限购政策的宏观调控，房地产市场中将近一半的产品都是"刚需型"住宅，受限购令影响，近两年的房地产市场更趋向于政策化。

目前中国的房地产受政策影响大。开发商更加注重产品创新、成本控制、精细化管理、市场及产品细分，更加注重理性和专业化。一些房地产大鳄逐渐垄断市场，房地产企业重新洗牌，一些管理不善的小企业逐步被淘汰，市场竞争愈发激烈。

这样的市场发展促使对建筑设计的要求也越来越高，建筑师的实力更多地体现在驾驭项目的综合能力上。

● 启发与思考：

（1）应在政策引导下，进一步研究和寻求更加理性的房地产发展规律。

（2）应加强房地产市场的产品的规范和细分的研究，促进房地产市场专业化。

（3）应促进我国房地产商的专业化进程。

（4）地产项目的复杂性要求孵化和培养更加职业化

的建筑师，除了设计和图纸表达能力，还要具备协调能力、与各方合作、与政府和管理部门沟通的能力。

（5）开发商和建筑师都要具有引导市场、引导消费的知识和能力。

2.4.2 国外发达国家房地产的借鉴

借鉴国外的经验已经被政府、开发商和建筑师们所日益关注。首先，我们注意到，中国和国外土地权属不同。国外发达国家大部分都是土地所有权私有，而我国是出卖一定年限的土地使用权。国外的房地产业已经形成体系，很成熟，发展比较平稳，法规健全，市场规范，专业性更强，分工更精细，而国内的房地产商尚不够专业，层次也参差不齐。

国外发达国家房地产的保障性住房是由政府负责开发建设的，商品房多以自用和租赁为主，不同于国内商品房的大量的投资性购房。他们的目标客户明确，大部分为"定制"。另外和我们相比，他们的房地产项目更注重内在的品质。国外发达国家城市化率已经很高，城市新建项目较少，房地产项目多为小型；而我国大规模开发的房地产项目较多。国外房地产市场基本都是二手买卖；而在我国，一线城市的二手市场比较繁荣，但是在二、三线城市，基本还都是一手买卖。

● 启发与思考：

（1）应更加明确政府在房地产中的责任和作用。

（2）建立完善的房地产运作机制。

（3）房地产市场需要更加规范化。

（4）应更加注重房地产项目的内在品质。

2.4.3 关于设计任务书

设计任务书的作用很重要，对建筑师来说不仅是设计的依据，还起到一个设计指引性的作用。设计任务书的编制就是西方通常所说的 programming（美）或 briefing（英）研究，是设计前期的一个重要组成部分，科学合理而逻辑的设计任务书是指导下一步建筑师进行项目设计的基本依据。

我国一般大的房地产公司会提供比较规范的任务书，而且会在设计过程中凭借对市场变化的敏锐嗅觉而不断修改和调整任务书，变化是经常会有的。有些规模小的房地产公司由于人手和经验不足，根本就没有任务书，而是让设计师来帮助他们一起编写任务书，这种情况下建筑师在前期参与的工作量较多。还有的房地产公司介于两者之间，有任务书，但比较粗略，建筑师要帮助房产商来完善对产品的描述。国外建筑师有帮助开发商研究和编制任务书的

工作，一般另外收费，或者将任务书编制工作列入合同中。有经验的开发商提供的设计任务书较成熟，设计中改动较少；而经验少的开发商提供的设计任务书随着设计的深入可能改动较大。目前我国房地产项目的任务书大多不尽如人意，主要原因还是缺少前期策划。

当下国内还存在着一些不容忽视的现象，有些房地产商的任务书非常笼统，他们会将一些冒进和违规的要求隐藏在对建筑师的要求中，希望建筑师通过设计来帮他们实现，事实上给设计师带来了很大风险。

● 启发与思考：

（1）应以法规的形式明确开发项目必须要进行前期设计任务书的研究和编制工作。

（2）明确任务书的编制必须由专业机构来执行。

（3）如果由设计单位编制任务书，则需在合同中有所体现。

（4）制订合理的任务书编制收费标准。

（5）指定任务书审查机构，行使任务书审查机制。

2.4.4 关于项目策划

近些年，房地产开发商越来越重视项目策划。前期策划不到位会造成设计中大量的返工和人力财力的浪费以及时机的延误。项目策划是项目成功的关键，起到方向性与决定性的作用。

大的开发商有自己的市场和营销部门，一般自己进行项目策划，但也有把一部分调研工作委托给策划公司的情况；小的开发商有的会找策划公司做策划，也有的自己搞，随意性比较大，往往和老板的做事态度以及对市场的看法有关。也有的开发商会来找设计院做策划，但一般建筑师不善于做大量的市场调研；无法提供准确的数据。

目前国内策划公司的水平良莠不齐。策划公司提出的概念和定位往往在与建筑相关的方面有缺陷，所以设计师希望在策划阶段就能介入，用建筑的专业知识对策划公司提出的意见及时予以纠正或补充。

● 启发与思考：

（1）亟须培养有建筑学知识背景、经济学知识背景、懂市场、懂营销的专业策划师。

（2）建筑师应当参与并主导策划。

（3）建筑师的头脑中要具备营销和策划的概念，并具备基本的建筑策划技能。

（4）策划要有一个包含开发、市场、规划、设计等多方参与的健全的组织架构。

（5）策划要有一个合理的收费标准。

（6）策划要有一个评价体系。

2.4.5 甲方自己的设计部、设计院与建筑师

目前国内一些大型开发商普遍都有自己的设计部。甲方的设计部一般有三大作用：（1）之初配合开发商老总的前期策划想法完成一个概念设计，并进行可行性分析，协助论证前期策划和制订任务书；（2）进行设计管理和与建筑师对接；（3）对公司的项目进行产品研发、技术积累，并制订公司的标准。甲方的设计部对于专业设计院的工作是个很好的补充，其积极的作用是值得肯定的。

甲方设计部的设计师专业背景、转行的原因和目的各不相同，所以甲方设计部的这些人的水平也参差不齐。有些设计部的人懂建筑，能够理解建筑师，帮助建筑师去实现一些好的设计，起到正面作用；但是也有的人水平不如设计院的建筑师，却总是想把自己的想法强加给建筑师，使建筑师成为自己的绘图工具，这样的人就会起到负面作用。特别是有时设计部的人员流动快、管理不规范，一个项目过程中就换了好几批人，每批人的想法都不一样。有些只是甲方当事人的口头承诺，一旦换人后这种口头承诺就会失效，这种情况的发生很可能会给设计造成很多反复的修改。

还有的开发商甚至拥有自己的设计院，但主要从事的是对自身产品的研发、衍生或复制，便于甲方管理和提高经济效益，对建筑设计市场不会造成冲击。因为开发商自己的设计院无论是从人才角度还是创新机制方面都很难和专业的设计院抗衡，真正的设计创新还是要靠专业设计院。

● 启发与思考：

（1）要求甲方设计部的领导即设计总监有专业的水平和全面的素养，在关键的方向性问题上能够做决策。同时设计部的领导要能够协调管理好自己的团队，做好各设计团队之间的沟通工作。

（2）要求甲方设计部的设计师具有专业的水平，有对项目全过程全面掌控的能力，特别是对一些时间节点的把握。能够和建筑师进行无障碍的沟通，以避免对建筑师瞎指挥。

（3）甲方设计部的管理要规范化，要保持甲方设计部人员的相对稳定性和持续性。

（4）应定期在甲方和乙方的高层之间进行沟通。

（5）设计院的建筑师们也要提高自己的设计水平，要想不当甲方的"鼠标"，就要业务强于甲方设计部的建筑师。

2.4.6 关于建筑标准和建筑风格

建筑标准和建筑风格都是产品的重要组成部分，是开发商在综合考虑成本、客户需求与喜好、市场竞争产品类型等因素后得出的产品基本要素。

建筑标准和造价密切相关，而且制订建筑标准也是构建自己的产品设计体系、强化品牌特色的一种体现，因此一般开发商都会做出明确规定。建筑风格也和成本有关，同时更要和市场匹配。建筑风格有时是开发商在策划阶段就决定的，有时则是和建筑师在反复讨论中逐渐确定下来的，相对来说会有一定的灵活性。

开发商一般找有经验的设计师就一种认定的风格去做成熟的设计，通常也会避免冒险去找一些创作型的建筑师去进行风格的探索。成熟的建筑师应该是能结合社会环境、市场需求和开发商思路来进行创作的。一般来说，定型的风格相对容易，而创新的风格难度最大。

● 启发与思考：

（1）要研究大量建设的住宅所形成的整体风格对城市风貌的影响。

（2）应当追求"品格（内在品质、质量及美学价值）重于风格"。

（3）建筑师在普通住宅设计中，尤其要注重风格探索与市场响应的风险问题。

（4）标准是需要的，但风格未必要事先选定，避免过多束缚建筑师的创作空间。

（5）风格的建立是开发商和建筑师共同创作的结果。

2.4.7 关于建筑成本与造价问题

建筑成本与造价问题对开发商来说极为重要。开发商会把成本控制的目标贯穿于整个项目中，从策划到施工，每一步都要求各个部门都从不同角度来控制成本。

建筑师也要关心并懂得成本造价，在设计过程中严格按步骤执行概预算，把甲方的成本控制目标落实在设计中。

成本造价问题同样也会影响建筑设计的品质。建筑师一般不担心一个项目造价要求低，因为低有低的做法，低造价同样能做出富有建筑美感的作品来；但是唯恐开发商前后对造价的要求变化浮动较大，因为无论是后期砍造价或是追加造价，都会对建筑创作及品质产生不利的影响。

● 启发与思考：

（1）建筑师应该加强成本意识，特别是总建筑师，要能在设计中把造价把控在甲方要求的范围之内。

（2）建筑师不但要懂得后期成本（施工图阶段）的控制，也要懂得前期成本（方案阶段）对项目的重要影响。

（3）开发商应做好前期策划，对项目成本造价从项目之初就要明确，不要在项目进行过程中不断修改成本造价要求。

（4）建筑师要熟悉各种材料和施工工艺技术的价格，

具备量体裁衣的能力，无论在造价紧张或宽裕的情况下都能采取恰当的策略，做出好的作品。

2.4.8　甲乙双方的关系问题

建筑设计实际上是个服务行业，建筑师是在甲乙双方合约（合同）的约束下为甲方提供服务的，但同时建筑师又要保障社会的公众利益。所以建筑师与开发商签订合同为甲方服务就是雇佣关系，而作为有义务维护社会公众利益的社会角色，建筑师和甲方又是合作关系。这种合作关系需要双方在合同要求下尽职地完成好各自的工作，促进双赢。双方的互信与彼此的尊重是合作的前提与基础。

甲乙双方的关系，从来都是通过合约来实现的，没有合约也就没有甲方、乙方，即便是口头合约，也是合约一种形式。所以依法签订合法的合约就是对双方利益的最大保障。目前国际上通用的合约范本有国际咨询工程师联合会 FIDIC 合同，国际建协 UIA 也在两年前通过了国际建协职业实践政策指导下的建筑师与业主的合约范本，从各个方面界定了甲乙双方的责权利。

合约要规定得细致，哪个阶段完成什么工作，达成何种标准。我国目前的做法通常是以住建部提供的标准合同模版作为参考，而甲方多会就项目制订更加详尽的合约文本，附加很多条款，提出不平等甚至是不合理、不合法的要求，形成对建筑师的单方不利，这就造成了甲乙双方合作的最大障碍。

房地产是资本运营的产业，通常说来，在房地产商和建筑师形成的甲乙关系中，甲方相对强势，乙方相对弱势，这点我们必须要承认，因此建筑师更需要法律的保护。

甲乙双方合约缔结与社会的大环境有关，目前我国在这方面缺乏法治的有效监管。在诚信与法律意识尚不健全的环境下，双方难于达成互信。

● 启发与思考：

（1）要研究出一个基本的甲乙双方合同文本（可以借鉴 UIA 政策推荐导则中的标准合同文本模版）。

（2）要研究出一个甲乙双方平等和相互信任的合作机制，比如建筑师的遴选机制和沟通机制，使双方建立起一种长期的信任和合作关系。

（3）在建筑创作前双方努力沟通，在建筑创作中，甲方则应最大限度地给予建筑师创作空间。

（4）建筑师要掌握一定的谈判技巧并建立以技术为依托的自信心。

（5）主管部门应加强对合同的监管，行业应建立维权机构。

（6）政府应该下大力气约束和规范设计市场和建设程序，避免因甲方单方面要求而发生的"三边工程"、抢进度、报假图纸等现象。

（7）应当健全相应的法律机制，来保护建筑师这一相对弱势的群体。

（8）建议成立行业协会，制定一些必要的行业规范，督促建筑师们都来执行；同时要维护建筑师的合法权益，在收费和设计周期等事务上应有明确的法律界定和标准（例如可以参考台湾建筑师公会代收设计费的做法）。

（9）改善社会大环境，加强甲乙双方的契约精神和行业自律。

2.4.9　中国房地产市场的快速发展对于建筑创作的影响

房地产市场的高速发展，对建筑创作正面作用很大，市场机会多、需求多、竞争多，有利于涌现出好的作品。但往往因为设计周期过短，"量产"与"库存"的矛盾带来了粗制滥造和创作水准的降低。创作不是一时的灵光闪现，设计作品的思考和沉淀不够，有些地方研究得不到位，这些都不利于推出经过细致推敲的经典作品。

数量大、强度高的工作使得建筑设计变成了一种体力劳动，工程周期短，几乎无暇让建筑师思考，特别是没有时间去仔细推敲建筑和周围环境、城市的关系。所以快速发展的房地产造成了千城一面的现象，每个城市都是几种时髦风格的大杂烩。低质量、大规模、高速度的发展肯定存在破坏城市环境等一系列的负面作用，总体来说政府缺乏宏观层面的掌控。

● 启发与思考：

（1）要制定合理的建设周期，以保证建筑师创作的合理设计周期。

（2）政府应结合国家经济的发展计划，通过政策手段控制房地产过快过热。

（3）建筑师应学会在大规模建设和大量工程设计中进行积累,通过自身的方式(例如数据库的建立、资源共享、更新和研发软件)来提高工作的效率，解决周期与创作的矛盾。

（4）应尽可能地提高全体百姓的建筑觉悟，促进我国房地产和城市建设在一个较高的水准上良性发展。

2.4.10　甲乙双方关于产品设计的侧重点

甲方最关心的是市场和销售、成本控制等，考虑的层面和角度会更全面；而建筑师更关注的是产品的创新，还有建筑功能的合理以及外部的美观。建筑师往往反感菜单式设计，因为菜单式的设计虽然效益高，但是创新很受限制，对建筑师而言设计的过程缺乏愉悦性。

在房地产快速发展期，双方都比较容易忽略技术的成熟度、长期使用产品的功能等。甲方自持类项目，甲方会更关注长期运营管理的成本、有无安全隐患、设备运营的稳定性等，对设计细节特别是机电设备方面更加重视。

通常，建筑师更注重城市的利益和公众的利益，而开发商更看重自身及眼前利益。这一点是对房地产产品理解的差异。房地产是市场经济的产物，效益成为房地产商的重要追求，为房地产业服务的建筑设计也必须要把经济利益问题放在主导地位上，因此建筑师需要更多地反映开发商即投资者的意愿。建筑师既要把握建筑创作和设计的内在规律，同时又要将开发商自身的商业利益以及全社会的利益结合起来考虑，找到一个最佳的契合点。

● 启发与思考：

（1）建筑师与开发商互有所长，两者应该互相取长补短，不应该成为对立面。

（2）建筑师应该更加补充市场、运营甚至资本和利润等方面的知识，以便更好地了解甲方对产品的意图，不仅从技术层面，也要从市场和客户的角度去进行产品研究。

（3）建筑师既要有服务意识，也要有原则意识；做的设计要符合国家规范和行业标准，并通过这些来保障公众利益。

（4）开发商也应该学会站在城市和社会的视角去看待项目，理解建筑师的社会责任和设计理念。

（5）开发商和建筑师都对城市风貌的美化、人居环境的和谐以及历史文脉的延续负有责任，而不应恣意强调个人的风格而损害公众的利益，都肩负有引导和提高公众审美品位的责任。

2.4.11 甲方在项目参与中的积极作用

甲方在项目参与的全过程中发挥着重要和积极的作用。甲方在项目背后所做的大量市场、销售和客户需求等方面的调研工作往往是建筑师们看不到的，甲方会在设计过程中适时地提出专业性的合理化建议，这是建筑师们必须要接受的，因为房子毕竟是盖出来要卖掉的。

产品从图纸变成真实的建筑，需要依靠甲方各部门大量管理人员的精力投入。成功的项目离不开甲方的积极参与，甲方和乙方在促成项目建成建好这一点上目标是一致的，开发商追求的优质品牌与建筑师的创意追求是一脉相承的。

甲方在项目全程运作方面经验更为丰富，且有的甲方眼界和见识甚至比建筑师还要高，遇到这样的甲方时，建筑师要珍惜提高自身水平的机会，积极向开发商学习他们的长处。

● 启发与思考：

（1）建筑师需要正确认识甲方在项目中发挥的积极作用，接受甲方提出的专业性合理化建议。

（2）在产品研究、经验积累、项目全程运作和眼界见识等方面，甲方确实有我们建筑师比不过的地方，对于自己的不足我们必须勇于承认，同时虚心向甲方学习。

2.4.12 乙方有待提高和改进的服务

据甲方反映，目前设计院提供的服务尚不能满足他们的需求，设计院还有很多有待提高和改进的服务，甲方希望乙方能够在项目全过程中都发挥积极作用。

在业务方面，不仅前期策划中建筑师给予的建议很受甲方欢迎，而且后期工地配合中甲方尤其需要建筑师的积极参与。特别是后期工地服务，包括二次设计的审核等，其实是保证项目最终建成效果的重要环节。目前由于各设计单位工程项目繁多，而后期服务收费相对较低，很多设计单位都不屑于去做工地配合的工作。我国现在实行第三方监理制度，所以建筑师通常在施工图交出之后就转入新的项目，把极为重要的工地配合这块工作甩手给了甲方的设计部、施工单位和监理单位，这实际上等于自愿放弃了建筑师的责任与权利。

国外的做法值得我们借鉴。例如在日本，设计分为设计和设计监理两部分，设计合同与设计监理合同是两个不同的合同，分别收取费用。所谓设计监理，就是指当建筑进入实施阶段，现场会有许多变化，这时在现场进行二次设计甚至三次设计就变得非常重要。由设计单位担当的设计监理工作能够保证建筑在变化的环境中达到和谐完美的效果。设计的过程不是到交出施工图就结束了，而是要持续到工程竣工。从"量"到"质"，是一个认识的变化，建筑的品质能得以保证，设计师的意图也能充分得以体现。

在当前设计院工程繁多、周期紧张的情况下，设计院图纸质量令人担忧，如果工地配合再跟不上，没有在施工过程中给予很好的解决，那么项目的建成效果很难得以保证。建筑师应该对自身提高要求，努力提高图纸质量。好的企业必须要有严格的质量保证体系。

另外，设计院的建筑师在项目建成后的反思、从市场和客户角度的产品研究、考虑问题的视角全面度、协助甲方报批等方面也有待进一步提高。

● 启发与思考：

（1）建筑师的业务应向两头延伸（包括前期策划、咨询服务和后期工地配合、二次设计的审核等），扩大责任范围，并制订相应的收费标准。特别是后期工地服务尤其需要加强，建议借鉴日本的做法，与甲方另行签订设计监理合同，单独收费，保证建筑建成的最终效果。

（2）设计院要重视出图质量，建立有效的工程质量评测机制，严格控制品质。

（3）建筑师应在项目建成后多总结经验和教训，加强反思，使自身能力不断提升。

（4）建筑师可以利用参与多种项目、掌握多方信息的优势，从不同角度给甲方多提好的建议。

（5）建筑师应多从甲方的角度来思考问题，拓宽视野，关注和把控项目全局的各个方面，提供更全面、更优质的服务。

（6）建筑师应把握好各个报批阶段的时间点，积极协助甲方尽快顺利通过报批。

2.4.13 设计单位的选择问题

对于国外的建筑师，甲方普遍会给予比对国内建筑师更多的耐心和宽容度；但近年来随着国内设计水平的显著提高和优秀建筑师的不断涌现，境外事务所不再像前些年那样备受甲方青睐。国外的建筑师在思维方式和创新方面确实有一定的优势，但是对中国国情的了解体会显然不如国内建筑师。在方案阶段，甲方选择境内或境外事务所一看创新能力，二看具体项目。如果一个建筑师做出的方案有创新且可实现度高，甲方并不在乎他的背景是国内还是国外；如果某些项目国内做的经验少，则会选择经验相对丰富的境外事务所。当然也不乏有的甲方请国外的大腕建筑师来就是为了炒作出一个卖点。

施工图阶段的工作都是由国内的设计院来完成，关于服务的评价要看具体负责项目的团队成员。建筑设计作为服务行业，最看重的就是服务态度和服务质量。服务质量的提高还需一个努力的过程，但服务态度完全是主观就可以改变的。总体上来讲，甲方普遍反映国营的大型设计院技术力量雄厚，服务质量有保障，但是服务态度往往差强人意；而民营的中小型设计院技术力量或许比国营大院稍弱，但在服务态度和服务意识方面更胜一筹，可以提供"贴身服务"。

● 启发与思考：

（1）国内的建筑师要多向国外的建筑师学习，例如他们的思维方式和创意。对于一些我们不擅长做的地产类项目，应借鉴他们的丰富经验，多研究其成功案例，学为己用。

（2）国有大型设计院的建筑师们应该反思自己的服务态度、增强服务意识；民营设计院则要加强业务建设，大家要形成良性竞争，共同促进建筑行业的繁荣发展。

（3）建筑设计是服务行业，建筑师们要用职业道德

规范来约束自己，努力提高服务态度和服务水平。

2.4.14 设计周期、颠覆性修改以及恶性竞争问题

在目前我国房地产快速发展的背景下，甲方压缩设计周期和频频出现颠覆性修改的现象非常普遍，这些对建筑创作都起到了很多的负面影响。

建筑设计需要思考，虽然设计水平与手段提高之后，设计周期可以相对缩短，但不能被压缩到不合理的程度。由于甲方要图心切、急于开工，所以目前"三边工程"在各个设计单位都屡见不鲜。"三边工程"是违背工程基本建设程序的，在施工过程中的不可预见性、随意性很大，存在诸多隐患。例如设计中或者报批时发现某些问题需要修改，但该部分已施工完成，则后续修改的代价非常之大，会造成经济上的巨大浪费，且工程质量难以保证。

设计中的修改是甲方根据战略策划和市场需求所进行的必然调整，是不可避免的正常现象。尽管设计可以重新收费，但是颠覆性修改的发生都是建筑师们不愿看到的，它不仅会对设计产生一定负面影响，而且给甲乙双方都会造成经济损失。特别是当颠覆性修改和设计周期紧张的情况叠加在一起时，建筑师只能疲于应付，设计质量难以保证。

恶性竞争也是建筑业内屡禁不止的一个普遍现象，属于建筑师们"窝里斗"，自贬身价。它不仅迫使一些优秀的设计单位从项目投标中无奈退出，而且使得一些优质项目就此沦为劣质项目，因为过低的价格很难达到预期的设计标准和要求。建筑设计行业需要自律和自我保护，共同维持一个良性竞争环境，这样才有利于建筑创作。

● 启发与思考：

（1）国家相关部门应制定严格的监管措施，严厉打击违规操作，坚决杜绝"三边工程"。

（2）甲方、乙方都应该在前期策划阶段多投入精力，定位精准、目标明确，尽量避免后期发生较大修改。

（3）建筑师要通过规范化的合同来保护自己，各种重大修改都要重新计时和收费。

（4）建筑师要建立标准化体系，同时提高自身能力，来应对周期紧张及频繁修改，要能够在甲方不断的变化之中寻求一种平衡。

（5）建筑行业需要制定具体措施，并设立专门的部门对投标的结果进行监管，严防恶性竞争的发生。

2.4.15 甲方领导的喜好对建筑创作的影响

甲方领导的个人喜好对建筑创作的影响不可忽视。

作为服务行业，建筑师理所应当要尊重甲方的意愿。但是有的甲方品位较差，会让建筑师直接照搬一些风格，对于这样的甲方，建筑师需要耐心去揣摩和了解甲方这种喜好背后的原因，然后用专业的设计语言来循序渐进地引导其改变原来的想法；有的甲方水平较高，眼光和见识都不比建筑师差，同时又善于听取建筑师的意见，这样的甲方能够带动和激发建筑师创作出好的作品。

● 启发与思考：

（1）甲方应提高自身的审美水平和文化修养，并能够倾听建筑师给予的专业建议。

（2）对品位稍差的甲方，建筑师要研究其喜好背后的深层原因，同时耐心对其进行专业的引导，促使其改变初衷。

（3）对品位高雅的甲方，建筑师要积极与其交流和互动，充分利用这种可能创新的机会进行建筑创作。

（4）建筑师需要学会在不丧失原则的条件下做出适当的、理性的让步，以退为进。

（5）建筑师需要掌握和甲方打交道的技巧，懂得如何引导甲方带领项目向更好更积极的方向发展；与甲方形成良性互动，最终促成双赢的结果。

2.4.16 甲方对乙方创作自由的尊重问题

由于地产项目都是私人或企业进行投资，看重产品的利润回报，所以开发商会介入项目设计，设定各种限制条件。和一般的公建项目相比，这种地产项目中甲方对建筑师创作自由的尊重确实有限。

创意的追求是建筑师的天性，但所谓创作自由也是相对而言，绝对的创作自由是不存在的，建筑师也绝不能去滥用自己的创作自由。甲方会在一定程度上尊重建筑师的创作自由，但前提条件是先满足他的所有要求。成熟的地产商有一套自己的标准和定额，他们有一套自己的开发模式，基本就是菜单式设计，给建筑师自由发挥的空间小，做出的设计较难有创新。其优点是实施度比较高，有成熟的开发程序，例如施工质量监督到位，订设备和订材料有自己的一套规矩，因此建出的房子和预期的效果比较接近。与不成熟的地产商打交道时，在建筑创作方面自由会多一些，但是他们对质量的控制缺乏一套严格的、科学的程序，材料选择和建造质量不可控，所以往往盖出来的建筑和原始设计会差异较大。

● 启发与思考：

（1）建筑师要调整好心态，要想得到甲方的尊重，先要尊重甲方的想法，从甲方的角度来考虑项目；要靠专业和过硬的设计能力来赢得甲方的尊重。

（2）建筑师要善于在自己所能控制的范围内寻找和发现可以实现创作自由的放松点。

（3）建筑师要避免为了创新而创新，不符合市场需求的创新是不会得到甲方认可的。

2.4.17 建筑师心目中的理想甲方

建筑师理想中的甲方是能够信任建筑师并尊重建筑师的设计、易于沟通和理解、明智、专业、能够与建筑师达成共识、给予建筑师一定的自由度、按照章程制度和客观规律办事的开发商。能够长期合作的甲方是建筑师乐于接受和珍视的。甲方的需求是激发建筑创作的重要源泉，当遇到特别专业的甲方时，建筑师可以从他们的高要求中学习和思考很多，激发创作灵感。

● 启发与思考：

（1）甲方要多尊重建筑师，要能理解建筑创作的价值。

（2）虽然建筑师是为甲方服务的，但是甲方不应有凌驾于建筑师之上的傲慢。

（3）甲方要能接受合理的建设周期，同时按照基本建设程序的要求来按部就班地操纵项目。

（4）甲方应清楚哪些是自己擅长的，哪些是建筑师擅长的，要和建筑师讨论双方的交集，而不是彼此分别擅长的事项。

（5）甲方应学会和掌握最大限度地引导建筑师发挥创作激情的技巧。

（6）建筑设计毕竟是服务行业，原则上讲建筑师要能屈能伸，具备能够应付各种类型甲方的能力。

（7）当遇到特别理想的甲方时，建筑师也要对自己有所克制，不能滥用自己的权力，要在保障甲方利益的前提下做好设计。

3 结论与建议

3.1 研究结论

通过上述的调研工作，我们可以发现，在我国当前房地产市场中的建筑产品设计过程中，普遍存在着甲方专业素质良莠不齐、乙方缺乏全面的职业技能等问题。同时，由于甲乙双方合作机制不够规范和完备，因此很容易造成建筑产品鱼龙混杂的复杂局面。要根本扭转这一不利现状，必须从以下几个方面入手：

（1）甲乙双方要做到换位思考，既要充分注意到甲乙双方在建筑设计过程中的不同侧重点，同时也要注意到双方追求的共同目标。

以开发商为例，作为甲方更重视产品的研发，包括产品的市场细分、产品的创新、成本控制和产品的精细化设计，而其最终的目的是追求利润的最大化和广告效应；而作为乙方的建筑师，则侧重于建筑创作的过程和结果，即追求建筑作品的个性化、空间构成、艺术表现力以及与环境的关系，同时要满足符合设计规范、城市规划和国家政策的要求，当然最终是追求设计工作的最大经济效益和最高效率，以及建筑作品直至建筑师本人知名度的提升。

"名利双收"既是甲乙双方共同的利益诉求，也是甲乙双方责、权、利实现的平衡点。所以双方可以在建筑产品设计过程中求同存异，互相理解、互相支持、互相妥协，从而在艺术创作和技术层面达成一致，实现共赢。

（2）提高甲方房地产商（特别是决策人员）的专业化程度。

甲方应该随时适应国家房地产政策变化，及时把握市场的变化趋势，理解设计规范和城市规划的种种限制；应该提高对建筑艺术的鉴赏能力，提高对建筑历史、城市环境的理解水平；应该提高对文物，特别是建筑遗存（包括古建筑和近现代建筑遗产）的保护意识；要充分了解建筑设计过程，承认乙方的努力和付出，保证合理的设计周期，保护建筑师创作的积极性；甲方应该认识到设计质量是保证建筑产品质量的基础，不要贪图小便宜，要以合理价位委托正规设计单位；要具备服务社会、回馈社会、照顾社会弱势群体的社会责任感。

（3）提高乙方建筑师的职业化水平。

建筑师要全面强化专业技能、拓展服务范围，提高建筑创作水平；要具备与甲方、政府部门、内部各专业的沟通、组织和协调能力；要具备市场调研和产品策划能力，积极面对和研究市场的变化；要及时掌握国家政策和城市规划的细节要求；应该进一步掌握估算建筑造价的基本能力，强化成本控制意识；建筑师必须停止孤芳自赏，增强服务意识。

（4）甲乙双方共同努力，规范合作机制，奠定良好的合作基础。

设计合同是甲乙双方合作的基础和依据，要认真细致地进行编制，依法依规开展合作并履行各自的责、权、利；重视前期策划的灵活性和适应性，避免颠覆性的修改；重视产品的后期配合服务，保证产品质量，同时积极总结经验教训，并运用到以后项目的规划设计过程中。

设计任务书的编写要先行，设计任务书的编制要规范化、专业化，同时要有针对性和操作性；为维护双方的理解度和信任度，应该坚持甲乙双方在不同层面及时沟通，保持双方团队的相对稳定，做到相互尊重、相互学习、相互促进，共同实现建成优秀建筑作品的最终目标。

3.2 建议

综上所述，为改进甲乙双方的合作关系，充分抓住中国房地产市场蓬勃发展的大好时期，多做出优秀的建筑作品，我们建议：

（1）必须通过宣传教育，使相关部门和全体从业人员充分理解甲乙双方在产品设计过程中的不同侧重点，最大限度地利用双方追求社会影响和经济效益这一共同基础，充分沟通合作，从而保证建筑产品优异品质的实现。

（2）城市建设行政主管部门应该建立设计合同和设计任务书的审核机制。甲乙双方应该重视设计合同和设计任务书的编写，并应以此为依据，规范设计过程中双方行使各自的责、权、利。

（3）房地产和建筑设计的行业协会应该共同制定规程，把前期策划和后期工地服务规范化、制度化，制定合理的收费标准及评价体系。甲乙双方应该重视前期策划和后期工地服务，避免走弯路、做无用功，避免浪费设计资源、特别是造成设计质量降低的不良后果。

（4）城市建设行政主管部门应该与房地产和建筑设计的行业协会积极合作，大力增加业务培训环节，同时充分利用工程实践环节，不断提高甲方的专业化程度和乙方的职业化水平，促进房地产市场和建筑创作的共同繁荣。

（5）建筑设计行业协会应制定必要的行业规范，督促同行共同执行；同时设立维权部门，维护建筑师的合法权益。

（6）城市建设行政主管部门要制定合理的建设周期，保证建筑设计的质量；同时对建设项目进行严格监管，严厉打击违规操作，杜绝"三边工程"。

附录　具体人物访谈内容

（注：以姓氏拼音为排序，所有访谈回答仅代表个人观点）

4.1　甲方、乙方共同问题（共计 10 个问题）

（1）当代中国房地产市场的变化、特点和趋势（包括住宅和商业地产）？

（甲方）

薄　红：住宅回款快，但受政策影响大，开发商在比产品创新、比成本控制、比精细化管理方面洗牌，一些管理不善的小企业会逐步被淘汰。商业地产政策相对稳定，自持能长期获利，未来会成为地产公司竞争的热点。地产公司会根据自己的优劣势及当前市场态势，扬长避短，在住宅、商业、城市综合体、旅游地产等各种业态中有所侧重。

邓　健：拿上市公司来说，我们需要持续不断地为股东和投资人创造价值。我们每年都要向资本市场汇报下一年的目标，接下来的一年为了兑现这些承诺我们的压力是相当大的。从这些年的发展来看，我认为房地产市场的调控还是过于频繁，我们更希望一个相对稳定的环境，并不希望整个企业的利润率一直处在一个很高的状态。这些年我们的利润率其实一直是在回归，随着国家各种税收政策等的不断完善，房地产企业的利润肯定会逐渐下降，但是来自国家政策方面的调控对我们的影响实在是太大了。至于将来的发展趋势，我想国家的政策基本是两个导向，一个是用政策房解决老百姓居住的问题，一个则是在解决了大量的民生问题之外，商品房市场的繁荣。我个人认为将来的发展目标应该是将商品房市场放开，让商品房不再受政策调控，而是由市场来自由调节。当然，这一定会是一个漫长的发展过程。在这个目标达成之前，房地产公司还是比较被动的。

林　曈：中国房地产是从 1998 年以后住房货币化后才开始的，也经历了几轮高潮和起伏，发展变化的特点非常之多，我就拣几点来说。首先，竞争趋向于激烈，小开发商逐渐退出。我进入房地产业是在 2004 年，当时我们公司的业务都是在一线、二线城市；从 2009 年开始，大开发商进入三线、四线城市的市场，使得一些缺乏核心竞争力的小开发商逐渐被淘汰。这说明中国的城市化进程在推进，已经从一线、二线城市转入三线、四线城市。其次，房地产的发展正在越来越趋近理性化、成熟化。2004 年时，在做产品、市场和客户研究的只有万科一家，后来随着发展，很多房地产商都开始做产品研究了，总的来说大家都变得越来越专业，这对整个行业来说是件好事。另外还有个特点就是利润空间下降导致的开发周期加快。以前从拿地到开盘要一年时间，现在快的也就六七个月。从这点来说对设计院出图时间的要求也提高了。

刘克峰：和国外相比，我国房地产发展的时间还比较短，总体来说我们发展的轨迹也没有脱离国外那些发达国家房地产发展的必由之路，即房地产是伴随着工业化进程、城市化进程、市场经济等发展起来的一项第三产业。我国的房地产目前还处于发展的初级阶段，这些年我们的房地产主要是以住宅为主，将来在商业地产、各种产业地

产、城市基础设施建设等方面还会有很大的发展空间。

郭晓东：房地产业和制造业、零售业有相似之处，但它和它们最大的区别是它的资源性比较强。过去，由于需求的快速增长和资源的易得性，一些房地产公司发展得特别快。但是从现在的形势来看，房地产业粗犷经营却能得到高利润回报的时代已经过去了，它应该会渐渐回归于理性、专业性的发展轨迹，将来大家要拼的应该是各个房地产公司的专业开发能力、市场判断能力和组织管理能力。这个必然的趋势倒不是因为宏观调控，但是宏观调控让大家更清醒地意识到了这样一种必然性。

彭　松：这些年房地产发展非常快，以前是很容易就能获得资本回报，以后恐怕是优秀的开发商才能赚到钱。实力强的优秀开发商会存活、发展下去，实力弱的开发商就会被逐渐淘汰掉。至于趋势，我认为长期看还是谨慎乐观的，即最乐观的时候虽然过去了，但次乐观的时代仍未远去。

于　光：我 2001 年离开设计院去北辰置地工作的原因就是因为当时很多甲方根本不懂设计，但却来指挥我们做设计。我想如果我去当甲方一定能让自己的专业知识更好地发挥，拥有更多的话语权，所以才转入房地产业。我国的房地产在初期总体上处于非专业状态，什么好卖就做什么，最常见的就是抄袭、模仿和追风；这些年逐渐转入理性阶段，产品类型不断丰富，品质不断提高，当然这和有专业背景的技术人员不断进入房地产业就职有关。我觉得房地产不仅要按照消费者需求来设计产品，而且还要能引导消费者选择更好的居住和生活方式，这是房地产商和建筑师的责任。至于趋势，我觉得很难去预测，因为我国的房地产业受政策影响太大；不过肯定会向更加专业化、更加细分的方向发展。

遇绣峰：房地产真正商品化大约是从 1998 年开始的。发展可以分为三个阶段。第一阶段是在 1998 年到 2004、2005 年这段时间，从取消福利分房到推出商品房，无论是建筑产业的发展还是客户的需求，都处于一个急速上升的阶段。但当时产品的户型和品质还处于一个相对较低水平的阶段。第二阶段是从 2005 年到 2010 年这段时间，人们对商品房品质的要求在逐步提高，房地产业进入了一个多元化需求的时代，产品对应的客户群需求是多层次的，房价在这段时间也是成倍地上涨。第三阶段从 2011 年开始，国家开始限购政策的宏观调控，制约了三次、四次置业的客户，所以现在在房地产市场中将近一半的产品都是"刚需型"住宅，也就是 80、90 平方米的首套房。受限购令影响，这两年的房地产市场不再是市场化，而是政策化了。由于专家预测到 2015 年中国人口的城市化率还会上升，所以未来的房地产市场肯定还会发展，但是增长速度可能会放缓。

王海滨：中国房地产市场由于高速城市化进程、政府的唯 GDP 论，以及中国特有的居住文化理念的原因，近 20 年一直处于高速发展的状态。近两年政府出台一系列房地产调控措施是对前阶段经济发展模式的反思，是对经济发展结构进行调整的一个重大举措，通过打压投资化的房地产需求，而使房地产市场进入一个平稳的发展期，政府的目的并非打压房地产市场，而是为未来一系列的经济发展结构调整政策的出台争取时间。房地产市场的近期的直观表现就是量价齐跌。商业地产尤其是写字楼及持有型商业的市场长久以来一直处于一个价值被严重低估的状态，最近两年以北京等一线城市为代表，写字楼市

场租金价格暴涨，市场正逐步向其本身价值趋近，当然住宅市场投资性需求在写字楼商业市场的推动上也起到一定的作用。但由于持有型物业的开发模式对于地产商掌控和整合资源的能力有非常高的要求，所以目前国内大部分房地产商不具备成功开发城市综合体的能力。未来的房地产市场会进入一个平稳的发展期，政府政策的核心可能是如何引导投资性需求。对于设计师来说这也许是一件好事，开发商开发节奏变慢、市场对品质的要求等原因可能需要设计师在新的环境下转变原先快速生产的思想。

王巍：房地产发展的趋势应该是更加细分，做得更专业，不再是简单的住宅或公建，而是会有老年建筑、旅游地产等更多方向的精细分类，产品定位更加准确。

（乙方）

崔愷：当代中国的房地产的发展可以用突飞猛进来形容，是一种爆发式的大发展。从最初的福利分房到后来的市场经济，几乎影响了中国的社会结构。记得大约十年前潘石屹曾预测，中国的房地产商不应有这么多，以后会逐渐减少。但从目前看来，房地产商依然在增加。我同意潘总的观点，认为中国当代的房地产发展过热，房地产商中其实有相当一部分是不成熟的；我个人认为随着社会发展，房地产投资利润的空间会逐渐下降，进入房地产市场的门槛也会日益提高。

樊则森：中国房地产是从20世纪90年代开始发展的，我个人认为可以分为三个阶段。第一个阶段是和福利分房并行的时期，那个时候的房地产业具有开创性，有一些探索，但不成规模、发展缓慢，户型设计比福利分房向前发展了一步，能够满足商品房要求，但没有革命性变化。第二阶段就是福利分房取消之后，商品房市场化，全国的房地产都有了比较大的发展。第三阶段就是国家近几年房价持续攀高的阶段。在我看来，和房地产相关的行业发展得最好的几年就是福利分房取消后的那几年，也就是第二阶段。那时市场处于一种良性竞争当中，无论是开发商还是建筑师，都专注于把房子做好，中国人的人居环境水平也确实得到了提高。但是再往后这几年，房价走高，开发商随便盖个房子就能赚钱，所以开发商都变成以盈利为目的，重视偷面积、减成本等手段甚于重视产品设计的品质，从开发理念上来讲其实是个倒退。至于未来，我觉得从住房供应来说，应该是一种多元化的供应方式，除了房地产商搞的商品房，还要有政府提供的住宅，以及一些其他的途径和方式。还要考虑运营和维护，例如老百姓的房子旧了该怎么办？在国外有一种模式叫"团地更新"，是政府和社团来搞的，那么我们应该怎么做呢？我觉得这是我们将来需要面对的问题之一，即如何去实现长期的可持续发展。

李兴钢：我觉得中国房地产行业是不断在发展成熟的，房地产商对文化、对设计的价值也越来越了解，在他们的项目中对建筑师的工作常常会有所期待；这些都是很好的发展趋势。另外，房地产商也越来越专业化，比如商业综合体、住宅等专项产品的开发，产品分类更加细化。房地产从策划到设计、建造、销售的全过程，都在向越来越专业化的方向发展。我自己接触到的一些房地产商都对设计的价值、创新的意义有所认识，所以才会有比较愉快的合作。

刘晓钟：这几年房地产市场发展很快，但是发展状况却不大一样，有些比较规范，有些则刚入这一行，还在摸索中发展，甚至出现违规现象。另外房地产业从业人员的整体素质水平高低不一，以及国家一

些政策性的调控，都影响着房地产业的发展。每家公司的产品不同，针对的客户群不同，合作的设计单位和施工单位也不同，这些都是造成我国房地产业发展水平参差不齐的原因，好、中、差都有。无论是从城市化进程的角度还是国家经济发展的角度来说，我认为中国都是需要房地产业的繁荣发展的。也许它的发展是有周期性的，一段时间内需要调整、放缓步子，有时也会出现泡沫，但整体趋势还是向前发展的。

叶晓健：中国房地产的变化很大程度上是受政治左右的，政府行为在其中起的作用太大了。作为建筑师，我们很难去揣摩这种变化，我们只能尽力让做出的作品既符合开发商的利益，又符合政府宏观发展层面的要求。毕竟房地产发展的趋势是很难预测的，我们建筑师最多只能预测建筑有可能向什么方向发展。不过有一点是毋庸置疑的，就是对建筑的寿命（质量）会越来越重视，这其实是对设计精度、对质量提出的要求。所谓节能减排、延长建筑生命对于社会的贡献是最大的。

俞挺：我服务的房地产商都是做别墅的，而且都不是大批量生产的，他们对产品有较高要求，会强调空间、体验，以及中国传统文化和技术上的先进性。这些业主我认为恐怕不能代表当代中国房地产商中的主流。他们对自己的产品没有形成像一些大公司那样的成熟的、集成化的套路，不会大批量地复制，一般都是做完这批就算完结了，接下来再做一定会更新的思路。他们都比较热爱设计，把本人对于别墅的居住体验与建筑师进行交流，双方取得一致，然后贡献出产品，再来看市场。

王戈：变化还是挺明显的。中国的房地产业刚起步时并不是什么特别赚钱的行业，那时住宅还没有商品化，设计院也都是按照政府的要求去做设计；而当住宅刚刚步入商品化阶段时，地产商并不太懂怎么去做，设计院也不太会做且不大愿意去做住宅设计。后来逐渐迎来了房地产大发展的时期，这一阶段出现的一些设计都是人们在突然由穷变富之后炫耀的东西，比如欧式风格等。这时还涌现了很多的大型房地产公司和专业操盘手，但此时从商业行为上来说并不十分成熟，各大公司也还处于摸索阶段。这个阶段持续得比较久，再往后则进入了比较成熟的发展阶段，大公司开始明白要做有自己风格的产品了。而且由于地价等原因，设计中的一些技巧就出现了，例如怎样偷面积。但此时的设计其实越来越难做了。住宅设计从一种低级技术活儿演变为高级技术活儿，里面的门道没做过的人是摸不清楚的。到现在这个阶段，住宅设计已经非常难做了，将来恐怕是要拼品牌、价格、性能等综合水平了。一些大公司可能会用垄断的模式来占领市场。我这些年一直在做住宅，感觉最容易出作品的时期应该是在四、五年前，现在的可能性已经很小了。原来大家是拼方向，比如人家都做西式，我做中式则一枝独秀；现在大家是拼实力，包括开发商的实力和建筑师的实力，且建筑师的实力不只表现在他的创新方面，而是体现在他综合驾驭项目的能力上，即要在满足地产商所有商业化要求的前提下做出一个好的建筑作品。

吴钢：中国房地产这些年发展很快，主要特点就是高速度、大规模、低质量。从宏观经济来看，大家还是要拉动内需。虽然我个人怀着一种美好的愿望，但是从中国目前的人口数量和发展趋势来看，恐怕相当长的一段时间内整体上依然会保持在这种高速度、大规模、

低质量的状态，只不过战场可能会从一、二线城市转入三、四线城市。

周　恺：中国的房地产是特定时期的产物，还没有达到完全市场化，主要原因是受政策影响太多，也不够规范。房地产商难免会有投机心理，在不同时期采取不同的方法。个别实力强大的地产商已经形成自己比较成熟的操作模式，但他们依然会被市场所左右，不断采取一些应变的策略。我预测未来的房地产应该会逐渐趋于理性和规范化，房地产商急于求成和投机的心理应该会越来越少，大家对产品的质量也一定会越来越重视。

庄惟敏：中国近年房地产市场发展的特点和趋势主要有几点。首先是开发商在日益剧烈而残酷的竞争中更加注重品牌的打造，例如万科的户型、万达的商业地产、华润的万象城、保利的院线产品等。其次是市场细分的趋向明显，例如政府投资建造的保障房标准的研究、高端房地产产品的定位、商品住宅类型化、定制产品及模式的出现等。还有就是精细化设计，例如精装修住宅的整体售卖。

（2）您所了解的国外房地产状况？

（甲方）

薄　红：国外大部分是土地所有权私有，我国是出卖一定年限的土地使用权，土地权属不同，是房地产市场国内外区别很大的重要原因。西方国家因其住宅产业发展得比较成熟，商品住宅的建设量也比较小，房屋建设很多是改建和翻建，其出售的房产中，绝大部分是二手房。跟我国城市化进程中房地产快速发展、大量建设和出售新房的情况有所不同。

邓　健：就美国来说，其实他们的房地产市场新开发量已经很有限了，基本都是高端或者改善性的需求。从住宅市场来说是比较小了，商业地产还有一定空间。在香港和新加坡，商业地产还是相当繁荣的，而且无论是做出来的水平、质量还是数量，都比国内要高。国外的房地产市场比国内要成熟许多，而且更规范。当然中国的城市化进程是世界上最快的，所以国外房地产市场的开发量和中国的情况无法相提并论。

林　曈：国外发达国家的房地产业现在都不大景气，基本已经是夕阳产业了，不像中国，正朝气蓬勃。支撑房地产业的两个关键点，一个是城市化进程，还有一个就是人口。像欧美国家，城市化进程几乎已经结束了；像日本，人口老龄化已经很严重，购买需求都很少了。真正的城市化进程不只是盖几栋漂亮的大楼，而是要求基础设施全部跟上来，例如小区配套的社区医院、学校和超市等等。从这个标准来说，中国的城市化进程还有太多可以发展的空间。从技术层面来说，国外的房地产给我印象很深的一点就是它们的项目做得非常扎实和实用，不像我们，还停留在消费炫耀的阶段。我们似乎更喜欢把精力用在一些外在的东西上面，例如立面、园林、装修等等，追求一个好卖相；而国外的项目做得外表并不炫，但是内部空间好用、人性化，选用设备高档，更注重项目的内在品质。

刘克峰：国外发达国家和地区的房地产发展历史要长，更加成熟和专业。我觉得主要有几点：政府管理过程非常透明，法制比较健全；市场的和政府的责任分别比较清晰；房地产行业产业链上关系整合比较充分。

郭晓东：国外的房地产和我国最大的区别是它们的土地也是商品，如果房价跌了，土地也会跌。但在中国，房价跌了，土地却不一定跌，

因为在我国土地属于国有资产。另外国外的房地产专业性更强，比如有的专做住宅，有的专做商业，有的专做医疗等等。将来我们国家房地产的发展也会向这个方向靠拢，因为只有你做得专业，你才能做得更好。我们国内的设计院各种项目都做，主要是两个原因，一个是因为房地产业在我国才起步没多久，房地产商还没有专业化呢，自然设计院也还没有专业化。另一个原因是国内机会比较多，大城市的市场可能已经专业化了，但在中小城市就会认为从北京来的大设计院一定什么项目都能做得好。随着经济发展，机会没有那么多了，市场竞争越来越激烈，所以必然走向专业化的方向，国外也是如此。

遇绣峰：我们考察过一些欧美城市的房地产市场。这些发达国家大多城市化程度已经很高、可供土地有限，所以像我们国家这样动辄就几十万平方米的大片房地产开发项目是非常罕见的，它们的房地产市场基本都是二手买卖。而在我国，一线城市的二手市场是比较繁荣的，但是在二、三线城市，基本还都是一手买卖。国外的情况是市场已经十分成熟，大家都已经居者有其屋了，而我们国家的房地产还处于高速上升阶段，还有很多一线城市的年轻人买不起房，还要解决"刚性需求"的问题。从规范化的角度来说，其实国内一线城市的房地产市场已经很规范了。像我国一些大的房地产公司，还是相当专业和规范的。当然不排除在二、三线城市还有一些不正规的小地产公司在运作项目，但是在北京这样的一线城市，不正规的小地产公司基本上都已经消失了。当然具体到一些制度上，国内和国外可能不一样，比如资金监管、预售、工程管理等的制度，法律法规也没有国外那么详尽和严谨。

王　巍：相对了解得少一些，国外的房地产做的产品更精细，质量更高。而国内的市场受周期等各种因素影响，只能在可能的范围内尽量做到最好吧。国外的市场成熟度肯定比国内高出许多。另外它们的客户群相对我们来说在数量和种类上都少很多，定位容易精准；而国内的客户数量庞大且复杂，定位难度大。

（乙方）

崔　愷：据我所知，发达国家的房地产以自用和租赁为主，老百姓们一般不会像中国人这样出于投资的目的而一人购买多套房子。它们的房地产已经很细化，是先有目标客户，再做设计，针对性强。它们的二手房市场繁荣，房地产商中大部分是中介公司。另外国外的房地产公司不像中国这么多。在韩国我看到住宅几乎都是千篇一律的一个模式，跟中国相比类型太过单一，外形也过于朴素，后来得知是由于韩国的房地产商只有屈指可数的几个大公司。香港的房地产商也是只有几家有实力的大公司，由于当地的特点是空间狭小拥挤，所以它们有自己的基本策略。20年前去香港看觉得它们的设计先进、户型好，现在看感觉变化并不多，不像我们国内住宅设计发展这么日新月异，更新换代这么快。我觉得不是人家进步慢，而是有一个政策引导，市场也比较成熟和理性。

樊则森：我对国外的了解都是一些片段，我就说我印象较深的两件事情。一个是我曾经参观过巴黎塞纳河边的一个铁路上建造的项目，就是在铁路上面加个盖，起来一块地，上面建住宅、商业和办公等房子。除去土地所有制不同、项目功能是复合功能外，与我们最大的区别是操作模式不同，它们是由议会通过确认项目合法，并取得周边居民的同意。议会任命一位首席规划师（一般是有较高社会威望的

大师级建筑师），对地块的规划承担责任，对建筑高度、面积等进行控制。单体设计再委托其他建筑师。最后建成的效果非常好，和周围环境、与城市的关系都非常和谐。这让我感触很深。另一件事情就是我在一个美国房地产大亨的传记中了解到，他曾经在纽约拿到一块地，要建一栋非常豪华的公寓。这个项目调整了三、四次的设计，每一次都要由周边的居民和委员会来评判。虽然修改了很多次，时间也花费了近10年，但是建筑落成后周边的百姓都很满意。我觉得国外的房地产运营和管理的模式民众参与的成分更多，更能体现社会的和谐。而我们网上的公示大多只是个形式罢了。而且我国的房地产业一方面在快速奔跑着发展、拉动GDP，一方面项目往往规模巨大，建起来后就是一大片，孤零零地撮在那里，和城市、和环境都没有对话。快速建成的城市一定是没有在时间沉淀中慢慢发展起来的城市富有魅力，这一点我想大家是有共识的。

李兴钢：不是很了解，但我知道国外也多是房地产商委托建筑师来做设计。至于和国内的区别，我想差别应该是蛮大的，因为国外的土地所有制、市场状况、买卖双方的情况和我们都有很大差别，这些因素决定了它们的房地产市场势必会不同于我们的。

刘晓钟：我们和国外有过交流，国外比我们确实规范很多。多年的经验积累使国外的房地产业已经形成体系，各方面配套都比较齐全；大家都按照一个体系下规定的步骤去做，都是很成熟的商业行为，不会出什么差错。不像国内，新手太多，不够专业。我们和它们的差距还是相当大的。

叶晓健：我觉得中国房地产市场有个很大的问题就是法规不完善。法规的不完善，会给开发商提供冲击法规的机会和缝隙，从而导致整体城市失控的局面。柯里亚当年来北京时曾说过，他认为北京应该是低层高密度，而不是高层低密度。但现在的北京其实是高层高密度，之所以出现这个现象就是由于法规的不完善。而在日本、欧美等国家，法规是完善的，并且不容被破坏，这样才能保证一个城市开发的完整性与合理性。在日本，城市规划的概念和中国的不大一样。日本的城市规划不会去定细节，而是规定用地性质、容积率和建筑高度。特别是对于建筑立面，很少有政府干预的情况。更不要说提出城市色彩、让很多新建筑都向浅灰色靠的政府意向性文件。在日本有"低层区"这个概念，而在北京包括二环内，都能看到高层建筑。另外，在日本，甲方就是使用者，但是在中国甲方却不一定，这也是很大的一个不同点。这会影响到整个社会服务意识和服务方向。在中国，我们往往认为建筑师和开发商的出发点是不同的，在日本则不然，建筑师和开发商都在为社会服务，而不是凌驾于某种利益之上。所以在日本，建筑师的职责其实是很基层的，建筑师会去做很多具体琐碎的工作，处处为业主考虑，服务意识非常强。这就是为何我们在中国的项目都能够赢得甲方的信赖和好评的原因。

王 戈：国外的房地产好像都没有像中国波动这么大的。国外的地产和经济发展都是比较平稳的，房价也不会暴涨，所以做地产项目基本就是完成规定动作。但大多数国家的地产项目都是政府开发项目，达到标准就可以了，所以比较难出作品。能出作品的国家有日本和美国，因为它们的住宅多是私宅，建筑师只需面对一个人，可以做得很有个性；而如果要建筑师面对一群人，则需要注重共性，那么相对来讲就难做出好作品。不过现在我看到有些国家的廉租房也做得不

错，由于它们摆脱了以前只定标准的阶段，在设计上从注重物质转向关心人们的精神，所以也出现了一些好的作品，但是为数不多。我对国外房地产的了解和兴趣点大概就是这些。

吴 钢：20世纪90年代我曾在德国学习和工作，在那里度过了十年。我觉得欧洲的房地产这些年变化都不大，它的发展已经缓慢，主要是二手房市场，新建项目数量少，并且特点都是小规模、精细化。它们的房地产主要有两类，一类是不需要设计师介入的，因为都已经是成熟的技术和标准，例如别墅基本都是成品房。另一类是需要设计的，由于规模小，所以对设计的质量要求相当高。在这种情况下，我们传统的建筑师的能力是容易得到发挥的。而在中国则不然，因为我们谈论的是完全不同的问题，例如如何处理速度、规模、批量生产和低质量的问题。这些都是和房地产的工业性一面相关的问题，看起来似乎和设计师关系不大。于是可能有些设计师就不会太去关注这些问题，但是我们维思平的态度不是视而不见或回避这些问题，而是去面对它们。在中国做设计还是蛮难的，有很多问题都是第一次遇到。唯一让我感到骄傲的就是我们从来没有害怕过这些问题和挑战，而是勇于去直面它们，在设计中深入思考并寻求解决的方法。

庄惟敏：北美及发达国家房地产的供需关系趋于平衡，土地的私有化是其构成与我国最大差异的地方。北美的住宅的定制化以及新加坡的"瑞持"都是它们的特点。

（3）怎样理解设计任务书的作用？在您参与的工程中，设计任务书一般由哪一方编写？

（甲方）

薄 红：设计任务书是设计的前提，规定项目的发展框架和原则内容，通常项目任务书都由甲方编写。甲方配备专业技术团队，分属产品研发部或项目部。他们会结合政府相关批文、公司可研和其他部门的意见，依照公司统一的模板，写出设计任务书，走流程通过后交给设计院工作。设计任务书关系到项目的成本、计划和整体项目进程，如无特殊原因不会中途改变。部分项目在策划阶段邀请专业策划公司，公司认可的策划书意见，经审批通过后可加入设计任务书中。

邓 健：设计任务书是甲乙双方对设计进行沟通的一个重要文件，体现了甲方对于乙方的具体设计要求，我认为应该是由甲方来编写的。但是在实际执行过程中，一些不太正规的中小型房地产公司没有能力来自己完成设计任务书，于是往往会请设计院来完成后再由甲方来确认，但这种情形其实是不规范的。大型的房地产公司都有能力自己编写任务书，我们（公司）对应不同档次、不同地域的项目都有不同的标准，只需对应项目特点对一些选项进行选择，就可以从我们（公司）的标准库里自动生成针对某个项目的任务书。此任务书再经过公司内部的设计、营销、工程、财务等各个职能部门的确认，就会发给设计院作为设计依据。最终我们审查设计院的设计成果时，也会把任务书当做一个重要的依据。

林 曈：设计任务书非常重要，一般是由甲方编写。因为像我们这样的大开发商，在拿任何一块地之初，就已经想明白了要做什么样的产品、卖给谁、盈利模式是什么、何时开盘、哪天现金流回正等等细节问题，只不过是要通过建筑师的笔来把这个想法实现而已。我们的设计任务书是由公司的设计部在综合整个公司的项目运营逻辑后编写的，而且不会有太大变化，即使有一些变化，也会按照运营和市

场有逻辑地改变。

刘克峰：设计任务书是建筑师的设计依据。有的甲方项目定位很明确，清楚地知道自己想要的产品是什么样的，那么就会提供任务书；有的甲方经验少，项目开始比较模糊，那么建筑师在前期的工作里面就可以提供帮助甲方制定任务书的服务。我在国外做建筑设计的时候这两种情况都会遇到。在万通地产内部，我们提供的任务书是由产品研发和设计部在销售、市场、运营等部门的配合下编写的。

郭晓东：设计任务书非常重要，它相当于开发商的设计输出条件和设计院的设计输入条件，从设计任务书中可以看出开发商的水平。如果开发商很专业，他提出的设计任务书会非常清晰，而且变化的可能性比较小；反之则不然。最后把设计院的设计输出结果和开发商提供的设计输出条件对照来看，便能判断出开发商的管理水平和专业化程度的高低。如果二者差别很大，那么一定是开发商水平低，造成了设计过程中改动太多。另一种情况可能是开发商没有找对人，但这其实也反映的是开发商的水平，因为专业的开发商一定会找特别专业的一个设计师来做项目。

彭　松：任务书是设计的前提和灵魂，对甲方、乙方都非常重要。好的任务书，可以让乙方避免走很多弯路，同时又能把甲方的意图体现出来。任务书应该由甲方来编制，在我们富力地产，就是以设计研发中心为主、销售策划等部门为辅来进行编制的。

于　光：设计任务书当然很重要，我在北辰置地时一般是以设计部为主来编写，销售部和策划部等也会参与讨论，会听取专业策划公司的意见和建议。我觉得现在大的房地产公司一般都不会找设计院的建筑师来代写任务书。

遇绣峰：设计任务书在房地产公司内部是由设计部来完成的，它有几个非常重要的输入条件。首先，我们需要由营销部门进行产品定位，包括风格取向、产品档次、公建和住宅的配比、产品面积和产品类型的配比。然后，设计部会根据营销部门提供的这些市场输入条件，再加入一些特殊的考虑和专业要求，把它转化为任务书，作为设计院来进行建筑设计的一个依据。

王海滨：设计任务书是甲方对所开发项目的所有思想的一个专业内容表现。设计任务书一般由开发商的设计部门编制并传达，设计任务书的内容在我看来要把开发商对城市、土地、市场和产品的理解表达清楚。设计师一般对任务书内容的"干货"比较关注，即所谓甲方需求，但这是一种被动的接受。实际上如果设计师更关注最终客户的需求，主动从这些方面进行思考，可能会与开发商进行更为顺畅的沟通。

王　巍：任务书应该和项目策划结合起来，能体现项目定位及销售环节的内容，任务书是交给设计院并让它们帮助来实现的。任务书应当由甲方来做的，当然设计院可以在任务书的基础上做些深化和调整。

（乙方）

陈一峰：情况不大一样。成熟的地产商往往在经过策划后会得出一个比较详尽的设计任务书提供给建筑师。不太成熟的开发商如果没有请专业策划公司，则给出的任务书会很不全面，于是会让建筑师给他一个范本，或帮他编写，这样做不规范。这种情况做下去的时候变化会比较多，因为会有一些顾问不断介入、提出意见，令甲方改变

初衷。相反，成熟的开发商因为经验相对丰富，所以项目进展过程中出现改动的几率要小许多。

崔　愷：设计任务书的作用无疑是重要的。在最初接触的房地产项目中，它们的任务书大都比较简单粗糙，缺乏很多细节的东西，因此造成设计过程中的反复比较多。有时房地产商接受到新的信息，就会重新调整任务书。后来随着房地产市场的逐渐成熟，很多房地产公司在做一个项目前会请专业的策划公司来做市场调研，所以制定的任务书也就越来越详尽，现在这样成熟的房地产商还是比较多的。

樊则森：在房地产刚开始发展起来那段时间，曾经是有任务书的，那时的任务书中还体现了一些研究的成果，比如一些开发商和设计师在其他项目中的经验，还有一些指导作用。但自从进入房价暴涨、是房子就能卖大钱的阶段之后，我就很少见到房地产商的设计任务书了，最多就是定户型、定规模、算经济账，许多房地产公司都是经济挂帅，以赚钱为目的，没有多少追求。

李兴钢：设计任务书非常重要，它是建筑师工作的一个重要起点。业主对产品的定位、对建筑师所做工作的要求，都会体现在任务书上。它不仅包含了对项目功能、技术等方面的需求，也会蕴含着对设计创意的期待。一份好的任务书是业主经过细致深入的市场调研、制定了项目发展的策略、结合一些技术性的指标要求后制定出来的。有的甲方会有专业的团队来制定详细的任务书，建筑师以此为依据开展工作就可以了；但也有的甲方可能只有些粗略的想法，这时建筑师就有机会介入，帮业主提建议，完善任务书。在制订任务书方面，我认为建筑师和甲方的沟通非常重要，建筑师可以提出自己的意见，双方相互激发，促成好的设计。在扩初开始之前，其实任务书都可以是动态的，允许做出合理的调整。另外有些专业技术性特别强的项目，也会由建筑师和专业工程师一起来帮助甲方完善任务书。

刘晓钟：设计任务书应该是经过产品测算、市场研究等一步步编制出来的，是有科学依据的。专业的房地产开发商对自己产品的认识很清楚，他们会自己编写任务书、描述产品来让建筑师做设计，这种情况是最好的。但也有不正规的开发商自己不写任务书，让设计院编写，这样虽然建筑师的自由度很大，但担负的责任也是巨大的。还有一种介于两者之间，有任务书，但比较粗略，不是完全的设计依据，建筑师要帮助他们完善对产品的描述。现在有种比较专业的做法是把任务书作为合同的一部分附在合同中。但是总体来讲目前设计任务书的严肃性、专业性还不够，在国外，设计任务书一旦交给建筑师就基本不会变了，但在国内，任务书在设计过程中的变数却非常大。

叶晓健：设计任务书非常重要，它是连接业主和设计师之间的纽带。如果没有设计任务书，设计就好比是脱缰的野马，变得无法控制，也就谈不上什么责任了。所以任务书对建筑师有一个约束和规范的作用。在我参与的项目中，（任务书）有业主提供的，也有我帮助业主编写的。有时业主会找专业策划公司，我也会帮业主推荐。一般地产项目中都是开发商给出任务书，而政府项目则多是我帮业主来一起制定任务书。开发商制定任务书会考虑到他们自己的利益原则，这一点是建筑师很难参与的。

俞　挺：我遇到的业主都是和我一起编写甚至调整设计任务书的。因为他们面对创新产品，对于市场的反应非常快，会不断调整，所以任务书不会限定太死，至多规定一些报批所需的技术数据，建筑

师可以进行调整。

王　戈：一般大的地产公司会提供任务书，小的地产公司则不一定能提供，并且它们也不知道该怎样编写任务书。我认为既可以说设计任务书有用，也可以说它没什么用。因为有些话甲方会告诉你，但还有些话甲方不会说，也不能说。地产公司内部高层的某些想法既不会告诉下属也不会告诉设计者，更不会写在任务书里，任务书中会有一些潜藏的东西需要你揣摩。比如有些冒风险的东西甲方是肯定不会采纳的，但他事先不会说，他会让你拼命去做，然后在一堆方案中挑选一个他中意的。所以我们会去仔细研究设计任务书，然后尽量让甲方明确一些事情，这样做无非是一种自我保护，将设计过程中的反复降到最低。政府投资的公建和房地产项目的最大区别之一就是地产项目是讲究投资和收益的，一旦市场出现风险，他们一定会让建筑师去改设计。现在答应你的话不能代表以后就一定能兑现。比如一个地产商在一个陌生的城市做的第一个项目，一定是四平八稳、能落地的项目，因为他和当地政府、规划部门、二级经销商都还不熟。这时如果你做了一个特别创新的项目，即便当时甲方表现出很欣赏的态度，最后盖出来的效果也可能会很糟糕。因为有创新的方案一定会有风险，可能会在当地遇到各种阻力，而甲方在不熟悉的城市既没人脉又没把握，那么随时都可能改变主意，取消你的这些创新点。在房子建成之前的任何时候，你的设计都可能被改得面目全非。这点我们是有过惨痛的教训的。所以现在遇到地产商在陌生城市的第一个项目，我们的原则都是求稳而不是求新。地产项目很像乒乓球，特点是小、快、灵，它时刻都在变，且变化非常多，建筑师必须在这种变化中追求一个相对完美的设计。

吴　钢：在欧洲工作时，我遇到的任务书在初始阶段大多都是功能、面积和任务要求都不很明确。设计任务书的编写是一个需要时间的过程，它是开发商和设计师交流的一种形式，任务书的内容随着设计师的参与而逐渐明确和细化。开发商会充分利用设计师的创意和经验，来挖掘他手中这块土地的最大价值。它们的开发周期、操作模式都和我们的不一样。

国内的开发商也给我们任务书，但是都编写得不够好。我认为建筑具有四个属性，即物理属性、环境属性、社会属性和经济属性。如果开发商的任务书能全面反映出建筑的上述四个属性，我认为它才是一份好的任务书。而在中国，能写出这样一份任务书的人大概还没有出生。所以作为建筑师，我们要有一个根本的态度，那就是一定要积极参与到任务书的编写中。我们处理各种问题都基本上需要四个步骤，即先观察它，然后发现问题、选择问题，最后解决问题。我们在选择性地解决问题，依然有很多问题没有解决或者没有彻底解决，还有很大的发展和提高空间，所以我们才会保持创作的激情和积极的状态，才会有动力去继续向前走。

周　恺：设计任务书的作用当然很重要，对建筑师起到一个设计指引性的作用。一般大的房地产公司会提供比较规范的任务书，但是它们会在设计过程中凭借对市场变化的敏锐嗅觉而不断修改和调整任务书，变化是经常会有的。规模小的房地产公司有的几乎就没有任务书，而是让设计者来帮它们一起编写任务书，这种情况下建筑师在前期参与的工作量还是挺多的。至于政府项目，其任务书经常非常模糊。我认为甲方应该先告诉建筑师做什么样的建筑，而后建筑师才能

告诉甲方怎么把这样的房子盖出来，用专业知识来解决问题。但是现在我们拿到的任务书很少有令人满意的，主要还是缺少前期策划。

庄惟敏：设计任务书的编制就是 programming(美) 或 briefing（英）研究，是设计前期的一个重要组成部分，也是当今全球注册建筑师职业实践的一项必须且重要的任务。科学合理而逻辑的设计任务书是指导下一步建筑师进行项目设计的基本依据。

在中国大量的房地产项目设计任务书是由开发商自行编写或请咨询策划公司编写（目前越来越多的政府投资项目的任务书，通过前期可研和策划由咨询公司帮助编写）。

（4）项目策划一般由甲方自己完成，还是委托乙方完成？
（甲方）

薄　红：项目策划由甲方来写，设计院不具备做市场地位、经济测算等工作的人力和数据方面的资源。很多项目甲方单独请策划公司，其经过市场调研、经济测算和类似案例分析得出的策划书往往比较细致。甲方会组织策划公司在工作中与设计院对接和沟通，双方互提意见建议，便于策划意图在设计中的体现和项目最终目标的落实。

邓　健：情况不尽相同。正规、成熟的大房地产公司都会有自己的项目策划团队，从拿地阶段，就能在公司内部对这块地做什么样的产品做出理性的判断，这也属于核心竞争力之一了。很多成熟的大公司，除了一些数据的调研会委托给其他公司，项目策划基本都由自己完成的。设计院做不了项目策划这项工作，因为项目策划里面会包含房地产公司的全部思路。我们房地产公司（北京龙湖置业）做项目都是从头到尾地做，项目策划里面包含了项目的运营分期、成本、营销等全面的内容，包含很多重要的经济指标。

林　曈：项目策划决定项目成败，所以都是我们公司（烟台万科）自己来做，我们用策划公司最多是让他们提供一些调研数据。现在市场上的一些策划公司做的策划报告基本都是千篇一律的，没有太强的针对性，价值不高。我们的项目策划由销售部来做，销售涵盖了市场和销售两部分功能，主要由其中的市场组来做策划，策划做好后才落实到任务书阶段。

刘克峰：策划是甲方的责任，但有些技术层面还需要建筑师或市场顾问的参与。在香港，建筑师的业务范围比国内要宽泛许多。建筑师是甲方的代理人，政府报批、招投标、监造等许多阶段都由建筑师来负责，当然也包括前期策划阶段的服务。

郭晓东：实力强的开发商都自己做策划，像我们华润置地，策划都是在公司内部的机制内完成。除非有些数据信息的收集自己完成不了，我们会委托咨询公司来辅助完成，但一定是以自己的意见为主，而不是依靠咨询公司的意见。项目策划对于开发商来说是一个项目生死攸关的问题，所以应该由公司总经理亲手来抓。如果遇到能力强的开发商，那么建筑师只需跟着甲方的思路走；如果遇到能力弱的开发商，那么建筑师可以带着他走。所以这个事情目前是谁能力强、谁想得清楚就谁来做。不过我认为还是主要应该由开发商来做项目策划，建筑师可以参与，建筑师做项目策划一定要去试图理解甲方的思维过程。开发商为了研究市场而投入的时间和精力有多么大，建筑师大概很难想象。最初我们公司只由公司的营销部来做策划，现在已经发展到公司各部门的参与了。所以策划是掌握着地产项目命脉的东西，我们一定是不会交给别人去做的。

彭　松： 都有，对于富力地产来说，还是以自己完成的居多。有时遇到重大项目也会请其他咨询公司或销售代理公司来辅助完成，一般的项目就自己来做了，但不会请设计院来做。策划是由销售策划部门为主完成，设计研发中心也会辅助他们。

于　光： 我在北辰置地的时候是我们的设计部和伟业顾问一起合作来完成前期项目策划的。策划非常重要，但我觉得很多设计单位的建筑师恐怕没有足够的时间和精力来做市场研究，我个人感觉还是专业公司来做这块比较好，目前市场上确实也需要专业的策划人才。我在美国接触的建筑顾问公司非常专业，从拿地、策划，到施工监理、甚至给业主做配饰直到搬家都全程提供服务的，业务比国内的顾问公司要全面得多。当然这可能和国情不同也有关系。

遇绣峰： 两种情况都有，这要看项目的具体情况。一般规模比较大的项目，如果难度大，就会委托专业产品策划公司来完成。如果项目规模比较小，就由自己的营销部来完成策划。总之不会委托设计院，因为策划的根本在于要以市场调研为依据，最重要的输入条件是市场。

王海滨： 做项目策划，一般甲方都是利用外部策划公司的数据。能力强一些的公司通过这些数据验证自己的策划，能力弱的公司依靠策划公司来完成项目策划。委托设计公司完成策划的比较少。现在的策划公司的能力在逐步完善，它们除了有市场方面的能力，还不断完善自己在建筑、景观以及室内设计专业方面的能力，同时在整合专业人员的能力上也比较强。有些公司除了没有设计资质以外，有能力进行一个项目的策划、设计咨询甚至成本和工程的全程咨询。某种程度上它们抢了设计师的饭碗。而开发商愿意与它们合作的原因是它们有专业、懂市场，会从项目开发的角度思考问题。

王　巍： 一般都由甲方来做，或者甲方再委托一个策划公司（另外一个乙方）来做，基本不会交给设计院来做。

（乙方）

陈一峰： 大的开发商一般自己搞策划，因为他们有专门搞市场和营销的部门，但也有把一部分委托给策划公司的情况；小的开发商有找策划公司做策划的，也有几个人自己搞的，随意性比较大，这和老板的做事态度以及对房地产的看法有关。也有来找设计院做策划的，但我们会明确告诉甲方，设计院做的策划着重在于创意以及建筑本身的规划、功能、分类等，和市场对接这块则是设计院的弱项，我们做不了大量的市场调研，提供不了准确的数据。策划公司提出的东西往往在具体和建筑有关的方面会有缺陷，所以我们希望在策划阶段就介入，用我们的专业知识对策划公司提出的意见及时予以纠正或补充。有些好的策划公司里面就有建筑师，所以做出的策划还是比较专业的；而我们一些经常做地产项目的建筑师，对市场的了解恐怕比一些不专业的策划公司还要强。

崔　愷： 一般是甲方请专业策划公司来做项目策划，包括市场调研、产品定位甚至包括日后销售的一条龙服务，基本不会委托乙方来完成。

樊则森： 最近这些年房地产开发商越来越重视项目策划了，但是他们一般不会找设计院，而是由他们的营销部门完成，或者委托一家策划公司来完成。现在策划公司的水平是良莠不齐的，有的也瞎忽悠。如果甲方付费的话，我倒觉得我们建筑师也可以来给甲方搞策划，

即便我们不去搞，脑子里也必须要有营销和策划的概念，这样才能和甲方有共同语言。我们建筑师经常抱怨改图频繁，其实这很多都是由于甲方提过来一个并不专业的策划，而我们就照单签收了，结果因为它的先天不足，造成了后续工作进展中的不顺利。如果我们也有策划的概念与思考，那么从一开始就可以判断出甲方策划的不合理并予以纠正，这样就会大大降低日后修改的可能性。

李兴钢： 有的是甲方有专门的策划部门或者聘请专业策划公司来对产品进行项目策划，而这些策划公司是对产品从定位到销售进行全方位的策划；也有的甲方可能没有自己的专业策划团队，那么会通过设计师们来帮助他把想法发展成熟，定位和销售也不成问题，所以未必去请人做专业策划。但无论是专业还是非专业的策划，都很重要，这一步在设计中必不可少。

刘晓钟： 一般委托专业策划公司完成的比较多，也有甲方自己做策划的。策划公司的水平有高低之分，有的做得很专业，通过市场调研和研究得出结论；有的就是照猫画虎，做些资料的堆集而已。我们建筑师在做设计时也会做些策划，但我们做的还替代不了专业的策划公司，有些调研的数据无法做到十分精确。我认为专业策划还是需要的。

叶晓健： 这个要分情况。有的项目是甲方先找我们咨询，这个其实就相当于项目策划。甲方拿来一块地，提一个大的原则、一些框架和方针，我们来做规划设计和"导入功能研究"（就是地块要引进哪些功能），然后再做建筑设计。现在也有甲方请专业策划公司，这种方式也很好。随着建筑领域的一些工作向专业化方向发展，我认为势必可以提高建筑设计的整体质量。比如我现在做景观、照明都会找专业公司合作，不同专业的思考角度，能够给建筑的品质带来提升。

俞　挺： 项目策划一般都是甲方委托一个专业的策划公司来做，但是我遇到的业主会找策划师，在策划师还没有定文案时建筑师便介入，建筑师的作用有时甚至会超过策划师。中国的策划师一般有两种，一种只做文案，不大会算经济账；另一种虽然会算经济账，但是估算不出房地产高潮时期，原来控制的成本在那时已不算什么成本了。这就是大多数策划师最终变成文案策划或广告策划的原因。在中国很难遇到真正的策划师。

王　戈： 一般都会委托策划公司来完成，但是最终拍板还是甲方自己。我们现在会帮甲方做概念设计，帮他确定主题，比如是娱乐主题还是山水主题，确定建设的方向。至于策划，虽然以前我们也做过，但现在我们不做了。因为策划里面有相当的内容是算账，我们建筑师算的账一般甲方都不会认可，所以现在都是等甲方做完策划我们再来接手项目。现在有的专业策划公司水平还是很高的，好的策划师一定是要知识面非常广，建筑、政治、经济样样都在行。我认为项目策划这个环节还是很有必要的，特别是对于一些刚入行的地产商，做个策划心里总会有些底气。

吴　钢： 这个问题我其实在前面那个问题中已经回答过了，我们会先观察，如果需要我们去参与策划，那么我们就会去做。无论是任务书还是项目策划，都是甲方和我们建立服务关系的一种工具。我们有些建筑师总是质问甲方"你怎么不告诉我怎么做？你的条件是什么"，这种"你说什么、我做什么"的思考方式是不对的。

周　恺： 很多地产项目都没有太详细的策划，有的大公司有策划，一般由公司内部的一些人来编写，或者委托策划公司来做。但有时甲

方找策划公司做出的东西也不大准确，因为搞策划的人往往不具备建筑学背景，他并不了解在这个地块上建筑应该怎么建才是最合理的。结果这样的策划交到建筑师手上，也还是会有很多疑问。我认为中国建筑业十分缺乏专业型的策划公司，缺少既懂得建筑设计和建设规律，又懂市场、掌握经济知识、了解各种投资方式的综合型人才。策划其实对整个项目的成败与否起着决定性作用，但在目前的建筑行业里面，这确实是一个薄弱环节。

庄惟敏：如上所述，项目策划在国内通常由房地产公司的策划部（企划部）完成，但近年来越来越多的房地产公司倾向于委托境外或境内策划公司完成。由于国外策划公司不了解国内的情况，而国内的策划公司又很不专业（指调研、数据采集和变量分析方面），所以也时常出现错误的判断。

（5）甲方自己的设计部在设计过程中的作用？

（甲方）

薄红：甲方设计部做两个事情，一是具体项目的设计管理，有承上启下、提供专业咨询的作用，代表甲方利益，具备专业背景，与设计院对接。甲方设计部随时准备向公司汇报和解释相关设计问题，并依据经验选择合适的设计团队为项目工作，制订设计计划与整个项目计划对接，与设计团队对接。二是制订公司的设计标准，对公司已完成的同类项目在设计方面的经验教训进行总结梳理，形成标准，进行技术积累，逐步形成公司品牌的设计体系。

邓健：我们的设计部是围绕和产品相关的各个方面，积极发挥着作用。从前期拿地阶段，我们就要从产品的角度去测算和论证一块地的价值，在接下来实施的过程中，我们掌控整个设计过程。我们会综合大量信息，和设计院一起把产品从想法变成施工图。在外人眼里，可能我们就是每天和设计院接触，对设计师发号施令；但其实背后我们做了大量的协调、沟通和判断的工作。我们输出给设计院的也许是简单的指令，但这背后大家看不到的工作量是很大的。除了在施工图阶段对设计院进行管理，在施工阶段也是要保证质量和设计效果，所以说围绕产品，我们在项目全过程中都发挥着重要作用。

林疃：设计部的职能首先是起到联系乙方的纽带作用，其次是起到过程控制的作用，即在设计过程中对设计深度、方向、时间都进行全面控制。按理来说，设计部的人的专业造诣是比不上设计院的建筑师的，但是他们要能和设计院的建筑师们对话，能够从公司运营、市场营销等角度来验证建筑师的设计，并提出自己的见解。

刘克峰：北京万通地产设计部在设计过程中主要工作是设计管理，包括选择设计单位，指导设计工作，协调甲方各部门之间的设计要求。在招投标、施工过程中从设计方面需要配合其他部门的工作。

郭晓东：地产项目其实是个三部曲，即设计、建造和营销。那么设计部行使的职责贯穿在前两个阶段中，起到穿针引线的作用。设计这个环节体现了设计部和政府各部门打交道的成果，也体现了成本控制、营销思路等，是公司所有开发理念和具体操作思路的一个集合。之所以说设计这一步很重要，倒不是突出设计部或者设计师的重要性，而是强调设计的成果所折射出的是很多部门的智慧结晶。我们的设计部正是在"设计"这一步中，把许多东西从虚化变为物化的直接部门，相当重要。设计部的职员不应当将思维仅停留在设计阶段，而更要注重对项目的全面掌控，对政府政策、成本控制、营销思路等都要有所

了解，所以我们对设计部员工的希望其实是相当高的。

彭松：富力地产拥有自己的甲级设计院，富力的设计研发中心既起到一般地产公司设计研发部的作用，同时也作为设计院自己进行大量的实际设计工作。除了起到一般设计院的通常作用外，最重要的是完成设计研发。作为地产公司下属的设计院，能够很清楚自己需要什么，减少很多和外面设计院沟通交流、纠正错误思路的时间。甲方自己的设计院和市场、客户、施工现场等结合得会非常紧密，客户使用过程的反馈也会迅速获知。因此能够更容易做出适合市场与客户的产品，这点是我们和外面设计院相比所具备的优势。当遇到一些委托给外面设计院的项目时，我们则起到设计管理的作用。

于光：设计部很重要，它应该能把项目从前期策划到后期施工中涉及的设计方面的技术管理工作都全部承担起来；设计部的建筑师不一定要自己画图很棒，但是要懂得设计的方方面面，这样在项目管理过程中提出的问题才能很到位、有水平，在和设计院的建筑师互动时，双方才能够在技术层面上处于同样的水准和高度。同样在建筑设备、电气、园林景观、内装等方面都应该起着重要的设计管理责任，保证项目的建成质量。

遇绣峰：甲方的设计部是衔接市场和设计的一个桥梁。设计部的人既要懂得房地产公司对于产品的需求，又要懂得建筑设计，能和设计院去接口。现在很多房地产公司设计部的人都是从设计院出来的建筑师，他们的市场意识比较弱，所以我们公司设计部的人会经常听取营销部的一些意见。设计部所做的是设计管理的工作，而设计管理的依据就是市场需求和建筑设计的专业能力。当一个建筑师背景的人来到房地产公司、开始面对市场的时候，他才会发现，仅有建筑理想是远远不够的，一定要懂得客户、懂得市场，产品才能取得好的销售成绩。有的甲方设计部的人能力较差，不如设计院的建筑师，那么就会出现瞎指挥的情况。这个取决于设计部经理的眼界和能力，取决于他如何来把控他的部门。一些方向性的指引，例如风格取向等问题，绝对不是下面人可以随意指挥的，而是应该由公司内部的中高层来商议决定。至于设计部的一般员工，他们在和设计院配合时应该注重的是一些时间节点的把控。这些都在于设计部经理如何来管理他的团队。

王海滨：甲方自己的设计部在设计过程中的作用是沟通和协调，在房地产公司内部体系中设计部是一个研发和设计管理的部门。

王巍：（设计部的工作包括）从前期策划的项目定位到后期销售、项目开发过程中和政府部门的配合、对设计院的管理、设计成果的管理和交接、设计品质的控制。万达的设计部有 200 人左右，算是规模比较大的了。

（乙方）

陈一峰：应该说作用是好坏都有。甲方设计部的人一般都是设计院的建筑师出身，但是这些人的专业背景、转行的原因和目的各不相同，所以甲方设计部的人也是鱼龙混杂，水平参差不齐。有些设计部的人懂建筑，能够理解建筑师，帮助建筑师去实现一些好的设计，这是好的作用；但是也有的人自己主意大，总是想让建筑师成为自己的绘图工具，把自己的想法强加给建筑师，这样的作用就不好。特别是有时设计部的人员流动快，一个项目过程中就换了好几拨儿人，每拨儿人都想推翻前面的东西，把自己的想法体现到项目中，这种情形对项目的影响就非常不利了。

崔 恺：甲方的设计部在设计过程中一般有两个方面的作用。首先，在前期规划中做测试性的工作，例如怎么开发、能出多少房；其次，在后期，完成一些设计院出图后没有做到位的工作，例如非精装部分的设计、设备订货和一些图纸深化之类的收口性工作。另外还有一种房地产公司，它们的项目方案是请境外或境内的设计院来做，但施工图是由自己的设计院完成，这样能对设计的细节掌控和把握得更好，免去了和设计院来回沟通的繁冗事务，也是房地产商发展中的一种成熟模式。

樊则森：设计部的成立还是有必要的，但我感觉这些年甲方设计部规模的不断壮大也是被我们这些设计院给逼出来的。如果设计院的服务都能很到位，能替甲方考虑到所有的细节，满足甲方的各种要求，那么甲方就不用自己再养一个设计部了。有的设计院很不让人放心，甲方就要派设计部的人来设计院盯着，进行监督；有的设计院比较好，甲方就会节省许多和设计院打交道的时间和精力。现在我们的建筑师经常抱怨说自己变成了甲方的"鼠标"；甲方那边也在抱怨，怎么设计院连这点小事都要我们亲自来定啊。这是个怪现象。我觉得设计院还是要加强自己的业务建设，提高专业水平，建筑师们要想不当甲方的"鼠标"，就要业务能力比甲方设计部的人强才行。

李兴钢：甲方的设计部是在项目全过程中和设计院打交道的，相当于甲方代表。当然很多情况下他们大都是从设计院出去的专业人士，各专业都有。有些大的房地产公司的设计部还会做产品研发，关注与甲方商业利益息息相关的所有环节，把产品做得更好。

刘晓钟：甲方的设计部是站在研究产品的角度，做可行性研究，他们同时也是甲方代表，替甲方提出一些概念和要求，并协调和管理设计院。他们做的不是设计工作，设计还是要靠设计院来完成，他们替代不了设计师的作用。但有个问题是设计部的人员流动非常快，管理不规范，有时承诺的事情也不能兑现，例如有些技术性的事情，当时只是甲方当事人口头承诺的，一旦他调离岗位换成他人来管理，所有的这种口头承诺便都失效了。这种情况的发生可能会给设计造成很多反复的修改。

叶晓健：甲方的设计部主要工作是设计管理，让设计符合技术规范和甲方的利益要求。他们和建筑师的工作好像两条平行线，主要协调地产公司内部和设计方的关系，不断修正设计方的设计，以达到开发商的要求。他们的作用对项目是积极和必要的。对设计部的人员是有较高专业水平要求的，开发商中的技术力量很重要。日本的很多房地产公司都有设计部，而且是很专业的人员。和他们在一起探讨问题时，他们更多的是从市场角度（分析），对于建筑空间的设计推敲也是从市场角度（分析），当然包括预算的控制。可以说在建筑师设计过程中，他们的建议有助于更好地实现项目，而不是干预，这些和国内设计部是不同的。

俞 挺：一般小公司没有设计部，大公司则有设计部，而且设计部的规模和公司的规模成正比。设计部的特点是和建筑师形成很好的互动关系，起到一个桥梁作用。在项目前期和设计、施工过程中，代替甲方和政府部门进行沟通，同时综合甲方内部的修改意见，然后传达给建筑师。如果遇到没有设计部只有工程部的，那么建筑师会多做一些本来该由设计部完成的工作，这样设计费就会相应提高。

王 戈：有一定作用，但也有的是摆设。设计部会协调各家设计单位之间的关系，明白该把什么信息传递给谁。而且设计部的人自己就是建筑师出身，容易了解建筑师的想法，知道建筑师的时间和进度。好的设计部人员的职业精神也很强，会和设计师保持一种平等的关系，而不会压设计师一头。但现在随着一些地产公司内部的人员稀释，好的设计部人员都升了，新上来的一批年轻人水平差了一大截。就住宅来说，以前是设计部的人比设计院的建筑师水平高，现在则反过来了。每个项目都会对应一个设计部的项目负责人，这个人的水平会在很大程度上影响到项目的效果。

但一流的房地产公司往往匹配的是二流的设计院，它们会把三流的设计院水平往上拽，也会把一流的设计院水平往下拖。这是由于它们太过于分解各家设计单位的职权范围，比如景观、室内和建筑设计彼此之间是不通气的，大家都是通过甲方的设计部来传递信息，这其中的一个重要原因就是设计总监才是最后各家方案的决策人。但是这样完全切开之后，很有可能的情况是做出来的建筑和景观或是和室内会不搭调。所以设计总监的品位和水平实在太重要了，几乎决定着项目的成败。

一旦项目涉及商业利益、运作模式、工程造价等问题，一定会让设计大打折扣，这也是它们会将一流的设计往下拖的一个原因，所以一些一流的设计师和地产商合作一次后就不愿再做了。当然，地产里面的门道也非常多。所以现在做地产项目，我们一定要比开发商的认知水平高，至少要平齐，要掌握很多设计技巧，否则就没法做了。现在的房地产市场中住宅这一块对建筑师的水平要求相当高，也是它越来越难做的原因。

吴 钢：甲方有这样一个部门是令我们建筑师感到欣喜的一件事，因为在一个项目的全过程中，他们都在帮助建筑师分担一些工作。这个功能是需要的，组织关系是正确的，但是具体执行得好与不好，由于项目不同、遇到的人不同，所以情况也各异。我对这件事情的观察结果就是首先对它给予肯定，既然我认为它的功能是正确的，那么功能发挥得好与不好就是甲乙双方要去共同努力解决的问题，这是我对待这件事情的一个基本态度。我的回答可能有点抽象，但是抽象层面的思维还是蛮重要的，因为问题的解决方式永远是抽象的，包括社会、经济、科学等方面问题的思考和解决，都绝不是就事论事的。

周 恺：能发挥一定的作用，和建筑师沟通时能有共同的专业语言。但是大部分设计部的人也需要听命于房地产公司的老板，所以仅仅能起到一个协调作用。像一些大的房地产公司设计部总管本身有很好的建筑学专业背景且很有眼光，他们能发挥相当重要的作用。建筑师和他们沟通非常顺畅，而且他们能直接拍板做决定。

庄惟敏：甲方的设计部的作用有两个：一个是设计之初配合开发商老总的前期策划想法完成一个概念设计，并进行可行性分析；另一个就是后期通过人海战术完成无休止的户型的推敲和市场化的适应性工作。

（6）甲方是否会事先预设建筑风格和建筑标准？

（甲方）

薄 红：甲方会提出建筑标准，主要从客户角度和经营管理需要出发。是否规定建筑风格因具体建筑和设计师的情况而定。如果是经常合作的资深设计师，甲方会把确定建筑风格、建筑外形等更多自由交给设计师。甲方的建筑标准不同于国家和地方的相关标准，是针对公司某类产品的具体规定，目的是构建自己的产品设计体系，强化品牌特色的体现。

邓　健： 建筑标准关系到我们的成本，所以一般都会预先设定。至于建筑风格，就龙湖置业来说，我们都会明确告诉设计院，不论是住宅还是商业地产，我们都会在项目策划阶段就确定风格，而不会在方案阶段才决定。

林　曈： 建筑标准是有的，像万科现在连门窗都标准化了，多大的开间开多宽的窗户、开启扇如何划分，至少每个项目都是统一的，因为标准化会带来很多的好处，节约大量资金成本。至于建筑风格，主要和两点有关。第一是我们的目标客户，因为不同的客户喜好是不一样的；第二是地域特点，例如东北、北京和沿海地区的建造特点就都不一样。除了要符合这两点外，我们一般不会太多地限定风格，我们会听取建筑师的意见，有时会让设计师找各种风格意象的图片一起来讨论，最终确定一种风格。这其实是一个互动的过程。

刘克峰： 建筑标准在我们的策划阶段就都确定了，会体现在任务书中，也会在设计过程中有所修正。至于建筑风格，视乎项目特点，万通地产一般不会在开始就限定的，建筑风格是在建筑设计过程中逐渐明确的。

郭晓东： 那肯定会。客户想要什么样的产品，甲方比建筑师清楚。确定产品标准是甲方必须要做的事情，因为涉及成本，而风格其实也和成本密切相关。例如法式风格很多人都很喜欢，那么法式风格的成本是多少，建筑师大概没几个知道，但是好的开发商心里有数。我们会把客户分成几种类型，如果产品主要面对的是初次置业的客户，那么我们肯定不会选择成本很高的法式风格。就好比一辆5万元的汽车，不可能安装德国的发动机。风格、标准和客户群的匹配，是开发商要来决定的。我们的设计部要来辨别客户是谁，从而合理确定产品的标准和风格，这个逻辑的梳理必须由开发商来完成，而不是建筑师。因为房地产是个商业活动，它不像个人住宅或者公建那样涉及更多艺术层面的内容，可以让建筑师大尺度地去创作和发挥。在我们的建筑师中，大约有10%是明星建筑师，90%是商业建筑师。商业建筑师就要遵循商业规则，谁强就听谁的。越是碰到强悍的甲方，建筑师可以发挥的空间越小。商业地产我们也不会来找腕儿去做，他们不懂，我们会找RDKL等美国老牌公司来做，不会找创作型建筑师，否则对双方来说都是折磨。

彭　松： 一般情况下都会，因为市场接受度、造价、销售速度和利润等都会受建筑标准及风格的影响。但是如果突破了甲方的预设，却能在各方面说服甲方改变初衷，那么当然也不排除甲方会采用建筑师推荐的风格。

于　光： 建筑标准是在任务书形成的阶段就肯定会确定的，因为从拿地、定位及销售开发商心中都是有一笔经济账的，这就决定了标准是什么。至于风格，有的是事前开发商就定好的，有的则是后来和建筑师讨论过程中确定出来的。北辰置地这两种情况都有。

遇绣峰： 会的。在决定建筑风格时，我们要着重考虑的是当地市场的客户群的需求和喜好，而不是我们个人的偏爱。而建筑风格和建筑标准都和成本紧密相关。每种产品在市场上销售的价格是确定的，那么它的成本应该是多少，这里应该有一个合理的利润空间。每平方米卖6000元的项目和卖20000元的项目在材料选用、设备配置和

风格取向上都有很大差别。在目前的市场状况下，大家都争相降价，我们开发商都几乎是成本价在销售，所以现在对成本这方面的要求特别高。具体操作起来有两种方法，一种就是开发商直接限定建筑风格，还有一种就是设计师可以根据他对项目和地块的理解提一些自己的想法，然后开发商参考他的想法，最终确定采用的建筑风格。

王海滨： 甲方一般会事先预设建筑风格和建筑标准，因为这些内容是由客户需求导出的产品的重要组成部分，是开发商在综合考虑成本、客户喜好、客户需求以及周边竞品之后形成的产品的基本要素。所以设计师出于创作的考虑，在接受这些内容时可以有自己的思考，但思考的方向不应完全是建筑创作本身，而是真正去理解项目所处的市场，从客户需求角度思考。

王　巍： 建筑标准会确定，但建筑风格有可能最初是不定的，除非当地有特殊要求。另外，住宅一般会有比较明确的风格定位，但商业地产就会有比较大的自由度，让建筑师去发挥。

（乙方）

陈一峰： 甲方会对风格和标准都给予规定，所以我感觉现在的主流房地产走的路子实际上是和建筑学中强调的一些东西越来越远了。比如都是菜单式设计，任务书中明确规定双拼、独栋、小高层等的数量是多少，风格是什么；都是行列式的布局，规划是在市场销售人员的意见参与下得出来的结果，房子怎么好卖怎么摆。虽然现在的建造材料和质量、户型平面、立面造型、细部推敲等都比以前有了很多提高，但是设计中对于社区环境和居住空间给人们的心理感受却考虑和顾及得很少，从这点说不但没有什么进步，甚至是倒退。20纪世50年代建的一些住宅小区，那种邻里和街坊的空间感觉非常好，今天走在里面都比现在的很多高档社区要舒服得多。

崔　愷： 不一定，这个要看沟通。有些甲方会针对项目特点选择在该方面擅长的设计院，也有些甲方先选择一家理想的设计院，再来定位产品的风格特点。

樊则森： 标准是肯定要定的，但前些年对风格好像还比较宽松，而最近这几年基本都是选用什么风格被营销给定了，所以现在很多建筑师也抱怨做住宅没多大意思，什么风格都给限定死了。比如现在我们国家最时髦的就是ArtDeco（装饰艺术风格），只要说到一个楼盘高档，准是ArtDeco。如果不追求创新，就这么盲目追风，恐怕也是一条死路。我认为建筑要有与众不同的设计、独特的个性，具有不可复制性，这样才能称得上是高档。那种批量生产、千篇一律的东西是不能被称之为高档的。

李兴钢： 甲方预设建筑标准是天经地义的，因为这和他们的市场定位和成本控制密切相关，建筑师对此必须接受，并在限定的标准范围内，做出最好的设计。至于建筑风格，那就不一定了，不是所有的甲方都会预设建筑风格。如果有的甲方规定了建筑风格，那么这也很可能是关系到市场定位的一种商业行为，建筑师有的会接受，有的不认可。

刘晓钟： 甲方可以提要求，因为他要表述自己的产品最后要达到的效果，会通过风格、形式等来描绘，但是否能描述得很准确，或者说能否达到预期的效果，则是不确定的，有时确实存在差距。甲方想象的只是一个概念，在具体落实的过程中会产生各种各样的问题，所以最后的结果有可能存在一些偏差。

叶晓健：甲方会通过设定建筑标准来控制造价，有时对建筑整体风格也会有所把握，比如欧陆风格，因为毕竟有他们的客户群，但是不会过多干涉建筑师对具体建筑形式的创作。因为成熟的建筑师一定会结合社会环境、市场需求和业主思路来进行建筑创作。

俞　挺：大公司会设定，小公司可以调整。如果建筑师可以和决策者直接进行讨论，那么建筑师的影响力会大一些，但如果建筑师不能和决策者对话，那么基本就是甲方说了算。我服务的业主一般会设定建筑标准，因为这关系到投资；但不会设定特别明确的风格，建筑师如果能用自己的作品和能力说服甲方，那么可能让甲方改变初衷。

王　戈：会的。标准其实是个体系，例如用什么样的门窗，大公司会有较为明确的标准，小公司可能就看着来了。设计院愿意和大公司合作的原因之一是因为它们有标准，这样设计就有保障，不至于太走样儿。风格也会提，但是经常会变。创新的风格最难做，定性的风格则容易做。比如中式风格就相对难做，正所谓画鬼容易画人难，越是大家都熟悉的东西越是不好做。我们现在对水平高的甲方才会考虑做中式风格，对一般的甲方就现做现代风格。

吴　钢：有些会，有些不会。甲方预设了风格和标准并不代表设计师就非要按照他的要求去完成，而甲方不预设风格和标准，也不代表设计师可以完全按照自己的想法去做。这和我们确定要解决的问题有关，并不是所有问题都和建筑风格及建筑标准有关。归根结底还是和我们对事物的观察有关。我从来不会因为一个开发商规定了某一种风格而去对开发商说"那我不做你这个项目了"，但我会给开发商讲我对这种风格的看法。举个具体例子吧，比如一个甲方来找我说要做ArtDeco风格，那么我就会思考他选择要做ArtDeco背后的原因，然后和他展开讨论。如果这个原因是合理并且可以成立的，那么我们就会讨论这个风格的成本；如果成本他也可以接受，那么接下来我们会讨论这件事情的必要性；最后琢磨一下有没有可以替代的方案，即在同等代价的情况下，这种风格是不是唯一恰当的选择。

周　恺：会的。甲方是以市场为绝对标准，什么好卖就做什么样的产品。其实这也是我不大愿意做地产项目的原因之一。就说住宅吧，我觉得如果房地产商连房型都规定了，那建筑师被束缚的就太多了，很难做出自己的特色。

庄惟敏：甲方往往会事先预设建筑风格和建设标准，但两者目的不同。前者是因为市场的假设和预期，后者是应为投资造价的控制。所以前者有盲目性，后者是房地产开发项目的一般规律。

（7）您认为甲方、乙方之间的关系应该是雇佣关系、主仆关系，还是合作关系？

（甲方）

薄　红：甲方乙方从法律上是雇佣关系，在操作过程中是合作关系，要经过多轮沟通讨论，一起推进项目。这种合作关系需要双方在合同要求下尽职工作，促进双赢。合约要规定得细致，哪个阶段完成什么工作，达成何种标准，一般是甲方提供合同模板，双方把关键点规定清楚，便于全过程的设计质量和项目管理的把控。

邓　健：我觉得介于雇佣与合作之间吧，因为毕竟双方存在具有法律效力的合同约定。在实际运作过程中，我们甲乙双方的关系还是挺融洽的，因为不论平时工作多累，大家都在为一个共同的目标在努力，那就是把产品做到最好。也许在设计院看来，我们甲方非常风

光，每天就是对设计院指手画脚，但其实我们和设计院是相互配合、相互依赖的关系，我们在背后做了大量支持设计院的工作。

林　曈：我认为是合作关系，万科是把所有的建筑师包括施工单位等都当做合作伙伴，对方有什么难点都可以拿出来讨论，而绝对不会是居高临下的态度。在今天这样的形势下，有时合作方是可以帮到我们的。虽然是我们付钱，对方提供服务，但是对方是真心帮你还是来挣你钱，效果是完全不同的，会直接影响到项目的品质。当然不排除某些设计部的同志年轻、阅历浅、心又高，会出现对设计院的建筑师颐指气使的情况。但我们一方面会教育员工，给他们灌输双方平等的概念，另一方面会定期在双方的高层之间进行沟通。越是公司管理层、地位高的领导，越会把建筑师当做合作伙伴。

刘克峰：当然是雇佣关系了，因为乙方付出劳动，甲方购买乙方的服务。而且建筑行业就是一个服务行业，所以这一点毋庸置疑。

郭晓东：当然是合作关系了。像我们公司和建筑师的关系都是很好的，我们作为甲方不会对设计师趾高气扬，而且，我们会把很多失败的原因都归结到自己身上，而不是推给设计师。如果项目出现失误，八成的原因是开发商自己没想清楚。从物质上来讲，是雇佣关系；但从精神上来讲，一定是合作关系。而且这种平等的合作关系不是靠金钱来摆平的，而是靠能力，靠双方的对话和思维能够处于同一个高度。

彭　松：我认为从本质上说还是合作关系。优秀的乙方遇到优秀的甲方才能做出叫好又叫座的优秀作品，如果有任何一方不积极合作都诞生不了优秀的项目。

于　光：从经济角度来说，甲方付给乙方设计费，那么貌似是雇佣关系，但是我不认为甲方会把和建筑师的关系看做单纯的雇佣关系；至于合作关系，好像也不太贴切，因为在项目设计过程中，还是以建筑设计单位为主，是以建筑师为主导的。其实甲方、乙方的关系是一种很复杂的，很难用某一种关系来界定。在我负责的项目中，我和建筑师之间都是一种平等的朋友关系，因为大家的认识和目标都是一致的。

遇绣峰：当然是合作关系了，一荣俱荣，一损俱损。从我做甲方的角度来讲，我希望我们的合作公司既要有压力，又要愉快地工作。因为设计是一个需要激情和创意的行业，甲方不能老去打压设计师，使他们失去创作的热情。首先我们会选择优秀的设计公司，其次我们会尽量争取提供一个明确的设计输入条件，还有就是我们对设计要给予充分的尊重，挖掘出设计的潜力。不过作为开发商，我们自己的生存压力也很大，包括对时间进度和质量的要求，这样就会转为对乙方的要求，但现在整个市场的生存环境就是这样，所以甲乙双方一定是合作关系，荣辱共担。

王海滨：当然是合作关系。

王　巍：从市场看，似乎是雇佣关系，但我觉得理想状态应该是合作关系。甲方付费请乙方来做设计，但同时对乙方是尊重的。希望建筑师的作品既能满足甲方的要求，同时又能实现自己的想法。

（乙方）

陈一峰：建筑设计实际上是一个服务行业，我们和甲方是服务与被服务的关系，如果要说雇佣关系和合作关系，那么就不同情况而论，雇佣关系要多一些，合作关系则少一些。像一些小开发商，他们比较依赖建筑师，因为建筑师能帮他出主意并把握很多东西，这种情

况下双方就以合作关系为主。

崔　愷：从根本上讲算是雇佣关系。有的甲方会对名气比较大的建筑师多尊重一些，对名不见经传的年轻建筑师就不算太客气，多少有些势利。不过，与甲方的关系处理得如何，其实与建筑师是否善于和业主沟通是密切相关的。建筑师要有灵活的沟通能力，有时做出适当的让步是必要的。但这种让步不是无原则的，而是有节制的、有理性的，我认为，在关键时刻能够做出恰当而有原则的让步是一个职业建筑师必备的素质，建筑师必须学会怎样引导甲方带领项目向更好的方向发展。

樊则森：这个问题对设计院来说确实很纠结。我个人始终把和甲方关系看做合作关系，而且我在实际工作中也努力这样去做。我们和甲方是技术合作，不能是他付了钱就要无条件地服从于他。但是在具体操作层面上，确实很多甲方给我们的感觉都比较强势。现在设计院和甲方关系的这种困境不能完全怪甲方，我认为很多是设计院自己造成的。因为确实有不少同行把自己当做甲方的佣人，一开始定位就是雇佣关系。这就助长了甲方的气焰，他会威胁设计院——如果你设计不对我言听计从，那么我就炒掉你。这种关系就不正常，不利于社会的正常发展。因为甲方的某些利益是不合理的，甚至是违法的；如果设计院什么都服从于他，就是帮助他一起违法。

李兴钢：很难概括成某一种单一的关系。我觉得不能说是雇佣关系，因为雇佣是老板和下属的关系，老板说什么下属都要服从；而房地产商和建筑师的关系实际上是在合同约束下的一种服务与被服务的关系，并不是雇员对老板言听计从那么简单的一种关系。说是合作关系倒相对可以，恐怕是根据个案的不同，合作中甲乙双方的平等程度也不尽相同。比如我正在读的《流水别墅传》中的甲方考夫曼和乙方赖特，他们的关系就是平等而友好的，彼此都给对方打造好作品的机会，是比较理想的一种甲方、乙方关系。

刘晓钟：从商业行为来讲，是一种雇佣关系；但是从设计产品的角度来说，则是一种合作关系。这要看你从哪个角度来看待这个问题。我觉得单单拿一种关系来界定甲方、乙方的关系是很难的。

叶晓健：如果建筑师仅仅是要完成甲方任务，那么这种合同关系就是一种雇佣关系。不过建筑师应该具有职业道德，当甲方的利益和建筑的社会价值发生冲突时，建筑师的行动一定要体现出社会责任感。建筑设计应该为社会作出贡献，特别是一些大型公建项目。理想的甲乙双方关系当然是融洽的合作关系，因为如果没有业主的支持，那么建筑师的创作就是个乌托邦，建筑师和业主之间的相互理解是最重要的。我觉得甲乙双方的关系一定要建立在相互信任的前提下，如果没有信任这个基础，那么建筑创作真是举步维艰。当然，如何去赢得甲方的信任，在潜移默化中去影响业主，这就要看建筑师的本事了。我经常对业主说"信任"两个字是一笔一画写出来的。

俞　挺：这要基于双方对这件事情的态度。我们习惯把甲乙双方的关系形成对立关系，一旦形成对立的话就很难产生互信，那么就可能谈崩。我们会遇到形形色色的甲方，他们的品格有高有低，能力有强有弱，但是如果人为地在甲乙双方之间划一条鸿沟，彼此不信任，那么合作就没法进行了。我认为和甲方相处，关键在于信任，你能做的要告诉他，你不能控制的也要告诉他，他的风险要提前提醒他，这样的甲方、乙方是会成为朋友的。在看待甲方、乙方的关系时先不要

要求甲方，而是把我们自己——建筑师的事情做好。那些成功的建筑师们一定都是以自己超强的专业能力赢得甲方的尊重和信赖，并且对甲方产生影响力的。在这样的建筑师和甲方之间看不出什么矛盾。但是当一个建筑师不停地在埋怨自己的团队、体制或者甲方时，十有八九背后隐藏着他自己能力的不足。所以我认为无论甲方、乙方，都不要先指责对方，而是应该先把自己业内的事情做好，这是第一步要做的事情。彼此尊重，彼此信赖，才能有愉快的合作。

王　戈：按说应该是合作关系，但这其实和店大欺客或者客大欺店的道理是一样的。小的开发商找我们，我们就相对强势；大的开发商来找呢，我们则相对弱势。据我所知，现在地产项目做得好的建筑师手上都有做不完的项目，如果甲方趾高气扬，我们就可以不做他的项目。我们的阅历和见识都不比开发商差，大家应该是一种平等的关系，只有在平等对话的基础上，双方才可能合作愉快，把项目做好。一些专做大型住宅项目的大设计公司由于要靠住宅去完成大量的产值，所以他们会更多地去考虑甲方的要求，去平衡各种利益关系，他们和甲方的合作关系会相对弱，雇佣关系会相对强。小公司则不然，人少，不需要完成那么多的产值，甲方要是太压人，就可以选择不和他合作。

吴钢：我认为甲方、乙方之间的关系毫无疑问是合作关系，而且永远都是合作关系。成功的作品一定都是甲方、乙方像一对和睦夫妻一样共同养育的孩子，充斥着争吵和矛盾的家庭环境对孩子的成长无疑是不利的。

周　愷：我觉得恐怕还是雇佣关系占主流，有很多住宅项目只要从建成的效果来看，就能猜测出甲方一定是很强势的。设计院其实心里也明白，公建项目做得辛苦，收益又少；房地产的住宅项目规模大、来钱快，经济效益高，所以也就听命于甲方。我合作的地产商对我还是比较尊重的，我也尽量满足他们的需求，不断优化设计，帮助甲方节约造价、合理利用空间，双方的关系算是平等和愉快的。

庄惟敏：根据国际建协 UIA 的定义，建筑师是在甲乙双方合约的约束下为甲方提供服务的，但同时建筑师又要保障社会的公众利益。所以从这个定义来看，建筑师与开发商签订合同为甲方服务就是雇佣关系，而作为有义务维护社会公众利益的社会角色，建筑师和甲方又是合作关系；不过绝不可能是"主仆关系"。

（8）您认为应该如何理顺、改进和规范甲方、乙方之间的责、权、利关系？

（甲方）

薄　红：首先是合约规范，从法律上保证；然后是建立标准化、制度化的机制，如前置条件齐备的标准化的项目启动会、方案施工图的评审会等。另外，设计师尽可能多地参与项目管理和研发是迫切的问题，这是提升建筑产品质量的重要途径。目前国内建筑设计团队在现有的收费和工期上，服务周期相对较短，除了方案汇报、设计交底和设计验收外，在前期策划和后期二次设计及审核中参与很少，不利于建筑品质的保证。

邓　健：我觉得事先要把很多事情定位清楚比较好，比如设计标准、建筑风格等等，在做设计之前就都明确了，那么过程就会比较顺利。现在往往是房地产商没把事情想清楚就找建筑师做设计，然后造成反复地修改，耗费大量的人力和时间，甚至引起甲乙双方的纠纷。

但是无论是地产公司还是设计院，只要都能把自己分内的工作做标准、做规范，甲乙双方的合作还是会很顺利的。中国的设计市场偏畸形，价格竞争严重。我们一直喜欢设计单位为甲方多做一些事，设计能够确定的事情越来越多，比如设计作为一个大总包，一次设计、二次设计都能自己定，逐步向国外设计公司的模式靠近。但这样对应的也就是比较高的设计费。现在感觉在国内做不到这样了，因为大家往往拼的都是设计费。

林　疃：设计行业其实是一个历史悠久的职业，责、权、利都是挺清晰的，不过由于中国目前处于快速发展的状态，所以导致了大家做得不够到位。我觉得只要甲方和乙方能分清彼此双方的义务和责任，各自都能做好分内的事情，这个关系就能理顺了。当然还有一些为人方面的法则，比如做好的甲方，除了有好的专业基础，一定还要能够协调好各方面的关系，让大家都心情愉快地来合作，这样才能有效推进项目、取得业绩。所以在甲乙双方相处过程中，智商是基础，情商更为重要，这个需要在工作中慢慢体会。至于用合同来约定或者高层定期沟通，都是辅助的方法。

刘克峰：这和我们的社会大环境、法制的健全都有关系，甲乙双方的责、权、利关系要依赖于整个社会的良好互动，特别是建筑行业本身的发展。应该充分发挥行业协会如建筑学会等的作用来规范甲乙双方的关系。

郭晓东：这个还真不太好办。中国目前的市场环境不够规范，房地产行业的产业链也不够成熟，开发商和设计师只是其中一个环节，甲乙方关系还算相对简单。现在不够规范的开发商太多，所以市场比较混乱，会让设计师很痛苦。总体来讲，设计师的专业化程度肯定比大多数房地产商的专业化程度要高。国内目前做住宅的一些设计师的水平已经相当高，我们这样的开发商与他们合作时双方是在同一个高度上共同探讨；但是商业建筑方面国内设计师的专业性还有待提高，和国外设计师还有差距。当甲乙双方都变得相当专业时，这个关系自然就好处理了。

彭　松：我们主要靠合同中的规定来规范。如果遇到一个配合不好的乙方，不能良好履行合同，那么下次我们就不会再和他合作了。我们会挑选服务好、水平高的乙方来长期合作，所以这是一个选择和淘汰的过程。

于　光：责、权、利要在一个健全的法制环境下才能得以规范，从我们国家目前的情况来看，近期恐怕难以实现。如果退而求其次，我认为一些市场机制和行业规范的建立有助于大家来规范责、权、利。例如设计费问题，就需要一个良性的市场大环境，防止某些单位用低价来竞标、提供劣质设计、降低项目品质。我们倒没有碰到过设计费纠纷的情况，但是遇到过设计单位做得不到位，结果是我们再花钱去找另外一家单位重新修改设计。

遇绣峰：如果房地产公司设计能够对项目产品定位清晰、了解市场需求，那么就能够很好地衔接设计院、给出明确的设计要求；如果设计院能够多从客户的角度来考虑问题，明白产品最终是为了销售，这样做出的设计也就能够得到甲方的认同。甲乙双方的工作着眼点如果都能向前跨一步，而不是停留在本位，那么甲乙双方的关系自然也就理顺了。房地产公司在项目进行过程中有时会因为市场变化而做出一些调整，在这方面设计院应该给予理解，毕竟房子是要卖出去

的，开发商的压力非常大。现在的问题是设计单位项目很多，所以很难精细深入地去做，而房地产公司又会在项目进程中出现一些反复，所以就造成了合作过程中的不流畅。这需要双方的相互理解，双方要本着专业的合作精神来一起做项目。

王海滨：这个问题不单单是甲方、乙方的问题，而是整个社会的契约精神的问题。一个简单的合同，双方可能合作愉快顺畅；一个严谨的合同，双方也可能会合作得磕磕绊绊。双方是合作关系，要有互信和合作精神。从甲方的角度要信任设计师，把设计师当成自己不可或缺的一个高参；从设计师角度要切实当好这个高参。

王　巍：我觉得主要是对建筑师要多尊重，对他们的工作时间要求也应该是人性化的，需要设计院加班赶图时要多沟通，甲乙双方要能相互谅解，遇到困难时共同解决。工作成果则是以合同为衡量标准，合同上的各种约定都很详尽，出现问题就拿合同说话。另外甲方、乙方相互打交道、处理各种问题时还是有很多行为的艺术。

（乙方）

陈一峰：这个事情好像也是我们有点无能为力的，因为它和立法、办事程序以及整个社会的大环境都有关。首先有些责任问题就扯不清，比如一个建筑做得不好看，大家会怪建筑师，但是其实那就是开发商非要做成的样子。在国外这样的情况就不大会发生，因为开发商不能随意更改建筑师的设计，例如材料、色彩等。而在我们国家，开发商、政府都可以随意修改建筑师的创作，缺乏法制的严格监管。但有时反过来想，建筑师的见识就一定比开发商和政府官员高吗？也不见得。因为我们国家现在的建设需求量巨大，确实有很多不称职的建筑师也在第一线上做设计，这类建筑师的见识和境界还真不一定比开发商或者政府官员强，而且为数不少。如果我们所有的建筑师的权利都变得像国外建筑师那么大，也许又会暴露出其他问题。

至于有些甲方拖欠设计费的问题，我们遇到过，但是属于极个别的情况。最后之所以没有去打官司，一个是因为中间没有留下各种书面的证据，另一个就是欠的是后面的一些尾款，最后也就不了了之了。还有就是如果有的甲方要在合同里面加上各种不平等条款，那么这样的项目我们一律不接，要合作的话必须按照标准合同样本来。毕竟我们是大院，活儿多得做不过来，所以可能就不必像有些小公司那样签订不符合国家标准的合同。另外我认为我们建筑师的弱势有时也是自己造成的。比如在家装市场，你去找任何一家公司，不付定金人家都是绝对不会给你做的，因为他们有行规。但是我们很多建筑师合同都还没签就先给甲方画图了，结果最后自己吃了哑巴亏。所以我觉得我们建筑行业需要制定一些行业规范，大家都来执行才可以。

崔　愷：目前的甲乙双方权限划分其实已经是比较清晰的了，房地产商操作模式已经基本形成定式，像我们这样的大院基本没碰到过不规范的甲方。

樊则森：首先，我希望所有的同行能够挺起腰板来，对于甲方的要求，该答应的答应，不该答应的就不能答应。我觉得我们要把建筑设计当做一个事业来做，而不仅仅是一种谋生的手段。其次，我也希望我们的行业管理部门能够对我们给予政策上的支持，给我们打气，让我们能够理直气壮地去面对甲方。比如当行政主管部门和行业管理部门一起对一些基本建设程序中的步骤做出严格约束的规定时，开发商就必须照办，这样就保护了我们设计行业。目前在甲乙双方关系中，

设计院属于弱势群体，所以需要一些自我保护措施。这还需要我们行业的共同努力。我接触过的一些有眼光的甲方，他们确实没有把设计院当做雇佣角色，而是不断用行动在强调双方是合作关系。好的设计院也不会因为甲方态度好就得寸进尺，而是肯定会把设计做到位。所以我觉得我们遇到好的甲方时，一定要努力把工作做好，培养甲方对设计院的认同感。

李兴钢：这要依赖于社会大环境，需要甲方对设计价值的充分认知，需要甲乙双方相互的肯定和尊重。房地产商和建筑师如果都能在各自的领域内把自己的工作做得更好、更专业，那么也自然会赢得对方的信赖和尊重。当然合同也非常重要，在合同中对甲乙双方的责、权、利都规定清楚，大家在项目进行过程中都应遵守合同。

刘晓钟：双方都得分清自己的职责和权限，哪些是应该自己做的，哪些是应该对方做的。合同当中有所约束是十分必要的，但还要注意的是不要越权。在做事的过程中，双方往往都会觉得自己是在行的、是专业的，但是由于双方的专业背景不同，发挥的作用也是不同的，谁也替代不了另一方的岗位。甲方有要求可以提，建筑师会尽力去做；如果达不到要求，甲方甚至可以换建筑师。但是甲方是不可能替代建筑师的。

在合作中，甲方、乙方照理说应该是平等的，但是执行起来却颇有困难，本质上还是雇佣关系。法律上保护建筑师权利的条款很少。我们很少听说建筑师起诉开发商拖欠设计费，因为缺乏这样的仲裁机构，很难有谁站出来为建筑师说话。很多设计单位宁可吃哑巴亏也不会去和开发商打官司，因为胜算的机会很小，而且赔进去的时间精力都可以再干一个项目了。在甲乙双方的关系中，建筑师相对来说属于弱势的一方，甲方往往比较强势；所以说我们建筑行业缺少一种自我保护机制，来维护自己的合法权益。

叶晓健：主要依靠设计合同来制约双方。设计合同的签订实际上是双方达成共识，不存在绝对的合理性。因为任何一个项目都是不可复制的，即使是在同一个开发商那里拿到的不同项目，每一项也都有所区别。

俞挺：我认为在目前的社会背景下很难实现，因为甲方、乙方的不互信已成为普遍现象，很难通过什么来规范甲乙双方的责、权、利。我们整个国家的契约精神都不够，那么怎么能指望在房地产行业内部甲乙双方具有契约精神呢？就说合同吧，我们的合同在很多条款上都是没有执行力的。我们经常遇到甲方拖欠设计费的情况，如果按照合同就不会发生，那么被拖欠了之后有谁去告甲方吗？同样，我们设计师也往往因为各种原因无法按时提供给甲方图纸，甲方也不会去告我们，只能无奈地催图和等待，因为再去找另外一家单位重新做设计是不现实的。这些在国外是几乎不可能的，任何违背合同的一方都会吃严厉的官司。在我们建筑行业，很少听说谁去和甲方打官司吧。不光是建筑业，整个中国的大环境都是大家缺乏遵守承诺的契约精神，所以我认为要规范甲方、乙方的关系是很难的一件事情。我觉得建筑师先别要求甲方，先想想自己做得是否符合建筑师的职业精神和职业道德，我们自己的行业先要做到自律。

王戈：很难去规范。其实责、权、利的关系都体现在合同文本里了，谁强势合同就会对谁有利。就说设计修改吧，如果甲方强势，那么合同里就会写明"甲方认可的重大设计修改会产生修改费用"，

这时一些乙方认为的重大设计修改如果甲方不认可，甲方照样可以不付费用；如果乙方强势，则会在合同里写明修改任务书、推倒前一阶段的设计成果等情况都算重大设计修改，都需要重新收费，并且会列出收费比例和修改时间，甲方不认可这样的合同条款的话那么合作就免谈。这还是市场供需关系的问题，当设计院的数量和项目数量达到平衡时，甲乙方的关系才会规范。

吴钢：在我看来，这件事情的问题是我们缺乏一个合约的基础。由于中国目前的法制不够健全，所以我们的合约基础（包括政治、社会、经济等各个方面）都不是太稳定。这是一个全社会的问题，我们建筑行业甲方、乙方的关系确实需要理顺、改进和规范，但这绝对不是我们一个行业就能改变的，需要中央的政策支持和全社会的参与。

周恺：这个事情不是仅仅凭我们建筑行业就能改变的问题，而是受整个国家背景下人们做事的心态和思考问题的方法等因素影响的。我想等很多事情都规范化了，人们的素质都提高了，这种责、权、利的关系也就自然会容易理顺了。如果市场经济不能深化，法制建设又跟不上，那么肯定就会出现问题。在我们国家，现在连食品、药品的安全都不断爆出各种问题，更何况是房地产业。像这些不规范的事情虽然表面看是个体问题，但折射出的其实是全社会的共性问题。如果不规范的事情都能得到严厉的惩罚，那么大家自然也就都守规矩了。

庄惟敏：甲乙方的关系，从来都是通过合约来实现的，没有合约也就没有甲乙方，即便是口头合约，也是合约的一种形式。所以依法签订合理的合约就是对双方利益的最大的保障。目前国际上通用的合约范本有 FIDIC，国际建协 UIA 也在两年前通过了国际建协职业实践政策指导下的建筑师与业主的合约范本，从各个方面界定了甲乙双方的责、权、利。我国目前只有住建部指导下的合同模板（各单位购买）和各地区的地方的合同模板，但甲方往往在此基础上附加很多条款，造成对建筑师的单方不利。

（9）中国房地产市场的快速发展对于建筑创作有什么正面和负面的作用？

（甲方）

薄红：房地产市场对建筑创作正面作用很大，机会多、需求多、竞争多，有利于出作品，很多国外设计师羡慕国内设计师的机会。但往往因为设计周期过短，设计作品的领会和沉淀不够，有些地方研究得不到位，不利于推出经典的经过细致推敲的精品。

邓健：正面的作用是快速发展提供了很多机会，有利于创新，这是毋庸置疑的。负面的作用也是因为飞速发展，不仅是房地产领域，而是国民经济的各个领域，发展速度全都太快，静不下心来去做研究和创新，这算是通病了。

林曦：我个人是积极肯定正面作用的。任何事物在发展阶段都会存在一些负面作用，更何况中国目前这种社会、经济、城市等方面的快速发展在全世界都是史无前例的，没有可以借鉴和参考的先例。美国曾多次预测中国经济要崩盘，但是我们都挺过来了。事物发展的历史阶段总是有利有弊，当然现在这样的快速发展也带来了一些弊端，但我认为中国当今房地产市场快速发展带来的正面作用要远远大于负面作用。因为有发展的社会才能给大家提供机会，才能让社会充满活力。快速发展给建筑师和房地产商都提供了机会，有些项目也做得很

成功。我更愿意在评判一个事物时把它放到近现代历史发展的一个大背景中去思考。

刘克峰：首先要肯定它的正面作用，因为这种大规模的快速发展给大家创造了很多机会，从这点来说国内的建筑师比国外的建筑师幸运得多，能够短时间内做到很多项目。但快速发展也带来了一些遗憾，没有足够的时间去构思、发展和总结建筑创作。

郭晓东：我觉得正面作用还是很明显的，从发展来看，建筑创作一定会越来越好。首先，现在的经济基础好了，无论是建造方式还是工艺水平都能支持建筑师去搞创作，而且越是盈利目的少的项目越能出好作品。其次，文化氛围和人们的见识和欣赏水平都提高了，也有利于建筑创作。过去我们上学时抄个国外的建筑都觉得牛得不行，现在的孩子们本科阶段就有很多出国交流的机会了。但是，我觉得不是所有的建筑都谈得上创作，国外建筑师也分两类，一类是创作型建筑师，一类是商业型建筑师。真正的创作型建筑师是极少数，但是可能舆论报道得会比较多。商业型建筑师虽然不太被关注，但数量却庞大，对社会的贡献也很多。我认为没必要每个人都去谈建筑创作，有的人适合去做创作型建筑师，有的人则适合去做商业型建筑师，大家应该各归其位。

彭　松：正面作用就是给大家制造了很多机会，中国的建筑师是世界上机会最多的建筑师。负面作用就是由于发展速度太快，建筑师被迫迅速地、大量地做设计，导致粗制滥造的建筑太多，速度和数量的追求往往是以牺牲质量为代价的。当一些特别有追求的甲方和建筑师，在某一个项目特别倾注时间和精力时，才会出现好的项目。

于　光：正面作用就是给设计师们提供了大量的设计实践机会，负面作用当然也就是这种快速发展带来的不可避免的设计质量不高的问题。我们现在很多住宅项目容积率都偏高，户型也有规定，再加上工期紧、施工技术受限制，所以留给建筑师可发挥的空间确实不太大；而且施工建设质量也不会太好。我个人比较反对大量建设那种低品质的经济适用房、廉租房以及在市郊建设高层高密度的社区，我觉得再过若干年后回过头来看，大家恐怕不会认为那种房子是好东西。

遇绣峰：正面作用就是给大家都提供了更多的机会，负面作用就是萝卜多了不洗泥。快速发展导致城市缺乏自然生长的过程，虽然有好的建筑诞生，但也有很多的败笔，而建筑一旦盖起来可不是随随便便就能推倒的。在这个进程中，开发商的水平良莠不齐，设计单位的水平也有高有低，结果就造成了城市的形象参差不齐，美丑都有。而且有些省会城市盲目选用外国建筑师的设计方案，其他的城市又来抄袭和照搬，导致的结果就是城市形象缺乏自己的文脉和地域文化特征、缺少差异性，这也是快速发展中的一个遗憾。

王海滨：正面的作用是设计师得到了大量的实践，负面的作用是设计变成了生产。

王　巍：正面的作用主要是市场大、项目多，能够给建筑师提供更多的创作机会，充分发挥自己的能力；但负面的作用则是速度太快，大家都容易心态浮躁，很难静下心来做出一个真正好的设计。

（乙方）

陈一峰：正面的作用就是比较锻炼人，因为我们每年的工程量都很大，所以设计水平和经验积累都会提高得非常迅速，这点是国外的建筑师和我们没法相比的。负面的作用就是其实也有点毁人，数量

这么大、强度这么高的工作使得建筑设计变成了一种体力劳动，工程都很急，几乎没有时间让建筑师思考，特别是去仔细推敲建筑和周围环境、城市的关系。所以这二十年间迅速发展的房地产以及成长起来的城市，已经在中国大地上形成了一种视觉污染，每个城市都是几种时髦风格的一个大杂烩，不像欧洲那些经历了成百上千年积淀、自然生长起来的城镇那么层次丰富、韵味深长和具有地域文化特征。

崔　愷：正面作用是很明显的。房地产从市场的角度对建筑设计进行了理性的干预。其实建筑师在完全松绑、充分自由的状况下反而会有可能不知道该如何做设计了，例如以前我们做的一些集群设计，甲方不给任何限制条件，反倒令建筑师不知从何下手。好的甲方能够引导和激发建筑师做出好的设计。以前上学时总以为是建筑师引导甲方，于是造就了传世佳作；现在才渐渐明白，甲方也会引导建筑师成就出伟大的作品。真正好的作品，往往是在建筑师与甲方的争执、矛盾、辩论中诞生，灵感的火花往往是在遭遇一次次否定后才迸发出来的。建筑师与甲方在方案设计、不断磨合的过程中，是客观的、积极的，能够促成好的建筑作品的诞生。当然，负面作用也是显而易见的。从一些个案上来看，房地产这种爆发式的发展、急功近利的商业利己主义，会造成一些开发商去片面追求吸人眼球的东西，甚至做出虚假宣传，而建筑师也只好违心地配合甲方做些华而不实的装饰，这些都是房地产发展过程中不成熟的表现。我认为随着大家逐渐进入理性消费，这些现象也会慢慢减少。

樊则森：对于我个人而言，无论是从成就感，还是经济效益来说，都有很多正面作用，因为我们这代人就是在房地产快速发展的年代中成长起来的，有很多机遇，可以在很短的时间做很多工程，积攒大量的经验。但是如果站得高一些，从社会层面来说，房地产的快速发展对于建筑创作来说真是没有多少正面作用。一个以非正常速度快速发展起来的城市肯定存在很多问题。例如盖了才十年的建筑就拆掉，造成社会资源的极大浪费。另外还有城市化进程中的环境破坏、城市千篇一律的现象等等，这些都是快速发展带来的弊病。当然，中国落后了这么久，应该加快建设步伐。所以这些年不光是建筑业，各行各业都在拼命追赶发达国家，这种发展的需求是第一位的。但是从建筑角度讲，并没有产生和数量相一致的质量。我觉得建筑创作应该一步步慢慢来，精雕细刻、反复推敲，把建筑放在城市的背景下，与城市相映成趣、融为一体，这才是好的建筑创作。这些年虽然也有一些好的作品出现，但与建成量太不成比例；如果给予建筑师更为合理的设计周期，这些建筑一定能做得更好。

李兴钢：正面的作用是给建筑师增加了设计创作的机会，建筑师也应该珍惜和把握好这些机会。负面的作用则是有的房地产商片面追求自己的商业利润，置城市发展和公众利益于不顾，比如很多历史名城在房地产开发中遭到了严重的破坏。房地产商追求利润无可厚非，但是也一定要有社会责任感，要克制，有所为有所不为。在这点上建筑师有责任去提醒和引导他们，让城市开发向更积极的方向发展。

刘晓钟：喜忧参半吧。喜的是这么快的发展、这么大的建设量给建筑师们提供了创作的平台和机会，这也是令国外建筑师颇为羡慕的地方；忧的是设计周期太短，思考时间太短，建筑设计是需要时间、需要思考的，如果还没考虑周到项目就往下进行的话，就有可能造成无法弥补的损失。我们在短时间内盖这么多的房子，一方面是为社会

作出很多贡献，但另一方面也一定会留下不少遗憾。

叶晓健：我觉得正面的作用还是非常大的，比如给建筑师提供了创作的机会，推动了城市的建设。当然城市建设分两种，城市空间形式的建设固然重要，但基础设施的建设也同样不可忽视。快速发展带来的负面作用虽然也有，但是我认为这只是一时的现象，且不具有普遍意义。我们需要在快速发展的道路上摸索出一条适合这种推进方式的方法，来使这种推进方式科学化、技术化，减少它会出现的问题，而不是去否定这种方式。

俞　挺：快速发展一定有好的一面和坏的一面，我觉得应该有研究者对这黄金十年的房地产高速发展做一个全局性、纲领性的研究，然后再有若干学者对各种分支上的现象进行研究，几句话是无论如何说不清楚的。好的一面是房子大量出现，创造了无数的就业机会，给建筑师带来了创新的机会，带动了一些下游产业的发展。坏的一面则是由于房地产行业的高利润而使它变成一个逐利的战场，由于过速膨胀、大量人员的介入导致这个行业鱼龙混杂、质量下降，由于大家都把投资转向房地产而阻碍了其他行业得到创新的机会，城市在房地产开发中被破坏等等。例如在1998—2002年房地产低潮时，一些大地产公司对于房型的推敲和建造要求是特别高的，但是在房地产大发展的几年，当设计部的一般职员已经变成设计总监，当工人都变成工头的时候，当产品不合格的厂家都可以因为需求量大大而存活的时候，种种质量问题就暴露出来了。由于房地产带来的利润是如此之快之巨大，所以所有会阻碍它发展的东西都会被消灭，例如老城和自然环境等。这些问题足可以写一套系列图书了。

王　戈：正面的影响还是很明显的，比如住宅的发展让中国人知道了该怎样生活，知道了什么是房子、什么是家，带给人们很多精神层面的东西。由于很多人都在慢慢接受这些精神上的给予，我们这样的设计师才能够存活。房地产的发展给设计师带来了很多机会，对于我而言，最大的收获是通过做住宅，我知道了建筑为人而存在。在"以人为本"这点上，相对于公建而言，住宅需要考虑的方面要多得多。负面的东西也很多，比如房地产是炫富的标签，也有这种负面的引导作用。不过我认为正面影响更多。

吴　钢：任何一件事情都有两面性，即便是欧洲那样的情况也有它的负面作用。首先，建筑师任务不多，创作的机会自然就少；其次，那样一种标准化会导致事物的一种极端的理性，而且对工业标准和质量的极高要求，其实也会造成极端的浪费。例如一块砖，按照德国标准可能几乎可以用上千秋万代了，但事实是过了几十年房子就可能会被拆掉，所以这就是一种浪费。而在中国，我们这种低质量、大规模的高速度发展肯定存在破坏城市和环境等一系列的负面作用，但也有它一定的正面作用，例如给建筑师提供了创作机会，拉动了经济的发展，改善了人们的居住条件等等。如果你问我对这件事有何建议，那我认为它缺乏政府层面的认真思考，还是那句话，做事情的步骤应该是观察事物—发现问题—选择问题—解决问题。现在大家都不仔细去观察，一心想提高GDP，于是不假思索地快速发展，造成了很多问题。

周　恺：正面的作用就是中国的建筑师得到了很多机会，大家可以在这个快速建设发展的过程中得到锻炼和成长，这种机会是在全世界任何一个其他国家都难以找到的。但从另一个角度讲，在人们急

功近利的心理驱使下，这么快的建造速度很难做出好的作品，基本都是一些阶段性的产物。我不认为现在盖起来的一些项目会是永久的，可能过些年就需要改造。这也是我刻意躲开一些项目的原因。公司为了生存，市场化的行为肯定是要有的，但是我们要划一个底线，绝对不去参与那些极端的商业行为。当甲方为了赚钱已经不择手段了，难道我们还要去当那个帮凶吗？比如一些破坏城市风貌和自然环境的项目，我们肯定不会去接。另外一种情况是当项目中领导的主观意识太强且不合理时，我们建筑师也要明确划一个界限。

庄惟敏：中国房地产的快速发展给中国建筑创作带来的影响有正反两方面：正面当然是机会多了，成果多了。反面是"量产"与"库存"的不足带来了粗制滥造和创作水准的降低。创作不是一时的灵光闪现，"原创"二字绝不是从天上掉下来的，而是长期观察、体验，深切地、紧张地甚至是悲剧性地思考的结果。

（10）在产品设计上，甲乙双方各有什么侧重点？

（甲方）

薄　红：产品设计上，销售项目类，甲方侧重客户需求、经济回报和进度方面的可操作性，乙方侧重技术创新和形象的美观。双方都比较容易忽略技术的成熟度、长期使用产品的功能等。甲方自持类项目，甲方会更关注长期运营管理的成本、有无安全隐患、设备运营的稳定性等，对设计细节特别是机电设备方面更加重视。

邓　健：甲方要关注产品和市场之间的联系，确定产品定位、标准和风格等，保证让客户喜爱和满意；而设计师侧重的则是在甲方给定的框架内把产品做到最好，这个框架包括产品风格、成本以及实施难度的制约。

林　疆：甲乙双方要做好各自工作。甲方要考虑市场、运营逻辑、资金成本等，并且在任务书和沟通过程中把这些和建筑师说清楚。建筑师则要在保证功能合理、造价经济的情况下去创作，而不是天马行空地去创作。建筑师很难真正去了解房地产商的运营模式和市场研究。有时建筑师做了非标的东西，会导致工期变慢、成本增加；如果一个节点做法特殊，那么防渗漏等不好保证。美观和防漏相比，显然防漏更重要。一栋房子再漂亮，住几年也就习以为常了，但是如果出现渗漏的话可是致命的问题。建筑师有时会追求美观而忽视了实用，但我认为实用性是第一位的。

刘克峰：大家的目标是一致的，都是要做一个好的产品。一般来讲，甲方侧重销售、将来的运营、技术的成熟度、市场和成本等，乙方则侧重建筑艺术的问题。一般甲乙双方容易忽视自己没有经验的地方。

郭晓东：甲方考虑的一定是生意经，如产品定位、成本控制等，乙方则应该按照甲方要求，从建筑设计的角度来完善产品。双方应该各司其职，才能出好作品。

彭　松：甲方以市场导向为主，以客户和公司经营目标为重，同时兼顾公众利益。有些非商业的建筑师会考虑自己的感受和追求多一些，个性较强，但如果你说不出这样做对一个项目的道理、能创造的价值，那么成熟的开发商肯定是不会答应的——不可能让开发商出钱，来成就设计师自己彰显个人风格的作品。也有很多成熟的建筑师或设计事务所，他们会更多地从甲方、从市场的角度来考虑问题，这样的设计师才是甲方乐于接受的。

于　光：开发商侧重的应该是产品定位、市场研究和设计标准的建立（标准和成本密切相关），建筑师则应该着重关注室外空间、建筑立面、户型、室内空间设计及各种建筑细节。另外我发现很多高档住宅区地面上的房子和环境都很漂亮，但是一开车到了地下车库就发现使用起来很别扭。这说明我们的建筑师往往会忽视地下部分的设计，其实地下部分好不好用大家在买房时都不会去注意，但只有入住后才体会到是与人们的日常生活密切相关的。我认为建筑师也要注意地下部分设计的合理性和舒适性，因为地下部分虽然看不到，但却是住户们每天都要使用到的部分。

遇绣峰：甲方重视市场和需求，乙方则重视实践，既能满足甲方的市场要求，同时从建筑设计的角度来说又是一个好的作品。当然，甲方也需要提高自己的审美水平和管理能力，否则无法去和设计院协调，特别是当聘请一些大牌设计师时。

王海滨：其实在产品设计开始阶段，双方考虑问题的出发点应该是完全一致的。甲方希望乙方利用自己的专业从设计的角度对土地价值进行深层的挖掘，解决这个问题的阶段是双方取得互信的一个重要阶段。而之后的阶段双方应该关注的是既定成本条件下的产品品质的塑造，这其中应该也包含设计师对于空间、形象等产品品质组成要素的思考。

王　巍：甲方一般都会比较注重成本和实现度，毕竟房子是要盖起来卖掉的；而乙方考虑问题则会更理想化一些，往往不计成本，或根据约束再调整自己的设计。相对来说，设计上甲方其实对自己的约束是更多的，而乙方倒是更偏自由些。

（乙方）

陈一峰：甲方最关心的是市场、户型大小和配比等；至于建筑师，从我个人角度说，我更关注的是产品的创新，也就是根据地块特点，看能否出有创意的产品。所以我比较反感菜单式设计，菜单式设计的项目虽然效益高，但是创新很受限制，设计的过程缺乏愉悦性。

崔　愷：甲乙双方侧重点各有不同。建筑师的立场更专业、更注重长远的品质、城市利益和公众利益，而甲方则显然更注重投资回报。但在有些方面甲乙双方的侧重点又是重合的，比如大家都会注重高品质、利于销售等问题。但有些浮夸的东西是不好的，往往会耗费能源、不环保、寿命短，应该尽量杜绝，回归理性设计。对于居住建筑的认识，甲乙双方的很多立场还是会趋于一致的。开发商更关注销售，所以确实会在产品上花费很多脑筋，他们通常会积攒了大量的素材和研究经验。在这一点上，我们建筑师的见识往往比不上开发商，我们必须承认自己的不足，要虚心向开发商学习，听取他们的意见，绝对不能把开发商放在我们的对立面。特别是我们一些年轻的、经验不足的建筑师，尤其要注意这一点。

樊则森：甲方的诉求我就不说了。对于那类给甲方当"鼠标"的设计院，由于甲方设计部的干预，这类设计院在产品设计上其实已经没有什么诉求了，一切都是甲方说了算。对于一些有追求的设计院，他们想方设法要做的就是把自己的设计做好并推销给甲方。其实这个比当甲方鼠标要费时间、花精力，效益可能还低，但确实一些有追求的建筑师在这样做。

李兴钢：侧重点确实会有所不同。对于甲方，要从市场、销售等方面实现他们的商业计划，他们会更关注产品的成本和能否赢得市

场；而建筑师呢，则除了满足产品在各方面的基本需求外，还会融入自己在建筑理想方面的追求。

刘晓钟：甲方的市场嗅觉敏感，他们是从资本、利润的角度来看待产品，有些事情甚至不见得会和建筑师交流；建筑师则是从使用方面来考虑产品，看它是否符合功能要求，所以甲乙双方对产品设计的角度是不同的，但是也有共同的一点，就是都要把这个产品做好。

叶晓健：不要对甲方提出过高的要求。甲方毕竟不是专业人员，他只是为社会提供产品，达到他的利益。甲方要侧重产品定位，乙方要侧重产品质量。甲方、乙方是一体，项目的成功和甲乙双方的磨合、相互理解是密不可分的。有一种说法叫做战略合作伙伴，就指出了甲方、乙方之间共赢的关系。

俞　挺：甲方的目的很简单，就是要能卖钱。总的来说甲方有这么几种，一种是有艺术家气质的、有追求的，会要求把自己的体验和爱好做进去；还有一种是偏向大规模工业化生产的。如果遇到第二种甲方，那么建筑师是没有个性的，顶多变成工业化生产线上的一部分，因为这种甲方要求的是设计成熟、能迅速流水线生产和稍有创意，而稍有创意靠照猫画虎也就够了。还有第三种甲方，他们的人生没什么理想和追求，大规模生产能力也不够，只满足于市场上有什么热门的拿来直接照抄。他们会找廉价的设计师，要求能提供山寨产品就行了。其实我们中国的大多数甲方都是第二种和第三种甲方，建筑师碰到他们是没多少创新机会的，而第一种甲方非常稀少，最多占千分之一，当建筑师有幸遇到第一种甲方时，他便有可能做出好的作品。

王　戈：产品设计应该是甲乙双方各自都把能量充分发挥出来。甲方要提出自己需要什么，他们要解决的主要是代数题，说出要花多少钱、干多少事情，明确所有的指标；建筑师要解决的是几何题，把建筑做成什么样的形体和空间，如何把这些空间串联起来。甲方的代数题和建筑师的几何题如果都解好了，那么这个产品就不会差。当然，更高标准的项目还需要解语文题，做出有意境、耐人寻味的东西蕴含在作品里面。我感觉三流的设计院仅仅会帮着甲方一起解代数题，二流的设计院还能解几何题，而一流的设计院更胜一筹，除了会解代数和几何题，还能解语文题。当然，如果地产商水平较低，那么你跟他说语文题他根本就听不懂。

吴　钢：原则上说产品设计是一件事情，只不过甲乙双方的分工不同，所以各有侧重，但大家的目标是一致的。作为建筑师，我们要考虑到产品设计的所有问题。

周　恺：甲方最注重市场，他们追求的肯定是低投资、高收益。我们一些有追求的建筑师，且先不提创新，起码是想在满足甲方各种需求的前提下，做出个有点意思、自己也喜欢的产品。

庄惟敏：甲方更注重外表和概念，乙方更注重规范和技术。其实这两者是可以结合的。双方容易忽视的问题的是房地产市场的不成熟所带来的购房者价值观的偏差，例如从一开始追逐欧陆风到今天夸张的绿色概念。

4.2　甲方问题（共计 7 个问题）

（1）在设计过程中，乙方是否接受甲方的合理化建议？

薄　红：在设计过程中，乙方必须接受甲方的合理化建议。乙

方应善于站在甲方角度，兼顾社会效益和经济利益，采纳甲方的合理化建议，能做出必要的让步，使项目得以顺利进行下去。如果乙方不接受甲方的合理化建议，且不能说服甲方，乙方的工作将失去意义，双方的合作会出现问题。

邓　健：还是能接受吧，毕竟有合约规定。如果我们能够提出一个比较有说服力的理由，让设计单位接受还是不难的。比如我们确定了一个风格，是因为经过大量调研它在市场上比较稀缺，那么这就是合理的理由，建筑师就会接受。我们房地产公司做出来的东西毕竟是要卖的，而不是放在那里当摆设的，这一点建筑师也都是可以理解的。

林　曈：甲方如果说得有道理，乙方当然要接受。谁有道理就听谁的，这点毫无争议。

刘克峰：必须要接受，包括一些指令性的要求。建筑师要认清和甲方之间的关系是雇佣关系，不论怎样，建筑师是为甲方服务的，应该虚心听取他们的意见，而且往往一些甲方的意见会激发建筑师做出更好的设计，对建筑师来说其实是个机会。但如果甲方提出的建议是不合理的，那么建筑师要有能力来和甲方解释，分析甲方到底关注的是什么问题，然后给予其他方式的合理解决办法。

郭晓东：必须要接受。别说甲乙方了，就是我们公司内部开会，也是谁说得对就听谁的，这取决于决策人的判断能力。如果决策人自己水平低或者思路混乱的话，别说设计师的话他不听，就是手下人的建议他也不会采纳。所以我们更重视的是决策人的能力，或者是决策机制的可操作性。

彭　松：如果双方都达成共识认为这样做才是合理的、有价值的，那么乙方应该是会接受的。有时双方对一个设计判断的标准不同。比如对于甲方从客户价值、公司经营目标等方面提出的一些建议，有的大师可能会认为更改了某些对他很重要的东西，就可能不接受，越大牌的建筑师越不容易被甲方说服。

于　光：大体上都能接受，但也有个别建筑师从心理上会抵触而不愿意接受；还有一种情况是建筑师水平太差，尽管心理上愿意接受，但是却怎么也做不出甲方要求的东西来，有时甚至要甲方来帮他画图。我希望建筑师在工作过程中要不断学习和提高，多去参观考察、游览体验、并注意增加生活阅历，要有意识地利用各种机会去提升自己的欣赏和设计水平，包括有时要向有见识的甲方虚心学习。

遇绣峰：当然要接受，因为甲方的合理化建议一方面来自于他的专业背景，一方面来自于市场研究，乙方必须要接受。

王海滨：这个问题在设计师中可能有两个极端：有一些设计师不分合理不合理，除了强制性规范不允许的一概接受；有一些设计师则对甲方的建议一概嗤之以鼻，认为不懂设计而全盘否定。其实这两种方式个人认为都非常不好。而聪明的设计师则会通过甲方的建议来理解甲方真正的需求，而从这些理解出发，发展和修正甲方的合理或不合理的建议与甲方沟通，这样更能达到互信的效果。

王　巍：应该且必须接受。有些合理化建议如果建筑师不肯接受，执著于自己的想法，那么对甲方的影响将是非常巨大的，例如成本造价。建筑师不应该因为个人追求而让甲方蒙受损失，有时是需要均衡考虑的。

（2）目前乙方的服务是否能全面满足甲方的要求（包括户型创新、业态研究、产品策划等）？或者说甲方希望乙方能提供什么样的更高层次的服务？

薄　红：目前乙方的服务大部分不能全面满足甲方的要求，户型创新做得还可以，业态研究、产品策划会相差很多，因为设计院一般做不了策划方面的事。甲方希望乙方能把本职工作及设计做好，把专业做得更专业，至于策划，应该由专业的策划公司做，设计院做好与甲方和策划公司的对接就好。少数设计公司具备策划的能力，在概念方案阶段，能给甲方提供策划方面的建议。从在项目运作全过程角度提出概念方案，甲方很欢迎。

邓　健：其实甲方希望乙方做得越多越好。不仅表现在图纸上，而且希望乙方在整个建造过程中都能发挥积极的作用。比如施工图出来之后，很多东西其实表现得不完善，需要靠大量的二次设计来完成，还有现场的一些控制，例如工地的很多洽商、变更等等。但是在这个阶段往往该项目的工程组已经解散了，大家都扑到新的工程上去了。而恰恰在此时工地服务、二次设计的审核等等，其实特别需要乙方的支持。比如二次设计，其实非常重要，是能否充分表现设计意图的重要因素之一。其实甲方特别希望遇到一个能力足够强的乙方，他可以结合规范、成本控制来把握效果，帮助甲方完善施工阶段的这些事情。但是现实中我们就始终遇不到这样的乙方，也许是由于设计费单价的问题，往往是给多少钱都不愿意做这件事，因为工地的事情特别耗费精力，投入产出比相对低，但其实我们甲方特别需要乙方提供这样的服务。这样的服务有多重要？打个比方吧，设计单位提供同样一份施工图给不同的几个甲方，最后落实后的效果可能会差距很大。目前对于项目在施工阶段的监督管理主要是靠甲方，但实际上最理想的状况是由设计院来担当。

林　曈：目前来说不能满足。一个是后期工地配合跟不上，外地项目的话，设计院两个月去一次工地就不错了，即使是本地项目设计院去工地也去得太少，这个问题很普遍。还有就是图纸质量问题，现在设计院的图纸普遍质量较差。你说活儿多、时间紧，但这不能成为图纸出得糙的借口。我们万科每年交付的住宅有十几万套之多，但我们不能因此就不保证房屋建造质量了呀。万科现在采用的方法就是引入一个第三方监理公司，对全集团所有项目的建筑品质进行一个季度一次的强制排名。具体的评价标准包括施工的垂直度、平整度、安全文明、临边防护等许多的细则。要想控制质量，办法总是有的。对设计院来说，创意固然重要，但设计质量更要保证。一个优秀的企业一定要有严格的品质控制。拿住宅来说，我相信设计院无论是收费30元每平方米还是35或40元每平方米，做出的图纸质量都是一样的，并不会因为收的设计费高就把项目做得更精细。所以这还要靠建筑师和设计院一起来提高对自身的要求，增加对图纸质量的重视程度。

刘克峰：和国外相比，我们国内建筑师服务的范围相对要窄许多。我觉得建筑师不应该放弃自己的那块阵地，应该拓展服务范围并收取相应费用。建筑师在前期和后期都有很多工作可以发展。另外，作为建筑师的看家本领应该是设计，但是现在很多设计院就是靠画图和盖章吃饭，设计都被一些外国设计师做了，有创意的东西都被别人拿走了。在现在中国这种快速发展的情况下，即使外国设计师大量进入，我们本土的建筑师依然拥有很多机会。建筑师要有意识地提高自己的设计水平，因为设计才是最核心的内容，也是建筑师的工作里面最有激情、可能产生最大附加值的一部分。

郭晓东：没有绝对的满意和不满意，这个要看具体合作的那个人。我们看重的还是设计团队的能力与责任心。有时候由于甲方压缩周期的原因，设计提供的图纸稍微差强人意，我们也可以包容，因为毕竟设计师的时间就那么多；但如果是态度问题或能力问题，那我们就要区分对待了。我们对设计师的希望主要有两点，第一，他的专业能力和知识面可以去支持和实现开发商的很多想法；第二，他可以利用自己对各类开发商的广泛接触和在不同项目中取得的经验，给我们提出一些好的建议。这一点其实是我们最喜欢的，因为我们95%的时间都在和华润体系内的人打交道，而设计师就不同，他们和很多开发商打交道，接触面比我们更宽泛。

彭松：只能说满足部分要求，全面满足肯定谈不上，如果全面满足的话，甲方自己的设计部不就没必要设立了吗。我们希望乙方能够多从甲方的角度设身处地来思考问题，那么做出的产品一定能让甲方更满意。

于光：目前设计的确不能满足甲方的全部要求，即使是我自己找的、我认为很适合某个项目的建筑师，在做的过程中也还是有不尽如人意的地方。这可能一方面是由于设计团队中难免有些年轻人经验不足，另一方面也和其他专业的配合不到位有关。其他专业经常习惯从自己专业角度来看问题，怎么省事怎么做设计，而不会上升到项目全局的高度来思考问题。工程主持人的能力也非常重要，要具备责任心，能协调统领各专业。还有就是后期服务这块希望设计院能重视。在目前设计周期紧张的情况下，图纸很难做到位，难免会有疏漏，那么就必须靠盯现场来弥补，否则工程质量很难达到预期的效果。另外我作为甲方，希望设计院的建筑师能够在设计前期提供更宽泛的构思，因为我们在地产公司内关注的建筑设计的视野是有限的，而建筑师接触的设计面更广，希望能给我们开发商拓宽眼界。

遇绣峰：还可以。因为我们选择的都是一些非常优秀的设计公司，有些公司除了做设计，也帮我们做一些产品方面的研究，做得也还不错。现在设计院的施工图水平参差不齐，我希望设计院能够在施工图阶段去规避一些将来建成后才可能会显示出来的问题。我们发现在各个项目中经常会犯一些同样的问题。我是管营销的，经常会遇到交房后客户来投诉。设计院因为项目多得干不过来，所以在设计交付使用后出现的一些问题他们很少去深究，这就叫"知其然不知其所以然"吧。我认为设计院虽然在不断地做项目，但是在项目建成后的一些反思和能力提升方面做得还不够。

王海滨：应该说括号里所列的几项内容目前国内的设计单位几乎没有能力或没有心思去做。目前设计单位所做的工作基本上是产品策划的技术实现，而鲜有踏踏实实从市场和客户的角度进行产品研究的。这也是为什么目前房地产公司都要有设计部门的原因。如果按照开发商是资源整合商的逻辑推导，开发商没必要非要整个设计部门，前提是设计师提供足够专业和全面的服务。当然这只是理论上可行，在目前阶段设计单位需要根据甲方的能力及自身能力综合考虑，切实做好自身服务方案，同时还应该提醒甲方设计师不能做什么，需要谁来做。

王巍：不能满足甲方的要求。建筑师的压力相比甲方要小得多，而且在创新方面也不如甲方要求高。甲方的视野其实比建筑师更宽阔，建筑师往往只关注外观效果这样较窄的一个层面，而甲方则对外观、

材料、布局和设备系统等都有全面的要求。建筑师的响应要及时，服务态度要更好，设计构思更创新，考虑更全面周到。

（3）在选择合作乙方的问题上，甲方一般会优先考虑国外建筑师和有国际背景的设计机构吗？为什么？

薄红：在选择合作乙方的问题上，甲方一般会优先考虑专项产品设计上美誉度较高的设计单位。根据项目特点，谁最擅长找谁。比如做游艇会所，一般要请国外设计所，因为他们对这类项目更有经验；做高层住宅国内有经验的大型设计院做得更好。

邓健：要分阶段来看。方案阶段我们倾向于方案能力强、创新能力强的设计单位，倒不一定非得是境外设计单位，只要做出的方案有创新点并且可实现度高，无论是国外的还是国内的设计公司，我们都会选择；除非是有的项目为了包装，必须要请国外的大牌作为卖点。至于施工图阶段，我们倾向于选择国内的综合能力强的设计院，因为这时是要解决产品落地的问题。在一些专业性较强的专项产品设计方面，我们会选择在该方面有研究、有经验的设计单位。

林疃：不一定，会根据项目不同来决定。有些项目有特殊需要，我们就找外国建筑师，但这种情况下其实更多的是需要将这位建筑师的名气来作为卖点。说实话，很多外国建筑师对中国市场、材料、工艺都不熟悉，有时他做了一个很好的设计，但是国内的技术做不出来，我们又不可能构件都从国外进口，就只能放弃。至于住宅，由于他们的居住习惯和我们不一样，就更做不好了。我们现在更倾向于找国内建筑师，既要求他们具有国际化的视野，又要求他们了解国内的国情，包括建造周期、材料成本、构造做法等等。

刘克峰：我们选择设计师时关键不是看他是不是老外，而是看他的设计水平，如果他有品牌、有经验、有创意，能够让我们的产品产生附加值，那么我们就会选择他。我们会看重他的专长、经验及团队，实力和服务水平才是选择设计师的关键，当然也要考虑性价比。

郭晓东：要看具体项目的需求。总体来说，商业地产我们一般都会找国外的设计公司，而住宅一般都会找国内的设计公司。

彭松：要看具体项目，如果一个项目国内设计单位的经验少、没有能力做，那么我们肯定会找经验丰富的外国设计师来做，比如一些超高层、五星级酒店、大型商业综合体等。我们会根据不同的项目来选择建筑师，比如对住宅、公建、外立面等，我们会挑选擅长该类型的建筑师来做，国内国外的都会考虑，因为每个设计师和设计公司的特点和长项都是不同的。

于光：要具体看什么项目。如果是大型公建，需要特殊的创意，那么可能会找国外的大牌设计师。但评标时不能迷信国外的大牌，要看他的设计是否合理。但我不反对请境外设计师来参加投标，因为我们能从他们身上学到东西，他们的设计思路和分析过程确实会有些闪光点，值得我们借鉴。外国建筑师不擅长做我们的普通住宅，不过高档公寓或是别墅他们可能做得更成熟。

遇绣峰：不一定，根据项目的具体需要。目前在我们公司，请国外的大牌设计师来做一个噱头的时代基本已经过去了。如果一些国内设计单位的视野和能力达不到我们这个项目的要求，那么我们也可能去请国外设计师，但如果国内的设计师就能满足我们的要求，那么我们肯定优先选择国内的设计师。因为毕竟国内设计师沟通起来方便，而且出图也比较快。但是一些项目的景观设计我们还是倾向于选择境

外公司，因为他们的设计水平比国内高出很多。至于建筑设计，国内的一些设计公司水平也是相当高的。

王海滨：不一定，要根据项目的定位、产品类型、设计师特长喜好以及过往合作经历等方面综合考虑。可能会更倾向于在专业产品上美誉度比较高的设计单位。因为好的设计师其实都有个人风格倾向和对不同产品把握的能力差异，所以选择合适的设计单位最重要。当然从营销的角度来看，尤其是商业项目，可能需要所谓优质资源的整合，而消费者对优质资源的判断可能只有品牌，所以多数商业项目都会选择品牌设计师进行设计。

王巍：根据需要，不一定非要找国外的，要看项目的具体定位。如果是很重要的就可能会优先选择国外的设计公司或者有相关专业背景的设计公司；如果不是那么重要我们会倾向选择国内的设计院。另外有些专业技术要求或者特殊定位的，就会找在该方面擅长的对口设计单位。

（4）您认为哪类设计单位的服务态度和服务质量最好？哪类最差？

薄红：我们会选择国内外知名的大型设计团队作为战略合作单位，服务态度和质量都不错，而民营设计院态度和设计质量则参差不齐。战略合作单位的服务流程已进行了标准化，彼此团队更加熟悉，所以合作起来更有效率。

邓健：这个很难说。服务态度是个性问题，服务质量是能力问题。不论大、中、小的设计院，服务态度都可能好或者不好，很难一概而论；就服务质量来说，我觉得一般大中型的设计单位的服务质量会比较有保障，因为他们的技术力量相对更强，能令甲方信赖。

林曈：肯定是民营的设计单位服务态度更好，他们的服务意识更强，对甲乙方的关系认识更清楚，而且民营单位的施工图技术力量也不见得差。现在我们较少和大院合作，大院不差项目，也不差钱，有些人的服务态度和质量都不够令人满意，当然也有好的，具体还得看人。

刘克峰：这和单位的管理及负责具体项目的团队有关系，不能一概而论。不过普遍来讲民营单位相对市场化一些，服务态度比国有大院好。民营单位对甲乙双方的雇佣关系认识得更清楚。

郭晓东：很难一概而论，一般遇到功能复杂、大而全的项目我们会找国有的大院，如果项目相对简单，我们更倾向于找中小型的民营设计公司。总之，我们选择合作对象的标准就这么几条——视野宽阔、专业能力强、容易配合、收费合理。

彭松：大院的技术实力比较强，提供的图纸会相对令人比较放心。民营的单位服务态度好，更能从开发商角度考虑问题。但是都有一个共同的问题，就是深入工地方面做得不够。因为中国的建筑业发展实在是太快了，建筑师出完图后就忙别的工程了，等他抽空去工地时，可能有问题的地方都已经建完了，于是就留下了永久的遗憾。

于光：整体来说还是民营的设计单位服务态度会更好一些。至于国有单位，人多且杂，就要看具体负责项目的人了。

遇绣峰：方案阶段我觉得与合伙人制的一些建筑师事务所合作起来还是比较令人满意的，他们的方案能力强，而且服务态度都很好。至于施工图则是会选择实力雄厚的大院。

王海滨：如果要从设计创作的角度（设计生产除外）讲，设计

单位对设计中的服务质量的重视，其实是对自己作品的负责。所以无论甲方和乙方对于设计的态度可能直接导致设计过程合作的顺畅。设计单位要按甲方的思路进行专业的提升，而甲方则要清楚什么是自己项目必须要的，什么是激发设计单位发挥创作激情的。

王巍：很难确切地说。比如国内公司一般都会加班，但是国外公司就很少加班，这和他们的工作制度有关。另外也因人而异，同一个单位接触的人不一样，服务态度也会有所差别。

（5）如果没有甲方的积极参与，乙方的产品设计能否直接面对市场？

薄红：成熟的做法都是甲方主导。没有甲方的参与，设计作品直接面对市场的风险很大。很多项目是建筑师和甲方一起做出来的，包括一起与政府部门沟通和定出方向，多轮的沟通、汇报和修改，动态地相互促进。一些项目甲方在开始时，目标也不是很清晰，随着前期、设计、工程等方面的推进，以及政府相关部门的沟通，目标逐渐清晰。这一过程中，设计的反复往往是不可避免的。

邓健：这是一个互动的问题。设计院最后的产品其实只是图纸，而让产品从图纸变成落地的建筑实际上是需要甲方大量管理人员的介入的。在这个过程中，甲方发挥的作用相当重要。就像前面问题中提到过的，我认为甲乙双方是一种合作关系，大家都奔着一个目标在努力，都想把产品做好，只不过彼此的分工有所不同。甲乙双方其实是唇齿相依的关系，缺少了任何一方的努力，都不可能诞生出好的作品。

林曈：我认为不能。因为建筑师很难了解到房地产背后的运营逻辑。例如何时开盘，卖多少钱，卖什么样的产品，卖给哪类客户，客户需求是什么。这些是甲方负责的专业技术活儿，建筑师很少有所了解，建筑师关注的往往就是户型和立面。但是对于刚需型客户，特别是在三、四线城市的这类客户，房子总价差 1 万块他们就可能放弃购买了。如果建筑师在立面上再里出外进处理一下，户型面积仅仅多出 2 平方米，就可能让开发商失去一批刚需型客户。当今，建筑师要想做好房地产项目，就应该具备和开发商对话的能力，也就是房地产商说什么，建筑师要能真正听懂和领会。

刘克峰：看具体是做什么产品，总的来说需要甲方参与。有的项目类型甲方做得很多，而乙方经验少，甲方的参与就非常必要；有的项目乙方设计过很多，各方面经验比甲方要丰富，也许乙方能做的产品还可以。

郭晓东：当然不能，因为这个就是甲方要做的事情嘛。如果遇到一个专业的甲方，建筑师可能会累一点，但是能学到一些东西，而且不会来回反复修改；如果遇到一个什么都不懂的甲方，全都甩手给设计，那么折腾起来恐怕会让建筑师更痛苦。

彭松：不能，除非乙方已经达到了甲方的能力。甲方需要时刻关注瞬息万变的市场，而乙方很难做到这一点。即便是一个做过甲方的人后来成为乙方，那么也仅仅可能是在他刚转行的头一两年会做得比较好，而脱离市场久了的设计肯定不能直接面对市场了。

于光：总体来说需要甲方的积极参与。因为很多建筑师并不太了解市场的情况，如果遇到一个不懂房地产的建筑师，你撒手让建筑师做项目肯定是行不通的；但也有一些经常和大房地产商打交道的建筑师，他们的头脑非常清晰，对房地产项目感兴趣且有研究，和地产商沟通起来非常顺畅，那么甲方就会比较省心。

遇绣峰：很困难，除非在市场非常好的情况下，什么产品都能卖出去。像现在这种市场就几乎不可能。甲方的营销部就是专门负责销售房屋的，所以甲方才最清楚什么样的产品是好卖的。

王海滨：理论上可以，前提是设计单位懂得特定市场和客户，在设计过程中承担策划、设计甚至工程实施的全程把控的工作，并且对项目开发经营的思路要有一个足够高度和清晰的认识，否则再好的设计作品也不能实施成为好的产品。但在目前市场情况下，好像还没有具备这样能力的设计单位。

王　巍：不太能。首先任务书就是甲方制定的，甲方掌握着大量的第一手资料和针对产品的策略。从面对市场的角度来说，甲方的参与意义重大。甲方对自己的产品定位很清晰，考虑的角度也会更周全，比如资金、销售等问题；而建筑师主要考虑的是房子的功能合理性、美观和性价比等，也许建筑师设计的产品很好，但不一定最适合市场。

（6）在相关政府部门的评审报批中，是否要求乙方具有资源支持？

薄　红：在相关政府部门的报批中，要求乙方熟悉报批流程、熟知报批文件的要求，使各种评审能尽快通过，乙方如能提供资源支持更好。

邓　健：有资源支持当然最好。因为政府审批通常是我们时间节点中很重要的一关，属于不太可控的外部因素。如果乙方在这方面有能力、有资源，我们肯定愿意他们来提供支持。另外乙方要能够判断何时该报批什么，何时报能通过，这一点也很重要。

林　曈：最好能有资源支持，这也是一个互动的步骤。最难报批的是规划，这一步变数最多。毕竟设计师可以用专业的语言来和规划局沟通，因为规划局的同志也都是设计出身。而沟通需要一定的高度，不是简单介绍方案。规划局一般视点较高，他们会从城市和经济发展的角度来考虑项目的作用，建筑师就要有能力和他们沟通，让项目同时满足甲方要求和政府的要求。这点对建筑师的要求还是蛮高的。

刘克峰：需要乙方具有资源支持。因为开发商负责报批的人不一定很专业，所以需要设计单位的协助和支持。例如和规划部门打交道，建筑师可以当面提供专业、详尽的解释，那么报批就会顺利些。报批是建筑师必须积极参与的工作，在西方国家，这部分工作本来就是建筑师一手负责的内容。

郭晓东：有当然更好，因为政府部门是开发商面对的重要对象，能帮助开发商把一些事情摆平当然最好；但是没有也无所谓，我们选择合作对象时不会以这个为标准。但是设计师必须要精通规范，不能做出来的设计让开发商报批总也报不下来。

彭　松：在一线、二线的大城市，我们比较熟悉，一般不需要乙方有什么特别的资源支持，但是在刚进入的比较陌生的中小城市，如果当地的设计院对当地的规范和特别规定比较熟悉，能够配合我们做一些工作，那么报批速度会比较快。

于　光：应该有资源支持，在甲方需要时积极参与报批过程。我觉得建筑师应该有这个意识，不要把陪甲方报批看做浪费时间，因为有些设计上的概念是需要和报批主管部门解释和沟通的，这样才能有利于项目的顺利进展，一个成功的项目一定是靠甲方、乙方共同的努力才能够实现的。

遇绣峰：不一定。像我们这样的大公司基本不会考虑乙方是否具备报批之类的资源支持。一是因为相对来说一线城市报批手续比较规范，二是因为我们公司内部各部门配置和分工都比较健全，我们自己也有和政府各个部门打交道的经验和能力。我们考察一个设计院首先要看的还是他的设计能力是否符合我们的要求，而不是能否进行资源支持。

王海滨：一般乙方有政府资源在甲方眼里是加分项，但不是决定性因素。

王　巍：最好有，这点还是很有必要的。有时规划条件和甲方想做的设计有出入，就需要借助各种资源来说服政府部门，例如找专家来开评审会。如果设计院可以提供这样的专家来给予技术支持，当然是好事。一般大院的资源支持会更强。

（7）在房地产精细化管理的要求下，如何将成本控制贯彻在设计中？

薄　红：通过限额设计和标准化设计控制成本。从概念设计到施工图设计和二次深化设计，成本控制从始至终贯彻到设计中；从方案到施工图的深入，都要提供各阶段的概算或预算。在双方合同文本中，甲方应提供项目的成本指标。标准化的部品和设计能大幅节约成本。标准化的工作需甲方主导，乙方协助实施。

邓　健：强调前期控制，不建议产品出来后再去优化成本，那样做虽然能优化出一部分，但效果是较差的。我们要在任务书阶段就把成本控制考虑周全，如果事后再找补的话，作用是较弱的。

林　曈：其实每个房地产公司都有成本部，但是真正到成本部来控制成本的时候已经到了后期的末节成本了，例如控制楼板钢筋用量、集团采购等。一个好的企业一定是从项目之初就开始控制成本。我们万科对成本的控制是从方案之初、策划阶段就开始的，例如开始做规划时，多层高密度和高层低密度的成本是截然不同的，你采取哪种布局方式就决定了你的成本。另外在施工图阶段，我们会提供给建筑师一份施工图设计指导意见书，里面对很多项目细节的做法都有详细的规定，这是我们的后期控制。进入施工图阶段时，其实大的成本已定，所以前期方案阶段对成本最优的控制也相当重要。总之，成本控制是从始至终贯穿项目的。如果建筑师能懂成本，甲方当然求之不得，现在一般建筑师对后期成本能了解一些，但是对于前期成本了解较少。

刘克峰：甲方的设计管理是一个全程的管理，至于对成本的控制也体现在这个全程管理之中。从开始的前期策划、市场定位，到后来的设计图纸，再到最后建造过程中的优化、增减，每一步都蕴含着成本控制的内容。当然，建筑师也应该积极参与到这部分工作中去，帮助甲方来选择和权衡。在每个设计阶段，应有相应的估算、概算、预算。必要时还要进行"价值"工程。

郭晓东：我们从始至终都带着成本控制的目标来运作一个项目，并会贯穿在项目的全过程。比如在策划阶段，我们从风格、户型配比这些数据中就可以推断出一个项目的成本价格，这考验的是开发商的能力。另外，设计部要从设计角度、工程部要从工程实践角度来进行成本控制。这是甲方必须要做的事情，不可能要求设计师来做。

彭　松：从最开始的策划到设计评审等，我们每一步都有成本方面的要求，所以最后的成本一定是在可控范围内、符合项目要求的。设计是在成本的前提下来完成的，当然也就不会超出范围。

于 光：这是设计部、策划部、预算部等部门在项目全程中、在每一步中都要把控的。我们会借用以往项目的经验，来控制成本。当然我希望设计院的建筑师也要有成本概念，要尊重开发商的想法，在设计过程中帮助开发商一起来控制成本。

遇绣峰：成本对于开发商来说非常重要，一方面在设计之初我们就要对成本目标提出清晰明确的要求，例如公建配比、单个车位面积等，这些都是影响成本的重要因素。另一方面我们的设计单位也需要加强关于成本的意识。特别是总建筑师需要具有较强的成本意识，能够把控自己的团队来进行成本合理的设计，否则的话设计就容易翻车。

王海滨：设计单位本身要有成本控制的部门，这样才能与甲方在成本的问题上有充分量化的沟通。设计单位能在成本方面成为甲方的参谋，绝不仅仅是所谓理念和定性的东西，而是将甲方成本控制目标要求真正落实到设计中。每个设计阶段均有成本概算和预算，并根据测算结果与甲方充分沟通后做设计调整。另外甲方既定的成本目标往往是项目成败的关键，设计师要在态度上充分尊重甲方这方面的要求。

王 巍：首先要有目标成本，从策划开始，每一步的分项内容都有一个成本预算。就好比把一块大蛋糕切成若干块，每块就这么大，绝对不能超。另外还要预留一部分不可预见费用，留出一定的富余量。

4.3 乙方问题（共计 9 个问题）

（1）有的甲方自己持有设计院，这一现实对建筑设计市场有何影响？

陈一峰：没有什么影响，因为中国的建筑市场实在太大了。甲方的设计院从水平上说还是和专业的综合设计院差一大截。首先，我们这些设计院接触各种各样的甲方和项目，视野自然就比较宽；而甲方的设计院只做自己的项目，眼界会比较窄。其次，绝大多数有实力的建筑师肯定更愿意在一个综合的大设计院里工作和得到历练，所以从人才的角度说甲方的设计院比不上外面这些设计院。但是甲方的设计院有一个好处就是他们对自己老板的意图理解得更深彻，贯彻和执行得更到位。

崔 愷：从目前看来他们的设计院对我们的设计是个很好的补充，这些设计院整体实力有限，不具备强大的市场竞争力，对现存的稍具规模的设计公司和设计院都不会造成威胁。甲方自己的设计院从意义上讲是十分积极的，他们和我们这样的设计院应该是一种长久的战略合作关系，可以共同促进房地产市场的成熟发展。

樊则森：有影响，但是影响有限。当一个社会专业分工精细化，并通过高度合作、市场化来整合资源时，这个社会才能更加高效、健康地向前发展。我认为甲方自己持有设计院就像我们中国过去小农经济的自给自足，不利于建筑创作和城市形象建设，不利于建筑设计的创新发展。当然从甲方角度来讲，自己拥有设计院肯定会带来很多便利，但是我认为这种机制比较怪，如果管理方法不得当，容易造成内部僵化。在方案、初设、施工图这几个过程中，方案属于最高端的技术活儿，还是类似工作室这种建筑师团队的独立性更强、见识更广、创新能力更出色，开发商自己的设计院很难建设起一套灵活的创新机制去应对，而且重要的是他们这方面的动力也不足。

李兴钢：目前来看影响不大。因为甲方自己的设计院无论从规模、资质、专业性和技术积累等方面都远远无法和大中型的专业设计院相比，二者水平有相当差距。我们都知道贝聿铭最初也是在房地产商的设计部门工作，但是目前还没有一个像贝大师那样的建筑师出现在甲方自己的设计院里，所以还不至于让我们感到有危机感。当然，即使甲方自己的设计院里出现了一些颇有设计水平的建筑师，也不见得是一件坏事，反倒可以使设计行业在竞争环境下相互激励。

刘晓钟：从以前的经验看，有些大的房地产公司有自己的设计院，但发展到一定程度就被淘汰了。他们干的都是自己公司的项目，完全没有市场化，缺少市场竞争机制。另外设计院的大小规模、人员素质也和专业的设计院没法相提并论。我认为无论做什么还是搞专业的好，既做运动员又当裁判员，会有局限性。不是说你不能做，是你肯定做不精。我建议走专业化、市场化的道路。甲方的设计院可以搞产品研发，但是做方案、做施工图，专业的设计院肯定做得更好。

叶晓健：对设计市场影响不大，但是能够让甲方降低开发成本，提高开发效率，让他在自己制定的游戏规则中更好地适应和发展。这是一件好事情，建筑师可以腾出手来做一些高端的产品。

俞 挺：没什么影响。如果一个甲方自己持有设计院，那么他不可能创造出好的作品，只会拥有质量好的产品而已。

王 戈：没什么影响。甲方自己拥有设计院是很正常的，最大的好处就是甲方自己的队伍用起来方便，容易指挥且配合默契。例如他们的设计院可以随时和他们自己的营销等部门就项目问题进行讨论，最后图纸上汇集的是全公司的想法。我们的设计院可做不到随叫随到，而且也不会和一家开发商长期绑定，好容易做完一个项目磨合好了，也就该散了。那么再开始一个新项目，甲方和另一个设计院还得重新磨合，哪里比得上自己有家设计院长期合作呢。再比如甲方想让外面的设计院去做一些违规的事情是很难的，一般设计院不会去冒这种风险；但是自己的设计院就直接听命于老板，他们可以为了公司利益而做出违规行为，缩短项目周期。所以一般以资金运作为主的房地产公司都愿意自己养一个设计院，因为节约的时间能让资金运转的速度加倍，从而获得收益。另外拥有自己的设计院还有一个好处，就是可以防止房地产商自己研发的一些产品中的行业机密外泄。

吴 钢：基本没什么影响。虽然设计院的所有权变成了甲方，但他们做的工作并没有什么本质变化。我在德国的时候曾经在西门子公司的设计部工作，我们就有自己的设计院，我们做的设计都是相当有水准的作品。那时候我们的顾问总建筑师是理查德·迈耶，总建筑师是迈耶的合伙人，也是绝对一流的建筑师。如果说国内甲方自己的设计院目前还没有一流的设计师出现，可能是还需要一个发展的过程。

周 恺：没什么影响，因为中国的市场太大了，项目多得做不完。甲方自己设立设计院，一方面可以节省设计费，另一方面指挥起来方便，可以更好地落实老板的意图。他们做的设计一般都不断地在复制和延续同一类产品，很难讲有何创新。甲方的设计院和甲方自己的雇佣关系更明确，对老板更言听计从。当然也不排除有些老板热爱建筑，愿意组织一批人来搞产品研发，但大部分甲方自己的设计院的设立都是从利益和便利的角度来考虑的。

庄惟敏：甲方自己有设计院，不会对建筑设计市场有冲击。尽管甲方自己的设计院为甲方完成了部分设计任务，但大多为甲方自身产品的衍生或复制，真正的创新设计还需要其他不同设计院的参与。

203

（2）甲方压缩设计周期的现象是否普遍？对于设计质量有何影响？

陈一峰：甲方压缩设计周期的情况确实很普遍，但是最后往往是因为各种各样的原因，原来被压缩的周期最后还是被延长了。这些原因都不是我们设计的原因，而是甲方需要商议或者报批遇到困难等。我们签合同时报的时间都是我们的净工作日，不含甲方跑手续或者做决策的时间，最后加上那些时间的话，我们的周期也就不太紧张了。所以虽然每个合同签订时都貌似周期很紧，但真正执行起来时还不至于喘不过气。

崔愷：压缩设计周期是中国快速发展过程中的一个普遍现象，不仅房地产项目如此，政府项目的设计周期往往更不合理。从整体来看，中国目前建设项目的周期普遍不合理，这也是造成我们建成项目大都质量不高的原因。

樊则森：极为普遍，几乎是百分之百。我们答应不了的也不能答应，只能尽力和甲方沟通，把计划订在一个可执行的范围内。前两年住建部还推出过一个设计周期的推荐表，但是目前在实际操作中全被压缩了。我觉得和压缩周期相比，更应该引起我们重视的是违反基本建设程序、提前出图的现象。压缩周期好歹还是按部就班来的，我们最怕的是什么报批手续还没有就直接要设计院出施工图的情况。比如国家抗震规范修改了，但楼都盖好了，规证还没批，施工图审查也还没有进行，怎么办？遇到这样的情况，设计院就成了待宰的羔羊，特别被动。而自从2008年房价一路走高后，这种违规工程就非常普遍，各大设计院都有三边工程，很多单位只好采用出白图、不签字等方法来尽力保护自己。我觉得这种现状需要有关部门来进行管理。

李兴钢：压缩周期确实很普遍，对于甲方来说时间就是金钱。整个中国的建设项目都处于一种周期不合理的状态中，不单是房地产项目。这对设计质量当然会有所影响，因为很多工作都需要有时间保障才能做到位。这也让中国的建筑师们被迫要适应市场，要具备在短时间内快速完成工作的能力。抱怨是没有用的，必须在这种条件下还尽可能把工作做好，这也算是一种对建筑师能力的挑战吧。

刘晓钟：越来越普遍，对质量影响也很大。当我们的设计水平和手段提高之后，设计周期是能够相对缩短，但还是要有一个合理周期。设计是需要思考的，做事是要有程序的，有一才能有二，不能跳跃前进。比如我们现在经常是地上的平面还没考虑好，就先给甲方刨槽图、基础图，项目开始施工了；回过头来发现地上有很多错漏空缺的地方，再在地下找补，这就会造成很多浪费。国外其实也有边设计边施工的，但是起码一些系统性、原则性的内容人家要先捋顺，然后再按部就班地实施。而我们现在往往是什么都还没考虑好，每一步都还有空缺呢，工地就已经开工了。通常，这种超常规运作的原因一方面来自于政府的压力，另一方面来自于开发商对资金回笼的要求。特别是政府项目，都是百年大计，而且花的是纳税人的钱，更不应该这样草率行事。其实有时项目周期的时间是有的，但是都浪费在审批等扯皮的手续中了，等到真要做的时候才发现没剩下多少时间了。

叶晓健：很普遍，但是我认为我们必须去适应现在这种快速发展状态下的周期要求。这对我们建筑师提出了一个更高的要求，要利用手上的各种资源和方法来尽量满足甲方的时间要求，在甲方的要求和自己能力所能达到的范围内寻求一个平衡点。甲方的时间要求需要

通过设计、施工、管理、营销每一个步骤的配合来实现。我们日本设计在接任务之前都会根据甲方的时间要求制作一个战略计划，包括很详细的时间计划表，但我们一般会有一个可调整的限度。举个在日本的例子，我们有个项目对施工周期的要求特别紧张。结果施工单位采用的方法叫做"逆施工"方法，就是打好桩基后，先做首层的楼板，然后再挖地下做基础，同时地上也开始施工。这是一个地下两层的项目，地上、地下同时施工，地下二层做好的时候，地上已经做到六层了。这种施工方法虽然提高了基础10%～15%的造价，但是节省了30%的工期，让业主开业时间以及资金回笼时间提前了30%。具体是否采用这种施工方法，甲方要算账，因为甲方有资金平衡，这些设计单位都是无法直接干预的。办法都是人想出来的，所以我认为建筑师有责任想方设法地满足业主对时间的要求。如果确认自己做不了，可以不接这个活儿，但是接下来了，就要按照时间完成。这也是建筑师的职业道德。

俞挺：由于前一段时间房地产形势实在是太好了，所以建筑师的数量和质量其实都不足以应付那么多的房地产项目，而进入地产界的甲方素质也不都是合格的，因此如果这时候又工期紧、要求急，甲方视工程运作的实际情况而不顾，那么建筑质量真的是一塌糊涂。

王戈：很普遍。有时倒不是直接压缩设计周期，而是在一个项目周期内反复修改，相当于做了好几遍，这不也等于压缩设计周期了吗。我们和地产商打交道多了后也慢慢总结出些经验和技巧。首先，我们尽量通过规范化的合同来保护自己，制约开发商；其次，我们要让自己的体力充沛，能和他以同样的速度奔跑；再次，我们要能提前预见他可能的一些修改，在知道他会拐弯的地方等着他。所以说建筑设计是个高级技术活儿。

吴钢：压缩周期很普遍，对设计质量当然有影响。每个工作都需要一个周期，当然我认为这个周期不是绝对的，可以被适度缩短，但不能被压缩到不合理的程度。特别是和反复修改叠加在一起的时候，那么设计质量真的很难保证。

周愷：当然很普遍，影响当然是有的。建筑设计是需要思考、应该有一个合理设计周期的，加班加点地抢工程肯定是不如按部就班、有条不紊地把项目做好。我和甲方说过你给我的设计费是一定的，其实我在项目上花的时间越多、做得越细致对你而言才是越好、越负责的，如果我很快把活儿干完了，把钱挣到了，对我是有利的，可是对你不好啊。但是几乎没有哪个甲方会领这个情，都是希望你越快干完越好。在市场影响下，甲方的心态都急于求成，说到底都是钱惹出的事情。

庄惟敏：甲方压缩设计周期的现象十分普遍，显然对设计质量有很大的影响。

（3）由于甲方因素造成的颠覆性修改对设计质量有何影响？

陈一峰：颠覆性的修改就是要重新收取设计费，重新订出图计划，至于对设计质量应该没有什么影响。

崔愷：关于定位方面的大幅度甚至颠覆性调整双方要事先有所约定，设计要重新收费，这是我们设计行业进行自我保护的必要措施。客观地讲，修改对于设计质量的影响有时也会向积极的方向发展。例如有些项目初期定位笼统，调整后对定位更加明确，令设计更加细化，这些都会提高项目的设计质量。

樊则森：这很普遍，但是没有什么好办法。作为设计院，我们是服务行业，甲方要求修改是我们必须要接受的现实。但是一定要有两个前提条件，一个是要重新收费，另一个是要给出修改时间。

李兴钢：要看什么情况了。如果是有道理的颠覆性修改，那么对项目其实是一件好事，修改是必须要做的；我们也不能说建筑师永远都是对的，甲方永远都是错的，有时导致修改的原因也许是建筑师错了。但是如果是无理的修改，当然会影响设计质量，建筑师就要有所坚持。

刘晓钟：影响当然很大。先要看他提的问题思路对不对，因为设计的对与错都是相对的，只能说在某些条件下，这种设计方案是最优的；而当你把已知条件都改变了的时候，就很难说这样的方案是否还对。如果我们设计一直是按部就班、尽心尽力地在做的话，那么从逻辑上说，做出的方案就应该是最优的。当甲方提出颠覆性修改时，不是他原来的想法和已知条件就给错了，就是甲方要彻底改变产品，那么这时设计就要从头来做了，原来的痕迹都得一点不留，否则勉强调整出来的方案也不是最优的。所以从这方面来说，反反复复地大改是不好也是不正常的。

叶晓健：修改是必然的。修改是甲方根据他的战略策划、市场需求所进行的必然调整，是设计过程中不可避免的，建筑师应该理解业主。当然业主也应该理解建筑师的处境，尊重建筑师的劳动，适当给予经济补偿，因为修改是需要付费的。有些建筑师接受业主很多不合理要求，有营业的原因，也有合同不合理的原因。

俞挺：基本是毁灭性的。当一个工程都快做完的时候，没有一个建筑师是愿意进行颠覆性修改，重新来做。即便是重新收费，往往也达不到原来谈合同的那个价格，建筑师会是利益受损的一方。

王戈：会的，但是没办法，甲方的颠覆性修改一定是和他的利益有关，我们只能按照新的要求来做修改，而不是和甲方对抗、打嘴仗，当然，前提是要重新收费。所以做地产项目的建筑师特别要具有韧性，无论甲方提多么复杂的要求，都要尽量用技术去满足他；能够接受可能发生各种变化和修改的现实，无论怎么周折，都以把建筑盖起来为最终目的，而且要尽力把它盖好。

吴钢：设计周期短再加上颠覆性修改，自然会造成设计质量的下降。我们也在观察这个问题，然后尝试去解决它，但是发现非常困难。我认为方法还是有的，比如标准化。采取标准化之后，不管你的修改多么大，只要是在一个系统里面，它还是能够被解决的。标准才能解决问题。建立标准不是为了一个固定的问题，而是要面对不同的问题。虽然我知道这样一种解决的方法，但是在中国的现状下很难做到。

周恺：会有些影响，不过调整是经常的，有的则是干脆重做了，那么就重新签合同，重新收设计费。

庄惟敏：出于市场的原因，甲方对设计进行颠覆性修改也经常发生，诸如将住宅改成公寓等。这种修改如果不能按照惯常的时间阶段保证设计时间的话，质量一定会受到很大的影响。

（4）设计市场中的恶性竞争对于建筑创作有何影响？

陈一峰：恶性竞争我们也遇到过，但是中国的建筑市场很大，如果遇到这种情况，我们就会退出了。我们还是愿意和在乎你的设计质量、看重你的创新能力的甲方来合作。

崔恺：设计市场的恶性竞争有好几种。首先是压价竞争，这在房地产市场发展的初期是有效的，但是近来成熟的房地产商更注重打造好的品牌，不惜花重金请大牌的国内外设计师。其次是暗箱操作，即拉拢关系，内定中标方案，这在招标的公建项目中尤多。另外还有一种情况在十年前比较多，就是靠走后门调整规划指标来争取项目。随着规划部门对腐败现象的打击，这种情况现在倒是不多见了。

樊则森：我最近从一些业内的会议上得知，全国的设计市场质量很难把控。例如，有些保障性住房质量很差，这就是设计行业恶性竞争的结果。保障性住房是一个新兴事物，由于它不是商品房，本来成本就低，所以导致一些不具备设计能力的设计单位也能通过恶性竞争来低价争得项目，最后的质量就很难保证。这种恶性竞争造成的结果就是逼迫一些优质的设计单位从本应是优质项目的投标中退出了，结果优质项目也就沦为劣质项目。其实很多事情都是可以做好的，但前提需要适当的价格和适当的团队。

李兴钢：无论在哪个行业，恶性竞争都是不好的。大家都是建筑设计业的同行，应该一起来维护行业的共同利益，公平合理地竞争。良性竞争才能促进行业的发展。

刘晓钟：影响也很大，因为设计是市场行为，要遵循市场规律，需要合理周期、合理收费，压价竞争则很难达到产品应达到的水平和要求。当然，产品也分高端、低端，所以现在的市场也五花八门。但从行业自律的角度讲，恶性竞争会让我们自毁前程。我们行业需要自我保护，大家不能把价格压得太低。

叶晓健：我们日本设计属于境外公司，所以很少碰到恶性竞争的情况。一般选择我们的业主都是能接受较高的设计费、想要好创意的甲方，我们也会提供让业主觉得物有所值的服务。至于正常的竞争，我觉得是好事儿，可以增加大家的服务意识。

俞挺：恶性竞争无非是大家把设计费压到特别低吧。由于我们的房地产市场过于繁荣，所以现在有太多不合格的建筑师在那里做设计，而他们的生存之道就是以低价去争夺项目。对于愿意选择以低价设计费胜出的单位来做项目的甲方，我是不以为然的。我认为这样的甲方也不值得你去为他服务。如果一个甲方想占建筑师的便宜，那么你能否赢得你的合法权益、生活保障都可能有问题，更谈不上指望他能帮你实现你的建筑理想了。

王戈：没什么影响。地产行业其实很早就开始委托设计了，投标只是走个形式，对于创新或者比较特殊的项目，甲方一般都会直接委托给一家中意的设计单位。像我们就没遇到过恶性竞争。一般恶性竞争可能出现的情况都是项目规模比较大，几家单位压价竞争，大家拼的是价格，不过这种情况也只是会在二、三流的设计院才发生，因为名气大的设计院肯定不会参与恶性竞争。

吴钢：这是一个全球性的问题。即使我在德国时，也遇到过恶性竞争。这个问题的出现正和房地产有关。当房子变成商品后，就会具有商品的特性，于是会产生价格策略等。我认为解决的方法还是很多的。我会先观察它，如果是价格的问题，我会研究价格问题和哪些因素有关，思考一下我能不能去解决。对付恶性竞争还是有办法的，比如我在接受价格的时候，会考虑是否能使自己的工作周期更合理，减少工作量或者控制成本；通过主动和客户沟通，来使得他们认识到我们工作的价值。

周　恺：恶性竞争是建筑师自己窝里斗，让某些甲方有机可乘，这样的甲方也不会尊重建筑师。参与恶性竞争的一般都是为了生存的小公司，像一些有实力的大设计院肯定是遇到恶性竞争就退出了。甲方筛选我们的同时，我们也可以筛选甲方。这样的甲方对设计费都要占别人便宜，根本也不可能想把设计做好，那么这种甲方也就不值得去合作。

庄惟敏：设计市场中的恶性竞争主要表现在两个方面，一个是压价竞争，尽管国家对设计收费已经有指导性意见，但有些设计院依旧采取低价策略，这显然造成投入产出不相当前提下的质量和创造性的滑坡。另一个是低价中标后，任意扣减设计服务的项目，造成项目完成度的大打折扣。总之，恶性竞争将会导致设计市场的混乱，基本价值观的沦丧，评价标准的降低，最终严重影响设计的品质。

（5）甲方主要领导的个人喜好对建筑创作有何影响？

陈一峰：会有影响，尤其是在房地产项目中，满足甲方领导的品位和喜好是我们必须要面对的一个现实。但是从另一个角度讲，当一个建筑师做的作品有自己的特色时，来找你做设计的客户群也往往是冲着你的风格特点而来，这样就会好许多。

崔　恺：影响很大。甲方领导个人审美喜好对于项目的影响分正负两个方面，负面的影响体现在品位低俗、不懂专业却瞎指挥，或者让设计干脆照搬照抄，失去原创性。正面的影响也有，不得不承认，有些房地产老板眼光颇为独到，富有远见卓识，建筑师不一定能跟得上他们的思路。这样的房地产商在创新方面走在了建筑师的前面，能够带动建筑师造就好的建筑作品。有些品位较高、理念较开放的房地产商会积极促进与建筑师及相关设计、策划专家的交流，关注和把控设计和施工质量，最后甚至成为建筑师的好朋友。

樊则森：影响挺大的。实际上大部分项目都会或多或少地留下一些主要领导的思路烙印。有一类甲方和建筑师品位接近，能够一拍即合，遇到这类甲方是建筑师的幸运。但还有一类甲方品位低俗，例如喜欢搬白宫或者希腊柱式等，如果建筑师和这类甲方"同流合污"，那真是让人无语了。我认为建筑师业务中很重要的一点是要能够判断业主的品位，品位高的业主对于建筑师来讲意味着机会，一定要抓住这样的机会；如果遇到品位差的业主，你就要判断是否还要接这单业务。我的观点是无论是什么项目，都应该和甲方的领导先进行沟通，如果双方能达成默契，特别是甲方能欣赏建筑师的想法，这个设计任务我才愿意接。当然某些项目中最后我们也做了些妥协，因为毕竟我们作为设计院，也有挣钱的需求、生存的需求。

李兴钢：甲方主要领导的个人喜好对建筑创作的影响很大。有的老板即使有想法也可能仍然愿意听取别人的建议，有的老板会比较强势，也有的老板可能根本就没什么想法。无论哪种情况，建筑师都需要去揣摩、了解和体会业主的想法和其背后的原因，然后用专业的设计语言呈现出来，这可以说是对服务对象的一种高品质的服务。当然如果有的老板的个人喜好一点道理都没有，那么建筑师可以自己选择继续来做这个设计还是放弃。

刘晓钟：有影响。确实有的开发商老板有自己的喜好，喜欢参与，在项目中来定一些内容，因此他的喜好就对项目、对建筑师的创作有很大影响。老板的个人喜好和他的见识、修养有很大关系，对项目也会产生影响。原则上说要尽量满足他的要求，因为他是老板；但同时

也要看他的品位高低，如果他要的东西很低俗，既不能代表建筑师的水平也不能被社会所认可，那么这时就要慎重。

叶晓健：甲方出资建一个项目，要在项目中体现出自己的意识和想法，我觉得这是一个顺理成章的事情，无可厚非。甲方的爱好是应该尊重的，但是政府的爱好是应该斗争的。政府不应该以长官意识来干涉建筑设计。甲方的品位是参差不齐的，在按照甲方的意思修改设计的时候绝对不能丧失自己的原则，这一点很重要。反过来，政府的原则如果是从城市角度，为社会和谐达成一定平衡，那么建筑师要理解和支持。甲方的不合理要求，特别是对于社会层面的，应该坚持斗争。这是我一直认为建筑师应该具有的社会性所在。

俞　挺：我觉得我们中国的甲方普遍都想对建筑风格进行评论和裁定，他们的脑子里都装着一堆他们自己关于建筑的理解，这也算我们国家甲方的特色之一吧。建筑师对于这种甲方的态度取决于他自己属于哪一类建筑师。遇到主观意识强烈的甲方，如果想做这笔生意，就按照他的想法来做；如果你有自己的风格和定位，不会任甲方摆布，就要看能否说服他接受你的想法了，谈不拢就一拍两散。

王　戈：在地产项目中，比较职业的甲方领导一般都是没有个人喜好的，他们都是商人，而不是建筑发烧友；只要你做的产品能赚钱，他就不会去对设计指手画脚。但是设计总监的品位和水平会对设计影响很大。比如他可能提出让你做一种风格，但是其实他自己也并不很懂得那种风格。总之，与他们打交道需要一些技巧和策略，才能把项目进行下去。现在做地产项目，我们最需要的是在不丧失原则的前提下，学会如何让步，而不是如何坚持。做公建可以要坚持，但是做地产、做住宅更多的是需要让步。例如十个问题里面你要让六个，你应该掂量的是让哪六个，而不是一心想着只让三个。

吴　钢：对我来说没有什么影响。举个例子，莫扎特是为宫廷和皇帝服务的作曲家，他的作品你能说不伟大吗？泰姬陵是为国王的爱妃修建的陵墓，连她生前喜欢的图案都规定好了，但难道那不是流芳千古的建筑作品吗？这些统治者的个人意志多么强烈啊，但即使是服务于他们的艺术家依然可以创造出伟大的作品，更何况是我们的甲方领导和建筑师这点事情了。我从来不会对我的甲方说你这个建筑我不想做。如果你认为甲方的喜好比较低俗，你要去分析他这样想法背后的原因，要去和他沟通，了解他的愿望。如果甲方要一个白宫风格的房子，我们会和他分析原版的白宫是什么属性和功能，具有哪些特点等；然后把白宫和我们要做的房子做一个对照，分析成本、时间、技术难点等问题，告诉他有哪些替代的方案可供选择。事实一定会证明在这个地段"白宫"不是唯一的选择，而且被复制的东西也不再具备唯一的标志性，那么问题就自然能够解决了。我很清楚的一点就是我在为甲方盖房子，他的意思我必须要尊重；我所做的每一个选择都是和他的对话，也是为他好，他明白这点的话为何不听取我的合理建议呢。

周　恺：如果老板的喜好是有道理的，并且可以和建筑师商量，那么我们也会尽量去满足他的要求，因为毕竟我们建筑师从事的是服务行业。如果老板品位低且特别强势，那么我可以选择不做他的项目。但有的时候如果是政府项目倒比较难办了，领导的主观意识太强，他的想法明明不对，可建筑师说服不了他呀，但也不能不坚持原则，结果可能就是做出的方案报批手续根本就通不过，项目就停在那儿了。

庄惟敏：甲方领导对建筑创作是有影响的，这种影响是两方面的：

领导品位高，有丰富经验和宽广的视野，有一定的建筑和美学的修养，有和建筑师沟通的技巧，则可以协助建筑师完成高水平的设计；如果领导主观自负，刚愎自用，固执己见，又很难与建筑师沟通，则会对建筑师有很大的掣肘。这就是所谓"建筑师最重要的不是选择项目，而是要选择一个好的甲方"。

（6）在建筑创作过程中，甲方是否尊重乙方的创作自由？

陈一峰： 房地产项目不是一种纯创作的建筑设计，因为它必须要面对市场和销售，首先要满足开发商的一些基本需求，所以谈不上绝对的创作自由。特别是那种菜单式设计，自由度就更小了。成熟的地产商基本就是菜单式设计，有一套自己的开发模式、标准和定额，对设计费和进度都会限制比较死，给建筑师发挥的空间小，做出的东西很难有创新。它的优点是实施度比较好，有成熟的开发程序，例如施工质量监督到位，订货、订材料有自己的一套规矩，因此建出的房子和预期的效果能比较接近。和不成熟的地产商打交道时，设计费能收得高，进度也可以按我们定的来，而且在创作上的自由会多一些，但是他们对质量的控制没有一套严格的、科学的程序，材料选择和建造质量不可控，所以往往盖出来的东西和原始设计的差异会比较大。总体来说，还是和小开发商打交道更能获得设计过程中的愉悦性。

崔恺： 会，但是程度因人而异。相对而言，他们普遍对有名的建筑师会给予更多的意见尊重和创作自由。

樊则森： 我觉得建筑师的创作自由要建立在和甲方价值观相同、品位一致并且能够充分沟通的基础上。但是这种创作自由并不是建筑师本来就该拥有的权利，而是一种机遇，也是和甲方良好沟通合作所带来的结果。当你拿到任务书的时候，那些设计条件对你来说就是约束，百分百的创作自由是不存在的，建筑师只能在自己所能控制的范围内寻求一定的自由。由于甲方不如建筑师专业，所以项目中总会在某一个放松的点上寻求到自由。比如他只管立面，那你就能在平面上自由；如果他平面、立面都管了，那你还能在空间上自由；即便是他哪里都管到了，你也还能在一些例如楼梯扶手之类的细节中寻到自由。自由总能够找到，只是度的问题。

李兴钢： 情况是有所不同的，尊重、不尊重的都有。对乙方的尊重也并不完全取决于建筑师的名气，而是取决于建筑师提供给业主的服务、建筑师的设计能力和水平能否让对方满意，这才是建筑师能否赢得甲方尊重自己的关键要点。对建筑师完全没有要求和束缚的甲方是几乎不存在的。关键是甲乙双方都要能明白自己和对方各自擅长的，那么就会在自己比较专业的方面坚持己见，在对方是专家的领域则予以让步、给予自由；如果双方都能在自己的专业领域内充分发挥，那么这个项目必定能做好。

刘晓钟： 很难谈到创作自由。有时开发商给你自由，有时根本没有自由，还有时虽然给了你自由，但条件非常苛刻，你也未必能做出自己理想的东西。从建筑创作的角度来讲，在我们做这些房地产项目时是需要寻找机遇的，有时就是完成一件任务，谈不上多少创作；有时项目的条件相对宽松，那么就能做点创作了。总之创作是相对而言的，即便是大师也不敢把自己的作品随便拈来一个就说是建筑创作。

叶晓健： 甲方应该尊重建筑师的创作自由。但这是相对的，如果建筑师不尊重概算、环境等因素，滥用自己的自由，那是要得到规范的。

所谓自由一定要建立在甲乙双方都是成熟的专业人士的基础之上。

俞挺： 百分百尊重建筑师的创作自由的甲方是没有的，而且我认为给予建筑师绝对的创作自由的甲方其实是放任和纵容建筑师，而一般被纵容的建筑师创造不出伟大的建筑作品。我建议甲方和乙方能够平等地共享自己的观念，一个好的乙方应该把自己的建筑理想和甲方的某些需求经过筛选后综合成一个好的作品。

王戈： 有时尊重，也有时不尊重。甲方会提出各种奇奇怪怪的问题，你首先要满足他的各种要求了，然后才谈得上创作自由。有些建筑师在满足了甲方要求之后往往会失望地发现，自己的设计已经被各种条条框框五花大绑，一点儿发挥的余地都没有了，其实这才是最为真实的创作环境。甲方会尊重你的创作自由，但前提条件先要满足他的所有要求。就好比他说这个西瓜你可以随便吃，但是你得先把这筐土豆都吃下去。结果建筑师往往是吃了半筐土豆就给撑死了。所以做地产项目想要有创作自由确实非常之难。

商业地产产生效益的点是资金运作，而住宅产生效益的点则是设计占的比重多一些，所以相对而言在住宅项目中地产商会更注重设计。商业地产在内部功能流线和空间上很难给建筑师以自由发挥的余地，因为商业地产寸土寸金，最后建筑师能挥洒设计才能就是那一张表皮而已，但好的建筑光靠漂亮的表皮是远远不够的。住宅当然也有类似的问题，相对来说会好一些，有一些点还是比较宽松的。另外做商业地产项目的都是大牌的开发商，大开发商基本各自都有一套强硬的规则；但住宅会有一些小开发商在做，小开发商的好处就是没什么规矩，给建筑师留出的创作空间会大一些。

吴钢： 我从来没有想过这样的问题。首先要明确，这个房子是甲方的房子，不是建筑师的房子，他让你来做设计，那么这种所谓对创作自由的尊重能有多少呢？我觉得建筑师要把自己的心态归零，才能做好设计。建筑师和甲方是一种伙伴关系，我们希望创作自由能够得到他的尊重，但首先我们要先去尊重他的意愿，站在他的角度来考虑问题。在欧洲，房子的所有权更加明确，每个甲方对于自己的房子做成什么样都有想法，这样是不是给建筑师的所谓创作自由会更少呢？你的很多问题其实我都从来没有去想过，可能它们已经变成了我们日常工作中的一种习惯，就像你不会去关注你身上的血液是如何流淌的一样。

周恺： 创作自由应该说是有的，不过程度不同。我这些年做的住宅项目很少，不过写字楼类的商业地产倒是有一些，相比住宅来说自由度更大，只要满足出房率，设计上能有一定发挥的空间。另外我遇到的甲方老板对我的意见都比较尊重，当然反过来我也会尊重他，理解他。如果项目使用的材料甲方嫌贵，我会尽量替他想办法选择其他材料，同时保证效果不会大打折扣。我常对甲方说你想改可以，你有要求可以提，我来帮你想办法，但是你不能自己随便改。建筑师最怕的就是前面方案都做得好好的，施工图都出了，最后甲方由于种种经济上的原因擅自做主换材料。

庄惟敏： （甲方对于）效果和市场响应度极为关注，这种关注往往转变为对项目未来不确定性的焦虑和谨小慎微，以至于甲方自己会一定程度地介入设计，会在建筑师创作时加入甲方个人的意愿。这种介入会一定程度地影响建筑师创作的自由，但有时也是对建筑师的一种帮助，毕竟从市场和业主的层面提出了一些思路。

（7）甲方对于建筑造价的要求是否会直接影响到建筑设计？

陈一峰：会影响，尤其是外装方面，如果由于造价原因，前后选择的材料变化很大，就会影响到建筑设计。如果开发商一开始就定位一个比较低的造价，我们建筑师也能想办法把建筑做好，就怕前后变化太大，后期砍造价。

崔愷：肯定会影响，但也不绝对。最大的影响来自于前后对造价的要求差别过大，比如开始放开手脚、极尽奢华，后来却紧缩投资、死抠造价，这样的巨大浮动最令建筑师反感。换言之，如果开始开发商就给出一个理性的造价控制，那么建筑师同样可以根据产品定位做出好的设计。好的建筑师必须要能屈能伸，在甲方预算宽松和紧张的状态下都可以做出优秀的设计，好的建筑不一定都是钱堆出来的。

樊则森：甲方对造价的要求只要不过分就行。说到造价，我觉得建筑创作有点像拍电影，而建筑师就像导演——你可以去导一些高投资的大片，也可以去导一些低成本的小电影，最后的作品都可以是非常优秀的。例如外墙不一定用昂贵的石材才是好的，清水混凝土也能做出很棒的设计感，而场地、空间、环境等方面的一些处理都可以做到充分体现建筑感。一个项目不怕投资低，关键是要一开始就要明确，如果造价总在变化，那么设计就很难做了。我们都知道后期砍造价不好做，但是增加造价也会很棘手。本来是按简洁、朴素风格设计的一个作品，如果追加造价要往上面贴金，就会变得不伦不类。

李兴钢：品质和造价有一定关系，但是高造价并不代表一定会产生高品质。关于造价标准我认为甲方越早确定越好，这对乙方来说是个设计的条件和制约，建筑师要在这个框架限制内来做设计，不高的造价也同样能做出高品质的建筑作品。但是如果甲方想做一个高端的项目，却把造价压到不合理的程度，就会影响到建筑品质了。无论造价高低，只要是在合理的范围内，好的建筑师通过采取不同的策略，都可以创作出高品质的建筑来。

刘晓钟：也有影响。造价关系到资金投入的问题，无论是甲方还是建筑师都应该关心这个问题，不能造成无端的浪费。但是有时造价和项目的质量是有直接关系的，会影响到产品的品质，不是降低了造价就都是好事情。判断哪些钱能省、哪些钱不能省，需要综合考虑，这时便要看开发商的智慧和专业水平了。

叶晓健：这在某种程度上叫做量体裁衣，是对建筑师能力的一个考验。因为建筑设计毕竟不是一个可以肆意进行的艺术创作行为，而是一种和市场及实际生活密切相关的工程设计，要在尊重预算的前提下进行，把造价控制在合理范围内。

俞挺：基本不会。这要看建筑师的能力，一个好的建筑师应该对建筑材料是熟悉、了解、能够控制的。例如我，我做低造价的项目其实做得比较少，相对来说豪宅做得多，但是如果甲方提出造价要求的话，我也一定能将造价控制在甲方所能接受的范围之内。控制造价、量体裁衣，的确是建筑师的一种能力，你必须熟悉材料的价格和性能。即便是遇到一个对造价没有任何限制的甲方，你也要有一条底线，所有的付出都是为了使得建筑达到更高的美学要求。

王戈：非常有影响。因为市场只要一有不利的变化，房地产商首先的反应就是减成本，砍造价。我经常会在项目进行过程中遇到降低造价的问题，这是令人非常头痛的，因为东减西减，最后建起来的房子可能完全不是你原本设计的那个了。在地产公司内部，会不断有人提建议来给老板省钱、邀功请赏，比如这个贵了、没必要、维修

难等，因为钱在地产项目中是最敏感的问题。这样做的结果是当时看着好像省钱了，但是却让建筑品质大打折扣，从长远利益来看开发商其实是亏了。虽然我们建筑师可以在事先被告知低造价的情况下也能做出好设计，但有时低造价的项目地产商也还会一减再减，硬是把一顿本来就是俩包子的简餐改成了俩馒头。所以做地产项目最难的地方就是要在甲方不断地变化中寻求一种平衡。

吴钢：造价不会影响到设计本身，因为低造价同样造出设计感很好的房子，但是会影响到建筑的质量。至于设计过程中建筑造价的一些变化，这没什么好抱怨的。在欧洲，设计完成后要进行评估、招投标，价格一直会改变，即使在施工过程中也可能会变，这种变化甚至比中国更普遍。因为他们对钱的控制会更严格，比如投资的基金会变成另外一家了，造价就会变。造价变化是很正常的一件事情，对设计不会有太大影响。虽然材料可能会换，但是形态和空间还在那里，就好像一个人如果骨架和气质好，那么穿什么样的衣服都不会难看。

周愷：造价高比造价低当然给建筑师留出的创作空间会更大一些，但是我不会把这个当做影响设计的主要因素。因为造价低有低的做法，在造价受限制的情况下，如果建筑师能够想出一些策略，采用一些切实可行、因地制宜的方法，同样可以营造出很好的建筑效果。所以我认为造价低没什么，整个社会背景下人们的心态、受利益驱使的心理以及一些管理办法对建筑设计的冲击最大。

庄惟敏：建筑造价的要求当然会直接影响建筑创作，这是市场对建筑师的职业要求。作为职业建筑师，造价因素是设计前期输入的一个关键性因素，是设计的依据。

（8）当乙方是国外建筑师和有国际背景的设计机构时，甲方的态度会有何不同？

陈一峰：会有一些区别，有的甲方比较崇洋，那么对外国设计师就会更客气，对他们的意见也更尊重。前些年找外国建筑师的情况比较多，但在房地产项目中，经历了这些年，甲方知道外国建筑师能做什么不能做什么了，特别是住宅类的项目，更倾向于找国内的建筑师。

崔愷：甲方普遍会对国外的设计师更加尊重。一般来讲外国设计师的理念更为先进，思维更为活跃，也有个性，容易让国内的设计同行和开发商感到陌生和好奇，对于我们本土文化的感知可能会更敏感、更细腻，在传承与创新方面常会有让人振奋的新思路，能够令客户耳目一新。而且国外设计公司虽然收费高于国内，但投入的阵容和力量也相对更多，设计比较深入，整合技术方面比较到位，能让开发商感到物有所值。当然，关键是要选择一家有实力的中方合作设计院和有责任心的主持人，才能达到目标。

樊则森：前几年甲方对国外建筑师比较看重，这些年国内也涌现了很多优秀的建筑师，所以情况有所改善。我了解的国外公司一般是做规划概念和建筑立面，他们因为没有资质，所以只能做方案。国外来的建筑师一般分两类，一类是大腕儿，做一些重要工程，和国内设计院合作，做出来的确实是作品；另一类则是在房地产圈子里做方案，有的干脆就是画个画儿，做个忽悠老百姓的噱头而已。结果画儿画得很漂亮，但建起来却和效果图相去甚远。有些是因为在施工图阶段根本实现不了，还有的住宅立面的设计则根本不合理，最后造成住户使用上的各种问题。将方案和施工图完全切开，以至于建筑创作的完整性无法实现，在我国这种房地产的运作模式下，发生这种事情，对行业是不利的。

李兴钢：现在这个问题倒不是太明显了。崇洋虽然是中国人由来已久的一种心态，但是随着中国现代化建设的发展、国际化程度的日趋成熟，房地产商的见识在不断增长，中国建筑师的设计水平也在日益提高。甲方也明白了外国的建筑师不见得都好，而我们本土的建筑师同样有很优秀的。

刘晓钟：崇洋媚外的情况确实存在，我们有些开发商对外国建筑师盲目信赖，结果做了以后才发现水平也没有那么高。我认为国外建筑师有些优势的方面是值得我们学习的，比如他们的一些思维、概念很有创意，会给我们带来启发。而且毕竟他们比我们早发展了那么多年，在见识方面我们比不过人家。这件事需要辩证地来看。一概而论地认为国外建筑师做的就一定是好的，那是不对的。就拿住宅小区来说吧，外国很少有我们那么大规模的住宅区，他们没有这方面的经验，当然就比不过我们本土的建筑师。

叶晓健：我们本身就是境外公司，不好评说。

俞　挺：这是崇洋媚外喽。是的，对于国外的建筑师，绝大多数甲方都会比对本土建筑师要客气，而且付起设计费来也更大方、更痛快，这一点真是悲哀，也没什么好回避的。不过国外的建筑师做事情有他们的一套习惯，这会让中国的甲方更学会遵守规则。

王　戈：以前比较崇洋媚外，现在好像不这样了，甲方现在都是谁能替他做出挣钱的项目，他就选择谁。如果外国建筑师不能给甲方带来利益，甲方也不会用他们。外国建筑师就好比是能给产品代言的明星，一旦明星过气了，肯定要换人。对于住宅地产，外国建筑师大多数也做不了户型，最多只能做立面而已。

吴　钢：由于我们处在这样一个缺乏自信和价值观的时代，所以有些崇洋媚外是必然的，这是一个社会问题。确实因为现在西方依然比我们强大很多，大家容易认为它们什么东西都是好的。而且有些开发商利用民众的这种崇洋心理，找国外的设计师来给自己的项目做设计，成为一个赚钱的卖点。

周　恺：早些年好像外国设计师确实在中国比较吃香，这些年感觉好多了，很多甲方也都明白了找老外做其实还不如找国内的建筑师。首先，外国建筑师不了解中国的国情，其次，他们未必能在时间上满足开发商的进度要求。

庄惟敏：国人的媚外和崇洋思想尽管近年来有所降低，但的确仍旧存在，往往当设计师是外国人时，甲方会给予比国内建筑师更多的耐心和宽容。但随着国人建筑师的作品越来越国际化、越来越好，这种情况正在改变。

（9）您更愿意和哪一类甲方合作？

陈一峰：我比较喜欢和小一点的开发商合作，这样的创作过程会获得更多的愉悦感，创新的机会也更多一些。我理想中的甲方应该既有丰富的开发经验，又有一套严格的规范制度，同时还能尊重建筑师的创作。

崔　愷：当然更愿意和聪明的甲方合作。那种可以被"很快搞定"、没有自己思想的甲方绝对不是我所喜欢的。和聪明的甲方合作，能够令建筑师受到鞭策和激励，学到很多东西，提高对自身和项目品质的要求；甲乙双方在设计过程中充分交流、积极互动，有利于项目稳步推进，向更好的方向发展。

樊则森：我更愿意和专业一点的甲方合作，高手过招时量级才比较匹配。有时我们为了业绩去二、三线城市接一些任务，很轻松就能把甲方搞定。但是这样的项目往往由于甲方的无知而很难控制后期效果，而且从建筑创作的角度讲这类项目也不会有什么亮点，因为我们是凭着经验的惯性在做。我认为甲方的需求是激发创作的一个重要源泉，专业的甲方才能提出较高的需求，而只有当你把标杆立得很高时，才有可能做出好的作品。

李兴钢：我更愿意和明智的、专业的甲方合作。明智是指他能很清楚地判断出自己擅长与不擅长的方面，能够清晰地定位甲方、乙方的关系；专业则是指他对自己的房地产领域具有专业的知识，同时明白哪些是他应该做好的。当然从建筑师的本能来讲，能够给予建筑师更多的尊重和自由度的甲方也很受欢迎，但这时建筑师反而需要对自己有所克制，要有清楚的自我认知，要在保障甲方的利益前提下把设计尽量做好。

刘晓钟：我觉得最重要的是互信尊重，别把自己太当甲方。虽然甲乙双方是雇佣关系，但是甲方对建筑师要尊重。既然是花钱请建筑师来做设计，那么有要求可以和建筑师提，他做不到可以换人，但是甲方不要有凌驾于建筑师之上的傲慢。工程上的事情要按程序、按规矩去按部就班地完成，有些事情是不能打破常规的，否则一定会影响到质量。

叶晓健：我愿意和所有的甲方合作，但是有个别甲方利用我们去冲击规划指标，且主观意识过于强烈，会对我的创作行为产生过多的干扰。对于这样的甲方，我一般会有意回避。不过作为一个职业建筑师，任何甲方提出的要求都是要尊重的。所以再难缠的甲方我也会尽力想办法来应对。这也许就是一名建筑师的职业魅力所在吧。

俞　挺：对于建筑有自己独到的理解，能够和建筑师彼此尊重和互信，易于沟通，双方能够达成对建筑设计的共识，并且把需要和建筑密切配合的景观、照明等都十分信赖地交给我来把控，这样的甲方是我理想中的甲方。

王　戈：我更愿意和头脑清晰的甲方合作，但这样的甲方非常少。头脑清晰的甲方会很明白哪些是他分内的事情，而哪些是建筑师做的。他和你讨论的也会是你们的交集，而不会是你们分别擅长的专业技能。他知道，留给你一定的空间对他的项目其实是有利的。聪明的甲方不见得有很高的文化修养，也不见得有建筑专业背景或者能和你探讨建筑界的话题，但他有高屋建瓴式的战略性思考。在任何行业里，头脑特别清晰的人都是极少数。有时你遇见一个和自己专业背景完全不同的人却能相谈甚欢，原因就是你们思考问题的高度是一样的，能遇到这样的甲方才是建筑师的幸运。

吴　钢：我愿意和所有的甲方合作，特别是和我们有长期合作关系的甲方。我看重长期稳定的一种关系，换句话说是注重可持续发展的关系，因为这是一种非常大的价值。

周　恺：我理想中的甲方能够尊重建筑师的设计成果并能和建筑师顺畅地沟通，同时采用合理的建设周期，按照规律去办事情。因为和这样的甲方合作，建筑师才能做出好的作品。这样的甲方倒不一定是投资能力很强的大甲方，有些小甲方很信任我们，来找我们做些小项目，把困难都和我们说出来，双方最后也能沟通、合作得很好，出来的作品也能令人比较满意。

庄惟敏：我更愿意与有见识、能倾听、能理解、懂得尊重别人的甲方合作。

若干代表性工程项目的招投标状况与制度调查

The Investigations on Biding Conditions and Relevant Systems: Taking Several Typical Projects as Examples

卢倩　任萌　王路　等

1 中国建筑设计行业招投标机制概况

1.1 招投标相关法规以及机制演进

招标投标法是国家用来规范招标投标活动、调整在招标投标过程中产生的各种关系的法律规范的总称。按照法律效力的不同，招标投标法法律规范分为 3 个层次：第一层次是由全国人大及其常委会颁布的《中华人民共和国招标投标法》（以下简称《招标投标法》）法律；第二层次是由国务院颁发的招标投标行政法规以及有立法权的地方人大颁发的地方性招标投标法法规；第三层次是由国务院有关部门颁发的招标投标的部门规章以及有立法权的地方人民政府颁发的地方性招标投标规章[1]。

为了规范招标投标活动，保护国家利益、社会公共利益和招标投标活动当事人的合法权益，提高经济效益，保证项目质量，制定招标投标法。根本目的是完善社会主义市场经济体制。

招标法对招标的范围、招投标的原则、招投标中介机构的要求、开标、评标、定标、中标等方面作出了法律性规定，并明确了各自的法律责任。为维护开放、统一、公平、规范的经济秩序和社会诚信、公正体系的运行，节省资金，提高经济效益，保证工程项目、货物和服务质量，优化实施方案，促进廉政建设和政府职能转变以及企业经营机制的转变起到了积极作用[2]。

《招标投标法》共 6 章 68 条，1999 年 8 月 30 日第九届全国人大常委会第十一次会议通过并发布，自 2000 年 1 月 1 日起施行。这标志着我国的招标投标活动有法可依，对于招标投标工作将有极大的推动作用。该法律属于第一层级（参见附录一）。

《中华人民共和国招标投标法实施条例》已经于 2011 年 11 月 30 日国务院第 183 次常务会议通过，并予公布，自 2012 年 2 月 1 日起施行。该法律属于第二层级（参见附录二）。

《招标投标法》中规定建设工程的设计实行招投标，又在《工程建设项目招标范围和规模标准规定》中明确合同额 50 万元以上的工程，设计都要进行招投标。《建筑工程设计招标投标管理办法》的出台，从设计招投标管理和操作层面上进行了规范[3]。

1.2 招投标的分类[4]

《招标投标法》第十条规定，招标分为公开招标和邀请招标。公开招标，是指招标人以招标公告的方式邀请不特定的法人或者其他组织投标。邀请招标，是指招标人以投标邀请书的方式邀请特定的法人或者其他组织投标。

从世界各国的情况看，招标主要有公开招标和邀请招标方式。公开招标，是招标人在指定的报刊、电子网络或其他媒体上发布招标公告，吸引众多的企业单位参加投标

1 招标投标法 [EB/OL]. http://www.hudong.com/wiki/%E3%80%8A%E4%B8%AD%E5%8D%8E%E4%BA%BA%E6%B0%91%E5%85%B1%E5%92%8C%E5%9B%BD%E6%8B%9B%E6%A0%87%E6%8A%95%E6%A0%87%E6%B3%95%E3%80%8B.

2 此部分引用：谁清楚投标是什么回事？[EB/OL].（2008-05）. http://wenwen.soso.com/z/q64486398.htm.

3 设计招投标 [EB/OL].（2009-08-18）. http://www.top-arch.cn/News.asp?id=477.

4 此部分引用：邀请招标与竞争性谈判的区别 [EB/OL]. http://wenku.baidu.com/view/f0ea19225901020207409c2c.html.

竞争，招标人从中择优选择中标单位的招标方式。邀请招标，也称选择性招标，由招标人根据供应商、承包资信和业绩，选择一定数目的法人或其他组织（一般不能少于 3 家），向其发出投标邀请书，邀请他们参加投标竞争。

这两种招标方式的区别主要在于：

（1）发布信息的方式不同。公开招标采用公告的形式发布，邀请招标采用投标邀请书的形式发布。

（2）选择的范围不同。公开招标因使用招标公告的形式，针对的是一切潜在的对招标项目感兴趣的法人或其他组织，招标人事先不知道投标人的数量；邀请招标针对已经了解的法人或其他组织，而且事先已经知道投标人的数量。

（3）竞争的范围不同。由于公开招标使所有符合条件的法人或其他组织都有机会参加投标，竞争的范围较广，竞争性体现得也比较充分，招标人拥有绝对的选择余地，容易获得最佳招标效果；邀请招标中投标人的数目有限，竞争的范围有限，招标人拥有的选择余地相对较小，有可能提高中标的合同价，也有可能将某些在技术上或报价上更有竞争力的供应商或承包商遗漏。

（4）公开的程度不同。公开招标中，所有的活动都必须严格按照预先指定并为大家所知的程序标准公开进行，大大减少了作弊的可能；相比而言，邀请招标的公开程度逊色一些，产生不法行为的机会也就多一些。

（5）时间和费用不同。由于邀请招标不发公告，招标文件只送几家，使整个招投标的时间大大缩短，招标费用也相应减少。公开招标的程序复杂，从发布公告、投标人作出反应、评标，到签订合同，有许多时间上的要求，要准备许多文件，因而耗时较长，费用也比较高。

由此可见，两种招标方式各有千秋，从不同的角度比较，会得出不同的结论。在实际中，各国或国际组织的做法也不尽一致。有的未给出倾向性的意见，而是把自由裁量权交给了招标人，由招标人根据项目的特点，自主采用公开或邀请方式，只要不违反法律规定，最大限度地实现了"公开、公平、公正"即可。例如，《欧盟采购指令》规定，如果采购金额达到法定招标限额，采购单位有权在公开和邀请招标中自由选择。

实际上，邀请招标在欧盟各国运用得非常广。世界贸易组织《政府采购协议》也对这两种方式孰优孰劣采取了不置可否的态度。但是，《世界银行贷款和国际开发协会信贷采购指南》却把国际竞争性招标（公开招标）作为最能充分实现资金的经济和效率要求的方式，要求借款以此作为最基本的采购方式。只有在国际竞争性招标不是最经济和有效的情况下，才可采用其他方式。

1.3 招投标参与各方的权利和义务

1.3.1 工程建设项目招标人的权利

工程建设项目招标人的权利，是指工程建设项目招标人自己为一定行为或者要求他人为一定行为的可能性。主要有：

（1）自行组织招标或者委托招标的权利；

（2）进行投标资格审查的权利；

（3）择优选定中标的方案、价格和中标人的权利；

（4）享有依法约定的其他各项权利。

1.3.2 工程建设项目招标人的义务

工程建设项目招标人的义务，是指工程建设项目招标人在工程建设项目招投标活动中为一定行为或不为一定行为的必要性。主要有：

（1）遵守法律、法规、规章和方针、政策；

（2）接受招标投标管理机构管理和监督的义务；

（3）不侵犯投标人合法权益的义务；

（4）委托代理招标时向代理人提供招标所需资料、支付委托费用等的义务。

招标人委托招标代理人进行招标时，应承担的义务主要有：

（1）招标人对于招标代理人在委托授权的范围内所办理的招标事务的后果直接接受并承担民事责任。

（2）招标人应向招标代理人提供招标所需的有关资料，提供或者补偿为办理受托事务所必需的费用。

（3）招标人应向招标代理人支付委托费或报酬。

（4）招标人应向招标代理人赔偿招标代理人在执行受托任务中非因自己过错所造成的损失，招标人应对自己的委托负责，如因指示不当或其他过错致使招标代理人受损失的，应予以赔偿。

（5）保密的义务。工程建设项目招标投标活动应当遵循公开原则，但对可能影响公平竞争的信息，招标人必须保密。

（6）与中标人签订并履行合同的义务。

（7）承担依法约定的其他各项义务。

1.3.3 工程建设项目投标人的权利

工程建设项目投标人在工程建设项目招标投标活动中，享有下列权利：

（1）有权平等地获得利用招标信息。

（2）有权按照招标文件的要求自主投标或组成联合

体投标。

（3）有权委托代理人进行投标。

（4）有权要求招标人或招标代理人对招标文件中的有关问题进行答疑。

（5）根据自己的经营情况和掌握的市场信息，有权确定自己的投标报价。

（6）根据自己的经营情况有权参与投标竞争或放弃参与竞争。

（7）有权要求优质优价。

（8）有权控告、检举招标过程中的违法、违规行为。

1.3.4　工程建设项目投标人的义务

工程建设项目投标人在工程建设项目招标投标活动中，负有下列义务：

（1）遵守法律、法规、规章和方针、政策。

（2）接受招标投标管理机构的监督管理。

（3）保证所提供的投标文件的真实性，提供投标保证金或其他形式的担保。

（4）按招标人或招标代理人的要求对投标文件的有关问题进行答疑。

（5）中标后与招标人签订合同并履行合同，不得转包合同，非经招标人同意不得分包合同。

（6）履行依法约定的其他各项义务。在工程建设项目招标投标过程中，投标人与招标人、代理人等可以在合法的前提下，经过互相协商，约定一定的义务。比如，投标人委托投标代理人进行投标时，就有下列义务：投标人对于投标代理人在委托授权的范围内所办理的投标事务的后果直接接受并承担民事责任；投标人应向投标代理人提供投标所需的有关资料，提供或者补偿为办理受托事务所必需的费用；投标人应向投标代理人支付委托费或报酬；投标人应向投标代理人赔偿投标代理人在执行受托任务中非因自己过错所造成的损失。

1.3.5　工程建设项目招标投标代理人的

（1）组织和参与招标或投标活动。

（2）依据招标文件要求，审查或报送投标人资质。

（3）按规定标准收取代理费用。

（4）招标人或投标人授予的其他权利。

1.3.6　工程建设项目招标投标代理人的义务

（1）遵守法律、法规、规章和方针、政策。

（2）维护委托的招标人或投标人的合法权益。

（3）组织编制、解释招标文件或投标文件，对代理

过程中提出的技术方案、计算数据、技术经济分析结论等的科学性、正确性负责。

（4）接受招标投标管理机构的监督管理和招标投标行业协会的指导。

（5）履行依法约定的其他义务。受招标人或投标人委托的代理人依委托代理合同进行代理活动，必须履行代理合同约定的义务。通常，按照委托代理合同，代理人应履行的义务主要包括：代理人应依照委托的招标人或投标人的指示和要求忠实地办理受托的招标投标事务；代理人应亲自办理受托的事务，代理人不得将自己受托的事务擅自转托他人办理；代理人应及时报告受托事务办理的情况；代理人应将办理受托事务所得的利益，及时交给委托的招标人或投标人；代理人对在代理招标投标中接触到的各种数据和资料应当保密，不得擅自引用、发表或提供给第三者；代理人对在实施代理行为过程中因自己的故意或过失给委托的招标人或投标人造成损害的，应承担赔偿责任。

1.3.7　建筑工程招投标中的不正当竞争行为

近年来，建筑工程招投标工作不断得到规范，操作过程一般都能做到公开、透明、公正。一些地方建筑工程招投标中的不正当竞争行为仍然不同程度地存在，主要表现在以下几个方面。

（1）存在规避招标现象。如"肢解"、规避，将一个整体建筑工程"全解"或"小解"成若干个不需招标的小工程，避开招标；干预规避，以党政集体决策为名抵制招标；钻政策空子规避，把公开招标转变成自主性较强的邀标。

（2）存在"围标"现象。有的企业为了中标便实行"围标"，花钱买几家企业参加投标，以达到公开招标对投标企业数要求。最后无论谁中标，均由围标者具体施工承建。

（3）存在转包或"卖标"现象。一些外地建筑企业在中标后，将工程非法转包给本地的建筑企业或个体建筑商，并按标的额的一定比例收取"卖标"费。

（4）存在挂靠投标现象。资质较低的企业为能参加投标，便挂靠一个高资质企业，并以其名义参加竞标。

（5）存在行业垄断和地方保护现象。一些地方找借口排斥外地企业竞标，有的强行指定有特殊关系的施工队伍承包施工，有的招标信息只在本地发布，以达到排斥外地企业投标的目的。

1.4　近年来我国重大建设项目招投标概况

随着国家大剧院、中央电视台新大楼、北京奥运场馆

等国家大型代表性建设项目的进行，我国公共建筑的建设进入了一个新的时代：一方面是各地政府、企业集中资金兴建超大规模的公共建筑作为地标并发起重大建设项目的招标；另一方面是国际建筑公司与我国大型建筑设计企业抓住机遇参与竞标。这些大型项目，由于建筑规模较大，投资预算较多，建筑等级较高，且相当程度关乎国家形象或地方形象，以期成为地标式建筑物或参与大型事件。其招投标过程较小型建设项目的招投标更加规范与"公平""公正""公开"，更能代表中国当代建筑领域前沿的设计水平与施工技术，这些重大项目也随着时间序列呈现出明显的发展趋势，并时有探索与创新；因而具有很强的代表性。

这里按照地域将近年来进行过招投标的具有代表性的项目概况进行了梳理，主要从招投标项目的规模、投资金额、招投标的时间、建设工期、业主方以及中标单位参与投标单位等几个方面进行总结。

1.4.1 北京

1）国家大剧院

（1）规模：12 万平方米。

（2）投资金额：26.88 亿人民币。

（3）招投标历时：1998-04-13—1999-07-22。

（4）建设工期：2001-12-03—2007-09。

（5）业主方：国家大剧院业主委员会。

（6）投标单位：第一轮 36 家国内外单位，其中邀请参加 19 家，自愿参加 17 家；第二轮 14 家，其中邀请参加 9 家，自愿参加 5 家。

（7）中标单位：法国巴黎机场公司设计，清华大学配合。

2）中央电视台新大楼

（1）规模：55 万平方米。

（2）投资金额：50 亿人民币。

（3）建设工期：2004-10-21—2009-01。

（4）业主方：中国中央电视台。

（5）中标单位：OMA 雷姆·库哈斯（建设单位）；中国建筑工程总公司（建设单位）。

3）中国国家博物馆改扩建工程

（1）规模：中国国家博物馆改扩建工程总面积约 15 万平方米，其中改建原有面积 6.5 万平方米，新建建筑面积 8.5 平方米。

（2）投资金额：18 亿人民币。

（3）招投标历时：

预审：2004-02-19—2004-03-19；

2004 年 2 月 19—25 日，中国国家博物馆在公开媒体上发布了《关于举办中国国家博物馆改扩建工程建筑设计方案招标的公告》及《资格预审文件》。

实施阶段：2004-03-26—2004-08-15；

中国国家博物馆召开新闻发布会，宣布国家博物馆改扩建工程设计方案招标工作已进入实施阶段。

（4）业主方：中国国家博物馆。

（5）投标单位：

预审阶段：截止到 3 月 4 日，共有来自 13 个国家和地区（含中国）的 36 家设计单位或设计联合体（共 55 家知名设计院所）递交了《资格预审文件》。

实施阶段：美国 K P F 建筑师事务所（Kohn Pedersen Foa Associates PC）和华东建筑设计研究院设计联合体、清华大学建筑设计研究院和荷兰大都会建筑事务所（O M A）等设计单位和联合体等 11 家国内外设计单位。

（6）中标单位：GMP，建研建筑设计研究院有限公司设计联合体。

中国国家博物馆工程是在原中国历史博物馆和中国革命博物馆的基础上组建而成。项目建设施工历时 3 年，从 2007 年 7 月动工到 2011 年 3 月竣工。

项目立项可追溯到 2003 年 2 月，党中央、国务院批准在原中国历史博物馆和中国革命博物馆基础上，组建"中国国家博物馆"。2004 年初，项目进行了改扩建工程设计的国际招投标，包括诺曼·福斯特、KPF、OMA、赫尔佐格和德·梅隆在内的 10 家著名国际建筑事务所（GMP）参与了博物馆改扩建工程设计竞赛。冯·格康、玛格及合伙人建筑师事务所与中国建筑科学研究院有限公司设计联合体在第二轮中胜出，赢得了项目设计委托。

中标方案的最大特点是：对原有建筑拆除最少，不仅保留了北、西、南三个主要立面，而且也保留了大部分东立面；在新建的部分，建筑采用现代、简介的手法与老馆形成对比。

虽然 GMP 的方案经过两轮专家评审最终中标，但中标方案仍然存在争议，国内众多专家和国家发改委对方案并不满意，工程一度搁浅。发改委领导对工程搁浅的说明为，一是对中标方案不太满意，二是工程时间问题，因为 2008 年奥运会，2009 年建国 60 周年，为保证国家重大事件顺利进行，项目必须届时完工或 2009 年之后再建。专家意见主要集中在新旧建筑结合方式、庭院处理等问题上。

经多方协调，2006 年 10 月，国家发改委正式上报国务院，2007 年 3 月开始动工拆除部分老馆，7 月正式开挖地基。项目 2011 年完工，总建筑面积近 20 万平米，总造价 25 亿元。

作为国家代表性工程之一的中国国家博物馆（以下简称国博）项目，其招标与建设中，以及建成后，受到较多关注，争议较少。

业主方：国博项目在第二轮竞赛结束后，虽然评选出中标方案，但中标方案因不够理想而未能立即实施。后经历半年的多方沟通和对方案的多轮修改，投入建设。原因之一是在 2004 年国际竞赛时，条件仓促，设计任务书不够明晰，业主方无法明确需求、建立清晰可行的评价标准。业主方如果不能明确己方需求，评标责任便完全交给了专家评委，因此即便专家能够从专业角度推举出中标方案，但却不能推举出完全契合业主方需求的方案。

设计方：德国 GMP 在国家博物馆招标中以"中规中矩"的方案战胜了包括诺曼·福斯特、库哈斯、赫尔佐格和德·梅隆等明星建筑师在内的对手，从一个侧面说明了国际招标的目的并非是一味寻求创意出挑的方案。

GMP 中标方案与最终实施方案有很大区别。其中最主要的调整在于对新老建筑空间特色的处理。中标方案侧重新老建筑的"对比"，老建筑两个围合院落被填满，失去了原有空间特色；实施方案采用"与老建筑保持高度一致"的空间构思，较中标方案在"空廊""庭院"等空间处理上均更好地回应了保留中国传统空间特色的问题。方案中标后一度搁浅，经过深化设计阶段的多轮磨合，基本遵从和实现了业主意愿。

业主方认为："德国人很好学，他们只要接受你的想法了，就会认真琢磨。去故宫学、看藻井，不怕苦、不怕修改，最终让大家都比较满意。"可见，深化设计是需要多方不懈努力、积极配合的过程。在招投标过程中，业主方和设计方往往是"一对多"的关系，设计方主要通过设计任务书了解业主方需要，在公平原则下，这种沟通方式对设计方深入了解业主方需要有一定局限性。方案中标后，双方、甚至是多方的深入沟通与协调，是弥补前一阶段沟通不足、提升方案品质的重要环节。设计方应尽可能多地从与业主方的对话中汲取养分，从业主方的需求出发，深化设计。

4）中国国家美术馆新馆

（1）规模：13 万平方米。

（2）招投标阶段：2010 年 9 月 28 日—10 月 29 日概念性方案征集并公开邀请应征规划设计人参加资格预审，2012 年 2 月 24 日最后一轮方案投标。

（3）建设工期：2011-10—2015-10。

（4）业主方：中国国家美术馆（代理机构：北京科技园拍卖招标有限公司）。

（5）投标单位：弗兰克·盖里、扎哈·哈迪德、让·努维尔、莫瑟·萨夫迪等。

（6）中标单位：未知。

5）首都国际机场 T3 航站楼

（1）规模：98.6 万平方米。

（2）投资金额：270 亿人民币。

（3）建设工期：2004-03-28—2007-10。

（4）业主方：民航总局。

（5）中标单位：荷兰机场顾问公司（NACO）、英国诺曼·福斯特建筑事务所（Foster & Partners）和英国 ARUP 工程顾问。

参与首都国际机场 T3 航站楼国际竞标的方案有：美国蓝德隆、布朗与杨莫伦联合体（Landrum & Brown & Yang Molen，NACO-Foster-ARUP 联合体、美国威廉姆公司（William Nicholas Bodouva + Associates），美国墨菲/扬设计事务所（Murphy/Jahn, Inc.），英国机场联合咨询集团（BAUC），美国派森斯与芬崔斯联合体（Parson & Fentress），北京市建筑设计研究院，法国巴黎机场工程公司（ADPi）。其中，美国威廉姆公司放弃投标。

最终 NACO-Foster-ARUP 中标。NACO-Foster-ARUP 由 3 个著名公司组成，它们在各自的领域各有所长：荷兰机场顾问公司成立于 1949 年专长于机场设计的各个方面，参与了全球 500 个机场的开发建设。至今已有 53 年机场设计规划经验，在机场规划、机场整体设计或局部设计、详细规划与技术要求以及施工监理等方面积累了丰富的经验，是当今世界上机场建设方面首屈一指的顾问之一。

诺曼·福斯特建筑事务所是一个国际性的事务所，项目办公室遍布全球各地。事务所由主席福斯特爵士与 4 个合伙人共同领导。迄今为止诺曼·福斯特建筑事务所已获得 260 多项设计优秀奖或提名，并在英国国内和国际上共赢得 55 项设计竞标。诺曼·福斯特建筑事务所将在本项目的建筑外观和美感方面起到龙头作用并在详细设计和选材的技术方面进行协调。

ARUP 事务所创立于 1946 年，目前 ARUP 已成为全球最大、最为成功的国际性工程咨询公司之一，共有 70 多家常驻办事处，遍及 50 多个国家，员工总数超过 7000 人。ARUP 在机场建设方面已经拥有 40 年的设计经验。在全球范围内涉足 100 多个机场的工程设计。ARUP 将在本项目的总体工程设计方面起到举足轻重的作用，同时还将为项目整体提供所需的多个特殊专业服务。

NACO-Foster-ARUP 联合体参与过的机场项目有：香港国际机场，在该项目中 Foster 和 ARUP 为设计管理组的核心成员，NACO 则负责专门服务；伦敦斯坦斯特德国际机场，在该项目中 Foster 和 ARUP 为设计管理组的核心成员；法兰克福国际机场三号航站楼，NACO-Foster-ARUP 联合体在该项目的总体规划和新航站楼的设计规划竞赛中获奖。

在国际招标之后，2004 年 3 月完成施工及监理招标，2007 年底全面竣工，2008 年 2 月进入试运行，确保了 2008 年奥运会前投入使用运营。

诺曼·福斯特 2003 年中标后，只用半年时间就完成了深化设计。"中国特色"的设计速度虽然并不是福斯特习惯的工作方式，但设计方的确适应了这种速度。设计方与业主方在设计深化的过程中都需要做出妥协。业主方在明知设计方是对的情况下，因为工期压力必须改变方案，或者为了控制成本必须放弃一些设计。比如在屋面材料与天窗设计方面，因为成本压力不得不取消屋顶装饰板并减少了天窗数量。原方案虽然能够营造更美好的室内空间效果，但是为了降低经济成本，修改了方案。这些修改非专业人士难以辨别，在时间和成本投入一定的情况下，深化设计中的妥协是无奈而必要之举。

6）中国国家体育场

（1）规模：25.8 万平方米（赛时 9.1 万坐席，赛后 8 万坐席）。

（2）设计时间：2002-12—2005-06。

（3）建设工期：2003-12—2008-06。

（4）业主方：中国国家体育场有限责任公司。

（5）中标单位：瑞士赫尔佐格和德·梅隆建筑师事务所、中国建筑设计研究院、英国 ARUP 工程顾问。

2002 年 10 月 25 日，受北京市人民政府和第 29 届奥运会组委会授权，北京市规划委员会面向全球征集 2008 年奥运会主体育场——中国国家体育场的建筑概念设计方案。

中国国家体育场是第一个进入建筑设计程序的北京奥运场馆设施。中国国家体育场建筑概念设计竞赛分为两个阶段：第一阶段为资格预审，第二阶段为正式竞赛。截止到 2002 年 11 月 20 日，竞赛办公室共收到 44 家著名的国内外设计单位提供的有效资格预审文件，经过严格的资格预审，最终确定了 14 家设计单位进入正式的方案竞赛。2003 年 3 月 18 日，最终参与竞赛的全球 13 家具有丰富经验的著名建筑设计公司及设计联合体，将他们理想中的中国国家体育场的壮丽构想送抵北京。13 个设计方案中，境内方案 2 个、境外方案 8 个、中外合作方案 3 个。

在随后的方案评审中，由中国工程院院士关肇邺和荷兰建筑大师库哈斯等 13 名权威人士组成的评审委员会对参赛作品进行严格评审。经过两轮无记名投票，选举出 3 个优秀方案，分别是由瑞士赫尔佐格和德·梅隆设计公司与中国建筑设计研究院组成的联合体设计完成的"鸟巢"方案、由中国北京市建筑设计研究院独立设计的"浮空开启屋面"方案、由日本株式会社佐藤综合计划与中国清华大学建筑设计研究院合作设计的"天空体育场"方案。

在此基础上，评审委员会又以压倒多数票推选"鸟巢"方案为重点推荐实施方案。在讨论"鸟巢"方案时，共有 8 票赞成、2 票反对、2 票弃权、1 票作废。为征求公众意见，竞赛组织单位将设计方案展出，历时 6 天，征得观众投票 6000 余张，其中，"鸟巢"方案获票 3506 张，"浮空开启屋面"获票 3472 张，"天空体育场"获票 3454 张，排名前三位。"鸟巢"名列第一，表现出观众与评委在相当程度上的认同。

最终，"鸟巢"被确定为中标方案。2003 年 12 月 24 日，正式破土动工；2004 年 8 月，"鸟巢"接到通知开始瘦身设计；2005 年 6 月 30 日，交付全部施工图；2006 年 8 月 31 日，钢结构合拢；2006 年 9 月 17 日，钢结构卸载。2008 年 4 月 18 日，"鸟巢"迎来了第一场比赛——"好运北京"国际田联竞走挑战赛。此时，距离 2003 年鸟巢设计方案正式中标已整整过去了 5 年。

在"节俭办奥运"的精神下，"鸟巢"方案经过了"瘦身"优化。优化调整方案取消了可开启屋盖，减少用钢量 1.2 万吨，节省投资约 4 亿元，并且因为取消钢结构屋面，建筑整体安全性能得到进一步加强。鸟巢工程的最初设计造价达 38.9 亿元人民币，用钢量为 13.6 万吨，经过优化设计，计划钢材量降到了 5.3 万吨。中方主创建筑师认为，瘦身工程后，"鸟巢"仍然是一个比较理想的状态。

中国国家体育场的优化过程需要投资方、政府方、建设方共同配合。方案设计方如同一个平衡者和控制者，将方案变动所引发的可能的遗憾控制在最低点。同时，瘦身工程也是"鸟巢"作为国家代表性工程在面对社会、政治、经济压力时所必经的优化过程。

1.4.2　上海

1）上海金茂大厦

（1）规模：29 万平方米。

（2）投资金额：50 亿人民币。

（3）建设工期：1994-05-10—1999-03-18。

（4）业主方：中国金茂（集团）股份有限公司。

（5）中标单位：建筑设计——美国芝加哥 SOM 设

计事务所,主创建筑师 Adrian Smith;中方配合设计——上海现代建筑设计(集团)有限公司。

2)上海环球金融中心

(1)规模:381600 平方米。

(2)投资金额:83 亿人民币。

(3)建设工期:1997 年年初(2003 年 2 月工程复工)—2008 年 8 月 29 日。

(4)业主方:日本森海外株式会社(Forest Overseas Co., Ltd.)。

(5)中标单位:建筑设计——KPF 建筑师事务所;设计单位——上海现代建筑设计(集团)有限公司、华东建筑设计研究院有限公司;施工单位——中国建筑工程总公司和上海建工集团组成的投标联合体

3)上海中心大厦

(1)规模:建筑总占地面积约为 30370 平方米,其中地上部分建筑面积 405292 平方米,地下建筑面积 163919 平方米。

(2)投资金额:148 亿人民币。

(3)招投标历时:规划方案投标始于 2005 年 4 月,前后历时 3 年多,共进行 3 轮(上海现代集团:2006 年 7 月 11 日内部方案征集;7 月 24 日选出 6 个;2006 年 9 月启动招投标)。

(4)建设工期:2008—2014。

(5)业主方:上海中心大厦建设有限公司(上海市城市建设投资开发总公司(上海城投)、陆家嘴股份公司、上海建工集团(上海建工)合资组建项目公司)。

(6)投标单位:含美国 SOM 建筑设计事务所、美国 KPF 建筑师事务所等十多家国际及国内设计单位参与竞标。

(7)中标单位:

方案及初步设计——美国 Gensler 设计事务所;施工图设计——上海同济大学建筑设计研究院(集团)有限公司;工程总承包方——上海建工集团股份有限公司。

4)上海新国际博览中心(SNIEC)

(1)规模:一期建筑面积 73060 平方米,共 18 个展览厅,室内展览面积 200000 平方米。

(2)投资金额:第一期 9900 万美元。

(3)建设工期:2001—2012。

(4)业主方:上海陆家嘴展览发展有限公司与德国展览集团国际有限公司(成员包括德国汉诺威展览公司、德国杜塞尔多夫博览会有限公司、德国慕尼黑国际展览中心有限公司)联合投资。

(5)中标单位:美国墨菲/杨(Murphy/Jahn)设计事务所负责设计。

5)上海世博会中国馆

(1)发包方式:邀请招标。

(2)规模:总建筑面积约 16.01 万平方米。

(3)投资金额:15 亿人民币。

(4)招投标历时:2007-04-25—2010-03-19。

(5)建设工期:2007-12-18—2010-02-08。

(6)业主方:上海世博会有限公司。

(7)投标单位:同济大学建筑设计研究院、上海建筑设计研究院有限公司、华东建筑设计研究院有限公司、清华大学建筑设计研究院、中国建筑设计研究院、华南理工大学建筑设计研究院、北京市建筑设计研究院、北京清华安地建筑设计顾问有限责任公司、深圳市建筑设计研究总院有限公司。

(8)中标单位:上海建筑设计研究院有限公司、华南理工大学建筑设计研究院、北京清华安地建筑设计顾问有限责任公司。

1.4.3 广州

1)广州歌剧院

(1)规模:总建筑面积约 4.6 万平方米。

(2)投资金额:工程总造价约 13.8 亿元人民币。

(3)招投标历时:2002 年 7 月份公开邀请,2002.11 竞赛委员初步审查,当月底组织公众展示活动,后评出优胜方案,2003 年 6 月广州市政府对 3 个优胜方案进行综合评价,从中选择一个作为最终的实施方案(之前两次竞赛失败)。

(4)建设工期:2005-01—2010-03。

(5)业主方:广州市政府。

(6)投标单位:广州歌剧院限制性国际邀请建筑设计竞赛,邀请国内外 9 家具有丰富的相关工程设计经验和相应设计资质的建筑设计单位参加:北京市建筑设计研究院、(奥地利)CoopHimmelb(l)au 事务所、(澳大利亚)考克斯事务所、(荷兰)OMA 事务所、(日本)高松伸建筑设计事务所、华南理工大学建筑设计研究院、(美国)Gonzalez Hasbrouck 事务所、(德国)GMP 建筑设计事务所、(英国)扎哈·哈迪德事务所。

(7)中标单位:国际竞赛得奖设计单位——(奥地利)CoopHimmelb(l)au 事务所、(英国)扎哈·哈迪德事务所和北京市建筑设计研究院(排名不分先后),最后由(英国)扎哈·哈迪德事务所设计。

2)广州新电视塔

(1)规模:17546 平方米。

(2)投资金额:294.8 万人民币。

（3）招投标历时：2004年7月在广交会展示投标方案，通过技术审查、专家评审并经过三轮投票。

（4）建设工期：2005—2009-09。

（5）业主方：广州建设与投资开发有限公司和广州电视台。

（6）中标单位：建筑设计——信基建筑事务所（Information Based Architecture）；设计人——马克·海默尔（Mark Hemel）和芭芭拉·库伊特（Barbara Kuit）；结构和设备/电气——ARUP；本地设计方——广州设计院。

广州新电视塔方案通过国际设计竞赛的设计师是荷兰IBA事务所的马克·海默尔和芭芭拉·库伊特夫妇。竞赛方案设计高度610米，建成后将成为亚洲第一高塔和广州新地标建筑。它打破了传统摩天塔楼的建筑式样，通过"收腰"和"旋转"曲线设计展现出轻盈形态，并且因此得名"小蛮腰"。

广州新电视塔工程于2005年动工建设，2009年底完成，为2010年亚运会做好准备。2010年在工程即将建成竣工之际，因新白云机场的净空限制遭"折腰"。按要求，超高层建筑在设计之前需向民航部门申请控高限制，并将限高要求申报规划部门，在满足限高要求的情况下规划部门才能批准开工建设。广州新电视塔的高度在国际竞赛方案中确定为610米，规划部门对此建筑高度无特殊要求。基于工程难度大，建设施工时间长等原因，按照"特事特办"原则，在空管部门评估意见下达前批准动工，并要求建设方与空管部门进一步协调。

新白云机场于2004年8月投入使用，2006年6月，广州市人民政府发布《关于保护广州白云国际机场航空安全的通告》，指出白云机场净空保护区域内新建、扩建、改建建筑物或其他设施必须按规定向市级规划行政主管部门提出申请。此通告发布于广州新电视塔设计、开工建设之后。广州新电视塔在规划审批时均符合临近军用机场的控高要求，但未考虑新白云机场的控高要求。2010年，建设方得到空管部门意见，因广州新电视塔位于白云机场航道下方，飞机经过此处高度约为900米，根据飞机航线高度范围300米内不能有障碍物的硬性要求，广州新电视塔必须在现有高度的基础上折减10余米，建成后，不再是中国第一座600米以上超高层建筑物。

由此可见，建设方在空管部门评估完成前开工建设，为日后方案调整和耗资巨大的"降高"工程埋下伏笔。但在另一层面上，此类代表性工程从方案设计到规划审批、项目施工往往有严格的时间限制，与长时的审批程序之间存在一定的矛盾。广州新电视塔工程耗资由早期规划总投资的15亿元增加为近30亿元。仅"降高"工程耗资超过人民币1000万元，同时因工程难度大，耗时数月。虽然，项目建成后预计年收益近6亿，但因建设方与各审批部门之间就建筑高度一题未能及时、有效地协调，不仅没有达到原方案预期效果，更因建成后的高度折减产生了一定的经济损失和负面影响，可见在竞标初期与方案调整阶段，可靠的信息资源、高效的工程审批和评估机制以及各方的沟通配合，是确保工程顺利完成必不可少的前提。

1.5 近年来建筑项目招投标趋势研讨

随着各地兴建大型代表性建筑项目的招标投标经验的积累，我国的建筑招投标法律法规日益完备，体制日益成熟；招投标过程与投标人等参与者的行为也呈现出一些显著特点：

（1）国家重大招投标事件体现出国际化。投标人多为国际与国内设计单位联合体；评审工作往往由国内与国外专家共同承担。

（2）招投标程序周期、耗时与工程规模、性质等密切相关。从最早的国家大剧院招投标到近期北京的"三大馆"招投标工作，招投标程序日趋合理。重大项目多轮招投标程序逐渐倾向于概念设计招标与实际工程招标结合，或单体设计与片区城市设计相结合的新模式。

（3）日趋体现公众参与性。市民可通过网络投票等方式参与评标。

（4）招投标对方案的图纸精度及视觉表达的要求日益提高。为满足招投标文件要求，加强方案表现力，投标方用于方案表达及包装的工作量不断增大。

2 典型案例分析——国家大剧院

早在1958年，中国国家大剧院就作为给中华人民共和国成立十周年的献礼被周恩来总理提出。经过了近40年的时间，于1990年重提原址兴建国家大剧院，并成立了筹建办公室。中国政府于1997年决定投资，在北京天安门广场人民大会堂西侧兴建国家大剧院。为此在1998年1月成立了国家大剧院工程业主委员会，该委员会在国家大剧院建设领导小组领导下开展工作。由业主委员会邀请国内外著名的设计单位参加竞赛。最终于1999年7月

22 日审定了法国巴黎机场公司设计的方案。

无论从规模上还是项目意义上，国家大剧院都具备相当的代表性。国家大剧院工程总建筑面积 12 万平方米，包括一个 2500 座的歌剧院、一个 2000 座的音乐厅、一个 1200 座的话剧院、一个 300~500 座的小剧院和其他附属设施。地点位于北京长安街，人民大会堂西侧，西长安街以南，石碑胡同以东，东绒线胡同以北，人民大会堂西路以西。基地东西长 224~244 米，南北长约 166 米，总面积约 3.89 万平方米。

整个招投标过程历时 16 个月，经过了三轮评审过程，结果曾经备受争议。招投标过程中所反映出来的问题仍然具有很强的代表性。

2.1 评审机制

按照评委会发布的《中国国家大剧院建筑设计方案竞赛文件》及其附件，国家大剧院的中标需要经过技术委员会、评委会、业主委员会以及领导小组 4 方共同决定。《中国国家大剧院建筑设计方案竞赛文件》中对评审方式详细规定如下：

对报送方案先由技术委员会进行初审，并将初审意见报送评委会，对初审的意见由评委会进行处理。

评委会委员在充分讨论的基础上，以无记名投票方式，以简单多数产生 3 个题名方案。如条件不具备时可以缺额。

评审工作结束后，由评委会写出"评审报告"，并由全体评委签字后交给业主委员会。

全部参赛方案在评委会评选工作结束后，向领导小组汇报前公开展览。

业主委员会将"评审报告"以及 3 个提名方案向国家大剧院建设领导小组汇报，被提名方案可以自愿参加介绍方案，最终由领导小组确定中标方案。

如有未被邀请单位自愿参加竞赛，其方案以同等条件参加评选，如被提名可以同样获得应得奖金，未被提名则不支付本金。

其中，技术委员会由包括规划、建筑、声学、舞台工艺、消防等各方面的专家进行技术审查，他们不具备投票权，仅能将各自意见上报给评委会进行审查。应该说，大剧院的招投标筹划工作相当严谨，虽然在第二轮的招投标中，将评选方式由原来的选出 3 个提名方案，变为由第一轮竞赛 5 个方案中选出 2 个（1 号方案法国巴黎机场公司以及 2 号方案日本矶崎新建筑株式会社）；由国内受邀单位中选出 2 个（6 号方案北京建筑设计研究院以及 8 号方案清华大学）；由参加第一轮并自愿参加第二轮竞赛的 5 个方

案中选出 1 个（12 号方案奥地利汉斯·豪莱建筑师事务所），但是整个过程看上去还是公开透明的。

但是到了第三轮，原有的游戏规则被打破。虽然在出版的《国家大剧院》一书中并未提到国家大剧院的第三轮方案，而是用了第二轮方案的三次修改来描述整个过程，但是必须承认的事实是，业主委员会自行组织了对方案的"三次修改"。第二轮的 11 位评委只剩下了 5 位（吴良镛、齐康、何静堂、宣祥鎏、戴复东），同时增加了 7 位，吴良镛担任组长，第二轮中一直明确反对安德鲁当时方案的中外评委都出局了。除此之外，艺术委员会和工艺专家组也由业主委员会自行认定。在这次修改中，并未组建评委会，也就是说，专家组相当于之前几轮中仅有审查权没有投票权的技术委员会，而这个技术委员会中，建筑界和技术专家仅占少数，无论从哪个方面来说，都无法影响最终的结果。

而在方案公布后的一年，在北京召开的两院院士大会期间，由著名学者何祚庥、吴良镛、周干峙、陈难先、张锦秋、关肇邺、傅熹年等 49 名院士签名的《建议重新审议国家大剧院建设问题》呈交中央。建议中央缓建国家大剧院，并对设计方案展开公开讨论，9 天之后，又有 144 位建筑学家和工程学家联名表达了类似的观点。

在业界，招投标过程中相似的既当裁判又当球员的现象并不鲜见，最终往往导致极具争议的结果。尽管我国的招投标机制尚待完善，但是对于大量投入的建筑，尤其是国家大型公共建筑，良好的制度保障，对游戏规则的严格遵守是必须提倡的。如贝聿铭设计卢浮宫扩建工程时，玻璃金字塔的方案受到各方面非议，为此贝聿铭不得不接受专家、公众等各方面的意见，不断对方案进行修改，最终通过了方案。

在招投标机制方面，尽管招投标的规则制订上已经相对成熟，但是并未形成一整套完备的举办大型国际设计竞赛的体制，同时，相应的建筑规范不够完善，导致在任务书的制订本身就容易出现问题，最终，尽管经过了多轮的招投标过程，仍旧无法得到一个理想的方案。

2.2 反复的招投标过程

大剧院的招投标经历了多轮竞赛，其历时之长、征求人数之多、反复比较数量之大堪称国内之最，在这个过程中，国内建筑行业专家、剧场技术专家和表演艺术家等专业人士频繁召开座谈会对设计方案进行论证。

（1）第一轮：1998-04-13—1998-07-13。

投标单位：包括国家大剧院工程业主委员会邀请的国

内外 17 家建筑设计单位（国内 11 家，含香港特别行政区 3 家、国外 6 家）以及 19 家自愿参加的单位（国内 5 家、国外 14 家）共 36 家单位，44 个方案。

最终选出 5 个方案分别是：

101 号法国巴黎机场公司提供；

106 号英国塔瑞·法若建筑师事务所提供；

201 号日本矶崎新建筑株式会社提供；

205 号中国建设部建筑设计院提供；

507 号德国国际建筑设计公司提供。

（2）第二轮竞赛：1998 年 08 月 24 日进行第二轮竞赛。1998 年 11 月 14 日—1998 年 11 月 17 日评审。

由于业主委员会认为第一轮投标方案中，还没有一个方案能够较综合、圆满、高标准地达到设计任务书中所提出的要求，无法选出 3 个方案提交给领导小组，故决定再进行一轮竞赛。

投标单位：包括第一轮由业主委员会推荐的 5 个方案，另外由业主委员会邀请的国内（含香港）4 个设计单位，以及曾参加上一轮竞赛，并自愿参加本轮竞赛的国外 5 个设计单位参加竞赛。

业主委员会对评审方式进行了相关修改，由第一轮竞赛 5 个方案中选出 2 个：1 号方案，法国巴黎机场公司；2 号方案，日本矶崎新建筑株式会社。由国内受邀单位中选出 2 个：6 号方案，北京建筑设计研究院；8 号方案，清华大学。

由参加第一轮并自愿参加第二轮竞赛的 5 个方案中选出 1 个：12 号方案，奥地利汉斯·豪莱建筑师事务所。

绝大多数评委认为，上述所列举的方案尽管已经达到较高的水准，但是对特定的地段条件以及其他因素来讲依旧不够完美，或多或少存在不同程度的问题，有的有较为严重的缺陷，提请领导小组和决策人慎重考虑。之后，领导小组在听取评委会意见之后，决定由法国巴黎机场公司与清华大学合作，英国塔瑞·法若建筑师事务所与北京市建筑设计研究院合作，对第二轮方案进行修改。同时根据专家组的意见，决定由加拿大卡洛斯建筑师事务所与建设部建筑设计院合作，对其方案一起进行修改。

（3）第二轮第一次修改：1999 年 01 月 31 日开始。

4 个修改方案（按英文字母顺序排列）：1 号方案，法国巴黎机场公司 + 清华大学提供；2 号方案，加拿大卡洛斯建筑师事务所 + 建设部建筑设计院提供；3 号方案，英国塔瑞·法若建筑师事务所 + 北京市建筑设计研究院提供；4 号方案，清华大学 + 法国巴黎机场公司提供。

专家组一组、二组以及上两轮的部分国内评委认为本次修改有了很大的提高，但是仍然不够满意，还需继续进行修改。同时经过部分参赛设计人员和专家的建议，经领导小组以及北京市规划部门统一，将用地位置做了调整，整个用地向南移 70 米，将原南侧绿地移至北侧，因此也需要修改方案。决定进行方案第二次修改。

（4）第二轮第二次修改：1999-03-2—1999-05-4。

4 个修改方案（按英文字母顺序排列）：1 号方案法国巴黎机场公司设计，清华大学配合；2 号方案加拿大卡洛斯建筑师事务所设计，建设部建筑设计院提供配合；3 号方案英国塔瑞·法若建筑师事务所与北京市建筑设计研究院合作设计；4 号方案清华大学设计，法国巴黎机场公司提供配合。

对上述方案国家大剧院建设领导小组以及专家组、工程业主委员会、艺术委员会成员听取了 4 位主设计师的介绍，进行评论。大多数专家认为法国巴黎机场公司提供的方案构思独特，造型新颖，很有创意。该方案对天安门广场地区整体规划提出了大胆的设想，得到了与会者的赞同。领导小组采纳了这个意见，经过北京市规划部门同意，业主委员会又将设计条件做了调整：扩大了绿地范围，并将大剧院用地再次南移，使大剧院的东西轴线同人民大会堂东西轴线对齐。根据修改条件请参赛单位对方案再做一次调整。

（5）第三次修改：1999 年 7 月上旬结束。

本次修改仅邀请了 3 个单位参加修改：法国巴黎机场公司设计，清华大学配合；英国塔瑞·法若建筑师事务所设计与北京市建筑设计研究院合作设计；清华大学设计，法国巴黎机场公司提供配合。

7 月上中旬业主委员会先后邀请了全国和北京市部分人大代表和政协委员进行座谈，征求意见。多数人赞同法国巴黎机场公司提交的方案。领导小组在听取意见之后，决定推荐法国巴黎机场公司方案，并决定连同英国塔瑞·法若建筑师事务所方案和清华大学方案一同上报中央审定[1]。

现在，国家大型项目的招投标中，经常会经历多轮的招投标过程，在此之后的建筑招投标中，越来越倾向于多轮投标，而甲方往往会选择先进行概念方案设计招投标，再进行第二轮的方案设计招投标的方式，以降低招投标给各方带来的成本。

2.3 各方面的权利博弈

国家大剧院的招投标过程主要涉及作为主要领导者的

1 周庆琳.国家大剧院建筑设计国际竞赛方案集 [M]. 北京：中国建筑工业出版社，2000.

国家大剧院建设领导小组、作为组织方的国家大剧院业主委员会、作为具有投票权的评委会以及不具备投票权仅能提出意见的专家组成员。

1）组织方

作为国家大剧院招投标过程的主要组织方，国家大剧院业主委员会成立于1998年1月，承担了项目中招投标机构的职责，负责招投标过程中的各个方面。主要由北京市领导以及相关部门部长、副部长组成。业主委员会直接向领导小组提请由评委选出的3个方案。

主　席：万嗣铨　北京市政协副主席

副主席：艾青春　文化部副部长

　　　　姚　冰　建设部总工程师

委　员：王争鸣　中共北京市委城建工委副书记

　　　　张永嘉　文化部文化设施建设管理中心主任

　　　　周庆琳　建设部建筑设计院总建筑师

甲　方：国家大剧院建设领导小组

组　长：贾庆林　中共中央政治局委员

　　　　　　　　中共北京市委书记

组　员：胡光宝　中共中央办公厅常务副主任

　　　　何椿霖　全国人大常委会秘书长

　　　　马　凯　国务院副秘书长

　　　　曾培炎　国家发展计划委员会主任

　　　　刘忠德　全国政协教科文卫体委员会主任

　　　　孙家正　文化部部长

　　　俞正声　建设部部长

　　　张佑才　财政部副部长

　　　刘　淇　北京市市长 2

2）专家组

专家组是在第二轮竞赛结束后，被组建起来的，之前，其中的一些人，仅对方案有审核权，没有投票权，在第二轮竞赛之后，评委会被解散，部分评委会成员和原技术委员会成员组成了现在的专家组，参与之后的几轮修改。

专家组由若干名规划、建筑、声学、舞台工艺、消防等专家组成一个技术委员会对参赛方案进行初审，技术委员会对评选委员会提供初审咨询，不能参与评审和投票。

专家一组：

组　长：吴良镛　中国科学院院士　中国工程院院士

　　　　　　　　清华大学建筑学院教授

副组长：马国馨　中国工程院院士　北京市建筑设计

　　　　　　　　研究院副总建筑师

　　　　崔　恺　建设部建筑设计院副院长兼总建筑师

组　员：平永泉　北京市城市规划管理局局长

　　　　　　　　高级建筑师

　　　　齐　康　中国科学院院士

　　　　　　　　东南大学建筑学院教授

　　　　邢同和　上海现代设计（集团）总建筑师

　　　　何　弢　香港建筑师学会会长

　　　　何镜堂　华南理工大学建筑学院院长

　　　　　　　　工程设计大师

　　　　许宏庄　原文化部计财司总工程师

　　　　宣祥鎏　原首都规划建设委员会副主任

　　　　窦以德　世界建筑师大会建筑学会秘书长

　　　　戴复东　同济大学建筑系教授

专家二组：

组　长：李　畅　原中央戏曲学院舞美系副主任　教授

副组长：王世全　中国交响乐团总音响师

组　员：于建平　国防科工委工程设计研究院总工程师

　　　　王炳麟　清华大学建筑学院教授

　　　　李布白　中国艺术科学技术研究所高级工程师

　　　　吴雁泽　中国音乐家学会党组书记，一级演员

　　　　陈治原　中国青年艺术剧院灯光组组长

　　　　项端祈　北京市建筑设计研究院教授级高工

　　　　骆学聪　广播电影电视部设计院副总工程师

　　　　段惠文　北京有色冶金研究设计总院副总工程师 3

3）评委会

评委会的职责主要是对参选方案进行不记名投票，按照《中国国家大剧院建筑设计方案竞赛文件》中的规定，评委会需要写出"评审报告"，经全体评委签字后交给业主委员会。评委会由国内外11名著名建筑师和剧场设计专家组成，名单在评选前公布。

第一轮赛评委会

主　席：吴良镛　中国科学院院士　中国工程院院士

　　　　　　　　清华大学建筑学院教授

委　员：里卡杜·包费尔　世界著名建筑师（西班牙）

　　　　　　　　包费尔建筑设计事务所所长

　　　　芦原义信　世界著名建筑师（日本）

　　　　　　　　芦原义信建筑设计研究所所长

　　　　　　　　原日本建筑学会会长

　　　　张锦秋　中国工程院院士　工程设计大师

　　　　　　　　中国建筑西北设计研究院总建筑师

　　　　何镜堂　华南理工大学建筑学院院长

　　　　　　　　工程设计大师

 2，3 周庆琳.国家大剧院建筑设计国际竞赛方案集 [M].北京：中国建筑工业出版社，2000.

周干峙　中国科学院院士工程院院士

阿瑟·埃里克森　世界著名建筑师（加拿大）

宣祥鎏　原首都规划建设委员会副主任

彭一刚　中国工程院院士　天津大学教授

傅熹年　中国工程院院士

　　　　中国建筑技术研究院教授级高级建筑师

潘祖尧　香港建筑师学会会长

第二轮竞赛评委会

主　席：吴良镛　科学院院士工程院院士

　　　　清华大学建筑学院教授

委　员：齐　康　科学院院士　东南大学建筑系教授

里卡杜·包费尔　世界著名建筑师（西班牙）

　　　　包费尔建筑设计事务所所长

张锦秋　中国工程院院士　工程设计大师

　　　　中国建筑西北设计研究院总建筑师

何镜堂　华南理工大学建筑学院院长

　　　　工程设计大师

周干峙　中国科学院院士　中国工程院院士

阿瑟·埃里克森　世界著名建筑师（加拿大）

宣祥鎏　原首都规划建设委员会副主任

傅熹年　中国工程院院士

　　　　中国建筑技术研究院教授级高级建筑师

潘祖尧　原香港建筑师学会会长

戴复东　同济大学建筑系教授[4]

事实上，在招投标的实际操作过程中，却存在很多并不符合制度规定的地方。在第二轮方案结束后（1998年11月），评委会因为工作已经完成被解散。在前两轮的方案评审中，均没有选出合适的设计方案，评委会建议，上述所列举的方案尽管已经达到较高的水准，但是对特定的地段条件以及其他因素来讲依旧不够完美，或多或少存在不同程度的问题，有的有较为严重的缺陷，提请领导小组和决策人慎重考虑。要求各方用足够的时间对方案进行深化和完善。之后的1999年5月，业主委员会决定采纳安德鲁的方案，并且提请领导小组同意。7月22日，中央确定了安德鲁的方案作为中标方案。

因此，在《国家大剧院建筑设计国际竞赛方案集》中提到的第二轮竞标结束后的"三次修改"都是在没有评委会的状态中进行的，之后部分评委会成员组成了前文中所述"不具备投票权"的专家组。业主委员会完成了由组织方到裁判的职责转换。事实上，这样的操作是不符合招投

标的一般规律的，这也就是后期国家大剧院引起多方争议的原因之一。当时，国家并没有完备的招投标法实施，国际招投标尚处在探索过程中，1999年国家颁布的《招标投标法》第三十七条已经明确规定：

评标由招标人依法组建的评标委员会负责。

依法必须进行招标的项目，其评标委员会由招标人的代表和有关技术、经济等方面的专家组成，成员人数为五人以上单数，其中技术、经济等方面的专家不得少于成员总数的2/3。

前款专家应当从事相关领域工作满八年并具有高级职称或者具有同等专业水平，由招标人从国务院有关部门或者省、自治区、直辖市人民政府有关部门提供的专家名册或者招标代理机构的专家库内的相关专业的专家名单中确定；一般招标项目可以采取随机抽取方式，特殊招标项目可以由招标人直接确定。

与投标人有利害关系的人不得进入相关项目的评标委员会；已经进入的应当更换。

评标委员会成员的名单在中标结果确定前应当保密[5]。

2.4　大量人力、物力的投入

投标单位需要通过怎样的方式来表达自己的设计，在现行的招标文件中都会进行详细的说明。现在比较常见的做法会分为3个部分：第一部分是对设计的各方面基本情况的文字说明；第二部分是相关的图纸和模型；第三部分有时候会要求动画文件。在国家大剧院的招标文件中并未对动画文件做出要求，这部分是在近年的发展中，为了方便向非建筑专业的甲方汇报越来越常见的要求。

国家大剧院的招标文件对于投标方需要提供的文件进行了详尽的说明，其中包括：

设计报告书；

说明内容要求；

建筑总体布局说明；

单体建筑方案构思说明；

声学设计方案说明；

结构造型方案说明；

消防安全系统说明；

主要内外装饰材料说明；

技术经济指标；

各观众厅数据；

4 周庆琳 . 国家大剧院建筑设计国际竞赛方案集 [M]. 北京：中国建筑工业出版社，2000.

5 《中华人民共和国招标投标法》

造价估算（仅做参考）；

图纸及模型；

总平面图 1：500；

交通分析图 1：500；

绿化及环境设计图 1：500；

建筑各层平面图、剖面图及立面图 1：300；

各观演厅 1：100声线、视线分析图及 1：100舞台机械布置方案；

北侧、南侧透视图各1张；

夜景透视图1张；

公共大厅、歌剧院观众厅透视图1张；

1/300单体模型1个，底盘尺寸1200毫米×1200毫米，要求色彩反应实际效果，1/1000提供模型1个，要求全白色，底盘尺寸为1/1000的用地红线范围（总体环境模型由甲方制作）；

图纸标注尺寸均以毫米为单位，标高以米为单位，以上图纸提供1份，均粘裱在1000毫米×700毫米的轻质板上。

另外提供上述报告书和图纸文件的A3（297毫米×420毫米）缩印本16套[6]。

客观地说，作为天安门附近的国家大型项目，国家大剧院招标文件中的要求并不过分，也需要通过投标文件等要求对投标方的实力进行一定的筛选。但是，在大剧院之后，投标文件的要求越来越多，很多都需要大量的效果图，甚至动画和模型，造成了大量人力、物力资源的浪费。也让很多设计型的小事务所无法参与该类型的投标活动。

另外一个方面，为了邀请到高水平的事务所参与国家大剧院的投标，该次招投标给出了很高的标底费，前后邀请26家国内外设计单位参与投标。如此大的投入，对于甲方的经济实力也是一个极大的挑战，有很多经济实力不足的投资方很可能就无法耗费如此大的人力、物力进行国际招标，更倾向于委托而选择逃避招投标。而且现行的国家重大项目的建设越来越有进行多轮竞赛的趋势，如何在资金的前期投入和找到一个好方案之间达到平衡，也是招投标制度的制定需要考虑的一个方面。

2.5 中标方案的设计水准保证

国家大剧院的设计经过了长达16个月的招投标，最终选出的是好的设计么？或者说，在参与投标的各家单位

中，保罗·安德鲁的设计是否真的能拔得头筹呢？这个问题似乎难以形成定论，但是从方案敲定之后两院院士的联名上书，到建筑界众人对于国家大剧院并不乐观的评价，似乎能看出一点端倪。必须承认，很多时候过于激进的方案总会听到一些非议，在此，对于国家大剧院好坏与否不做更深入的讨论，更重要的是这样一个经过了3轮投标，各界专家都参与意见的国家级别项目，是什么导致他最终仍然无法让"大部分人满意"。

一方面招标文件的制订务必合理完善，明确说明业主的需求，同时对相应的建筑态度做出明确规定。

很多专家在大剧院中标之后的探讨中，认为大剧院在选址本身就有着难以回避的缺陷。在天安门旁边的选址，加剧了长安街的交通、环境负担。但是这很有可能是中国中央集权的意识形态下难以回避的矛盾。尽管有这些不足，评委会在发布的《中国国家大剧院建筑设计方案竞赛文件》中，还是明确规定了国家大剧院的设计原则：第一，建筑的体量、形式、色彩等方面与天安门广场的建筑群以及东侧的人民大会堂相协调；第二，在建筑处理方面须突出自身的特色和文化氛围，使其成为首都北京跨世纪的标志建筑；第三，建筑风格应体现时代精神和民族传统。这样的要求是基于建筑学最基本对于建筑的判断而来的，如果严格按照文件中的精神进行方案的挑选，是不会出现之后众多的不同的声音的。但是在实际操作过程中，缺乏硬性规定，对于如何判定文中强调的"协调、文化氛围、时代精神、民族传统"，则是一个业主方和设计方都可以任意阐释的概念。

解决的最好方式，就是参与招投标的各方严格遵守之前制订的游戏规则。甲方拥有一定的自主选择权，仅在评委会推荐的方案中进行挑选。评委会要从一而终地拥有对方案的投票决定权。

保罗·安德鲁的方案在第一轮的时候，被评价为"这是一个简洁的建筑，同时照顾南北两面，设计整体性强，南北由水池环绕，并有观赏台，可以极目远眺，建筑造型很有个性。其缺点是：造型过于严整，似纪念性建筑，平面以大剧场为中心，在南北主入口处，空间变得局促，且人流在大剧院四周来往，交通组织欠佳，空间单调无变化，深色石头过于沉闷压抑，难以与周围环境协调"。在第二轮竞赛中评价是"从整体上看建筑独立性过强，难与周围环境相协调，建筑形象缺乏剧院建筑特色"[7]。按照招标文件中对于设计方案的要求看，保罗·安德鲁的设计似乎完

6 周庆琳.国家大剧院建筑设计国际竞赛方案集[M].北京：中国建筑工业出版社，2000.
7 王博.北京———一座失去建筑哲学的城市[M].沈阳：辽宁科学技术出版社，2009：78.

全无法达到"协调、文化氛围、民族传统"等要求，但最后仍旧在业主委员会的坚持下成为中标方案。

2.6 中标方案实现度

中标方案的实现度主要分两个方面论述。

一方面，对于国家大剧院这样一个引起了各方面高度重视的设计，实现度是相当高的。国家也为了实现原始方案中的各种奇思妙想花费了大量的资金，最终导致国家大剧院造价创造了当时的历史新高。为了实现保罗·安德鲁方案中的无柱大厅的想法，内部结构全部由钢结构焊接而成，东西跨度212米，南北跨度144米。为了让水面做到"冬天不结冰，夏天不长藻"，和屋顶交相辉映的效果，设计了中央液态冷热源环境系统。可以说为了实现国家大剧院的设计方案，国家投入了大量的资金，这也是之后为人诟病的方面之一。

另一方面，国家大剧院尽管在造型上忠实再现了方案的特点，但是效果图中如半透明的珍珠般晶莹剔透的效果，由于结构、防水等原因在钛合金板的材料部分是无法达到的，也就为建筑最终的效果大打折扣。

效果图是否忠实方案，在众多的招投标中都是一个严重的问题。由于中国现实社会中，最终拍板定论的往往是那些没有建筑基础的领导，效果图够炫，勾画出美妙蓝图的功能得到了极大的强化。这时候，更需要相应的建筑专家进行初步的判断，效果图中的美景是否有可能在后期的建设中得以实现。

3 中国建筑设计行业招投标机制若干问题探讨

3.1 招投标中的甲方因素

与国外的招投标机制有所不同，我国招投标的操作程序几乎是完全为业主服务，以业主意向为主导的方案优选制度。虽然专家评委能够从专业角度推选优秀方案，但这种由专家评委推荐、业主拍板的制度无疑使业主成为决定中标方案的唯一角色。对于民间投资的商业项目而言，这种制度无可非议；但对于大量国家投资的大型项目，由"谁"代替国家花钱，却是值得商榷的。

现行的招投标制度通过专家评审、全程监督等环节在某种意义上保障了招投标公平、公开与公正的特性。但在实际运作中，数不清的实例已经向我们证明，在业主方强

大的权力之下，其个人喜好是完全能够主宰整个项目流程的。监督、民意与专家意见，与强大的甲方意志，特别是在个别项目中表现突出的领导意志，根本无法形成类似于"三权分立"的态势。因此，虽然招投标相关的法律法规尽力明确招投标活动中各方的权利、义务与职责，希望几方互有制约，在最大程度上保障招投标程序不以一人意志为主导，但在实际操作中由于几方权力的不平衡使得业主方"一家独大"，其后果是中标方案的水平高低与业主方的建筑品位密切相关，同时使本应参与方案评价的其他几方形同虚设。

当业主方具有较好的城市设计、建筑设计的知识背景与个人修养时，其以个人意志左右中标方案的行为或许不致导致过低的方案水准，甚至可能因其强而有力的支持对方案促成起到正面作用。但不可否认，在当前社会中仍然存在着一批盲目自大且无视设计方案艺术性与科学性的业主方，他们有着非专业的文化背景，并要求方案投其所好，为其政绩服务，其后果可想而知。

例如，在某省会城市某新区标志性建筑方案招投标现场，该市领导作为业主方，在整个招投标专家评审过程已结束、中标方案已产生的基础上，推选另一设计单位现场讲述方案，最终该方案一举定标。暂且不论"中标方案"与"最终中标方案"孰优孰劣，业主方的强大权力如何凌驾于程序之上可见一斑。

当业主方为地方领导时，强烈的业主权力往往升级为地方保护，这样的案例屡见不鲜。譬如在某省会城市国际会展体育中心的国际竞标过程中，9个设计方案参与竞标，经过专家评审，以无记名投票方式评选出3个优秀方案，分为别德国赫尔佐格与欧博迈亚工程设计咨询公司方案、澳大利亚考克斯建筑事务所和上海现代设计集团方案、德国GMP建筑事务所方案。但项目随后转由地方设计院操刀，直至动工建设。实施方案并非3个专家推荐方案之一，也并非是当地设计院的设计成果，而是与最初参加竞标的日本株式会社佐藤综合设计与清华大学建筑设计研究院方案如出一辙。

3.2 招投标中的乙方因素

相比于邀标，招投标项目，尤其是非国家重大项目的、在公平与公正性方面难以保证的招投标项目，对乙方心态是一个很大的挑战，尤其是对中小型设计单位而言，参加招投标的投入与收获往往是不成正比的，甚至有可能"一投毙命"。社会中存在着一批在甲方与大设计院的缝隙中存活的中小型设计单位，他们没有标底费，并且因其规模

小，难以保障后续工程的实施而有着相当低的中标率。因此，我国建筑设计招投标的门槛实际上是很高的，这种情况来自于我国建筑行业体制。

对乙方而言，招投标对方案的图纸精度及视觉表达的要求日益提高实在并非好事。为满足招投标文件要求、加强方案表现力，投标方用于方案表达及包装的工作量不断增大。应该说这样的情况并不少见，对于建筑师来说，为了减少自己将来的工作负担，维护自己的利益，只能做一个放在哪里都可以的缺乏对地段呼应的方案，防止将来规划和用地对自己的方案造成过大的影响。而甲方要求的众多成果根本是概念设计阶段难以确认的，很多图纸很可能在具体进行方案设计的阶段被彻底颠覆。由于时间紧急，也难以抽出时间来进行真正的设计层面的创新，只能迅速推进，耗费大量的人力、物力在表现上面以求中标。

例如，在当下中央重视文化发展的号召下，很多城市掀起了兴建博物馆、建"新城"的浪潮。处于政绩要求，该类项目通常时间很紧。在规划尚未完成，连项目红线、基地等一概情况都没有确定的情况下，要求设计师进行建筑单体方案设计。在标书尚处于概念设计阶段，也没有正式合同的情况下，甲方竟要求设计方提供1：200比例的CAD图纸与渲染图等成果……设计工作在这样的要求下几乎丧失尊严，却必须为了满足投标文件要求而花费精力完成设计与表达两方面的任务，令人歆歔。在这种情况下，原本保障方案择优录取的招投标法律法规无法体现对乙方设计工作的保护。

3.3 招投标中的评审机制

在招投标的过程中，到底如何判定中标单位，评审机制的制订影响着整个招投标的公正性。为了保证招投标程序的公正性，我国在《中华人民共和国招标投标法》中对评标的过程、如何评标、如何判定中标等方面都进行了详细的规定。如第三十七条对评委会的选择以及工作方式做出了明确规定。评标由招标人依法组建的评标委员会负责。依法必须进行招标的项目，其评标委员会由招标人的代表和有关技术、经济等方面的专家组成，成员人数为5人以上单数，其中技术、经济等方面的专家不得少于成员总数的2/3。与投标人有利害关系的人不得进入相关项目的评标委员会；已经进入的应当更换。评标委员会成员的名单在中标结果确定前应当保密。评委会可以对招投标文件进行评审和比较，甲方有权根据评委会的书面评标报告和推荐的中标候选人中确定中标人，也可以授权评标委员会直接确定中标人。

第四十条：评标委员会应当按照招标文件确定的评标标准和方法，对投标文件进行评审和比较；设有标底的，应当参考标底。评标委员会完成评标后，应当向招标人提出书面评标报告，并推荐合格的中标候选人。招标人根据评标委员会提出的书面评标报告和推荐的中标候选人确定中标人。招标人也可以授权评标委员会直接确定中标人。国务院对特定招标项目的评标也有特别规定的。

然而在实际操作中往往名不符实。各种违规现象五花八门，暗箱操作也司空见惯。

3.4 评审机制的几种模式

现招投标越来越多地倾向于多轮投标的方式，首先进行一轮概念设计。甲方可以选择符合自己对项目要求的几方进行下一轮的方案设计。这是一种相对比较成熟的招投标运行模式。甲方有机会对方案进行一轮筛选，同时透过专业的设计，还能对任务书、设计条件进行相应的修改，能够得到较满意的方案。但是这样的方式也同样存在一定的问题，首先它对招投标双方的经济实力都有很高的要求，相对资金不那么雄厚的招投标方都难以承担多轮的招投标。其次，对于项目时间要求很紧的项目来说，不具备多轮投标的条件，比如说奥运场馆的建设，而且长时间的招投标对于很多单位来说也是一种多方面的浪费。

同时，由于甲乙双方对于对方的工作和需求理解的并不完全契合，常常在概念设计中就要求大量的效果图、大比例的平面等，导致设计方难以短时间内完成，只能缩短设计时间，投入大量精力在今后实现度可能很低的平面和透视图上面。往往甲方得到的只是一个看起来绚烂但是缺少设计性的方案，对于我国建筑设计的整体水平也有很大的负面影响。国家大剧院的招投标就是一个典型例子。

另一个案例就是目前还在进行中的奥运公园"三大馆"（中国国家美术馆、中国工艺美术馆、中国国学馆）的招投标。

作为北京后奥运时代最具影响力的"三大馆"，其招投标方式也颇具特色。"三大馆"经过了两轮设计，目前招投标仍在进行中。预期到2015年10月完工。

第一轮事实上整个"三大馆"举行了4次招投标，分别是整个公园的城市设计以及"三大馆"的建筑设计招投标，同时要求参加"三大馆"的投标方根据自己的方案提交一个城市设计的方案。在第一轮竞赛中，选出了城市设计的方案进行深化，同时将这一轮的城市设计方案作为任务书提供给竞标方，进行第二轮的招投标。最后一轮方案投标于2012年2月24日开始，目前尚未公布最终结果。

其中尤以中国国家美术馆备受瞩目，已知的著名国外竞标单位有：弗兰克·盖里、扎哈·哈迪德、让·努维尔、莫瑟·萨夫迪等。

这样的独特招投标方式其实是有利于选出高水准的方案，但是值得注意的是，从"三大馆"开标到现在已经历时一年半的时间，如果没有时间和雄厚的资金是无法完成这样大规模的招投标的。

3.5 评标委员会的权利和行使方式

目前，评委会对于评标结果的判定主要有两种方式，一种是向招标人提交书面评标报告和中标候选人名单；一种是直接确定候选人。同时，如果评委会或者甲方认为投标方案都没有符合要求还有权利要求进行下一轮的投标。一般来说，国家重大项目的评标都会采用第一种方式，让甲方有一定的选择权，也可以尽量多的选择比较好的方案。

在国家大剧院招投标过程中，由于项目的特殊，最终决定的方案经过了层层的选拔，其组织方式也比一般的招投标复杂许多。其中，业主委员会主要负责整个招投标的组织，并且对招投标的结果有否决权，由专家组成的评委会并不直接向甲方和各级领导提供意见，而是透过业主委员会代为转交给国家大剧院建设领导小组，国家大剧院建设领导小组最终选定中标方案，对于招投标过程中标书的修改，招投标过程的制订等重大问题具有监督审查的权利。在几轮方案中，领导小组通过了对于标书中用地位置和设计条件的调整。由于是国家级别的重大项目，在最终的决策之前，业主委员会还邀请了全国人大和北京市部分人大代表和政协委员进行座谈，征求意见。最终决定中标方案的并非领导小组，而是由领导小组确定了上交给中央进行审定。最终由中央确定了中标单位。

3.6 招投标后的项目实施情况

招标后的项目的实现度往往受到了多方面的影响。其中一方面影响来自于施工质量以及后期的结构、水暖、电等工种的配合。在中国，施工质量低下给方案的实现度带来很大的困难，由于不属于招投标范畴，故在此不予讨论。

而招投标程序设置本身对于设计方案的实现程度的影响也是相当巨大的。设计单位为了中标，倾向于做一些相对夸张吸引眼球的方案，这样的方案往往会因为造价、结构等问题无法得以实施。有些时候，在项目的深

入过程中会碰到各种问题，导致方案在中标后还进行了重大的调整。也有时候尽管甲方会采用某个设计单位的方案，但是真正的中标方却不是原设计单位。这里面就会涉及更多方的利益。

3.6.1 项目后期修改

方案中标并不意味着设计的结束，中标单位还需要对方案进行进一步深化。在这个过程中方案本身有时候会发生比较大的变化，以适应甲方的需求。

（1）案例1：上海环球金融中心

上海环球金融中心建成于2008年8月29日，历时11年，期间经历1997年亚洲金融危机停工。项目规模38.1万平方米。总投资额高达73亿人民币，招投标历时15个月。建筑设计：KPF设计事务所，设计单位包括上海现代建筑设计（集团）有限公司、华东建筑设计研究院有限公司。施工单位是中国建筑工程总公司、上海建工（集团）总公司。

在项目中标公示的过程中，由于其造型让群众联想到日本军刀、日本国旗等形象，加上投资方为日资，导致设计在中标后将原来开在建筑上层的圆洞改为了现在的方洞。

（2）案例2：北京射击馆

北京射击馆是众多奥运场馆之一，规模4.7万平方米，投资金额2650万人民币，投标历时3个月（2003-03-20—2003-06-03），建设工期3年（2004-07-23—2007-07-28）。参与投标的单位包括澳大利亚GSA设计有限公司、德国GMP国际建筑设计有限公司与华东建筑设计研究院有限公司、上海精典国华建筑设计有限公司与澳大利亚拜肯设计团队、清华大学建筑设计研究院、北京市建筑设计研究院、西班牙罗伯特·伊斯特办建筑师事务所。

最终中标单位：清华大学建筑设计研究院。

在中标之后，北京市提出了"勤俭办奥运"的口号，首当其冲的就是几个分馆的瘦身和降低预算的行动。清华大学建筑设计研究院也在这样的背景下对方案进行了多轮修改，最终的成型方案跟实际建成的方案之间还是有很大的区别的。

3.6.2 中标单位和项目

在项目的招投标的过程中，有时候会出现中标单位深化非中标单位设计的事情，其中牵涉各方的利益，尽管在我国《中华人民共和国招标投标法》第六十二条明确规定：

"任何单位违反本法规定，限制或者排斥本地区、本系统以外的法人或者其他组织参加投标的，为招标人指定

招标代理机构的，强制招标人委托招标代理机构办理招标事宜的，或者以其他方式干涉招标投标活动的，责令改正；对单位直接负责的主管人员和其他直接责任人员依法给予警告、记过、记大过的处分，情节较重的，依法给予降级、撤职、开除的处分。

"个人利用职权进行前款违法行为的，依照前款规定追究责任。"

但是在实际的操作中，还是有相当数量这样的事情发生。某市体育馆设计项目进行了国际招标，最终也选出了相应的中标方案，但是在方案的实施过程中，不难发现，在竞标方案中一个落选方案最终成为项目的实施方案，往往是由于地方保护造成这样的结果。

3.7 "好"的设计和"适合"的设计

对于乙方来说，做一个招投标的项目和一个委托的项目的策略是全然不同的。作为一个竞赛项目为了中标，设计院往往需要做一个最"猛"的项目，夺人眼球以增大自己中标的几率，同时也满足了很多领导好大喜功的心理。而做一个委托项目，设计师的心态相对平和，跟甲方进行深入的交流，了解甲方的需求，这个时候通常能作出一个更适合甲方的设计。最猛的方案未必不好，但是如果所有的建筑设计都是这样的方案，必定会造成社会资源的浪费。

事实上，建筑设计招投标的目标就是希望选出甲方最为满意的设计方案。中国现有的招投标模式和规则的制定由于其过高的门槛和过于急功近利的心理很可能会催生出很多甲方不满意、公众不买账的方案。而在进行一轮招投标甚至废标给双方都带来巨大的经济损失。某市在进行当地市民广场和博物馆的设计的时候，第一轮采用邀标的方式选取了一家国内的设计单位进行设计，产生了中标单位后，该市领导认为应该由国外的建筑事务所进行设计才能体现其档次，不得不进行废标，对第一轮的中标单位给予高额赔偿。第二轮方案选出的中标者最后还是不能满足甲方的需求，又一次产生废标，给每家除了标底费之外又进行了相应的高额赔偿。最终政府决定采用委托的方式进行设计。其实，该市前两轮的方案未必不好，很可能水平高于委托的设计，但是作为甲方的市政府在法律上是拥有一票否决权的。但是当考虑到政府支付的高额标底费和违约赔偿都是纳税人的钱，政府部门的一再废标事实上是对国家资源极大的浪费。

在招投标过程中，如何选出好的设计，保障设计者的利益，同时又如何体现甲方的需求是规则制订中需要考虑

的两方面。

在这一点上，很多西方发达国家采用了不同的招投标方式。例如邻国日本，就经常进行一种 Proposal 的竞赛，相当于国内的概念设计。甲方会严格限制表达的方式，杜绝过度表达，参赛者以设计创意取胜。甲方可以选出满意的方案签署合同，进行深入的探讨，不断完善设计。这样的方式既节省了资源，使设计者不必再陷入表达缩短设计时间，也使一些小型的事务所有机会通过好的创意在竞赛中脱颖而出，事实上创造了一种更为平等的竞赛环境。同时，由于甲方介入的时间点很早，也有利于设计者作出真正适合甲方的设计。

不过，需要指出的是，这样的竞标方式是建立在社会资源流动性很强的情况下的。只要有足够的设计费，那些小事务所可以聘请顶尖的相关行业公司进行配合，甲方不必担心施工质量的问题。但是在中国的大院体制下，照搬这样的竞标方式却不一定适合。

3.8 关于人力、物力的耗费

某省会城市举办一个新城城市设计方案的国际招投标，邀请了8家单位参加，其中5家国际著名建筑师事务所，3家国内知名设计机构。招投标的要求除了要选出1个好的城市设计方案以外，还要设计方提供其中四大文化建筑的建筑设计方案（图书馆、博物馆、美术馆和演艺中心）。经过专家评审选出了优胜方案进行深化，但该市领导对该方案并不中意，要求修改。在经过了多轮修改后专家评审会选出的优胜方案的国外设计机构拒绝修改。于是该项目又进行了第二轮招投标，领导还是不满意。整个招投标过程耗费了大量人力、物力和财力。

招投标的本意是挖掘更多的优秀方案，达到设计的优化。但是现行的招投标制度本身存在的缺陷往往带来大量的人力、物力的浪费。其中原因之一就是标书中对于需要提交项目的不断复杂化。现行的项目标书中要求设计方提供大量的效果图、大比例的平立剖图纸，很多还需要提供3~10分钟不等的三维动画。而且经常在概念设计阶段就要求设计单位提供上述材料。这些成果尤其是三维动画主要是为了方便非建筑专业的领导能够清楚地明白方案。但是对于设计单位来说，这经常是一个很大的负担。对于一般情况下投标时间3个月左右的方案，设计单位至少会划出一半的时间处理相关图纸，真正留给建筑设计本身的时间很少，并不利于甲方得到真正优秀的建筑方案。而且为了中标，投标单位往往耗费大量的资金在模型制作、效果图制作和动画制作上，以求吸引甲方眼球，这就带来了极

大的资源浪费。

同时这样的高门槛要求，往往不利于小型的设计型事务所参与竞赛，无论从人力和资金方面，小事务所都没有能力参加这些竞赛。从某种程度上促成了大院大事务所对于项目的垄断，并不利于行业的正常发展。一些有创造力的小型事务所从一开始就被排除在外。尽管甲方得到了一个实力可以信赖的设计方，但是社会却丢失了很多得到好项目的机会。

下面是一些设计项目的标书中对于需要提交的文件的要求。

（1）典型案例 1：国家大剧院（1998 年）设计成果要求参见本文第 2.4 节所述。

（2）典型案例 2：哈尔滨会议展览体育中心建筑设计方案（2001 年）设计成果要求。

设计说明：建筑总体布局方案说明；单体建筑方案构思说明；设计方案消防安全系统说明；各种会议厅、展厅数据，各体育场会馆等设计面积数据；设计方案技术经济指标；结构选型方案说明。

图纸要求：总平面图 1：500；建筑各层平面图、立面图以及剖面图 1：300；建筑外景观透视图若干张；夜景透视图 1 张。

模型要求：1：300 单体模型 1 个，底盘尺寸 1200 毫米 ×1200 毫米，要求色彩反映实际效果；1：1000 体量模型 1 个，要求全白色底盘，尺寸为 1：1000 的用地红线范围。

编制格式：设计图纸文件以 A3 规格装订成册，一式 16 份；设计图纸展示文件以 A0 规格制作，并粘裱在 1000 毫米 ×700 毫米的轻质板上

投标文件、说明、图纸均采用中、英文对照。

（3）典型案例 3：中国博览会会展综合体项目设计成果（2011 年）要求。

设计说明：设计依据；采用规范及设计标准；设计方案说明，总体设计、单体设计、交通流线设计和环境绿化设计（建筑内、外）的说明；结构设计说明；公用专业设计说明（包括消防、环保有关措施等）；建筑节能技术说明；相关专业性（强电、弱电、给排水、幕墙、暖通、燃气等）内容设计说明；技术经济指标一览表，基地面积、总建筑面积、各部分用房建筑面积、占地面积、容积率、绿地率、建筑密度、总停车泊位（地面、地下）、建筑高度、层数；投资估算，建筑、安装投资估算表，主要说明整个建设项目的投资估算及其编制说明，包括投资估算的编制依据、项目总投资估算、各单位工程的投资估算表、主要经济指标的估算、预备费用估算等。

设计服务方案：设计服务的内容、范围；设计人员职责及分工、拟承担本项目的项目负责人及主要设计人员情况、资历与业绩简介及职称或执业资格（附个人相关证书）；整体工作计划及进度时间安排（分方案、扩初、施工图阶段列出设计周期）；设计质量、进度及投资控制方案；专项设计工作的管理方案，含专项设计内容及界面划分、拟分包项目和潜在设计机构等、设计分包项目的管理措施；施工阶段服务方案；其他。

设计费报价（采用附件提供统一格式）依据为《工程勘察设计收费标准》（2002 年修订本）和投标所报投资估算。涵盖发包内容和范围内所有工作的设计费报价、设计总包管理费报价。专项工程设计报价应包括在内，并应分别单独列项，以便于设计费合同价格的调整。具有专业唯一性的专项设计费用由投标单位根据招标文件所列暂估费用计入设计费总报价，并据此暂估费用计算该部分内容的总包管理费。所有报价应列出明细，明确相应的专业调整系数、工程复杂程度调整系数、附加调整系数、浮动幅度值和收费比例。其他服务收费由投标单位自行列明。投标单位应根据项目实际情况、结合自身特点计报可执行的、有市场竞争力的收费报价，并做出相关承诺。

费用报价若单价与总价有出入，以单价为准（单价金额小数点有明显错误的除外）；若数据的文字大写与数字有差别，则以文字大写为准。

设计方案图纸：提供的图纸应满足设计方案阶段深度，同时不少于如表 1 所示内容的图纸；其他表达设计意图的分析图、节点设计图等各类辅助性图纸，比例不限，如与周边地区的关系、景观、交通、地下空间分析等 [电子光盘（2 套）多媒体演示文件，格式采用 *.wmv、*.avi、*.wmv 或其他通用格式]；动画播放时间：不短于 3 分钟；将投标文本中的内容刻入光盘内。

表 1 图纸内容

序 号	项 目	要 求
1	总平面布置图（含内部交通网络）	1. 总平面图 2. 总平面规划功能分区分析图 3. 要求标注比例
2	交通流线及功能分析图	1. 车辆、行人和展品的流线分析图 2. 分区使用交通组织示意图 3. 要求标注比例
3	环境绿化分析图	要求标注比例
4	效果图	常规视角建筑单体效果图 3 幅、整体空间形态鸟瞰图 1 幅
5	平面图	建筑各楼层平面图
6	立面图	1. 建筑的主立面图 2. 沿祯泽高架、徐泾中路、诸光路立面设计图
7	剖面图	建筑典型公共场所的剖面图

展示图板：标准 A0 幅面，1 套，内容包含彩色总平面图（要求标注比例）、交通流线分析图（要求标注比例）、环境绿化分析图（要求标注比例）、鸟瞰效果图、常规视角透视效果图 3 幅。每块图板四角应预留 5 毫米孔径的圆孔以便拼板和悬挂。

不难看出随着时间的推进，方案成果的要求越来越多，从 1998 年国家大剧院只有图纸的要求到现在对于动画的要求，复杂程度逐年增加。这在各个地方的招投标中也有很明显的体现。招投标希望选出的并非只是表达完美的方案，而是真正富有设计的方案。

附录 1
《中华人民共和国招标投标法》

第一章　总则

第一条　为了规范招标投标活动，保护国家利益、社会公共利益和招标投标活动当事人的合法权益，提高经济效益，保证项目质量，制定本法。

第二条　在中华人民共和国境内进行招标投标活动，适用本法。

第三条　在中华人民共和国境内进行下列工程建设项目包括项目的勘察、设计、施工、监理以及与工程建设有关的重要设备、材料等的采购，必须进行招标：

（一）大型基础设施、公用事业等关系社会公共利益、公众安全的项目；

（二）全部或者部分使用国有资金投资或者国家融资的项目；

（三）使用国际组织或者外国政府贷款、援助资金的项目。

前款所列项目的具体范围和规模标准，由国务院发展计划部门会同国务院有关部门制订，报国务院批准。

法律或者国务院对必须进行招标的其他项目的范围有规定的，依照其规定。

第四条　任何单位和个人不得将依法必须进行招标的项目化整为零或者以其他任何方式规避招标。

第五条　招标投标活动应当遵循公开、公平、公正和诚实信用的原则。

第六条　依法必须进行招标的项目，其招标投标活动不受地区或者部门的限制。任何单位和个人不得违法限制或者排斥本地区、本系统以外的法人或者其他组织参加投标，不得以任何方式非法干涉招标投标活动。

第七条　招标投标活动及其当事人应当接受依法实施的监督。

有关行政监督部门依法对招标投标活动实施监督，依法查处招标投标活动中的违法行为。

招标投标活动的行政监督及有关部门的具体职权划分，由国务院规定。

第二章　招标

第八条　招标人是依照本法规定提出招标项目、进行招标的法人或者其他组织。

第九条　招标项目按照国家有关规定需要履行项目审批手续的，应当先履行审批手续，取得批准。

招标人应当有进行招标项目的相应资金或者资金来源已经落实，并应当在招标文件中如实载明。

第十条　招标分为公开招标和邀请招标。

公开招标，是指招标人以招标公告的方式邀请不特定的法人或者其他组织投标。

邀请招标，是指招标人以投标邀请书的方式邀请特定的法人或者其他组织投标。

第十一条　国务院发展计划部门确定的国家重点项目和省、自治区、直辖市人民政府确定的地方重点项目不适宜公开招标的，经国务院发展计划部门或者省、自治区、直辖市人民政府批准，可以进行邀请招标。

第十二条　招标人有权自行选择招标代理机构，委托其办理招标事宜。任何单位和个人不得以任何方式为招标人指定招标代理机构。

招标人具有编制招标文件和组织评标能力的，可以自行办理招标事宜。任何单位和个人不得强制其委托招标代理机构办理招标事宜。

依法必须进行招标的项目，招标人自行办理招标事宜的，应当向有关行政监督部门备案。

第十三条　招标代理机构是依法设立、从事招标代理业务并提供相关服务的社会中介组织。

招标代理机构应当具备下列条件：

（一）有从事招标代理业务的营业场所和相应资金；

（二）有能够编制招标文件和组织评标的相应专业力量；

（三）有符合本法第三十七条第三款规定条件、可以作为评标委员会成员人选的技术、经济等方面的专家库。

第十四条　从事工程建设项目招标代理业务的招标代理机构，其资格由国务院或者省、自治区、直辖市人民政府的建设行政主管部门认定。具体办法由国务院建设行政主管部门会同国务院有关部门制定。从事其他招标代理业务的招标代理机构，其资格认定的主管部门由国务院规定。

招标代理机构与行政机关和其他国家机关不得存在隶属关系或者其他利益关系。

第十五条　招标代理机构应当在招标人委托的范围内办理招标事宜,并遵守本法关于招标人的规定。

第十六条　招标人采用公开招标方式的,应当发布招标公告。依法必须进行招标的项目的招标公告,应当通过国家指定的报刊、信息网络或者其他媒介发布。

招标公告应当载明招标人的名称和地址、招标项目的性质、数量、实施地点和时间以及获取招标文件的办法等事项。

第十七条　招标人采用邀请招标方式的,应当向三个以上具备承担招标项目的能力、资信良好的特定的法人或者其他组织发出投标邀请书。

投标邀请书应当载明本法第十六条第二款规定的事项。

第十八条　招标人可以根据招标项目本身的要求,在招标公告或者投标邀请书中,要求潜在投标人提供有关资质证明文件和业绩情况,并对潜在投标人进行资格审查;国家对投标人的资格条件有规定的,依照其规定。

招标人不得以不合理的条件限制或者排斥潜在投标人,不得对潜在投标人实行歧视待遇。

第十九条　招标人应当根据招标项目的特点和需要编制招标文件。招标文件应当包括招标项目的技术要求、对投标人资格审查的标准、投标报价要求和评标标准等所有实质性要求和条件以及拟签订合同的主要条款。

国家对招标项目的技术、标准有规定的,招标人应当按照其规定在招标文件中提出相应要求。

招标项目需要划分标段、确定工期的,招标人应当合理划分标段、确定工期,并在招标文件中载明。

第二十条　招标文件不得要求或者标明特定的生产供应者以及含有倾向或者排斥潜在投标人的其他内容。

第二十一条　招标人根据招标项目的具体情况,可以组织潜在投标人踏勘项目现场。

第二十二条　招标人不得向他人透露已获取招标文件的潜在投标人的名称、数量以及可能影响公平竞争的有关招标投标的其他情况。

招标人设有标底的,标底必须保密。

第二十三条　招标人对已发出的招标文件进行必要的澄清或者修改的,应当在招标文件要求提交投标文件截止时间至少十五日前,以书面形式通知所有招标文件收受人。该澄清或者修改的内容为招标文件的组成部分。

第二十四条　招标人应当确定投标人编制投标文件所需要的合理时间;但是,依法必须进行招标的项目,自招标文件开始发出之日起至投标人提交投标文件截止之日止,最短不得少于二十日。

第三章　投标

第二十五条　投标人是响应招标、参加投标竞争的法人或者其他组织。

依法招标的科研项目允许个人参加投标的,投标的个人适用本法有关投标人的规定。

第二十六条　投标人应当具备承担招标项目的能力;国家有关规定对投标人资格条件或者招标文件对投标人资格条件有规定的,投标人应当具备规定的资格条件。

第二十七条　投标人应当按照招标文件的要求编制投标文件。投标文件应当对招标文件提出的实质性要求和条件作出响应。

招标项目属于建设施工的,投标文件的内容应当包括拟派出的项目负责人与主要技术人员的简历、业绩和拟用于完成招标项目的机械设备等。

第二十八条　投标人应当在招标文件要求提交投标文件的截止时间前,将投标文件送达投标地点。招标人收到投标文件后,应当签收保存,不得开启。投标人少于三个的,招标人应当依照本法重新招标。

在招标文件要求提交投标文件的截止时间后送达的投标文件,招标人应当拒收。

第二十九条　投标人在招标文件要求提交投标文件的截止时间前,可以补充、修改或者撤回已提交的投标文件,并书面通知招标人。补充、修改的内容为投标文件的组成部分。

第三十条　投标人根据招标文件载明的项目实际情况,拟在中标后将中标项目的部分非主体、非关键性工作进行分包的,应当在投标文件中载明。

第三十一条　两个以上法人或者其他组织可以组成一个联合体,以一个投标人的身份共同投标。

联合体各方均应当具备承担招标项目的相应能力;国家有关规定或者招标文件对投标人资格条件有规定的,联合体各方均应当具备规定的相应资格条件。由同一专业的单位组成的联合体,按照资质等级较低的单位确定资质等级。

联合体各方应当签订共同投标协议,明确约定各方拟承担的工作和责任,并将共同投标协议连同投标文件一并提交招标人。联合体中标的,联合体各方应当共同与招标人签订合同,就中标项目向招标人承担连带责任。

招标人不得强制投标人组成联合体共同投标,不得限制投标人之间的竞争。

第三十二条　投标人不得相互串通投标报价,不得排挤其他投标人的公平竞争,损害招标人或者其他投标人的合法权益。

投标人不得与招标人串通投标,损害国家利益、社会公共利益或者他人的合法权益。

禁止投标人以向招标人或者评标委员会成员行贿的手段谋取中标。

第三十三条　投标人不得以低于成本的报价竞标,也不得以他人名义投标或者以其他方式弄虚作假,骗取中标。

第四章　开标、评标和中标

第三十四条　开标应当在招标文件确定的提交投标文件截止时间的同一时间公开进行;开标地点应当为招标文件中预先确定的地点。

第三十五条　开标由招标人主持,邀请所有投标人参加。

第三十六条　开标时,由投标人或者其推选的代表检查投标文件的密封情况,也可以由招标人委托的公证机构检查并公证;经确认无误后,由工作人员当众拆封,宣读投标人名称、投标价格和投标文件的其他主要内容。

招标人在招标文件要求提交投标文件的截止时间前收到的所有投标文件，开标时都应当当众予以拆封、宣读。

开标过程应当记录，并存档备查。

第三十七条　评标由招标人依法组建的评标委员会负责。

依法必须进行招标的项目，其评标委员会由招标人的代表和有关技术、经济等方面的专家组成，成员人数为五人以上单数，其中技术、经济等方面的专家不得少于成员总数的三分之二。

前款专家应当从事相关领域工作满八年并具有高级职称或者具有同等专业水平，由招标人从国务院有关部门或者省、自治区、直辖市人民政府有关部门提供的专家名册或者招标代理机构的专家库内的相关专业的专家名单中确定；一般招标项目可以采取随机抽取方式，特殊招标项目可以由招标人直接确定。

与投标人有利害关系的人不得进入相关项目的评标委员会；已经进入的应当更换。

评标委员会成员的名单在中标结果确定前应当保密。

第三十八条　招标人应当采取必要的措施，保证评标在严格保密的情况下进行。

任何单位和个人不得非法干预、影响评标的过程和结果。

第三十九条　评标委员会可以要求投标人对投标文件中含义不明确的内容作必要的澄清或者说明，但是澄清或者说明不得超出投标文件的范围或者改变投标文件的实质性内容。

第四十条　评标委员会应当按照招标文件确定的评标标准和方法，对投标文件进行评审和比较；设有标底的，应当参考标底。评标委员会完成评标后，应当向招标人提出书面评标报告，并推荐合格的中标候选人。

招标人根据评标委员会提出的书面评标报告和推荐的中标候选人确定中标人。招标人也可以授权评标委员会直接确定中标人。

国务院对特定招标项目的评标有特别规定的，从其规定。

第四十一条　中标人的投标应当符合下列条件之一：

（一）能够最大限度地满足招标文件中规定的各项综合评价标准；

（二）能够满足招标文件的实质性要求，并且经评审的投标价格最低；但是投标价格低于成本的除外。

第四十二条　评标委员会经评审，认为所有投标都不符合招标文件要求的，可以否决所有投标。

依法必须进行招标的项目的所有投标被否决的，招标人应当依照本法重新招标。

第四十三条　在确定中标人前，招标人不得与投标人就投标价格、投标方案等实质性内容进行谈判。

第四十四条　评标委员会成员应当客观、公正地履行职务，遵守职业道德，对所提出的评审意见承担个人责任。

评标委员会成员不得私下接触投标人，不得收受投标人的财物或者其他好处。

评标委员会成员和参与评标的有关工作人员不得透露对投标文件的评审和比较、中标候选人的推荐情况以及与评标有关的其他情况。

第四十五条　中标人确定后，招标人应当向中标人发出中标通

知书，并同时将中标结果通知所有未中标的投标人。

中标通知书对招标人和中标人具有法律效力。中标通知书发出后，招标人改变中标结果的，或者中标人放弃中标项目的，应当依法承担法律责任。

第四十六条　招标人和中标人应当自中标通知书发出之日起三十日内，按照招标文件和中标人的投标文件订立书面合同。招标人和中标人不得再行订立背离合同实质性内容的其他协议。

招标文件要求中标人提交履约保证金的，中标人应当提交。

第四十七条　依法必须进行招标的项目，招标人应当自确定中标人之日起十五日内，向有关行政监督部门提交招标投标情况的书面报告。

第四十八条　中标人应当按照合同约定履行义务，完成中标项目。中标人不得向他人转让中标项目，也不得将中标项目肢解后分别向他人转让。

中标人按照合同约定或者经招标人同意，可以将中标项目的部分非主体、非关键性工作分包给他人完成。接受分包的人应当具备相应的资格条件，并不得再次分包。

中标人应当就分包项目向招标人负责，接受分包的人就分包项目承担连带责任。

第五章　法律责任

第四十九条　违反本法规定，必须进行招标的项目而不招标的，将必须进行招标的项目化整为零或者以任何其他方式规避招标的，责令限期改正，可以处项目合同金额千分之五以上千分之十以下的罚款；对全部或者部分使用国有资金的项目，可以暂停项目执行或者暂停资金拨付；对单位直接负责的主管人员和其他直接责任人员依法给予处分。

第五十条　招标代理机构违反本法规定，泄露应当保密的与招标投标活动有关的情况和资料的，或者与招标人、投标人串通损害国家利益、社会公共利益或者他人合法权益的，处五万元以上二十五万元以下的罚款，对单位直接负责的主管人员和其他直接责任人员处单位罚款数额百分之五以上百分之十以下的罚款；有违法所得的，并处没收违法所得；情节严重的，暂停直至取消招标代理资格；构成犯罪的，依法追究刑事责任。给他人造成损失的，依法承担赔偿责任。

前款所列行为影响中标结果的，中标无效。

第五十一条　招标人以不合理的条件限制或者排斥潜在投标人的，对潜在投标人实行歧视待遇的，强制要求投标人组成联合体共同投标的，或者限制投标人之间竞争的，责令改正，可以处一万元以上五万元以下的罚款。

第五十二条　依法必须进行招标的项目的招标人向他人透露已获取招标文件的潜在投标人的名称、数量或者可能影响公平竞争的有关招标投标的其他情况的，或者泄露标底的，给予警告，可以并处一万元以上十万元以下的罚款；对单位直接负责的主管人员和其他直接责任人员依法给予处分；构成犯罪的，依法追究刑事责任。

前款所列行为影响中标结果的，中标无效。

第五十三条　投标人相互串通投标或者与招标人串通投标的，

投标人以向招标人或者评标委员会成员行贿的手段谋取中标的，中标无效，处中标项目金额千分之五以上千分之十以下的罚款，对单位直接负责的主管人员以及其他直接责任人员处单位罚款数额百分之五以上百分之十以下的罚款；有违法所得的，并处没收违法所得；情节严重的，取消其一年至二年内参加依法必须进行招标的项目的投标资格并予以公告，直至由工商行政管理机关吊销营业执照；构成犯罪的，应依法追究刑事责任。给他人造成损失的，依法承担赔偿责任。

第五十四条 投标人以他人名义投标或者以其他方式弄虚作假，骗取中标的，中标无效，给招标人造成损失的，依法承担赔偿责任；构成犯罪的，依法追究刑事责任。

依法必须进行招标的项目的投标人有前款所列行为尚未构成犯罪的，处中标项目金额千分之五以上千分之十以下的罚款，对单位直接负责的主管人员和其他直接责任人员处单位罚款数额百分之五以上百分之十以下的罚款；有违法所得的，并处没收违法所得；情节严重的，取消其一年至三年内参加依法必须进行招标的项目的投标资格并予以公告，直至由工商行政管理机关吊销营业执照。

第五十五条 依法必须进行招标的项目，招标人违反本法规定，与投标人就投标价格、投标方案等实质性内容进行谈判的，给予警告，对单位直接负责的主管人员和其他直接责任人员依法给予处分。

前款所列行为影响中标结果的，中标无效。

第五十六条 评标委员会成员收受投标人的财物或者其他好处的，评标委员会成员或者参加评标的有关工作人员向他人透露对投标文件的评审和比较、中标候选人的推荐以及与评标有关的其他情况的，给予警告，没收收受的财物，可以并处三千元以上五万元以下的罚款，对有所列违法行为的评标委员会成员取消担任评标委员会成员的资格，不得再参加任何依法必须进行招标的项目的评标；构成犯罪的，依法追究刑事责任。

第五十七条 招标人在评标委员会依法推荐的中标候选人以外确定中标人的，依法必须进行招标的项目在所有投标被评标委员会否决后自行确定中标人的，中标无效。责令改正，可以处中标项目金额千分之五以上千分之十以下的罚款；对单位直接负责的主管人员和其他直接责任人员依法给予处分。

第五十八条 中标人将中标项目转让给他人的，将中标项目肢解后分别转让给他人的，违反本法规定将中标项目的部分主体、关键性工作分包给他人的，或者分包人再次分包的，转让、分包无效，处转让、分包项目金额千分之五以上千分之十以下的罚款；有违法所得的，并处没收违法所得；可以责令停业整顿；情节严重的，由工商行政管理机关吊销营业执照。

第五十九条 招标人与中标人不按照招标文件和中标人的投标文件订立合同的，或者招标人、中标人订立背离合同实质性内容的协议的，责令改正；可以处中标项目金额千分之五以上千分之十以下的罚款。

第六十条 中标人不履行与招标人订立的合同的，履约保证金不予退还，给招标人造成的损失超过履约保证金数额的，还应当对超过部分予以赔偿；没有提交履约保证金的，应当对招标人的损失承担赔偿责任。

中标人不按照与招标人订立的合同履行义务，情节严重的，取消其二年至五年内参加依法必须进行招标的项目的投标资格并予以公告，直至由工商行政管理机关吊销营业执照。

因不可抗力不能履行合同的，不适用前两款规定。

第六十一条 本章规定的行政处罚，由国务院规定的有关行政监督部门决定。本法已对实施行政处罚的机关作出规定的除外。

第六十二条 任何单位违反本法规定，限制或者排斥本地区、本系统以外的法人或者其他组织参加投标的，为招标人指定招标代理机构的，强制招标人委托招标代理机构办理招标事宜的，或者以其他方式干涉招标投标活动的，责令改正；对单位直接负责的主管人员和其他直接责任人员依法给予警告、记过、记大过的处分，情节较重的，依法给予降级、撤职、开除的处分。

个人利用职权进行前款违法行为的，依照前款规定追究责任。

第六十三条 对招标投标活动依法负有行政监督职责的国家机关工作人员徇私舞弊、滥用职权或者玩忽职守，构成犯罪的，依法追究刑事责任；不构成犯罪的，依法给予行政处分。

第六十四条 依法必须进行招标的项目违反本法规定，中标无效的，应当依照本法规定的中标条件从其余投标人中重新确定中标人或者依照本法重新进行招标。

第六章 附则

第六十五条 投标人和其他利害关系人认为招标投标活动不符合本法有关规定的，有权向招标人提出异议或者依法向有关行政监督部门投诉。

第六十六条 涉及国家安全、国家秘密、抢险救灾或者属于利用扶贫资金实行以工代赈、需要使用农民工等特殊情况，不适宜进行招标的项目，按照国家有关规定可以不进行招标。

第六十七条 使用国际组织或者外国政府贷款、援助资金的项目进行招标，贷款方、资金提供方对招标投标的具体条件和程序有不同规定的，可以适用其规定。但违背中华人民共和国的社会公共利益的除外。

第六十八条 本法自 2000 年 1 月 1 日起施行。

附录 2
《中华人民共和国招标投标法实施条例》

第一章 总则

第一条 为了规范招标投标活动，根据《中华人民共和国招标投标法》（以下简称招标投标法），制定本条例。

第二条 招标投标法第三条所称工程建设项目，是指工程以及与工程建设有关的货物、服务。

前款所称工程，是指建设工程，包括建筑物和构筑物的新建、改建、扩建及其相关的装修、拆除、修缮等；所称与工程建设有关的货物，是指构成工程不可分割的组成部分，且为实现工程基本功能所必需的设备、材料等；所称与工程建设有关的服务，是指为完成工程所需的勘察、设计、监理等服务。

第三条　依法必须进行招标的工程建设项目的具体范围和规模标准，由国务院发展改革部门会同国务院有关部门制订，报国务院批准后公布施行。

第四条　国务院发展改革部门指导和协调全国招标投标工作，对国家重大建设项目的工程招标投标活动实施监督检查。国务院工业和信息化、住房城乡建设、交通运输、铁道、水利、商务等部门，按照规定的职责分工对有关招标投标活动实施监督。

县级以上地方人民政府发展改革部门指导和协调本行政区域的招标投标工作。县级以上地方人民政府有关部门按照规定的职责分工，对招标投标活动实施监督，依法查处招标投标活动中的违法行为。县级以上地方人民政府对其所属部门有关招标投标活动的监督职责分工另有规定的，从其规定。

财政部门依法对实行招标投标的政府采购工程建设项目的预算执行情况和政府采购政策执行情况实施监督。

监察机关依法对与招标投标活动有关的监察对象实施监察。

第五条　设区的市级以上地方人民政府可以根据实际需要，建立统一规范的招标投标交易场所，为招标投标活动提供服务。招标投标交易场所不得与行政监督部门存在隶属关系，不得以营利为目的。

国家鼓励利用信息网络进行电子招标投标。

第六条　禁止国家工作人员以任何方式非法干涉招标投标活动。

第二章　招标

第七条　按照国家有关规定需要履行项目审批、核准手续的依法必须进行招标的项目，其招标范围、招标方式、招标组织形式应当报项目审批、核准部门审批、核准。项目审批、核准部门应当及时将审批、核准确定的招标范围、招标方式、招标组织形式通报有关行政监督部门。

第八条　国有资金占控股或者主导地位的依法必须进行招标的项目，应当公开招标；但有下列情形之一的，可以邀请招标：

（一）技术复杂、有特殊要求或者受自然环境限制，只有少量潜在投标人可供选择；

（二）采用公开招标方式的费用占项目合同金额的比例过大。

有前款第二项所列情形，属于本条例第七条规定的项目，由项目审批、核准部门在审批、核准项目时作出认定；其他项目由招标人申请有关行政监督部门作出认定。

第九条　除招标投标法第六十六条规定的可以不进行招标的特殊情况外，有下列情形之一的，可以不进行招标：

（一）需要采用不可替代的专利或者专有技术；

（二）采购人依法能够自行建设、生产或者提供；

（三）已通过招标方式选定的特许经营项目投资人依法能够自行建设、生产或者提供；

（四）需要向原中标人采购工程、货物或者服务，否则将影响施工或者功能配套要求；

（五）国家规定的其他特殊情形。

招标人为适用前款规定弄虚作假的，属于招标投标法第四条规定的规避招标。

第十条　招标投标法第十二条第二款规定的招标人具有编制招标文件和组织评标能力，是指招标人具有与招标项目规模和复杂程度相适应的技术、经济等方面的专业人员。

第十一条　招标代理机构的资格依照法律和国务院的规定由有关部门认定。

国务院住房城乡建设、商务、发展改革、工业和信息化等部门，按照规定的职责分工对招标代理机构依法实施监督管理。

第十二条　招标代理机构应当拥有一定数量的取得招标职业资格的专业人员。取得招标职业资格的具体办法由国务院人力资源社会保障部门会同国务院发展改革部门制定。

第十三条　招标代理机构在其资格许可和招标人委托的范围内开展招标代理业务，任何单位和个人不得非法干涉。

招标代理机构代理招标业务，应当遵守招标投标法和本条例关于招标人的规定。招标代理机构不得在所代理的招标项目中投标或者代理投标，也不得为所代理的招标项目的投标人提供咨询。

招标代理机构不得涂改、出租、出借、转让资格证书。

第十四条　招标人应当与被委托的招标代理机构签订书面委托合同，合同约定的收费标准应当符合国家有关规定。

第十五条　公开招标的项目，应当依照招标投标法和本条例的规定发布招标公告、编制招标文件。

招标人采用资格预审办法对潜在投标人进行资格审查的，应当发布资格预审公告、编制资格预审文件。

依法必须进行招标的项目的资格预审公告和招标公告，应当在国务院发展改革部门依法指定的媒介发布。在不同媒介发布的同一招标项目的资格预审公告或者招标公告的内容应当一致。指定媒介发布依法必须进行招标的项目的境内资格预审公告、招标公告，不得收取费用。

编制依法必须进行招标的项目的资格预审文件和招标文件，应当使用国务院发展改革部门会同有关行政监督部门制定的标准文本。

第十六条　招标人应当按照资格预审公告、招标公告或者投标邀请书规定的时间、地点发售资格预审文件或者招标文件。资格预审文件或者招标文件的发售期不得少于 5 日。

招标人发售资格预审文件、招标文件收取的费用应当限于补偿印刷、邮寄的成本支出，不得以营利为目的。

第十七条　招标人应当合理确定提交资格预审申请文件的时间。依法必须进行招标的项目提交资格预审申请文件的时间，自资格预审文件停止发售之日起不得少于 5 日。

第十八条　资格预审应当按照资格预审文件载明的标准和方法进行。

国有资金占控股或者主导地位的依法必须进行招标的项目，招标人应当组建资格审查委员会审查资格预审申请文件。资格审查委员会及其成员应当遵守招标投标法和本条例有关评标委员会及其成员的规定。

第十九条　资格预审结束后，招标人应当及时向资格预审申请人发出资格预审结果通知书。未通过资格预审的申请人不具有投标资格。

通过资格预审的申请人少于 3 个的，应当重新招标。

第二十条　招标人采用资格后审办法对投标人进行资格审查的，应当在开标后由评标委员会按照招标文件规定的标准和方法对投标人的资格进行审查。

第二十一条　招标人可以对已发出的资格预审文件或者招标文件进行必要的澄清或者修改。澄清或者修改的内容可能影响资格预审申请文件或者投标文件编制的，招标人应当在提交资格预审申请文件截止时间至少 3 日前，或者投标截止时间至少 15 日前，以书面形式通知所有获取资格预审文件或者招标文件的潜在投标人；不足 3 日或者 15 日的，招标人应当顺延提交资格预审申请文件或者投标文件的截止时间。

第二十二条　潜在投标人或者其他利害关系人对资格预审文件有异议的，应当在提交资格预审申请文件截止时间 2 日前提出；对招标文件有异议的，应当在投标截止时间 10 日前提出。招标人应当自收到异议之日起 3 日内作出答复；作出答复前，应当暂停招标投标活动。

第二十三条　招标人编制的资格预审文件、招标文件的内容违反法律、行政法规的强制性规定，违反公开、公平、公正和诚实信用原则，影响资格预审结果或者潜在投标人投标的，依法必须进行招标的项目招标人应当在修改资格预审文件或者招标文件后重新招标。

第二十四条　招标人对招标项目划分标段的，应当遵守招标投标法的有关规定，不得利用划分标段限制或者排斥潜在投标人。依法必须进行招标的项目的招标人不得利用划分标段规避招标。

第二十五条　招标人应当在招标文件中载明投标有效期。投标有效期从提交投标文件的截止之日起算。

第二十六条　招标人在招标文件中要求投标人提交投标保证金的，投标保证金不得超过招标项目估算价的 2%。投标保证金有效期应当与投标有效期一致。

依法必须进行招标的项目的境内投标单位，以现金或者支票形式提交的投标保证金应当从其基本账户转出。

招标人不得挪用投标保证金。

第二十七条　招标人可以自行决定是否编制标底。一个招标项目只能有一个标底。标底必须保密。

接受委托编制标底的中介机构不得参加受托编制标底项目的投标，也不得为该项目的投标人编制投标文件或者提供咨询。

招标人设有最高投标限价的，应当在招标文件中明确最高投标限价或者最高投标限价的计算方法。招标人不得规定最低投标限价。

第二十八条　招标人不得组织单个或者部分潜在投标人踏勘项目现场。

第二十九条　招标人可以依法对工程以及与工程建设有关的货物、服务全部或者部分实行总承包招标。以暂估价形式包括在总承包范围内的工程、货物、服务属于依法必须进行招标的项目范围且达到国家规定规模标准的，应当依法进行招标。

前款所称暂估价，是指总承包招标时不能确定价格而由招标人在招标文件中暂时估定的工程、货物、服务的金额。

第三十条　对技术复杂或者无法精确拟定技术规格的项目，招标人可以分两阶段进行招标。

第一阶段，投标人按照招标公告或者投标邀请书的要求提交不带报价的技术建议，招标人根据投标人提交的技术建议确定技术标准和要求，编制招标文件。

第二阶段，招标人向在第一阶段提交技术建议的投标人提供招标文件，投标人按照招标文件的要求提交包括最终技术方案和投标报价的投标文件。

招标人要求投标人提交投标保证金的，应当在第二阶段提出。

第三十一条　招标人终止招标的，应当及时发布公告，或者以书面形式通知被邀请的或者已经获取资格预审文件、招标文件的潜在投标人。已经发售资格预审文件、招标文件或者已经收取投标保证金的，招标人应当及时退还所收取的资格预审文件、招标文件的费用，以及所收取的投标保证金及银行同期存款利息。

第三十二条　招标人不得以不合理的条件限制、排斥潜在投标人或者投标人。

招标人有下列行为之一的，属于以不合理条件限制、排斥潜在投标人或者投标人：

（一）就同一招标项目向潜在投标人或者投标人提供有差别的项目信息；

（二）设定的资格、技术、商务条件与招标项目的具体特点和实际需要不相适应或者与合同履行无关；

（三）依法必须进行招标的项目以特定行政区域或者特定行业的业绩、奖项作为加分条件或者中标条件；

（四）对潜在投标人或者投标人采取不同的资格审查或者评标标准；

（五）限定或者指定特定的专利、商标、品牌、原产地或者供应商；

（六）依法必须进行招标的项目非法限定潜在投标人或者投标人的所有制形式或者组织形式；

（七）以其他不合理条件限制、排斥潜在投标人或者投标人。

第三章　投标

第三十三条　投标人参加依法必须进行招标的项目的投标，不受地区或者部门的限制，任何单位和个人不得非法干涉。

第三十四条　与招标人存在利害关系可能影响招标公正性的法人、其他组织或者个人，不得参加投标。

单位负责人为同一人或者存在控股、管理关系的不同单位，不得参加同一标段投标或者未划分标段的同一招标项目投标。

违反前两款规定的，相关投标均无效。

第三十五条　投标人撤回已提交的投标文件，应当在投标截止时间前书面通知招标人。招标人已收取投标保证金的，应当自收到投标人书面撤回通知之日起 5 日内退还。

投标截止后投标人撤销投标文件的，招标人可以不退还投标保证金。

第三十六条　未通过资格预审的申请人提交的投标文件，以及逾期送达或者不按照招标文件要求密封的投标文件，招标人应当拒收。

招标人应当如实记载投标文件的送达时间和密封情况，并存档备查。

第三十七条　招标人应当在资格预审公告、招标公告或者投标邀请书中载明是否接受联合体投标。

招标人接受联合体投标并进行资格预审的，联合体应当在提交资格预审申请文件前组成。资格预审后联合体增减、更换成员的，其投标无效。

联合体各方在同一招标项目中以自己名义单独投标或者参加其他联合体投标的，相关投标均无效。

第三十八条　投标人发生合并、分立、破产等重大变化的，应当及时书面告知招标人。投标人不再具备资格预审文件、招标文件规定的资格条件或者其投标影响招标公正性的，其投标无效。

第三十九条　禁止投标人相互串通投标。

有下列情形之一的，属于投标人相互串通投标：

（一）投标人之间协商投标报价等投标文件的实质性内容；

（二）投标人之间约定中标人；

（三）投标人之间约定部分投标人放弃投标或者中标；

（四）属于同一集团、协会、商会等组织成员的投标人按照该组织要求协同投标；

（五）投标人之间为谋取中标或者排斥特定投标人而采取的其他联合行动。

第四十条　有下列情形之一的，视为投标人相互串通投标：

（一）不同投标人的投标文件由同一单位或者个人编制；

（二）不同投标人委托同一单位或者个人办理投标事宜；

（三）不同投标人的投标文件载明的项目管理成员为同一人；

（四）不同投标人的投标文件异常一致或者投标报价呈规律性差异；

（五）不同投标人的投标文件相互混装；

（六）不同投标人的投标保证金从同一单位或者个人的账户转出。

第四十一条　禁止招标人与投标人串通投标。

有下列情形之一的，属于招标人与投标人串通投标：

（一）招标人在开标前开启投标文件并将有关信息泄露给其他投标人；

（二）招标人直接或者间接向投标人泄露标底、评标委员会成员等信息；

（三）招标人明示或者暗示投标人压低或者抬高投标报价；

（四）招标人授意投标人撤换、修改投标文件；

（五）招标人明示或者暗示投标人为特定投标人中标提供方便；

（六）招标人与投标人为谋求特定投标人中标而采取的其他串通行为。

第四十二条　使用通过受让或者租借等方式获取的资格、资质证书投标的，属于招标投标法第三十三条规定的以他人名义投标。

投标人有下列情形之一的，属于招标投标法第三十三条规定的以其他方式弄虚作假的行为：

（一）使用伪造、变造的许可证件；

（二）提供虚假的财务状况或者业绩；

（三）提供虚假的项目负责人或者主要技术人员简历、劳动关系证明；

（四）提供虚假的信用状况；

（五）其他弄虚作假的行为。

第四十三条　提交资格预审申请文件的申请人应当遵守招标投标法和本条例有关投标人的规定。

第四章　开标、评标和中标

第四十四条　招标人应当按照招标文件规定的时间、地点开标。

投标人少于 3 个的，不得开标；招标人应当重新招标。

投标人对开标有异议的，应当在开标现场提出，招标人应当当场作出答复，并制作记录。

第四十五条　国家实行统一的评标专家专业分类标准和管理办法。具体标准和办法由国务院发展改革部门会同国务院有关部门制定。

省级人民政府和国务院有关部门应当组建综合评标专家库。

第四十六条　除招标投标法第三十七条第三款规定的特殊招标项目外，依法必须进行招标的项目，其评标委员会的专家成员应当从评标专家库内相关专业的专家名单中以随机抽取方式确定。任何单位和个人不得以明示、暗示等任何方式指定或者变相指定参加评标委员会的专家成员。

依法必须进行招标的项目的招标人非因招标投标法和本条例规定的事由，不得更换依法确定的评标委员会成员。更换评标委员会的专家成员应当依照前款规定进行。

评标委员会成员与投标人有利害关系的，应当主动回避。

有关行政监督部门应当按照规定的职责分工，对评标委员会成员的确定方式、评标专家的抽取和评标活动进行监督。行政监督部门的工作人员不得担任本部门负责监督项目的评标委员会成员。

第四十七条　招标投标法第三十七条第三款所称特殊招标项目，是指技术复杂、专业性强或者国家有特殊要求，采取随机抽取方式确定的专家难以保证胜任评标工作的项目。

第四十八条　招标人应当向评标委员会提供评标所必需的信息，但不得明示或者暗示其倾向或者排斥特定投标人。

招标人应当根据项目规模和技术复杂程度等因素合理确定评标时间。超过三分之一的评标委员会成员认为评标时间不够的，招标人应当适当延长。

评标过程中，评标委员会成员有回避事由、擅离职守或者因健康等原因不能继续评标的，应当及时更换。被更换的评标委员会成员作出的评审结论无效，由更换后的评标委员会成员重新进行评审。

第四十九条　评标委员会成员应当依照招标投标法和本条例的规定，按照招标文件规定的评标标准和方法，客观、公正地对投标文件提出评审意见。招标文件没有规定的评标标准和方法不得作为评标的依据。

评标委员会成员不得私下接触投标人，不得收受投标人给予的财物或者其他好处，不得向招标人征询确定中标人的意向，不得接受任何单位或者个人明示或者暗示提出的倾向或者排斥特定投标人的要求，不得有其他不客观、不公正履行职务的行为。

第五十条　招标项目设有标底的，招标人应当在开标时公布。标底只能作为评标的参考，不得以投标报价是否接近标底作为中标条件，也不得以投标报价超过标底上下浮动范围作为否决投标的条件。

第五十一条　有下列情形之一的，评标委员会应当否决其投标：

（一）投标文件未经投标单位盖章和单位负责人签字；

（二）投标联合体没有提交共同投标协议；

（三）投标人不符合国家或者招标文件规定的资格条件；

（四）同一投标人提交两个以上不同的投标文件或者投标报价，但招标文件要求提交备选投标的除外；

（五）投标报价低于成本或者高于招标文件设定的最高投标限价；

（六）投标文件没有对招标文件的实质性要求和条件作出响应；

（七）投标人有串通投标、弄虚作假、行贿等违法行为。

第五十二条　投标文件中有含义不明确的内容、明显文字或者计算错误，评标委员会认为需要投标人作出必要澄清、说明的，应当书面通知该投标人。投标人的澄清、说明应当采用书面形式，并不得超出投标文件的范围或者改变投标文件的实质性内容。

评标委员会不得暗示或者诱导投标人作出澄清、说明，不得接受投标人主动提出的澄清、说明。

第五十三条　评标完成后，评标委员会应当向招标人提交书面评标报告和中标候选人名单。中标候选人应当不超过3个，并标明排序。

评标报告应当由评标委员会全体成员签字。对评标结果有不同意见的评标委员会成员应当以书面形式说明其不同意见和理由，评标报告应当注明该不同意见。评标委员会成员拒绝在评标报告上签字又不书面说明其不同意见和理由的，视为同意评标结果。

第五十四条　依法必须进行招标的项目，招标人应当自收到评标报告之日起3日内公示中标候选人，公示期不得少于3日。

投标人或者其他利害关系人对依法必须进行招标的项目的评标结果有异议的，应当在中标候选人公示期间提出。招标人应当自收到异议之日起3日内作出答复；作出答复前，应当暂停招标投标活动。

第五十五条　国有资金占控股或者主导地位的依法必须进行招标的项目，招标人应当确定排名第一的中标候选人为中标人。排名第一的中标候选人放弃中标、因不可抗力不能履行合同、不按照招标文件要求提交履约保证金，或者被查实存在影响中标结果的违法行为等情形，不符合中标条件的，招标人可以按照评标委员会提出的中标候选人名单排序依次确定其他中标候选人为中标人，也可以重新招标。

第五十六条　中标候选人的经营、财务状况发生较大变化或者存在违法行为，招标人认为可能影响其履约能力的，应当在发出中标通知书前由原评标委员会按照招标文件规定的标准和方法审查确认。

第五十七条　招标人和中标人应当依照招标投标法和本条例的规定签订书面合同，合同的标的、价款、质量、履行期限等主要条款应当与招标文件和中标人的投标文件的内容一致。招标人和中标人不得再行订立背离合同实质性内容的其他协议。

招标人最迟应当在书面合同签订后5日内向中标人和未中标的投标人退还投标保证金及银行同期存款利息。

第五十八条　招标文件要求中标人提交履约保证金的，中标人应当按照招标文件的要求提交。履约保证金不得超过中标合同金额的10%。

第五十九条　中标人应当按照合同约定履行义务，完成中标项目。中标人不得向他人转让中标项目，也不得将中标项目肢解后分别向他人转让。

中标人按照合同约定或者经招标人同意，可以将中标项目的部分非主体、非关键性工作分包给他人完成。接受分包的人应当具备相应的资格条件，并不得再次分包。

中标人应当就分包项目向招标人负责，接受分包的人就分包项目承担连带责任。

第五章　投诉与处理

第六十条　投标人或者其他利害关系人认为招标投标活动不符合法律、行政法规规定的，可以自知道或者应当知道之日起10日内向有关行政监督部门投诉。投诉应当有明确的请求和必要的证明材料。

就本条例第二十二条、第四十四条、第五十四条规定事项投诉的，应当先向招标人提出异议，异议答复期间不计算在前款规定的期限内。

第六十一条　投诉人就同一事项向两个以上有权受理的行政监督部门投诉的，由最先收到投诉的行政监督部门负责处理。

行政监督部门应当自收到投诉之日起3个工作日内决定是否受理投诉，并自受理投诉之日起30个工作日内作出书面处理决定；需要检验、检测、鉴定、专家评审的，所需时间不计算在内。

投诉人捏造事实、伪造材料或者以非法手段取得证明材料进行投诉的，行政监督部门应当予以驳回。

第六十二条　行政监督部门处理投诉，有权查阅、复制有关文件、资料，调查有关情况，相关单位和人员应当予以配合。必要时，行政监督部门可以责令暂停招标投标活动。

行政监督部门的工作人员对监督检查过程中知悉的国家秘密、商业秘密，应当依法予以保密。

第六章　法律责任

第六十三条　招标人有下列限制或者排斥潜在投标人行为之一的，由有关行政监督部门依照招标投标法第五十一条的规定处罚：

（一）依法应当公开招标的项目不按照规定在指定媒介发布资格预审公告或者招标公告；

（二）在不同媒介发布的同一招标项目的资格预审公告或者招标公告的内容不一致，影响潜在投标人申请资格预审或者投标。

依法必须进行招标的项目的招标人不按照规定发布资格预审公告或者招标公告，构成规避招标的，依照招标投标法第四十九条的规定处罚。

第六十四条　招标人有下列情形之一的，由有关行政监督部门责令改正，可以处10万元以下的罚款：

（一）依法应当公开招标而采用邀请招标；

（二）招标文件、资格预审文件的发售、澄清、修改的时限，或者确定的提交资格预审申请文件、投标文件的时限不符合招标投标法和本条例规定；

（三）接受未通过资格预审的单位或者个人参加投标；

（四）接受应当拒收的投标文件。

招标人有前款第一项、第三项、第四项所列行为之一的，对单位直接负责的主管人员和其他直接责任人员依法给予处分。

第六十五条　招标代理机构在所代理的招标项目中投标、代理投标或者向该项目投标人提供咨询的，接受委托编制标底的中介机构参加受托编制标底项目的投标或者为该项目的投标人编制投标文件、提供咨询的，依照招标投标法第五十条的规定追究法律责任。

第六十六条　招标人超过本条例规定的比例收取投标保证金、履约保证金或者不按照规定退还投标保证金及银行同期存款利息的，由有关行政监督部门责令改正，可以处5万元以下的罚款；给他人造成损失的，依法承担赔偿责任。

第六十七条　投标人相互串通投标或者与招标人串通投标的，投标人向招标人或者评标委员会成员行贿谋取中标的，中标无效；构成犯罪的，依法追究刑事责任；尚不构成犯罪的，依照招标投标法第五十三条的规定处罚。投标人未中标的，对单位的罚款金额按照招标项目合同金额依照招标投标法规定的比例计算。

投标人有下列行为之一的，属于招标投标法第五十三条规定的情节严重行为，由有关行政监督部门取消其1年至2年内参加依法必须进行招标的项目的投标资格：

（一）以行贿谋取中标；

（二）3年内2次以上串通投标；

（三）串通投标行为损害招标人、其他投标人或者国家、集体、公民的合法利益，造成直接经济损失30万元以上；

（四）其他串通投标情节严重的行为。

投标人自本条第二款规定的处罚执行期限届满之日起3年内又有该款所列违法行为之一的，或者串通投标、以行贿谋取中标情节特别严重的，由工商行政管理机关吊销营业执照。

法律、行政法规对串通投标报价行为的处罚另有规定的，从其规定。

第六十八条　投标人以他人名义投标或者以其他方式弄虚作假骗取中标的，中标无效；构成犯罪的，依法追究刑事责任；尚不构成犯罪的，依照招标投标法第五十四条的规定处罚。依法必须进行招标的项目的投标人未中标的，对单位的罚款金额按照招标项目合同金额依照招标投标法规定的比例计算。

投标人有下列行为之一的，属于招标投标法第五十四条规定的情节严重行为，由有关行政监督部门取消其1年至3年内参加依法必须进行招标的项目的投标资格：

（一）伪造、变造资格、资质证书或者其他许可证件骗取中标；

（二）3年内2次以上使用他人名义投标；

（三）弄虚作假骗取中标给招标人造成直接经济损失30万元以上；

（四）其他弄虚作假骗取中标情节严重的行为。

投标人自本条第二款规定的处罚执行期限届满之日起3年内又有该款所列违法行为之一的，或者弄虚作假骗取中标情节特别严重的，由工商行政管理机关吊销营业执照。

第六十九条　出让或者出租资格、资质证书供他人投标的，依照法律、行政法规的规定给予行政处罚；构成犯罪的，依法追究刑事责任。

第七十条　依法必须进行招标的项目的招标人不按照规定组建评标委员会，或者确定、更换评标委员会成员违反招标投标法和本条例规定的，由有关行政监督部门责令改正，可以处10万元以下的罚款，对单位直接负责的主管人员和其他直接责任人员依法给予处分；违法确定或者更换的评标委员会成员作出的评审结论无效，依法重新进行评审。

国家工作人员以任何方式非法干涉选取评标委员会成员的，依照本条例第八十一条的规定追究法律责任。

第七十一条　评标委员会成员有下列行为之一的，由有关行政监督部门责令改正；情节严重的，禁止其在一定期限内参加依法必须进行招标的项目的评标；情节特别严重的，取消其担任评标委员会成员的资格：

（一）应当回避而不回避；

（二）擅离职守；

（三）不按照招标文件规定的评标标准和方法评标；

（四）私下接触投标人；

（五）向招标人征询确定中标人的意向或者接受任何单位或者个人明示或者暗示提出的倾向或者排斥特定投标人的要求；

（六）对依法应当否决的投标不提出否决意见；

（七）暗示或者诱导投标人作出澄清、说明或者接受投标人主动提出的澄清、说明；

（八）其他不客观、不公正履行职务的行为。

第七十二条　评标委员会成员收受投标人的财物或者其他好处的，没收收受的财物，处3000元以上5万元以下的罚款，取消担任评标委员会成员的资格，不得再参加依法必须进行招标的项目的评标；构成犯罪的，依法追究刑事责任。

第七十三条　依法必须进行招标的项目的招标人有下列情形之一的，由有关行政监督部门责令改正，可以处中标项目金额10‰以下的罚款；给他人造成损失的，依法承担赔偿责任；对单位直接负责的主管人员和其他直接责任人员依法给予处分：

（一）无正当理由不发出中标通知书；

（二）不按照规定确定中标人；

（三）中标通知书发出后无正当理由改变中标结果；

（四）无正当理由不与中标人订立合同；

（五）在订立合同时向中标人提出附加条件。

第七十四条　中标人无正当理由不与招标人订立合同，在签订合同时向招标人提出附加条件，或者不按照招标文件要求提交履约保证金的，取消其中标资格，投标保证金不予退还。对依法必须进行招标的项目的中标人，由有关行政监督部门责令改正，可以处中标项目金额

第七十五条　招标人和中标人不按照招标文件和中标人的投标文件订立合同，合同的主要条款与招标文件、中标人的投标文件的内容不一致，或者招标人、中标人订立背离合同实质性内容的协议的，由有关行政监督部门责令改正，可以处中标项目金额5‰以上10‰

以下的罚款。

第七十六条　中标人将中标项目转让给他人的，将中标项目肢解后分别转让给他人的，违反招标投标法和本条例规定将中标项目的部分主体、关键性工作分包给他人的，或者分包人再次分包的，转让、分包无效，处转让、分包项目金额5‰以上10‰以下的罚款；有违法所得的，并处没收违法所得；可以责令停业整顿；情节严重的，由工商行政管理机关吊销营业执照。

第七十七条　投标人或者其他利害关系人捏造事实、伪造材料或者以非法手段取得证明材料进行投诉，给他人造成损失的，依法承担赔偿责任。

招标人不按照规定对异议作出答复，继续进行招标投标活动的，由有关行政监督部门责令改正，拒不改正或者不能改正并影响中标结果的，依照本条例第八十二条的规定处理。

第七十八条　取得招标职业资格的专业人员违反国家有关规定办理招标业务的，责令改正，给予警告；情节严重的，暂停一定期限内从事招标业务；情节特别严重的，取消招标职业资格。

第七十九条　国家建立招标投标信用制度。有关行政监督部门应当依法公告对招标人、招标代理机构、投标人、评标委员会成员等当事人违法行为的行政处理决定。

第八十条　项目审批、核准部门不依法审批、核准项目招标范围、招标方式、招标组织形式的，对单位直接负责的主管人员和其他直接责任人员依法给予处分。

有关行政监督部门不依法履行职责，对违反招标投标法和本条例规定的行为不依法查处，或者不按照规定处理投诉、不依法公告对招标投标当事人违法行为的行政处理决定的，对直接负责的主管人员和其他直接责任人员依法给予处分。

项目审批、核准部门和有关行政监督部门的工作人员徇私舞弊、滥用职权、玩忽职守，构成犯罪的，依法追究刑事责任。

第八十一条　国家工作人员利用职务便利，以直接或者间接、明示或者暗示等任何方式非法干涉招标投标活动，有下列情形之一的，依法给予记过或者记大过处分；情节严重的，依法给予降级或者撤职处分；情节特别严重的，依法给予开除处分；构成犯罪的，依法追究刑事责任：

（一）要求对依法必须进行招标的项目不招标，或者要求对依法应当公开招标的项目不公开招标；

（二）要求评标委员会成员或者招标人以其指定的投标人作为中标候选人或者中标人；

（三）以其他方式非法干涉招标投标活动。

第八十二条　依法必须进行招标的项目的招标投标活动违反招标投标法和本条例的规定，对中标结果造成实质性影响，且不能采取补救措施予以纠正的，招标、投标、中标无效，应当依法重新招标或者评标。

第七章　附　则

第八十三条　招标投标协会按照依法制定的章程开展活动，加强行业自律和服务。

第八十四条　政府采购的法律、行政法规对政府采购货物、服务的招标投标另有规定的，从其规定。

第八十五条　本条例自2012年2月1日起施行。

下篇

三　发展研究

Developmental Studies

转型期中国建筑师的建筑文化思考与探索

Cultural Considerations and Exploration on Architecture by Chinese Architects in This Transitional Period

张 彤 胡晓明

1978 年是中国社会全面转型之年。在政治上，结束了文化大革命在国家政治体制和意识形态上造成的极端混乱，形成了对文化大革命及新中国成立前三十年的正确认识和评价；在经济上，开始了从计划经济向市场经济的改革。1978 年至今的 30 多年，中国从封闭、落后、贫穷发展成为开放、富裕、强盛的世界大国，在国际政治、经济、文化中日益发挥显著的作用。

在这 30 多年中，中国建筑从"文革"之后的一片凋敝到进入 21 世纪后成为世界建筑的中心，经历了巨大而深刻的变化。"文革"的结束对建筑领域最大的意义莫过于政治影响的逐渐消退，正常的建筑学术环境得以建立，明确了"繁荣建筑创作"的正确观念。随后迅速引发了建筑理论研究和建筑创作的热潮，出现了一大批优秀的设计作品。30 多年来，中国建筑经历的一系列重要事件和过程深刻影响了中国乃至世界建筑的发展历程，包括 1990 年亚运会工程的建设，深圳特区和浦东经济技术开发区的建设，1999 年世界建筑师大会在北京通过《北京宪章》，1995 年开始实施注册建筑师制度，住房商品化与房地产经济的膨胀，迅猛而普遍的城市化，国外建筑师的大量涌入，北京超级建筑的建设，2008 年北京奥运会与 2010 年上海世博会的建设等。这期间，中国建筑师承担了长期巨量的建设任务，经历了兴奋、活跃、困惑、疲惫和坚守，呈现出复杂多样而状态各异的创作思想与建筑文化思考。

下文分 5 个方面对 30 年转型期中国建筑师的建筑文化思考与探索进行阐述，分别是：全球化背景下的地域建筑探索与实践、中国建筑界面对全球思潮冲击和境外建筑师大举进入的文化思考、住宅商品化机制下的建筑文化呈现、建筑文化在形式层面的风格化体现以及中国建筑本土文化的自觉追求。

1 全球化背景下的地域建筑探索与实践

全球化无疑是进入 21 世纪以后中国经济社会发展的主题之一。2002 年中国加入世界贸易组织，2008 年北京成功举办奥运会，2010 年世博会在上海举办……，中国已经成为全球政治经济中举足轻重的大国，中国快速大量的城市建设也成为世界关注的焦点。在有关政治、经济的论述中，全球化已是不证自明的现象，是发展的必然趋势；然而在文化领域，全球化却被认为是一柄"双刃剑"。一方面，全球化促进世界文化的交流和传播，催生一种以普世价值为观念基础的世界文化；另一方面，全球化也对丰富多彩的地域文化造成了巨大的冲击，以差异性为价值主体的文化特色正在消蚀。这在建筑领域中体现得尤为明显，"长期以来，以西方建筑话语为主的建筑思想的一统天下使西方文化成为建筑的主流，当代盛行的全球化更是一个以西方世界的价值观为主体的话语领域，在建筑界则表现为建筑文化的国际化以及城市空间与形态的趋同现象。"[1] 我国很多历史文化名城（如浙江绍兴、福建福州、山东济南、湖北襄阳、浙江定海等）的城市特色在消失，地域特征在弱化，"千城一面"已经引起各界人士的诟病。

程泰宁院士指出"忽视各个国家和地区的自然条件、

 1 郑时龄．全球化影响下的中国城市与建筑 [J]．建筑学报，2003（2）．

政治经济文化发展阶段的不同，无视地域性对建筑文化发展的巨大影响，导致当前建筑风格的千篇一律和城市面貌的平庸化，是一个不争的事实"[2]。全球化与地域性是在认识层面上对匆忙面对世界的中国建筑师产生最大冲击和困惑的悖论，也是 30 年来几代中国建筑师思考和探索的重要方面。

面对全球化的冲击，捍卫本土文化，保存和发扬地域文化特色成为一种本能的姿态。事实上，虽然全球化和地域性的矛盾是一个世界性的议题，但是没有一个国家在其现代化的过程中像中国这样付出惨痛的文化代价。因此，有关地域性的话题成为中国现当代建筑界一个抹之不去的心结。1999 年第 20 届世界建筑师大会通过的《北京宪章》中明确提出"建筑学是地区的产物，建筑形式的意义来源于地方文脉，并解释着地方文脉。但是这并不意味着地区建筑学只是地区历史的产物。恰恰相反，地区建筑学更与地区的未来相连。我们职业的深远意义就在于运用专业知识，以创造性的设计联系历史和将来，使多种取向中并未成型的选择更接近地方社会。……现代建筑的地区化，乡土建筑的现代化，殊途同归，推动世界和地区的进步与丰富多彩"[3]（图 1 ）。

齐康院士一直将地域性作为其创作实践的价值核心，"全球性经济的发展和变化，现代建筑的国际化，建筑形式和风格的趋同，建筑文化的冲突和融合等要求我们在趋同中求创新，求得自身的建筑特色，用先进科技结合地区的特色并发扬光大。我们最终追求的是心灵的感悟和创新，一种互动和探求的重要实践"[4]（图 2 ）。

程泰宁院士在谈及地域性时指出："地域性，对建筑文化的产生和发展的巨大影响是一种客观存在，不应忽视，更不能抹杀。抹杀了这种影响，也就抹杀了建筑文化多元发展的可能性。而事实上，多元发展是包括建筑在内的一切文化的发展规律，趋同则是发展过程中的一种现象，违背创作规律，无条件的认同和趋仿别国别地区的建筑文化，其结果只会丧失我们的创作个性，丧失现代中国建筑的总体特色。"[5]（图 3 ）

何镜堂院士将自己的实践和创作思想归纳为"两观三性"（图 4 ），"建筑的地域性、文化性、时代性是一个整体的概念。地域是建筑赖以生存的根基，文化是建筑的内涵和品位，时代性体现建筑的精神和发展。三者又是相辅相成，不可分割的。地域性本身就包括地区人文文化和地域时代特征，文化性是地区传统文化和时代特征的综合表现，时代性正是地域特征、传统文脉与现代科技和文化的综合和发展。建筑师应该很好地理解和综合运用建筑的'三性'，强调整体性和统一性，就一定能创作出有特色的建筑。"[6]

崔愷院士以"本土设计"总结自己的创作思想："我强调的'本土设计'就是一个建筑在一个特定的环境当中，自然地和环境结合。'生长'于环境，甚至是在这环境当中'破土而出'，而不是从其他地方移植过来的。……当我们以本土的立场进行创作，心态就会放松，思路就会清晰，不用刻意杜撰宏大的叙事，不必标榜民族的风格，只要你对环境资源关注的越具体、越深入，提出的问题更准确，解决的方法更直接，一个属于这个场所的当下建筑就自然会产生，我们给它取个名字：本土建筑。"[7]（图 5 ）

改革开放后的 30 年中，地域建筑的创作实践一直是推动中国建筑前进的原动力之一。20 世纪 80 年代初期，研究传统建筑、园林和民居成为一种热潮，并且反映在建筑创作上，出现了一批着力从民居和乡土传统中寻找文化坐标的优秀建筑作品。具有代表性的有上海松江方塔园（冯纪忠等，1981 ）、曲阜阙里宾舍（戴念慈、傅秀蓉等，1985 ）、武夷山庄（齐康、赖聚奎等，1980—1983 ）、无锡太湖饭店（钟训正、孙钟阳、王文卿等，1984—1986 ）等。

在此之后，中国地域性建筑实践在更大的范围内、更深的层次上展开了。从以阙里宾舍、武夷山庄为代表的将民族风格和乡土传统与现代建筑相结合的优秀作品，到因盲目跟从后现代思潮衰变出现的形式符号的浮浅拼贴；从以张锦秋、王小东等为代表的持续的地域性实践（图 6 ），到全球视野下对本土传统内核的自觉思考。

随着整体的世界坐标的建立，中国建筑师对于现代主义与现代性以及本土传统精神有了更为深刻和准确的认识，设计实践逐渐走出单纯的形式风格造成的误区，从空间精神、情境氛围和建构传统等多维度探索建筑中曾被地域性一词所包裹的复杂内在特质，出现了一批优秀的设计作品，逐渐为世界所瞩目。这些作品包括：北京菊儿胡同更新改造、杭州黄龙饭店、浙江美术馆、2010 年上海世博会中国馆、宁波博物馆、中国美术学院象山校区（图 7 ）、苏州火车站、鹿野苑石刻艺术博物馆、西藏尼洋河游客中心（图 8 ）等。

2，5 程泰宁 . 地域性与建筑文化——江南建筑地域特色的延续和发展 [C]// 现代建筑传统国际学术研讨会论文集 . 北京，1998.
3 吴良镛执笔 . 北京宪章（稿）
4 齐康 . 总序 [M]// 张彤 . 整体地区建筑 . 南京：东南大学出版社，2003.
6 何镜堂 . 我的思想和实践 [J] . 城市环境设计，2004（2）.
7 崔愷 . 本土设计 [M]. 北京：中国建筑工业出版社，2008.

图1 北京菊儿胡同 （吴良镛等） 　图2 福建武夷山庄 （齐康、赖聚奎等） 　图3 杭州铁路城站（程泰宁、叶湘菡、刘辉等） 　图4 世博会中国馆（何镜堂等）

图5 拉萨火车站 （崔愷等） 　图6 新疆国际大巴扎 （王小东等） 　图7 中国美术学院象山校区 （王澍、陆文宇等） 　图8 西藏尼洋河游客中心（张轲、张弘等）

2 中国建筑界面对全球思潮冲击和境外建筑师大举进入的文化思考

建筑市场的开放是全球化在建筑领域的主要反映和必然结果，境外建筑师进入中国的建筑设计市场是转型期中国建筑师面临的新的职业环境。一方面，设计理念和职业素养的差异以及一段时间里社会上的崇洋心理使得本土建筑师面临前所未有的压力，也造成了很多困惑和无奈；另一方面，境外建筑师的进入带来全新的设计理念和管理模式，使得中国建筑的发展真正进入到国际化、全球化的背景之中，并进而随着一系列大型公共建筑和超级项目的建设，成为世界建筑的中心和焦点。

改革开放以后，伴随着资本输入，境外建筑师也逐渐开始了在中国的建筑创作实践。改革开放初期兴建的香山饭店（美国贝聿铭事务所，1982）、长城饭店（美国培盖特国际建筑师事务所，1983）、建国饭店（美国陈宣远事务所，1982）和南京金陵饭店（香港巴马丹拿设计公司，1983，图9）的成功，为境外建筑师在中国大规模参与建筑创作实践打下了坚实的基础。20世纪90年代，上海浦东新区的开发，从规划到单体建筑的建设大多组织国际设

计竞赛，国际上著名建筑师开始频繁出现在中国建设现场。1994年美国SOM事务所在上海金茂大厦国际设计竞赛中标，这座摩天楼传承古代密檐塔的优雅造型触动了中国建筑界，揭开了一场关于全球化和民族性的讨论。

境外建筑师真正对本土建筑设计和社会文化观念产生强烈冲击始于1998年国家大剧院的国际设计竞赛（图10）。这是外国建筑师第一次在国家投资的重要公共建筑中获得设计权。"此前，重要的国家性建筑都是由本土建筑师设计并建造的，国家大剧院方案竞赛标志着国家对外来建筑师进入北京态度的重要转变。"[8] 保罗·安德鲁在北京最核心地带放入了一个"超现实的大蛋"，触发了从建筑界、知识界到普通民众的激烈争论，以至于49名院士、160多位著名专家联名上书国务院，要求重新论证设计方案[9]。赞赏者称之为"不同而和的创新佳作，令人想到的是未来而不是过去"[10]，批评者则斥之为"妖魔鬼怪建筑"，批评其"贪大、求洋、浪费国家资源、毫无中国特色"[11]。

自国家大剧院项目以后，特别是2002年中国加入世界贸易组织后，在建筑设计咨询业的对外承诺上，为外国建筑师进入中国建筑市场提供了保证。在此基础上，境外建筑师进入中国的方式、广度和深度较之以前有了质的不同。迅猛的城市化和如火如荼的建筑市场使得中国真正成为世界的建筑中心；急于同国际接轨的心态也使得各地的城市建设热衷搞国际招标，很多重大项目甚至要求国内规

8 李冰. 1978年以来外来建筑师在北京建筑的相关研究 [J]. 时代建筑, 2005（1）.
9 李姝采. 由国家大剧院引发的思考 [J]. 城市环境设计, 2004（4）.
10 吴焕加. 我投一张赞成票 [J]. 南方建筑, 2002（2）.
11 彭培根. 批判"妖魔鬼怪建筑" [EB/OL]. (2009-02-27) .http://abbs.com.cn.

图 10　国家大剧院（[法]安德鲁等）

图 13　首都机场 T3 航站楼（[英]诺曼·福斯特等）

图 9　金陵饭店　（香港巴马丹拿设计公司）

图 11　国家体育场（[瑞士]德·梅隆、赫尔佐格、李兴钢等）

图 12　中央电视台新大楼（[荷]库哈斯等）

图 14　中国国家博物馆（[德]GMP 建筑师事务所）

划设计单位必须与境外公司合作方能参加；许多国外设计公司和事务所在中国设立常驻机构；国外明星建筑师频繁在国家和地方的标志性重点项目中取得设计权。

继国家大剧院之后，北京的一系列"超级建筑"，包括国家体育场"鸟巢"（图 11）、中央电视台新大楼（图12）、首都机场 T3 航站楼（图 13）、中国国家博物馆（图14）等，无一不是由境外建筑师主持设计。先锋的设计理念、新奇的建筑形态、富有挑战性的技术应用使得北京在短时间内云集了多元、前卫的设计思想，成为世界建筑文化的焦点。一时间，人们惊呼中国成为全世界建筑师的"设计实验场"[12]。然而在这些由国家投资、在一定程度上代表国家形象的建筑项目中，中国本土文化从精神到物形，却整体缺失了。

对于境外建筑师大举进入中国的现象，国内建筑师在面临巨大压力的同时，也有着自己的思考。积极肯定的一方认为："国外建筑师进入中国，给国内建筑设计领域带来了新的文化和交流机遇，促进了国内建筑师的眼界和设计水平的提高。"[13]质疑者认为："国外建筑师的那些创新作品会模糊中国建筑文化的走向，甚至把中国建筑文化引向歧途。"[14]对此，北京市建筑设计研究院院长朱小地认为："仅仅依靠少数明星式建筑来提高我们国家的建筑设计水平是不现实的，一味的国际招标有其不合理的一

面。"[15]马国馨院士指出："中国建筑师应当成为创造中国现代建筑文化的主体。"[16]吴良镛院士高屋建瓴地指出："在全球化进程中，学习吸取先进的科学技术，创造全球优秀文化的同时，对本土文化更要有一种文化自觉的意识、文化自尊的态度、文化自强的精神。"[17]

3　住宅商品化机制下建筑文化呈现

20 世纪 90 年代以来，中国社会全面进入商品社会。住宅的商品化极大地刺激了国内的需求，促进了房地产业和土地经济的爆炸性发展。一方面，国人对不动产的热衷和大量存在的住宅需求使得近 20 年来中国经历了前所未有的住宅建设狂潮；另一方面，大量拔地而起的住宅作为城市的形态基底，最大程度地改变着城市的面貌。现今讨论较多的"千城一面"现象在很大程度归因于住宅区的规划和住宅建筑的形态。

建筑作为一个与普通民众生活密切相关的领域，其发展是与社会经济发展状况及大众的文化审美密不可分的，这在商品住宅上体现得尤为突出。住宅商品化以来最令人关注的现象是遍及大江南北、风靡全国的"欧陆风格"和

12 吴良镛 . 最尖锐的矛盾与最优越的机遇———中国建筑发展寄语 [J] . 中国工程科学，2004，6（2）.
13 崔恺 . 中国建筑师 VS 境外建筑师 [J] . 城市环境设计，2004（4）.
14 刘炜茗 . 国外建筑师给中国带来什么 [N] . 南方都市报，2005-04-29.
15 朱小地 . 对话朱小地 [J] . 城市环境设计，2010（12）.
16 马国馨 . 创作中国现代建筑文化是中国建筑师的责任 [J] . 建筑学报，2002（1）.
17 吴良镛 . 基本理念·地域文化·时代模式———对中国建筑发展道路的探索 [J] . 建筑学报，2002（2）.

近几年开始流行的"新中国风"。"这不仅仅是一种建筑现象,从更深的层次上来看,确实是一种社会现象"[18],程泰宁院士如是说。这两种现象都跟社会的发展以及大众的意识形态相关。

改革开放后,一部分人先富起来,产生了一批"先富阶层";同时,随着住宅商品化改革,"先富阶层"成为中国的"房产阶层"。他们在经济上是城市中产阶级的雏形,然而他们的文化取向和审美心理却是混乱和盲目的。当计划经济体制下的公共住宅不再适合他们的要求时,西洋古典建筑貌似高贵、豪华的样式成为他们乐于接受的形象,尽管虚假、华美的外形并不能提高居住的质量,然而"欧陆风格"还是成为趋之若鹜的身份象征。"面对令人炫目的西方花花世界,许多人失去了识别和判断能力,在叹服西方发达物质生活的同时,也将西方的生活模式当做新的潮流和时尚。"[19]一时间,所谓"欧陆风格"在各地蔓延,很多楼盘的称谓也被冠以欧美城市的洋名,例如"罗马花园""威尼斯水城""维也纳风情"等(图15,图16)。尽管,一些建筑师对这种布景般虚浮的形式并不以为然,然而才刚摆脱温饱之困的社会,其文化的贫乏和审美的饥不择食却是不争的事实。"欧陆风格"是畸形的社会文化的产物。

继"欧陆风格"之后,进入21世纪,中国的建筑市场尤其是住宅开发的风向又有转向传统文化和本土根脉的趋向。近些年来,有关中式住宅的话题逐渐成为建筑界和媒体讨论的热门,大江南北开始大量出现以中国元素为主导的住宅楼盘,形成一股"新中国风"(图17~图19),诸如北京的"观唐""易郡",深圳的万科"第五园",上海的"证大九间堂"、朱家角九间堂,成都的"芙蓉古城",广州的"清华坊",南京的"中国人家",苏州的"寒舍""天一墅",杭州的"颐景山庄"等。这些带有明显"中式符号"的项目以星火燎原之势将中式生活变成流行趋势,力图将中国传统建筑设计理念与现代生活的品质相融合。中式住宅的流行,在某种程度上表明,当经济发展到一定程度,社会的文化心理和审美取向需要回归本民族自身的文化根源,确立文化识别感。尽管中式住宅仍然无法摆脱消费社会的虚像,然而这毕竟表明了文化自信心的部分恢复,是中国建筑发展经历了相当长的文化迷津之后对本土文化的自发诉求。

从"欧陆风格"到"新中国风",反映了社会文化心理的转变和民族认同感的增强。然而它们都是在样式层面对建筑文化的浅表诠释,远没有达到对建筑文化的全面认识和深刻理解。程泰宁院士指出:"与西方发达国家相比,中国社会的整体文化素养不高,特别是对建筑文化缺乏足够了解,是中国现代建筑发展的阻碍。中国建筑的发展最终取决于中国社会的发展,加强和扩大全社会对建筑的认识和理解,是一个极其重要的问题。"[20]

4 建筑文化在形式层面的风格化体现

正如前文所说,"欧陆风格"和"新中国风"都是建筑文化在形式层面的风格化体现。关于这一点,过去也曾有过种种提法:例如"中国固有式"、"创造中国的社会主义新风格"、"民族化"、"乡土化"[21]等等。一直以来人们都习惯于在形式层面上寻求和理解建筑的文化特性,样式成为建筑文化的直接表征。然而如果止于样式,那么对于文化的理解就会停留于浅表,较难触及建筑文化中由多个维度在结构关联中共同构成的复杂而明晰的内质,容易步入误区。

20世纪80年代末开始、90年代在北京盛行的"夺回古都风貌"的"夺"式建筑就是一个很好的例证,高楼大厦上加上小亭子,不但没有增添文化内涵、"夺"回古都风貌,反而显得不伦不类,肤浅拙劣,引起业内人士与民众的尖锐批评(图20)。周庆琳直呼"'夺'式建筑可以休矣"[22],英若聪先生更是指出了"夺回古都风貌"这句口号"不通,不能同,也不对",指出创新才是唯一出路[23]。

更有甚者,一些项目设计不顾类型特征和建筑的造型规律,直接模仿错误的建筑对象、器物甚至人物形象,恶俗荒诞,如模仿美国国会大厦的南京雨花区政府大楼、直接以福禄寿三星造型的北京天子大酒店(图21)、五粮液酒厂的酒瓶大厦、以铜钱为立面造型的沈阳方圆大厦等。

18 程泰宁. 折射与导向 [J]. 建筑与社会,1999(7).
19 赵祥. "欧陆风格"与建筑师的责任 [J]. 中外建筑,2002(2).
20 程泰宁. 建筑的社会性与文化性 [M]// 程泰宁文集. 武汉:华中科技大学出版社,2011.
21 郝曙光. 当代中国建筑思潮研究 [M]. 北京:中国建筑工业出版社,2010.
22 周庆琳. "夺"式建筑可以休矣 [J]. 建筑学报,1996(2).
23 英若聪. 古都风貌今难在 [J]. 北京观察,1994(1).

图 15　南京威尼斯水城（中国建筑东南设计院）　图 16　上海达安圣芭芭花园（加拿大 KFS 国际建筑师事务所）　图 17　深圳万科第五园（[澳]柏涛建筑设计有限公司）　图 18　朱家角九间堂西苑（加拿大 CPC 公司）

图 19　上海证大九间堂（严迅奇、俞挺等）　图 20　北京西客站（北京市建筑设计研究院）　图 21　北京天子大酒店（北京林业大学园林规划建筑设计院深圳分院）

看到这些建筑的出现，我们只能痛心建筑文化的沦落、审美标准的丧失和社会价值取向的混乱。

形式的确是建筑文化最为直接的表达载体，富有生命力的形态最终不能凭借复制和模仿，而应来自于创新，来自于对形式背后内在法则的揭示。张锦秋院士的建筑创作就根植于传统文化，着力于传承、转化与创新的优秀体证。以陕西历史博物馆、"三唐工程"及黄帝陵祭祀大殿为代表的一系列优秀作品，在形式风格和内在气韵上体现出雍容飘逸、遒劲有力的盛唐风度。然而，这些作品的价值绝不仅仅停留于形式创造，更多地体现在建构逻辑和审美意识的传承与结合。张锦秋先生曾经这样总结自己的创作："在现代化与传统的关系上，我力求寻找其结合点，不仅着手于传统艺术形式与现代功能、技术相结合，更着眼于传统建筑逻辑与现代建筑逻辑的结合，传统审美意识与现代审美意识的结合。在反映传统建筑文化上，我主张对古典建筑的艺术特征采用高度概括的手法，可省略、可夸张、可改造，亦可虚构。但绝不作违反建筑逻辑的'变形'。在建筑空间环境的创造上，我追求景观与意境的统一，神形兼备、情貌相融，力求做到雅俗共赏——也可以称之为建筑空间环境的可视性与可思性的结合。"[24]（图 22，图 23）

在谈及传统文化的继承与发展时，程泰宁院士指出，传统建筑文化中包含有"形、意、理"三个层次，借鉴和吸收传统文化的精髓，除了要在形式层面上做文章，更应该注重对意境、空间和哲理的探索。要研究世代发展中形

成的生活方式和传统习俗，学习凝聚了当地人们与自然相处的心理经验和地方智慧，找寻和提取那些建立在文化、生活方式和形式的连续性基础之上，具有普遍性和持久性的内在结构。它是形式的原型，是传承的基础和创新的模式；它超越了固定、程式化的样式风格，包含着变化和发展，是历史辩证连续和演进的框架。如此，建筑文化的承载才能摆脱虚浮的布景，呈现更为内在和深刻的结构，具有持续而旺盛的生命力。

5　中国建筑本土文化的自觉追求

改革开放 30 多年来，中国在城市化发展与建筑设计上的进步是举世瞩目的，中国已经从一个百废待兴的落后穷国，成一个繁荣富强的新兴大国。随着政治、经济、文化、社会领域的开放程度进一步提高，特别是中国加入 WTO 以后，中国建筑设计行业的开放度不断提升。巨大的建筑市场、众多国际建筑师的深度参与，使得中国成为全球建筑设计的中心。进入新世纪后，我国城市化进程之快前所未有，重大建筑工程数量之多、规模之大前所未有[25]，动辄几十万甚至上百万平方米的超级建筑并不鲜见。面广量大的城市建设推动着建筑设计和技术的快速进步，建筑创作全面活跃，呈现出多元共存的繁荣景象。"建国 60 年来没有哪个时期像这 10 年一样集

24 张锦秋. 城市文化孕育着建筑文化 [J]. 建筑学报，1988（9）.
25 在庆祝建国 60 周年中国建筑学会建筑创作大奖的评选中，300 项获奖作品中有 157 项是这 10 年完成的，在申报和提名的 800 件作品中，这个比例超过一半，足以说明这 10 年建筑创作之繁荣，成果之丰硕。

图 22　陕西历史博物馆（张锦秋等）　　　　　　　图 23　黄帝陵祭祀大殿（张锦秋等）

中推出这么多重大的、有国际影响的、有历史意义的标志性建筑。"[26]

开放的市场带来开放的视野和开放的心态，无论是同台竞技还是学术交流，中国建筑创作的语境已不再封闭，而是主动、自觉地置于全球视野中去比较、讨论和思考。在信息社会下，在频繁的国际交流中，中国的建筑创作已不再与世界隔离。在吸引众多国际建筑师参与国内建造的同时，中国建筑师也开始以自信的姿态走出去，在各种国际学术场合中展示自己的观点。经统计，从 1996 至 2009 年的 14 年间，中国当代建筑在海外参加的大大小小的各类展览共 89 个[27]，其中最为重要的展览有以下几个。

2001 年著名的德国建筑画廊 Aedes East Gallery 举办了"土木——中国青年建筑师作品展"，这次展览是中国当代青年建筑师首次在国外著名艺术中心的集体亮相，具有重要的意义（图 24，图 25）。策展人 Eduard Kogel 和 Ulf Meyer 这样评价这次展览："这次展览标志着中国青年建筑师的新的观念和美学意味，已经进入当代建筑文化讨论的视野。"[28]

2003 年在法国巴黎蓬皮杜艺术中心举办"间——中国当代艺术展"。在该次展览中，中国当代建筑被作为一门艺术形式首次与绘画、摄影、装置、雕塑、录像、声音、电影一起同台展出，作为策展人之一的中国美术学院院长许江教授谈到这次展览说道："这是一次史无前例的最高规格的中国当代艺术集中展示。巴黎蓬皮杜艺术中心是法国乃至西方现代艺术中心的象征，这次是它在历史上第一次举办中国艺术展，也是中国当代艺术在法国乃至国际上规模最大的一次展示，它标志着中国当代艺术正在成为中国文化的新名片。"[29]（图 26，图 27）

另外一个重要的展览则是威尼斯建筑双年展，自张永和于 1999 年首次参与威尼斯建筑双年展的在线展览以来，中国建筑师几乎成为每期的常客，2006 年中国首次以国家馆的形式参加展览，王澍的作品"瓦园"迅速引起了国际同行的关注（图 28）。

其他重要的展览还有 2006 年在荷兰举办"中国当代建筑展"，2009 年在法兰克福市德国建筑博物馆举办"当代中国建筑图片展"，2009 年在布鲁塞尔举办的"心造——中国当代建筑的前沿"建筑展，2010 年在巴黎中国文化中心举办"中国建筑文化展"，2011 年在罗马的 21 世纪国立当代艺术博物馆举办"向东方——中国现代建筑景观展"，2011 年在捷克举办"中国当代建筑设计展"，2012 年在英国伦敦建筑中心举办"从北京到伦敦：当代中国建筑展"。

中国建筑师在频繁的国际化交流中更好地认识了自己世界，更全面、准确地认识了现代性与地域性，全球化与本土化的矛盾统一。一批具有国际化视野的建筑师群体（张永和、刘家琨、王澍、马清运、张雷、艾未未、马岩松、大舍、朱锫等）将中国建筑的现代性探索与本土化坚守推向了一个新的高度，并顽强地拒绝被商业化大潮淹没，使中国建筑的本土探索获得相对的独立品格和广泛的国际认同。中国建筑学者和建筑师在国际舞台上展示出前所未有的活力，不仅有张永和和马清运相继执掌美国著名大学建筑系，马岩松和朱锫开始赢得国外的重要建筑项目，张永和、王澍、刘家琨、李晓东等还获得国际上多项重要奖项（图 29～图 31）。

26 崔愷 . 1999—2009 中国建筑创作回顾 [J] . 建筑学报，2009（9）.
27 秦蕾，杨帆 . 中国当代建筑在海外的展览 [J] . 时代建筑，2010（1）.
28 转引自：秦蕾，杨帆，中国当代建筑在海外的展览 [J] . 时代建筑，2010（1）.
29 中法文化年鸣锣，中国艺术走进"蓬皮杜"[N] . 浙江日报，2003-07-11.

图24　"土木展览"画册封面　　图25　张永和参展作品（青岛国际会议　图26　"间——中国当代艺术展"画册　图27　刘家琨参展作品（鹿野苑时刻艺中心）　　　　　　　　　　封面　　　　　　　　　　　　术博物馆）

图28　第十届威尼斯建筑双年展参展作　图29　二分宅（张永和）　　　　图30　鹿野苑石刻艺术博物馆（刘家琨）图31　丽江玉湖完小（李晓东等）品：瓦园（王澍）

更重要的是，一大批具有国际视野的青年建筑师成长起来了，给中国建筑带来了一种全面的新气象。他们中的很多人都有国际化的学习和实践背景，对于中国当代建筑在世界建筑发展进程中的纵横坐标定位有着较前辈更为清晰、准确的认识，因而对本土文化的理解也更为深刻和理性。从他们的作品中能够明显地感受到一种活力，这种活力跨越了东方与西方的壁垒，也模糊了传统与现代的界限。他们的作品形式各异，体现着原创性的设计思想，诠释了多元文化的魅力。但是他们都有一个共同的特征，那就是更加自觉地审视传统，关注本土，从建筑本体中寻求创作的文化根基（图32，图33）。

刘家琨认为本土设计就是在"此时此地"的情况下"处理现实"。他指出："如何直面现实，积极应付，尽可能地使有利的条件和不利的因素最终成为设计的依据和资源，好的设计就是对这些资源的创造性利用。"[30]

李晓东在谈到中国建筑的发展方向时说道："未来建筑肯定会往根上走，中国的建筑一定要根植于本土。"[31]他认为："应该试图从现代的问题出发寻找现代的经典，而不是去刻意地思考究竟答案是什么，把现在的问题反复研究透了，那么答案一定是本土化的，因为问题是本土化的。"[32]

朱锫在谈及什么是"中国内核"时谈到："今天所做的事不是为了传统，而是要解决今天的问题，从建筑史角度看，从全球角度看，真正会被纳入传统的都是当时最前沿的文明，这种文明直接针对这个时代的生活、这个时代的文化、这个时代对未来的想象能力和憧憬。我们今天做的，就是构筑未来的传统。"[33]

崔愷院士为他"本土设计"的立场做了这样的总结："本土设计的核心意思是设计要以自然和人文环境资源沃土为本，强调立足本土的设计原则。我认为这既是一种自信，坚定了探讨有中国特色的社会主义新建筑的信念；也是一种策略，立足本土的建筑创作，将使其特色重新奠定中国建筑在国际上应有的地位；更是一种文化的价值观，是对中国和谐社会的理念在建筑当中的具体体现。它需要的是一种本土文化的自觉，反对全球化背景下的文化虚荣性；它提倡的是对人居环境的长久责任，反对急功近利；它主张的是立足本土文化的创新，反对故步自封；它追求的是保持和延续不同领域的建筑特色，反对千篇一律的雷同和平庸。"[34]

在更为开放、理性和自信的环境中，中国建筑的本土实践在最近取得了令世人瞩目的标志性成就。

2012年2月吴良镛先生获颁2011年度国家最高科

30 刘家琨．关于我的工作 [J]．建筑与文化，2007（5）．
31 李晓东，罗劲．从容做建筑——访著名青年建筑师李晓东 [J]．中外建筑，2008（2）．
32 李晓东，张烨，周政旭．反思本土化——李晓东访谈 [J]．城市环境设计，2008（4）．
33 朱锫．在"建筑影响中国——寻找中国内核"论坛上的讲话 [J]．安家，2008（10）．
34 崔愷．"发展和繁荣中国建筑文化"座谈会上的讲话 [J]．建筑学报，2012（2）．

图32 高黎贡手工造纸博物馆（华黎等）

图33 南山婚姻登记中心（都市实践）

学技术奖，这是国家首次把代表科技界的最高荣誉授予一位建筑学家、规划学家和人居环境学家。吴良镛先生所倡导的"人居环境科学"，以有序空间和宜居环境为目标，通过整体论方法，建立起一套以人居环境建设为核心的空间规划设计方法和实践模式。挣脱了传统学科间的禁锢，以更科学、更开阔、更综合、更全面的视角重新审视我们的居住环境问题，特别是从多学科、多领域的视角来看待城市规划与建设问题，突破了原来单一学科的局限性，为我们更系统、更有效地解决城市化和城市建设过程中所遇到的种种问题提供了思路。身为中国建筑与城市规划业界仰之弥高的学术泰斗，吴良镛先生的此次获奖对整个建筑学科来说，也具有里程碑式的重大意义，说明了吴良镛先生致力倡导的"人居环境科学"得到科学界和全社会的广泛关注和认同，也表现了国家对城市发展、建筑事业和环境科学的重视。

2012年5月王澍获得素有建筑界的诺贝尔奖之称的普利兹克奖，成为中国建筑界的另外一件具有历史意义的事件。它使得中国建筑师的实践成为国际建筑学术界关注的前沿焦点。

普利兹克先生表示："这是具有划时代意义的一步，评委会决定将奖项授予一名中国建筑师，这标志着中国在建筑理想发展方面将要发挥的作用得到了世界的认可。此外，未来几十年中国城市化建设的成功对中国乃至世界，都将非常重要。中国的城市化发展，如同世界各国的城市化一样，要能与当地的需求和文化相融合。中国在城市规划和设计方面正面临前所未有的机遇，一方面要与中国悠久而独特的传统保持和谐，另一方面也要与可持续发展的需求相一致。"[35]

普利兹克奖的执行董事玛莎在接受采访时说到，借这个奖项"希望鼓励建筑师寻找自己的路，并且认识到建筑设计并不只是遵循西方模式或者不断追求高精尖的标志性建筑物。建筑设计的最终落脚点是关于人的实践，希望更多建筑师了解到设计活动其实是很长的一段文化和环境中的一个部分。"[36]

普利兹克建筑奖评委会对王澍的实践给予了这样的评审辞："讨论过去与现在之间的适当关系是一个当今关键的问题，因为中国当今的城市化进程正在引发一场关于建筑应当基于传统还是只应面向未来的讨论。正如所有伟大的建筑一样，王澍的作品能够超越争论，并演化成扎根于其历史背景、永不过时甚至具有世界性的建筑。"[37]（图34，图35）

王澍的获奖使更多的人停下盲目追随国际潮流的步伐，重新审视自己的文化传统，重新思考和发掘本土建筑文化的意义和精髓，找到属于中国自己的建筑文化之魂。

2012年9月程泰宁院士在杭州举办了"筑境·山水间——程泰宁建筑作品展暨筑境建筑十周年展"和中国当代建筑创作论坛，数十位全国知名建筑专家齐聚一堂，共同探讨中国建筑创作的道路。程泰宁院士提出："价值判断与评价标准的同质化、西方化是建筑创新的思想障碍"，"文化的自觉、自信，是建筑创新的前提"，并强调中国建筑师要"立足自己，在跨文化对话的基础上实现中国现代建筑的创新"，得到了参会专家的集体共鸣。会上同时指出，"东西方文化正在重构，并有相辅相成、互补共生的趋势，我们只有在这样一个文化大背景下思考中国现代建筑的现状和未来发展，才有可能走出价值取向同质化、西方化的怪圈，使我们有一个更为开阔的视野，从而建立

35 http://www.pritzkerprize.cn
36 李武英．主流、非主流都是春天——吴良镛和王澍获奖的启示 [J]．时代建筑，2012（3）．
37 http://www.pritzkerprize.cn

图34　文正学院图书馆（建筑师：王澍）　图35　宁波博物馆（建筑师：王澍、陆文宇等）　图36　筑境·山水间——程泰宁建筑作品展开幕现场　图37　当代中国建筑创作现状及发展评析论坛现场

对自己文化的自觉和自信，这是中国现代建筑创新的思想基础。"[38]（图36，图37）

　　世界文化的动态、多元发展，是历史证明的客观规律。每个地区的建筑只有根植本土，才不会迷失自我、丧失根本。在吸收传统文化精华、融汇世界文明成果的基础上，关注建筑本体，增强原创能力，创造在世界维度和历史进程中的当代中国建筑文化，是新时期赋予我们的历史使命。

6　结语

　　30年转型期，中国建筑与中国社会一样经历了如凤凰涅槃般的巨变。建筑市场由零星、小规模恢复性建设到成为世界城市化的中心和焦点，对全球的人口发展、环境变化产生至关重要的影响；建筑设计行业由单一的国内建筑师和国有设计院发展到全球建筑师同台竞技、各种设计理念和管理模式并存共生的繁荣局面；建筑设计由刚从封闭环境中走出，亦步亦趋的学习发展到赢得全世界的关注和尊重；建筑师的文化心理和职业状态由闭锁困惑到自信开放……这期间，几代中国建筑师对逐渐融入全球语境中的建筑文化进行了深入的思考和卓有成效的实践探索。以下几点对建筑的未来发展具有重要启示：

　　（1）人类社会的现代化与全球化发展不应以消耗地方文化为代价，建筑学的职业意义是以创造性的设计联系历史和将来；现代建筑的地区化、乡土建筑的现代化，推动世界和地区的进步与丰富多彩。

　　（2）建筑文化与社会的意识形态、政治和经济发展紧密相关，然而建筑学的自身规律不应因此而妥协。只有回归建筑本体，才能认清建筑文化的本真问题，建筑文化才能得到健康发展。

　　（3）形式是建筑文化最直接的载体，但是建筑文化的意义不止于样式风格，对其的认识和理解应该超越表层形态，

触及由多个维度在结构关联中共同构成的复杂而明晰的内质。

　　（4）建筑文化来源于以特殊性为价值本体的地域传统，在全球化时代也包含着更为广泛的涉及人类文明和地球环境的普世价值。只有通过世界性的视野才能认清地域性的本质；只有融合技术进步，适应人类星球的可持续发展，建筑文化才能焕发出持续而旺盛的生命力。

参考文献

著作类：

1.邹德侬，戴路，张向炜.中国现代建筑史[M].北京：中国建筑工业出版社，2010.

2.潘谷西.中国建筑史[M].北京：中国建筑工业出版社，2009.

3.邹德侬.中国现代建筑论集[M].北京：机械工业出版社，2003.

4.《建筑创作》杂志社.建筑中国六十年：人物卷[M].天津：天津大学出版社，2009.

5.《建筑创作》杂志社.建筑中国六十年：事件卷[M].天津：天津大学出版社，2009.

6.《建筑创作》杂志社.建筑中国六十年：评论卷[M].天津：天津大学出版社，2009.

7.《建筑创作》杂志社.建筑中国六十年：作品卷[M].天津：天津大学出版社，2009.

8.余卓群，龙彬.中国建筑创作概论[M].武汉：湖北教育出版社，2002.

9.邓庆坦.中国近、现代建筑历史整合研究论纲[M].北京：中国建筑工业出版社，2008.

10.张钦楠，张祖刚.现代中国建筑文脉下的建筑理论[M].北京：中国建筑工业出版社2008.

11.吴良镛.广义建筑学[M].北京：清华大学出版社，1989.

12.张钦楠.特色取胜[M].北京：机械工业出版社，2005.

---

38 程泰宁."筑境·山水间——程泰宁建筑作品展暨筑境建筑十周年展"上的演讲内容

13. 赖德霖 . 中国近代建筑史研究 [M] . 北京 : 清华大学出版社，2007.

14. 王晓 . 新中国风建筑设计导则 [M] . 北京 : 中国电力出版社，2008.

15. 程泰宁 . 程泰宁文集 [M] . 武汉 : 华中科技大学出版社，2011.

16. 张彤 . 整体地区建筑 [M] . 南京 : 东南大学出版社，2003.

17. 郝曙光 . 当代中国建筑思潮研究 [M] . 北京 : 中国建筑工业出版社，2010.

论文类：

1. 吴良镛 . 论中国建筑文化研究与创造历史的任务 [J] . 建筑学报，2003（1）.

2. 吴良镛 . 世界建筑师大会，北京纲要 [J] ，1999（7）.

3. 程泰宁 . 地域性与建筑文化——江南建筑地域特色的延续与发展 [C] // 现代建筑传统国际学术研讨会论文集 . 北京，1998.

4. 何镜堂 . 建筑要体现地域性、文化性、时代性 [J] ，1996（3）.

5. 程泰宁 . 立足此时 立足此地 立足自己 [J] ，建筑学报，1986（3）.

6. 刘家琨 . 我在西部做设计 [J] . 时代建筑，2006（4）.

7. 李姝采 . 由国家大剧院引发的思考 [J] . 城市环境设计，2004（4）.

8. 吴焕加 . 我投一张赞成票 [J] . 南方建筑，2002（2）.

9. 彭培根 . 批判 "妖魔鬼怪建筑" [EB/OL]. （2009-02）. http://abbs.com.cn.

10. 薛求理 . 建筑设计的全球化 [J] . 时代建筑，2005（3）.

11. 薛求理 . 输入外国建筑设计 30 年 [J] . 建筑学报，2009（5）.

12. 崔愷 . 中国建筑师 VS 境外建筑师 [J] . 城市环境设计，2004（4）.

13. 刘炜茗 . 国外建筑师给中国带来什么 [N] . 南方都市报，2005-04-29.

14. 朱小地 . 对话朱小地 [J] . 城市环境设计，2010（12）.

15. 马国馨 . 创作中国现代建筑文化是中国建筑师的责任 [J] . 建筑学报，2002（1）.

16. 吴良镛 . 基本理念·地域文化·时代模式——对中国建筑发展道路的探索 [J] ，建筑学报，2002（2）.

17. 赵祥 . "欧陆风格" 与建筑师的责任 [J] . 中外建筑，2002（2）.

18. 夏明 . 关于欧陆风格的思考 [J] . 建筑学报，1999（11）.

19. 吴焕加 . 关于建筑中的 "欧陆风" [J] ，建筑创作，2000（4）.

20. 程泰宁 . 建筑的社会性与文化性 [M] // . 武汉 : 华中科技大学出版社，2011.

21. 周庆琳 . "夺" 式建筑可以休矣 [J] . 建筑学报，1996（2）.

22. 英若聪 . 古都风貌今难在 [J] . 北京观察，1994（1）.

23. 吴良镛 . 论中国建筑文化研究与创造历史的任务 [J] . 建筑学报，2003（1）.

24. 市明 . 贝聿铭谈建筑创作侧记 [J] . 建筑学报，1980（4）.

25. 戴念慈 . 论建筑的风格、形式、内容及其他 [J]. 建筑学报，1986（2）.

26. 张锦秋 . 城市文化孕育着建筑文化 [J]. 建筑学报，1988（9）.

27. 马国馨 . 创作中国现代建筑文化是中国建筑师的责任 [J] . 建筑学报，2002（1）.

28. 王天锡 . 香山饭店设计对中国建筑创作民族化的探讨 [J] . 建筑学报，1981（6）.

29. 吴良镛 . 最尖锐的矛盾与最优越的机遇——中国建筑发展寄语 [J] . 中国工程科学，2004，6（2）.

30. 郑时龄 . 全球化影响下的中国城市与建筑 [J] . 建筑学报，2003（2）.

31. 史建 . 超城市化语境中的 "非常" 十年 [J] . 建筑师，2004（2）.

32. 王澍 . 造园与造人 [J] . 建筑师，2007（4）.

33. 朱锫 . 在 "建筑影响中国——寻找中国内核" 论坛上的讲话 [J] . 安家，2008（10）.

34. 程泰宁 . 程泰宁建筑作品展暨论坛上的讲话，2011.

35. 张锦秋 . 继承发扬 探索前进 [J] . 建筑学报，1986（2）.

36. 何镜堂 . 文化传承与建筑创新 [J] . 建筑设计管理，2012（2）.

37. 程泰宁 . 在历史和未来之间的思考 [J] . 建筑学报，1989（2）.

38. 刘家琨 . 关于我的工作 [J] . 建筑与文化，2007（5）.

39. 李晓东，罗劲 . 从容做建筑——访著名青年建筑师李晓东 [J] . 中外建筑，2008（2）.

40. 李晓东，张烨，周政旭 . 反思本土化——李晓东访谈 [J] . 城市环境设计，2008（4）.

41. 朱锫 . 在 "建筑影响中国——寻找中国内核" 论坛上的讲话 [J] . 安家，2008（10）.

42. 崔愷 . "发展和繁荣中国建筑文化" 座谈会上的讲话 [J] . 建筑学报，2012（2）.

43. 李武英 . 主流、非主流都是春天——吴良镛和王澍获奖的启示 [J] . 时代建筑，2012（3）.

44. 程泰宁 . "筑境·山水间——程泰宁建筑作品展暨筑境建筑十周年展" 上的演讲内容

进入 21 世纪的中国建筑及其创作概况

Chinese Architecture in 21st Century and the Profile of Architectural Design

段　威　孙德龙　王　路

1　反思本土——震惊世界的建设速度，被世界贬损的建设品格

1.1　1978 年以来我国快速城市化的背景

1978 年后，中国打开了封闭的国门，一场前所未有的全方位改革就此拉开帷幕，并且一直持续到今天。近 30 多年来，开放的中国以迅猛的速度追赶世界的脚步，被西方媒体称为"中国速度"。改革开放，为中国的建筑实践创造了绝佳的机会。在接连登场的北京奥运会、上海世博会和广州亚运会的背景下，中国在过去的十年里成为"世界工地"，建设量与日俱增，城市的面貌发生了翻天覆地的变化。

第一次全国经济普查结果显示，到 2004 年末，我国建筑行业拥有建筑业企业、产业活动单位和个体户近 70 万个，从业人员 3270 万人，营业收入 32426 亿元。建筑行业中的主要力量是建筑业企业，全国近 13 万家建筑业企业从业人员达 2791 万人，拥有资产超过 31600 亿元，当年完成施工产值约 31000 亿元，实现利税 1830 亿元。建筑业已成为名副其实的国民经济支柱产业[1]。

值得关注的是，虽然中国这片建筑试验场上的建筑实践如火如荼，始终保有世界第一的建设量，看似一片繁荣景象，却鲜有精品出现。大量品质低下、缺乏城市文脉的建筑被建造起来，全国各地，宏大叙事与媚俗之风大行其道，不绝于眼，形成了当代中国建筑的独特景观。改革开放促进了我国在社会各个领域的发展，我们在紧追猛赶，要完善基础设施，要建新城，建住房，建剧场、博物馆、会展中心、行政中心、高新科技园等等，要与国际接轨。但是，这种无止境的快速发展隐藏着巨大危机。随着我们的城市越来越肥胖，越来越高大，我们失去了越来越多的历史城市和历史街区，大量的古建被拆毁，大批的历史街区被粗暴地解剖、整形得面目全非，许多这种凝结着先人智慧和历史文化见证的实体和空间环境就这样黄鹤一去，永不复回了。在保有世界领先的建设量和速度的同时，我国却建造出了被世界贬损的大量的建筑，值得深刻反思。

1.1.1　震惊世界的建设数量和速度

中国住房和城乡建设部负责人曾经表示，每年 20 亿平方米新建面积，让我国成为世界上每年新建建筑量最大的国家。根据国家统计局的官方数据，自北京奥运以来，全国房屋实际竣工面积呈逐年增长趋势，2010 年已经达到了 27 亿平方米（表 1）。

虽然有如此之大的建设量，但是，我国建筑的平均寿命却只能维持 25—30 年。反观发达国家，英国的建筑平均寿命达到 132 年，美国的建筑平均寿命也达到了 74 年。我国新建建筑每年消耗全世界 40% 的水泥和钢材，一座建筑动辄需要花费数千万乃至上亿元，消耗大量资源。建筑"短命"现象引人深思。英文《中国日报》在 2010 年 4 月曾经报道："每年中国消耗全球一半的钢铁和水泥用于建筑业，产生了巨大建筑废物，现在政府号召房地产开

---

1 李俊波.建筑业已成为名副其实的支柱产业，据第一次全国经济普查分析报告 [EB/OL].[2012-06-05]. http://www.mohurd.gov.cn/xytj/tjzldtyxx/gjtjjxx/200609/t20060926_160470.html.

表1 按登记注册类型分建筑业企业主要经济指标（2008—2010）

统计年	指 标	总 计	内资企业		
			合 计	国 有	集 体
2008	房屋建筑施工面积（万平方米）	530518.63	527483.77	65633.72	39247.82
	房屋建筑竣工面积（万平方米）	223591.62	222486.89	19853.24	19224.76
2009	房屋建筑施工面积（万平方米）	588593.91	584387.61	72681.00	36380.95
	房屋建筑竣工面积（万平方米）	245401.64	244180.47	21765.36	18783.17
2010	房屋建筑施工面积（万平方米）	708023.51	703729.18	84452.85	39232.12
	房屋建筑竣工面积（万平方米）	277450.22	276045.92	22076.11	18375.00

资料来源. 中华人民共和国国家统计局. 中国统计年鉴：2008，2009，2010[M/OL]. 北京：中国统计出版社，2008，2009，2010[2012-04-12]. http://www.stats. gov.cn/tjsj/ndsj/.

发企业提高建筑质量，将目前 30 年的建筑平均寿命延长至 100 年。"[2] 当前中国快速建设的境况已经得到了党和国家相关部分的重视，并应根据城市发展一般规律进行科学研究和判断。

1.1.2 差强人意的建设质量和品格

在改革开放后的这段历史时期里，大量的建筑被仓促建造起来，质量并不值得信任。 2009 年全国各地不断出现的"楼歪歪"、"楼脆脆"等建筑质量问题不断给社会舆论带来压力。2009 年 10 月武汉新洲区邾城街南街社区振兴里，一栋新建 6 层正在粉刷装修的楼房突然倒塌，未发现人员伤亡情况[2]。2009 年 6 月上海闵行区莲花河畔一幢 13 层在建商品楼莲花景苑，由于施工程序错误形成地基压力差，楼体整体倒塌，造成一名工人死亡，引起业界巨大震荡[2]。汶川大地震中倒塌的大量学校和居民楼更深刻地反映了住房质量亟待提高。这些个案只是冰山一角，反映的是我国大量建设下的盲目和短视，造成的后果是不堪设想的。

1.1.3 缺乏继承精神的"短视"文化

中国建筑短寿由来已久，似乎倒并非当今所特有。中国虽有五千年的悠久历史，千年以上的古迹却大都只能从地下去找。现存的五百年以上的建筑就已经凤毛麟角，难见踪影。绝大多数所谓古建，悠久的都是历史，而建筑却

是新的——原址重建的，留下的只有一个称呼。中国几千年来的朝代更迭中，类似火烧阿房宫的"壮举"经常发生。而类似满清入关，修缮并继续沿用明代故宫的做法却罕见。"无论是未央宫还是大明宫，这些辉煌建筑对于今天的我们，都早已化做一个古老的传说，往往连残垣断壁都不复存在。"[3]这种"短视"文化演变到今天，就表现成一种推倒重来、大拆大建的发展思路。

如今的不少官员，他们上任后往往热衷于勾画自己的宏伟蓝图，前任的建设成果则往往视而不见。他们惯用的想法是，与其在前任烂摊子上修修补补，还不如直接推倒了重来。有这种缺乏继承的"短视"基因作怪，不到十年的大楼就推倒重建也就不足为怪了。官员的这种行为取向，可以追溯到新中国成立早期"大跃进"中的种种思潮。

二战后的中国几乎与之前的历史完全隔绝，一切的道德和约束都在瓦解和重建，而解放后早期的中国又经历了许多磨难，特殊历史时期生长出的一些思潮深深地影响了当代的中国，有些甚至到今天还根深蒂固。在这些深重的磨难中，"大跃进"对当代中国的影响是最深远的。1958年 5 月召开的中共八大二次会议通过了"鼓足干劲，力争上游，多快好省地建设社会主义"的总路线，"大跃进"运动从此在全国范围内从各方面开展起来，主要标志是片面追求工农业生产和建设的高速度。"大跃进"时期形成的官僚文化，强硬的行政手段，不顾一般经济规律的"浮

---

2 住建部称中国建筑平均寿命仅 30 年 年产数亿垃圾 [N/OL]. 中国日报，2010-04-06[2012-04-07].
　http://discover.news.163.com/10/0406/10/63J2DHNG000125LI.html.
3 拆迁卖地利益驱动令"青壮年"建筑"非正常死亡" [N/OL]. 人民日报，2010-11-01[2012-04-08].
　http://discover.news.163.com/10/1101/09/6KD52JCQ000125LI.html.

夸"之风在往后的历史进程中一直影响着中国官员的思维方式，今天中国"宏大叙事"的建筑实践与之有着深层关联。

1.1.4 脱离语境的建筑创作

为了眼前的利益，不考虑持续发展，崇尚大规模的改造，盲目崇洋媚外，要去旧迎新，甚至改天换地，这是中国人现有的勇气，在某种程度上说，像传说中的独眼怪兽，缺乏一种广角的思维。我们好像只有一根筋，越来越紧密地被单一的全球化文明所链接，信奉的是一种抽象的以经济发展为主导的技术进步的理念，而失落了对灵魂深处内心世界、情感世界的追求，和对生存环境真实的历史感的呵护和爱心。我们看到建筑被无情地抽离出它赖以生存的环境，被作为一个个物体随意捏拿，像龙像凤，建筑成了要装扮的糕点；我们看到建筑的产生是一个个物体形态和规模的竞赛，比高比大比快速建造，要 50 年不落后，而粗糙的建造却让它一两年后就不堪入目；欧陆风情和复古风并存，脱离了国情，脱离了当代生活，建筑在异化。

1.2 中国特色的"短命建筑"

从 2000 年北京获得 2008 年奥运会主办权开始，中国就开始了史无前例的大规模建设运动，这场运动一直持续至今。"北京极力向世界呈现着一系列令人叹为观止的建筑。"[4] 国家体育场、国家游泳馆、中央电视台新大楼总部，当然也包括前文提到的国家大剧院。政府确信这些建筑奇观可以改变世界对这个东方古国的看法，并随着奥运会这场盛事而传播。"这是一场建筑学的胜利，无法复制和比拟。"[5] 上海世博会刚刚落下帷幕，广州亚运会又拉开序幕，"你方唱罢我登场"的建筑学盛宴在可以预见的未来将在中国继续下去。与此同时，一幢幢建筑却在中国"非正常死亡"，"短命建筑"层出不穷。投资 2.5 亿兴建的沈阳五里河体育场在 2007 年 2 月 12 日拆除，与之命运类似的还有湖北首义体育培训中心综合训练馆、重庆永川市会展中心等。这一拆一建之间，背后的动因与诉求值得反思。下文为典型的中国"短命"建筑[6]。

1.2.1 中国"短命建筑"调查

（1）沈阳五里河体育场[7]

楼龄：18 年。拆除时间：2007 年 2 月 12 日。投资 2.5 亿兴建的沈阳五里河体育场素有"中国足球福地"之称。2001 年 10 月 7 日，五里河体育场见证了中国男足挺进世界杯决赛圈的历史时刻。2003 年，沈阳市申办 2008 年奥运会足球赛获批，市政府放弃改建计划，将仅仅使用了 18 年的五里河体育场拆除，并以 16 亿的价格将地块拍卖，投资 19 亿元新建一座奥林匹克中心。

（2）武汉的首义体育培训中心综合训练馆

楼龄：10 年。拆除时间：2009 年 6 月 16 日。武汉的首义体育培训中心综合训练馆建成后，使用 10 年，为湖北培养了大量体育人才。在后期的使用中，由于位置特殊，占据了重要的城市规划地块，让位于武汉耗资 200 亿打造的辛亥革命百年纪念计划。爆破拆除前，这里体育设施还相当完备，馆内还不断地更新设备。

（3）渝西会展中心

楼龄：5 年。拆除时间：2005 年 8 月 20 日。重庆永川市地标建筑——渝西会展中心，耗资 4000 万建成，投入使用 5 年后就被拆除了。原因是，以 3000 万元收购会展中心的矿业老板决心在原址上投资修建永川市第一座五星级酒店，政府领导甚至亲临现场指挥爆破。因毗邻永川市政府所在地且设施完善，渝西会展中心此前一直是永川行政接待中心。

（4）浙江大学原湖滨校区 3 号楼

楼龄：13 年。拆除时间：2007 年 1 月 6 日。浙江大学原湖滨校区 3 号楼，曾是西湖周边最高的建筑之一。4 校合并后，浙江大学因校区土地以 24.6 亿的价格整体出让用于商业开发，浙江大学需要将出让土地范围内的所有建筑物拆除交付平整土地，建于 1991 年仅有 16 年楼龄的 3 号楼被爆破。爆破当天，众多师生蜂拥而至，见证校园既壮观又伤感的一幕。

（5）武汉外滩花园小区

楼龄：4 年。拆除时间：2002 年 3 月 30 日。武汉外滩花园小区曾经是长江边的最高住宅楼，风光一时。这一经有关部门立项、审批的住宅开发项目建成仅 4 年，被定性为"违反国家防洪法规"，在补给后被强制爆破，造成

4，6 Broudehoux A M. Images of Power: Architectures of the Integrated Spectacle at the Beijing Olympics [J]. Journal of Architectural Education, 2010，63（2）：52-62.

5 Zhu T. Cross the River by Touching the Stones: Chinese Architecture and Political Economy in the Reform Era: 1978-2008 [J]. Architectural Design, 2009，79（1）：88-93.

7 以下所有调查资料均来源于：一幢建筑的非正常"死亡" [J/OL]. 看客，2009（20）[2011-12-02]. http://news.163.com/photonew/3R710001/10997_02.html.

直接经济损失达 2 亿多元，拆除和江滩治理等方面的费用更让政府付出了数倍于其投资的代价。

1.2.2 "拆迁产业"折射出的当代中国建筑状况

伴随着城市的大规模建设，"拆迁"也成为当代中国城市建设中最受瞩目的"热词"之一。2003 年，中国城镇共拆除 1.61 亿平方米房屋，消耗了大量的水泥和钢材，均占我国 2003 年竣工房屋所需水泥和钢材的 8.9%；若按每吨水泥 300 元、每吨钢材 4000 元计算，仅仅建筑用的水泥和钢材就损失了 483 亿元；另外，按生产 1 吨水泥消耗 145 公斤原煤、生产 1 吨钢消耗 741 公斤原煤计算，则共浪费掉 1183 万吨原煤[8]。"建了十多年或几年的房子被炸掉，有的建成后还未使用就被炸掉，这些仍然能够长久使用的建筑变为废墟，无疑对资源和环境都是一场灾难"[9]，原国家文物局局长单霁翔表示。那么，为什么如此浪费公共资源的"拆迁"还会如此盛行呢？这源于地方各级政府的"一届一规划"的行政特点，新上任的政府部分一把手往往希望以新的规划开始自己任期内的蓝图，"破旧立新"往往成为每届政府的首要工作。"拆迁"折射出我国城市和建筑发展深深地受到政府行政的干预。

1.2.3 "短命建筑"，耗能耗材，抹去城市记忆

"拆迁"和其制造的"短命"建筑给城市带来的负面影响是显而易见的。首先，对城市的可持续发展造成影响，严重消耗了资源。大拆大建对城市的文脉破坏严重，割裂了历史的物质连续性。"我们现在能找到的历史悠久的建筑，全部是古人留下来的文物，建筑寿命这么短，我们怎样靠建筑来保存民族发展进步的记忆？"中国房地产协会会长刘志峰说[10]。而反观欧美等发达国家，其建筑设计使用年限同为 50 年，但平均使用寿命却长得多。如英国、法国、美国的建筑统计平均使用寿命分别为 125 年、85 年、80 年，城市里"百年老屋"随处可见。城市不是一天建成的，也不是仅仅依靠几座地标就能代表的，打着发展的旗号大肆拆除城市建筑，"重现"人文景观，这样的"发展"之路将对城市文化造成无法估量的损失，值得警惕。

1.3 发问，快速城市化背后的思考

无论是"拆迁"还是"短命"建筑，都是快速城市化的时期中国城市发展特殊历史阶段的产物。对其价值的判断有待历史的回答，但是在快速城市化时期，借由前者暴露的急功近利的文化思潮值得我们反思。为什么我们急于忘却历史，大肆摧毁历史的记忆？如何看待已经被"重写"的新的城市景观？是否还有其他的出路可循？

1.3.1 拆迁成为"产业"，城市景观被快速"重写"，为什么急于忘却历史？

前文提到了自新中国成立以来的，"大跃进"等新中国成立初期的政治文化思潮对当今政府行政意识的影响。那么如今快速"重写"城市景观的大刀阔斧的规划行为是否与之有关联呢？为什么我们那么急于忘却历史呢？笔者通过对 1978 年以来的意识形态和传媒文化的研究发现，抹去历史只是为了不断满足一种"不切实际的雄心。"具体的分析如下。

这种"不切实际"是中国式的反理性的实用主义在当代的延伸，表现在建筑实践的各个方面。"不切实际"一方面表现在浮躁的政府行为。细心观察当下的中国城市规划与建筑实践，不难发现处处都打着"世界第一"或者"中国首创"等标语。地方各级政府都绞尽脑汁地挖掘本地的历史文化，并期待找到其中的"卖点"，一旦找到便诉诸规划设计并立即实施。从令人咋舌的"西门庆"故居争夺，到曹操墓真假问题的反复纠缠，再到湖南新晃县的"夜郎古国"古城规划[11]，以上每一个新闻都反映了政府行政行为的"浮夸"。"不切实际"的另一个突出表现是漠视建筑和城市发展一般规律。中国的建筑师们在相同的时间里，工作量是世界同行们的许多倍，但是这被常常称作"中国速度"的建设运动中产生的精品数量却相对很少。今天这个强迫性控制的"政治景观"，正依靠丰富的节日形象和集体隐喻以排山倒海之势激发着中国老百姓的连锁心理反应[12]。每年的国庆节、劳动节、春节几乎都成为各省市重大项目的时间节点，为了赶在节日之前完成建设，建筑师加班，施工队赶工，一批批外表光鲜，其实问题重重地建

8 中国建筑为何短命 [EB/OL]. [2010-04-08]. http://discover.news.163.com/special/chinesearchitecture.

9，10 Broudehoux A M、Images of Power: Architectures of the Integrated Spectacle at the Beijing Olympics [J]. Journal of Architectural Education, 2010，63（2）：52-62.

11 肖婷．另一种自大 贫困县斥 50 亿建"夜郎古国"[N/OL]. 东方早报，2010-10-18[2011-12-02]. http://www.dfdaily.com/html/150/2010/10/18/526647.shtml.

12 Sizheng Fan K. Culture for Sale: Western Classical Architecture in China's Recent Building Boom[J]. Journal of Architectural Education, 2009，63（1）：64-74.

筑被匆忙建造起来。"不切实际"的政府预期不仅降低建设质量，还常常造成城市文脉的严重破坏，这样的例子很多，不再赘述。

1.3.2 已经被"重写"的城市景观是否会成为新的待"重写"的脚本？

在"不切实际"的雄心的鼓舞下，在快速城市化的背景下，城市被一片片地"重写"，但是被改造后的新"景观"是否能幸存下去呢？在政治景观主导下，建筑的使用功能已经退居其次，如何在公众面前呈现出准确的政治姿态才是最重要的。符号、指示与象征都是很好的媒介，都可以很好地传递出权力的意图。在当下的中国，往往重大的建筑工程都优先体现其背后的象征性——"国力"。国家大剧院作为当代中国的象征，是一个典型的"政治景观"。它宏大的气势、朝圣般的水下通道、富丽堂皇的装饰、35000 平方米的室外恒温水池都是国家实力和权力的象征。典型的建筑工程传递给民众一种自信和满足，将权力的"雄心"借由这些形象内化到民众的价值观之中。象征性本身对城市并没有多大危害，相反，其标志性和场所感对强化城市意象是有利的。但是在"浮夸风"盛行的中国，一些没有能力和条件的地方政府却以象征性绑架公共建筑，企图复制北京的 CBD、奥体中心等，这种违背常识的当代"大跃进"往往对当地的民生和城市文脉造成巨大的伤害。但是，这些伤害却在实现"雄心"的喜悦中被忽视了。国家的意志会在历史的进程中不断发生改变，需要表征的符号也会随之变化，这样的情况下，被"重写"的景观所表征的符号只能是"暂时有效"的，那么其被再次"重写"的命运则几乎是笃定的了。

1.3.3 正面的改造案例，我们是否有其他出路？

在 30 多年改革开放的进程中，我们不是没有进步，在近几年的一些重大工程中，也涌现出了许多值得借鉴的案例。这些案例重视城市文脉的延续性，遵循一般城市发展规律，并达到了良好的艺术表现效果。下面就简要介绍若干案例：

上海青浦体育馆。上海青浦体育馆、训练馆位于上海青浦区的旧城内，两条城市道路交叉路口的东北侧。建筑面积 8100 平方米。两个馆均建于 20 世纪 80 年代早期。由于年代久远，原有建筑、设施破旧，建筑立面造型存在较大缺陷，不能满足快速发展的城市的要求。政府希望通过这次改造彻底改变原建筑的面貌，同时改善其内部设施，以便为市民提供一个运动健身的场所[13]。本项目设计克服了诸多困难，合理巧妙地利用了新材料和新技术，不仅保证了建筑内部的自然采光和通风效果，而且创造了独具一格的建筑造型。

上海世博会船舶馆。船舶馆建设在江南造船厂原址上，具有特殊的历史意义。140 多年前，我国第一家民族工业企业——"江南制造局"就诞生在这里，是中国近代船舶工业发展的一个重要里程碑。展馆由旧厂房重新优化设计和改造而来，场馆的建筑设计和展示设计贯穿了"船舶，让城市更美好"的参展主题，演绎了"龙之脊，景之最"的理念，该展馆对江南造船厂原址的一个厂房进行了重新优化设计和改造，改造后的建筑呈长方形，让工业遗产获得了新生。

这两个案例都是在旧城的基础上进行改造的作品，避免了大拆大建，却依然收获了预期的效果，在城市的发展中，我们还有其他的选择，并不只有"拆而建"一条道路可以选择。

1.4 反思当代中国建筑语境

当代中国建筑实践始终在"风格"和"样式"间迷茫的原因在于"价值"的缺失，在于对自身文化的不自信和陌生。纵然有着让世界瞩目的经济增长率和信心饱满的"雄心"，当代中国却未能找到真正的属于自己的"价值"。这种"价值"应是一种对自身文化谦卑而自信的传承，一种对历史批判而继承的态度。针对上文提及的"短命"建筑及其背后的价值反思，部分学者和媒体都曾经做过研究调查和分析评论。下文将简要予以介绍。

1.4.1 媚俗文化，消费社会背后的价值缺失与文化自卑

李晓东教授曾经提到，"如果说西方的'媚俗'文化与现代主义息息相关，是工业化生产直接的产物，其目的在于通过审美的普及以获得商业利益，中国式媚俗产生的原因则更多地来自变革中的中国社会在其旧价值体系瓦解过程中，群体和个体必须重新定义自身价值认同感的心理需求。"诚然，在 1978 年后，经历了数十年的政治动荡和文化饥荒后，中国的文化界突然暴露在一个断代的历史中，严重缺乏安全感，为了迅速找到自己的位置，"部分人抛弃眼前现有的价值体系，并且完全接受其他文化价值

13 胡越，邰方晴.青浦体育馆及训练馆改造工程，上海，中国 [J].世界建筑，2009（2）：96-97.

体系，部分人选择逃避，把视线投向远离现实的自身传统文化价值体系"。如李晓东教授所言，中国媚俗文化的一种根源，是由于其根深蒂固的"中庸之道"而导致的批判意识的缺乏。中国自解放后，一直处在"主流媒体"的喉舌传媒控制中，1978年打开国门后，又遭遇了爆炸性的文化冲击，公众一直在接受，却鲜有时间和空间思考。中国建筑界在早年臣服于政治权力，脱离历史语境，缺乏社会责任感的建筑实践之后，当下混乱的建筑界格局提醒我们必须对过去的历史保持警醒，并始终以批判和反思的态度对待当代建筑实践。

1.4.2 "摸着石头过河"，反理性的实用主义

1978年之后，中国的意识形态发生了重大转变，这种转变演变为中国近30年的文化变迁。而近30年中国的变迁都要从那个著名的"猫论"开始，"不管黑猫白猫，捉到老鼠就是好猫"，在1992年邓小平南行时被广泛传播。"猫论"被认为是一种实用主义的策略，也被称为中国式的反理性的实用主义，它的提出与彼时中国民间对打破意识形态束缚的强烈要求一拍即合。它直接影响了1978年前后关于中国未来发展理论的讨论，"实践是检验真理的唯一标准"成为那之后一直影响中国发展的政治口号。在这种"中国特色"的实用论指导下，加之"大跃进"思潮的传统，共同培育出对"政治景观"（Political Spectacle）的诉求。政府的行为倾向于短期而功利。世博会、奥运会等活动中的建筑成为"政治景观"的象征物。20世纪80年代开始，消费文化也随着国内的经济体制改革与市场经济来到了中国，并迅速地被接受和本土化。中国的文化思潮慢慢开始出现非单一意识形态的二元格局，而这种变化在文化传媒领域表现得尤为明显，并影响到当代建筑实践。

2 从中国当代优秀建筑评选，看中国当代建筑创作环境

2.1 优秀建筑评选代表着时代的品位

房屋的品质代表着一个城市的形象，而对优秀建筑的评选则代表着一个时代的品位。通过对中国当代建筑界著名奖项的比较研究，可以探寻我国当代制度背景下，建筑

创作的关注点和语境，借此反思我国的建筑创作环境。

建筑设计作为一门古老的技艺，那些让人称颂的建筑作品一直都是后来者的榜样，并为年轻的继任者们指明着努力的方向。事实上，西方世界所撰写和传授的建筑历史，几乎就是一部关注精选建筑的文化史。虽然仅仅将精选的"高贵建筑"来作为建筑历史的全部是武断的，但是，精选或者称为优秀的这些建筑的确为广大的"日常建筑"创作提供了经典的范例，并在很大程度上界定了所属时代的建造范式。因此，可以说优秀建筑的评选从一定程度上反映了相应历史时期的建筑文化焦点和建造水平，对日常的建筑创作具有示范效应。

对优秀建筑的评价应该是伴随着建筑的诞生而开始的。在古老的年代里，优秀的建筑作品会被人们广为称颂，成为民族和当权者的财富和权力象征，一座优秀的建筑作品几乎倾举国之力而建造，生产力的制约限制了建筑的产量，因此对优秀建筑的评选是没有足够的比较余地的。本文关注的优秀建筑评选大多始于二战之后，在现代建筑业背景下，逐渐兴起的优秀建筑评选或者建筑奖项。事实上，世界各国都存在着各样种类的建筑奖项，这些奖项发展了公众对建筑的重要性和设计价值的深刻意识和理解[14]，并鼓励建筑师为建筑的卓越品质而努力，以促进建筑学的发展和进步。

日益高涨的城市建设浪潮和热火朝天的建筑业，使中国成为世界的焦点。国内近年来也设立了众多的建筑奖项，在这种城市建设迅猛发展，以速度与规模为导向，求快、求大心态弥漫的历史条件下，既存在着带有计划经济时代的行政表彰色彩的传统奖项，也不乏学习国外的新设奖项，不同的设奖主体，不同的获奖人群，折射出我国复杂的建筑文化圈生态。

2.2 中国建筑学会建筑创作奖——中国特色的体制内评审

2.2.1 奖项简介

为了进一步鼓励广大建筑师的创作热情和探索精神，推进我国建筑设计事业的繁荣和发展，提高建筑创作水平，为此，中国建筑学会在全国范围内设立"中国建筑学会建筑创作奖"。

"中国建筑学会建筑创作奖"是中国建筑创作优秀成果的最高荣誉奖，该奖每两年举办一次。奖项分为"中国建筑学会建筑创作优秀奖"和"中国建筑学会建筑创作佳

14 亚历克·赞内斯.澳大利亚被称颂的建筑：国家建筑奖计划及其对设计文化的影响[J].许亦农，译.世界建筑，2010（9）：17.

作奖"两个等级，通过评奖活动，表彰获得建筑创作优秀和佳作奖的工程项目、设计单位和主要创人员。

申报的项目可以是由多家单位合作设计（含与国外单位合作设计）的项目，亦可是由国外企业在国内设计的工程项目，或是我国企业在国外建设的工程项目，每项工程项目申报此奖仅限一次。申报的项目在申报前应为已建成的工程，工程项目应具有一定的建设和投资规模，主要设计创作人员应为中国建筑学会会员或本会地方学会会员。

2.2.2 评审过程

申报工作截止后，由中国建筑学会学术部负责对申报项目进行注册和资格预审，待预审完成后应将意见和全部资料提交给评审委员会。评审委员会依据本条例的申报条件和评审标准，对汇总项目逐一进行核实、评议和观看演示光盘，在进行初评、筛选、提出候选方案后，再进入下一轮评审。在第二轮评审时，每位评委应认真阅读评奖材料和初评意见，依照统一标准，严格把关和公平、公开、公正的评选原则，最后通过无记名投票的方式确定获奖项目名单。

2.2.3 评委组成

评审委员会由学会领导和国内建筑学学科著名专家组成，评审委员会人数一般为 9 至 11 人，其中主任委员应由学会的正、副理事长担任。有申报项目的专家不能进入评委会。同一单位进入评审委员会的成员不宜超过 1 人。以 2008 年第 5 届为例，评选委员会由 13 位建筑界著名专家组成。中国建筑学会理事长、原建设部副部长宋春华担任评选委员会主任，委员有：中国建筑学会副理事长、北京市建筑设计研究院总建筑师、中国工程院院士、全国建筑设计大师马国馨；东南大学建筑学院教授、中国工程院院士钟训正；清华大学建筑设计研究院教授、总建筑师、全国建筑设计大师胡绍学；中国航空工业规划设计研究院顾问总建筑师、全国建筑设计大师韩光宗；广东省建筑设计研究院院长、总建筑师何锦超；重庆市设计院院长、总建筑师李秉奇；哈尔滨工业大学建筑学院教授梅季魁；同济大学建筑与城规学院教授卢济威；东南大学城市规划设计研究院院长、教授王建国；西安建筑科技大学建筑学院院长、教授刘克成；华汇工程建筑设计有限公司董事长、总建筑师周恺；中国建筑学会秘书长、教授级高级建筑师周畅。

2.2.4 点评：偏重工程而非设计

我国目前大多数现存的"官方"建筑奖项多是较为

体制化的，评奖机构类似行政机构，人事成员复杂，评审过程程序多，似乎是形式大于内容。更重要的是，对入围项目的选择上多偏重已建成的有一定建设和投资规模的项目，对建筑施工等工程环节内容更加关注，这样的评奖姿态对大型国有设计院、设计集团等单位具有天然亲和力，但是却拒绝了大量的一线青年设计师，尤其是独立创作团队，长此以往，会影响我国建筑设计领域的创新能力和人才储备梯队的建设。另外，建筑设计作为一门专门的学科领域，其关注的重点决不仅限在施工工程等方面，仅仅考察工程建设质量是无法科学地评判一个作品的优劣的。因此，国内的建筑奖项在评委组成、评审程序上应加大对设计思想、城市语境、创作态度等方面的考察，更加关注建筑创作的本体——建筑设计，而非仅仅停留在工程建设上。

2.3 WA 中国建筑奖——找寻渐渐失落的建筑的基本价值观

2.3.1 奖项简介

《世界建筑》杂志社在 2002 年设立了"WA 中国建筑奖"。旨在当前城市建设迅猛发展，以速度与规模为导向，求快、求大心态弥漫的历史条件下，鼓励、推介结合国情并有创新价值的建成作品，以活跃中国建筑界的学术气氛，提升中国建筑的品质。"WA 中国建筑奖"每两年评审一次，至今已举办了 7 届，在国内外已受到广泛关注。获奖作品被收录到国际诸多建筑网站，在国外举办展览，并在国外多种建筑杂志上刊登。至 2012 年"WA 中国建筑奖"共有 38 项作品获奖（优胜奖和佳作奖），它们从不同的侧面体现了"WA 中国建筑奖"所倡导的主旨：关注建筑的基本品质，从不同角度反映了建筑师在当下快速城市化进程中对城市发展和建筑创作的深度思考。这些获奖作品虽然类型不同，规模各异，但都从各自的角度体现出了以和为美的价值观。这种以和为美的思想实际上也从另一个角度诠释了建筑创作中"实用、坚固、经济、美观"的基本原则。

2.3.2 评审过程

评审委员会负责对有潜力的作品进行研究评选。评委会组织旅行，对建筑进行参观考察。现场参观，使评委们能够在具体的语境中对建筑作品进行客观分析。评委会每年会在评奖结果揭晓时通过《世界建筑》杂志出版获奖作品专刊，对评审过程及结果做出解释，并列举获奖建筑的重要特征。

2.3.3　评委组成

每两年，《世界建筑》杂志从社会各界的建筑的评论家、建筑师、往届获奖者、学者和其他专业人士中邀请评委。WA 中国建筑奖委员会由 7 至 9 位专家组成，其中包括上一年度的获奖者，他们在各自的建筑、教育、出版和文化范畴均有专业的地位。以 2012 年为例，评委就包括往届获奖者建筑师朱竞翔，并邀请了数位专业领域的著名专家，他们分别是：金光裕、Josep Luis Mateo、邵韦平、孟建民、张斌等以及《世界建筑》杂志主编王路。

2.3.4　点评：推介结合国情的创新作品

《世界建筑》杂志社旨在城市建设迅猛发展，以速度与规模为导向，求快、求大心态弥漫的历史条件下，鼓励、推介结合国情并有创新价值的建成作品，以活跃中国建筑界的学术气氛，提升中国建筑的品质。"WA 中国建筑奖"从一开始设立，就有意区别于国内既有的建筑奖项，自由报名，项目不分规模大小，不分建筑类型，做到真正从建筑的基本品质出发，在倡导传承与创新的同时，找寻渐渐失落的建筑的基本价值观。

2.4　王澍获普利兹克建筑奖，对一种差异性的认可

2012 年，中国建筑界传来许多好消息，首先是两院院士吴良镛先生荣获国家科学技术大奖，不久，中国建筑师王澍喜获普利兹克建筑奖，成为中国建筑界获此殊荣的第一人，王澍作为一个游离于我国建筑体制之外的人而获奖值得深思。

诚然，王澍先生多年植根江南，辛勤耕耘，获得国际同行的肯定实属难得。但是，王澍先生早年在中国建筑界沉寂多年，进入新世纪后才逐渐有作品为学界所关注。此次，普利兹克评委会在群星灿烂的众多候选人中把奖项颁给了自喻为"业余建筑师"的王澍，还是引起了整个中国建筑界不小的震动。王澍获奖对于处在急速城市化进程中的中国建筑界似乎有一种特别的意味，要快还是要慢？要拆还是要保？要"土"还是要"洋"？要传统还是要创新？评委会的答案是，王澍的作品超越了这一系列二元为对立的思维方式，将会对中国以及世界建筑发展具有重要的启示作用。普利兹克建筑奖通过对王澍本人的肯定，表达了评委会对于中国当下建筑发展的一种持保留意见的态度，

并向我们指示了一位具有差异性的建筑师，而王澍本人则通过其作品表达了他回归传统，寻求一种建立在以地方文化差异性认同为根基的生态的建筑观念。

王澍的建筑学是一种自然演变的状态。王澍认为建筑学应该重新向传统学习，不仅学习建筑的观念与建造，更要学习和倡导一种建立在以地方文化差异性认同为根基的生态的生活方式[15]，这种生活的价值在当代中国被遗忘了。中国为当下快速的发展付出了过大的资源与环境代价，在王澍视野中的未来的建筑学，将以新的方式重新使城市、建筑、自然和诗歌、艺术形成一种不可分隔、难以分离的并密集混合的综合状态，所有那些以全球商业化价值为归依的过大的城市和过大的建筑终将瓦解。在其他同行看来，王澍对中国今天的建造工艺非常了解，并且崇尚一种传统的人文精神，他对业余的偏爱，反映出一种传统文人对职业化，即匠气的顾虑[16]。王澍在建筑实践中不简单地追求精细，而是策略性地运用旧材料，更多构成一种文化立场和姿态。他本人认为，可持续和经济相结合的考虑将为建筑学从传统景观意识到现代感觉的变化注入新的观念和方法，同时也在实践中体现着他的观念：就地取材、旧料回收、循环建造。王澍的建筑学是一种回归自然演变的状态，一种对当下宏大叙事和媚俗之风的反思，一种善待地方差异性的态度，一种和谐而富有包容精神的建筑观。

王澍作为一种差异被认可，体现了普利兹克建筑奖的态度。普利兹克建筑奖每年都会颁发给一位重量级的建筑师，其中不乏知名的世界级巨匠，但是偶尔也会有一些名不见经传的地方建筑师获得青睐。王澍作为一名中国建筑师获奖，对中国建筑界，乃至国际建筑界而言都是一个意料之外的惊喜，这个惊喜在国内带来了对普利兹克建筑奖政治化的猜测，背后则是对中国建筑师水平的怀疑，前后两种反映都是中国目前依然缺乏文化自信的表现[17]。普利兹克建筑奖一直以来倡导的都是一种回归人文关怀、回归原创的建筑观念，从不将建筑师本人的影响力作为考量。通过对王澍的表彰，评委会向世界建筑界肯定了中国建筑近年来的成就和影响力，另一方面，也借由王澍本人的建筑作品和思想传递了一种对其回归传统、寻求差异性的肯定。事实上，王澍获奖再一次把中国特有的体制问题摆在我们的面前，尽管王澍在中国美术学院任教，他的实践无疑属于体制外。王澍的获奖引发我们的思考，到底是体制，是市场，还是教育，对中国建筑设计质量以及中国建筑文

15 王澍 . 我们需要一种重新进入自然的哲学 [J]. 世界建筑，2012（5）：20.
16，17 张永和 . 普利兹克奖与王澍 [J]. 世界建筑，2012（5）：19.

化发展的影响更大？这些影响中哪些是积极的？哪些是消极的？王澍作为一个中国建筑界差异性的存在，被普利兹克建筑奖所认可，值得中国建筑界学者和行政机构反思。

王澍获奖是对差异性的一种双重肯定，既体现了建筑师本人的追求，也反映了建筑奖的立场。无论如何解读，在近 30 年的快速建设之后，中国建筑将走向何方值得每一个关心中国城市和建筑的人思考。

2.5　倡导一种回到建筑本体的观念

通过以上的分析，可以发现国内的建筑奖往往带有体制特征，而国外的建筑奖项特别注重对实际作品的考察，普利兹克建筑奖特别重视组织评审委员会成员赴候选作品地参观考察，近距离地观察建筑与其所处的环境。国内新兴的建筑奖项也逐渐意识到这样的国际趋势，并在参观考察方面做出了有益的改进，但是从国内影响力上来说仍然微弱。

建筑评价体系决定了一个国家、一个时代对建筑的认识和品位。通过对中外建筑奖项的比较，不难发现，我国目前，从媒体到大众，从业界精英到民间，对建筑的认识仍然落后，甚至停留在改革开放早期的封闭语境之中。世界已经发生了改变，如何重新认识当代，认识传统，认识中国建筑，都需要通过国家层面的倡导才能推进。而这一切的前提，恰是回到建筑本体，回到建筑师本人，回到建筑物本身。建筑评奖只是一扇门，从中可以窥见时代的问题，但是，改变亦可以从这个最小的方面开始。

我国正走在建筑创作的快车道上，如何把握当代中国建筑创作方向十分重要。传承与创新是建筑的永恒主题，但在城市建设和建筑创作中我们不能改天换地，去旧迎新，毁灭自然和历史的生命来获得发展，创新不是胡乱发明，更不是一些不着边际的形式语汇堆砌。传承也绝不是形式上对历史样式的模仿拷贝。我们应该遵循建筑学自身的规律，本着"实用、坚固、经济、美观"的基本原则，以人为本，以天为大，以和为贵，在秩序和关系的和谐中宁静地表达自信。而中国的建筑奖在我们寻找本土建筑语言的道路上将会起到重要的引导作用。

下篇

四 实践探索

Practical Explorations

当代建筑师的创作实践和思索

Introspections of Contemporary Architectural Practice

郑小东　赵海翔　王　路

1　历史不是从零开始

对于当代中国建筑师整体的创作经验与现状的认识，不应忽视其历史的渊源。早在 20 世纪 30 年代和 50 年代，中国建筑界就曾有过多次至今还影响深远的关于建筑设计根本问题的讨论：关于建筑文化传承与复兴、建筑形式与内涵的传统性与现代性、民族性与世界性等关系。回顾这一段历史，也是理解当代中国建筑发展脉络的重要基点。

1.1　20 世纪 30 年代的建筑讨论

20 世纪 30 年代，中国建筑的第一次民族形式复兴，体现了中国本土文化自卫的呼声——以中国传统建筑形式作为象征对抗西方主流文化的入侵，提倡"中国本位"、"民族本位"。因而，中国古典建筑形式在 1927—1937 年这 10 年的建筑创作中风靡一时，其风格特征主要表现为折中主义、复古主义、装饰主义等。

在建筑实践方面，一方面是中国建筑洋化或西方建筑"中国化"，一些西方建筑师采用了中国式的建筑，典型如北平的协和医院、辅仁大学、南京金陵大学北大楼等等；另一方面，中国建筑师开始了中国传统建筑复兴的设计实践活动。这一时期的典型建筑作品除了南京中山陵（吕彦直，1925，图 1）和广州中山纪念堂（吕彦直，1926，图 2），还包括上海市政府大厦（董大酉，1931）、北京仁立地毯公司（梁思成、林徽因，1932）、上海市立图书馆（董大酉，

1933）、南京中央博物院（徐敬直、梁思成，1936，图 3）等等。

1.1.1　传统建筑复兴的尝试

20 世纪 20 年代的后期至 30 年代的后期，可以看做是中国现代建筑思想的"初步实践阶段"。从"西洋古典"和"中国形式"向现代建筑转变。对"中国形式"的探索虽然有一些保守的方面，但也有很多积极的因素。在文化民族主义作用下，中国传统建筑的审美价值被人们重新发现，并引以为豪。在中国建筑立足于传统文化的同时，在政治和民族主义的背景中，许多作品不可避免地受到宫殿式建筑和古代法式的制约，使"传统形式"的复古建筑大量出现。特别是在行政建筑中，官方注入了意识形态的影响，"其建筑格式，应代表中国文化，苟采用他国建筑，何以崇国家之体制"[1]。这种民族主义情绪反映到建筑创作上，表现为宫殿式、混合式、装饰化的现代式等主要特征。

宫殿式的建筑力图保持中国古典建筑的体量和轮廓及三段式构成与比例关系等，并尽力保留造型构件和装饰细部等。杨廷宝先生在美国学习后回国时，正值"国粹精神"的复兴和东西文化上的冲突，古典的结构、现代的手法，是当时人们比较容易接受的现代建筑方式。国民党党史史料陈列馆（杨廷宝，1934，图 4，图 5）的设计，是这一时期的代表作之一。

相比宫殿式的建筑，"混合式"建筑以建筑功能空间为主导，摆脱了传统建筑的三段式构图，是新技术的建筑体量和中国式建筑特征的综合，表现出折中主义建筑的基

1 董大酉. 上海市政府新屋之概略 [J]. 中国建筑，1933，1（6）：12.

图 1　南京中山陵

图 2　广州中山纪念堂

图 3　南京中央博物院

本特征。如上海图书馆（董大酉，1933）等。一方面现代建筑思想不断输入，另一方面"中国宫殿式"的建筑实践陷入困境。"无需想象即可预见，钢和混凝土的国际式将很快普遍采用……不论一座建筑是中国式的还是现代式的外观，其平面只可能是一种：一个按照可能得到的最新知识作出合理的和科学的布置。"[2]

以装饰为特征的传统复兴建筑的做法，虽然不像宫殿式建筑那样形态明确，但较为合理、经济，也带有独特的中国建筑特色。建筑基本采用西方现代建筑的构图，传统建筑的装饰作为标志或符号出现。典型建筑如南京的中央医院（杨廷宝，1933）、国民政府外交部办公楼（赵深、童寯、陈植，1932），北京的交通银行（杨廷宝，1932）、仁立地毯公司王府井铺面（梁思成，1931），上海的中国银行（陆谦，1936，图 6）等等。

1.1.2　建筑传统性与现代性的徘徊

中国近现代中西文化的交流不可避免地带有侵略和被侵略的民族矛盾，民族意识激发起对西式建筑的抵触情绪，因而"发扬我国建筑固有之色彩"当时成为建筑创作的强烈诉求。这成为"传统复兴建筑"的特定背景。国民党定都南京后实施文化本位主义，1929 年制定的南京《首都计划》中提到："要以采用中国固有之形式最宜，而公署及公共建筑物尤当尽量采用"。其后的文件包括 1930 年发表的《民族主义文艺运动宣言》、1935 年发表《中国本位的文化建设宣言》等，都是导致特别是公共建筑采用中国形式的直接原因。另外，封建时代的中国就以分明的建筑等级来维护伦理秩序，近代也同样可以"采用中国建筑之精神、复兴中国建筑之法式"的方式强调传统建筑形式的象征意义[3]。

20 世纪 30 年代，随着现代主义建筑的传播，中国建筑界也不可避免地开始介绍国外的现代建筑运动。所以，一些建筑师对现代建筑的发展已经有所认识，如在 1934年 8 月何立蒸在《中国建筑》发表的《现代建筑概论》，就详细地论述了现代建筑的产生背景及其演进历程，还包括了功能主义建筑和国际式建筑的特点等内容[4]。

本时期建筑上的表象实际上反映的是在学习西方文化和维护民族文化两者之间适当平衡的结果。其面临的不仅是新与旧、中与西的冲突，更是价值和情感的冲突。"中体西用、中西互补"等讨论观点，期望通过建筑中的物质文化和精神文化相结合的观点，以保持传统文化的延续，于是"融合东西方建筑之特长，以发扬吾国建筑之色彩"、"以西洋物质文明发扬吾国固有文艺精神"，成为当时中国社会中带有理想化色彩的建筑态度。正如范文照在《中国建筑之魅力》中所称："他们试图综合新旧东西中最优秀的部分。既将现代的舒适及方便引入房屋，又保留中国古而有之的美观。"[5]

1.2　20 世纪 50 年代—70 年代建筑的政治话语和现代建筑的延续

20 世纪 50 年代初期，反对资产阶级和帝国主义的政治斗争扩大到学术领域，至 70 年代，意识形态对"现代建筑"、"民族形式"等内容起到决定性的影响。虽然现代建筑风格受到批判，但现实国情对现代建筑的需要还是成为现代建筑自发延续的基础。

在政治因素成为建筑价值判断的基本参照系的同时，经济因素又成为中国近现代社会建筑发展中最突出、最基本的矛盾，这一矛盾决定了中国的发展路线和特殊国

2 童寯 . 建筑艺术纪实 [M]// 童寯 . 童寯文集：第一卷 . 北京：中国建筑工业出版社，2000：85.

3 潘谷西 . 中国建筑史 [M]. 北京：中国建筑工业出版社，2004：381.

4 潘谷西 . 中国建筑史 [M]. 北京：中国建筑工业出版社，2004：388.

5 范文照，张钦楠 . 中国建筑之魅力 [J]. 建筑学报，1990（11）：42-44.

图4　国民党党史史料陈列馆

图5　国民党党史史料陈列馆

图6　上海中国银行

情。而当代技术变革对建筑业的推动作用，使得中国建筑如何吸收科技成果成为不可回避的论题。这些是20世纪50年代，中国建筑探寻如何在自身特定历史阶段的文化语境下确立自己的发展路径和发展规律过程中所面临的主要问题。

1.2.1　建筑理论的政治论证中对现代建筑思想的否定

新中国成立伊始，梁思成提出："今后的中国建筑必须是民族的、科学的、大众的建筑，而民族的则必须发扬我们数千年传统的优点"，并在1953年走访前苏联时，肯定了建筑师们"民族的形式、社会主义的内容"的方向。作为对旧政权和旧中国否定的一部分，西方建筑体系的传播被归结为文化侵略："殖民地建筑在精神上摧残民族自信心，阻碍我们自己的建筑发展。"[6]

20世纪50年代，反右斗争渗透至学术领域，政治主导建筑理论发展，现代主义风格被否定，这为新中国成立后近30年时间的建筑走向设立了意识形态道路。曾经在30年代形成的对现代建筑观念的认同，在建国初期让位于当时的政治环境。对现代建筑的评判上升到政治高度、"社会主义内容，民族形式原则"和"社会主义现实主义的创作方法"上升为阶级立场——民族形式代表社会主义，而现代主义建筑代表资本主义。这种设计思想的推行，使中国建筑师们不得不与代表资产阶级建筑形式的"现代主义"分道扬镳，因中国传统建筑形式符合社会主义的要求，由此产生了50年代民族形式的复兴，其目标是创造属于社会主义的建筑形式。

1.2.2　中国建筑话语的"转译"与"民族建筑"的政治化

在"民族形式"的探讨过程中，1954年梁思成提出

了中国建筑的"可译性"理论，运用"文法"规则提取中国传统建筑的典型特征，用这些传统"语汇"形成不同的建筑形体。

但利用现代技术和结构体系仿制的传统形式与建筑功能和结构存在着矛盾，这是民族形式复兴面临的最大难题。

在这时期建筑的政治话语中，传统复兴、古典主义等具有强烈政治色彩的典型建筑模式，占据了建筑文法的主流地位。其中如：以官式屋顶表现民族形式、西洋古典建筑构图加中国传统建筑细部、模仿苏联建筑形式、"文革"时期的"政治含义"建筑等等。

不同于20年代末到30年代的文化民族主义为主的建筑思潮，1950年前后的传统建筑文化复兴，以传统屋顶表现民族形式的政治建筑模式达到了高潮。如北京的友谊宾馆（张镈，1954）、地安门机关宿舍等建筑（陈登鳌，1954）。

1955年苏联开始批判斯大林时期的复古主义建筑，在中国也开始了"反浪费运动"，此类建筑受到了批判。但是在50年代末至60年代初向国庆献礼的北京"十大建筑"项目中，民族形式再度被重视，如全国农业展览馆（图7）、民族文化宫（图8）、中国美术馆（图9）等等。

西洋古典建筑构图和中国传统建筑细部相结合的方式是这一时期常用的手法，典型建筑以人民大会堂（图10）和中国革命历史博物馆为代表。另外，对苏联斯大林时期建筑形式的模仿也是这一时期的典型建筑特征，这些建筑采用集中体量，层层高起，以强调中轴线等，多数由苏联建筑师设计或合作设计。如北京展览馆（戴念慈，1954，图11）、上海中苏友好大厦（安德列耶夫，1955，图12）等。

十年"文革"时期（1966—1976），中国的建筑创

　6 梁思成，林徽因，莫宗江.中国建筑发展的历史阶段 [M]// 林徽因.林徽因文集：建筑卷.天津：百花文艺出版社，1999：469-470.

作被极端政治化。建筑方面的政治象征主义，体现在一系列的纪念性、标志性建筑中，承担了过多的"政治理念"。这体现在建筑外观上大量运用隐喻政治的符号化语言，甚至高度和层数都采用具有象征意义的数字等等。

1.2.3 中国现代建筑的延续

虽然建筑在政治上被提升到前所未有的高度，现代建筑思想和功能主义在一定程度上受到限制，但在建筑实践中，现代建筑拥有强大的社会基础，因而表现出强有力的生命力，中国建筑的现代性仍然在继续发展。中国现代建筑的社会基础包括：一方面，1949—1957 年是国民经济恢复发展和第一个五年计划时期，1951 年明确出台了"适用、经济、在可能的条件下注意美观"的建筑指导方针和设计标准化、施工机械化的方向。这在一定程度上消解了"社会主义内容、民族形式"的作用力。另一方面，对建筑功能类型的要求，需要融入现代的建筑技术和风格。对于一些大型的公共建筑，如体育建筑、交通建筑等，功能性、科学性等要求是它们的客观需要。当时"十大建筑"中的北京工人体育场（欧阳骖，1959）即采用了现代建筑风格。此外，1958—1960 年的"大跃进"时期，给国民经济带来了强烈的负面后果，其后，中国建筑出现了积极采用新技术、新结构、新形式的探索，这与国际建筑新技术、新结构的潮流相符。

中国建筑界的主流是坚持"中国特色"，但在长期实践中往往只局限于宫殿式大屋顶的建筑形象（图 13）。其后，创作的关注点转向了中国传统建筑的其他部分，如传统民居，这类建筑同样是继承了中国传统建筑，但还表现出一定的多样性。如上海鲁迅纪念馆（陈植、汪定曾，1956，

图 14）采用灵活自由的建筑布局与绍兴民居风格相结合；上海同济大学教工俱乐部（李德华、王吉螽，1957，图 15）将民居的形式与流动的空间结合，尺度亲切。这类建筑既传承了传统建筑的神韵，又运用了现代元素，符合所谓的"中而新"的方向。但其也受到了随后"大跃进"运动的冲击。

这一时期的民族形式复兴，是中国建筑师在社会主义建筑形式探索道路上的又一次尝试，这体现了民族主义信念的再次树立，这不可避免地将建筑创作局限在形式主义和纪念性的范畴之内。虽然这一趋势持续时间不长，但对我国建筑师的设计创作有深远影响，对于现在和将来如何既尊重中国传统文化又结合现实国情来进行建筑创作有着很好的借鉴作用。

2 新时期在开拓的道路上的探索

2.1 改革起步期的建筑思潮震荡与多元创作

自十一届三中全会以来，社会主义现代化建设全面起步。改革开放带来了巨大变化，政治上的拨乱反正也为建筑创作塑造了新环境。20 世纪 80 年代，建筑创作研究逐渐活跃起来，有专家将其归纳为"无干涉无禁区"、"反思"和"引进"并举，最大限度地改善了与外界隔绝近 30 年的封闭状态。计划经济向市场经济转化，这也极大地促进了建筑市场的转型，进入了一个以经济因素为主导的时期，并逐步推行了注册建筑师、注册规划师等制度。

图 7　全国农业展览馆

图 8　民族文化宫

图 9　中国美术馆

图 10　人民大会堂

图 11　北京展览馆

图 12　上海中苏友好大厦

图 13　北京建筑工程部大厦

图 14　上海鲁迅纪念馆

图15 上海同济大学教工俱乐部

2.1.1 新技术的引入与建筑工业化程度的大幅进展

这一时期，我国的城乡建设、特区建设、旅游建设、高层建筑建设等蓬勃发展。经济的快速发展，促进了新的结构理论、新材料和新设备的运用和引入，而国家的崛起迫切需要标志性建筑体现新技术的威力，这些都让高层和大跨建筑的发展成为可能。建筑工业化体系的运用，使得建造数量剧增。这一时期我国建筑建造水平的长足发展，一方面由于采取了以技术引进为主的模式，不断学习西方已经成熟的建筑技术，提高自身的技术水平（如北京长城饭店引进的全玻璃幕墙技术，南京金陵饭店引进的先进机械设备技术等）；另一方面，也与建设任务的大幅度增长刺激建筑机械化的快速发展有关，如大中型土方、装载运输、凿岩、隧道施工、起重运输、混凝土及其制品、高空作业等机械、新型钢筋连接技术与设备等一大批产品研制成功，我国机械化水平的提高为高技术建筑的建设提供了强有力的物质保证。

高层建筑被认为是现代化的标志。这一时期在建筑创作实践当中，高层、大跨度建筑表现为现代建筑的主体类型。主要在北京、上海、广州等大城市和经济特区，出现了中国建筑史上第一个营造高层建筑的热潮。20世纪80年代初，深圳国际贸易大厦是全国最高的建筑，高达160米，是深圳最早的知名高层建筑之一；其他高层建筑如美国培盖特（Beckett）国际建筑师事务所设计的北京长城饭店，首次采用了玻璃幕墙，而广州广东国际大厦是当时中国最高的钢筋混凝土超高层建筑——高200.18米，主体有63层。北京国际饭店，外观简洁现代，平面为非对称的三叉形，是"中而新"的典型代表。

旅馆建筑是最先起步的建筑类型，也是最早引进外国建筑大师作品的领域。在改革开放的头十年中，国外旅游和投资人数剧增，旅馆建筑也随之从无到有，种类和数量极大丰富。如北京香山饭店（贝聿铭，1982）、建国饭店（陈宣远等，1982）和长城饭店

（培盖特，1983），南京金陵饭店（香港巴马丹拿公司，1983），广州白天鹅宾馆（余峻南等，1983）、南海酒店（陈世民等，1986）、龙柏饭店（倪天曾，1982）等陆续修建。

技术与艺术、形式与结构的结合在这一时期也尤为突出。体育建筑是新时期大跨建筑的代表，国际国内的各类运动会尤其是亚运会的举办，极大地促进了中国体育建筑的发展。此外，相当一部分建筑因采用先进技术而获1984年全国优秀建筑设计奖。它们都是建筑与结构、技术与艺术完美结合的典范，体现了时代的特色，例如，上海电影技术厂录音楼（郭小苓，1985）（特殊声学技术）、上海色织四厂布机车间（双跨预应力结构）、湖北省计量局二期（高精度计量技术）。这些优秀案例显示了技术长足进展极大地促进了建筑创作的进步。

此外，80年代《建筑电器设计技术规程》、《建筑设计防火规范》，以及90年代《民用建筑照明设计标准》、《民用建筑电器设计规范》、《建筑物防雷设计规范》等一系列规范制度的颁布，结束了我国建筑相关专业无标准规范的状态，规范了设计实践，也在一定程度上促进了建筑技术的发展。

2.1.2 建筑理论的引入与建筑创作观念的变革

这一时期，国外建筑理论以及思潮的引入伴随着国内建筑创作观念和相关政策的转变，形成了中西文化的碰撞，在学术上体现为追求时代精神和复兴民族形式两种目标的并存，对传承和创新、传统和时代矛盾的思考，伴随着对之前中国建筑实践的反思，构成了这一时期建筑界思想的震荡[7]。

对70年代末的千篇一律的现象反思后，中国建筑界开始了繁荣创作的新阶段，这体现为强调时代精神和创新。但这种追求时代精神，延续传统文化的氛围，并没有真正将中国的建筑创作带向繁荣。几年过后，人们发现依然是新的千篇一律。这一问题引起了人们的深思。1985年11月29日—12月3日，繁荣建筑创作座谈会在广州召开，会议反思了之前30年中国建筑创作中千篇一律的现象，并就传承与创新以及如何对待外来文化等问题进行了激烈的讨论。这次会议意义重大，是继上海建筑艺术座谈会（1959）后第一次探讨建筑创作问题的全国性会议。此次会议开启了对不同观点的梳理和反思。

这一时期，现代建筑和后现代建筑思想作为建筑时代精神表达的重要参照被引入。高等院校和媒体开始关注从

7 郝曙光. 当代中国建筑思潮研究 [D]. 南京：东南大学，2006.

现代到后现代等等诸多理论问题。一方面，在建筑实践上，许多作品都不同程度地反映了现代建筑的基本原则，而形式追随功能也成为当时建筑创作的重要准则；另一方面，罗伯特·斯特恩的《现代主义之后》和查尔斯·詹克斯的《后现代建筑语言》以及文丘里的《建筑的矛盾性与复杂性》等后现代建筑理论著作被介绍进来，使得中国建筑界对后现代也表现出极大的关注。

1986 年的建设部优秀建筑设计奖的评选，标志着建筑界的价值取向转向多元。在获得一等奖的三座建筑中，对时代精神和现代性的表达各有千秋——拉萨饭店（陆宗明，1985，藏式亭子置于现代建筑所围绕的庭院之中）；阙里宾舍（戴念慈等，1985，从神韵上表现中国古典建筑空间）；北京国际会展中心（柴裴义，1985，体现了异域文化对本土文化的影响）。这三座代表当年中国建筑创作最高水平的建筑，一个是地区特色与现代形式的简单加法，一个是现代技术再现传统形式，一个是西方形式的引进搬用。这表明，对于中国传统的现代性，中国如何与时代接轨，答案不是唯一的，而这种多元带来了创作的繁荣。但对于具体如何去表达时代精神，却是笼统和模糊的。

这一时期对民族风格的反思，既有对"民族形式"话题的延续，也有超越对"民族形式"片面理解的争论，还包括了对民居建筑的考察以及其中所蕴含的地方智慧的关注。1987 年的"传统建筑文化与现代中国建筑创作"学术研讨会用"传统建筑文化"取代了之前一直沿用的片面的"民族形式"，认为"建筑文化不仅是建筑形式和符号问题，它包括了与建筑有关的生产、生活方式、伦理观念与哲学思想、习俗、地方材料的运用等更广泛、更深刻的内涵"[8]。在建筑理论上最典型的是缪朴的《传统的本质——中国传统建筑的十三个特点》[9]。

2.1.3 第三代建筑师成为拨乱反正、打开新视野的主力

在改革开放的起步期，许多"文革"前毕业的建筑师获得了能够大展宏图的机会。他们生活在一个复杂多变的时代，前期的困惑与后期的机遇的交织，使得他们视发扬中国传统建筑文化并探索其现代之路为己任。他们汲取国外及中国传统建筑文化的精华，并把这些都深深地烙印在作品中，成为转型时期开创建筑创作新局面的典范。他们

中的代表人物有关肇邺、齐康、张锦秋、何镜堂、蔡镇钰、马国馨、程泰宁、布正伟、费麟、孙国城、何玉如、刘力、柴裴义、王小东、罗德启等[10]。

齐康先生在福建地区的一些作品探索起步较早，到80 年代已经有了丰硕成果。如武夷山庄（1983），借鉴闽北传统民居的空间布局，发掘传统手工艺，如砖雕、石刻、木雕、竹编等，并利用地方材料赋予建筑地方特色。再如长乐县下沙海滨度假村"海之梦"（1988），建筑师运用似海洋生物曲线的有机形态，抽象组合，形成一种梦幻式的体形，这在当时有一定的先锋性[11]。

建筑师戴念慈主张立足传统而创新。他认为："我们采用旧形式的目的，在于以它为出发点，有所变化发展，有所创新。"[12] 其代表作阙里宾舍（戴念慈、傅秀蓉、杨建祥等，1985，图 16）利用现代结构体系体现传统建筑神韵，中央大厅采用正方形壳体结构，在内部呈伞状，在外部形成歇山顶的十字屋脊，传统屋顶与结构得以完美结合。但以戴念慈为代表的创作方向也受到了曾昭奋等一些捍卫经典现代建筑思想者的反对。他们对强调"民族形式"的导向提出严厉批评，反对大屋顶、亭子以及轴线、对称等手法。在此语境下，华裔建筑师贝聿铭的"建筑创作的民族化道路探索"也备受争议，最典型的代表是香山饭店（图 17）。一方面在这个作品中对中国传统建筑元素的符号化的重组体现了对民族形式的继承，被誉为对中国建筑民族性进行现代表达的成功探索，贝氏"寻求一条中国建筑创作民族化的道路"的努力受到了广泛的正面评价；另一方面，有些人认为他为了体现传统，却使得造价昂贵，同时建筑表面化的传统符号的转译以及对环境的影响等方面也备受争议。无论是阙里宾舍还是香山饭店，在寻求中国传统的现代表达上是一致的，都是集中在建筑形式和手法上对中国传统文化的继承。前者由于在建筑形式上直接体现了民族形式而受到批判，后者由于重组而具有视觉上的新颖性而受到了一定程度的好评，但是也受到了后现代主义的影响。

建筑师张锦秋在古都西安这样一个具有浓重历史文化背景的场所，通过传统与现代的结合而不是完全复制传统形式，较好地实现了传统建筑的现代化革新。她在设计陕西历史博物馆（1991）时，采取的策略是尊重历史文脉，

8 王小东. "传统建筑文化与现代中国建筑创作"学术研讨会在乌鲁木齐召开 [Z]. 建筑学报，1987（11）：14.
9 缪朴. 传统的本质——中国传统建筑的十三个特点 [J]. 建筑师，1989，36（12）：56-59.
10 《建筑创作》杂志社. 中国建筑设计 30 年（1978—2008）[M]. 天津：天津大学出版社，2009：15.
11 邹德侬，王明贤，张向炜. 中国建筑 60 年（1949—2009）：历史纵览 [M]. 北京：中国建筑工业出版社，2009：107.
12 戴念慈. 论建筑的风格、形式、内容及其他 [M]// 张祖刚. 当代中国建筑大师·戴念慈. 北京：中国建筑工业出版社，2000：156-168.

用简约的平面构图体现传统空间图式，用"轴线对称，主从有序，中央殿堂，四隅崇楼"的建筑布局形成整体建筑群的恢弘气势。

王小东在西北地区的地域性建筑探索方面有独到之处。他设计的新疆友谊宾馆三号楼（1984，图18），主体以两层为主，采用拱形阳台板，一方面出于对当地气候的考虑，另一方面形成了强烈的光影效果。整个建筑物组成了三个不同的庭院。风味餐厅取意哈萨克牧民帐篷，使人联想到牧场和森林。

何镜堂设计的广州南越王墓博物馆（1993，图19）依山而建，面向城市，建筑整体采用与陵墓石壁一致的红砂岩饰面，入口空间序列隐喻陵墓神道：一条44级，上有玻璃光棚的笔直蹬道，正对着陵墓。在总体布局上分成3个部分，巧妙地结合地形，依山就势，将展馆、墓室等不同的空间连成一个有序的整体。

冯纪忠的作品松江方塔园（1981，图20），建筑单体提取了江南传统民居的形式并对其进行了转化，他将传统民居的外表和现代钢结构并置在一起，做法十分独到。在园林布局上，他从不同的角度将"空间—时间"概念用中国的传统方式进行阐释，他通过园林中不同元素的运用，更强调了中国传统文化的交感性空间认知，它的时间性更

是体现了中国传统绘画、书法甚至文学中对于古意的追求。在这个作品中设计者强调的时间体验，是体现着新旧对话的具有历史维度的现在完成时态[13]。

在这一时期其他比较突出的建筑作品是从传统形式中提取满足现代生活的空间结构和生态技术，如福建省图书馆（黄汉民等，1989，图21），从福建传统民居土楼的空间结构中汲取灵感，在入口处半圆形的露天空间，成为喧闹的城市与安静的图书馆之间的过渡；绍兴饭店（陈静观等，1990，图22），主庭院以水为主题，回廊曲桥穿插其间，绍兴小巧的乌篷船可以从饭店水园摇向城区水网河道，富有江南水乡情趣[14]；甘肃敦煌航站楼（刘纯翰等，1985，图23），为更好适应当地的炎热气候，借鉴采用了当地内天井式的民居布局，候车大厅外观庄严厚重，开窗少而小。为有效地阻挡风沙和降低太阳辐射，圆形综合楼做下沉处理。项目整体形象朴素，不但有效控制了造价，而且以一种谦逊的方式回应了当地的人文景观。

关肇邺先生设计的清华大学图书馆新馆（1991，图24），"在保持清华园中心区建筑的传统特色的同时，赋予新馆以时代的特征：力争减小新馆在构图上的分量以尊重大礼堂在建筑群的中心地位和图书馆老馆的历史价值"[15]。他认为建筑设计，"重要的是得体 不是豪华与新奇"。

图16 阙里宾舍

图17 香山饭店

图18 新疆友谊宾馆三号楼

图19 广州南越王墓博物馆

图20 上海松江方塔园

13 赖德霖. 筑林七贤——现代中国建筑师与传统的对话七例 [J]. 世界建筑导报，2011（4）：10-16.
14 吴良镛. 吴良镛城市研究论文集——迎接新世纪的来临 [M]. 北京：中国建筑工业出版社，1996.
15 魏大中. 建筑设计的环境意识 [J]. 建筑师，2012（47）：12-15.

图21 福建省图书馆　　　　图22 绍兴饭店　　　　图23 甘肃敦煌航站楼

图24 清华大学图书馆新馆　　图25 菊儿胡同　　　　图26 北京炎黄艺术馆

吴良镛先生对北京地域文化有着深刻的研究，他的新四合院住宅菊儿胡同（图25），创造性地继承北京传统建筑的四合院形式和胡同体系，并将便利的生活设施融于传统形式，还充分考虑了现代公寓应有的私密性，既充分尊重了传统文脉，又在居民环境注入新生活的气息，是旧城有机更新的典范。

在北京炎黄艺术馆（1991，图26）的设计中，建筑师刘力通过将传统建筑抽象，省略木结构的细节部分，体现了传统建筑的神韵。建筑造型突出了屋顶，并紧密结合功能，与太和殿的稳重端庄一脉相承。

布正伟设计的重庆江北机场航站楼（1990），在设计中充分考虑了夏季减少空调负荷和节能的措施，其立面实墙占了绝大部分，落地玻璃隐藏在悬挑的大雨篷之下，室内外都采用了弓形圆弧为母题组成千变万化的图案。布正伟先生的另一个作品烟台莱山机场航站楼，从城市的形象中提取了建筑形式素材，建筑体量中直径4米的筒体取意"狼烟墩台"，构成建筑的标识性入口，建筑在材料的使用上也与其暗示的城市文化相呼应：海草、石头和缆绳。

钟训正在无锡太湖饭店的设计中，将建筑与地形的结合做了细致的考虑，建筑依照山势自山顶平台层层向东南方向跌落，自然将建筑分成若干部分化整为零。建筑师戴复东在荣成的北斗山庄的设计中，参照了胶东半岛的典型乡土建筑海草石屋，整个建筑就地取材，自海滩取草，山地取石，建筑具有良好的生态效应，一方面延续了传统的形式，另一方面也满足了现代生活的需要。

2.2 改革成熟期的文化反思与艰难探索

2.2.1 南行讲话奠定建设理论，危机来自"经济本位"与"形式本位"

1992年邓小平南行讲话，奠定了建设有中国特色社会主义市场经济的理论基础。以上海浦东新区开发为代表，建筑设计市场的发展进入了又一个新时期。一方面，政治对建筑的微观影响逐渐消退，市场经济对建筑的直接影响上升到主要地位，这无形中也造成了一些负面影响，出现了片面追求速度和经济效益的现象——"经济本位"。另一方面，由于设计项目量过多，一些建筑师无暇对设计进行深入思考，而停留于建筑形式的表面模仿和抄袭——"形式本位"。这造成了建筑设计整体品位的庸俗化，一味追求新奇形式而失去文化品位，如滥用、模仿和抄袭西方建筑一些符号，堆砌高档建材，肤浅拼贴，片面追求商业化效果的现象，对传统的理解流于肤浅的形式元素模仿和拼凑。符号化的建筑生产纷纷登上舞台："架子风"、"中庭风"、"幕墙风"、"欧陆风"、"拼贴风"、"广场风"等等，令人目不暇接而缺乏专业水准。

2.2.2 多元建筑理论的引入与文化反思

20世纪90年代是一个社会背景极为特殊的历史时期：一方面，进入信息社会的西方发达国家正在对经典现代建筑原则进行强烈的批判或修正；另一方面，作为发展中国家的中国，正需要现代建筑的原则，以支持大规模建设。建筑师处于两难的尴尬处境：对经典现代建筑原则的"补课式"引进使得以工业化为基础的现代建筑思潮在国内尚未成熟，同时又要对其中的不适应社会发展的弊端进行修正。这一时期的建筑师正是在这样的矛盾中摸索前进。

继现代、后现代建筑思潮在国内的广泛传播后，解构主义建筑思潮又在1991年通过国内建筑刊物得以较系统全面的介绍[16]；而建筑师对于创新的探讨不再局限于风格流派——做什么的问题上，而开始关注设计方法论——怎么做的问题上。亚历山大的《建筑永恒之道》、《俄勒冈的实验》以及《模式语言》的引入开始影响国内建筑界。同时，其他相关学科理论的引入也对建筑理论产生了重要影响。1960年以来的世界范围内人文科学、社会科学的成就开始被广泛地借鉴，如建筑符号学、现象学、类型学、建筑人类学、建筑生态学等。这一时期，中国建筑界对这些理论也产生了极大的兴趣。经过多年文化反思，中国建筑逐渐摆脱了改革开放初期的思想震荡和二元对立的思维模式，多元共存逐渐成为主流建筑师所普遍认可的观念。

进入90年代，国内对世界范围内全球化与地域性的学术研究也开始逐渐引入。对批判地区主义进行介绍的较早文献是1992年发表于建筑师第47期由李晓东教授翻译的A.楚尼斯、L.勒法维的《批判的地区主义之今夕》；而由关肇邺先生的研究生狄红波完成的《建筑设计中的地区主义》是较早的一篇研究成果，比较系统地论述了建筑设计中的地区主义建筑思想。

此外，国内具有原创意义的建筑理论开始出现，代表性的是吴良镛先生从人类聚居的角度提出的"广义建筑学"，其意义在于扩大建筑学的内涵，从更广的范畴和更高的层次上提供系统的理论框架，反思建筑学科的本质，揭示建筑学科内容的复杂性、广泛性以及综合性。1997年，吴先生提出"发展地区建筑学"的概念；1998年，他又提出"乡土建筑的现代化，现代建筑的地区化"的议题；2002年，又针对中国当代建筑创作现状，提出了"基本理念加地域文化，从时代模式探索中国建筑道路"的基本策略。这些思想都被写进了1999年的《北京宪章》，成为世界性的建筑纲领。

全球化作为一种观念深刻地影响着世界的建筑文化，它打破了各地区独立封闭的文化壁垒，极大地促成了跨文化交流，从而促使建筑文化的发展进入了一个崭新的阶段。国外建筑师的进入在80年代末到90年代初到了一个高潮，并以高层写字楼项目为主，如北京国贸中心（日建设计，1989）。1994年上海金茂大厦（SOM，1999）国际竞赛，第一次邀请了外国建筑师担任评委，首次开启了关于建筑的全球化与地区性的争论。SOM的最终实施方案是一个

传统文化结合现代建造技术的塔楼，以巧妙表现中国传统"塔"的造型而受到广泛好评。KPF设计的上海环球金融中心，主体建筑方形平面自下而上逐渐收分，至460米的最高处收成一条线，形成简洁有力的体量。最终方案上部开设方洞（最初为圆洞），洞中设观光廊，结合美术展厅、商店、咖啡厅等形成顶层的城市公共空间，是登临远眺的佳地。

另一方面，由于各国建筑师的介入将西方建筑文化和设计理念带入国内，引起了中西文化的激烈碰撞，地域与民族性建筑文化在这一时期因而也得到广泛关注。在这样的背景下，"现代化发展中的地区建筑学"研讨会于1996年5月和1997年10月先后在新加坡和北京召开，与会人员对于地区建筑文化的发掘提出了种种观点，如通过研究地方气候特征来发扬当地传统建筑文化，从挖掘地方传统风俗、工艺、生活方式等方面入手寻找失落的、有价值的建筑文化。1999年的第20次世界建筑师大会上，"全球化、文化趋同与建筑发展"这一课题也作为"建筑与文化"专题中的一项内容被正式提出。

2.2.3 环境生态意识的增强

自60年代以来，各种基于生态学原理的建筑理论、方法与实践逐渐涌现。这些探索已逐渐形成了一种独特的建筑理念。1977年的《马丘比丘宪章》、1981年在华沙召开的关于"人—建筑—环境"的讨论会，显示了人类对于生存环境逐渐开始重视。而1989年的"关于可持续发展的声明"提出了人类社会发展的崭新模式；1992年的《里约宣言》明确提出了可持续发展是人类生存的唯一发展模式；1996年，联合国环境与发展大会通过了里程碑式的文件——《21世纪议程》和《人居环境议程》，这标志着可持续发展议题已经开始付诸实践。一系列的会议及文件正说明了全球环境意识在世纪之交的觉醒和深化，使得解决20世纪出现的种种"环境问题"成为可能。

我国是开展可持续发展研究较早的国家之一，虽然在资金投入、研究成果以及技术支持等诸多方面与发达国家还有很大差距，但这一时期的工作已经取得了较大进展。如人居中心信息办公室于1991年在我国成立，这是由联合国人居中心与我国建设部合作完成的；1995年11月28日"人居环境研究中心"在清华大学正式成立，开拓了国内人居环境科学研究的新领域。

在我国的城乡建设急剧发展的背景下，城市化过程产生的诸多问题和矛盾也纷纷出现。在这种形势下，科学家

16 刘廷 . 解构主义建筑活动的意义与局限 [J]. 建筑学报，1991（3）：55.

钱学森先生山水城市说的提出获得了国内外各界的积极响应和支持。然而，这个理论也有一定的局限性。对于中国的基本国情来说，我国幅员辽阔，地区环境差异较大，这导致了城市规模、城市资源、经济状况、发展进程、开发程度各不相同，因而山水城市的宏观理念很难统一实施，还不具有普适性和可操作性。

2.2.4 建筑创作超越经典现代建筑，对传统建筑探索减少

改革开放成熟期的中青年建筑师群体逐渐成长，他们多为1977年恢复高考后逐步成长起来的设计界的"中坚"力量。其代表人物为崔愷、孟建民、庄惟敏、朱小地、汤桦、孙宗列、邵韦平、胡越、李兴钢、周恺、张宇、张俊杰、赵元超、刘晓钟、王兵、钱方、徐峰、余立、尹冰、孙一民等。

遗憾的是在多元探索的阶段，中国建筑界对于传统文化继承方面的探索成果较少。吴良镛先生在对于传统建筑的深层文化方面继续进行探索，代表作品是曲阜孔子研究院（1999，图27），总体布局以九宫格为基础，参照传统风水学的理念，在山水围合的中央突出建筑的主体。把主体建筑置于高台之上，隐喻高台纳士。辟雍广场是体现"礼""正""序"思想的最重要的外部空间[17]。在设计中体现孔子的哲学思想，隐喻中国文化内涵，将传统文化与现代的技术和构造有机地结合了起来。

马国馨院士曾在丹下健三都市与建筑事务所研修，其代表作品是1991年的北京奥林匹克中心（图28）与亚运村工程。作品将传统意蕴的表达和大跨度结构相结合，从整体结构到细部处理在各个层次上实现现代与传统的结合，在手法上力图与直接模仿和简化保持距离，这成为一个重要的价值取向。然而在20世纪末建成的中国建筑文化中心在传统文化与现代技术相结合上与90年代初的亚运工程相比并没有实质上的变革。

建筑师邢同和的设计同样具有隐喻的色彩，其代表作品上海博物馆新馆（1995，图29），在建筑造型上包含了第五立面——屋顶的考虑，独具特色。建筑立面的几何形体组合形成"天圆地方"，并传承传统建筑"上浮下坚"的造型特点，东西南北4个拱门各具象征意义。

程泰宁先生设计的杭州联合国国际小水电中心（1998，图30）是联合国定点设在中国的第一个独立机构。建筑物在设计中以水为组织元素将室内外建筑空间连成整体，建筑部分围绕中心圆形水庭，水庭成为沟通内外环境的媒介与内外连通，建筑的室内外空间自然过渡，充分表达了"中国空间"的特征。

3 新世纪中建筑理论的进展和建筑师的探索

3.1 新世纪中建筑理论的进展

3.1.1 《北京宪章》标志中国建筑创作进入新纪元

1999年对于中国建筑界来说是不平凡的一年：中华世纪坛成为中华民族回首过去展望未来的象征；昆明世界园艺博览会向世界表明了中国西部开放的姿态；而更加令人瞩目的是，首都国际机场T2航站楼的落成以及国家大剧院方案的确定，预示着新世纪我国在建筑领域将取得巨大的进步。

1999年6月23日，在北京召开的国际建筑师协会第20次大会通过了以吴良镛先生为主起草的《北京宪章》，这一里程碑式的文献标志着中国当代建筑创作新纪元的到来。宪章阐述了三个方面的内容：（1）认识我们的时代，总结建筑学发展的历史经验与问题；（2）试论世纪之交建筑学与有关方面亟待解决的前沿问题；（3）展望21世纪建筑学发展的趋势与可能前景。其中几个子议题——建

图27 曲阜孔子研究院　　图28 北京奥林匹克体育中心　　图29 上海博物馆新馆　　图30 杭州联合国国际小水电中心

17 张向炜. 新时期中国建筑思想论题. 高等学校博士学科点专项科研基金项目，2008.

筑与环境、建筑与城市、建筑与技术、建筑与文化——的提出，体现了当今建筑界应该重点关注的几个问题，同时为中国建筑理论的研究指明方向[18]。其中在第一部分以"认识我们的时代"对 20 世纪进行了回顾，并展望 21 世纪建筑的时代特征，指出：新的时代是一个兼容并包的共生时代；新的时代是需要回归基本理论而又发展基本理论的时代；新的时代是需要集体思维集大成的时代；新的时代是一个从多方面批判、继承，但更要立足于伟大创造的时代；新的时代是重新呼唤人文的时代，在技术日益发达的同时力求"人文日新"[19]。

在对世界建筑时代特征认识的基础上，建筑师开始正视中国建筑界所面临的时代精神话题。"'造型新颖、独特、具有时代感'，几乎是我国建设部门对建筑设计的普遍要求，形成了一种社会性的价值取向。要想创造造型新颖、独特、具有时代感的建筑，只从形式上盲目地模仿是达不到的。必须运用时代的新观念、新理论、新技术等一切可以利用的时代的精神和物质力量，主动积极地去探索、去创造。有些复杂多维的造型和空间，还要借助现代的表现工具计算机和模型，帮助想象和推敲。必须全面地、综合地解决功能、技术、结构、设备和造型之间的矛盾，使它们有机地、巧妙地结合起来，才能有所创新。"[20]

3.1.2 建筑理论及技术的针对性引入

新世纪大量西方建筑理论著作的引进，使得中国建筑界对于建筑本体的关注加强，对建筑的基本问题和基本理论包括建构话语的引入成为一个讨论的重点。对于"建构"理论的引入与 80 年代的理论引入有所不同，它并非被动引入，而是有针对性的主动吸取。伍时堂首先在《世界建筑》1996 年第 4 期发表了《让建筑研究真正地研究建筑——肯尼思·弗兰普顿新著〈建构文化〉简介》。但建构理论真正被广泛接受还是在 2000 年以后。国内学者对于建构的理解虽彼此并不一致，但这是概念在跨文化语境的挪用上引起的必然结果。然而结合建构理论和本土文化形成对我国建筑文化认识的新视角，仍然具有重大的意义，如赵辰以建构理论重构中国古代建筑传统的尝试，张永和、张雷对材料、构造、形态间关系的思考等[21]。

随着电子计算机技术的成熟，其对建筑业的渗透也必将带来建筑设计方法和思考方式的变革。计算机辅助手段

的介入丰富了建筑形式和建筑表现。1990 年以来，个人计算机逐渐变得廉价可得，计算机软件的逐步成熟使得计算机辅助设计在建筑设计大潮中迅速普及，一方面建筑信息模型（BIM，Building Information Modeling）的可视化、协调性、优化性大大提高了建筑设计工作的效率。另一方面其他学科诸如复杂性科学的普及和渗透冲击建筑界，使得建筑形式和表现能够超越普通"平立剖"的思维模式而形成更加有机复杂的形式。由于中外交流逐渐增多，这种被称作"非线性设计"的方法逐渐在中国普及。

3.2 新世纪中建筑师的探索

3.2.1 国外建筑师的大量进入与中国建筑师留学归来

这一时期外来建筑师占领国内高端建筑市场。一段时间以来，我国几项规模较大的建设项目几乎都源自国外建筑师的构思：国家大剧院、中央电视台新大楼、"鸟巢"以及"水立方"等等。

其中，颇受争议的是安德鲁设计的国家大剧院方案，国内各界人士围绕这一方案分为赞成派和反对派，其争议的焦点是这一位于故宫不远处的新建筑是否需要体现中国传统建筑文化以及如何体现传统文化。2008 年奥运会主体育场的方案"鸟巢"也因造型和造价等因素同样备受争议。而 CCTV 大楼更是将这一争论推向了一个新的高度。然而，建筑设计市场的开放是不可逆转的，在中西方建筑文化的碰撞和交流中，应该如何应对这种局面，是我们不能回避的现实。纵观 2010 年上海世博会，欧美发达国家的国家馆基本是以一种轻松的姿态宣扬国家的自由和发展前景，而发展中国家的国家馆则倾向于从传统空间、材料、形式上探寻自身价值，在建筑上往往有较强的传统文化倾向，这也从一个侧面反映出国家发展的现状和国民的意识形态。在中国古代，中国的汉文化在包容其他文化中扩充自身内涵，而在这样一个开放的时期我国是否能以开放的心态包容西方文明而不丢失其自身，仍然是一个沉重的话题。

在国外建筑师大量涌入的同时，留学归来的中国建筑师给中国建筑市场带来不一样的面貌和新鲜元素，如张永和、马清运、李晓东、都市实践、张珂、华黎、董功、章明、祝晓峰、马岩松等。

非常建筑的张永和在柿子林会馆（2004）的设计中，

18 吴良镛. 21 世纪建筑学的展望 [J]. 城市规划, 1998 (6)：10-21.
19 吴良镛. 21 世纪建筑学的展望——北京宪章基础材料 [J]. 华中建筑, 1998 (12)：16-33.
20 潘家平. 时代感的创造和表现 [J]. 建筑学报, 1996 (4)：14.
21 王炜炜. 从主义之争到建筑本体理论的回归——1930 年代以来西方建筑理论的引进与讨论 [J] 时代建筑, 2006 (5)：30-34.

图 31　土楼公舍

图 32　丽江玉湖完全小学

图 33　李叔同纪念馆

图 34　浙江美术馆

从基地条件出发，基于对保留柿子林的要求，设置了围绕柿子树的散布在建筑中的内天井，打破了建筑的封闭沉闷，在建筑内部营造了多样化的空间。建筑空间中的流线是多向度的，产生了无限多的体验路径，制造出了丰富的空间体验。

都市实践的土楼计划（2008）从深层次的居住模式上借鉴传统民居土楼来解决城市中低收入者的问题。土楼公舍（图 31）位于广州南海，将客家土楼建筑形式的向心力、文化意味的凝聚力，充满象征意味地运用在该项目上。更重要的是，它还从空间形式和心理上为其中的居住者提供了一个适于交流的场所，为不同阶层的人群在一定范围内的融合提供了可能性的探索。

清华大学李晓东教授的作品丽江玉湖完全小学（图32）及社区中心（2003）获得了多项大奖，纵观其建造过程：建筑师自主选址，投资由建筑师募捐，建筑师参与设计与建造施工的全过程，建筑师对于细节的关注和当地材料、建造工艺的运用，使建筑既有地域特性又具有普遍借鉴价值。

张轲创立的标准营造事务所在西藏林芝设计建造了一系列的小建筑，包括雅鲁藏布江派镇码头、南迦巴瓦接待站、尼洋河游客中心、大峡谷艺术馆等。在这些项目中，标准营造将当地木骨石造的传统建造技术同现代钢筋混凝土技术结合，实现了传统工艺的现代更新。

3.2.2　本土建筑师的探索

在新世纪中，已有所成的资深建筑师，不断开拓进取，个人的建筑风格日趋成熟。同时，许多设计研究院体制下的建筑师，加强了对设计研究工作的投入，力求在建筑创作下取得新的突破。

其中代表性的有程泰宁先生设计的李叔同纪念馆（2004，图23），该作品采用了隐喻的方式，以"水上清莲"的造型给人清新脱俗的感觉，与弘一法师的圣洁品格相得益彰。纪念馆与周围树木相映衬，又与水中倒影相映成趣。

另一个作品浙江美术馆（2009，图34）依山形展开，形成向湖面层层迭落之势。建筑粉墙黛瓦的色彩构成，对传统的坡顶进行了结构处理，穿插的造型利用陌生化的处理方式，具有江南建筑的文化意蕴，体现了传统意蕴与现代精神的深层次融合。

吴良镛先生的中央美术学院新校区（2001），从地段和环境出发，借鉴东西方大学校园的原始模式，通过院落单元来组织空间，形成了多进院落空间互相渗透、景观环境幽雅、交流氛围浓郁、整体风格协调的校园环境。新校园建设方面具有强烈的可持续设计意识，建筑用地中有填满了建筑垃圾的大窑坑，经过设计者精心设计，大窑坑变成了环形台地，建筑群沿台地布局，层层跌落，利用台地落差设计了下沉体育场、下沉露天剧场、下沉庭院和半地下展厅，丰富了竖向空间层次，合理利用了地下空间资源[22]。在造型上追求整体雕塑感，弱化传统建筑形式，以方、圆、锥台等纯几何形为母题，形成雕塑感很强的群体形态。

何镜堂先生的代表作——侵华日军南京大屠杀遇难同胞纪念馆新馆（2007，图35）是通过空间序列的组织来营造纪念气氛的典范。在空间布局上，为表现"战争、杀戮、和平"三个纪念要素，纪念馆以一条中轴线串联起新展馆、入口广场、遗址庭院、万人坑遗址、祭祀庭院、冥思厅、和平女神纪念雕像等主要空间以及构筑物，让参观者的感受逐渐从肃穆、净化、哀思、平静转换到希望而结束参观，成功营造出纪念性建筑的场所精神。

崔愷的安阳殷墟博物馆（2005），为减少对遗址区的干扰，最大限度地维持殷墟遗址原有的面貌。设计者最大程度地削弱了博物馆的体量，使建筑与周围的环境地貌浑然一体，将博物馆的主体沉入地下，地表用植被覆盖。在材料的变化上，设计者进行了细致的考虑，建筑在外墙和下沉坡道的侧墙上运用了水刷豆石，这种材料源自当地，与博物馆内敛和庄重的气质相得益彰。而中央庭院的四周墙体运用了青铜，呼应了殷墟遗址的主题。在空间处理上，

22 吴良镛，栗德祥，朱文一，庄惟敏 . 中央美术学院迁建工程 [J]. 建筑学报，2004（2）：34-39.

利用四周回转的坡道引导参观者，以中央庭院为空间高潮，并在各个细节的处理上与展示的遗址相呼应来凸显文物的价值。

在国内接受系统的建筑教育，并基本在国内进行建筑实践的建筑师们，对于本土建筑的情况和问题有更加直接的认识，在中西方文化、建筑潮流的交融和碰撞中通过自身的探索，逐渐摸索出自己的建筑创作之路。越来越多的青年建筑师成立自己的建筑工作室或事务所。而作为中青年建筑师，在他们的建筑实践中，把眼光更多地投向在传统中探索创新之上，如王澍、周恺、刘家琨、刘克成、柳亦春、张利、张斌、傅筱等。

王澍在中国美术学院象山校区（2007）中采用了中国山水画中特有的"散点透视"有效削减了建筑的大体量，并模糊建筑与环境的边界，形成了与自然山水的有机融合，建筑并没有从形式上模仿传统建筑而是在创造性地使用旧材料来激发本土意识，典型的瓦爿墙的砌筑让建筑具有浓厚的历史气息，同时旧材料的回收利用能够让环境有所改善。

刘家琨在艺术家工作室系列中体现出自觉的抵抗式的地域主义倾向。如罗中立工作室把瓦板岩用于起居室的单坡屋顶上，何多苓工作室和丹鸿工作室墙面表层采用水泥粗抹工艺，在这里建筑师关注的是材料此地的可得性和工艺的现代性——体现此时此地的特征，而不是对当地的民居建筑进行形式上的模仿。他还在鹿野苑石刻艺术博物馆（2002，图36）中采取了"框架结构、清水混凝土与页岩砖组合墙"这一特殊的混合工艺，是由于他认为清水混凝土的建造工艺虽然已经成熟，但在中国不够成熟，因而他的材料和建造方法的运用既满足建筑追求又解决中国的问题。

刘克成设计的西安大唐西市及丝绸之路博物馆（2010），以感知以及亲近历史为出发点和主要概念[23]，他使用 12 米 ×12 米的钢构架结构单元，这一模数的选择是从整体规划的角度考虑实现体量和周边的协调。各单元在屋顶的处理上又利用不同坡度的变化形成层次丰富的外形。设计关注的是延续历史的小尺度空间并能彰显旧日的商业活力。在建筑材料选择上用土黄色的带有夯土肌理的仿石材材料力图体现沧桑感和自然感，也是对唐长安城墙的隐喻和呼应。

图35 侵华日军南京大屠杀遇难同胞纪念馆新馆　　图36 鹿野苑石刻艺术博物馆

4 建筑语境中传统文化的现代思考

在全球化、现代化势不可挡的今天，如何既接受时代的进步，同时又保持与延续传统文化，是一个被关注的话题。面对这个矛盾统一的论题，人们已认识到，全球化的程度越高，对传统文化的渴望程度也越高。建筑界也面临着同样的状况，中国的当代建筑既应该追求现代性，体现时代精神，同时也应该将自己丰富的文化传统结合进来。在表达现代性的同时如何通过传统文化获得地域特色与可识别性，是当代中国建筑的一个重要问题，也是中国建筑师们不断探索的重要方向。

在中国当代建筑师的创作实践中，对传统文化的思考和继承，途径是多方面的：有对传统形式的直接体现，有对传统抽象化、符号化的处理，有对传统空间意境的思考，也有对传统建造技艺的提倡等等。总的来说，呈现出一种从形式向内涵，由表象到本体逐渐转变的特征。当然，建筑师在创作中需要结合具体的情况采取不同的表达方式，因地制宜。尊重与继承传统文化是一个大的态度，而方法应该多元化。

4.1 形式与空间

不论是近代的"中国固有式"还是新中国成立以后的"民族形式"，其传统建筑文化的现代化表达方式其实是一脉相承的。传统建筑的大屋顶等显著的形象特征在现代建筑的设计中形式化或符号化地重现。这种重现是基于完全尊重传统建筑的形式而来的，因此新旧建筑中所呈现出来的

23 茹雷.长安余晖——刘克成设计的西安大唐西市及丝绸之路博物馆 [J].时代建筑，2010（5）：100-107.

图37 阿倍仲麻吕纪念碑   图38 "三唐"工程   图39 陕西历史博物馆

图40 丰泽园饭店   图41 德胜尚城   图42 明代帝王博物馆

传统元素是相互对应的，并体现着传统空间意识与空间美。

在历史文化名城古都西安，张锦秋院士设计了多座标志性建筑。从阿倍仲麻吕纪念碑（图37）、"三唐"工程（图38）、陕西历史博物馆（图39）、大唐芙蓉园到新近落成的唐大明宫丹凤门遗址博物馆，这些建筑都有着一个共同的特点，即现代的功能，传统的形式。由于古都西安沉甸甸的历史，上述张大师设计的建筑都采用了至今现存最早、也最能代表西安特色的唐代建筑形式，被人们称为"新唐风"建筑。这些建筑虽然形式传统，但较好地化解了新与旧之间的矛盾，将传统建筑形式与现代需求很好地结合起来，是传统建筑风格与现代公共建筑功能完美融合、形式表征与空间美学高度统一的杰出代表。

相比于张锦秋忠于传统形式的方式，崔愷对于传统文化的继承更为抽象和符号化。其早年设计的北京前门外珠市口丰泽园饭店（图40），由于地处历史街区，采用了传统民居的符号语汇。这种处理方式既符合北京当时"夺回古都风貌"的行政指令，也使得建筑物的外在形象和空间表现上与周围环境相协调。

4.2 意境与内涵

在崔愷随后的建筑设计里，对传统文化的继承呈现出由"象"到"意"的转变。在北京德胜门附近的"德胜尚城"

（图41）办公区设计中，建筑师采用了现代的形式语言，而传统文化则体现在空间结构、场所精神等更深层次方面。作为在皇城根长大的北京人，"街道—胡同—院子—房子"是他们对老北京旧城空间秩序的集体记忆，也是建筑师的个人体验。建筑师首先在规划尺度上放弃了现代城市中一般办公楼低密度、集中布局的西方式建构方式，而是将延续城市文脉作为总体布局的主题，通过斜街、胡同、院落的方式"再现"了原址的旧城结构和肌理。这种深层次的传统体现，与后现代主义对历史传统的符号化手法颇为不同。同时，建筑立面采用了老街区的建筑材料和物件，在新的街区空间中搭建出传统的场景。通过这些不同尺度、不同层面的处理，"德胜尚城"与巍峨的德胜门古城楼取得呼应，城市的记忆得以保存[24]。德胜尚城建筑形式现代，但空间结构及立面材料又很传统，使得身处其中的人们感觉既熟悉，又"陌生"，实现了"戏剧性"的效果。

随着实践的积累，崔愷逐渐总结出了一个"本土设计"的概念，认为中国建筑要走本土化的路线，这既是对自身文化的保护、传承和弘扬，也是中国建筑的立足之本。而"本土化"这个概念，既不同于"社会主义内容，民族主义形式"的风格论，也不同于照搬照抄传统建筑形式。"本土化"根源于传统文化，传统文化是"本土化"建筑创作的动力和源泉；同时"本土化"反应的应该是当下的文化，而且不是僵化不变的，应该随着时代的变

24 刘爱华，崔愷. 当现代遇见历史——北京德胜尚城 [J]. 世界建筑，2006（2）：140-146.

图 43　宁波博物馆

图 44　中国美术学院象山校区

图 45　天台博物馆

化不断调整。

清华大学单军老师的建筑现代简洁，但建筑的"内外之间"处处体现出传统的空间意境与文化内涵。在明代帝王博物馆（图 42）中，建筑师通过"由内而外"的方式，赋予地点积极的空间特征以及浓郁的文化气息。博物馆虽然形式现代，但意境深远。根据主题特征，博物馆以"明"字作为总体布局，形成丰富的空间结构。博物馆内部的院落与敞廊，疏密有致、变化有序，是可供游人穿越漫步的公共开放和室外展陈空间，形成具有中国传统园林神韵的"园中之园"。

4.3　技艺与建造

与"官式"的继承传统建筑不同，还有一些建筑师的作品中体现的传统文化更为地域、更为民间，被称为"新乡土建筑"。这些建筑对传统乡土材料的大量使用，对传统建造技艺的延续与革新，令人印象深刻。

2008 年由王澍设计的宁波博物馆（图 43）落成，其独特的外墙材料引起了广泛的关注。其直壁的外墙采用的是浙东地区的"瓦爿墙"，而斜壁的外墙采用的则是毛竹模板成型的清水混凝土墙。历史上以慈城地区为代表的瓦爿墙是宁波地域乡土建造的特有形式。"百年的砖，千年的土"，在建筑师王澍看来，旧砖旧瓦，代表了文化记忆的继承，以及中国传统建筑"循环建造"方式的继承，它们是记忆收存和资源节约的结合。王澍本人对墙体的解释是，"一是材料都来自于宁波周边地区的旧砖瓦，大多是宁波旧城改造时积留下来的旧物，这样的设计相当于把宁波历史砌进了宁波博物馆；二是时间的变化，宁波博物馆虽然在 2008 年才落成，但这些砖瓦却带着一百年的历史，

甚至带着两百年的历史……参观者看到这些含有丰富历史信息的砖瓦，能够一下子拉近他们与历史的距离"[25]。

在王澍的另一个作品中国美术学院象山校区（图44）的设计和建造过程中，建筑师注重建立不同元素之间的联系，将传统材料、构造和布局方式与现代材料技术结合，采用了多种材料的并置和组合，使现代和传统建筑材料在建筑中产生了强烈的对比，颠覆了以往的材料使用逻辑，在质感、色彩、形体等方面取得对比的效果。王澍似乎更倾向于把砖、瓦等传统材料看做是一种文化符号，并在与其他材料并置使用中，产生一种独特的效果。

清华大学王路老师在浙江天台山脚下设计的天台博物馆（图 45），以一种批判性的态度审视传统，通过思辨性的建造方式，实现了功能、空间、结构、材料以及形式的多向统一，展现了清晰的建构逻辑。建筑师汲取传统建筑文化的精神，结合地形采用院落式布局，注重建筑与环境的关系，沿用地方传统材料和工艺技术，关注空间、功能、材质和光影等建筑的基本品质。博物馆使用了天台当地民居和佛寺建筑中十分常见的传统"虎皮石"的建造方式，外墙直接用毛石干垒砌筑而成，既是因地制宜的选择，也是建筑的特色所在。

无论是海外华人建筑大师的"中而新、苏而新"，还是本土建筑师的"此时此地"、"本土设计"、"新乡土建筑"、"批判式应答"，建筑师们对中国传统建筑文化都给予了极大关注。在东西文化交融、传统现代并举的今天，对于传统文化的体现应采取一种多方位、复合化的方法，传统建筑现代化，现代建筑地区化。在中西之间、古今之间、理性与诗性之间、观念与实用之间走出一条传统文化的现代之路，中国建筑的现代之路。

　25 王澍 . 宁波博物馆穿上旧砖瓦做的"新衣服" [N]. 现代金报，2008-03-30：A11.

50、60、70 年代生中国建筑师观察

Observations on Those Chinese Architects Born in the 1950s, 1960s and 1970s

戴　春　支文军

1　整体性地研究中国中青年建筑师

改革开放以来的 30 多年中，从史无前例的城市化进程所带来的巨大的建设量到社会经济各个层面的快速转型。这种天翻地覆式的空前发展，令建筑师群体被快速生产，加入快速生产建筑的行列，建筑师所面对的是急速、廉价、粗糙的建筑水准，必须在有限的资源和条件下提出应对策略。面对这样的时代潮流，面对随之而来的对于生活态度的沮丧感和软弱性，面对那种在焦虑生活之后的"判断力迟钝、对价值漠不关心、无精打采的集体性"，他们的使命是去附和还是去反抗？面对由于分裂、短暂与混乱变化所带来的那种压倒性感受，面对由于紊乱的都市体验所催生的那种深刻焦虑，他们的姿态是消极回避还是迎难而上？[1] 应该说，一批建筑师在这样的状态下开始进行反思和积极探索。

20 世纪 50、60、70 年代生中国当代建筑师群体（以下简称"50、60、70 年代生中国建筑师"）逐步在中国的快速城乡建设中发挥重要作用，成为建筑设计的中坚力量；他们在大量的建筑实践中逐步走向成熟，部分建筑师逐步在国际上产生影响；我们关注这批建筑师具有实验性和批判性的探索。结合《时代建筑》基于专题研究并以话题导入呈现的特征，从 2012 年开始，我们策划并组织相关学者进行 50、60、70 年代生中国当代建筑师系列研究，关注这批建筑师的建筑实践和成长经历，关注他们对当代中国建筑问题的探索历程，是从学术角度作较为系统且整体的梳理与研究这批在当代中国建筑界颇具影响力的建筑师群体，是对中国建筑师实践方向的反思与探讨。

目前，《时代建筑》已出版了三期专刊，分别是 2012 年的第 4 期"50 年代生中国建筑师"、2013 年的第 1 期"60 年代生中国建筑师"和 2013 年的第 4 期"70 年代生建筑师"。这个系列研究计划，涵盖了从三期杂志到三大书系，再到三大论坛的多个层面。《时代建筑》杂志关于建筑师的主题专刊是此次专题研究的基础，如《中国年轻一代建筑师的建筑实践》、《海归建筑师与中国当代建筑实践》、《建筑中国 30 年》、《中国建筑师的职业化现实》、《观念与实践：中国年轻建筑师的设计探索》、《中国建筑师在境外的当代实践》等等。我们期望借由这些研究透视中国当代建筑的发展与建筑思想的变迁，提出中国 30 多年来建筑领域特别值得讨论的一些问题，推进中国建筑界的自我审视。

1.1　三个十年三个群体

分代问题的讨论常常出现在某些领域对人群的划分上，典型的分代是对中国导演群体的划分，在对建筑师的研究中亦有关于分代问题的深入讨论。而在大众的话语讨论中，常以"80 后"、"90 后"甚至"00 后"作为群体观察的对象，其讨论未必重视代际划分，而是讨论群体间存在的差异。"'代沟理论'专家玛格丽特·米德（Margaret Mead）的相对做法是，依助于某个年代的中间时段为主体，向前向后适当延展，而不是以具体的年份（如 1960 年或

1 童明 .60 后的断想 [J]. 时代建筑，2013（1）：10-15.

1970 年出生）作为严格的代际划分界限。因为谁也无法证明，1959 年出生的人和 1960 年出生的人一定属于不同的代际且存在某种明显的代际差别。" [2] 现在已发表的一系列按年代划分、关于每十年一代人成长史的写作，亦可窥见这种思路，如黄新原的《五十年代生人成长史》，王沛人的《六十年代生人成长史》，沙蕙的《七十年代生人成长史》等；亦有针对相关学科人群的研究，如洪治纲的《中国六十年代出生作家群研究》，张立波的《六十年代生人：选择抑或为哲学选择》等。

在中国建筑师的代际讨论中，杨永生将新中国成立后出生的建筑师划入第四代建筑师 [3]，曾坚的文章 [4] 和彭怒、伍江的文章 [5] 均将 1978 年后接受建筑教育的建筑师划入第四代建筑师之列，这批建筑师基本上涵盖了大部分我们关注的 50、60 年代生建筑师和部分 70 年代生建筑师。在这里，对这批建筑师按十年一个群体进行划分，以此作为我们的一个观察的切入方式。这批建筑师虽然都是"生在新中国，长在红旗下"，受到社会文化方面的影响相似，但比较他们的设计思想与实践，在精神向度、审美尺度、文化记忆等方面还是存在差异的，这种差异更多地源自改革开放以来中国城乡的快速发展与社会文化的巨变 [6]。

1.2 多元的视角

对某类人的群体和个体的学术研究视角是多元的，如许纪霖对知识分子群体的研究有从思想层面出发的视角 [7]，对知识分子个体亦有从心态史角度切入的研究 [8]；王汎森研究傅斯年是将其放在整个时代思想、学术的脉络下，推崇的是一种以问题为取向的历史写作 [9]；谢泳对西南联大知识分子群体的研究亦从问题出发，试图通过研究一个大学所关联的知识分子群体来梳理中国的自由知识分子传统，选择的视角包括群体的形成与衰落、学术传统、与现代大学教育的比较、学术个体、学术集团、学会等 [10]。没有被叙述的历史不能算历史，查建英通过典型人物访谈来展现那个令人记忆深刻的 80 年代 [11]，而北岛和李陀则通过组织一次集体性的大型历史回顾，来有意地突

出那个成长于 70 年代的知识分子群体 [12]。凡此种种研究的取向与方法亦可参考。

此次对建筑师群体的关注较为整体且系统，希望更多地从历史脉络中寻找这批建筑师的思想观念变迁的路径，以此来观察不同年代生中国建筑师的特征，一些可关联的方面可以成为我们分析的切入点。我们希望这种观察视角的选择是开放的，是可以发展和演进的，反映在对三个年代生建筑师的视角选择上的不同层面的侧重性上。总体来讲，观察的视角可有几个大的方面，即时代语境、从业生态、教育与成长经历、实践策略、思想变迁。这几个方面是有关联的，时代语境主要是指建筑师所要面对的社会文化的变迁环境，从业生态主要是指建筑师所需要面对的执业环境，这两者对建筑师所受的教育和成长经历产生影响。上述几个层面构成建筑师的文化身份和职业身份，会直接或间接地对建筑师的实践策略和思想变迁产生影响。我们的研究在这几个层面上选取一些可切入的点作为分析的视角，一些切入的点会涵盖上述多个层面。

当我们将建筑师置于社会背景中时，建筑师的时代语境便可寻觅，亦可从一个侧面观察和理解其文化认同的某些特征；由于这批建筑师的专业教育和职业经历在改革开放之后，所以，我们以改革开 30 多年来的社会环境剧变作为社会背景的观察方面；我们亦选择了文化精神史的角度来分析建筑师的文化身份和精神特质。受到社会变迁影响的从业生态对建筑师的执业历程影响巨大，从业生态可涵盖从建筑师的职业制度、建筑设计产业链到设计机构的市场化运作等等的复杂的层面，我们不仅选择了建筑师的职业化、设计机构的市场化等视角，还将建筑师置于社会空间生产的层面观察。由于这三个年代生建筑师接受专业教育是在中国建筑教育和执业体系重建与初步发展的时期，他们深受影响并在不同时期参与变革，以此可观察他们的知识结构和知识来源。职业训练诉求下的建筑教育体系构筑、执业体系中的职业训练均可成为观察角度。我们亦选择了一些更为切片式的切入点，如 20 世纪 80 年代的国际竞赛热来观察这批建筑师的知识架构与建筑师职业轨迹的关系，与前辈建筑师的承续关系等等。实践策略方面

2 洪治纲 . 中国六十年代出生作家群研究 [M] . 南京：江苏文艺出版社，2009：1-24 .
3 杨永生 . 中国四代建筑师 [M] . 北京：中国建筑工业出版社，2002：107-114 .
4 曾坚 . 中国建筑师的分代问题及其他 [J] . 建筑师，1995，67（12）：86 .
5 彭怒，伍江 . 中国建筑师的分代问题再议 [J] . 建筑学报，2002（12）：6-8 .
6 戴春，支文军 . 建筑师群体研究的视角与方法：以 50 年代生中国建筑师为例 [J] . 时代建筑，2013（1）.
7 许纪霖 . 启蒙如何起死回生：现代中国知识分子的思想困境 [M] . 北京：北京大学出版社，2011 .
8 许纪霖 . 大时代中的知识人 [M] . 北京：中华书局，2007：264-266 .
9 王汎森 . 傅斯年：中国近代历史与政治中的个体生命 [M] . 北京：生活·读书·新知三联书店，2012.
10 谢泳 . 西南联大与中国现代知识分子 [M] . 福州：福建教育出版社，2009：140-156 .
11 查建英 . 八十年代访谈录 [M] . 北京：生活·读书·新知三联书店，2006：3-14 .
12 北岛，李陀 . 七十年代 [M] . 北京：生活·读书·新知三联书店，2009 .

除关注建筑师的设计路径外，我们认为价值观是建筑师确立实践策略的立足点，一系列与文化价值观相关的视角成为切入点；不同年代思想领域的转型也直接影响建筑师的思想观念的变迁，从外来的影响到自我启蒙的变化，建筑师一直在寻找自己的社会价值与自我身份定义不断转换的立足点。观察建筑师的思想观念的变迁可从多重视角切入，如建筑师不同时期关注点变化特征、设计范式转换特点和现代主义在中国的移植等等。这样的视角亦可进一步寻找和拓展，在这里我们尝试通过上述部分视角观察与分析"50、60、70 年代生中国建筑师"群体，以期未必完整却深刻地体现这批建筑师的所思、所想、所为的特征。

1.3 多重研究方法

对"50、60、70 年代生中国建筑师"三个群体的研究，对于我们强调的多元视角，我们归纳多种切入的可能性，以建筑师的教育与成长经历、从业的社会与文化环境、实践策略与走向、思想观念变迁的路径等等线索入手，重视实证研究中一手资料的获取、比对与归纳。我们强调一些方法介入的价值，比如建筑师的谱系研究和口述史方法的运用以及建立话语体系观察的可能性等等，这些方法反映在一系列话题的探讨中。这里仅就口述史与话语体系分析略述一二。

"口述历史的重要性不在于保存了过去发生的事情，而是今天的我们对于过去的理解与解释。"[13] 在历史研究领域，口述史的研究越来越受到重视，研究方法也日趋严谨。"口述史的一个重要特点是访谈人与受访人的双向进展。受访人有丰富的经历，有许多值得挖掘的资料，但他不一定是历史学家。在其讲述的时候，可能受记忆因素、情绪因素、选择因素的影响，遗漏出错难免。访问人可以凭借自己的学术素养，通过提问、讨论、串联、整理，使访问质量提高。"[14] 著名口述史家唐德刚[15]之于人物访谈的注释方法，提升了访谈文本的价值，亦值得学习。因此，我们认为，为了使对话的成果更有价值，对话的策划就十分重要，策划人相当于访谈人的角色，前期研究和后期整理都十分重要。

在这里，我们参考口述史的方法与特点，通过设置有主题框架准备的对谈来观察建筑师的特征，这种方法有效地促进了建筑师间的互动、自我回顾与思考，亦成为其他方面分析与研究的基础资料。我们在 50 年代生建筑师一期中安排了 14 位建筑师 7 组对话，在 60 年代生建筑师一期中安排了 3 个专题访谈和 1 组群体访谈后的评论文章，在 70 年代生建筑师中安排了 8 组对话，每组对话的人数突破 2 人，一些相关人士介入话题讨论。前期的准备十分重要，我们在分析了众多至今活跃在一线的建筑师的专业取向后，以有可能相互激发讨论为前提，配合与各位建筑师的前期沟通，确定对话的双方。关于对话，设置了三个方面的宽泛要求，即时代烙印、教育背景和思想变迁。另外，我们亦特别重视对谈后的整理与相关文献的梳理工作，包括建筑师的著述论说、典型建筑作品、编者按的写作等。

2 三个群体，三种印象

2.1 "50 年代生建筑师"群体印象

20 世纪 50 年代出生的中国建筑师是改革开放伊始接受大学专业教育的第一批建筑师，亦是可以追寻"上山下乡"烙印的最后一批建筑人，这批建筑师带有更多那个时代所赋予的风尘与沧桑。一部分人赶上了科班学习的末班车，成为"文革"后第一批建设大军中的精英；另一部分人，尤其是那些具有执著信念的人，通过各种方式的专业学习成就其专业理想。80 年代，这批建筑师是参与众多国内与国际建筑竞赛、为国争光的学子中的佼佼者，他们如饥似渴地学习西方建筑理论与设计方法，大多跟随前辈建筑师在国营大型设计院或高校体系中成长；90 年代中期开始有独立作品在学术媒体中呈现，并发表自己的见解；21 世纪 00 年代中期有人开始在国际建筑界产生影响；2011 年在中国工程院院士体系中开始出现他们的身影。他们中有一批建筑师参与到近 30 年建设大潮中那些带有批判性的"实验"或"先锋"的建筑实践中，也有一部分是专注于大量性建筑生产的中坚，亦是国营设计机构体制改革的亲历者。直至今日，建筑界对于建筑领域的种种反思与追问中，他们中的许多人依然是其中的代表。应该说他们是中国建筑界经历"文革"人才断层后，被急迫地推上建筑舞台的第一批建筑师，所承担的社会角色、所背负的历史责任都超乎想象。

13 杨祥银 . 口述史学：理论与方法——介绍几本英文口述史学读本 [J] . 史学理论研究，2002（4）：146-154 .
14 熊月之 . 口述史的价值 [J] . 史林，2000（3）：1-7 .
15 唐德刚的《胡适口述自传》的注释艺术是口述史领域的一个值得分析的范本。

2.2 "60 年代生建筑师"群体印象

60 年代生建筑师同样深度介入中国快速奔向现代化的建设中。如今，这批建筑师正值建筑实践的成熟期，亦在当今中国建筑实践的探索中扮演着重要的角色，他们所受的教育没有因"文革"而断裂，具有天然的整体性；他们以一种亦旁观亦参与的姿态经历了 80 年代的思想启蒙；以一种尝试自我重塑的状态，或介入实践，或批判性地旁观，或游离于快速变革的 90 年代；以一种找寻到自我定位的状态，积极介入近十几年依然快速发展的中国建设。从实践到思想，这批建筑师的实践与思考都呈现一种趋向稳定的向度。

"如果仅以出生年代和年龄区间来划分建筑师群体的话，那么'60 后'不过是一个武断的时间概念。但不知是否出于巧合，以十年断代的简化方式来界定这一群体，竟然具有相当程度的'历史合法性'：以 1979—1989 年这十年为界，思想解放与改革开放的特殊历史环境，造成 60 后一代无论在历史身份、知识谱系、思想原型、文化器局、精神特征、人格气质等各个方面，都与其上的 50 后、其下的 70 后之间，形成了显著的时代差异和整体界分。从这个意义上说，历史赋予了 60 后建筑师群体以某种强烈的可识别的'共同性'特征。"[16]

60 年代生建筑师也是被国内外关注较多的一个群体，从李晓东获得 2010 年阿卡汉奖到王澍获得 2012 年普利兹克建筑奖等等，都展现了专业和大众领域对这批建筑师所代表的某些实验性探索的关注；他们并不太在意高度与广度的空间经验，有一些人的实践回避空间上的宏大与悠远。相较于各种主义、风格、流派，60 后的建筑师更为关注建筑本身，而并非在意它是否是"中国的"或"正确的"。这意味着他们关注如何在中国现有的条件下，用更平常的心态，认认真真地实现有品质、有趣味的建筑，而不再执着于对空泛的中国空间和样式的追求[17]。

2.3 "70 年代生建筑师"群体印象

对 70 后建筑师而言，改革时代的新生活成为常态，历史与传统的厚重感被市场化社会的消费与娱乐取代。他们更敏锐地感受当下的氛围与脉搏，宏观的中西对比逐步被当下社会与文化现象的即刻感受与反应所取代。在他们

的多元的探索中，有的强调对单纯形式的控制和细节的把握，有的倾向基于当代城市现状的复杂和多变进行形式操作的重视，有的致力于丰富而多变的参数化技术进行形式操作，有的倾向于地域要素的批判介入等等。这些倾向在很大程度上受当代西方建筑界相应倾向的影响，他们的语境与国际基本同步，其设计评价标准已然国际化[18]。70 年代生建筑师中郝琳获得英国皇家建筑师协会 2012 国际建筑奖（RIBA）、张轲获得 2011 年国际石材建筑奖等也呈现了这批建筑师所受到的国际关注。

3 时代语境

3.1 从思想启蒙到反思创新

20 世纪 70 年代与一个特殊的知识分子群体的形成有特别的关系。50 年代生人是在 70 年代长大的，虽然在年龄上多少有些差异，但正是在处于 60 年代和 80 年代这两个令人印象深刻的年代中间的这十年，这些人度过自己的少年或者青年时代。这一代人大多出生在 50 年代（亦可包括 40 年代末和 60 年代初出生的部分人）。他们是在沉重的历史挤压中生长与成熟的。这代人走出 70 年代后，不但长大成人，而且成为 20 世纪末以来中国社会中最有活力、最有能量，也是至今还引起很多争议、其走向和命运一直为人特别关注的知识群体[19]。在 80 年代思想领域空前活跃的时期，这代人是最为年轻的参与者，他们充满激情地追索新观念，积极投入社会发展与变革中。作家北岛、王安忆、翟永明、阿城、韩少功……，画家徐冰、陈丹青、何多苓、李斌……，他们是文化界中这一代人的代表，他们在某种程度上成为一个时代的文化象征。

60 年代生人的多数属于"红小兵"一代。张闳指出，他们的精神成长期实际上是在 70 年代的"文革"后期。他们在童年时代或多或少目睹过政治运动的热烈、严酷和歇斯底里，但等到他们真正开始懂事和有独立行动能力时，激荡不安的"文革"造反运动的高潮已经过去。虽说运动尚未真正结束，但却已是强弩之末，此时的革命徒有其表，革命、造反之类仅仅停留在口头上，表现在电影和文艺演出的表演当中。如果说 50 年代生人身处一个巨大的文化

16 周榕.60 后建筑共同体与中国当代建筑范式重建 [J]. 时代建筑，2013（1）：20-27.
17 童明.60 后的断想 [J]. 时代建筑，2013（1）：10-15.
18 刘涤宇. 从"启蒙"回归日常——新一代前沿建筑师的建筑实践运作 [J]. 时代建筑，2011（2）：36-39.
19 北岛，李陀. 七十年代 [M]. 北京：生活·读书·新知三联书店，2009.

断裂带上,他们的文化身份被历史地判定为"断裂的一代",那么,60 年代生人则已经身处断裂带的另一边,他们几乎是轻而易举地跨越了北岛那一代人始终无法逾越的历史责任和道德使命的鸿沟。60 年代生人对现实的"旁观"状态,培养了这一代人冷静、理性的气质,一种不盲从、不迷信的批判精神[20]。

我们不妨以思想领域对 80 年代后至今的阶段分野作为我们观察这批建筑师思想变迁的一个视角与时代背景。改革开放以后的中国思想界,可以分为 80 年代、90 年代与 2000 年以来这三个阶段。80 年代是"启蒙时代",90 年代是"启蒙后时代",而 2000 年以来则是"后启蒙时代"。80 年代之所以是启蒙时代,乃是有两场运动:80 年代初的思想解放运动与中后期的"文化热"。这个时期讴歌人的理性,高扬人的解放,激烈地批判传统,拥抱西方的现代性,现在被理解为继"五四运动"以后的"新启蒙运动"。它具备启蒙时代的一切特征,充满着激情、理想与理性,也充满了各种各样的紧张性。90 年代由于市场社会的出现,80 年代的"态度统一性"产生分裂,形成各种"主义",许多基本问题依然是 80 年代的延续。到了 2000 年以后,三股思潮从不同方向解构启蒙,包括国家主义、古典主义与多元现代性都具有学理上的积极价值[21]。应该说建筑领域的表现与此同步。

80 年代中国最大规模的文化反思运动即"文化热",已经成为历史意识的一部分,在旧的价值信念、旧的理想追求已被证明是虚幻的以后,还要不要、能不能建立起新的、真正的价值信念和理想追求,是整个社会价值重建的问题[22]。这批建筑师身处那样一个充满青春激情、纯真朴素、较少算计之心的年代,或多或少受到影响。在建筑界,"传统与现代之争成为被关注的焦点……关于香山饭店的讨论主要是学术争论;关于阙里宾舍的争论,则不仅仅是学术上的争论,而是两种不同思维模式、两种不同的观念意识的争论。一边是'民族形式'理论的实践,另一边是追求中国建筑现代化的呐喊"[23]。这个时代更多地突出文化性的话题,其中就包括一系列关于建筑的文化价值、后现代主义在中国的意义、传统与现代、场所理论的意义等的讨论。

80 年代末至 90 年代的中国社会的变迁是巨大的,中

国已经迅速地卷入经济全球化的浪潮。此时的建筑界开始走向务实,在理论的规范问题和更为专业化的学术领域展开实践性的探讨,同时也开始摆脱以西方学术为主的研究框架,研究的目光转向内在的现实需要[24]。这个时期建筑领域的理论观点及实践倾向有类型学、欧陆风、批判性地域主义、建筑人类学、解构主义建筑、身体与建筑、生态建筑及可持续发展、大跃进、产业类历史建筑及地段保护性改造与再利用等[25]。

21 世纪 00 年代至今,思想界的现代化目的论受到挑战,学界更多地关注现代社会实践中那些制度创新的因素,重新检讨中国寻求现代性的历史条件和方式,把中国问题置于全球化视野中考虑,成为一个十分重要的理论课题。建筑界开始反思 20 多年来引进国外理论的负面影响,以更深刻严肃的态度面对西方广泛的理论[26]。建筑领域的理论观点及实践倾向有极少主义、建构、明星建筑师、集群建筑、空间社会学、消费文化与消费社会、表皮、批评与后批评、电影与电影学、灾后重建等。

3.2 建筑师在时代环境中面临多方碰撞

在这个全社会都向着中国式"现代化"理想飞奔的社会巨变的时代,"如果我们试图以几个关键词描绘当代中国建筑师所面临的建成环境和社会现实,那么大、纪念性、新奇、快速、廉价、异托邦既是中国当下政府官员、决策者、开发商和私人业主的共同诉求,也是基于这种诉求所达成的建成环境的现状"[27]。这样一种时代特征既对建筑师的设计环境造成了极大的制约,同时它所承载的严酷性也恰恰就是新思想、新思潮的温床。

作为 60 年代生建筑师,童明以自身的经历和观察将这样一个社会环境描述为各方面的冲突表征:

第一,来自现实环境的冲突。改革开放进程中的中国建筑环境,其丰富性、复杂性已经远远超过了以往任何一个时代。人们在日趋成为混凝土森林中寻找失落的生存空间、催生新的人文机制和价值系统的建筑环境。

第二,来自时代背景的冲突。在改革开放的中国,城市的扩张进入了一种空前疯狂的状态,与此相应,每个城市都拆毁了将近 90% 的旧有轮廓,也斩断了自身基础的

20 张闳. 旁观和嬉戏——60 年代生人的文化身份和精神特质 [J]. 时代建筑, 2013(1):16-19.
21 许纪霖. 启蒙如何起死回生——现代中国知识分子的思想困境 [M]. 北京:北京大学出版社, 2011.
22 甘阳. 八十年代文化意识 [M]. 上海:上海人民出版社, 2006:7-8.
23 王明贤. 1985 年以来中国建筑文化思潮纪实 [A]// 甘阳. 八十年代文化意识 [M]. 上海:上海人民出版社, 2006:107-131.
24 支文军, 戴春. 走向可持续的人居环境——对话吴志强教授 [J]. 时代建筑, 2009(3):58-65.
25 支河. 事件、话题与图录——30 年来的中国建筑 [J]. 时代建筑, 2009(3):6-17.
26 支文军, 戴春. 走向可持续的人居环境——对话吴志强教授 [J]. 时代建筑, 2009(3):58-65.
27 李翔宁. 24 个关键词图绘当代中国青年建筑师的境遇、话语与实践策略 [J]. 时代建筑, 2011(2):30.

记忆。而外形雷同的高楼在一片拆迁的废墟上拔地而起的情形,目前也在急速地推进到无辜的乡村。

时代的失忆同时也造就了建筑师自身的断忆,就如同30年代的伤痕文学、反思文学、寻根文学和挽歌文学一样。在中国近现代的建筑历史中,理想与现实之间的断痕实际上始终存在。从30年代对中国固有形式的探讨到50年代对民族形式的追求,一旦现实发展状况与传统轨迹稍有不同,当理想在现实面前无法实现时,建筑创作常常致力于表现一种感伤怀旧、空虚失落的情愫。

第三,来自扩展领域的冲突。伴随着全球化的进程以及开放程度的提高,建筑师不仅经历了信息能量的持续轰炸与知识领域的不断突破,他们的舞台也进一步由国内走向了国际,于是,全球与本土的争执、自身身份的寻求理所当然地成为核心焦点。

在这样一种争执中,所呈现的实质上是那样一种潜在的冲突:中国需要西方的标准作为一种先进性的象征,但另一方面,这也反衬了中国自身标准的缺失。尽管在西方,这些标准是自然的、内在的,但是在中国,它们尚未得到深刻的批判分析,就被视为合理的、具有普遍性的,因而它们也会时常被武断地视为可疑的、外在的。

第四,来自自我心灵的冲突。心灵的自我冲突基本上是由前几个层次引出的必然的问题。如果说前三方面的因素还能够得到普遍共鸣的话,那么心灵的自我冲突则从来不是中国当代建筑所关注的。面对现实环境的支离破碎,面对文化断裂与归属感的缺失,面对日益扩展的知识范畴及思维观念的裂痕,最容易迷失的,就是那种对于自身文化的信念,从而也容易丧失对于生活真实性的体验[28]。

4 从业生态

4.1 城市速生中的建筑师角色弱势

过去30多年的社会巨变令中国城乡快速转换角色,伴随快速城镇化,一系列乡村和传统城镇的消失,催生了空前的城市崛起,这是中国式的不同寻常的城市增长机制,城市以一种超乎寻常的速度和方式被生产。中国当前的建造浪潮中的一切特征包括极端、精彩乃至平庸拙劣似乎都可以空前的速度、广度和密度来解释。这个完美解释源于"经济基础—上层建筑"的核心架构,无懈可击地直指问题的根本点。全国大工地的建设热潮已经伴随我们30多年,它逐渐地转化为中国人的生活常态。拆建破立的循环让城市时时刻刻处在变化、成长当中。身处其间的人们随时会在熟悉的地理点上邂逅陌生的空间[29]。这样的空间速生的相似性图像背后是"集中力量办大事"的中国式智慧,也有当代各自技术手段、文化手段和设计手段的推波助澜,这与中国独特的社会结构和经济基础所带来的发展需求关联。现代社会的网络特征和中国城市的高速运转使得图像在公众、专业人士、决策层和相关利益者之间往复传播,其影响力巨大。从产业生态链条上各个角色的任务和诉求中,可了解建筑师的角色[30]。在一份调查中显示,在这样一个空间生产链条中,建筑师普遍认为自身在建设项目中的导向作用是比较弱的,建筑师的作用更多时候仅仅体现为执行,其创造性设计往往受制于设计周期、领导和甲方意志以及造价、技术(表1)。建筑师对于项目建设的成果不少人认为不满意,显示了对工作成果的自我评价不高。如果说建筑师与业主的服务与被服务的社会关系决定了建筑师相对被动的局面,那么,建筑师对各种行业潜规则市值上的默许态度则加剧了这种被动局面。建筑师"重做轻说,重实践轻交流"的职业态度则更使人们鲜于听见来自建筑师群体的见解。建筑师在大事件中难于获得话语权,这种状态令不少建筑师更多地关注物质空间层面,轻视建筑的文化属性[31]。

4.2 寻求提升话语权

面对这种在空间生产中的建筑师的话语弱势,建筑师群体对明星建筑师的涌现持积极态度,成为业主建筑师、进入政府职能部门也成为职业选择重要的方面,显现了建筑师群体对自身状态调整的意愿。很多开发企业聘请有多年实践经验的建筑师作为甲方建筑师,如万科将有长期居住建筑设计经验的付志强聘为总建筑师,良渚文化村的实现是建筑师理想搭接发展商诉求在一个建筑师角色转变的模式下得以实现的案例。不少建筑专业人员进入政府相关部门,如身为同济大学教授的伍江曾离开已经颇有建树的建筑研究与教学领域,担任上海市规划局副局长8年,在

28 童明.60后的断想 [J]. 时代建筑,2013(1):10-15.
29 茹雷.地标与口号——当下都市空间意义塑造中的建筑与文本角色 [J]. 时代建筑,2011(3).
30 卜冰.中国城市的图像速生 [J]. 时代建筑,2011(3):26-29.
31 余琪.关于建筑师职业身份认同的调查报告 [J]. 时代建筑,2007(2):28-31.

表1 中国城市图像速生中的各个角色及其各自的任务与诉求

角　色	任　务	诉　求
中央政府	国家形象、国家战略、全球事件（如奥运会等）	民族复兴、国际竞争、国家形象
地方政府	新城、新兴卫星城、旧城改造、开发区	城市竞争力、城市形象、城市名片
建设指挥部	地标建筑、滨水空间、重点项目	速度、形象、价值
一级土地开发商	新区、产业园区	价值、效率
开发商	商业中心、居住区	价值、品牌
城市规划师	总体规划、控制性详细规划	城市规划价值观
城市设计师	城市设计导则、概念性城市设计	形象、煽动性
明星建筑师	地标建设、公共服务建筑	表达、话题性
商业建筑师	商业中心、居住区	效率、符合公众审美
公　众	图像消费、空间消费	喜好

表2 都市实践的发展和社会需求

时　间	城市生产方式	具体生产需求	
1990—2005 年	政治景观	政府和相关部门 对城市文化和城市品牌的焦虑 落实在对公共空间及其品质的需求 如城市公园等，有品质需求	找都市实践
	粗放生产	城市整体 对城市发展规模和速度的焦虑 落实在对住宅和配套的大规模生产的需求 如商品房等，无品质需求	不找都市实践
2005 年后	商品景观 文化景观	社会整体资本 对商品流通和土地资源限制的焦虑 落实在对各种空间生产及其品质和形象的需求 如商端住宅，总部办公楼等，有品质需求	找都市实践

上海的规划职能部门发挥了重要作用；同济建筑博士毕业的孙继伟成为上海的区级领导，从青浦到嘉定再到徐汇推动了一批有文化创新价值的建筑实践，一批中青年建筑师中的佼佼者获得了从政府语境到社会语境的话语认同等等。

很多建筑师在这样的语境中找寻权宜的策略，无论是50 年代生建筑师刘家琨的"处理现实"，还是60 年代生建筑师"都市实践"以灵活多变的工作策略将设计理想融入复杂多样的现实诉求的方式，都呈现了中国中青年建筑师面对空间生产链现实困境的积极姿态。《时代建筑》在"60年代生建筑师"专刊中以深圳为例，讨论了快速生成城市的社会空间生产与建筑师实践介入的状态，这个案例探讨了从50 年代生建筑师到60 年代生建筑师的实践与深圳城市化进程背后的社会条件的关系，深圳的发展让很多建筑师淹没在空间生产洪流中，一部分建筑师在生产方式、社会需求和个人理想中能够求得平衡而受到从专业到大众领域的共同关注（表2）[32]。

5 专业教育构成建筑师生涯底色

50、60 年代建筑师接受教育的时期是中国建筑教育体系恢复和重建的时期，所接受的职业训练是影响至今的源于西方的职业教育，是"外来文化移植的产物"[33]，是学科的外来移植。50、60 年代生建筑师在恢复高考后，大多在建筑方面著名的"老八校"[34] 就读，这八大建筑院系的建筑教育都带有清晰的于 50 年代被统一并本土化的"布扎"（Beaux-Arts）特征，"相对来说是十分理性和制度化的体系——中国建筑的职业训练"[35]，这形成了这

32 王衍. 从"异端"到"异化"——深圳城市化进程中的社会条件和60 后建筑师实践状况 [J]. 时代建筑，2013（1）：46-51.
33 赖德霖. 学科的外来移植——中国近代建筑人才的出现和建筑教育的发展 [A]// 赖德霖. 中国近代建筑史研究 [M]. 北京：清华大学出版社，2007：115-180.
34 "老八校"指清华大学、同济大学、天津大学、南京工学院（现东南大学）、华南工学院（现华南理工大学）、西安冶金建筑学院（现西安建筑科技大学）、哈尔滨建筑工程学院（现并入哈尔滨工业大学）、重庆建筑工程学院（现并入重庆大学）。
35 李华. "组合"与建筑知识的制度化构筑——从 3 本书看 20 世纪 80 和 90 年代中国建筑实践的基础 [J]. 时代建筑，2009（3）：38-43.

批建筑师最初的知识来源，亦影响到他们的知识结构，在一定程度上应和了大规模生产的要求。

对于专业教育，我们在多期杂志的专题中以一系列的研究文章讨论。此次值得一提的是我们选取了一个视角，即 80 年代的国际竞赛热，这是这批建筑师在专业领域的首次亮相。由于 20 世纪 80 年代建筑教育尚未深入认识建筑的系统性，倾向于将形式作为一种包装方式来处理，由于建筑概念的认识有公式化和标签化的倾向，缺乏深入解析的简单概念"嫁接"阶段。现代主义建筑教育或欧美主流建筑教育未必一定具有正统色彩，与它们的不同未必一定是中国建筑教育的缺点。中国建筑教育对基本功的严格训练和对表现的重视在本文涉及的时间段也是其突出优点，很多作品的获奖也与这方面的长处有关。21 世纪以来，我国建筑教育在这方面有了很大提高，其中以张永和为首的"实验建筑"群体和归国留学生起到了重要作用。50—60 年代生的建筑师在 80 年代接受建筑教育并开始最初的建筑实践，他们初次亮相的作品带有那个时代以及更早时期影响他们的痕迹，并构成他们自身建筑生涯重要的背景底色[36]。

6　三个建筑师群体三类话语体系

各组建筑师的对谈呈现出不同角度的相互激发，反映出他们在各自关注领域的思考，呈现出不同的特征。话题在教育与成长经历、时代背景、从业环境、实践方向与思想观念的变迁等相对限定的框架中进行。

可以从一系列"50 年代生建筑师"的对话中看到他们的话语侧重的方向，50 年代生中国建筑师开始全面接触现代主义，但他们并不满足于仅仅学习西方知识体系，而是希望在这种体系下寻求中国建筑以及个人创作的定位，利用中国丰富的传统文化资源，试图找到一种新的方法来完成那条未竟的多元的"中国化"道路。从大的脉络上来看，沿着两根主线展开：其一，传统如何与现代相结合；其二，地域如何与现代相结合。更加关注如何使现代建筑表达传统建筑的精神和意蕴，以及如何将地域文化、材料和技术融入现代建筑中，来表达地方性和中国性[37]。

在对"60 年代生建筑师"系列个人专访中，所呈现的是这批建筑师受到纷繁复杂的思潮和趋势的影响，开始自我意识的觉醒，面对中国的高速发展，无论在实践领域还是在理论探索上，都呈现了这个特定环境发展中所赋予的某种实验性特征；他们能够潜心从事钻研的机遇和条件要比之前和之后的代际好很多；他们仍然属于一种传统文化的范畴，具备着极其明确的集体意识和历史使命[38]；现代化，是 60 后无法消除的集体情结和理想归宿，这得益于强大的中国式教育在 60 后成长过程中的反复灌输，对现代化理想的高度认同，是 60 后一代早已被官方教育所预设的文化底色和预装的价值标尺，这令他们明显区别于此前以"革命理想"为目标而培养教育出来的前辈。毫不夸张地说，在中国现代史上，60 后是以现代化为共同理想的第一代人，也是以理想主义者自许的最后一代人，观察这批建筑师的观念似乎更为中庸与包容，希望化冶中西，实践上倾向于理性秩序[39]。

从对"70 年代生建筑师"的一系列对话的选择和对话的内容上，均可看出这批建筑师呈现明显的多元多样的状态，虽然对话的对象的选择上我们最初承袭了 50 年代生建筑师的对话方式，但是当这批建筑师开始借助新的谈话工具（如微信）开始对谈时，面对一系列他们关注的建筑学话题，一些与他们在身份上差距较大又在曾经和他们有过共同话语探讨的人被加入进来，呈现了以一种话题切入多方面视角的状态，如张珂与柳亦春、陈屹峰之间的讨论加入了 80 后的赵扬和 60 后的学者冯仕达，郝琳与黄印武的对话介入了他们共同关注的乡村建造中一个十分特殊的人物任卫中等等。70 年代生建筑师成长在计划经济走向市场经济的转型语境中，他们大多数开始转向社会理想的诉求，积极参与社会改良，并且有将建筑理想的理性和技术化的趋向，涉足的方面呈现多元跨界趋势。

6.1　从 7 组对话看"50 年代生建筑师"的特征

我们选取的 14 位 7 组建筑师的对话是 50 年代生中国建筑师中比较有代表性的，他们的对话展现了这批建筑师以自己多年的实践与研究积累，尝试系统化地表述自己的立场、理念、原则。

之所以选择崔愷与王维仁进行对话是基于二人差异中

36 刘涤宇.起点——20 世纪 80 年代的建筑设计竞赛与 50—60 年代生中国建筑师的早期专业亮相 [J].时代建筑，2013（1）：40-45.
37 裴钊.传承中的裂变——老一辈中国建筑师与 50 年代生建筑师的联系 [J].时代建筑，2012（4）：32-35.
38 童明.60 后的断想 [J].时代建筑，2013（1）：10-15.
39 周榕.60 后建筑共同体与中国当代建筑范式重建 [J].时代建筑，2013（1）：20-27.

呈现的某种共时性（Synchronicity）。尽管由于海峡两岸社会文化背景的不同，二人的成长背景和生活环境差异巨大，我们却在他们的对话中看到了他们在追问建筑思想的过程中发生的碰撞与共鸣，以及思想和价值观上的某些共同的特质。王维仁在内地及港澳台地区的建筑实践以及崔愷众多的两岸交流，亦是对话的基础。从对话中我们可以体会到两人在经历了各自实践的历练后形成了各自比较稳定的价值观：崔愷形成了自己的本土设计立场，即以土为本，实际上还是一个场所精神的问题，就是建筑跟人文、自然、环境的一个特定关系，因为这一下就聚焦到一个特别具体的情况，就回避了国家主义、民族形式这些问题，包括一个所谓城市的风格或者什么；王维仁则探索了一系列的合院的发展，其思想受到 TEAM 10 的影响，研究传统聚落，希望能够变成现代建筑的一种城市或建筑的组织关系[40]。

张永和与刘家琨的对话之所以顺畅，源于两人之间从专业到人文方面切磋的默契，我们从二人曾有的对谈中可见一斑。关于张永和的 2010 年上海世博会上海企业联合馆的设计，两人之间的对谈源于相互间对专业方面的透彻理解，因而赞同抑或批评均深刻[41]。此次两人的对话同样自然而深入，他们年少时类似的成长记忆、中外迥异的大学教育、不同的职业经历令两人面对当代问题时虽然有不同的视角和思维方式，却同样具有反思与批判的特质。"不同的探索经历和职业熏陶使两人看待一些建筑现象形成了不同的视角和思维方式，而特定的成长年代又赋予了他们对建筑"静""稳"和"正"的执著追求。"[42]张永和提出正视"古典精神"，将其明确为"建造、形式、空间上的'正'与'静'，即不'奇'不'闹'"。具体地表现在"简明的边界限定，水到渠成的（不勉强的）对称关系"[43]，在肯定与否定的对比中，以非此即彼的排他语气表达出对古典观念与形式的认同。他把古典精神的熏陶归功于教育背景（应当也涵盖家庭的学术传承），揭示出在 50 后一代所接受的教育中，审美理念对于庄重、和谐、肃穆的侧重。刘家琨的"低技策略"便是立足于现实的建筑回应。他称其为"消极中的挣扎"，是在"尽量利用现有条件"去"处理现实"，并与"低技风格"相区别[44]。作为策略的低技，

从适应现实状况，顺从限定条件出发，用个性介入创作以挑战现实，完成建筑形象。他将面临的限制转化为设计的初始点，低调的语言难掩其突破束缚的叛逆欲望，谦恭的姿态更方便采用适度的本地工艺满足项目的复杂要求。自鹿野苑到成都当代艺术馆，低技策略在消极应对现实的表象下，积极地从建筑师所处的时代与地域着眼，成为一种由外在限定与自身弱势切入的设计思考方法[45]。

共同经历深圳这个新兴城市的巨变是我们邀请汤桦与孟建民对话的相对表面的初衷。令人欣喜的是，他们不但以他们的视角链接了这个年轻的城市与他们各自受教育的古老城市——重庆与南京，而且发掘了共同成长的那个年代在各自身上烙印的共性。从谈话中我们可以看到这批建筑师所受到教育的影响，汤桦的建筑思想的转变，最基本的基础一个是现代主义，一个就是乡土建筑。现代主义的影响透过教育与实践呈现在他们的话语与实践策略中[46]。

有相当一部分建筑师的主要身份是学者，设计仅仅是职业生涯的补充，我们邀请常青与赵辰对话便出于此方面的考虑。关于个人成长与教育、建筑历史研究、建筑理论、建筑历史教学以及建筑的本土化，两人的视角和切入问题的方式不同却能够相互激发，亦可体会两人源自成长年代所赋予的历史意识，以及希望透过个人的工作能够对学科发展产生影响。常青目前工作的重点是思考地域建筑的适应特征与历史演化，建筑遗产的存续方式，以及与建筑本土化相关联的诸多问题。而赵辰的关注点集中于中国的"建构文化（土木／营造）"、"人居文化（包括园林）"，以及"市镇文化"。他们讨论的一些方面呈现了从建筑史研究到建筑理论研究方面中国学界所需要重视的问题，在建筑史方面两人讨论了"建筑史脱离现实"和"缺乏现代性启蒙的中国现代学术问题"。常青指出："关于建筑史的话题，我想主要是两个，一个是建筑史脱离现实，与实践分离，成为历史学分支的问题；另一个是建筑史介入建筑学的现实，讨论历史理论、价值观、本土化和实践参与等问题。"赵辰以自身经历回应这个远离现实的建筑史发问，反映出这批建筑学人面对 80 年代以来的建筑史现实的反思。对于"现代化与西方化"的问题，两人的讨论反映了他们"脚踏本土"的基本立场，亦提出"对现代性的

40 崔愷，王维仁. 两岸·追问·回溯——崔愷／王维仁对谈 [J]. 邓晓骅，采编. 时代建筑，2012（4）：50-55.
41 张永和，刘家琨. 对话 2010 年上海世博会上海企业联合馆 [J]. 时代建筑，2011（1）：82-87.
42 刘家琨，张永和. 转折点的经历——刘家琨／张永和对谈 [J]. 任大任，采编. 时代建筑，2012（4）：44-49.
43 张永和对东南大学讲座的后续解释 [EB/OL].（2012-06-04）. http://weibo.com/yunghochang.
44 华黎. 高黎贡手工造纸博物馆 [J]. 时代建筑，2011（1）：88-95.
45 茹雷. 并置的转换——时间观念及其对建筑范式解读的影响 [J]. 时代建筑，2012（4）：36-41.
46 孟建民，汤桦. 建筑师的 1980 年代与深圳实践——孟建民／汤桦对谈 [J]. 陈淳，采编. 时代建筑，2012（4）

启蒙是永远不会有了，对现代性的反思则是切不可不做的"等观点。关于建筑理论的讨论，亦呈现他们对中国研究现实的忧虑。常青指出："西方的建筑理论大都是建构出来的，是对建筑的哲学诠释，与建筑本体的塑造往往是两码事……中国没有西方意义上的哲学、逻辑学传统，所以也建构不出'建筑理论'，只是把建筑史知识当成专业基础来看待。'理论'大都是舶来的，前一段西方建筑界曾热过的现象学在国内又火了一把，大家趋之若鹜，因为现象学是讲究直觉体验的，这谁没有呢？但理论家建构出的'现象学'并不那么好理解的，因为你不是那个理论的直觉主体。"赵辰指出："现象学是一点都不奇妙的东西，是很有用的，对中国的意义也挺大。（现象学）主要表现在文化的地域价值和非西方价值体系方面，建筑文化方面也是。只是有些学者喜欢故弄玄虚，尽写别人不懂的而显得自己有学问。"[47]

50 年代生建筑师的职业经历以国营大型设计机构和建筑院校居多，汪孝安和钱锋便是其中的代表。他们有着共同的插队经历和东北黑土地那个年代的深刻记忆，同样的话题，钱锋常常有学校教师的印记，而汪孝安则更多地从职业建筑师的角度切入。钱锋侧重体育建筑的实践与研究，早期跟随前辈建筑师葛如亮老师做设计，受到其建筑思想的影响，注重文化和地方性。他说："我现在做很多东西都把原创性、地方性、经济性摆在最前面。"同时期在同济受过培训的汪孝安觉得："现代建筑的作品和理论对我们这一代建筑师的影响最大。我认为建筑材料和技术的突破是推动现代建筑发展的重要因素之一，所以，我开始做设计时比较注重怎样通过技术手段达到使用目标，以及怎样通过空间构想和结构体系表达建筑形态，体现建筑理想。"[48]

改革开放后第一批海外留学的是 50 年代生人，应该说 50 年代生建筑师中出国留学的凤毛麟角。缪朴和齐欣都是大学毕业后出国的，一个在北美一个在欧洲，所经历的大学后的学习让他们在探讨中国的城市与建筑问题时具有更为广阔的视角，透过他们的对话可以感受到他们讨论中多向度的思辨。在讨论设计的原动力时，齐欣认为："设计永远是个开放的题目，任何项目均没有唯一正确的解……在分析具体问题时，除了了解当地的风土人情外，我又不介意借鉴，包括南北方之间的借鉴，东西方的借鉴，

或对历史、哲学、文学的借鉴。"缪朴则用与电影的比拟展现了他的看法："我们设计出来的建筑如果能像好电影那样，让无意中走进来的人们不知怎的就觉得心底被触动，这就是建筑师最大的满足了。"[49]

地域性是建筑界普遍关注的问题，许多建筑师在设计和研究中有所触及。刘谞和梅洪元分别在中国两个地域特征极为特殊的地区——新疆与东北地区进行实践，这两个地方在具有巨大差异的背后亦存在共性，在沙漠与寒带建造都需面临严酷的自然条件，这令他们对生态和技术的关注度更高，亦成为他们对话的共同语境。梅洪元多年来扎实的寒地建筑研究与实践形成了他"适应与适度"的设计基点，他希望能够摒弃狭隘的文脉符号之争，将该地域的建筑创作回归到其本原意义去理解与阐释。刘谞亦指出："实现人工—自然生态复合系统良性运转以及人与自然、人与社会可持续和谐发展是我们生活在地球上唯一最后的追求，我们理应认识到生态环境的重要性，意识到建筑本质并为此所肩负的责任，也许这便是我 30 年在新疆工作、坚持地域原则、非既定性原则的唯一动力。"[50]

6.2 "60 年代生建筑师" 建筑师感悟与深度访谈的特征

在对 60 年代生建筑师的话语观察中，我们采用了给命题写感悟、请学者做群体访谈和个体访谈的方式。从 40 位建筑师的感悟中我们所感受到的是回顾中的坦然，多数 60 年代生建筑师的话语中所呈现的是这批建筑师对一种潜在秩序可能性的追索，尝试以各自可以肯定的方式去赋予这种探讨以相对清晰的表述。"多数 60 年代生建筑师在大学中所接受的学院派教育，构成了他们的基本知识体系；从随后接触到的各种建筑思潮和概念中，吸取养分来完善自身的知识体系和思想体系，形成个人的认知模式。"[51]

60 年代生建筑师的话语中亦体现了他们的一些鲜明的立场和清晰的实践思路，如都市实践所执著的"应对设计问题时社会立场的一贯性，职业态度的批判性和设计完成度的统一性"，李晓东所指出的"建筑师的责任是寻找并创造人类物质环境的最高次序。每一个作品都是唯一的，它必须是美学质量、构造次序、精准的细节与完美且独特的功能的结合"，张雷所认为的"在不可避免的全球经济

47 常青，赵辰.关于建筑演化的思想交流——常青/赵辰对谈 [J].邓小骅，采编.时代建筑，2012（4）：62-67.
48 汪孝安，钱锋.建筑师的教育与职业观——汪孝安/钱锋对谈 [J].陈淳，采编.时代建筑，2012（4）：68-73.
49 缪朴，齐欣.建筑的本土化和公共性——缪朴/齐欣对谈 [J].徐希，采编.时代建筑，2012（4）：74-79.
50 梅洪元，刘谞.中国寒地和沙漠地域的建筑探索——梅洪元/刘谞对谈 [J].徐希，采编.时代建筑，2012（4）：80-85.
51 裴钊，戴春，等.历史中心与地理边缘的叠加——刘克成教授访谈 [J].时代建筑，2013（1）：58-65.

一体化的发展进程中，没有真正的本土。中国的概念和尺度足够大也足够丰富，不太可能拘泥于某种范式，因为我们甚至无法确定其讨论范围。过分强调建筑的国家属性容易导致思路狭隘，我更愿意把本土理解为因地制宜"，朱小地所指出的"我将中国传统建筑文化的现代化发展视为己任……设计的最终目的就是创造让观众停留的可能性，引发心灵与空间对话，使建筑具有时间的意义"，亦如柳亦春所表达的"我认为地方的具体性是一个特定地点的建筑之根，除了文化因素，该地方的气候、风土以及人情都必须有足够的介入；而建筑本体的技术、空间以及时代特征的抽象性是建筑能够面向未来的力量。我们也许不必前卫，但必须与当下的时间发生关系"等等[52]。

对于建筑师的访谈我们呈现了两种方式，一种是由学者访谈多位建筑师，透过分析研究形成对这群建筑师的群像描述；另一种方式是选取典型人物进行专题访谈，形成一系列切片式的却可以透视群体特点的个案记录。周榕在访谈了十几位清华毕业的 60 后建筑学人后，对他们的工作进行了评述，他认为清华建筑教育的具体内容与大多数建筑师当下的设计实践没有关联，而其教育中的"清华精神"和"文化先于形式"的建筑价值预设对他们的工作有意义。都市实践的王辉说清华为自己搭建了一个参照系，而日后的建筑实践就是从这个参照系原点出发的旅程[53]。

在此次的个人访谈中，我们选择了刘克成、张雷和周恺，结合以往做的王澍等人的访谈，都有一定代表性。以对刘克成的访谈为例，一方面试图从个人化的视角来总结和归纳 60 年代生建筑师的某些整体特征，另一方面将个体放入特殊的社会大背景下——中国西部——梳理其发展过程，进而分析其当下实践状态的成因。一直坚持在西北地区从事教育和实践的刘克成，他的思维方式和实践道路可以为分析 60 年代生建筑师群体提供一个独特的视角。从刘克成的文章和采访记录中，可以发现地域与城市一直被他所强调，尤其是西安，成为他研究和实践的一个原点。西部文化历史资源的厚重确立了刘克成以对话的态度介入城市和建筑设计。由于西安特殊的城市背景，这里的工作与考古、历史和遗址保护等学科有大量交叉，借由这些经验，刘克成可以从与传统建筑学有所区别的视角来进行探索和实践，这促使他在研究城市时中将城市作为一个整体的遗产来对待。在此基础上，他从现有的体系中延伸出他

自己独特的思考方式和实践立场。相对于刘克成在现有体系上进行再创造的路径，同样作为 60 年代生建筑师的王澍则在研究明清文人画和江南园林的基础上，在建筑体系之外寻找到了他的理论支撑，从学科之外对传统进行转译和重构。这些均可从一个角度反映 60 年代生建筑师尝试建构有中国特征的建筑体系的探索[54]。

7　时间观念与范式转换

当我们关注"50、60、70 年代生中国建筑师"在社会转型期的探索，讨论这些建筑师的思想观念的变迁时，如何切入是重要的问题。科学与人文领域均有关于范式的讨论，促使我们考虑从范式变化的角度切入观察的可能性。在科学领域，以托马斯·库恩（Thomas Kuhn）的"范式理论"为代表，一般是指常规科学所赖以运作的理论基础和实践规范。"范式一词有两种意义不同的使用方式，一方面，它代表着一个特定共同体的成员所共有的信念、价值、技术等等构成的整体。另一方面，它指谓着那个整体的一种元素，即具体的谜题解答；把它们当做模型和范例，可以取代明确的规则以作为常规科学中其他谜题解答的基础。"[55] 艺术领域的范式讨论亦广泛而深入，范式的转换涉及艺术观念的深刻变化，所伴随的是评价标准与理论体系的变迁。

建筑兼具科学与艺术的特征，范式之于建筑更多的是一种思考和理解的体系化视角，当下中国建筑中多种观念的矛盾与共存反映了范式转换的特点。不同年代生建筑师群体因所受教育、生活环境和各自与外界交流的差异，表现出从设计观念、呈现形象到评判标准的多元化，显示出思考模式的不同。分析不同年代生建筑师从不同时间观念出发的各种思考与应对方式，以及他们是如何将对历史、传统、大众社会的感受折射在建筑的设计、批评与认同中的，对古典、文人的整一性追求，对乡土、田园、本地的社区关怀，对娱乐、消费、科技的借助与反讽，构成当前范式的全部谱系，记录着转型期的历程。三个年代生建筑师的教育历程、生活环境以及与外部世界的交流方式存在很大的不同，他们的建筑随之折射出对于当前时代乃至整

52 严小花，整理. 作为 60 年代生建筑师感悟 [J]. 时代建筑，2013（1）：72-78.
53 周榕. 神通、仙术、妖法、人道——60 后清华建筑学人工作评述 [J]. 时代建筑，2013（1）：52-57.
54 裴钊，戴春，等. 历史中心与地理边缘的叠加——刘克成教授访谈 [J]. 时代建筑，2013（1）：58-65.
55 托马斯·库恩. 科学革命的结构 [M]. 金吾伦，胡新和，译. 北京：北京大学出版社，2003：156-188.

个历史的不同认知，而这本身也是转型尚未完成的写照。从时间上着眼，表露为切割过去、现在与未来；反映在范式上则体现在确立经典、承接传统、映照当下、投射未来四种介入角度 [56]。

60 后的共同风格趋向，表现为以现代性—创新性—中国性为价值顺位的中国式新现代主义，并由于 60 年代生建筑师特殊的文化器局和中国式现代化愿景，而进行了中庸、混血、乌托邦性、集体性与合理性等进一步限定。60 年代生建筑师的建筑创作展现出"小清新"的范式特征，所谓小，意指消除宏大叙事，转向微单位的集体叙事；所谓清，是指合理性的形式表达，以及浅显易懂的透明性；所谓新，是指创新的现代形式取向。小清新范式，是具备中国特色的现代建筑范式，对加强中国现代文明共同体的认同性，将起到历史性的作用。从文明的格局对 60 后建

筑师群体的工作进行价值再评估，有可能发现前所未见的独特意义 [57]。

8　结语

上述讨论反映了我们研究这批建筑师的一系列视角，从不同的侧面呈现了这一建筑师群体的特征。更多的切入点亦反映了我们对建筑师的观察，如西方建筑思潮的影响、现代主义在中国的移植等等均反映在《时代建筑》关于这批建筑师的三期专刊中。一些话题讨论散落在过往的刊期中，均反映了我们对于建筑师群体的长期研究与观察。

56 茹雷 . 并置的转换——时间观念及其对建筑范式解读的影响 [J]. 时代建筑，2012（4）：36-41.
57 周榕 .60 后建筑共同体与中国当代建筑范式重建 [J]. 时代建筑，2013（1）：20-27.

跨文化对话与中国建筑实践

Transcultural Dialogues and Architectural Practice in China

卢永毅　王　凯　钱　锋

1　全球化背景下的中国建筑师

1.1　全球化与国际交流

全球化给中国建筑师带来了什么？

自从中国加入WTO以来，无论是建筑界还是理论界，一直在讨论这个问题。随着中国加快融入世界全球化的历程，中国建筑界越来越多地感受到全球化的国际分工、资源在全球的重新配置、境外资本、服务流入给中国建筑带来的机遇和挑战。在这种情况之下，我们应该如何看待当下中国和中国建筑师在国际建筑市场中的地位和作用？

始于20世纪80年代的中国改革发展到90年代以后，以市场经济为基础的房地产业和政府主导的基础设施建设投资一直是国家经济发展计划中的支柱和主要内容之一。依托中国庞大的市场潜力和相对廉价的劳动力资源，对外开放导致的大量外资输入，使"中国"很快作为新的经济实体在世界市场中崛起。随之而来的快速城市化，带来了高速度和大规模的城市和建筑的建设。在西方人眼中，"中国已经进入到一种'高速城市化'阶段。尽管有强制的人口流动限制，在接下去的几年中13亿中国人中的近4亿~5亿人将涌入指定的大城市中。这些城市都希望通过经济的繁荣把生活和工作的空间需求提到更高。这种趋势不会结束，它才仅仅是个开始"[1]。

另一方面，建筑设计的市场也逐步对外开放。同时由于美国等西方国家建筑设计市场日趋饱和，"淘金"目标随着美国Architecture杂志《带一个旅行袋去亚洲》（*Carpet Bagging in Asia*）的号召转向东南亚市场[2]："在印度尼西亚、马来西亚、新加坡、菲律宾和中国爆炸性的经济发展正创造着利润丰厚的建筑设计委托机会。"[3]于是，我们看到，远在2001年11月中国正式加入WTO之前，外国建筑师和设计机构就已经开始作为重要的力量进入中国市场，北京、上海等地吸引外国建筑师参与的重要公共建筑项目已经开始。

与此同时，中国建筑师开始走向国际，获得了越来越多的关注。在西方媒体中可以清楚地看到这种转变，从90年代末期开始，"中国"作为建筑新闻关注点出现。虽然90年代中期以来，中国的青年实验建筑师群体逐渐在国内媒体中突围，但是同时期对于中国建筑大量的是关于城市化、设计法规和对中国建筑现状的好奇目光的报道。2004年左右开始，中国建筑师群体和个人也开始出现在西方媒体的大力报道之中。从2000年开始的一系列展览中的频频亮相，增加了西方人对中国建筑师的了解和认可。随着张永和、马清运到美国建筑院校出任系主任、院长，王澍接连获得法国建筑学会金奖和普利兹克建筑奖，则表明短短十几年间，中国建筑师已经开始站到了国际主流的最高舞台上。

那么，我们应该如何看待这种现象呢？

1 Christian Dubrau. Image Architecture: Chinese Architecture Searching for Identity and a Sense of Belonging[M]//New architecture in China. Christian Dubrau. Singapore : Page One, 2008 : 10-31.

2 我们可以看到最早于1994年美国Architecture杂志上一篇题名为《带一个旅行袋去亚洲》（*Carpet Bagging in Asia*）的编者按。Carpet-bagger是美国南北战争后南方人对（只带一个旅行袋）去南方投机钻营的北方人的蔑称。编者在这里形容美国建筑师在东南亚，言外之意东南亚是美国建筑师可以"投机钻营"的新市场，而中国第一次作为建筑师的市场在境外媒体中被提及。

3 Bradford Mckee. Carpetbagging in Asia[J]. Architecture, 1994, 83（9）: 15.

1.2 从"市场"到"文化主体":中国建筑师的处境与挑战

毫无疑问,这一过程是伴随着中国经济的崛起而一同出现的。

在这一方面,日本和西班牙的建筑也许可以为我们提供有益的比照。20世纪60年代以来,日本和西班牙建筑经历了有些类似的"认可"过程。"二战"以后,日本经济的迅速崛起带来了建筑业的兴盛,日本建筑师很快在西方媒体中发出了自己的声音。同样在80年代之后西班牙快速经济发展时期,西班牙建筑师高品质的现代建筑迅速吸引了媒体的目光。

与它们相比,中国建筑的崛起,究竟是一个经济—政治事件,还是一个建筑学事件?迄今为止,关心"当代中国建筑"的群体是如何理解中国建筑的?当代中国建筑是仅仅停留在一种"新闻报道"的层面,还是已经成为一个真正具有专业学术价值的领域?

这些都是摆在中国建筑师面前的、需要我们自己思考和解决的问题。无论如何,今天的中国建筑界,已经不可避免地成为世界建筑界的一个有机的组成部分。如何参与跨文化的对话,如何在渐趋日常的跨文化对话中认识西方,认识自己的传统,既向不同的文化学习,又不丧失自己的文化身份,是每一个中国建筑师都需要思考的一个重大而紧迫的问题。

2 传统与西方的对话:日本经验

2.1 全球化语境与对传统价值的认同

在全球化时代,在不断变化的社会中,如何认同传统建筑文化价值,寻求文化价值的稳定,始终是中国建筑文化不可回避的问题。传统与现实的关系可能推动着文化发展,也可能带来文化的消融。

改革开放以来,我国城市面貌发生了巨大的变化。在一座座现代化城市出现的同时,如何避免"千城一面",如何延续城市建筑文化特色的问题也日益凸显。问题出现的本源,不仅仅在于中国建筑师和市场,而且更在于对传统价值的取向和评价。

近代以前,中国传统文化的精神支柱是"以己为独尊"的文化心态,而在被西方的坚甲利兵打开了"天朝"大门后,逐渐被"中体西用"所取代。从儒家体系中借鉴延伸的"体用"概念似乎具有很强的解释性与操作性,但从根本上使自我认同陷入更艰难的困境。它使人们误以为西方文化的冲击只不过是对固有体系中缺陷部分的弥补与修正,固有文化很快会找回其主体地位[4]。自"五四"运动以来,"破旧"未能"立新"的中国传统文化就一直处于"边缘化"状态。在中国现代文化未能形成自己体系的情况下,人们总是习惯性地接受西方强势文化的影响,不自觉地把西方的价值取向和评价标准当做标准[5]。中国建筑的文化格局一方面是实现现代化的紧迫感与使命感,另一方面是固有的文化思维在面对变革时的惰性,从80年代开始的关于"复古"形式的争论至今依然没有消失,对"中国特色"的弘扬同样未能使对传统价值的认同走出困境。

传统并非人的主观性行为,任何当下的事物终将成为历史,成为过去,有选择地被留存于人们的记忆中;建筑师将自己置身于一个传统的过程中,在这个过程中实现过去和现在的融合,这是事物发展的必然规律。传统一方面具有保守性,显示出自身强大的生命力,对外来文化持一种批判与排斥的态度;另一方面又具有开放性,不同时代、不同地域、不同民族之间的文化交往不可避免,保守性虽然一定程度上抑制了对外来文化的吸收,但在与外来文化的长期接触中,其中有益于传统的那部分外来文化,或多或少地被吸收、融合,与新时代要求一致的传统得到发扬,从而包容在传统中。

霍布斯鲍姆在《传统的发明》一书中讨论了我们习以为常的"传统"观念是如何在民族国家建立的过程中被"发明"出来的。这告诉我们,传统从来就不是什么固有的东西,而是一种开放的、随着实践的需要不断重塑的观念,对于中国的建筑传统的认识也有这样的过程。从20世纪20年代开始,伴随着西方建筑思想对传统建筑的批评和重新认识,对于传统建筑的研究和利用一直相伴而行。"中国固有式"所代表的传统建筑文化在很大程度上还是官方意识形态的需要和民间建造方式的主流。

经过20世纪50年代到"文革"期间的越来越激进的对传统的否定,虽然对于传统建筑本身的研究并未完全停止,但是传统建筑和当代建筑实践的关系越来越疏远。事实上,50年代以后对于传统的态度就从来没有保守过,在"取其精华、去其糟粕"的口号下,激进一直是主流。

4 章明,张姿.当代中国建筑的文化价值认同分析(1978—2008)[J].时代建筑,2009(3).
5 程泰宁,费移山.跨文化发展与中国现代建筑的创新[J].世界建筑,2011(6).

传统已经沦为了意识形态和现代诉求的附属品和装饰品。特别是 80 年代，对于现代的追求事实上压倒了对于传统的保持，对于传统的诉求历来就是和现代想象结合在一起的。这种对于现代的想象又和对西方的开放相伴，出现了明显的西化倾向和保守倾向。

全球化作为当下的时代特点，与传统有着密切的关系。爆发在近现代的中西文化碰撞，使人们将差异的认知锁定在中西文化先进性的比照上。应该看到，在 21 世纪的当代视野中，中西文化的碰撞带来了新的机遇，我们应当站在这样的大背景下来思考中国现代建筑的现状和未来发展，争取自己的话语权，彰显地域文化的价值，获得全球化浪潮中秉持传统文化价值的新的向度与可能性，使全球化和传统文化达到多元形式的稳定。

2.2 传统之于现代：日本 20 世纪早期的探索

现代日本建筑史学家藤冈洋保[6]关于日本建筑师在 20 世纪 30—40 年代如何思考日本建筑传统、尝试在现代建筑中表达日本传统的这段历史有特别的研究。在藤冈的论述中，他定义了"日本性"（Japaneseness，日本のなもの）这个概念，以指当时日本建筑师们认为传统日本建筑中值得保存并继承的外表特征和内在理念。一方面，他将当时的相关建筑师和思想家对于日本建筑传统的认识方式，置于那个时代建构民族国家身份认同的大背景中分析，同时又将这些努力与同时期直接在国家主义意志推动下的"日本风"（Japanese Taste）建筑现象相区别，以呈现这些日本建筑师们独特的文化自觉是如何与西方现代主义建筑的影响和渗透密切相关的。

藤冈指出，民族国家（Nation-state）缘起于美国的独立和法国大革命中波旁王朝的解体。在这类新的国家体制中，国民拥有共同主权，而所谓的"民族"概念，其实是一个想象的共同体。这样，形成民族身份的共同认知就成为民族国家的重要任务，国家运用各种手段把他的国民团结起来成为一个整体，使他们能够相信他们享有共同的过去和价值观，同时这种过去和价值观又能够形成自豪感，甚至向其他国家炫耀。而寻找共同的建筑传统，即是民族国家身份认同手段之一。因此，传统看似古老，但其实是现代时代引发的一个全新概念。

对于日本明治维新以后的建筑现代化进程来说，以 1929 年为分界点，日本建筑开始受西方现代建筑运动影响，出现明显的现代主义倾向，按时间先后在日本现代设计中出现的三种派别，即"风格派"、"包豪斯派"和"柯布西耶派"，在日本被称为"初期现代主义"[7]。

然而，也就在建筑师们把欧美现代建筑运动的最新动向和情报介绍到日本的过程中，日本"二战"前的建筑史中还存在着与这一初期现代主义相对抗的一大势力，被称作"帝冠式"，可简单描述为"日本民族风格的大屋顶"。这是日本军国主义化时期开始的、倡导一种日本文化包装的民族主义建筑的发展方向。20 年代末 30 年代初，日本举行了许多大型纪念性建筑的竞赛，诸如 1926 年的神奈川县厅舍、1930 年的京都市立美术馆（图 1）、1931 年的东京帝室博物馆（图 2）等。在这些竞赛中，设计条件一般都要求提供一种日本趣味或者东洋趣味，几乎所有的优胜方案或者图案均如此，如混凝土建筑上放置传统寺庙上的瓦屋顶，或者在立面装饰上带有从历史建筑中提取的传统图案等等。从 1935 年左右起，日本政府规定公共建筑必须采用"东洋调的日本样式"，于是，官厅建筑、公共建筑中大量日本复古式建筑出现。日本大多数历史学家都认为，帝冠式的出现是民族主义的产物，也是日本军国主义化时代一时的异常现象。藤冈将此种倾向称作"日本风"建筑（Japanese-taste Architecture，日本趣味の建筑）。

尽管这种"日本风"建筑一度繁盛，却遭到当时年轻的现代主义日本建筑师们的激烈批评，尤其是对以铺瓦坡顶表达"日本"特性表示质疑。

这些日本现代主义者指出，用瓦平铺的坡屋顶并不属于日本，而是来自中国古代庙宇的外来产物。更进一步，他们视结构理性为现代主义建筑的基础，指出用瓦平铺的坡屋顶方式在现代的时代增加了多余的荷载，不必要又没有效率。同样，他们也批评立面上增加传统的装饰以使建筑看起来日本化的方式，因为这种装饰和结构及构造系统无关，是一种虚假而非理性的表达。

然而，虽然现代主义者彻底否定"日本风"的建筑设计，但他们却并不否认存在着一些建筑，其性格和品质就是属于日本的。他们以另外一种积极的姿态，提出了他们心目中的"日本性"。不同于"日本风"的途径以及对日本建筑传统的理解，他们首先只讨论日本建筑传统中神庙、住宅、茶道屋等一些有限的类型，认为只有这些类型的传统建筑可以代表日本建筑的性格。同时，这些现代主义者也并不关注传统建筑中那些明显的装饰和细节，诸如斗拱，

6 东京工业大学建筑史教授，研究现代日本建筑史的史学家。这小节主要来自藤冈洋保教授 2010 年在同济大学建筑与城市规划学院讲学的内容。
7 藤森照信. 日本近代建筑 [M]. 济南：山东人民出版社，2010.

图1 京都市立美术馆，1930年　　　图2 东京帝室博物馆，1931年　　　图3 日本传统神庙

而是关注他们认为一直充盈在神庙、住宅、茶道屋（图3，图4）中的最具"本质性"的建筑特征。

这些日本现代主义建筑师认为的、体现建筑传统中"日本性"的特征是这样6个方面：

（1）简明的布局和结构（Simplicity in Plan and Structure）。

（2）对材料之美的喜爱（Respect for the Beauty of the Mmaterials）。

（3）装饰的较少运用（Lack of Ornamentation）。

（4）不对称的形式（Asymmetry）。

（5）与周边自然的和谐关系（Harmony with Surrounding Nature）。

（6）模数体系的运用（Existence of Modular Units）。

以这些特征的体现，日本著名的伊势神宫和桂离宫（图5）即成为体现"日本性"的杰出代表。甚至是，当时很多日本现代主义建筑师欣喜地认为，日本传统建筑的这些精髓是如此的符合现代主义运动"国际式"建筑的特征，因此断言，理性基础上的现代建筑实践天然地包含了纯正的日本建筑性格。这一对于现代建筑和"日本性"相似的论断，对日本的现代建筑师来说意义重大。它不但提供了追随现代主义运动的历史正当性，同时也满足了日本建筑师的民族自豪感。而且，相对于"日本风"建筑对日本传统的"错误"理解，"日本性"是一种真正的、对现代化和日本国家身份的双重肯定。

然而，藤冈却以更高的视野，直接揭示出了这样一种传统自觉的根源与思维方式：六点特征看起来完全符合现代建筑的标准，但事实也是现代主义者将日本的神庙、住宅、茶道屋等传统建筑通过现代建筑的"过滤"后得到如此解读的，这自然符合现代建筑的一些特征。应该说，日本的现代主义者只是找出了日本传统建筑中他们希望看到的那部分罢了。因此，"日本性"中包含的那些简洁、无装饰、不对称、与自然的和谐关系，并不全然像日本建筑师所鼓吹的那样，是真实纯正的日本建筑传统，而是当时

现代主义建筑思潮中的产物。"日本风"建筑只不过是基于19世纪末、20世纪初历史主义建筑风尚的、对日本传统的另一种理解和表达。

同时他还指出，建筑类型和规模的因素也会使"日本性"和"日本风"在不同的现实状况中相应出现，如，现代主义建筑较适合于营造小尺度的建筑，而对于较大尺度的纪念性建筑则很难表达。事实上，在同时代的西方国家，也较多地通过新古典主义建筑来表达纪念性主题，而在日本，类似于古代庙宇大坡顶形式的"日本风"建筑也就成为表达日本国家身份和纪念性主题的不二选择。即使是作为一个现代建筑师的丹下健三，在1942年面对大东亚建设纪念建筑设计竞赛这一纪念性主题的设计时，同样也借鉴了伊势神宫的一些装饰主题。

与一般的认识很不相同的是，藤冈的研究指出了日本现代主义者在批判"日本风"建筑时在定义传统上的含糊和非理性，并指出，"日本性"建筑和"日本风"建筑实际上是一个时代同类观念的不同反映。因此，这一历史研究的意义并不在于寻找日本传统风格为何，而是展示当时的日本建筑师们是如何思考并试图表达建筑传统的。

藤冈最终要阐述的是，建筑历史不是一堆事实的简单堆砌，历史是一种理解，综合了你认为重要的过去事实。因此，或许并不存在有所谓真实的和纯正的建筑传统，因为建筑传统不是自明的（Self-evident），历史研究是一种富有创造性和想象力的活动，取决于立场以及如何能从对过去的理解中提出一种新的思维，建筑传统的认知和"发现"都离不开这样的途径。可以看到，藤冈这一超越民族主义认识基础的历史剖析，应该是对于重新审视近现代中国建筑的"民族复兴"之路颇有启示性的。

2.3 日本战后建筑发展中的传统与现代

第二次世界大战之后，经过巨大历史转折的日本，无论是"日本风"还是"日本性"，战前基于民族主义思想基础的建筑论题即将终结。随着现代建筑的理念从战前"前

图 4 日本传统茶道屋　　　　图 5 日本桂离宫

图 6 丹下健三，广岛和平纪念馆，1955　　　　图 7 丹下健三，国立室内综合竞技场，1964

卫的"一跃变成"普遍的"，日本现代建筑迈出了走向盛期现代主义的步伐[8]（图 6）。

对于战后至 20 世纪 70 年代日本现代建筑的发展，可以考察到这样四个层面：一是以丹下健三为代表的战后现代建筑的广泛实践；二是以村野藤吾为代表的表现派与"柯布西耶派"的对抗；三是新陈代谢派的出现标志日本步入形成世界性影响的建筑进程；四是以矶崎新、黑川纪章和桢文彦为代表的一代建筑师尝试对历史与传统的新探索以超越前辈。

2.3.1　丹下健三的现代与传统

丹下健三如此追忆自己建筑思想的形成："我受柯布西埃影响最大，我走上建筑师的道路，也是从见到柯布西埃后开始的。学生时代，我受岸田日出刀先生影响很大。那时，先生自己拍了许多桂离宫、京都御所的照片，称为'过去的构成'摄影集。在当时，欧洲建筑影响很大，似乎人们眼中只有欧洲建筑，我对这种风潮很反感。"

丹下健三的东京都厅舍（1957）、香川县厅舍（1958）等作品，被认为是自钢筋混凝土结构传入日本 60 年来，首次得到了日本式的建筑表现。因为这些作品用完全现代的钢筋混凝土材料和结构方式，却表现了日本传统木构的梁柱逻辑，使梁、柱系统的日本建筑传统获得"再生"。

丹下一方面深受柯布影响，另一方面也坚持一种民族性的建筑必须在民主社会中得以实现。他认为体现日本现代的新建筑风格，应该综合日本传统艺术和文明中形成的文化传统的两极：弥生文化（Yayoi Culture）和绳纹文化

（Jomon Culture）。东京都厅舍和香川县厅舍可以说是呈现了弥生文化传统的精神，而 1964 年，丹下健三的国立室内综合竞技场（代代木体育馆，图 7）和东京圣玛丽亚教堂的完成，把现代建筑忽视掉的"象征性"重新捡起来，完善着他自身的日本现代建筑创作之路，是其现代建筑探索的辉煌顶点，也是绳纹文化传统精神的典型呈现[9]。

丹下真正从"日本建筑的现代表现"中脱胎变身是在 1964 年之后，表现在山梨文化会馆（1966）和静冈新闻东京支社（1967）的设计中，在造型上已看不到对日本传统建筑表现的追求，而是潜藏着新陈代谢的、柔软的、可变的、可生长的建筑思想。

2.3.2　村野藤吾 VS. "柯布西耶派"

在"二战"前日本现代建筑形成的早期，村野藤吾属于后期表现派代表人物，在包豪斯派和柯布西耶派日渐成为主流的过程中，他保持自己的设计立场，即：既走现代主义的路，又不抛弃历史主义建筑的装饰和表现手段，因而成为边缘人物。

战前的后期表现派，不愿简单接受西方现代主义主张的白色与直角的建筑表现，确信建筑的装饰和细部处理是连接人和建筑的桥梁。这一派的出现，可以说在日本现代建筑发展史上，酝酿了一支"反对派"力量，以村野为代表，他们的活动在其后的历史中从没有间断过，但始终被成为主流的现代主义建筑师的活动掩盖着。

战后的村野藤吾仍然继续战前的设计理念和实践。1955 年，村野与时流相悖的广岛世界和平纪念圣堂建成，

---

8 关于日本战后建筑发展状况的综述，部分参照：吴耀东. 日本现代建筑 [M]. 天津：天津科学出版社，1997.
9 The Tames and Hudson Encyclopedia of 20th Century Architecture, 1989：337.

图 8　村野藤吾，日本生命日比谷剧院，1963

图 9　黑川纪章，中银舱体大楼

现代框架结构与几何体量的现代语言，同时融入材料表现和装饰细部甚至历史建筑类型的象征寓意，仍是延续战前既定的设计策略。

与此同时，村野藤吾发表了《超样式论》一文，其对建筑风格的认识观念独特，完全超越了任何西方与"日本性"的二元思维。他在文中写道：

让我们超越样式之上！让我们从一切样式的因袭中超然出来！不管是过去的样式、现在的样式，还是被称为样式的样式，我们要中止对一切既定事实的模仿、再现、复活的行为。本来对"样式"进行定义我就觉得是不必要的，如果让我给样式下定义的话，我会说"样式是结构和装饰的某种特有组合"。但事实上，被称为"样式"的东西究竟为何物，这与我无关。

村野藤吾的日本生命日比谷剧院（1963，图 8）与丹下的国立室内综合竞技场（1964）几乎同时建成。这座建筑内外采用了丰富的装饰，这在当时甚至被斥为"反动的设计"。村野就此回应道："我并不是无视结构，所谓的结构对我来说只是一种手段，建筑的目的是应该考虑对人会带来怎样的影响。"

村野寻求自己的创作源泉，使自己的作品生命力和个性。他持续思考的，是建筑与人的关系问题。利用现代技术创造空间美，他的设计方法是先通过直觉预想出结果，而后反过来通过设计过程和设计技巧进行实现。村野言称自己反对一些现代者的"贫困美学"，设计应从现实的、大众的角度出发，来寻求自己的创作源泉。村野与丹下的抗衡，仿佛一股暗流存在着，并影响到当代的日本建筑师。

2.3.3　"新陈代谢"：成为影响世界进程的一员

1960 年在东京召开的世界设计会议而结成的新陈代谢派，由建筑师菊竹清训、大高正人、桢文彦、黑川纪章、矶崎新及评论家川添登组成，标志着日本战后新一代建筑师的诞生（图 9）。"新陈代谢"借用生物学用语，采取"历史的新陈代谢并不是自然地接受，而应积极地促进"的态度，同时吸收系统理论的思想，形成"保持建筑结构，取换单位部件"的设计理念，以适应不断消费、不断变化的社会的不断成长，以寻得一种运动中的恒久性。虽然"新陈代谢"的主张和实践反映了技术至上的建筑观，但它也标志着日本建筑已经彻底脱离"柯布西耶派"的轨迹[10]，与同一时代以建筑电讯派（Archigram）为代表的欧洲建筑先锋派的建筑探索一道，成为推进世界建筑进程中的重要一员。

"新陈代谢"开启了日本晚期现代主义时代，以中心人物矶崎新、黑川纪章和桢文彦为代表，他们也是引领日本至后现代主义时期的核心人物。因此，我们已不能再用孤立的眼光来考察日本这个时期及以后的建筑，许多日本建筑已开始成为强有力的发信源，产生世界性的影响。

2.3.4　反现代主义及其超越

1970 年后，日本建筑与欧美齐头并进的新时代到来，这一时期的显著特征，就是出现从正面否定现代主义的理论和设计思潮，因此也被定位为反现代主义时期，预示着"后现代主义"时代的到来。这一时期的建筑师认为，日本盛期现代主义的作品虽说是合理的、有力量感的，但缺乏亲切感。他们提倡建筑细部造型的丰富多彩、装饰上的赏心悦目，赞美日常生活的诗意，希望建筑表达与使用者的亲密关系。显然，批判是集中在代表人物丹下健三身上的，而这一时期主导当时日本建筑舞台的，正是丹下健三门下的矶崎新、黑川纪章、桢文彦等人。

矶崎新认为，建筑可以有基本的构成方式，但建筑中的各个部分应是片断自体及其机能的表现，需要考虑与其自身状况相适合的设计方式，而不必与整体关联，也并非一定要暗示着整体的存在。他以对现代主义均质空间（Universal Space）的拒绝，追求建筑的差异性和丰富性。而在矶崎新看来，现代主义运动最后落进了纯粹主义和排

10 Alan Colquhoun. Modern Architecture. Oxford : [s.n.] , 2002 : 225.

他主义，因而缺乏模糊性，缺乏中性空间，同时还排除了装饰和对普通人有吸引力的任何东西，因此建筑师的任务是要转向多元并存，转向对人文历史的包容。

日本战后已经孕育了对现代主义批判的世界性力量。在这个进程中，日本传统文化及其现代意义的"发现"，是一种以局部的传统性来平衡全球的共性，而不再有传统与现代的二元对立，更没有形成抵抗"西化"的力量。村野藤吾的反风格、反现代的包容性策略，可以说预示了日本后现代时期的建筑特征。

2.4 日本当代建筑发展中的传统与现代

进入 80 年代以后，日本建筑的异彩纷呈是史无前例的，在许多领域更有世界领先之势。后现代时期的日本建筑界，已经在整体上完全融入与西方后现代时期共同的发展轨迹，呈现出对历史与传统的重新关注，但这种关注是如此广泛，甚至包含对于西方历史传统的再读与吸收，因此已经完全超越以往关于传统与现代二元对立的语境，而其中关于日本传统的再评价和再"发现"，自然与民族性问题无关，而是成为丰富当代世界建筑文化的一股历史源泉。

参照日本建筑专家吴耀东的研究，80 年代以来日本建筑大致可分为这样几种倾向：

历史主义模式再现：以矶崎新和黑川纪章为代表。

早期现代主义的再生：以安藤忠雄和桢文彦等为代表。

自然主义：以伊东丰雄、妹岛和世与西泽立卫为代表。

观念的建筑：以筱原一男和坂本一成为代表。

机械模式的过渡表现：以高松伸等代表。

80 年代以矶崎新和黑川纪章为代表的日本建筑界，呈现出回溯历史传统的"后现代"倾向，而比较两位领军人物的历史主义途径是颇有意味的。矶崎新朝向西方历史主义而反日本传统，如在筑波中心大厦（1983）的设计中，从一开始他就从西方文化出发，既从柯布西耶的思想中吸取营养，又引用更遥远的欧洲历史建筑模式，结合立方体、球体、金字塔形等组合造型，与不断变化的现代文明形成动态对应，可以说矶崎新的途径是"个别的表现主义和对既成建筑理论的讽刺"。而黑川纪章的历史主义轨迹，自 70 年代就贯穿了从日本传统建筑研究中得来的"灰调子文化"、"中间领域"、"暧昧性"等空间思想，1980年后期的"共生"理论，则是这种传统"再现"和新陈代谢思想的融合，对黑川来说，"历史与未来共存"并非意味着历史样式的直接引用，而是为使创造性的多义空间的生成成为可能。基于"共生思想"的代表作品是广岛市现

代美术馆（1989）。

从"现代主义再生"的典型代表安藤忠雄的思想与实践中可以看到，重新关注日本的传统建筑及其精神，并非回到"日本性"的再度探索，也不应该是继承传统的具体形态，而是继承其根本的精神性的东西，为已经成长的现代建筑充实更加丰富的内涵（图10，图11）。安藤认为，建筑之所以成为建筑，有三点必不可少：

（1）场所，是支撑建筑存在的大前提；

（2）纯粹的几何学，是支撑建筑的基体或骨骼；

（3）自然，是指人工化的自然，从自然中抽象出秩序，抽象出光、水、风，建筑是由自然抽象中产生的。

因此，在他看来，日本强调"人"与"自然"平等的传统自然观并不充分，自然与人类之间需要保持一种紧张感，以互相对峙显现各自性情，才能达到相互融合。为此，安藤利用混凝土和光营造的现代建筑的几何空间，也是对日本传统数寄屋的氛围重塑，包含深奥的内涵和禅宗美学的意境。对安藤来说，建筑是由自然抽象出来的，建筑具备人类理性的形式才能感动人。为此，他一直致力于以现代材料演绎日本传统中"非形态精神"为目标——这是一种日本文化的精髓，一种根植于日本传统的"静"的建筑。这种"静"便是一种深沉的内省精神，需要用心去体验的东方品质。安藤作品中表现出的，是强烈的还原主义姿态，而在寻求原型的过程中，他将东西方两种不同的建筑文化以一种新的方式结合了起来。

伊东丰雄的建筑探索，指向了建筑未来向自然的回归以及建筑与环境的同化。作为当代日本自然主义建筑的引领者，伊东及其继承者妹岛和世与西泽立卫用全新的观念与杰出的实践，切实有力地证明着日本当代建筑是如何成为"强有力的发信源"而产生了世界性影响的。伊东将建筑作为自然中独立的存在，应同自然结为一体，同时也把建筑与环境同化的思想展开到都市环境中。他因此形成的"流动体建筑论"，意指建筑就是与风、水、植物以及都市的人和车的流动相互干涉、融合，形成更为复杂的流动场。在此基础上，他更发展了"短暂建筑"的理念，认为城市因为快速变化而无持久的东西，短暂建筑是表现大都市的最佳方式。

伊东因此关注建筑的皮膜感、浮游感、透明感、金属感，以示建筑的未来都是流动体"水"的象征，同时，他的建筑在材料的"坚固性"表达上被减到最低，最大程度地使用玻璃，展现一种短暂的、脆弱的、易变的外观。伊东将自己的建筑学定义成都会生活的"着装"，使人们隐私的需求和公共空间的渴望达到完美平衡。

伊东的这些建筑理念及其设计语言在仙台媒体中心设

图 10　安藤忠雄，光的教堂，
1989

图 11　安藤忠雄，水的教堂，1988

图 12　伊东丰雄，仙台媒体中心，2000

图 13　SANAA，O-Museum 博物馆，1999

图 14　筱原一男的住宅设计，1950 年代

图 15　坂本一成，HOUSE SA，1999

计（图 12）中得到了超然呈现，楼板、钢管及其表皮作为构成要素，组织了为城市市民开放的全新公共空间形式，成为引领世界建筑新气象的杰作。

比之伊东丰雄对建筑与自然的流动性关系的探索，妹岛和世与西泽立卫（SANAA 建筑事务所）更强调对人的行为的关注。一切都是"不确定性"的，而他们注重对业主或潜在客户的日常需求和欲望的解读，对建筑的日常活动进行一种与传统功能主义途径完全不同的归纳和分析，并且用建筑语言将其清晰地表现出来，使建筑放任和鼓励藏于人们内心的随机性行为。在设计手法上，伊东丰雄的"不确定性"主要表现在材料的"形式"使用进而造成建筑的轻盈感或者说漂浮性，而妹岛和世与西泽立卫是把人活动的不确定性转化为相应的轻盈、流动空间，经过透明材料或半透明材料的光线在室内轻盈地来回"传递"而被钝化柔和，使得室内形成一个朦胧、纯净和半透明的"光的海洋"，又以建筑空间形式的同构性和相似性简化建筑内在的复杂性，使时代的"不确定性"以建筑语言的形式表现得淋漓尽致（图 13）。

妹岛和西泽的作品纤细而有力，巧妙而优雅。他们创作的建筑物，成功地和周边环境及环境中的活动结合在一起，从而营造出体验的丰富性。同时，他们的建筑空间也深具日本特色的精巧和细腻。

坂本一成的建筑思想继承于筱原一男（图 14），他以"日常的诗学"作为设计的口号，其思想可以说是筱原一男"观念的建筑"的发展。坂本的作品关注日常生活，力图摆脱建筑师的固有成见。他往往通过住居来思考人与建筑的关系，反对建筑固定的类型，主张用打破类型及形式意义来构建出生活的趣味和张力，并释放出设计的自由（图 15）。

以日本现代建筑专家吴耀东教授看来，当代日本建筑呈现的种种特征仍能追溯到日本人的传统审美趣味，尤其以朴素主义传统为主导。在日本的江户时代，就在几乎同一时期诞生了桂离宫和东照宫这样艺术风格截然相反的建筑，前者选择"抽象"，而后者选择"移情"。渐渐地，桂离宫表现出来的"抽象"成为日本建筑文化的代表。因而，谈到欣赏与创作，日本人更多会选择"抽象"而不是"移情"。前者表达的是人脑中的图像，而后者表达的是现实世界中的形象。这就是为什么在 80 年代日本建筑的诸潮流中，更体现"抽象"特征的现代主义再生的一支，会更让人感到是"日本式"的。吴耀东认为，从这里出发，我们可以把日本后现代主义时期的建筑师归为抽象与移情两大类。"移情"追求装饰和象征性，最大代表人物是矶崎新；而抽象派的代表可以举出原广司、安藤忠雄、桢文彦、筱原一男、伊东丰雄等[11]。

　11 吴耀东. 日本现代建筑 [M]. 天津：天津科学技术出版社，1997.

然而笔者也特别强调对建筑史学家藤森照信论点的关注。藤森照信关于"日本建筑的现代化，其真实内容是向西方建筑学习"的总体性认识，对于日本后现代时期的建筑发展仍然是基本事实，而有关日本传统的"继承与融入"，在当代日本建筑界仍是时代进程中的一支细流。这使它远远脱离了亚洲其他国家持久的"国家与风格的"建筑探索之路。

如果说日本依然能够成为我们当代建筑提供地域性经验的话，那么藤森指出有两点依然是至关重要的：一是西方现代建筑是如何在日本扎根的；二是日本现代建筑的发展和探索历程更多关注根本性问题，而不是仅仅基于日本的文脉和地域性的。对此，伊东丰雄的成就实际就是理解日本经验的最好的例证：仙台媒体中心的成功，事实是在继承西方现代建筑经验成就上的超越，也是对其本土的前辈们现代建筑发展之路的超越。从媒体中心设计中可以阅读出，勒·柯布西耶早年的多米诺体系，密斯早年在巴塞罗那德国馆中所创造的流动空间，路易·康以"空心的石"（Hollow Stone）所发展出来的"结构体＋服务空间"以及"费城塔"方案，直至伊东的老师菊竹清训的"新陈代谢"思想与空间模式，都是其不可忽视的构思来源。然而，在此基础上，伊东以更开放的公共空间组织、独特的建构语言以及诗意的材料表现，将自然重新"融入"建筑并表现了当代都市生活的流动和不确定性，其创造所回应的，也是这个信息时代普遍共享的生活经验特质和建筑变迁需求。

3 我们与他们：跨文化对话与交互理解

3.1 我们眼中的西方：翻译与引进

包括中国在内的所有"非西方"语言的西方建筑历史理论研究，理论上都应该看做一种跨文化的研究工作；更进一步说，它在本质上就是一种广义的"翻译"。事实上，类似中国这样的"外发后生型"现代化国家，整个现代学术体系通常都是以"翻译"作为最初的起点。中国建筑学科与学术史的研究者们的研究已经证明，中国的建筑学

科专业概念的产生本身就是从西方（经由日文）迻译的结果[12]。80年代以来，随着建筑学科的发展和信息交流渠道的逐渐成熟，翻译更成为推动中国建筑知识生产和学术进步的重要信息来源和知识资源[13]。

3.1.1 现代主义—后现代主义—解构主义[14]

20世纪80—90年代，中国对西方建筑理论的引进达到一个高潮。由于迎来了可以摆脱意识形态种种思想禁锢的时代，中国建筑界学习西方建筑表现出强烈的主动性和积极性，尤其显现对西方建筑界新思潮的热情，其中"后现代主义"的引入产生的影响最大。

（1）从现代到后现代："传统—现代"话语的重启

1980—1985年的5年间，明确以引进西方现代建筑理论为目标的文章近50篇。除了介绍西方新颖的建筑实例外，相当多的篇幅介绍了西方现代建筑大师。少量西方现代主义建筑名著翻译出版，如柯布西耶的《走向新建筑》，奈维尔的《建筑的技术与艺术》等。通过引进这些现代建筑运动的基础资料，中国建筑界从理论上开始对现代主义建筑补课；罗小未关于战后西方现代建筑的多种思潮和倾向的总结，对于丰富建筑界对西方现代建筑发展的认识起到了特别的推动作用。

几乎同时，"后现代主义"也进入了中国建筑界的视野。首先是西方建筑理论的部分译介：《建筑师》1981年相继刊登《建筑的复杂性与矛盾性》和《后现代建筑语言》的节译。1983年《建筑师》第15期和17期又有《现代运动之后》以及赫克斯台布尔的文章《现代建筑已经"寿终正寝"了么？》，现代建筑的补课很快转向对后现代的极大关注。

国内主要建筑院校知名学者的一系列讨论，使后现代进一步成为主导性的学术话题：

刘先觉《关于后期现代主义——当代国外建筑思潮再探》（《建筑师》1981年第8期）；

吴焕加《论建筑中的现代主义和后现代主义》（《世界建筑》1983年第2期）；

罗小未《当代建筑中的所谓后现代主义》（《世界建筑》1983年第2期）；

罗小未《现代派、后现代派与当前的一种设计倾向——兼论建筑创作思潮内容的多方面多层次》（《世界建筑》1985年第1期）。

---

12 参见徐苏斌博士论文《比较·交往·启示——中日近代建筑比较》、赖德霖《中国近代建筑史研究》等及其他相关研究论述。
13 包志禹. 建筑学翻译刍议 [J]. 建筑师，2005（2）：75-85.
14 本章内容部分参照：王炜炜. 从"主义"之争到建筑本体理论的回归——1980年代以来西方建筑理论的引进与讨论 [J]. 时代建筑，2006（5）.

后现代主义的引入起初并不是没有批判性，它或被看做"现代建筑发展过程中一个插曲"，甚至有"玩世不恭"的设计态度。基于对现代主义建筑千篇一律、忽视历史文脉的批判，后现代在形式创作和风格上的变化从开始就特别受到关注。比较而言，像罗小未这样的学者提出应从创作观、创作思想、创作方法、建筑的形态表现等多方面对后现代思潮进行探讨，有更广泛的视角揭示后现代主义思潮的复杂性和多层次性。总之，这一时期对现代主义、晚期现代主义和后现代主义的关系的引介与"建构"，仍对建立后现代在线性历史进程中的积极地位起很大作用。

1986 年，由全国各地一群中青年建筑师组成的"当代建筑文化沙龙"以"后现代主义与中国文化"为题，进行了两次专题讨论。随着戈德伯格的《后现代时期的建筑设计》（1987）以及詹克斯的《什么是后现代主义？》（1988）等译著的出版，学界对后现代建筑的宣传和讨论俨然进入高潮。虽然西方的后现代主义一直处在变化发展之中，但中国建筑界已按照自己的理解和需要，形成了中国式的反应。80 年代开始建筑又落入了在对传统和现代之间关系的纠结和彷徨，而在后现代主义理论似乎可以"迎刃而解"的途径。于是在实践层面，大量引入历史"符号"的设计出现在中国建筑界各个地区、各种类型的创作中，似乎一夜之间，传统和现代的矛盾终于有了一个调和的方向。同时，贝聿铭"香山饭店"风格模式的影响，后现代主义的观念思想和设计语言成为发展的主导方向，包括齐康、崔愷等主流建筑师在内的一大批建筑作品，都可以看到这种倾向的影响。

曾昭奋在《后现代主义来到中国》（《世界建筑》，1987 年第 2 期）和《后现代建筑 30 年》（《世界建筑》，1989 年第 5 期）中，分析总结了后现代主义带给中国建筑创作实践的影响：一方面"复古主义与后现代主义的错接"，因此带来复古思潮的重新泛滥；另一方面对传统和地方特色的提倡和运用丰富了我们的创作思想和手法。

后现代主义的引入与 80 年代文化热的相遇，的确形成了这个时期中国建筑文化的独特景观：追随后现代理论并批判现代主义，以进一步缩短与世界的距离，强调对历史文脉的关注，既促进了各种地域特征的自觉，也重启了"现代性—民族性"的实践话语。但后现代以关注形式符号的设计策略，使追求文化独特性与地域关联性的设计探索，在整体上难以超越传统的"样式／风格"思维而进入更立体的文化视野。从现在来看，对于后现代影响中国的批判，与其说一味强调西方思潮与中国状况的错接，不如更多地审视我们在接受西方建筑思想过程是否积极展开跨文化的思考。比如直至今日，对于文丘里的《建筑的复杂性与矛盾性》这样的理论著作，我们或许仍然未能够从其自身的文脉中充分阅读。

（2）解构主义：形式或超越

1988 年 6 月美国纽约现代艺术博物馆举办"解构主义建筑展览"。几乎同时，"解构"在 1989 年登临我国建筑论坛，打破了后现代建筑理论在讲台上主导 10 年的局面，德里达、埃森曼、屈米迅速成为我国建筑界十分关注的人物。汪坦、张钦楠首先发表论述，对解构主义的基本情况作了较为全面的介绍。薛求理的文章《解构主义建筑的方法与实践》（《世界建筑》，1989 年第 3 期）结合具体的作品，指出了解构主义是构成主义在当代条件下的继续。之后，《世界建筑》、《建筑师》、《新建筑》等刊物又刊登一批有关解构主义的译文和评介文章，如《从巴黎拉维莱特公园谈起——兼谈解构主义对西方建筑的影响》（刘开济，《世界建筑》，1990 年第 2 期）、《疯狂与合成》（屈米，《世界建筑》，1992 年第 2 期）、《解构——不在场的愉悦》（詹克斯著，陈同宾译，《建筑师》，1991 年第 43 期，1992 年第 44 期）、《解构主义的代表作——拉维莱特公园》（庇特·B. 琼斯著，李秀森译，《建筑师》，1991 年第 40 期）、《从现代艺术的角度看解构主义迟到了的"反形式"和"纯建筑"》（邹德侬，《新建筑》，1990 年第 1 期）等。

不难看出，这些文章仍然难以摆脱将解构主义作为一种新的设计实践的阅读，直至 1992 年第 2 期《世界建筑》刊出了张永和的《采访彼德·埃森曼》一文有所改变。埃森曼指出："后现代主义是一个为建筑重新使用具象正名的企图……后现代主义显然也没有对城市现状做出反应，没有解决当今社会面对的问题……和其他领域里的后现代思潮背道而驰……是西方人文主义的最后喘息。"很显然，采访者以埃森曼认为解构不是一种风格、与苏联的构成主义也毫无关联的声明，以引导一种超越风格的认识。同期刊出的李巨川的文章《后现代主义，解构主义及其他》就詹克斯对埃森曼采访的内容展开讨论，质疑了詹克斯总结的后现代主义和"双重译码"，认为"后现代主义"正朝着更广泛而多元的方向扩展。

与后现代主义相比，解构主义在中国的影响一部分仍然在形式语言和美学层面上，可以看到一批年轻的建筑师们开始利用西方解构主义实践提供的新的形式语言打开思路，尝试一种摆脱肤浅的符号拼贴、拓展到形式和空间结构的探索，王澍早期的实践就显现出这方面的影响。解构主义对设计实践的影响十分有限，而以张永和的采访为标志，西方解构主义建筑本身的多种表现已被意识，尤其是解构主义理论包含对西方人文主义传统（其中也包括现代主义的秩序和后现代主义的对世俗美学的追求）的颠覆性批判。不过，解构主义对建筑形式与意义的逻辑关联的质疑，其包含的对现代主义的又一次革命，在当时中国建筑现代化发展的语境中，仍是难以理解的。

3.1.2 多种建筑理论的引入与学科的新开端

20 世纪 80 年代，西方更多地受人文科学影响产生的建筑理论被引入中国，建筑符号学、建筑现象学、建筑心理学、行为建筑学、建筑类型学、智能化设计等等，对国内建筑学科的建设产生极为积极的推动作用。特别是建筑类型学和建筑现象学，以不同视角开启对建筑本体的探讨，而 2000 年以后对于"建构"话题的热议，更是典型地呈现出，西方建筑理论在中西交流更加广泛和深入的新时期，是如何进一步影响国内建筑学科的发展的。

（1）多种理论—多元思想

西方建筑理论的系统引介，与建筑历史理论领域学者的持续努力密切相关。

汪坦先生在 80 年代中叶开始组织翻译外国建筑理论丛书，是最具开创性的工作。建筑学作为一门独立学科，长期受到意识形态的影响，成为政治的附属品，在新时代急切找到理论资源，建立知识话语体系，是当时国内建筑学界的普遍期望，丛书的译介正是回应了这种迫切需要。时至今日，从佩夫斯纳的《现代设计的先驱》到塔夫里的《建筑学的理论与历史》，丛书精心选择的著作为建造中国建筑理论知识宝库奠定了重要基石。

90 年代后期刘先觉的著作《现代建筑理论——建筑结合人文科学、自然科学与技术科学的新成就》可谓是中国当代对西方建筑思潮、流派和设计理论与方法介绍的集大成者，内容几乎包括了当代建筑可能涉及的所有领域，如建筑类型学、建筑符号学、建筑心理学、建筑现象学等，影响广泛。

进入新世纪，大量的西方建筑史和建筑理论原作的翻译引进，使得西方建筑理论自身的脉络和复杂性得到了进一步呈现：出版界也以更积极的姿态与学者形成合力，推动西方学界一些经典的建筑理论读本有计划地翻译出版，如北京城市节奏科技发展有限公司策划引进了《向拉斯维加斯学习》、《建筑评论——现代建筑与历史嬗变》等一批在西方建筑理论中颇有影响的著作，中国建筑工业出版社更是在理论译著、外国建筑师专题方面推出了大量出版物。在以王贵祥为核心的翻译团队的努力下，如《建筑理论史——从维特鲁威到现代》（克鲁夫著）以及阿尔伯蒂《建筑论》等一系列历史名著的翻译，为国内了解西方建筑理论发展的基本轮廓提供了重要的帮助和指引。

新时期，西方建筑理论引入中国已有更多的途径和特征：遍布于《建筑师》、《时代建筑》各种期刊的论文，甚至 ABBS 等网络空间讨论，构成了从未有过的丰富资源；以东南大学"AA 建筑理论论坛"以及同济大学"建筑现象学"、"建造的诗学"为代表的一批高水平的国际学术会议的召开，使中国开始形成一些国际性的理论交流的学术平台；建筑理论的发展极其显著地走向多元态势，没有一个单一主题会成为代替一切的主导话语，而专题的讨论正以各种努力走向深入，以同济大学建筑讲坛《建筑理论的多维视野》、东南大学《建筑研究》系列以及南京大学《建筑文化研究》系列的出版为代表；建筑师开始重视建筑的基本问题和基本理论探讨，"空间"、"表皮"、"地形"、"图解"、"透明性"、"材料"、"物质性"等理论话题的讨论多样展开，极大地丰富着学科内涵，促进着建筑教育与设计实践的提高。

（2）"建构"理论的讨论

当代西方建筑理论的引介及其影响状况纷繁多样，在此即以"建构"（Tectonics）理论为例。

和 80 年代有所不同，"建构"的引进并非西方热门建筑理论的输入，而是有明确针对性的主动吸取。《世界建筑》1996 年第 4 期上刊登了伍时堂的文章《让建筑研究真正地研究建筑——肯尼思·弗兰普顿新著〈构造文化〉简介》，这是国内最早介绍"建构"的文章，但并没有引起进一步的关注。

2000 年之后，"建构"一词才为人熟知。国内对西方建筑学界关于"建构"话语的丰富的理论文献还谈不上系统引进。就相关理论的介绍，王骏阳教授对弗兰普顿的理论著作《建构文化研究》的翻译（2007）大大推动了这一话题的广泛讨论，澳大利亚新南威尔士大学建筑理论学者冯仕达博士近十年来在国内一些著名高校建筑系的讲座中介绍了国外其他学者关于"建构"研究的不同学说，拓展了更广阔的理论视野。如弗瑞斯卡瑞（《会说故事的细部》）和凯西（《数字散帕尔》）以及更早的理论家散帕尔（Gottfried Semper）和舍克尔（Eduard Sekler）著作中的"建构"概念等等。

朱涛的《"建构"的许诺与虚设——论当代中国建筑学发展中的"建构"观念》和彭怒的《中国当代实验性建筑的拼图——从理论话语到实践策略》（《时代建筑》，2005 年第 5 期）都试图在中国当代建筑实践领域探讨与"建构"有关的现象，特别是"建构"与"基本建筑"、"建造"、"构造"、"形态"、"空间"等建筑本体概念的关系。而顾凯则认为上述两篇文章对"建构"概念的理解与西方理论原文中的"建构"不完全相符。这一判断，出于他对

图16 建构理论的讨论促进对中国传统木结构的
重新解读

西方语境中的"建构"概念的忠实理解和准确移位的愿望，尽管文中对建构的理解也显示了泛建筑学的倾向。事实上，跨文化语境中对概念的挪用和误读是难以避免的，其意图和目的在于如何针对自身问题在异文化中寻求利器。

尽管中国建筑界对"建构"的理解不一，其中不乏建设性的想法。如赵辰以建构理论重构中国古代建筑传统的认识，张永和、张雷对材料、构造、形态、空间关系的思考等，都希望通过建构的探讨建立起自身的理论视界和实践途径。冯纪忠先生曾将中国传统概念与建构进行对比和联系，寻求不同文化间实际上存在的共同话题。他在《关于"建构"的访谈》中谈到，"所谓诗意，我的理解就是有情。'建构'就是组织材料成物并表达感情、透露感情"，对建构的理解可谓质朴而精妙（图16）。

无论是后现代主义、解构主义还是对建筑学多种理论的引入，都是建立在对现代主义的反思和批判的基础上的。"建构"等相关理论话语针对风格、形式和主义之争，在一定程度上重新建立了对建筑本体的思考，帮助我们摆脱一种主义代替另一种主义的迷魂阵和流行的商业文化，重现建筑学作为一门学科的自治的可能。冯仕达曾指出："建构是拿来当'药'用的，它不是随时随地都合用的东西，不能试图用它去解决所有的问题，否则建构和其他众多引进的西方理论话语一样，面临着被肤浅化和泛化的危险。"彭怒也曾撰文指出"建构"理论作为理论模式之一，在分析和评判建筑现象时的边界和有效性问题。

这里需要思考的是，在中国建筑实践日益得到西方关注并被纳入世界格局的同时，中国建筑理论是不断引进一轮又一轮的西方理论来阐释自身实践，还是从主体建筑文化的建设中生产自己的一些理论模式，应该是一个特别值得关注的问题。往往是他者认同的困境首先体现在他者认

同的滞后性与不平等性，从而根本无法真正获得与"他者"共存的文化时空。他者认同的思维过程却无法追寻其历史渊源，因而对"新的"东西可能只能引起短暂刺激而无法持久关注[15]。

3.2 重新认识西方现代建筑的丰富与多样

应该说，建构话题在中国的热议，也引出了我们对西方20世纪现代建筑历史进程的重新关注。而且，与20世纪80—90年代相比，当下国内建筑界对于现代建筑的态度及其历史评价有了极大的转变。随着更多西方建筑历史理论家相关历史研究成果的不断引进和翻译，以及越来越多的实地考察机会，重新认识现代建筑的形成与发展，特别是重新认识其多样性，已在当前国内学术界和建筑师中引起广泛兴趣。

回溯过去，在相当时期内，我们认识西方现代建筑历史图谱的基本框架一直是"四个大师"或"五个大师"（勒·柯布西耶、密斯、格罗皮乌斯、赖特和阿尔托）；在我们的观念里，柯布的机器美学、密斯的新技术语言以及后期包豪斯为代表的德国新客观主义一直是现代主义建筑的杰出代表；依据功能和技术、时代和风格的设计实践，1927年德国斯图加特的魏森霍夫住宅展、1932年由希契科克和菲利浦·约翰逊在美国纽约现代艺术博物馆（MoMA）举办的"现代主义建筑：国际式展览"，被我们视做现代建筑取得历史性胜利的整体呈现以及新风格的集体亮相；而吉迪恩（S. Giedion）对我们产生持久影响的著作《空间、时间和建筑：一种新传统的成长》（*Space, Time and Architecture: the Qrowth of A New Tradition*, 1941），基于黑格尔式的进步史观和技术理性主义的基本立场建构的、现代建筑的历史叙述，更强化了我们以唯物史观和进化论观念对西方现代建筑的认同和接受。以往这些对于西方现代建筑的认识，不仅极大地影响着我们建筑现代化进程的观念与实践，而且也成为我们积极追随后现代主义等批判现代主义建筑的认识基础。

当代的"重新认识"并不意味着否认那些对现代建筑的种种批判，而是对以往我们认识现代主义建筑的方式、尤其是过于关注其时代性的整体特征而忽视其内部的多样性和丰富性开始深刻反思。时代的进程和建筑文化交流的日增让我们越来越清楚地意识到，在认识西方现代建筑的不足的同时，也要走出长期存在的、排他式的西方现代主义建筑体系的认知局限，因为当代西方建筑的种种理论思

 15 章明，张姿. 当代中国建筑的文化价值认同分析（1978—2008）[J]. 时代建筑，2009（3）.

考和实践探索，仍然是与早期现代主义建筑早已展开的丰富探索密不可分的。

近十年来对于更多西方现代建筑历史研究成果的引进与翻译，正是这一新起点的最重要的表征。引进与翻译的类型大致可归为这样几种：

一是建筑师及其作品的丰富呈现，最引人关注的是《勒·柯布西耶全集》以及勒·柯布西耶自己多部专著的翻译出版。

二是围绕理论专题的现代建筑史的研究，以弗兰姆普顿（Kenneth Frampton）的《建构文化研究：论19世纪和20世纪建筑中的建造诗学》最有代表性，柯林·罗（Colin Rowe）相关现代建筑研究的独特论述，也引起中青年学者的持续兴趣。

三是更多关于现代建筑历史研究专著的引进或翻译，有弗兰姆普敦的《现代建筑：一部批判的历史》的增补再版等，而最具有标志性意义的，是集聚多个专业院校力量翻译完成的威廉·柯蒂斯（William J. R. Curtis）的巨著《1900年以来的现代建筑》（*Modern Architecture since 1900*，中文译本为《20世纪世界建筑史》）的出版。

理论专题"建构"或"形式自主性"等的自觉引介，的确帮助我们开始超越以往"时代精神"与"风格创新"的思维模式，扩展关于现代建筑的认识，而多种历史文本的引进和翻译，以及现代建筑的多种历史阅读，也确实为我们打破了单一线性的历史叙述，展开了现代建筑异彩纷呈的历史图景，让我们看到，在现代建筑的历史中，还有许许多多被我们忽视的人物与成就。

举例说明：

3.2.1 德国的有机建筑

德国被认为是第二次世界大战间欧洲现代建筑运动的中心，受早期历史学家的影响，我们长期将格罗皮乌斯等为代表的理性主义（新客观派）以及围绕包豪斯的设计教育革命视为构成其中心地位的核心力量。然而，德国20世纪20年代开始的有机建筑思想和实践是被我们忽视的，或根本就是一个知之甚少的领域。

德国有机建筑的代表人物是黑林（Hugo Häring，1882—1959）和夏隆（Hans Scharoun，1893—1972）。从部分超越传统和反几何秩序的形式表象来看，有机派和表现主义似有共性，但事实上，有机派的思想基础源于对形式与功能关系的生物学认识，黑林将这种认识转换成一种理性的设计原则：建筑由最合理的功能空间组

图17　李承宽20世纪50年代住宅设计，可称为景观建筑，园林意趣融入日常生活空间

织而成，传统的几何学原则无法适应使用的合理性，因此形式是基于功能需要的有机形态的自由组合。夏隆在二次大战前后出色地实践了这一原则，并将其与城市环境和场地特性融合，而夏隆的助手、德籍华裔建筑师李承宽（Chen-Kuen Lee）则吸收中国传统建筑和园林的智慧，造就了建筑融于自然、自然融入生活的独特的住宅空间（图17）。他们的成就是现代建筑中的一朵奇葩，其设计观念和策略的各个方面都能对当代有所启示，甚至在冯纪忠的建筑设计实践中已经有了显然的回应[16]。

3.2.2 柯布西耶：穿越历史的现代主义

建筑史学家科恩（Jean-Louis Cohen）在近年出版的专著《伟大的柯布西耶》（*Le Corbusier, Le Grand*）中，以"一个百面人"（The Man with a hundred Faces）来描述这位大师：梦想家、建造家、几何之人、城市规划师、作家、画家和雕塑家、历史学家、游走于私密与公共间、全球游弋家（Globe-trotting Expert）、公众人物、政治动物、联想家等等。对我们来说，最需重新认识的，是柯布事业生涯中对于历史的广泛而持久的兴趣，以及对于乡土的持续关注。

勒·柯布西耶的"新建筑"创造事实上一直隐含着西方古典建筑的传统，那就是对数学秩序的追求。早在1923年发表的《走向新建筑》中，就有大量篇幅讨论几何、数与秩序；所谓"住宅是居住的机器"，不仅是建筑呈现

16 卢永毅. 试读冯纪忠先生的空间设计思想 [J]. 时代建筑，2011（1）.

图18 柯布西耶在20世纪40—50年代创立的Module理论。拉图雷特修道院饭厅，窗棂的变化和节奏是与音乐家合作设计完成

图19 柯布西耶，拉·塞勒·圣·克劳德的周末小别墅，1953

图20 西方史学家挖掘柯布西耶建筑语言中的乡土渊源的著作

了这一时代的工程师的美学，更是因为机器的功能与形式、秩序与精确性仍然能够回归科学和艺术高度统一的古典传统。所以，对于柯布，"几何学是人类的语言"[17]，建筑最终不是机器，而是"一些体块在阳光下精巧的、正确的和辉煌的表演"。事实上，无论是20年代的"机器美学"，还是晚年朗香教堂的"浪漫"杰作，数学始终是柯布寻找形式秩序的基础（图18）。

一边是古典传统，而另一边则是乡土启示。乡土建筑与自然、材料与表现以及传统的建筑类型，都不断地被柯布转换成为现代建筑的种种构想。在他20年代的城市住宅（Villa Contemporaines）方案中，居住单元与居住单位组织就是源于意大利中世纪修道院私密和公共空间组织的启示。在30年代之后，柯布转向对自然、乡土和变形有机体（如贝壳、骨头、鹅卵石一类"拾得之物"）的兴趣十分显著，建筑也带有更多地域性特征；乡土的参照来自他一生钟情的地中海风格，包括他经历中的北非国家阿尔及利亚。1935年建造的位于拉·塞勒·圣·克劳德的周末小别墅（图19），更直接地"回归"了连续拱顶低造价住宅的原型，建筑紧紧地拥抱土地，具有草屋顶、混凝土支柱、粗糙的砖墙、玻璃砖墙和木格板的、类似一个半洞穴状半机器时代的原始小屋[18]；更有欧洲史学家展开现代建筑的考古学研究（An Archaeology of Modernism）[19]，挖掘柯布建筑语言中的乡土渊源（图20）。

科恩如此评价柯布："他在他作品的每一个关节点都深知如何穿越于他所知的历史之中。"（He knew at every juncture in his work how to mobilize an awareness of history）[20]。

3.2.3 辛德勒与诺伊特拉："国际式"的地域性回应

鲁道夫·辛德勒（Rudolph Schindler）和诺伊特拉（Richard Neutra）在以往的现代建筑史的叙述中往往不被关注，但他们的建筑具有"国际式"风格的轻盈和简洁的同时，却以对所处场地与自然环境精心考虑的设计品质及其独特价值，越来越为当代历史理论家推崇。

二次世界大战之间，这两位积极投身欧洲现代建筑运动的奥地利建筑师转而来到美国，通过在赖特工作室的学习经历，在美国建立起了一种"国际式"的"地区性"派别。辛德勒1922年设计建造的辛德勒/蔡斯住宅体现了他对加利福尼亚特有的景观、色彩、树木和广阔天空的回应。建筑有着低矮的屋顶，主要住宅空间透过活动屏扇面向一个种植了密集植物的内院。建筑的屋顶有木头和帆布构成的"睡篮"，主体不少部分采用木构，其室内的移动木门、木构密梁及各种陈设都带有日本建筑的影响，古朴而沉静。建筑融合了洞穴与帐篷的奇特意象，呈现某种原始遮蔽物的效果。类似该建筑的特征也出现在建筑师1923—1925年设计的普伊布洛·里贝拉庭园建筑中。

诺伊特拉则发展起了另一种倾向，将赖特的有机主义及他设想的"自然"生活方式融合在了一起。他所设计的洛弗尔住宅（The Lovel House）住于洛杉矶一个绿树成荫的山顶上，建筑为一系列水平层，像是从山坡上生长出来，室内外空间交错在一起，变化的窗户尺寸体现了不同的内部功能，漂浮的横向水泥板统一了窗户及整体建筑形态，建筑和环境之间得到了完美的结合（图21）。诺伊特拉在40年代后期设计的考夫曼沙漠之屋，甚至与赖特的流水别墅一起被称做20世纪的两个"由于建筑内部与其场所精神之间的和谐"的偶像性建筑。而与赖特"塑造一个风景中的构筑物"不同的是，诺伊特拉将其设计的住宅与所处环境之间的边界减到最低限度，所以，其玻璃"轻微的光辉"和结构立柱的"隐形"安排，目的并不是技术和空间的"现代"表现，而是让内外环境获得最充分的渗

17 勒·柯布西耶. 走向新建筑 [M]. 陈志华，译. 西安：陕西师范大学出版社，2004：62、186.

18 威廉·柯蒂斯（William J. R. Curtis）. 1900年以来的现代建筑 [M]. 北京：中国建筑工业出版社，2010：320-321.

19 Adolf Max Vogt. Le Cobusier：the Noble Savage, Toward an Archaeology of Modernism[M]. Donnell, Trans. Cambridge, Massachusetts：MIT Press, 1998.

20 Jean-Louis Cohen. Le Corbusier, Le Grand[M]. London：Phaidon, 2009.

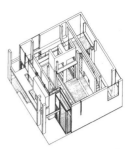

图 21　诺伊特拉，洛弗尔住宅，1929　　图 22　诺伊特拉，考夫曼沙漠之屋，1941　　图 23　特拉尼，法西斯官主立面，1932—1936　　图 24　埃森曼 20 世纪 70 年代设计的住宅 II，他从特拉尼那里受到启示，以住宅设计研究建筑形式的自主性问题

透和融合[21]（图 22 ）。

3.2.4　特拉尼：植根于古典的现代

尽管 20 世纪 30 年代意大利的现代建筑运动始终与意大利法西斯政权的历史难以脱离，但对其政治语境之外自身的独特性认识，还是极有意义。与其他国家和地区相比，当时的意大利将"功能主义"和"机器时代"等观点弱化，取而代之的是旨在唤起一种基于古典经典先例的抽象审美。与欧洲先锋派的激进态度不同，意大利建筑师们并不主张与传统的彻底决裂，他们将建筑看做一种语言，强调要建立现代建筑的传统根基。因此，现代建筑的探索就是追求将古典建筑语言抽象提炼后与现代的简洁形式和结构系统相结合。

意大利"七人组"中最有才华的建筑师特拉尼（Giuseppe Terragni）设计的在科莫的法西斯官（1932—1936，图 23），突出地反映了这一时期意大利现代建筑的设计语言和形式特征。法西斯官建筑的外观十分简洁抽象，但其精巧严谨的框架立面构图与同时代多数现代建筑所呈现的技术"客观性"并没有太多联系，而是一种表面与结构的复杂互动。尽管特拉尼解释这一立面表达法西斯党机构"向所有人开放"的理念，但其平面布局、立面构图和比例处理等抽象表达中蕴含的古典秩序仍显而易见。他后来设计的但丁纪念馆方案也具有类似的特点：高度秩序化，将古典与现代融为一体。

在早期现代建筑历史学家眼中，意大利的异类"现代"少被讨论，而现在，这些作品成为研究现代建筑形式主义的历史原型，也是推动后现代时期探讨建筑形式自主性理论的重要基础，其中埃森曼（Peter Eisenmann）的研究最具广泛影响（图 24）。

由以上部分片段我们已经看到，西方现代建筑运动是一场丰富而多样的新建筑探索运动，其呈现的建筑现象和探索途径纷繁复杂，与历史形成多样对话将其简化为某种统一的风格样式或设计原则都是不符合事实的。而当代建筑的多元纷呈，也必然与现代建筑形成时期的多样性密切相关。

3.3　西方眼中的我们："中国建筑"的建构

3.3.1　历史上西方眼中的"中国建筑"

回溯我们的历史可以看到，尽管绵延千年的中华帝国早已形成极其成熟而辉煌的建筑艺术，但关于"中国建筑"的特征认知，却是在"他人"眼中开始建构的。在 17—19 世纪的两百多年里，西方传教士、商人、建筑师和史学家最早留下了关于中国建筑特征认识的种种描述，这些如今早已是我们建筑史学界的历史常识，而其中一些论说也一直是学界批判建筑文化"欧洲中心论"的最核心的佐证。

西方人眼中的中国建筑形象在 16 世纪后期至 17 世纪初的传教士眼中可窥见一斑，而且，从关注华丽庄严的宫殿建筑群，到对中国园林的赞赏，每一个观察者的个人视角都能让人体味到"中国建筑"特征解说的多样性了。

17—18 世纪，西方对中国文化各个方面持续的好奇和探究逐渐积累起了一定的成果，这些成果不仅促成了欧洲 18 世纪艺术风格中盛行一时的"中国风"（Chinoiserie）——其建筑实践中最常见的是园林中的中国式亭子和宝塔的建造，也转换成了欧洲思考其自身问题的思想养料。这一时期文化交流的代表人物有约翰·纽霍夫（John Nieuhoff，1618—1672 ）、威廉·钱伯斯（William Chambers，1723—1796）等。而推动中国建筑和园林在欧洲传播贡献最大的是钱伯斯，其代表性著作《中国建筑、家具、服饰和器物的设计》（*Design of Chinese Buildings, Furniture, Dresses, etc.*，1757）将中国

21 [荷] A 楚尼斯，L 勒费夫尔. 批判性地域主义——全球化世界中的建筑及其特性 [M]. 王丙辰，译. 北京：中国建筑工业出版社，2007：48.

建筑上升到了专业性和知识性的高度来认识的，书中的建筑插图是以西方学院式方式绘成的平面、立面与剖面，而完全不是异国风情的描绘。虽然钱伯斯本人更推崇中国园林，但其对中国建筑特征的知识性呈现，为以后西方关于世界建筑史的体系架构建立了最早的基础。

从19世纪后期、20世纪初期开始，中国建筑正式出现在西方人关于世界建筑史研究的写作之中，一部是英国建筑史学家福格森（James Fergussen）1876年首次出版的《印度及东方建筑史》（*History of Indian and Eastern Architecture*），另一部是英国建筑史学家弗莱彻爵士（Sir Banister Fletcher）1901年出版的《比较世界建筑史》（*A History of Architecture on the Comparative Method*，第4版）。两位作者试图建构建筑文化的世界图景，但其著说实际也折射出殖民主义者的深刻烙印。在福格森眼中，"中国建筑和中国的其他艺术一样低级。它富于装饰，适于家居，但是不耐久，而且完全缺乏庄严、宏伟的气象"，并还说，"中国建筑并不值得太多的注意。不过……中国人是现在唯一视色彩为建筑一种本质的人……在艺术的低层次上做到这一点毋庸置疑，但对高层次的艺术来说则另当别论"[22]。

弗莱彻的建筑史著作具有更大的影响力，而在书中，他把世界建筑史划分成两个部分叙述，一部分为西方自古典建筑以来的建筑发展体系，被归入"历史性风格"（Historical Styles），另一部分为中国、日本、印度、伊斯兰和美洲国家的建筑，被一起归入"非历史性风格"（Non-historical Styles）[23]。弗莱彻还为这样一个世界建筑史的架构设计了一张著名的建筑之树，图上中国、日本等非西方国家的建筑只是建筑主流进程中早期文明的一个旁支，内容相当有限。这种状况直至1956年该书出版第17版时才改变。

最早对这样一种"西方中心论"奋起反击，尝试以全新方式建构中国建筑特征之认识研究、并产生历史性影响的人，是日本建筑史学家伊东忠太（1867—1954）。伊东驳斥西方史学家对中日建筑的偏见首先源于他们对历史的无知和对实地考察的缺乏，所谓中国建筑千篇一律其实是"对于中国建筑观察之浅薄"。1925年，伊东首次结集出版了经过20多年考察研究的成果《中国建筑史》，这应该说是中国建筑研究的里程碑。伊东认为"世界之建筑中，未有中国建筑具有特殊之性质者"，并具体勾勒出

图25　鲍希曼20世纪初对中国建筑的考察记录

了"宫室本位"、"平面"、"外观"、"装饰"、"装饰花样"、"色彩"以及"材料与构造"特殊性质的七个方面[24]。

这个时候的西方世界也出现了对中国建筑更具实证基础和文化视野的研究。德国建筑学家鲍希曼（Ernst Boerschmann，1873—1949），从1906年起对中国大江南北的建筑进行全面考察，用照相机记录了数以千计的各类建筑实景照片，并对一些建筑详尽测绘，陆续出版了十余本中国建筑的书籍（图25）。与伊东忠太不同，鲍希曼对中国建筑的独特性另有自己的解读，他看到"中国建筑中最有代表性的是一种宗教观念"，看到了其中"人与自然的和谐，以及人对于自然的依赖……关于这么一种自然宗教的思想在祭祀太阳、月亮、星星、大地和农业等皇帝祭祀仪式中得到了最充分的表达"[25]。

其实，影响"中国建筑"认知形成的西方人与日本人不止这些，其中来自瑞典的艺术史学家喜龙仁（Osvald Sirén，1879—1966）以及来自日本的、与伊东忠太同时代的史学家关野贞（1868—1935）等，都是难以忽略的历史人物。不可否认，19世纪末、20世纪初这些外来研究者的成果是开创性的，它们来自各个国家和地区建筑文

22 转引自：赖德霖.梁思成、林徽因中国建筑史写作表微 [M]// 中国近代建筑史研究.北京：清华大学出版社，2007：323.

23 赵辰.从"建筑之树"到"文化之河" [M]// 立面的误会，建筑·理论·历史.北京：生活·读书·新知三联书店，2007：186-188.

24 伊东忠太.中国建筑史 [M].陈清源，译补.上海：上海书店，1935：40-70.

25（德）恩斯特·柏石曼.寻访1906—1909：西人眼中的晚清建筑 [M].沈弘，译.上海：百花文艺出版社，2005：12-13.

化多样性的自觉，也产生于帝国列强殖民扩张的历史条件。这些成果对于 20 世纪 20 年代后期逐渐成长起来的现代中国建筑学科和建筑师来说，既是一个基础，也是排除他者偏见、建构自身认识的重要起点。

3.3.2　中西交流中"中国建筑"的自我建构

从 20 世纪初中国第一代建筑家开始，关于"中国建筑"的知识建构、历史叙述和特征认知，一直是建筑学现代学科建设的核心任务，也是建构学科自身文化身份的起点。从 1929 年"中国营造学社"成立，梁思成、林徽因、刘敦桢等关于中国建筑史的开创性成就，到当代全球化进程中的建筑文化再思考，追踪这样一条脉络是审视中国现代建筑之路必不可少的："中国建筑"特征的自我建构是如何在中西跨文化交流的语境中形成与演变的，又是如何在学科进程中表现出其多样复杂的特性的。

（1）梁、林结构理性思想中的"中国建筑"

众所周知，梁思成（1901—1972）和林徽因（1904—1955）20 世纪 20 年代在美国宾夕法尼亚大学建筑与美术学院留学期间，就已经开始了研究中国建筑的尝试，在回国后更长期致力于中国传统建筑的研究，立志完整建构这数千年继承演变而来的"东方独立系统"的"原始面目"。

梁、林关于中国建筑之特征的论述，必然受以往外来研究者种种相关论述的影响，而他们对既有研究和认识的超越，正是他们提出了"木造的结构法"为中国建筑最关键的特征。这个突破性的"发现"一方面源于对中国古代重要典籍宋代《营造法式》和清代《工部工程做法则例》的重新发现和基于现代考古学基础的重新解读，以及中国营造学社成员的集体努力，而另一方面，与梁、林西方建筑教育背景密切相关。

梁思成视两部典籍为"中国建筑之两部文法课本"，他在以此为题的文章开篇即指出："每一个派别的建筑，如同每一种的语言文字一样，必须有它的特殊'文法'、'辞汇'[例如罗马式的'五范'（Five Orders），各有规矩……各部之间必须如此联系……]。此种'文法'在一派建筑里，即如在一种语言里，都是传统的演变的，有它的历史的……"，而对于中国建筑的"文法"，梁认为"……以往所有外人的著述，无一人及此，无一人知道。不知道一种语言的文法而要研究那种语言的文学，当然此路不通。不知道中国建筑的'文法'而研究中国建筑，也是一样的

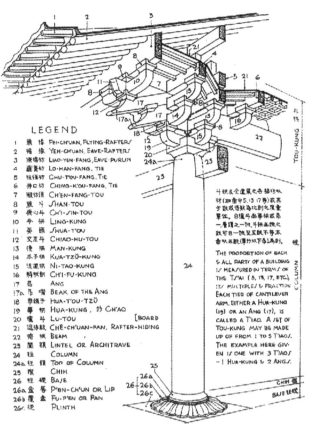

中國建築之"ORDER"·斗拱·檐程·柱礎　THE CHINESE "ORDER"

图 26　梁思成、林徽因诠释的中国建筑之 Order

不可能……"[26] 为透彻地呈现中国建筑的"文法"，梁思成依据清代《工部工程做法则例》的原则编撰了教科书性质的《清式营造则例》，又在 1935—1937 年间与学生刘致平编撰十卷《中国建筑设计参考图集》，作为中国建筑"辞汇"的汇集，而其中最著名的，是梁、林所作的这张形象的《中国建筑之"Order"》（图 26）。正是这两部基于官式建筑的"法式"的"文法"与"辞汇"，"构成了一套中国建筑的'古典语言'"[27]。

然而，这里我们应关注建构这种认识的另一个独特方面[28]：

梁思成对于中国建筑"文法"和"词汇"概念之提出，和对其重要性的强调，既有两部典籍的关键作用，也有对西方布扎体系中建筑形式原理的借鉴，但除此之外，还受到了当时正在兴起的西方现代建筑中理性主义、尤其是结构理性主义思想的启示带来的。林徽因在讨论中国建筑"架构制"（Framing System）优越性时，既引用了"墙倒房不塌"的中国民间谚语，更将此与西方建筑作比较认识：

26 梁思成．中国建筑之两部文法课本 [J]．中国营造学社汇刊，1945，7（2）；引自梁思成．建筑文库 [M]．北京：生活·读书·新知三联书店，2006：334.
27 赖德霖．梁思成、林徽因中国建筑史写作表微 [M]// 中国近代建筑史研究．北京：清华大学出版社，2007：319.
28 赖德霖．梁思成、林徽因中国建筑史写作表微 [M]// 中国近代建筑史研究．北京：清华大学出版社，2007：313-330。赖德霖在此文中，将这两位历史学家的研究动机、过程及写作特征放在个人经历和近代中国的历史大背景中进行了精辟的分析，呈现了他们在史学建构中最有独创性的方面。笔者受此启发，尝试扩展性的讨论。

"在欧洲各派建筑中，除去最现代始盛行的钢架法，及钢筋水泥构架外，惟有哥特式建筑，曾经用过构架原理，但哥特式仍是垒石发券作为构架，规模与单纯木架甚是不同。哥特式中又有所谓'半木构法'则与中国构架极相类似。惟因有垒石制影响之同时存在，此种半木构法之应用，始终未能如中国构架之彻底纯净。"[29] 出于同一认识，梁思成更明确指出，这种骨架结构方法"能灵活适应于各种用途……都能满足每个地方人民不同的需要。这骨架结构的方法实为中国将来的采用钢架或钢筋混凝土的建筑具备了适当的基础和有利条件"[30]。

梁思成与林徽因关于中国传统建筑"古典语言"的研究，对于拓展中国建筑之特征的认识，以及对中国建筑史史学框架的形成，或者说对建筑学作为一门现代学科的知识体系的建构，都产生了持久而深远的影响。然而事实上，20 世纪初以来在探索中国建筑如何走出现代化和民族性结合之路的过程中，风格—样式的话语困境始终摆脱不了。而梁、林关于中国建筑"古典语言"中包含的结构理性思想及其科学价值和时代意义，一直未能在探索中得到真正的实践和发展。历史更多显现的是，新的建造技术与"中国固有式"的矛盾的日益凸现[31]。

（2）作为文人建筑的"中国建筑"

建筑界对文人建筑传统的关注和研究，是为梁、林所代表的中国古代官式建筑研究的极大补充，同时也可以看到，这对关于"中国建筑"的形式所指及其"特征"的自我建构，必然是一种极为重要的扩展，而西方建筑文化依然是形成自我认识的一面镜子。

赖德霖对于文人建筑的定义，及其对此传统研究最有影响的多位学者的贡献，做出了历史性的梳理和概要性的综述[32]。与梁、林的结构理性观念相当不同，文人建筑首先是从"文人审美"的视角分类，进而探究其特征的：文人建筑可以是刘禹锡的"陋室"，苏轼的"雪堂"，或白居易的"庐山草堂"和徐渭的"青藤书屋"，也可以是岳麓书院或白鹿洞书院；而最集中的代表当然是传统文人园林。

与中国传统官式建筑的现代诠释相并行，文人建筑也是在以现代方式的评判、阐释、借鉴及发展中，被不断地揭示其文化意义，构成"中国建筑"自我认知的又一重要内容。在赖德霖的回溯中，童寯、刘敦桢、郭黛姮、张锦秋、汉宝德、冯纪忠、贝聿铭以及当代的王澍是推崇传统文人建筑并将其关联到现代建筑设计实践中具有"导向意义"的人物。

以 1937 年完成的《江南园林志》为标志，童寯被称为中国文人建筑的"现代发现者"，他以现代眼光，揭示了中国园林有"虚实互映、大小对比、高下相称"的布局之妙，也有"疏密得宜、曲折尽致、眼前有景"的意境之趣，相对于以往中国营造学社研究者们关注的宫殿和寺庙等官式建筑，童寯是最早发现传统园林中体现"中国文人建筑的美学追求"的建筑家。

相对于童寯的"发现"，刘敦桢及郭黛姮、张锦秋等将传统园林直接引向了对现代建筑创作可资借鉴的诠释方式，这进一步的"发现"受到西方现代建筑空间理论的影响，"空间—时间"以及"流动空间"概念既与传统园林空间的特质吻合，也显然可推向现代设计的实践领域。

事实上，黄作燊更是早在 20 世纪 40 年代就以关注传统文人及其建筑的关系来认识中国建筑与西方的差异性，他既对传统园林的建造和空间意境的形成做出现代解释，也将文人思想与工匠智慧的结合拓展到对更多中国传统建筑特征的认知上。信奉"建筑并不在于美化房屋，相反，它在于如何优美地建造"这一基本思想，他看到的是"有两种彼此独立的力量在创造'中国建筑'。一方面，我们有传统匠作以提供物质建造的需要，另一方面，我们又有文人在不自觉地将他们的智性注入建筑之中"；故对于古人而言，"建造房屋仅是一种手段，而文人们则试图通过建筑的途径表达时代的意志"。对黄作燊来说，孔子就是建筑艺术之大师，因为正是他"借用"建筑表达了社会秩序，而李渔、曹雪芹等也是杰出的建筑师或园林师，因为正是他们使闲情雅致的生活空间得以实现[33]。

诚然，最早提出"文人系之建筑"的概念并对其概括总结的建筑家是汉宝德，相较于关注传统园林，他的视野更加广泛。基于计成的《园冶》和文震亨的《长物志》等书，他将文人建筑的特征归为"平凡与淡雅"、"简单与实用"以及"整体环境的观念"；他将"简单与实用"联系到西方现代建筑的"机能主义"特征颇有意味，他指出"这种经验的机能主义方法，使用日久，逐渐变成思想的习惯，在对材料的品赏高度敏感的协助之下，一种精神的机能主义，就逐渐地在这群人中发展出来……慢慢综理为判断的标准，因而自然成为设计的标准"。

29 林徽因，"《清代营造则例》·绪论"，1932 年写成，发表于：梁思成.清式营造则例 [M]. 北京：中国营造学社，1934；引自：林徽因.林徽因讲建筑 [M]. 西安：陕西师范大学出版社，2004：18.
30 梁思成.我国伟大的建筑传统与遗产 [N].人民日报，1951-02-19，20；引自梁思成.建筑文库 [M]. 北京：生活·读书·新知三联书店，2006：340.
31 关于新的结构技术形式与大屋顶的象征形式的矛盾性，李海清有专门研究，见李海清.中国建筑现代转型 [M]. 南京：东南大学出版社，2004：第 7 章.
32 本小节主要参照：赖德霖.中国文人建筑传统现代复兴与发展之路上的王澍 [J].建筑学报，2012（5）.
33 黄作燊.论中国建筑 [C]// 黄作燊纪念文集.北京：中国建筑工业出版社，2012.

图27　冯纪忠，方塔园，1979—1987

与黄作燊、刘敦桢等相关学者比较，冯纪忠是将来自西方的空间—时间概念得以扩展，以园林中"用典"和新旧并置营造的"古意"，使空间中的时间性不仅是"现在时"的，也形成历史的穿越，即，"在空间体验的共时性中加入了一个历史维度，而这种体验也因此转变为一种古今的交流对话"（图27）。在当代，王澍对传统文人的解读首先是一种独立意志、批判精神与生命实践的统一，而对于空间—时间的历史穿越手法，与冯纪忠的极为接近，并将其特别推崇的、中国传统建筑中"时间诗意的体会"，以新旧材料的"杂陈"和传统空间类型的转换，融入自己的建筑创作之中。

在当代青年一代的设计探索中，从传统园林以及乡土建筑中寻求启迪的热情再次掀起。在吸取前辈们的思想和经验的基础上，他们重启传统经典作品阅读。同时，西方建筑界关于地形学、现象学的理论学说和实践经验，成为他们再塑自身传统的重要支持。

3.4　1995年以来域外媒体对当代中国建筑的报道[34]

20世纪90年代中期以前，西方对我们的认知绝大多数都集中在传统中国的城市与建筑，对于现代中国的兴趣不多。90年代以来，随着中国城市建设的大规模加速发展、国内外交流的增加和中国建筑设计市场的对外开放，西方学界和媒体对中国的建筑发展状态逐渐产生了越来越多的兴趣。

经过笔者的检索和统计，1994年之后，关于中国的报道发生在三次比较集中的时间段：1999—2000年对中国城市化的关注；2003—2004年对中国建筑师群体的关注；2008年对于由大型事件（北京奥运会）引发的关注。由这三次报道的不同和变化，也可以看到中国建筑吸引关注点的不同。

与此同时，随着西方学者对中国兴趣的增大，特别是在一些华裔学者的积极推动之下，与中国现代建筑有关的研究文章和专著也在逐渐增加。总的来说，近十年来才逐渐出现的这些相关著述基本上可以分为三类：其中数量最多的是建筑作品集，此外还有为外国建筑师在中国实践提供方便的与中国法规制度相关的专著，以及为数较少的和中国城市或者建筑历史有关的学术性研究。与纯粹学术性的论著不同，无论是期刊的中国专辑还是作品集或实践指南的专门书籍，都起到了类似的作用，即对西方世界的读者"报道"正在中国发生的情况。

如果我们要严格区分"报道"和"研究"，恐怕永远也不会有一条清晰的边界，二者的差别不可能像字面那样清晰鲜明。但是有一点是明确的，与追求知识生产和批判价值的研究相比，报道更加注重新闻性。浏览90年代以来的境外期刊有关中国建筑的报道，我们不难发现早期对中国建筑特别的专题性关注以及中国特辑也恰恰体现了这样的特征。

据笔者所见，从1999年西班牙《2G》杂志的中国专辑（*Instant China*）为开端，在2000年、2004年和2008年左右，形成了三次比较集中的报道中国建筑的时间点，几本重要的境外建筑专业期刊，例如法国的 *Architecture d'Aujourd'hui*（2000）、美国的 *Architectural Record*（2004，2008）、英国的 *Architectural Review*（2008）、*Blueprint*（2008）和日本的 *A+U*（2004，2008）、西班牙的 *AV Monografias*（2004）等先后出版了中国建筑的专辑（图28）。

在这三次高潮中，最早集中讨论中国建筑和城市的特辑是1999年西班牙的建筑杂志2G，其主题为："*Instant China: Notes on an Urban Transformation*"。引言的文章为我们指出，这期特辑的目的，是勾勒出外国建筑事务所在中国的实践情况，并向西方解释发生在中国的不易被理解的状况及中国发生的明显巨变[35]。*Vicente Verdú* 在 "*The*

34 此部分内容根据：王颖，王凯. 当代中国建筑与城市的域外报道与研究十年 [J]. 时代建筑，2010（8）改写.
35 Miguel Ruano. Urban Impressions[J]. 2G，1999（10）：14-28.

图 28　国外杂志的中国专辑：1999 年西班牙 2G 杂志的中国专辑（Instant China）；2004 年、2008 年美国 Architectural Record 杂志的中国专辑；2008 年英国 Architectural Review 杂志的中国专辑

Chinese Castle" 一文中指出最近 20 年，随着中国经济的高速发展，中国人的理想变为个人财富的聚集，而丧失了原有的社会主义理想 [36]。法国的 *Architecture d'Aujourd'hui* 杂志 2000 年的一期中包含一篇名为"中国"（*Chine*）的特别报道，体现出刚刚开始了解的中国城市的巨变，选取的照片都是城市内的新旧对比，看起来中国正在进行着转瞬间从"农村"变成"城市"的灾难性变化。*"Cities without Qualities"* 一文指出，"城市化"是目前中国发展的主要方向，其造成的结果是所有的中国城市都没有特征，以往的传统被消除，由此而产生混乱的文脉 [37]。显然，"中国的快速城市化"是这一波境外媒体报道最关注的方面，而这种转变是令西方震惊的。

我们注意到，这一时期中国建筑师群体并没有受到西方媒体的关注和报道。虽然 2000 年的 *Architecture d'Aujourd'hui* 在惊讶中国城市化的同时肯定了张永和的设计，认为它是"将当前城市的偶发性同既存的文化和自然的延续所混合"（Mix the urban contingencies of today with the existing cultural and natural carry-overs）[38]。但在这两本杂志中，被报道的华裔建筑师只有张永和和旅法摄影师高波（在北京为自己设计建造的工作室）。这一状况在第二轮报道中发生了转变。

2003—2004 年期间，境外一共出版了四期中国建筑专辑，包括美国的 *Architectural Record*、西班牙的 *AV Monografias*、意大利的 Area 和日本 *A+U* 杂志的中国特辑，形成了关于中国建筑集中讨论的一轮高峰。中国作为

建筑设计的新市场的讨论在这一轮集中报道中依然在延续。2004 年的 *Architectural Record*，以一种极为乐观积极的态度指出境外建筑师如何在中国进行实践，看起来就像是为美国建筑师拓展海外市场所作的宣传。比如，Tom Larsen 指出的："他们会获得世界级的设计项目，这在美国是从来得不到的机会，并且可以看到设计的实施。" [39] Brad Perkins 甚至直接列出美国建筑师在中国的十点实践的指南（*Brad Perkins' 10 Tips for China*）[40]。

但是，与上一次仅关注中国城市的巨变不同，这一轮报道中，"中国建筑师"作为一个群体第一次集体出场。比如 *Architectural Record* 中一篇关于青年建筑师的报道题为"新一代的建筑师正在改变游戏的规则"（*A New Generation Architects is Changing the Rules of the Game*），"从设计院到工作室"（*From Institute to Studio*）。Area 杂志的建筑报道中中国建筑师的项目占了相当大的比例。*A+U* 杂志则集中于北京、上海的重点项目和明星建筑师的项目。我们可以看到，当时的中国建筑师已经以一种从背景中脱颖而出的"明星建筑师"的身份集体出场。形成于 90 年代中期的"实验建筑师"群体，在经过了十来年的积蓄经验和作品，在一系列的展览中吸引了足够的注意 [41]，中国的青年建筑师们首先引起媒体的关注也就不足为奇了。

2008 年有四本杂志以北京奥运或中国为主题：美国的 *Architectural Record*，英国的 *Architectural Review* 和 *Blueprint*，日本的 *A+U*。与前两波的报道不同，中国不再

36 Vicente Verdú. The Chinese Castle[J]. 2G，1999: 4-13.

37 Laurent Gutierrez, Valérie Portefaix. Cities without Qualities[J]. Architecture d'Aujourd'hui, 2000（326）: 88-93.

38 Laurent Gutierrez, Valérie Portefaix. Cities without Qualities[J]. Architecture d'Aujourd'hui, 2000（326）: 88-93.

39 Tom Larsen. Doing Business in China: A Primer for the Daring, Shrewd and Determined[J]. Architectural Record, 2004，192（3）: 51-54.

40 Brad Perkins. Brad Perkins's 10 Tips for China[J]. Architectural Record, 2004，192（3）: 118.

41 秦蕾，杨帆．中国当代建筑在海外的展览 [J]．时代建筑，2010（1）：41-47．

作为一个神秘的他者被介绍给世界，而是作为媒体里通常由重大事件而引发的报道。2008 年在北京举行的奥运会就是这一波对中国尤其是北京的城市和建筑报道的一个根本原因。虽然其中 *Architectural Review* 和 *Blueprint* 都是第一次报道中国，但也以奥运场馆建筑作为报道的重点。

另外值得一提的是，*Architectural Review* 在 2008 年的 8 月份又出了一期 "北京机场" 的特辑。福斯特设计的北京机场作为一个项目被特别地报道，可见在中国的建筑开始以建筑本身的特征进入了媒体正常报道的氛围，而不再是对于神秘冒险地的一种另类观察。我们有理由相信，这样的报道会在未来越来越多。而中国建筑师的形象，在越来越多的报道中，也逐渐开始摆脱了非常 "中国" 的标签，成为中国这个国际化市场中与西方建筑师平等竞争的对手和合作者。中国，已经越来越多地成为今天国际建筑实践和竞争的 "舞台"。

3.5 三种视角：如何报道 "中国建筑"

无论是作为市场的中国城市还是作为奇观的中国建筑，可以看到 21 世纪初媒体对 "中国建筑" 的好奇大过对建筑本身的批判性考量，无论是 "百花齐放" 还是事件性的 "2008 年北京奥运建筑"，都可以纳入新闻媒体的报道逻辑之中，那么，在这种报道之中，中国建筑是如何被呈现的呢？在这一部分中，将从如何选择案例、如何描述案例以及如何通过历史理解 "当代中国" 等三个侧面，从各种报道和研究中找到一种或几种宏观的关于 "当代中国建筑" 理解的不同视角和模式。

（1）从异域到舞台：作为地理概念的 "当代中国"。

什么是中国建筑？到底是中国人设计的建筑，还是在中国这片土地上的建筑？对这个问题的回答决定了报道中如何选择案例。

早期杂志报道的理解显然趋向后者，并且其中更多的是西方建筑师的设计。从 1994 年 *Architecture* 的 "美国建筑师在亚洲"，到 2000 年左右的 "外国建筑师" 在中国的设计报道，境外媒体关注的是其本国建筑师在中国的实践状况。这一时期的中国是西方建筑设计所到达的 "新大陆"，在报道中被称为 "A Remote land"。2G 中国特辑的第二部分报道了 Paul Andreu、 Arquitectonica 等一批外国建筑师在中国的设计项目，标题 "Strangers in…Paradise" 非常形象地表明这一时期境外杂志对于其

建筑师在中国实践的理解。事实上，比大多数专辑报道更早出现的英文出版物，是薛求理博士的《中国建筑实践》（*Building Practice in China*），这本书的目的，就是为了解决 "香港和海外业界对中国内地建筑领域还处于兴奋和懵懂状态" 的困难，而由于这本书可以满足英语世界的建筑师进入中国市场的方便，所以销量特别好（见该书作者序言）。对于西方建筑师来说，中国是一个可以 "带一个旅行袋"（Carpet Bagging）去探险的神秘地区。

一些中国建筑的作品集也表现出这样的理解。比如，Layla Dawson 的《中国的新曙光——建筑的转型》（*China's New Dawn: An Architectural Transformation*），选择的作品除马达斯班以外，其余全部属于香港或境外事务所。书名似乎在暗示着，西方建筑师的实践为中国大地带来了 "新曙光"："在这里，利用中国的白板状态，以及一个刚刚开始且无约束的市场变革和中国业主希望胜过西方的理想，西方建筑师尝试各种设计的可能性，并且用在其他地方难以实现的作品来检验中国业主的接受限度。"[42] 不但西方建筑师为 "异域" 中国带来了新设计，中国也为西方建筑师提供了一个广阔的试验场。阮昕在 *New China Architecture* 中介绍了中外事务所、中国设计院的各种项目，选择非常广泛，按照他本人的说法，用意是："这本书是一个快照，但是快照的目的是为了读者得到对于这些建筑以及这些建筑所发生的环境的更深刻的理解，提供一个开始。"[43]

而随着 2004 年左右中国建筑师越来越为读者所熟悉，对中国建筑的报道就越来越综合性了。比如 2008 年因北京奥运的契机而出版的几本特辑中，*Architectural Record* 和 *A+U* 都详细报道了 "鸟巢"、"水立方" 和 "数码北京"，*Architectural Review* 7 月份的中国特辑报道了中央电视台新大楼、"鸟巢"、中国美术学院象山校区、草场地等项目，紧接的 8 月份一期整本报道北京机场。

由此，我们看到的是，对于西方世界的读者来说，中国从一个作为陌生的 "异域"，已经成为西方建筑师得以实现其理想的舞台。而且，在这个舞台上不再只有西方建筑师的设计，国内外建筑师在这里共同进行设计的竞争和展示。而杂志或者作品专辑的报道提供的，就是各种建筑师在这个舞台上的表演。

（2）作为城市和建筑实践主体的 "中国"：制度，还是建筑师？

在很多论述中，对于中国大量建造或者大型重要项目

42 Layla Dawson. China's New Dawn: An Architectural Transformation[M]. Munich ; London: Prestel, 2005: 56.
43 Xing Ruan. New China architecture, Singapore[M]. Singapore : Periplus Editions（HK）, 2006: 8.

的推动力量，来自于经济的发展而导致的政府的推动。因此，不论是期刊专辑，还是作品集，都有相当的一部分会把中国特殊的政治—经济制度作为当前建筑发展的先决条件。政治—经济制度的阐释也成为报道和论述的重要方面。

开始于重庆钉子户的讨论的 Thomas Campanella 的 *The Concrete Dragon: China's Urban Revolution and What It Means for the World*，一开始就把关于中国的理解放在了政治—经济的视角之下，在这个框架下，城市的讨论就不可避免地与政策文化习惯相关。Christian Dubrau 在《中国新建筑》（*New Architecture in China*）的引言中，开篇就指出 "High-speed-urbanization" 和 "High-end-architecture" 的关系，所谓的 "Image Architecture" 根本导致的原因是快速城市化和大量建造，进而提出中国建筑的身份和归属问题。在长期关注中国城市问题的学者吴缚龙的一系列著作中，中国的建筑与城市发展，应该在经济—制度—政治的框架中去解释："从全球视角来看，中国的经济改革并不是从中央计划经济转变到'中国特色的市场经济'那么简单，尽管这个趋势已经十分明显。……另一方面，社会主义国家的变革过程，也可以被看成是开始与 70 年代的全球发达资本主义国家的制度模式和积累体制变化的一部分。如此看来，中国的城市转型与全球化过程有关，这个过程已经影响到空间的生产、城市的消费，以及资本、人口和技术的流通。" [44]

这种解释的模式，可以比较有力地解释有关中国普遍出现的大量建造的建筑的情况以及成因，透视建筑现象背后的制度和经济因素。不过，在遇到解读具体案例的时候，我们会发现这种做法并不能让人完全满意，比如一本作品集中对金茂大厦的案例介绍："420.5 米高光彩照人的金茂大厦完工于 1999 年，屹立在黄浦江畔的浦东一侧，高度至今仍然没有被超越，作为一个象征，代表了中国人在追求现代方面所获得的成就——越高越好！或许比高度更重要的是它的层数……88 层。'8'在广东话里和'发'谐音。自从 80 年代初香港还是大陆的榜样的时候、邓小平视察南方的时候鼓励人民致富以来，'8'这个数字就在电话号码、车牌和任何与建筑有关的数字中流行起来……" [45]

事实上，这种描述方式在各种作品集中并非罕见的个例。然而这种对案例的评论并没有把握具体案例的特殊性，

因而也不太能够完全揭示作品本身的价值。最重要的是，在这类描述中，我们基本上看不到对建筑师主体性的在场。

而与之相对的，一些报道中的案例分析则强调建筑师作为实践主体的作用，设计思维而不是政治或经济成为建筑评论关注的核心。比如，在 *On the Edge: Ten Architects from China* 一书中，编者对童明的董氏茶庄的案例进行了如下的介绍："餐饮的功能唤起了人们对传统茶室的空间特质的联想，它围绕着一个带有木门的内院布置，木门的开合提供了两种状态：或者关上为主人提供了更好的私密性，或打开则提供了穿越院子的视线。" [46]

另外，相当多的报道非常深入的关注和思考建筑师的问题。例如为在法国的举办的一次中国青年建筑师作品展览而出版的 *Positions: Portrait of a New Generation of Chinese Architects* 一书中，对这些新一代的建筑师有深入的分析："他们在 35 ~ 50 岁之间。他们在中国接受教育，随后在美国或在法国接受教育。这使得他们的作品越来越国际化，不同文化之间的交互影响使身份成为一个问题 [47]。Christian Dubrau 在《中国新建筑》一书的序言中肯定了中国青年一代建筑师的探索和实践的同时，也提出了他的担忧："就像 20 年代的现代主义在欧洲所引发的孤立的先锋运动一样，在这里也有同样的一个危险，这种建筑也可能一直作为一种孤立的现象，被掩埋于大量平庸的图像建筑中。" [48]

大约半个世纪以前，耶鲁大学的艺术史学者和人类学家乔治·库布勒（George Kubler）在其著作《时间的形状》中，为了反抗当时盛行的目的论色彩的"生物学模式"的艺术史写作，提出了"相关解答的序列"（Linked Solutions）作为替代的综合性叙述模式。 在这种模式中 [49]，历史被理解成一系列个体艺术家应对不同时代的问题而采取的不同策略和方案，而这些针对不同问题的不同解答，构成了艺术史发展的线索。这或许与本论题有关：从这个意义上说，我们是否也应该在特定环境中理解和评价建筑师的作为？

由此可见，上述两种例子恰构成相对的两种方向。第一种模式强调体制的作用（往往是静态的或者消极的），第二种则强调在具体的环境中，评价建筑师个人的努力。相对而言，在具体的环境下评价建筑师的主观思考，把实践环境中的建筑师作为实践的主体，能够更加接近中国建

44 吴缚龙，马润潮，张京祥. 转型与重构——中国城市发展多维透视 [M]. 南京：东南大学出版社，2007：4.
45 Xing Ruan. New China architecture, Singapore[M]. Singapore : Periplus Editions（HK），2006: 8.
46 Ian Luna, Thomas Tsang. On the Edge: Ten Architects from China[M]. New York : Rizzoli, 2006: 41.
47 Frédéric Edelmann, Jérémie Descamps. Positions: Portrait of a New Generation of Chinese Architects[M]. New York : Actar, 2008.
48 Christian Dubrau. New Architecture in China[M]. Singapore: Page One, 2008: 28.
49 巫鸿. 时空中的美术：巫鸿中国美术史文编二集 [J]. 北京：生活·读书·新知三联书店，2009：24-25.

图29　刘家琨，鹿野苑石刻博物馆

筑实践的真实状态。

（3）作为文化—历史概念的"现代中国"：传统与现代化。

对于一个西方的作者或者读者而言，要想理解中国这样历史悠久的国家，从历史和文化入手是很自然的事情。事实上，除了专门的历史研究之外，相当一部分对于当代作品的介绍和报道，常常以一种历史性的叙述作为引入，例如 Layla Dawson 的《中国的新曙光》，Bernard Chan 的《中国新建筑》（ *New Architecture in China* ）等。而另一方面，中国又面临着当下和历史的断裂非常严重的现实。新一轮对中国建筑的报道特别关心城市化带来的建筑快速建造和对历史建筑的毁灭。比如 *Is Beijing a Hamburger City?*[50]，*The Death and Life of Old Beijing*[51]，*Beijing at Warp Speed*[52]。

在我们阅读这两类描述的时候，时时可以感受到两种现象展示给我们的冲突。在对具体案例的描述中时不时可以感觉到这种冲突的影子，很多报道特别强调中国建筑师在传统和现代之间的冲突和抉择。2004 年的 *AV Monografias* 专辑的一篇文章中，作者特别强调："传统和现代性之间的不太容易的平衡，仍然是中国建筑师们工作的主要目标，也是他们的环境赋予他们的成功的关键。"在作品的介绍中，作者也着意突出作品与"传统—现代"问题的关系。前文提到的 *On the Edge: Ten Architects from China* 中，评论者是这样介绍刘家琨的鹿野苑石刻博物馆的："混凝土和页岩黏土砖的虚实处理使建筑呈现出冷漠的巨石一样的外表，刘家琨以此在古代雕像和现代的建筑之间形成了一种对话，将展示品和博物馆建筑都作为通向中国漫长的人造石历史的通道。"[53]（图29）在这些描述中，中国建筑师的形象往往被笼罩在某种特别的文化传统的光

晕下。

如何理解这种冲突，这种冲突的现状是如何产生的？在一些报道文章的戏剧化描述中，中国似乎从传统农业社会一夜之间转变成为现代化城市，而忽略了其中的历史。事实上，要想真正理解这种冲突和差异，就必须理解中国建筑的现代化过程，才能进而理解当下中国建筑实践中的种种问题。这就要求我们把它们放到一个宏观的"现代性"发生的历史框架和脉络中去理解。

那么，如何理解中国建筑的变革？如何理解当代中国建筑的成因和趋向？

大部分论述中，学者们把当代转变放在"文革"后的改革开放的脉络中来理解，特别注重强调 80 年代改革开放的影响，从"开放"的角度去理解当代建筑的成因。例如薛求理博士的《建造革命：1980 年以来的中国建筑》（ *Building a Revolution: Chinese Architecture Since 1980* ）一书中，在简述了 1949 年以来的民族形式之后，把"海外建筑的冲击"作为"文化的转变"的重要契机，无论从篇幅还是内容详尽程度来看，作者认为西方建筑与中国建筑的再次接触，引发了中国建筑的变革，造就了今天的建筑状态："这种开放政策导致了思想方式的自由化，这是中国真正的文艺复兴。从 1978 年开始，国际建筑的影响力戏剧性的增长。异国风格的建筑和随之而来的生活方式打开了普通市民的视野，中国建筑师了解新技术、新风格和新的管理方法。"[54]

在这方面，朱剑飞博士的《现代中国建筑：一种历史批判》（ *Architecture of Modern China: A Historical Critique* ）提出了不同的看法。该书是一本较强理论色彩的关于中国建筑"现代性"问题的批判性论述。在这本书的第一章 *"Perspective as Symbolic Form"* 中，作者

50 Area, 2004 (2) .
51 Architectural Record, 2008，196 (7) .
52 Architectural Record, 2008，196 (7) .
53 Ian Luna, Thomas Tsang. On the Edge: Ten Architects from China[M]. New York : Rizzoli, 2006: 53.
54 Charlie Q L Xue . Building a Revolution: Chinese Architecture since 1980[M] . Hong Kong : Hong Kong University Press, 2006：68 .

似乎有意提醒我们与艺术史家潘诺夫斯基名著的关联。在涉及内容广泛、思维跨度很大的这一章中，作者将中国建筑的现代性起源追溯到明末清初的耶稣会士来华时期，认为西方传来的透视法和圆明园设计中的比例对称等西方的视觉原则是中国的建筑传统转变的标志性事件（Symbolic Form），甚至可以作为后来 20 世纪建筑现代化的先声[55]。

这两种叙述尽管涉及的时间范围差别很大，但是两种论述有一个共同的前提假设，就是将中国建筑的"古今"（现代性）问题纳入"中西"框架下去理解。这种理解方式无疑在一定程度上是符合历史实际的。然而，我们在肯定其具有一定历史真实性的同时，也不能不指出其中可能隐藏的危险——正如我们在朱剑飞博士关于"透视"的重视可能受到西方艺术史或建筑史的范式影响一样——就是用西方的历史模式或者概念化思维套在中国历史之上，或者用西方的标准评价中国。而这种危险不但是我们在阅读西方学者的论述的时候最应该注意的地方，而且也是我们与西方学术界进行对话的时候应尽力避免的。

中国建筑的现代化发展历程中，不但受到西方建筑学的影响，更是本土建筑文化传统发展的延续，因此，如何更加切实地把握本土建筑发展的历史过程和具体现实，是我们能否理解中国现代的关键，而忽略具体历史过程的概念化处理，则往往难以避免失之于空泛的危险。

在这方面，关于 20 世纪 50—70 年代中国建筑的论述就是一个最好的例子。50 年代在我们所见的各种建筑历史叙事中并不少见，但是无论人们对其如何记忆犹新，实际上 50 年代往往是被不厌其烦地作为某种文化符号反复提及，或者作为被当今建筑所超越的对立物而一语带过，这段时期在历史中的真实面目或者对后来历史的影响却始终模糊不清，更普遍缺乏反思。在这方面，或许卢端芳博士关于城市形态的历史研究 *Remaking Chinese Urban Form: Modernity, Scarcity and Space*（1949—2005）为我们提供了补充。该书从几个相关问题入手，分析塑造今天中国城市形态独特性的历史和制度性成因，从她的研究中我们可以看到，理解今天的城市形态，50 年代和 80 年代都不可或缺，如果没有 50 年代以来的社会制度变迁，当代中国城市完全可能会是另一种样貌。

在这里，我们强调历史脉络的重要性，不仅在于种种社会制度的连续性把现在、未来与过去联结在了一起，更在于通过具体性的历史我们可以切近地把握中国的现实，而避免限于空泛的概念先行或者西方中心论的陷阱。历史为我们理解当下提供了厚度，而理论的介入则为我们提供了更多的思考空间，最终的目标都是为了"追求更好的理解"。

4 地域与身份：实践的挑战

4.1 "批判的地域主义"及其启示[56]

进入后工业时代，建筑的发展如何超越西方现代建筑的广泛影响及其历史局限，尤其是如何在现代化与地域性之间获得新的平衡，以保持建筑文化的多样性，不仅是西方世界之外各个国家或地区所探讨的核心问题，也是西方建筑界自身的一项重要课题。20 世纪 80 年代初出现于西方建筑界的"批判的地域主义"（Critical Regionalism）理论，正是围绕相关问题的最重要的建筑理论，90 年代后期至今，地域主义理论受中国建筑界的关注，其观念与实践对我们都有直接的启示性。

批判的地域主义之所以引起普遍兴趣，是因为这一理论的提出者一方面与众多后现代批判者的立场一致，反对现代建筑对地域特征与历史文化多样性的忽视，但另一方面，他们依然维护着现代建筑的技术成就与理性精神，坚决反对后现代主义所采取的、以怀旧方式和布景式手法解决问题的设计策略，旨在以更恰当的方式回应当代全球化与地域性问题的困扰，为建筑发展寻找到更好的出路。

批判的地域主义理论由建筑历史理论家亚历山大·楚尼斯（Alexander Tzonis）与利亚纳·勒斐弗尔（Liane Lefaivre）夫妇 1981 年提出，继而有建筑历史理论家肯尼思·弗兰普顿（Kenneth Frampton）、阿兰·柯尔孔（Alan Colquhoun）以及青年建筑理论学者凯斯·埃格纳（Keith L. Eggener）等人的丰富拓展甚至质疑，为这一论题展开了广泛而深入的探索和批判性讨论。虽然这些探讨没有汇成一种统一的思想，更没有形成一致的设计策略，但各自的理论贡献却对我们思考全球化

---

55 关于这个问题，笔者不能同意作者的观点，总的来说，笔者怀疑深处皇宫中的圆明园或者绘画中的透视法对中国建筑的设计和建造实际影响的普遍性如何很难说。更重要的是，这种讨论事实上建立在中国建筑系统与视觉艺术关系很大这一前提之下。这一点似乎不能让人信服，笔者认为，将本不能归属于"视觉艺术"而主要是基于建造行为的中国建筑体系纳入西方化的视觉艺术史范式中去理解，似乎并不恰当。

56 此部分内容参照：卢永毅. 关于批判的地域主义 [M]// 卢永毅. 建筑理论的多维视野. 北京：中国建筑工业出版社，2009：317-336.

57 Alexander Tzonis. Introducing an Architecture of the Present. Critical Regionalism and the Design of Identity[M]// Liane Lefaivre, Alexander Tzonis、Critical Regionalism: Architecture and Identity in a Globalized World. Munich: Prestel, 2003：10-21.

和地域性问题及其这个问题的复杂性，也对我们进一步认识各个地区建筑师的相关实践经验，都颇具启示。

4.1.1 从地域性的历史图景到芒福德的地域主义

楚尼斯与勒斐弗尔为我们展开一幅西方建筑史上探寻地域主义的历史图景[57]，按两位历史学家对西方建筑历史的重新考察，地域主义自古就有，只是在每一个时期对建筑地域性诉求的缘由是有所差异的。这种历史回溯也像一面镜子，可以让我们进一步考察各国与地区、尤其是中国20世纪初至今中国对建筑地域性问题的观念与认识。

维特鲁维在《建筑十书》中就有关于不同地方因气候不同而显现住宅的地域性特征的论述，其中蕴含了朴素的唯物思想，但同时他以此证明了罗马建筑的优越，借用神明之力将古罗马人的建造智慧服务于君主野心勃勃的帝国政治之中[58]；17世纪起英国人倡导的"如画式"（Picturesque）风格，崇尚蜿蜒自由和人在其中的体验与想象，引发对一个地域自然景观和独特地貌的关注，而这种向古典主义挑战的美学也包含着英国人反对法国的专制主义、追求民族精神独立性的复杂的政治内涵。18世纪晚期出现的浪漫的地域主义，更明显地将地域特性与民族及国家的精神气质联系在一起，诗人歌德对斯特拉斯堡大教堂之伟大"发现"，正是这场运动最有影响的代表；到19世纪，在拉斯金（John Ruskin）和布鲁斯特（Marcel Proust）这些大家的思想观念中，建筑即已作为丰富的历史记述将过去带入现在。19世纪末20世纪初，地域性问题越来越自觉地与民族国家的意识联系起来，强调地域身份、边界以及群体的权利，一方面是走向商业地域主义（以世博会为极端），另一方面一些地域主义在"民族建筑"、"祖国建筑"或"新传统"的旗帜下沦为集权政体的工具[59]。

对于20世纪初建筑实践领域中的商业地域主义和集权政治的地域主义现象，楚尼斯与勒斐弗尔两位学者自然持强烈的批判态度。不过在此同时，他们却引出了一位对当代地域主义的认识有着独特贡献、但其思想又曾被一度盛行的"国际式"所湮没的历史人物——美国著名学者刘易斯·芒福德（Lewis Mumford，1895—1990）。芒福德从30年代起就以独立的思考探索这个问题，他的地域观念不再采取同全球化对立的姿态，而是主张应积极地消除之间的对抗。他认为，每个地域文化都有其普遍性的一面，因此对某一地区来说，接受来自其他各地的影响并借

助外来力量可以更有效地运用本地资源，继而形成开放的文化系统。正如他本人所说："如果我们习惯于有意识地给地域主义这个词增加普世主义的思想将会更有效，请时刻牢记地方场景与其外界的广阔世界之间持续不断的联系和交流。"

芒福德在20世纪30—50年代形成的地域主义的理论有五个要点[60]：

第一，他拒绝浪漫的历史主义采用的符号复制的办法，认为历史不能复制，地域主义也并非只倡导广泛使用当地材料。文化对环境的适应是一个长久而复杂的过程，需要理解过去，应参照地方传统进行功能设计。因此在美国建筑师中，他更欣赏的是理查德森（Henry Hobson Richardson）而非杰弗逊（Tomas Jefferson）的实践。

第二，关注对自然的回归，但与"如画式"的浪漫地域主义很不相同，他将从适应新的现实条件出发去重新发掘景观的意义，强调地域的真正形态是要在最接近于现实生活的境况中呈现的。在他的著作《技术与文明》（*Technics and Civilization*，1934）中，他惊人地预言到，生态技术将是地域主义建筑的最终法则。

第三，其生态学观点并不拒绝先进技术，他一直是以赞赏的态度来思考工业化的新文明，对城市与建筑引入高速公路、轨道交通甚至屋顶的直升机平台都表现出了相当积极的支持。

第四，在与地域相对应的社会群体的定义上，完全超越了传统的观念和视角，提出"社区"（Community）在地域概念中的核心作用，提出建筑艺术是要用来展示和提高一个时代和一群人的意志和理想，但他又对建立在种族、血缘或者排外群体关系上的单一文化社区感到忧虑，主张培育多文化并存的社区、多文化共生的城市。

最后，在地方的（Local）和普遍的（Universal）之间，即今天称作地域的（Regional）和全球的（Global）之间，并不是对立的。他认为在地域主义和全球化之间可以建立起一种微妙的平衡，因为一方面，各种地方文化之间不可避免地具有共同之处，另一方面，每一种文化都需要了解自身局限，在维持自身完整性的同时，必然会持久地吸收外来的全新经验以不断优化自己。

4.1.2 文化／文明以及当代地域主义思考

基于芒福德的非凡远见，楚尼斯与勒斐弗尔阐述了他

58 同上；维特鲁维.建筑十书[M].高履泰，译.北京：知识产权出版社，2003：161-164.

59 Alexander Tzonis . Introducing an Architecture of the Present. Critical Regionalism and the Design of Identity[M]// Liane Lefaivre, Alexander Tzonis、Critical Regionalism: Architecture and Identity in a Globalized World. Munich: Prestel, 2003：12-19.

60 Liane Lefaivre. Critical Regionalism: a Facet of Modern Architecture since 1945[M]// Liane Lefaivre, Alexander Tzonis. Critical Regionalism: Architecture and Identity in a Globalized World. Munich: Prestel, 2003:33-39.

们认为的当代地域主义的理论——"批判的地域主义"：这一理论直指后现代主义建筑的肤浅和无力，避免继续陷于这样一种后现代主义与现代主义之争，试图寻找另一条实践道路；同时指出，随着全球化程度的深入，地域本身的边界也将由小变大，甚至最终演变成梅尔文·韦伯（Melvin Webber）所说的后工业社会的"世界王国"（World-realms），因而，批判的地域主义必然要直面这样的全球化现实，在可能的调和中获得全球性和地方性之间的某种平衡，即"所谓批判的地域主义的设计方法以及表明身份的建筑，应该具有独特的价值，它们要在获益于普适性的同时，在其特殊的物质、社会和文化环境下保持自身的多样性"[61]。

那么这个实践途径又如何建构？这就要关注两位学者所强调的这个"批判的"概念，它被描述为一种"自我检验"（Self-examination）的能力，这源自哲学家康德以及法兰克福学派的传统。"批判的"在这里特别用来指涉既对现存的世界也对其深藏背后的世界观进行挑战。在建筑中就可以说，如果一座建筑是内省的（Self-reflective）、自我参照的（Self-referential），它除了清晰的自身表达以外，还包含了内在的、超越性的思想表达（Metastatements），即它使拥有者自觉地意识到了他或她自己是如何建构了一套看待世界方式的时候，那就达到了一种批判性。为了更确切地说明，两位学者进一步提出了"批判的"设计策略——陌生化（Defamiliarization），这与以往由浪漫的、怀旧的、商业的甚至是沙文主义的地域主义产生的"过度熟识"（Over-familiarized）的策略恰好相反，以一种不为人们熟知的另类眼光再现地域的各种元素，以促成建筑的设计人与观者的对话，如提炼特征、离散与重构现存元素等。他们认为这是一种诗意的途径，绝不会限制建筑师在其地域中的实践，也不意味着拒绝现代技术，却可以带来地域性建筑的持续生命力[62]。

4.1.3 当代地域主义特征的再论述

继楚尼斯与勒斐弗尔，建筑历史理论家弗兰普顿又将批判的地域主义理论推进一步。他力图从文化与文明的高度论证，现代建筑的发展带来了具有普世意义的进步，民族或地域对如此的文明冲击很难阻挡。他首先呈现了哲学家保罗·里柯（Paul Ricoeur）《普世文明与民族文化》中对这个问题的深刻揭示："一方面，它（民族）应当扎

根在过去的土壤，锻造一种民族精神，并且在殖民主义性格面前重新展现这种精神和文化的复兴；然而，为了参与现代文明，它又同时必须接受科学的、技术的和政治的理性，而它们又往往要求简单和纯粹地放弃整个文化的过去。事实是：每个文化都不能抵御和吸收现代文明的冲击，这就是悖论所在：如何成为现代的而又回归源泉；如何复兴一个古老与昏睡的文明，而又参与普世的文明（Universal Civilization）。"但弗兰普顿又从批判理论的角度提出解决这一悖论的途径首先是，不要把地域文化看做给定和相对固定的事物，地域文化必须是经过自我培植的。因此，他真正赞赏的是里柯接下来的态度和观点，即"在未来要想维持任何类型的真实文化，就取决于我们有无能力生成一种有活力的地域文化的形式，同时又在文化和文明两个层次上吸收外来影响"。这也意味着，"地域和民族文化在今天比往常更必须最终构成为'世界文化'的地方性折射"[63]。

与楚尼斯夫妇相比，弗兰普顿试图要为其理论提供更多有操作性的实践策略，这在他提出的批判的地域主义七要点中可以明显地看到。这七个要点的主要内容是：

第一，批判的地域主义拒绝放弃现代建筑留下的解放和进步的思想遗产，但同时它又是一种边缘性的实践，有碎片式的特性，与追求规范性的最优化以及早期现代建筑运动天真的乌托邦主义保持距离。

第二，批判的地域主义不将建筑看做孤立物体，强调在场地上树立起来的构筑物所形成的领域感，这种"场所—形式"（Place-form）意味着，建筑师必须认识到其作品的物质界限也同时成为一种时间的边界。

第三，批判的地域主义倾向于将建筑呈现为一种建构事实（A Tectonic Fact）的实现，而非将建造环境还原成一系列布景式的片断（Scenographic Episodes）。

第四，批判的地域主义强调的是对其相关联的自然环境特征（场地、气候和光）的关注和回应，而反对优化空调之类的技术努力。如，地形被视为将建造物配置其中的三维基体（A Three-dimensional Matrix），当地的光是揭示其作品容量和建构价值的主要媒介，还有更多回应气候特征的形式表达等等。

第五，批判的地域主义关注人对环境的完整体验与认知，因此除了视觉的，人对环境的触觉、味觉、温度、湿度以及空气流动的感受等身体对环境的反应也同样需要关

61 Alexander Tzonis . Introducing an Architecture of the Present. Critical Regionalism and the Design of Identity[M]// Liane Lefaivre, Alexander Tzonis、Critical Regionalism: Architecture and Identity in a Globalized World. Munich: Prestel, 2003：20.

62 Alexander Tzonis, Liane Lefaivre. "Why Critical Regionalism Today[M]// Kate Nesbitt. Theorizing a New Agenda for Architecture. an anthology of architectural theory 1965~1995. New York：Princeton Architectural Press, 1996：488.

63 肯尼斯·弗兰姆普顿. 现代建筑———部批判的历史 [M]. 张钦，译. 北京：生活·读书·新知三联书店，2004：354-355.

图 30　西扎设计的海滨浴场，达到了建筑与场地构造的高度融合，1958—1963

图 31　斯卡帕 20 世纪 50—60 年代设计的卡诺瓦雕塑博物馆和奥利维蒂展示室内楼梯，将意大利北部的阳光与威尼斯的材料与工艺传统极为巧妙地转换到现代建筑设计中

注，反对媒体主宰时代以信息替代经验的倾向。

第六，批判的地域主义反对感情用事地模仿乡土，但欢迎对乡土因素再阐释的尝试，它要培育一种当代的、既开放又指向场所的文化，它倾向于以反常性的创造（Paradoxical Creation）获得一种以地域为基础的"世界文化"（World Culture）。

最后，批判的地域主义倾向于多少能够避开普世文明带来的最大冲击，寻找在文化间隙中获得繁荣，并要最终证明，依赖一种统治性的文化中心的文明发展模式，是一种并不充分的模式。

4.1.4　批判的地域主义的实践

与楚尼斯夫妇一样，弗兰普顿也积极列举一系列建筑师及其作品（其中不少人物都是双方赞赏的），以示其学说思想与设计策略在以往和当代建筑实践中都有深厚的基础，同时，通过这些作品与人物的阅读，人们也获得了对二战以来一些熟悉的或原本并未被如此关注的建筑师们实践价值的重新认识。

他们提及的人物有阿尔托（Alvar Aalto）、萨夫迪（Moshe Safdie）、伍重（Jorn Utzon）、路易·巴拉甘（Luis Barragan）、西扎（Alvaro Siza Vieira）（图 30）、安藤忠雄（Tado Ando）等，也有加泰隆尼亚的索斯特斯（J. M. Sostes）和博依加斯（O. Bohigas）、瑞典的费恩（S. Fehn）、希腊的康斯坦丁尼迪斯（A. Kanstantinidis）和皮吉奥尼斯（D. Pikionis）以及意大利的斯卡帕（C. Scarpa）（图 31）等等。当然，与弗兰普顿相比，楚尼斯夫妇更将眼光投射到近年来不断活跃的亚洲青年建筑师的实践，在他们的最新著作《全球化时代的地域主义建筑：扁平世界中的峰与谷》（*Architecture of Regionalism in the*

Age of Globalization: Peaks and Valleys in the Flat World）中，可以看到王澍、李晓东、张永和等建筑师的作品（图 32）。

不难看出，两方学者理论中的诸多观点是有一致性的，不仅其"批判的"立场都源自法兰克福学派的影响，"反常式的创造"和"陌生化"这两种实践策略显然也有异曲同工之处。不过，弗兰普顿的理论中还明显隐含了现象学哲学的影响，这有别于楚尼斯夫妇的理论，而且后者已经直截了当地以芒福德与现象学思想的根本差异来声明他们在这一点上的独特立场。在楚尼斯夫妇看来，现象学代表人物海德格尔理论中关于"土地"和"家园"的解说事实上是和民族的概念息息相关的，它基于有着共同土地和语言的人群，脱开这些就不可避免地带来地域文化的"颓废和衰落"；相反，芒福德的地域主义更接近惠特曼（Walt Whitman）和爱默生（Ralph Waldo Emerson）提出的"美国文艺复兴"（American Renaissance）的浪漫和民主的多元文化主义，因此他的地域主义思想是开放的，是与"普遍性"和"全球化"不可分的，因此才更具当代意义[64]。

4.1.5　地域主义的后殖民批判

美国年轻学者 K. L. 埃格纳（Keith L. Eggener）在 20 世纪 90 年代末发表了《抵抗批判的地域主义：一个后殖民的视角》（*Resisting Critical Regionalism: a Postcolonial Prospective*）[65]，对上述的批判的地域主义理论展开了批判。

埃格纳首先指出，批判的地域主义理论在概念上仍有相当的模糊性，因为这个理论的出发点和陈述更多的是表达同以往地域主义形式的决裂[66]，而其本身却"从来没有

64 Alexander Tzonis . Introducing an Architecture of the Present. Critical Regionalism and the Design of Identity[M]// Liane Lefaivre, Alexander Tzonis. Critical Regionalism: Architecture and Identity in a Globalized World. Munich: Prestel, 2003 : 24.

65 Keith L. Eggener，密苏里州立大学艺术与建筑史助教。美国斯坦福大学艺术史博士，曾在卡尔顿学院、内华达州立大学等学校任教。发表文章有 *American Art*、*Architectura*、*Source*、*Frank Lloyd Wright: Europe and Beyond* 等。

66 显然指楚尼斯夫妇对于历史上各种的地域主义的描述，以此说明批判的地域主义与以往都不相同。

图32 王澍设计的中国美术学院象山校园二期

被确切的定义过，它如同变色龙，总是可以调整自身以适应周围的物质、文化和政治环境"。这样，地域主义并非一个确切的概念，而是一种应对的策略，抑或是表达了一种主张和倾向。更尖锐的问题是，弗兰普顿把批判的地域主义建筑特征描述为"地方对'世界文化'的折射"，"世界文化"直接来自保罗·里柯的"伟大文明和伟大文化的创造性的内核，人类的民族的和神话的内核"，但埃格纳认为，对于"世界文化—地方文化"这种二元对立，"里柯并没有强调在他的头脑中这是哪一种'伟大文明和伟大文化'，以及是谁的'民族的和神话的内核'。因此，这实际上同弗兰普顿在别处所批评的'国际风格'一样值得怀疑，因为事实上，这两个词似乎都应该在一个整体架构的、基于都市基础上的、并产生于欧美的话语体系里吸收'地方的（文化）表现形式'。"

因而在埃格纳看来，这些理论家大有纸上谈兵之嫌，而具有讽刺意味的是，弗兰普顿推崇的"某种反中心主义"，或"抵抗的建筑学"（Architecture of Resistance），或评论家在讨论某一地区的时候，经常会把一个建筑师对这一地区特征的选择和阐释强加到这一地区所有建筑师身上。典型的有巴拉甘对于墨西哥，哈桑·法西（Hassan Fathy）对于埃及，安藤忠雄对于日本。也就是说，一种"正确的地域风格"更多的是从地域外部被提出来的，比如对于巴拉甘，无论是弗兰普顿描述的"神话的、根植的情感"（Feeling for Mythic and Rooted Beginnings），还是柯蒂斯（William Curtis）描述的"纯正的原型基调"（Genuinely Archetypical Mood），再加上1983年，建筑界的"诺贝尔奖"——普利兹克奖颁给了巴拉甘，在埃格纳看来，这是欧美学者为巴拉甘制造的地域主义神话。

按埃格纳的观点，批判的地域主义的讨论一方面由一个作为地方和文化上寻求解放的、有效的修辞学框架为支撑，但同时也很可能被列入由爱德华·萨义德（Edward

Said）、安东尼·金（Anthony King）和简·雅各布斯（Jane M. Jacobs）等后殖民学者所描述的"智识帝国主义"（Intellectual Imperialism）的行列中。埃格纳比较了批判地域主义和后殖民之间的很多共同点：它们都将自己置于回应死亡了的霸权体系——一方面是国际主义风格建筑，一方面是政治帝国主义的位置；它们通过强调特殊的主体性和他者的"话语"来影响关于两个体系的批评；它们都运用了同样的二元对立的批评话语：东方/西方，传统/现代，自然的/文化的，核心/边缘，自我/他者，空间/场所等等；它们都保留了同殖民主义体系之间复杂、微妙的关系。埃格纳引用简·雅各布斯的话来说，作为抵抗全球化的地域主义理论就是"一个帝国主义旧梦的修订版"（A Visionary Form of Imperialist Nostalgia）[67]。

4.2 当代地域性问题的再思

那么，"文明"和"文化"的调和是否真的可行？这种调和确实能够走向其得以实现的方法和有效途径，还是仅仅为一种愿望？

4.2.1 地域主义：本质还是再现

著名建筑历史理论家阿兰·柯尔孔（Alan Colquhoun）就对此表示了质疑，阐述了这种"文明"和"文化"调和的困难所在[68]。

与众不同的是，柯尔孔揭示了地域主义的倾向在20世纪初先锋派内部已经存在。一般认为，启蒙运动精神下的普世主义（Universalism）和理性主义（Rationalism）似乎在20世纪20年代的现代建筑运动中大获全胜，但实际情况要复杂得多。现代建筑其实有多个侧面，因为先锋派事实上与19世纪的启蒙运动和浪漫主义这两个相互对立的方面都有渊源关系，如辛克尔（Karl Friedrich

67 以上引文除注明外，均引自 Keith L Eggener . Resisting Critical Regionalism: a Postcolonial Prospective.
68 Alan Colquhoun . The Concept of Regionalism[M]// Nalbantoglu G B, Wong Chong Thai. Postcolonial Space（s）. New York : Princeton Architectural Press，1997 : 13-23.

Schinkel）的古典主义范式中包含了地方性哲学。这个脉络显然影响到勒·柯布西耶意识形态的形成，他在赞美机器、呼唤秩序的同时，也强烈地呈现出"地中海主义"（Mediterraneanism）倾向。至于"二战"以后的现代建筑，也并非远离地域主义，理论家基迪恩（Sigfried Giedion）在关于现代建筑的著名论著《空间、时间与建筑》的第2版中就已经加入体现地域性的现代建筑师阿尔托（Alva Aalto）的作品。

柯尔孔接着指出，这个双重现象背后更深层的源头是18世纪人们开始对自身过去和古代文化的意识，即文艺复兴前各处的地方特征明显地开始受到关注，这又很快与当时民族认同的诉求连接在一起。对法国文化统治的反抗，直接产生了19世纪晚期德国的后浪漫主义（Post-romantic）理论中的概念"文明"与"文化"：文明（Civilization）被解释为外在物质，文化（Culture）则是内在教养；"文明"意味着优越的物质主义和表面性（Aristocratic Materialism and Superficiality），与更少光彩但却更深刻的"文化"相对。随后，这种思想又很快传播到了英国和法国，形成了关于他们自身历史的丰富解说。至19世纪晚期，文明的思想受到现代技术社会影响，其中新的含义与前工业化时期的价值相背，但文明代表了理性和普世性的内涵不变，与天然的本土性相对。

涉及与此相关的第二对概念是"社会"（Gesellschaft）和"共同体"（Gemeinschaft），它们是由特尼斯（Ferdinand Tönnies）在他1887年的著作《共同体与社会》中提出来的，分别代表了两种不同的人类群体。社会是理性思考的结果，而共同体是有机发展的结果。它们可以被看做与"文明—文化"类似的对应概念。前者例如官僚机构、工厂、企业，在那里社会关系是达到期望目标的理性方法；后者如家庭、朋友人群、宗族和教派等，其社会关系以自身为目的的团体。

地域主义在上述两对对立概念中应该归属于文化和共同体的一边，而柯尔孔对地域主义理论的质疑就是以此作为起点。他认为，地域主义信条中实际包含了一个理想社会的模型，即一种"本质主义的模型"（Essentialist Model），但这种本质主义是否存在是值得怀疑的，因为18世纪以来的地域概念都是在不平衡和冲突中建构的，浪漫主义推进的地域主义建筑并非是"真实事物"（Authentic Thing），而是它的再现（Representation），那些对民族"精华"的再现，很难说不是虚构的，这当然就不符合现代建筑理性内涵中的真实性精神。地域主义理论要坚守现代建筑的"真实"，因而抛弃浪漫主义，转而通过发现

形式与其环境的可能关系达到目标。但柯尔孔认为这将是一个没有希望的工作，因为这实际上意味着更深层的模拟，即当地材料的使用，对于文脉、尺度的敏感等等，无非仍是一种再现，呈现的是再现地方性建筑之"思想"的更多途径。因而他提醒，"对于地域主义的信条所暗示的绝对真实的寻求，很可能创造出复杂文化状况的过于简化的图像"。

柯尔孔认为，对于楚尼斯夫妇的理论，从这样一个深层的历史理论视角看，首先其"地域"的讨论实际是符合以上的"文化"和"共同体"的概念的，因此，"批判的"加入并没有给地域主义概念带来实质性的新内容。"批判的"第二层意义是自觉将地域性要素"陌生化"，以示这样的地域主义所保持的理性化思想是不同于怀旧式的回归的。但柯尔孔尖锐地指出，如果这个声称为地域性的建筑要以"留存有机环境中撕裂的碎片"来强化其理性化思想的话，那么结果恰恰是与其维护文化与共同体价值的愿望相冲突的。显然，在柯尔孔看来，"批判的地域主义"希望将"理性"和"普世"的一面融入地域主义，以示他们在"现代"与"地域"间走出一条调和之路，然而从历史来看，"文化"的共同体本来就是在与"文明"和"社会"的对立中被定义的，因此"调和"仅是一种愿望而已。

那么，阿兰·柯尔孔是否认为当代"地域主义"的命题已经没有意义了呢？并非如此，他质疑的是"批判的地域主义"所指向的稳定的"社会共同体"和"不变的本质"，却并不否定带有气候与习俗特征的地区存在。但他要说的是，地域性只是再现建筑的诸多概念中的一个，给予特别的强调就会回到传统的实用性中。他观察到，诸如赫尔佐格和德梅隆（Jacque Herzog and Pierre de Meuron）以及西扎这样的建筑师，其有趣的建筑设计的确都是用当地的材料、类型和形态，但建筑师这样做"并不是为了表现特别的地区的本质，而是在设计过程中使用当地特征作为母题，来产生有机的、唯一的和环境相关的建筑思想"，或者说这种地域性的"本质"实际是某个建筑师折中的感觉过滤，是一种"二次组织系统"（Second-order System）。

因此，地域特征与其说是对当地活的传统的准确认识，不如说是一个自由选择的问题，这样，"地方主义和传统主义尽管始终以现代化和合理化的对立面出现，实际却可以被看做普世主义的多种可能性"。换句话说，在当代建筑实践中，地域主义不应该是区别于其他实践而获得的一类建筑或一种目标，而是一个渗透在建筑师自由实践中的普遍策略[69]。

69 Alan Colquhoun . The Concept of Regionalism[M]// Nalbantoglu G B, Wong Chong Thai. Postcolonial Space（s）. New York : Princeton Architectural Press, 1997 : 13-23. 引文与概念均见 Alan Colquhoun . The Concept of Regionalism.

4.2.2 需要持续的讨论

尽管西方学者们展开了如此激烈的争论，我们依然很难看出地域性问题的当代讨论会达到一种怎样的共识。一方面，无论"地域"是否还能界定，是否存有"不变的本质"，但对地域特征的诉求却并未消失，这是否可以说明，地域主义的理论探讨依然充满了现实意义。但另一方面，我们又不能否认，地域性的概念本来是依赖于文化代码与地理区域的对应联系而存在，这种联系是建立在以气候、地理、手工艺传统和宗教占绝对支配地位的传统交流方式基础上的。那么如果这些决定因素正在迅速消失，或在大部分地区不再存在的话，如何再获得与"地域"相对应的"价值"是令人困惑的。

正如埃格纳所质疑的：地域主义所坚守的地域身份"在当今这样一个存在多国合作、全球资本流通、廉价高速的大规模运输、电子通讯、虚拟空间的时代——被批评家迈克尔·索金（Michael Sorkin）称为'后毗邻'（Post-Adjacency）的时代——还是否有效？"[70] 他甚至质疑地域究竟指的是什么？它是严格的地理学意义上的实体，还是地理—政治或地理—文化实体，抑或是公共的或个体所呈现的一种模糊的思想状态？地域的边界由谁来建立，如何界定，它们之间如何相互渗透？也确如阿兰·柯尔孔所指，从前的那种与土地和地域相联系的、具有稳定的公共意义的建筑在当代实际已经不复存在。

那么，地域性的当代讨论又是什么呢？柯尔孔点明了留存在当代地域主义讨论中的实质内容，那就是对"差异"的保存。他认为，历史上曾经由隔离和自治区域的并存来保留差异，如今则依赖于个人主义（Individualism）和民族—国家（Nation-state）。对于个人主义来说，很大程度上依赖于建筑师个人的选择；对于民族—国家而言，从某种意义上来说，它们就是现代的"地域"，这种地域中的文化与政治力量具有相同的边界。不过，这种文化与前工业时代的地域文化也不相同，前工业社会地域之间的差别部分来自于农业社会的结构，而工业社会需要高度的均一化和抹平地区之间的差异。

在这样一种必然趋势中，柯尔孔做出了富有远见性的认识："由于生产和传播方式的标准化和普及，现代后工业文化比传统文化更加单一。但是这种单一化似乎被现代通讯技术提供的灵活性所弥补，这种灵活性使不同代码之间的转换和信息的变动达到前所未有的程度。这种更大的

自由，这种工业社会自身包容差异的程度，与传统社会中差异的产生遵循着不同的规律。在传统社会中，某个特定文化地域的代码是完全固定的，而恰恰是这种固定性造成了不同地域之间的差异。在现代社会中，这种地域差异很大程度上消失了。相反，只存在大的、均质的、高度中心化的文化/政治实体，在这种实体内部会产生不可预测的、不稳定和随机的差异。"[71] 显然，这是柯尔孔对于文化多样性的未来呈现的信心，描绘的图景。

不过，柯尔孔仍然提出了他的困惑。地域主义的核心还是"文化模式"（Cultural Patterns）与技术之间的关系问题，从某种程度来说，这个问题在西方已经变得模糊不清了，因为工业化是从地方传统文化中演化出来，并且已经相当好地适应了后工业化文化。但对于亚洲和非洲，因为存在两个世界和两个时代的摩擦，这个问题就十分凸显了。那么，文化模式究竟是绝对地依赖工业的基础，还是能够保持一定的独立性呢？工业化的文化是否不可避免地是"欧洲中心的"（Eurocentric）呢？

柯尔孔最终也没有给出任何定论。不过，西方学者如此丰富的论述，为我们思考中国问题打开了视野，建树了理论思考的平台。在中国，"一种与土地和地域相联系的、具有稳定的公共意义的建筑"在这个国家进入近代的那一时刻就开始了根本的动摇，近代上海的发展就是一个最典型的例子。那么，在中国日益步入全球化道路的当代，我们又如何思考这个问题？如何界定现在正在发生的建筑现象？既然柯尔孔已经坦诚地说明，他只能就技术发达国家的情景做出讨论，那么我们的问题恐怕更多的是要靠我们自己去努力探索和解答了。

4.3 在对话中建构自我身份：我们与西方

"他者"和"自我"是一对相对的概念。他者就像一面镜子，让自我看清自己与自己所处的环境。他者的思维，更能全方位地观照自我。他者的存在起到一种参照的作用，并非一种终极的价值判定。如果我们同意，无论是我们追溯历史，理解过去，面对现实，或认识自己，最终的目的是为了经由他人的言论加深对自己的理解，并最终为中国建筑学科建构更好的知识，为实践创造更好的发展。那么，这就意味着，我们在面对西方话语系统中有关中国的言论的时候，应该避免盲目，而采取一

70 Keith L Eggener . Resisting Critical Regionalism: a Postcolonial Prospective.

71 Alan Colquhoun . The Concept of Regionalism[M]// Nalbantoglu G B, Wong Chong Thai. Postcolonial Space（s）. New York : Princeton Architectural Press , 1997 : 13-23.

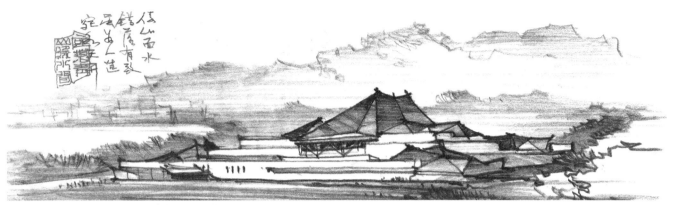

图 33　程泰宁浙江美术馆设计图，建筑与山水和谐的再诠释

种更加批判性的立场。

　　如果我们把这种问题放到更长的历史脉络中，就会发现本文所讨论的近几年来中国被西方关注的现象并非独有的现象，在更长的历史时间段来看，也许从这个意义上来说可以和 17—18 世纪西方的"中国热"时期有一些共同之处。事实上，启蒙运动以来，中国作为"他者"，无论形象是理想化还是妖魔化，都作为欧洲本身的对立面，帮助欧洲人反省并进而完善了自身。正如有学者指出的，启蒙以来西方对中国想象的一个基本特点，就是对立的特征并存。在欧洲人的意识里，"中国"是一个超出欧洲人理性的范围的他者，"体现了欧洲人以为中国是超出他们理性理解之外的世界的另一极"[72]。今天，情况当然大为不同了，但是恐怕我们必须明白，无论是华裔作者还是西方作者，在西方语境和话语系统中的思考，毕竟是在西方知识系统、在其自身的逻辑和问题意识驱动之下的知识生产，是在西方学术话语系统中和范式下进行的讨论。

　　我们和西方，有自己的历史"视域"[73]，即在一定的历史时刻的人和历史存在中产生出来的观念。双方都带着自己由历史给予的"视域"去理解对方时，就一定会出现两个不同"视域"的问题。我们无法摆脱由自身历史存在而带来的"先见"，又不能以自身的先见去任意曲解对方。所以我们需要一种融合产生的新的更大的视域，意味着我们与西方理性对话的可能，即认为双方应当在交往中达成共识，由此而达致和谐。

　　中国传统思想中的"和而不同"观念跟哈贝马斯的交往理性有很大的契合。中国没有经历过西方理论发展所遇到的主客体对立的问题，因此从一开始就直接发展出一种"准主体间性"，这就跟哈贝马斯"自我"是在与"他人"

的相互关系中凸现出来的理论相契合。我只有置身于你的关联域中才能达致对我自身存在的肯定（图 33）[74]。

5　结语：跨语际实践：本土问题意识与批判性实践

　　知识从本源语言进入译体语言时，不可避免地要在译体语言的历史环境中发生新的意义。译文与原文之间往往只剩下隐喻层面的对应，其余的意义则服从于译体语言使用者的实践需要。

　　　　　　　　　　　——刘禾，《跨语际实践》，第 88 页

　　从有关中西跨文化交流的诸多讨论中，我们通常可以遇到如下的观点：我们对西方的引进或者翻译中的很多误解造成了中国实践的问题，而改善中国实践状态的方法之一，就是回到西方的经验中，去寻找正确的理论，然后再回到中国的实践之中。

　　在前文的讨论中，我们可以知道，只是一种常见的误解。

　　事实上，从德里达以来，翻译本身不再是"某一绝对纯粹的、透明和明确的可译性的视野内"简单地把意义从一种语言对等地转换到另外一种语言中的过程[75]，不同文化语言之间的"可译性"逐渐引起深入的讨论和反思。正如那句著名的意大利谚语"Tradutore, traditore"（The translator is a betrayer，翻译者即背叛者）所揭示的一样，在人文学科的领域中，完全忠实的"翻译"是不可能

72 张国刚，吴莉苇 . 启蒙时代欧洲的中国观：一个历史的巡礼与反思 [M]. 上海：上海古籍出版社，2006：405-412.
73 章国锋 . 关于一个公正世界的"乌托邦"构想——解读哈贝马斯（交往行为理论）[M]. 济南：山东人民出版社，2001：26.
74 （德）哈贝马斯 . 重建历史唯物主义 [M]. 郭官义，译 . 北京：社会科学文献出版社，2001：53.
75 参见德里达 . 多重立场 [M]. 余碧平，译 . 北京：生活·读书·新知三联书店，2004：20.

存在的。语言学的研究表明了不同语言之间的不可通约性（Incommensurability）："各种语言都是相通的，而对等词自然而然存在于各种语言之间，这一思想是哲学家、语言学家和翻译理论家徒劳无功地试图驱散的一个共同的幻觉。"[76]

跨越不同语言文化之间的翻译话语的不透明性，以及翻译本身作为一种创造的实践性活动一直以来被建筑学者和建筑翻译研究者们所忽视。近代以来对于西方建筑理论和思想的引介，常常是在忽视原有语境和适用性的情况下被"直接地搬运"过来；而中文语境下的建筑概念，也常常和英文语境中的原概念同时混在一起讨论，甚至互相混淆。然而事实上，翻译的过程是一个"原意"在新的语言文化场域中重新组织生成的过程。

因此，我们面对中西文化关系的主体态度，不应该是只求抛弃中国传统追赶上西方，期望和西方成为同一模式，在文化思想上不加选择地全盘西化，更不应该以迎合西方为能事，以西方人的眼光和标准来审视自己的一切作为。在东西方文化重构的今天，立足本土实践的具体状况，通过跨文化对话，在全球化语境中对中西文化进行比较和解读，才是中国现代建筑设计及理论实现突破创新的重要途径。

而对于中国建筑和建筑师来说，呼吁一种批判性的思考也是我们要追求的目的，"他者"的视角可以帮助我们形成批判性的"自我理解"，同时还需要一种"介入"的姿态和立场。"批判性"+"介入"的价值在于，它代表了一种设身处地的、带有同情的理解和身处其中的主体性和担当感，避免陷入脱离此时此地的自我他者化的西方话语的狂欢，同时又避免陷入自我中心的拒绝反思状态。通过"批判性的介入"的立场，我们希望能够期待在跨文化对话中保持主体性的同时，为自身的实践和建筑评论以及知识生产获取更多的启示。

因此我们还需看到，在各种文化交流中产生，从历史到当代，"中国建筑"的文化自觉和自我认识，一直是在以西方作为"他者"的镜像中被不断建构的。一方面，如何审视这种传统特征的不断诠释，这是本质的回归，还是过去的再现（Representation），仍是我们更清楚地认识跨文化语际中自身传统价值如何再现的一个关键；另一方面，如何超越"中—西"比较的二元论框架，力争"在多面镜中认识自我"，即，以更多的"他者"（如日本、印度等等）作为镜像，建立立体的跨文化对话，对于再度审视中国建筑的现状与未来，是十分必要的[77]。

最后，批判性实践的另一重要任务应该是，如何超越传统的"民族—国家"概念和"地域—风格"的设计思维，回到场地、材料、空间、气候、日常生活及象征等真实的建造中，同时又在不断共建普世价值的努力中，展开一种当代的地域性实践的新探索。

总之，在跨文化对话中思考未来的中国建筑和建筑师，要始终保持对如下问题的追问：我们是谁？我们从哪里来？我们向何处去？[78]

76 参见刘禾. 跨语际实践 [M]. 北京：生活·读书·新知三联书店，2004：5.
77 葛兆光. 宅兹中国：重建有关"中国"的历史论述 [M]. 北京：中华书局，2011：280.
78 姚冬晖、东林博士研究生对资料收集月贡献

附录 域外当代中国建筑与城市研究文献列表

一、杂志部分

标题	主题	出版地	时间
Architectural Review	Beijing Airport	英国	2008 Aug
Architectural Record	Beijing Transformed	美国	2008 July
Architectural Review	China	英国	2008 July
A + U: Architecture and Urbanism	2008 Beijing	日本	2008 July
Blueprint	The Olympics: From Beijing to London	英国	2008 Aug
Area	China Overview	意大利	2004 Feb
Architectural Record	China Builds with Superhuman Speed, Reinventing its Cities from the Ground up.	美国	2004 Mar
AV monografías= AV monographs	China Boom: Growth unlimited	西班牙	2004, n.109-110
A + U: Architecture and Urbanism	"百花齐放": Architecture in China	日本	2003 Dec
Architecture d'Aujourd'hui	Chine（部分）	法国	2000 Feb
2G: Revista Internacional de Arquitectura = International Architecture Review	Instant China: Notes on an Urban Transformation	西班牙	1999, n.10
Architecture	"美国建筑师在亚洲"（editor's page: Carpet Bagging in Asia）	美国	1994 Sept

二、专著部分

标题	作者／编者	出版社	出版时间
1. 实践指南			
China, China: Western Architects and City Planners in China	Xin Lu	Ostfildern : Hatje Cantz	2008
Building Projects in China	Bielefeld, Bert（EDT）/ Rusch, Lars-phillip（EDT）	Springer Verlag	2006
Building Practice in China	Charlie Q.L. Xue	Hong Kong : Pace Publishing Ltd.	1998
2. 报道／作品集			
Art and Cultural Policy in China: A Conversation Between Ai Weiwei, Uli Sigg and Yung Ho Chang	moderated by Peter Pakesch	Wien ; New York : Springer	2009
Positions: Portrait of a New Generation of Chinese Architects	Frédéric Edelmann and Jérémie Descamps	Actar	2008
New Architecture in China	Christian Dubrau	Singapore : Page One	2008
Beijing: The New City	Claudio Greco, Carlo Santoro	Milano : Skira ; New York : Distributed in North America by Rizzoli International Publications	2008
Shanghai: The Architecture of China's Great Urban Center	Jay Pridmore	New York : Abrams	2008
CN, Architecture in China	Philip Jodidio	Hong Kong ; Los Angeles : Taschen	2007
New China Architecture	Xing Ruan	Singapore : Periplus Editions（HK）	2006
On the Edge: Ten Architects from China	edited by Ian Luna with Thomas Tsang ; introduction by Yung Ho Chang	New York : Rizzoli	2006
China Contemporary: Architectuur, Kunst, Beeldcultuur = Architecture, Art, Visual Culture	Vlasssenrood, Linda	NAI Publishers	2006

China's New Dawn: An Architectural Transformation	Layla Dawson	Munich ; London : Prestel	2005
New Architecture in China	Bernard Chan	London ; New York : Merrell	2005
Shanghai: Architecture and Urbanism for Modern China	edited by Seng Kuan and Peter G. Rowe	Munich ; New York : Prestel	2004
Shanghai in Transition: Changing Perspectives and Social Contours of a Chinese Metropolis	Jos Gamble	London ; New York : Routledge Curzon	2003
Shanghai Reflections: Architecture, Urbanism, and the Search for an Alternative Modernity	edited by Mario Gandelsonas	New York : Princeton Architectural Press	2002
3. 研究 / 历史著作			
Architecture of Modern China: A Historical Critique	Jianfei Zhu	Abingdon ; New York : Routledge	2009
The Concrete Dragon: China's Urban Revolution and What it Means for the World	Thomas J. Campanella	New York : Princeton Architectural Press	2008
Remaking Chinese Urban Form: Modernity, Scarcity and Space, 1949-2005	Duanfang Lu	London ; New York : Routledge	2006
East Asia Modern	Peter G. Rowe	London: Reakton Books	2005
Building a Revolution: Chinese Architecture Since 1980	Charlie Q.L. Xue	Hong Kong : Hong Kong University Press	2005
China's Urban Transition	John Friedmann	Minneapolis : University of Minnesota Press	2005
Architectural Encounters with Essence and Form in Modern China	Peter G. Rowe and Seng Kuan	the MIT Press	2004
Shanghai	Alan Balfour, Zheng Shiling	London : Wiley-Academy	2002
Modern Urban Housing in China, 1840-2000	edited by Lü Junhua, Peter G. Rowe and Zhang Jie	Munich ; New York : Prestel	2001
Great Leap Forward	Bernard Chang, Mihai Craciun, Rem Koolhaas, Nancy Lin, Yuyang Liu, Katherine Orff, Stephanie Smith	Taschen ; Cambridge, Mass. :Harvard Design School	2001

下篇

五　理论研究

Theoretical Researches

后工业社会中的文化竞争与文化资源研究

Research on Cultural Competition and Cultural Resources in Post-Industrial Society

张 闳 卢永毅

1 后工业社会文化理论与空间理论

1.1 后工业社会文化理论

1.1.1 后工业社会文化理论概述

后工业社会这一概念的提出,在于 20 世纪中期之后,整个西方世界在工业革命之后又完成了一次全新的技术革命。这次革命以信息化、自动化为特征,其结果便是在西方各国的经济构成中,其占最大比重的工业逐渐让位于以信息产业、商业和服务业为主的第三产业。于是,整个西方社会由工业社会进入了后工业社会。后工业社会的城市空间,也从原先工业社会的生产性空间向消费性空间转换。

关于这一影响深远的社会变化和进程,西方理论界尤其是后马克思主义学者们迅速做出了反应,进行了理论上的总结和批判。法国后马克思主义哲学家鲍德里亚在 1970 年发表了著作《消费社会》,法国马克思主义理论家列斐伏尔发表了《空间生产》,法国激进左派理论家居伊·德波发表了《景观社会》,德国法兰克福学派的霍克海默和阿多诺则发表了《启蒙辩证法》。这些全新的,关于后工业社会的文化理论不但在哲学界、理论界产生了巨大的影响,而且他们提出的某些新概念和新名词,对新阶段的社会进行了全新的命名,使得无论是高校、政府机构、大众媒体或者民众本身对于自己身处其中的这个社会阶段都有了一个全新的整体认识。

哲学家和理论家们从不同的角度,对后工业社会进行了分析、评论和批判,但就整体而言,他们都认为马克思从商品生产的角度对资本主义进行的批判不再完全适用于

他们所处的后工业社会。在后工业社会中,马克思所重点论述的“空间的生产”被“(对)空间的生产”所取代,以生产为中心的社会生活被以消费为中心的社会生活所取代,孤独的现代人从“被物所包围”(如马克思在《共产党宣言》中所断言的那样)转而成为被“景观”所包围,直接生产实用产品的工业被以娱乐为目的的大众文化工业所取代。虽然普遍认为经典马克思主义对于资本主义工业社会的理论总结和批判都不再完全适用,但后马克思主义理论家们并非认为批判已经不再适用,也并不认为一个充斥着消费文化,充斥着娱乐性的大众文化,充斥着商业景观的后工业社会,便是一个摆脱了压抑、压制和剥削的社会。

在工业社会城市中,压抑、压制和剥削以巨大密集和肮脏的工厂劳动的形象为象征,而在后工业社会中,压抑性的劳动空间被从中心城市转移到更为边缘的地区和国家,都市空间呈现为以消费、休闲为主要功能,城市成为人们的欲望被引导和加以满足的空间场所。这一转变,是后工业社会理论所关注的核心所在。

1.1.2 何谓“消费社会”

“消费社会”这一概念由鲍德里亚提出,是相对于“工业社会”所提出的。在工业社会中,人类的活动以生产和劳动为导向,而资本的总体价值也来自于生产和劳动。但鲍德里亚认为,在后工业社会——亦即他所称的“消费社会”,资本的扩大再循环和增值,其根本并不在于商品的生产,而在于商品符号对于所有个体的诱惑和控制。

生活在后工业社会的人类,不再是面对大型的工厂,而是处于大众文化工业所制造的商品符号的体系包围之中。鲍德里亚认为,在这个符号世界中,个体消费这些符号,

但同时每个个体的意识又被这些符号所编织和叙述。个人能否被承认（进入集体的身份确认），能否幸福（价值感），都取决于他是否有能力消费怎样的品牌了。因此，对于"消费社会"而言，现代人的生活，发生了从消费实物的使用价值到消费一种符号价值的跃迁。消费社会中购买行为不再是消费种种实用的功能，而是消费文化工业生产的符号编织和带来的想象。对商品符号的消费，是后工业社会得以运行的核心逻辑所在。

对于消费社会而言，重点不在于商品本身的使用价值，重点在于对商品的形象的消费。无论是商品实物在现场的呈现（橱窗），或是非实物的平面形象的复制和展示（广告、海报），事实上都将作为实物的商品纳入到一个形象符号的网络之中。个人的消费，只有在这个符号网络中，才是有快感的，才能进入作为一种当代神话的消费社会象征意义中去。

在这一需求理论中，消费者不是对具体的物的功用或个别的使用价值有所需求，他们实际上是对商品所赋予的意义（及意义的差异）有所需求。以鲍德里亚自己的解释，人们添置洗衣机等生活用品不仅是"当做工具来使用"，而且被"当做舒适和优越等要素来耍弄"，并愿意为后者掏钱。大型经济和权力机构所组织的符号的生产、传播并不是去简单地满足个人欲望，而是无休止地将个人欲望制造出来，将个人改造成为消费者。

工业社会中，物的匮乏是人类生活的基本状况，但在后工业的消费社会，人"受到了物的包围"[1]。"物对人的包围"并非单纯指物的堆积和巨大的数量，按照鲍德里亚的意思，"包围"意味着商品是以整体的面目出现的。"今天，很少有物会在没有反映其背景的情况下单独被提供出来……几乎所有的服装、电器等都提供一系列能够相互对应和相互否定的不同商品。"[2] 消费者也不再从具体的用途上去看待单个的商品，而是从其全部意义上来看待它们。

"洗衣机、电冰箱、洗碗机等，除了各自为器具之外，都含有另外一层意义。橱窗、广告、生产的商号和商标在这里起着主要作用，并强加着一种一致的集体观念，好似一条链子，一个几乎无法分离的整体，它们不再是一串简单的商品，而是一串意义，因为它们相互暗示着更复杂的高档商品，并使消费者产生一系列更为复杂的动机。"[3] 购买商品不再是为了实用，而是为了意义的完整。这里，意义不是通过思考或论证产生的，而是根据具体的情境暗示而生发的。

1.1.3 何谓"景观社会"

"景观社会"由法国情境主义创始人、激进左翼理论家居伊·德波提出。传统的马克思主义关注生产，居伊·德波则认为："景观（本身）可以持续地聚集能量，也就是说，景观在增强其核心密集度的同时，不断地延伸，直到各方面的极限。"[4] 这段德波的断言，揭示了"景观"这一概念的实质。在"景观社会"这一提法中，景观并不是一个简单的视觉形象，而是指一种具有能量，并影响和控制个人的权力。

马克思关注工厂，居伊·德波注目于城市及日常生活。"景观社会"这一概念，在马克思所强调的阶级斗争理论的基础上，补充了文化解放和日常生活变革的课题；并且，马克思的理论关注于时间和历史，而"景观社会"论者强调空间和社会构成。在工业社会背景下，马克思注意到了人的不幸来自剥削，而居伊·德波则揭示出，人类生活不幸的关键在于不自由，而这种不自由并不来自简单的被剥削，而是来自被诱惑——被各种现代景观所诱惑。德波提出，后工业时代的资本主义世界中，从国家空间、城市街道到每个个人的日常生活乃至个人内在的欲望和性冲动本身已然都被商业传播的景观所充斥堆积。因此，人的任何一种自然的欲望和梦想，都被污染成为一种对于某种商品的购买欲，任何一个冲动，都指向一种景观——一面蒂凡尼橱窗、一枚耐克商标、一则幸福早餐的广告图像、一副春暖花开的海景房的地产渲染照片。

因此，德波，这个景观社会空间理论的提出者，反对任何一种辖制人类自由移动的建筑和空间规划，反对成批量的公寓建筑和居住计划，他转向于那个人类四处游荡、自由自在的遥远时代。他是柯布西埃最早和最激烈的反对者，也是西方空间生产理论的提出者、西方马克思主义者亨利·勒菲弗的战友。他猛烈批判和否定了整个现代城市规划和全球大规模城市化进程。

在居伊·德波看来，相比马克思所批判的将人异化为物的商品拜物教的工业社会，后工业社会是一个更为可怕的世界。在这个世界中，个人不单被工作和工厂压榨，还被各种广告、商业文化和全面的城市景观本身所控制和洗脑，最终沦为不断追逐商业景观和去消费种种景观的动物。从时尚服饰、汽车款式到房地产乃至以清澈的海岛为天堂

1～3 [法] 鲍德里亚. 消费社会 [M]. 刘成富，全志钢，译. 南京：南京大学出版社，2001：1，3，4.
4 [法] 居伊·德波. 景观社会评论 [M]. 梁虹，译. 桂林：广西师范大学出版社，2007：2.

标志的度假地，将我们生活的整个世界人工化、资本化和景观化。

1.2 后工业社会城市空间生产

1.2.1 城市空间的再生产：从生产功能转向消费功能

当工业社会转变为后工业社会，城市这一工业社会的典型空间也发生了剧烈的转变。从外部形态上而言，是从车间烟囱林立转变为高度密集的商场、超市和CBD。这些形态的改变，在于其空间功能上的转变，城市空间从生产功能转向了消费功能。

正如后马克思主义理论家亨利·勒菲弗在其著作《空间与政治》中所提出的，二战之后以西方世界为代表的后工业社会的根本特征在于：生产从在空间中的生产，转变为对空间本身的生产，让资本得以循环和不断再生产，其"处于中心地位的是生产关系的再生产……这一过程……在每一项社会活动中完成，其中包括那些表面上无关紧要的活动：休闲、日常生活、居住与住宅、空间的利用。"[5]换言之，一种对于统治阶级有利的生产关系的再生产，除了资本本身的再生产之外，很大程度上也仰赖于空间的再生产。

空间的再生产，除去城市空间的规划、改造和住宅区整体拆迁和改造之外，还涉及几乎所有的城市日常生活的安排，例如休闲空间的开设和经营、商业区的建设、金融机构的高密度麇集、政府机构在空间中的安置。所有这些都在对空间的安排和处置中对所有在城市中的人进行分类、群化，不同的人群被无形的日常生活的空间规划限定在不同的区域之中。换言之，就权力和资本而言，空间在整体上成为一种控制的对象和材料，通过对空间这种对象和材料的处置，权力和资本有效而几乎不着痕迹地将城市中的人群进行控制和处置。而这种控制，与工业社会中被驱赶进高密度的工厂车间进行高强度劳动不同。在后工业社会，权力和资本对个人的控制，不单在生产环节，而是通过日常生活的所有环节进行。其中消费功能成为空间中越来越重大的功能，空间中的消费成为对于个人控制的关键环节之一。

消费是一种交流体系，而且是一种语言的等同物。广告、橱窗、霓虹灯、咖啡馆、各种巨型的综合市场，这些消费区域都成为城市的中心空间。仅以广告为例，鲍德里亚认为，广告的战略目标就在于通过激起个人对于他人生活的想象来激发每个人对物化社会的神话的欲望。广告不与单个人进行对话，而是在社会阶层区分性的关系中瞄准它，以捕获其深层的动机。

空间的消费功能貌似给个人带来更多的可能性，但事实上它并不助长消费者的个性化发展。在鲍德里亚看来，整个消费过程并不是发展、鼓励和确立差异，而是将差异进行归并和集中。消费只是表面上混乱的领域，事实上，消费是一种主动集体行为，购买和认同一个品牌，就是对一种集体价值标准的认同。按照鲍德里亚的说法，消费社会便是进行消费培训、进行面向消费的社会驯化的社会。

1.2.2 后工业社会城市空间奇观

在不同的社会历史阶段，城市空间在城市的经济和日常生活中有着不同的位置。在工业社会，城市空间是功能性的，空间被理解为人类活动的容器或容纳性的机器（例如柯布西埃在《走向新建筑》中所宣称的，"建筑即机器"）。因此，在工业社会，城市中最重要的人类活动是在空间中的生产。城市的布局、空间形式如何安排，都以现代工业的流水线和物流之间互相最直接、高效和无缝的衔接为导向。对应于这种工业社会的城市和高度功能化的空间，当时有着一种城市空间上的美学风格，那就是发源于包豪斯的现代主义风格，这是一种"少就是多"，要求简洁、讲求功能的建筑风格。

进入后工业社会之后，城市空间也从一种以服务于生产为导向的定位，转向服务于消费的功能，甚至空间本身成为消费的主要对象。因此，空间中的生产亦转变为对空间本身的生产，因此空间不再是以提供怎样的生产场所和流通便利为第一规划和建造原则，而是以空间本身的景观效果为第一原则。在具体的城市规划和建筑设计上，其表现为一种城市空间上的全新美学风格，是以文丘里、库哈斯、扎哈·哈迪德等建筑师为代言人，以拉斯维加斯、毕尔巴鄂、巴黎新区、北京奥运场馆群落为空间代表的后现代风格。这种风格，反对将空间看做一种为生产服务的容器或机器，而是将空间看做一种符号文本，就如同文学文本一样，是由诸多不同的文化符号编织而成的。不同的空间符号互相拼接，所造成的景观，往往便是突破传统社会的古典空间形式和工业社会的功能化空间的奇观化空间。

都市的奇观化空间在后工业社会之前事实上也有所存在，比如伦敦1851年世博会的水晶宫，巴黎1889年建成的埃菲尔铁塔。在当初那个工业社会时代，一座全部以

5 [法] 亨利·勒菲弗. 空间与政治 [M]. 李春，译. 上海：上海人民出版社，2008：5.

玻璃建造、通体透明的巨型展览建筑,一座完全以钢铁为材料铆接而建成的高耸上百米的塔,都是给当时的民众带来震惊的奇观。但工业时代的都市奇观仅仅以若干孤例、个案的形式出现,而这些建筑的设计和建造本身并非来自对于奇观这一空间景观有意识地追求,而是来自对于工业革命中的新技术(比如水晶宫大面积高强度的玻璃技术和埃菲尔铁塔的钢铁铆接技术)的呈现本身。进入后工业社会之后,空间本身成为消费的对象。于是,城市空间景观,呈现出足够的奇观效应以吸引消费者甚至对消费者的整体心理产生强烈的催眠和暗示效应,令民众在集体无意识的层面上认同此种空间奇观,并将其当做自身欲望的外部对象和象征。这一转变导致了后工业社会城市空间的规划和建构以奇观化为目的。

后工业社会城市的空间奇观化的典型案例有拉斯维加斯、毕尔巴鄂的古根海姆博物馆、上海浦东外滩一带,以及北京奥运村与国贸CBD一带。出版于1972年的文丘里的著作《向拉斯维加斯学习》中,原本被带有精英气质的现代主义者们所忽略乃至不屑的仿造化、拼贴化的拉斯维加斯风格得到了理论化的美学肯定。正如文丘里所提及的,拉斯维加斯这座以博彩业和奢侈度假业为支柱产业的城市空间与所有传统工业城市有着一种基本的区别——它的"广告牌比建筑物更大"。工业时代的功能化立体空间被后工业时代的拼贴空间、平面空间所取代。城市空间被生产出来,并不是为了容纳机器来生产,而是为了制造巨大的景观形象,以巨大的感官刺激使得进入其中的个人丧失对于基本现实的感知和判断,而进入由景观本身制造的兴奋和消费气氛之中。

1.2.3 城市"景观化"的政治经济学

在这个城市空间"景观化"不但是一个城市规划、建筑和经济学意义上的一种进程,同时也是一场空间政治经济学的剧烈转向。

德波提出"奇观的社会或景观化的社会",并判定其实质为消费资本主义。景观社会作为一种调控个人欲望和精神的新模式,通过创造一个使人迷惑的影像世界和使人麻木的娱乐形式来安抚人民。在后工业社会城市的空间奇观中,真实的世界变成平面化的影像和所谓都市奇观,被消费资本主义所制造的奇观本身就会成为真实的存在并对民众产生有效的催眠作用。后工业社会都市空间奇观使人们通过种种特殊的媒介来看待这个世界,不再是直接去感受。

在德波看来,奇观涉及媒体和消费社会,由影像、商品以及景观消费构成。它主要通过休闲和消费、服务和娱乐等文化设施来散布它的麻醉剂,人们被广告的引导和商业化的媒体文化控制。这是一个"持久的鸦片战争"。奇观是由人工制造的物象构成,媒体中大量的符号生成与交换使人们被商业化的文化所唤询、所控制,人们沉溺于其中而放弃了对商业化的媒体文化进行反思和批判的立场。人们处于无意识的麻木状态,被动地接受大众传媒带给他们的一切,包括娱乐消遣,甚至是思想、观念和认识。

在其后,法国思想家鲍德里亚在德波思想的基础上提出"超真实"的概念,认为将电子或数字化的影像、符号或景观替代"真实生活"和在真实世界中的客体的过程,正是一个用"虚拟的"或模仿的事物代替"真实"的过程。这些由符号和真实的影像逐步组成一个新的体验王国——"超真实"。

在中国,被德波贬斥为人类堕落地狱的"景观社会",恰恰成为城市规划中被频频提及的理想目标。步行街、海景房和文化遗产都已然成为政府的城区规划和商业地产的商业卖点,最终落实成为民众在日常生活中所追逐的消费快感陷阱。

对于控制人欲望的景观社会,德波提出一种四处游荡的波西米亚生活作为一种解放性的实践。在这种生活中,各种空间上的规划和边界线都被不断地抹除,人和人达成亲密而直接的联系,不需要任何景观横亘其间。这种以热烈肉身来占领空间,并开放自己向所有人表示欢迎和友好的运动,在学生占领各大学城的1968年革命中达到了顶点。

2 全球化时代后工业文化资源概况

2.1 全球化的文化向度:后工业时期的转型

2.1.1 从工业城市到后工业城市

理解后工业城市,首先要理解工业城市。工业城市,首先是一场全球化的资本扩张和流通的结果,其肇始动力为英国工业革命,其结果为全球一致的现代高密度都市。对此,马克思在一个半世纪之前便提出了整体上的理解和分析。

"资产阶级把一切生产工具迅速改进,使交通工具极其便利,于是就把一切民族甚至最野蛮的都卷入文明的漩涡里了。它那商品的低廉价格,就是它用来摧毁一切万里长城、征服野蛮人最顽强的仇外心理的重炮。它迫使一切民族都在唯恐灭亡的恐惧之下采用资产阶级的生产方式……它（资产阶级）按照自己的形象，为自己创造出一个世界。……它（资产阶级）使乡村依赖于城市，使野蛮的半开化的国家依赖于文明的国家，使农民的民族依赖于资产阶级的民族，使东方依赖于西方。"[6]

马克思发表于 1848 年的《共产党宣言》，描绘了一幅全球工业化的场景。全球工业化在具体物质空间上的表现，即全球的城市化。相对于人口分散的乡村，城市这一集中居住的空间本身就与工业化的、功能化的以及讲求生产、存储和运输效率相吻合。因此，在近代的工业革命浪潮之后，全球各民族国家地理空间进行了一场迅猛而全面的工业城市化。

在工业革命之后，城市空间的布局与建筑样貌，以"在空间中进行生产"为导向，以尽可能高的单位空间存储密度和空间之间尽可能快的流通性为规划和设计的首要原则。实用性的居民住宅、迅速直达的城市交通、整体为提高工作效率而设计的城市布局，占据了工业城市空间问题的核心位置。名目繁多的娱乐项目、大规模的商业区、各种具有刺激性的消费体验，在当时并没有出现，而这种情况只会出现在后工业社会中。

在后工业社会和后工业城市，由于主要的资本增值来自海外的工业生产和市场，因此中心城市本身的经济动力来源由工业社会期间的工业部门转变为汇聚了全球市场交易和全球资本的金融业和商业。就获得并分享了全球资本所带来的利润的城市本地人口的经济流动而言，消费而非生产成为其在该城市中最核心和主要的经济活动。

作为一种经济活动的消费，建立在城市空间的视觉化效果之上。景观化、符号化的商业、娱乐中心，将更有闲暇时间的人们（生活水准提升了的工人和大量的中产阶级等等），持久地拉入消费之中。而城市文化生产所要解决的便是，如何营造出一种看似轻松、舒适而又迷人的消费文化氛围。在这个层面上，超级市场、大规模商业中心、赌场、主题公园、体育场、博物馆等同时具有公共空间性质，又具有文化建构性的功能性建筑群，就成了后现代都市所必不可少的景观元素。这些元素打造了感官体验的场所，其隐含着的意识形态与空间权力则依附其中。

在这种情况下，公共空间和生活方式的转变接踵而至。公共空间在西方传统意义上，具有的敞开性、交流性等各种积极的性质被悄然改变。在传统公共社会，人群进入公共空间，是为了能够顺畅地与他人的主体打交道，获得一种文化共同感，以此完成一种主动、积极的社会身份认同。而如今，公共空间被眼花缭乱的外部景观（各式广告、装饰等）所遮蔽，原本的开放性被一种刺激感官而控制个人的情绪和欲望的单向模式所取代。人与人的关系，被置换成了人与物、更多的是人与景观—符号的关系。在这个意义上，后工业社会的文化转型在空间这一维度上，走向了在表面上景观化，在本质上更具控制性的路径。

2.1.2　全球化时代后工业城市的辐射与扩散

全球化时代的后工业城市，有着一个辐射和扩散的过程。

二战之后，电子技术革命改变了英国工业革命带来的西方世界中心城市的功能和导向。西方世界的利润获取从商品的输出改为资本的输出，工业产品的生产不再集中在西方世界原先的工业城市，而是被转移和扩散到世界各地劳动力和资源更为廉价的地区。后工业社会经济增长的特点在于资本的高度集中和远程操作，亦即资本所有者、操作者与最终资本所操控的生产并不处于同一空间现场。因此，资本汇集和操控的中心便与具体的工业生产分离开来，聚集了资本的西方传统中心城市纷纷将工业生产的部门剥离出来，将其转移到劳动力更为低廉的海外，后工业城市便首先在西方世界迅猛出现。

率先进入后工业社会的，是战后的超级大国美国。在20 世纪 50 年代，美国的经济结构率先出现了重要变化。第三产业迅速发展，在国内生产中占有更多比重。相应地，城市发展也随着消费型和服务型行业改变。这种城市模式随后向欧洲发展，在日本和较发达地区出现。最后，随着全球化的步伐，所谓的"第三世界"国家或新兴发展中国家，也加入了后工业城市转型的进程。它的辐射与扩散过程，基本上是以欧美为核心，次在其影响力范围内展开。而随着苏联解体，冷战的结束，东欧、中国等国家和地区，也逐步地开始意识到了后工业的转型问题。

后工业城市的出现、辐射和扩散，其实质为总体资本的全球中心化、洲际中性化、国家中性化和区域中性化的聚集和扩散。其具体类型可分为两类。其一，为资本聚集和运行的中心本身，比如纽约、东京、伦敦、法兰克福、香港等。其二，相对于资本运营中心的资本消耗中心，其集中了消费、休闲乃至博彩等享乐的功能，例如拉斯维加斯、澳门、杭州等。因此，如若只是关注后工业城市的外部形态，而不认识剥离工业生产之后，城市经济的真实来源，那些既非资本集中中心，亦非资本消耗中心的城市，盲目仿照后工业城市，大量兴建消费场所，只能带来城市

6 马克思.共产党宣言 [M]// 马克思恩格斯全集：第四卷.中共中央马克思恩格斯列宁斯大林著作编译局，译.北京：人民出版社，1995：420.

空间资源的巨大浪费。

2.1.3 后工业城市的建筑、公共空间和生活方式的特征

从工业城市到后工业城市存在着一种建筑设计风格、方法和理念上的转变，基本而言，这是由现代主义的建筑设计理念向后现代主义建筑设计理念的转变。建筑设计界的领军人物由勒·柯布西埃、密斯·凡·德·罗、赖特、格罗皮乌斯、伊东丰雄、丹下健三转换为文丘里、库哈斯、哈迪德、阿尔托和矶崎新，其实质为建筑设计轴心价值的文明与文化之争。强调城市生活的主导价值为文明的，便是现代主义建筑设计的理念，这一理念要求取消所有民族和地方建筑上多余的装饰性结构，将建筑理解为空间的机器。而后现代主义建筑设计的理念，则以文化为主导价值，虽然没有具体的空间功能，但有着某种区域或地方文化传统中的象征意义和符号价值的，都是建筑空间中有意义的结构，都需要加以保留、运用和再创造。因此，后工业城市的建筑形态和面貌便是在后现代主义建筑设计的理念——强调地方文化和符号创造的基础上出现的。

在这个强调地方文化与符号创造的基本理念氛围之中，后工业城市建筑的设计风格趋于多样化和风格化：象征主义、多元主义、折中主义、新理性主义、高技派等等。就具体的建筑实体来看，它们都具有一种开放性和乡土性。

所谓开放性，体现在空间构造和空间中个人主体的心理空间两个层面上。首先，这些建筑大多使用透光性较强的建筑材料，在外立面的处理上，更重视视觉的可穿透性和开放性。其次，在城市景观布置中，后现代建筑往往会被观看者视为一座建筑艺术品。它的艺术性审美体验，会让空间主体在心理层面产生某种错觉，即，我进入的不是一座建筑物，而是一件艺术品。因此，进入后工业城市的建筑物，其体验往往不再是被建筑所包裹，而是在一种变化的空间体中穿行。第二，在工业城市中，由于过于注重空间效率和建筑物的量化生产，导致其本土文化标识的弱化和缺失。因此，后工业城市建筑之中便出现了某种补偿性措施。如何将本土性特征融合于建筑，便成为建筑师需要考虑的重要问题之一。在各国的地标性建筑中，建筑师和各国政府除了追求建筑本身高度的同时，建筑的本土性或称在地性，也是衡量一座建筑是否成功的重要元素。

随着城市建筑设计理念的转向，后工业城市中的公共空间也发生了变化。自古希腊和古罗马时代起，公共空间就与公民、公共生活、政治空间和政治共通感等诸多范畴牵连在一起。贯穿在这条发展脉络之中始终保持不变的是，公民在公共空间中，获得一种政治意义上的身份认同。在公共空间之内，公民们通过言谈、交易、公共娱乐等活动，达成一种

文化及政治意义上共同感的建构。例如，在17、18世纪，沙龙、咖啡馆、宗教场所等等，都曾经充当着这一重要的角色。在公共空间中，公共议题和文化议题得以被广泛地讨论和接受。它为文化生产提供了重要的空间支持。然而，到了后工业时代，公共空间的性质从一种建设性的身份认证空间（人与人、人与共同体），更多地转向了个体消费、娱乐和延展私人生活性的空间。公共性逐渐被私人体验所取代。大型的主题公园就是其中的典范。以美国迪士尼公园为例，它以梦幻的体验和童话般的氛围，营造了一种梦话家庭的观感。它将一种私人性空间加以夸张和重制，主要吸引着以家庭为单位的游客，到这里享受一种拟象式的童话家庭生活。另外，公共建筑的发展和变化，也导致了公共空间本身被进一步地边缘化。奇巧的城市雕塑、丰富的公共设施和无处不在的广告网络，成为了遮蔽在公共空间上的炫丽幕布，掩盖了公共空间最重要的原始含义。

相应的，城市建筑和公共空间的改变，也制约和调整了城市人的生活方式。"休闲"的主题在后工业城市中，极力地被扩大了。生活方式模式的转变，毋宁说就是消费和娱乐模式的扩充和增值。在这里，最具有代表性的，就是美国的拉斯维加斯了。只有在后现代社会，我们才可以想象，在一片荒芜之中，坐落着一座只为消费和娱乐而存在的城市。它提供的并不是生活的全部，而是放松和休息。或者说，在拉斯维加斯，生活就等于娱乐与消费。这座城市，集中体现在后工业社会中的梦幻性和不确定性。赌场、大型娱乐中心、购物中心、旅馆酒店，在拉斯维加斯得到了最好的组合模式，使它成为后工业消费型城市的绝佳典范。

2.2 欧洲美国的后工业文化资源概况

2.2.1 欧美大工业城市文化转型

后工业城市，其动力除了资本聚集之外，大部分资本中心城市传统历史上也是工业中心城市。因此，大工业城市的工业生产空间格局如何实现文化转型，如何将工业设施转变为后工业文化资源，是一项重大的城市规划和实践运动。

欧美大工业城市的转型，主要发生在20世纪50年代。随着二次世界大战的结束，美国率先步入了后工业社会的门槛，第三产业的发展伴随着战后的复苏稳步提速。随后，英国、德国、法国等发达国家，也伴随着经济的恢复，进入后工业社会。作为城市文化来说，在大工业时期，城市的面貌犹如美国电影《摩登时代》（1937）所展现的那样，烟囱、工厂、机械，是欧美城市的剪影。进入后工业时代后，在城市中起经济主导的行业部门，大多都从先前的冶炼、

化工、钢铁、制造业，转变会旅游、保险、金融、娱乐行业。这一过程在欧美的许多国家持续至今，并且，随着环境保护主义和生态平衡意识的抬头，消费型城市自身也在不断的演进。

2.2.2 个案：伯明翰、鲁尔地区、里昂、底特律

伯明翰作为英国的第二大城市，自工业革命以来，一直都是英国本土非常重要的工业重镇。在当时，伯明翰的矿产资源与复杂的运河体系，都为其重工业的发展提供了极为先天的优势。一直到近代，伯明翰也依旧都是英国最重要的重金属冶炼加工、汽车制造的中心地带。从某种程度上说，这也导致了在二战期间，伯明翰遭到了严重的空袭。于是，从 20 世纪 50 年代开始，伯明翰的重建工作也在全新的经济结构的背景下展开。如今，大工业生产部门在伯明翰的 GDP 的比值中，已经不再具有统治地位，与此同时，服务产业的比例逐年上升。此外，银行、金融、保险、旅游等行业，为伯明翰带来了极大的经济收益。从文化转型的角度观察，伯明翰的转型为历史中被动消除工业结构实现向后工业转型的典型案例。

鲁尔地区在二战之前，是德国的工业大区与生产中心。其煤矿业占据了全德国的 80% 生产份额。然而，随着二战的结束，它自身则开始了所谓的"逆工业化"的进程。在重建、复苏的过程中，大鲁尔区的文化生产着力于"工业遗产"概念的推广。这个概念包含了对大工业时期工厂、社区的改造，也包括了建造一系列以"工业遗产旅游"为核心的煤矿厂博物馆、钢铁博物馆。并且，在加紧改造工业遗址的过程中，旅游与商品购物中心的建设也穿插其中，具有代表性的有建造于奥博豪森的中心购物区。凭借着本身发达的河流系统，煤矿材料的运输被大规模的消费者与观光客所替代。废弃的矿坑被改造成了人工湖，巨型的储蓄罐被包装成了一个大型工业博物馆。这种综合性的开发与转化，使得整个空间面貌掺杂了工业遗迹与后工业的消费时尚。

里昂转型的重点与伯明翰、鲁尔地区略有不同，区别在于它将城市空间的改造核心着眼于自然景观与历史景观的融合。《2010 年里昂总体规划》中指出，罗纳河与索恩河的自然空间，如何纳入城市形象、景观的规划，是极其重要的问题与突破点。另外，自工业革命以来，丝织业成为里昂的支柱产业，大量工人居住的房屋的集体改造，也是里昂所要面对的难题。因此，里昂的城市空间转型更突出在整体性结构调整与布局上。道路、建筑、亲水景观的规划改变了原先贫乏、单一的布局空间。在里昂的案例中，我们可以发现后工业城市在文化资源的调配中，更注重环境和自然生态的要素。

底特律市是美国第六大大都会，地处大湖工业区居中位置。它的核心工业部门就是广为人知的汽车制造业，也是世界著名的国际商业和工业中心。但是，随着 20 世纪末的石油危机和经济危机，底特律的汽车行业开始萎缩。为了应对这一局面，底特律将重心投入到了消费领域。近年来，底特律将大量资金投入到了赌场、体育场馆以及高端旅馆的建设中去，希望借着水路的便利，为体育比赛、赌博等娱乐行业招徕更多竞争力。

2.2.3 后工业城市的文化再生产及其竞争力

总体看来，后工业城市都具有如下几个特点：首先，它们大多数都曾经在工业社会中扮演过重要的战略性作用，在冶炼、制造业中，都是各国的翘楚。其次，它们的位置大多坐落于水系发达的地区，这一方面是其成为工业重镇的原因，另一方面也导致了它们的转型之便利。这是工业城市转型为后工业城市的基本外部条件。其转型实质为一座以生产和输出商品为核心功能的城市，要将吸引消费作为其主要利润和经济动力的来源。在根本上而言，这一转变即为"价值"的一次政治经济学转向。

在工业社会，经济学界和普通的消费者通常对于价值有着一种实用主义的朴素态度，即认为在经济上"有价值"首先意味着存在某物，其次则是此物存在着某种客观有用性。这一观念最为权威和完整的表达，为马克思在《资本论》中对于商品的解析，商品同时具有："价值"和"使用价值"，两者密不可分。一旦失去"使用价值"，"价值"也就不复存在。工业社会重视生产的整体观念和心理氛围，正是建立在这样一种对于价值离不开客观有用的使用价值的这一判断之上。但是，到了后工业社会，随着自动化生产水准的日益提高，人们日常生活必需品的获得变得日益简单和容易。这一阶段，非物质化的体验和服务越发成为更为消费者的需要。因此，不再是纯粹器物的客观有用性，而是消费者在心理上对某一状态、某一环境的需求和判断，日益成为愿意为之支付的理由。因此，不再是使用价值，而是文化价值、心理价值日益成为消费社会和后工业社会中经济动力的来源之一。而这也是后工业城市得以运动的主要原动力之一。

对于文化进行生产和再生产，从而使得城市获得旅游、休闲上的吸引力，促进消费，成为后工业城市的一大经济活动。法国社会学家皮埃尔·布迪厄提出"文化再生产"理论，他旨在说明社会文化如同资本和权力一样，它通过教育、宣传和商业文化不断复制和再生产原先的社会阶层观念和权力结构，以维持权力阶层的延续。但另一方面，被再生产的不是一成不变的文化体系，而是在既定时空之

内各种力量相互作用的结果。文化再生产，在一定程度上也激活了原本不被人们注意的文化资源，使得原本衰退的城市区域获得新的经济动力。

文化的再生产，其再生产的对象和资源来自城市本身的文脉。对于后工业城市来说，如何将工业社会的"历史遗迹"保留下来，成为值得关注的文化资源，是它们的核心课题。对曾经的重要城市来说，消费社会的转型并不困难，但是，在转型过程中，对工业园区的重新开放和建造各式纪念博物馆以及配套的旅游规划，需要作出精心的筹划。城市的竞争力，实际上得源于工业时期留下的物质基础和对其再规划、再设计中留下的时代痕迹的丰富性和可感性。

2.3 新兴国家的文化资源与文化冲突

2.3.1 在全球化语境下新兴国家的文化景观

伴随着全球化的进程，新兴发展中国家也不由自主地被拖入了后工业城市的转型之中。在这过程中，跨国资本与当地的文化资本相结合，急速推动了后发展中国家的现代化（后现代化）的步伐。大量的投资建设在当地国家政府的支持和扶持之下，出现了一种跃进式的发展格局。由于新兴国家通常区域发展不平均，社会结构和经济模式仍然在转轨之中，因此，跨国资本往往会和该国政府在集中的城市和区域进行合作。这就造成了一种吊诡的局面，即：在一个经济发展水平依旧落后，国内生产水平极为不平衡的国家内，依然可以看到和欧美、日本等发达国家一样的高水准消费型空间和与国际水平同步演进的文化景观。然而，在这一过程中，文化资本的运作就面临了一个主导权或"话语权"的难题。在一个新兴国家，究竟是谁来主导城市空间的文化景观的构建？这种文化景观的构建，究竟是以何种美学标准或文化脉络为依归？换言之，在新兴国家的文化资源发展和再生产中，当地政府和跨国资本面对的是一个空间庞大的机遇，同时，在这其中也包含了许多难题。

因此，新兴国家的文化景观展现出了多个维度的相貌：第一，它能吸取欧美主流文化工业的成功经验，将城市空间的改造和设置同消费文化最高效和最迅速地结合在一起。在中国、印度、巴西、中东等许多地区，我们都可以看到跨国资本所投资或参与投资建设的高级商务区、大型购物中心、主题公园。第二，由于当地国的经济结构和发展水平的不平衡，新兴国家的文化景观往往会出现某种混杂的局面。一方面，后现代文化和经验由海外资本带入了本土，造成了一种极具全球化质感的多义性和杂糅感。另一方面，由于本土经济结构、社会阶层布局、文化传统的迥异，新兴国家的文化景观成为一种"后殖民主义"

式的文化戏仿与文化消费。

2.3.2 城市"景观化"中的文化权力问题

城市"景观化"，作为一种需要警惕与批判的后现代城市发展趋势，往往是一种权力操控的结果。对于新兴国家来说，这种权力的博弈往往发生在跨国资本和本土权力部门合作的操控之中。以刺激人的感官和消费欲望为目的的"景观化"被作为一种城市规划和城市设计的价值所在，成为对于大众欲望的潜在控制。更为重要的是，在文化权力这个议题之上，新兴国家往往忽略了一个更为重要的潜在沟通和协商的对象：本国公民，尤其是与城市空间密切相关的当地市民。

对于西方发达国家而言，城市的建设和空间的改造，通常都需要经过当地市民的协商、确认和支持之后，方可进入实施的步骤。但是，由于文化资本的突然出现，新兴国家往往被这一新型的利益链条所诱惑，而忽视了文化再生产和城市文化转型过程中，市民（公民）所应享有的权利。这里的权力并不是说，是由公民来决定城市"景观化"这一趋势的力度和方向，而是指在具体的城市改造、道路改造、公共设施建设、文化资源运用的过程之中，资本的运作方必须获得在地市民的认可。更进一步地说，在城市"景观化"看似不可逆转的同时，新兴国家的资本运作也必须对当地的文化传统、风俗，要有高度的尊重和认同，而非一味地迎合西方后现代文化的口味。文化权力的归属并非是一种僵硬的、一劳永逸的利益切割。实际上，它的存在是动态的、富有流动性的。它的确认得源于跨国文化资本（他者文化）、当地国的本土文化（包括官方和民间的趣味差异、利益诉求的不同指向等等）的互动。

2.3.3 他者文化与文化主体性问题

一般来说，主体只有在辨识、认证、构建他者的同时，才能够清地理解主体本身。而在后工业社会的条件下，新兴国家的文化主体性问题也同样需要这样一个他者的存在。但是，在城市空间的改造过程中，他者文化不是一种已然订制的规则，来束缚和捆绑后发展中国家的文化主体。恰恰相反的是，他者文化只是一个重要的参考维度，文化主体更应该把注意力放回到理解自身的源流、变化和现状。

就全球化语境看来，"他者文化"无疑指称的是以美国为代表的大众娱乐、大众消费文化模式。随着文化资本在全球经济中扮演越来越重要的角色，它的传播和消耗速度也在与日俱增。几乎在全世界任何一个地方，都能找到美国的大众消费文化的身影。速食性、速朽性是其致命的缺点，但是也造成了它更新迅速、内容繁杂的迷惑外貌。它往往造成了一种同质化的效果，使得当地的文化主体在博弈过程中，慢慢消散其本质特性，使得当地文化被其同化，成为一种单调的文化样貌。

在这种情况下，如何认知自身文化的主体，如何构建、把握和阐释自身文化的内容和意义，就尤为需要新兴国家去加以重视。文化主体性的建构，首先需要的是一种对自身文化的忠实和自信，并且也需要一种冷静和包容的眼光来看待"他者文化"的融合。这种文化软实力，不单单建立在经济成长和物质发展的基础上，甚或说，它更需要的是一种文化认同度。如何让本国公民，对本土文化境遇有概要的了解，如何让本国公民参与文化认同感的构建之中，如何在文化主体的构建中，找到真正的核心的文化价值，这些才是面对"他者文化"融合之时，所应该考量的问题。在与"他者"遭遇之时，文化主体唯有在同中求异，在人类共同的经验、价值的背景之下，找到属于自身的特色。

同时，文化主体也并非一个集合和抽象的概念，它首先建立在每个独立个人创造力充分释放的基础上。比如当下各地政府往往将文化主体和文化创造理解为一种更多民族特色传统特色保留以及创意园区的建设。但事实上，所有的传统本身只有在当代被当代人在此理解和再创造之后，才能成为真正被传承和具有活力的文化资源。因此，强调文化主体性的同时，首先需要的是让每个个人主体获得自由创造文化的权力和空间。比如当下的各地方政府所热衷成立的创意产业基地，如同当年的经济开发区，甚至将其当做新的经济增长点。但这种大部分创意园区都好景不长的原因在于，文化创造的主体并未成为这些城市创意园区的主体。唯有当每个独立的个人成为城市空间的主人，他们拥有平等的处置空间的权力之后，城市才可能成为具有文化主体性的、富有生活和经济活力的空间。

3　后工业社会与当下中国文化

3.1　后工业社会在中国

3.1.1　后工业社会与大规模城市圈的形成

随着中国在 20 世纪 90 年代起步的产业结构调整，以产品生产为核心的传统工业逐渐式微，取而代之的是以服务生产为目标的新兴产业。对原有工业城市的改造成为

这次发展模式转型中的一个重要环节：通过对西方发达国家先行经验的借鉴，大型都市圈的出现改变了中国原有的城乡格局——过去以城市为中心向四周进行环辐状发展的模式被多点中心、因地制宜的全新模式所取代，城市与乡村之间的界限正在逐渐被打破。

所谓"都市圈"又称"城市群"，指的是在特定区域内，云集相当数量的不同性质、类型、等级和规模的城市，以一个或若干特大城市为中心，依托一定的自然环境和交通条件，通过加强城市间的内在联系，而共同构成一个相对完整的集合体。20 世纪中后期以来，在中国的长三角地区、珠三角地区和京津冀地区，出现了颇具规模的高密度城市区域。随着产业结构的调整，逐渐发展成为以上海—杭州—苏州为中心的长三角经济圈、以广州—深圳为中心的珠三角经济圈和以北京—天津为中心的京津冀渤海城市群。

2006 年颁布的国家"十一五"规划纲要中明确提出："要把城市群作为推进城镇化的主要形态，已经形成城市群的京津冀、长江三角洲、珠江三角洲等区域，要继续发挥带动和辐射作用，加强城市群内各城市的分工协作和优势互补，增强城市群的整体竞争力；具备城市群发展条件的区域，要加强统筹规划，以特大城市和大城市为龙头，发挥中心城市作用，形成若干用地少、就业多、要素集聚能力强、人口分布合理的新城市群。"统计数据显示，截至"十一五"规划结束的 2010 年底，大连、沈阳、青岛、宁波、南京、武汉、成都等多个城市的 GDP 数据已经突破 5000 亿元。这些新晋者大多属于在各自区域的中心城市，作为原先工业时代的生产基地，城市本身具备良好的基础建设和区位条件，具有开发成为新兴都市圈的潜力。

以目前发展成型的大型都市圈来看，长三角地区当属个中翘楚——自 90 年代初提出建设"长三角经济一体化"策略以来，逐渐形成了以上海市为中心，囊括江苏省南部地区的南京、苏州、无锡、常州、镇江、扬州、泰州、南通 8 个城市，以及浙江省北部地区的杭州、宁波、嘉兴、湖州、绍兴、台州、舟山 7 个城市，共 16 个城市的区域，这是中国经济最为活跃的区域之一。截至 2008 年年底，它以占中国 1% 的土地和 6% 的人口，创造了 18% 的国内生产总值，成为中国经济发展速度最快、经济总量规模最大的区域之一。目前，长三角地区正致力打造"3 小时都市圈"。随着这个概念在全国范围内的进一步推广，"3小时都市圈"将逐渐囊括 15 个中心城市、55 个中等城市、1446 个小城镇。今后 20—30 年，长江三角洲、珠江三角洲和京津冀地区将会出现 3 亿—5 亿人口规模的巨型都市圈，这意味着中国将面临建设人类历史上史无前例的大

规模、高密度的城市社会的挑战。

3.1.2 城市文化和市民社会日常生活的转变

值得注意的是，随着沿海地区都市圈的建设逐渐成形，由就业机会引发了大量的人口流动，农村涌入城市的新一代居民扮演着日益重要的角色。这些移民在融入城市生活的过程中，给城市原有的文化生态格局带来了一定程度的冲击，并以后工业征候的形式反映在市民社会的日常生活中。

实际上由农村向城市移民并非后工业时代的产物，早在工业时代就有大量来自农村的劳动力进入城市务工。然而彼时的移民现象与工业生产密切相关——他们大多生活在工业区、车站、河道等工作场所周边，从事类似或者相关的职业。这些移民依地缘亲疏关系聚居，甚至在第二代、第三代移民中仍旧保留故乡的语言和风俗习惯，形成了许多不同的区域文化群落。

早年移居上海的苏北人便是这样一个典型的案例：这些来自长江北岸的江苏移民大都原本是受教育程度极低的农民，由于战乱、自然灾害等原因，背井离乡来到上海。为了生存，大多数从事体力劳动，如纺织工人、码头工人和人力车夫等等。这部分人聚集在苏州河沿岸，住在用竹席、毡布、土块搭建的阴暗潮湿的简易屋棚里[7]。聚乡而居的苏北移民大多处在社会底层，卫生习惯较差，居住环境极其简陋，跟来自其他地区的移民群体（如苏南、浙江、广东等地的移民）形成很大的反差，他们独特的苏北方言（江淮官话的一种）则给这个移民群体贴上了一个鲜明的标签——导致了此后长达数十年的时间里，"苏北闲话（沪语：苏北方言）"在上海几乎等同于剃头师傅、码头工人和黄包车夫之类贩夫走卒间的黑话，苏北移民这个独特的区域文化群落在工业时代的上海负载着极为深刻的成见。

始于 20 世纪 80 年代末的"新圈地运动"将原本居住于城市的居民大规模地迁向城郊结合地带，与之形成对应的是来自农村和二、三线城市的劳动力再一次大规模地进城务工——不再从事工业生产，而是投身城市的重新规划与建设。中国历史上屡次发生的周期性人口迁徙于世纪之交出现了一次巅峰。

从这个世代的新市民来看，与工业时代的移民有着很大的不同。随着沿海都市圈的后工业面貌崭露头角，城乡格局被进一步打破。工业生产由沿海城市撤离，内地二、三线城市成为新兴工业基地，这使得从事工业生产的劳动力流向发生了显著改变，进入沿海都市圈的新移民中产业工人的比例大大减少。在广东，自 2008 年启动"腾笼换鸟"政策以来，一方面向外转移珠三角地区原有的劳动密集型产业；另一方面通过"科技特派员制度"引进全国各地的高素质、高技术人才，为广东的产业结构调整提供了强大的智力支持。类似经验在北京和上海等地均得到了有效的推广和借鉴。在这种政策性导向的作用下，如今现身于沿海都市圈的新一代移民大都受过良好的高等教育，具备本科以上学历，所从事的职业也不再似从前以体力劳动为主，而是集中在信息技术、金融财经以及高新技术研发等需要较高智力水平、具有一定社会地位的职业领域。这种就业态势使得都市新移民具备一定的经济实力——他们在城市中并非一味依照地缘亲疏聚居，而是更多地考虑到房价、公共服务资源以及交通便利程度等诸多现实因素选择居所。从某种程度上来看，新移民在城市中的散居状态对他们融入城市生活起到了关键的推动作用。

然而对于这些城市的固有居民来说，城市的重新规划却是甜蜜中带着苦涩，迁徙对于市民生活的冲击是决定性的。这场运动的巅峰莫过于对旧城区域的所谓"改造"——浩浩荡荡的拆迁队伍将市民从世代栖居的祖屋中迁向钢筋水泥浇筑的"新村"，而原有的市中心由于排空了居民区因而得以建造 CBD、商场以及各色园区，使得这次全新的城市规划赶上了西方世界《雅典宪章》的列车——居住区、工作区、憩息区错落有致，人们在便捷的立体城市交通中川流不息。然而这恰恰走进了现代主义城市规划的死胡同，很快这股疯狂的"新圈地运动"便遭遇了后现代思潮的有力诘问，关于地方文化、市民主体性乃至城市归属权的问题正在以迅雷不及掩耳之势撕裂着地域之间的群落关系，这不能不说是一次决策思维错位酿成的悲剧。

3.2 本土文化资源与文化竞争力

3.2.1 作为资源的工业时代文化遗产

工业建筑指用于工业生产、加工、维修的厂房以及为之服务的仓库、构筑物等附属建筑和基础设施等。它的设计和建造只有一个原则，就是服务于生产和制造这一主要功能。工业时代的大机器、大生产曾改变了城市的面貌和

---

7 韩起澜. 苏北人在上海 1850—1980[M]. 上海：上海古籍出版社，2004.

人们的生活，然而随着工业时代的退潮，这些硕大的钢铁遗迹难免沦为后现代城市规划的绊脚石。

2006年在无锡举办的中国工业遗产保护论坛通过了《无锡建议——注重经济高速发展时期的工业遗产保护》，将工业遗产定义为"具有历史学、社会学、建筑学和科技、审美价值的工业文化遗存。包括工厂、车间、磨坊、仓库、店铺等工业建筑物，矿山、相关加工冶炼厂地，能源生产和传输及使用场所，交通设施，工业生产相关的社会活动场所，相关工业设备，以及工艺流程、数据记录、企业档案等物质和非物质文化遗存"。这些庞杂的厂房和仓库已经失去原有生产功能，目前物质状态相对比较完好的建筑大多建于20世纪早期至新中国成立后五六十年代，其中大量的是在国家"一五"、"二五"期间所建。这其中除了一些具有历史意义或文化价值的个别建筑意外，主要还包括大量普通的、无明显个性的旧工业建筑。

从严格意义上来看，工业时代的文化遗产正如其他任何类型的文化遗产一样，可以被区分为物质文化遗产与非物质文化遗产——在这里，物质遗产所指的是看得见、摸得着的工业生产物件以及建筑乃至整个生产场所。而作为非物质遗产的则是与从事工业生产的人员相关的生产技艺以及生活方式等等。既有建筑面临的三大命运是毁弃、保存、再利用。自19世纪欧洲"历史保护运动"主张以"保护、保存、维护"等态度和策略对待历史性建筑的原真性问题之后，直至20世纪六七十年代国际上对待保护等级较高的建筑时，多数是采用全过程"保存"的策略，但如果只是单纯地以保存和修复的手段对待历史建筑，充其量只是达到了承认其历史杰作的目的，而不可能使其拥有更多的意义。法国建筑理论家亚当·杰迪德在其《理解与创造》一文中指出："如果历史建筑拥有未来的话，那么，从根本上讲，其未来就在于改变和转换历史建筑本身，以适用新的需求。"[8] 相对于拆除或博物馆式的严格意义上的保存，保护再利用提供了一种可行的保护模式，它不仅维持了城市历史的连续性，且将旧工业建筑再次融入充满生机与活力的城市日常生活中。因此，如何转化"工业遗迹"的尸骸性语义，从而使它们得以被后工业城市的景观序列所兼容，成为当下中国的城市规划者们所必需面临的一道前沿课题。

3.2.2 城市空间的改造：从生产到消费

工业时代与后工业时代在生产方式上的差异，在很大程度上决定了城市空间改造的方向——由生产性向消费性的转变。这意味着按照生产工序设置的车间和仓库等空间单元必须放弃原有的功能性格局，修葺成为可供消费的、甚至可被消费的全新空间。然而这种空间改造并不局限于工业时代的物件。在漫长的华夏文明史中，产生于前工业时代的历史文化遗产，无论是其数量还是质量，都是工业遗迹所无法企及的。然而这些在城市空间的改造中都难免沦为需要修正的对象。

发展旅游经济在当下中国日益成为一个比较直观的消费性空间的改造策略。鉴于中国的历史文化悠久，许多城市的历史遗迹经过简单的修饰便被开发成为旅游景点——这种廉价的装扮并不需要太高深的技术手段，以至于在历史真迹之外，不少城市还开发出了伪造古迹来虚构历史资源以吸引观光客。更有甚者将古城的原有居民全部迁空，以开发出所谓的古城景区以及形形色色的影视基地。在工业空间的改造中，同样也出现了诸如此类的问题，改造项目集体上马、创意园区遍地开花却遭遇冷落的尴尬屡见不鲜。这种竭泽而渔、异化的发展模式是中国后工业时代对城市空间改造思路的一种畸变。

3.2.3 城市改造中的文化权利问题

统计数据表明，在新中国成立后的前30年，中国城市化的规模由7.3%上升至19.4%，而从1979年到2009年，这个比例由19.4%急剧膨胀到45.7%。前后30年间城市化的巨大落差的恰恰与历史进程相吻合——计划经济与市场经济分别作为这两个阶段主宰中国政治经济的基本策略，恰恰印证了在城市化过程中公权力与资本的双重作用。

而在城市内部结构的调整中，当下中国沿海都市圈所出现的后工业征候，在很大程度上同样受到政府所制定的政策引导——工业生产从这些城市撤向周边乡村乃至更广袤的西部地区，为沿海城市的重新规划腾出空间。而填补这个空间则需要资本的投入，事实上在全新的消费空间尚未完工之前，各色财团便已经通过投资瓜分了其冠名权和控股权。

假如单纯用马克思主义对商品拜物教的批判性眼光来看，这种无论是宏观的或是微观的改造完全是资本因素作祟。然而法国哲学家亨利·勒菲弗尔的观点则将我们对这种现象的思考引向一个全新的维度，他一再强调空间的政治性——"空间并不是某种与意识形态和政治保持着遥远

8 周卫. 历史建筑保护与再利用——新旧空间关联理论及模式研究 [M]. 北京：中国建筑工业出版社，2009：43.

距离的科学对象，相反，它永远是政治性的和策略性的"[9]。的确，没有人能够否认，在中国的城市正在发生的这场改头换面的戏法中，公权力的介入无疑是与资本同样有效的强力催化剂。

3.3 本土城市空间再生产的几种倾向

3.3.1 时尚消费空间

（1）商业化时尚消费

在当下中国城市的后工业征候中，时尚消费空间无疑具有左右逢源的可爱面貌——一方面它作为一个消费空间，可以迅速为投资收回成本并创出收益；另一方面它对区域产值的贡献作为政绩又颇得地方行政首长的青睐。因此时尚消费空间不仅在沿海都市圈遍地开花，甚至在内地二、三线城市亦屡见不鲜。

上海的新天地作为在这座城市最早开辟的时尚消费区域堪称典范。这座占地3万平方米的消费性景观将上海历史中传统的石库门式民居与现代时尚流行元素相结合，在排空了"民居"主体的居民之后，用大量的资金将这些清水砖墙粉饰一新，浇灌出各色画廊、时装店、手工艺小铺、主题餐馆、咖啡酒吧与高档夜总会。

整片区域分为南里和北里两个部分，其中的北里靠近上海的核心商业街区淮海路，以传统的石库门建筑为主，受此限制使得在南里的店铺商家规模有限。以精品餐饮业及旅游纪念品和奢侈品销售为主打的南里街区，在外观上保留了上海石库门建筑的历史原貌，却在内部装修中大量使用了诸如光纤网络、空调和电脑等现代科技。这种时空的错置使得整个空间以一种体验式服务的产品形式被附加到消费行为过程当中——顾客在享用美食和把玩旅游纪念品的同时，佐以适当的历史韵味以及现代装潢的价值加温，在收银台结账时统打包并为之买单。

南里与北里仅为一条步行街之隔，呈现出截然不同的建筑风格。南里基本以现代建筑为主，饱含密斯·凡·德·罗风格的玻璃幕墙圈起了一座总楼面积达到25000平方米的休闲购物中心，其中入驻的商户有来自全球各地的潮流品牌、美食广场、电影院以及一站式健身中心。无需任何暗示，南里以典型的mall（购物中心）的形式直接呈现为一个充满现代时尚气息的多功能消费博览会。

在南北两座街区的正东方向不远处，开发商煞费苦心

地开辟了太平角绿地和一个硕大的人工湖。这似乎象征了整个区域的旧式里弄与现代设计交融汇通而成的一个全新的天地——发生在这个空间的消费行为与对这个空间本身所进行的消费在这片湖水中达成了时空的一致性，一切都被平静的湖面掩饰得波澜不惊。

（2）文化创意园区

上海作为中国率先开埠的几座城市之一，几乎称得上是中国近现代工业的发祥地。在这座城市当中，各种各样的产业类型应有尽有，无论是纺织、化工、冶炼还是机械制造，上海堪称中国工业时代城市的一座大全地标。这也意味着在上海，工业时代文化遗产的资源是丰富而多样的。

苏州河沿岸自20世纪初以来便以其发达的轻纺业和印染业成为上海近代工业的重要版图，随着劳动力需求而递增的移民聚居，使得这里成为上海最大和最早的棚户区所在。随着20世纪末开展的市政动迁和产业转移，苏州河沿岸轰鸣的机器声逐渐消散，摩肩接踵的居民也被行色匆匆的上班人群所取代，硕大的厂房迎来了艺术家们的入驻——后工业景观以创意园区的形式得到呈现。正如西方城市规划学的奠基人凯文·林奇所言："一个事物是新的，然后变旧过时，然后被废弃，只有到后来他们重生之后才有了所谓的历史价值。"苏州河沿岸的厂房也是经历了这样的三个阶段。而在后工业改造过程中，它又进一步衍生出高低不等的价值区间。

自圆明园路至虎丘路一带大约2平方公里的区域，密布着许多殖民地时代遗留下来的西式建筑。这其中除了老式公寓房等民居之外，还有戏院、饭店等精美的高档建筑，在改造过程中得到了妥善的保留和翻修。如今的圆明园路一带形成了以外滩美术馆为中心的艺术品展示区，和整个地块建筑的美学风格构成呼应，形成了上海外滩的新式殖民地景观。

自该地块沿苏州河向西一直到黄浦与闸北两区的交界处，过旧上海时代的十里洋场便进入了彼时的老工业区。当然如今这片区域已经不再从事工业生产了，所遗留下来的只是成片的工业厂房、仓库之类的遗迹。以画家丁乙在2000年租下名为"红楼"的仓库当做艺术工作室为起始，这片原有的工业厂房开始了脱胎换骨变成艺术创意园区的过程。这也就是今天人们耳熟能详的莫干山路50号，又称"M50创意园区"。实际上这里原来是上海春明粗纺厂，1999年停工后经过2002年的改制，于2004年更名为"春明艺术产业园"。受到政策的鼓励，开发商以相对低廉的

9 包亚明.现代性与空间的生产[M].上海：上海教育出版社，2003：52.

价格购入这样的园区，以便像丁乙这样的艺术家需要创作空间的时候，这些旧厂房稍经改造便可成为一片理想的创作空间。而随着日后地皮价格上涨，艺术家无力负担租金的时候，这些厂房便可以继续改造成为画廊、商店等纯粹的消费空间，甚至直接转化为房地产重新开发以换取更大的利润。

（3）景观化的休闲娱乐区

大中华橡胶厂坐落于上海城区西部最为繁华的徐家汇地段，与之毗邻的是中国唱片工业的发源地：中国唱片总公司（前百代公司中国总部）。随着20世纪末将徐家汇建设成为上海市城区副中心的计划破土动工以来，这两座已经停工的厂区成为首当其冲的改造对象。由于生产早已得到转移和安置，剩下亟待改造的便是几间厂房等工业时代的遗迹。

由于当时政府规划的安排，这片多达7.27万平方公里的区域被定为城区中心的绿化地带，因而大部分厂房和仓库都被拆除代之以成片的绿化和一片巨大的人工湖。改造完成后的徐家汇公园，作为中心城区的绿化地带大力拓展了徐家汇地区的公共活动中心功能。它的地理位置使得人们在商业区购物、餐饮等活动之余可以到幽静的公园休息，形成人与绿色自然的对话，满足人与人的特殊环境中的社交需求。而原属于大中华橡胶厂的一根极富工业时代气息的大烟囱，则在整个改造过程中得以保留了下来，并增高了11米。如今这根烟囱还覆盖了光导纤维制成的发光外罩，一旦电子设备打开便能展现陆离斑驳的光影。而烟囱基座上的铭文则记载着它曾经的历史，尽管每天驻足观看的游客寥寥无几。

3.3.2 主流权力空间

正如前文所指出的，中国城市的后工业改造过程中，政策导向起到了至关重要的作用。这种作用不仅以隐性的方式反应在改造过程的宏观结构中，有时也以非常具体的实体空间的形式得到呈现。

作为政府的行政职能，运用公权力进行政策调整从而实施城市规划本无可厚非。然而一旦权力与资本的联盟不加以监控，便容易滋生浮夸、奢侈和腐败的产业黑洞。近年来在各类媒体平台频频曝光的一些与实际需求脱轨的公权力空间，诸如政府豪华办公楼、城市广场以及过宽的主干道等等，都是由缺乏遏制的权力所引发的公共空间膨胀，以至异化成为纯粹的权力炫耀空间。

摄影师白小刺拍摄了一组中国各地的政府办公大楼的照片，在互联网上引起了不小的轰动。在他的镜头中，从深圳这样的沿海一线都市到呼和浩特这样的二、三线

城市，从大到上海规模的巨型城市到小如张掖的中小型城市，都不乏豪奢到令人咋舌的政府办公大楼。其形制各异，但几乎每栋楼都是规模宏大、厚重坚实，给人一种不可亵渎、坚不可摧的压迫感。在这些巨大的政府办公楼当中，以装配廊柱、模仿美国国会大厦而粉刷白色涂料的罗马式建筑显得尤为突出，以至构成一个"白宫"序列（系网民将国会大厦与白宫混淆误传所致）。这其中以安徽省阜阳市颍泉区的区政府大楼尤甚。在这个省级贫困县当中，居然出现了一座价值3000万（土地成本除外）的政府办公楼，而距离这座错落有致的豪华大厦几步之外的一所小学却尽是破桌烂椅，学生就读的教室布满裂缝，竟是一幢危楼。

事实上，阜阳这座"白宫"在冠冕堂皇的权力空间背后，更隐藏着严重的官员贪污腐败案件——经有关部门调查，时任颍泉区区委书记张治安和区检察院检察长汪成犯有收受贿赂并雇凶杀害了举报人李国福等严重罪行。正所谓权力使人腐败，不受监控的权力则会使人滑向深不可测的罪恶深渊。在中国快速迈向现代化的今天，尽管部分沿海都市圈已经出现后工业的征候，然而广大中部和西部欠发达地区仍然以第一产业和第二产业为支柱。根据中国将30多年的改革经验来看，公权力对于城市发展具有毋庸置疑的推动作用，然而必须警惕缺乏有力监督的公权力泛滥所造成的恶化趋势，权力空间毫无节制地膨胀现象值得每一位城市规划者深思。

3.3.3 娱乐化空间

人文主义规划设计强调人对环境的归属感与场所感，认为归属感是人的一种基本情感需要，同时认为，城市应当是一个可增加人生经验的活动场所。在这种思潮的影响下，新城市主义主张不同地域间的文化差异将导致城市在发展历程中形成相对固定的城市特色，而这种特色便被称作"城市文脉"。

对于大多数的中国城市而言，诸如城墙之类的空间单元已经塌缩成为遗留在记忆角落的历史意象碎片，其存在的能指有效性在漫长的岁月流逝中消散殆尽。尤其是经历了文化大革命对传统文化的破坏性摧残和改革开放以后城市化扩张对历史资源的毁灭性开发，现今许多中国城市的所谓"文脉"早已绝嗣，甚至连诸如南京、西安和洛阳这样的名胜古城也出现了文脉断绝的危机。随着后工业语境带来的思维转变，历史构件开始获得新生，经济产值的诱惑足以吸引资本的流向，这引发了身处文化废墟的城市规划者对文脉危机的深刻焦虑，于是各种"弯道超车"的伎俩层出不穷，赝品开始涌现。

厦门岛北部同安区兴建的远华影视城东西长 1100 米，南北宽 800 米。在中国东南一隅的这个城市，竟然出现了一座占地 1000 亩的仿造北京紫禁城的巨型赝品！在这座冒牌紫禁城的内部，就在"天安门"、"慈宁宫"、"养心殿"的周边安插了诸如"喷射机"、"大地震"以及"侏罗纪公园"等光怪陆离的现代游乐设施，使得原本错置的时空关系恶化成为一片错乱。整座影视基地与整个厦门的城市文脉毫无关系，也正是由于这种"无关"才将它作为消费性空间的牟利本质彰显无遗。

比起无中生有的生搬营造，修旧如旧的改造工程仅仅是在行为的暴力程度上有所减轻。在正牌紫禁城的所在地，北京在新中国成立之初便经历了城墙存废之争，最终政治权力以压倒性的优势盖过了以梁思成为代表的知识分子的意见，北京城破而仅仅留下一些诸如西直门、东便门之类的只言片语标志着此地曾经的城郭。然而在 2009 年，北京市政府又启动了修复城墙的工程，许多建筑工人开始在东便门附近的明城墙遗址公园处忙碌起来，他们试图在 20 世纪 50 年代由于通行铁路而拆毁的东便门城墙废墟上搭建一道仿古城墙。这段被认定始建于明代永乐年间的城墙如今只剩下两处残迹得以保留，而经过现代技术的修缮将力图重现明城墙的风貌。根据人民网的报道，"部分已修复的明代城墙在蓝天的映衬下显得格外美丽壮观"。然而正如此次修复工程的初衷所显示的那样，修复后的"明城墙"将以历史文化遗产的形式被标记于北京东便门遗址公园，成为一个纪念碑、一个旅游景点。在冷兵器时代它或许防得住金戈铁马，而在今天却抵不过资本的糖衣炮弹。

20 世纪 80 年代以来落户中国的西方主要建筑理论和思潮

The Primary Architectural Theories and Ideological Trends Introduced from the Western World into China Since 1980s

李 华

第二次世界大战后，随着欧美各国的城市新建和重建，在一战前后逐渐成熟的现代主义在不同的地域和国家以前所未有的规模进入了实践领域。到 20 世纪 60 年代，经典现代主义的理想与图景由于各种原因与现实出现了偏差，并在实践和理论两个层面受到了质疑、反思。以此为基础，以 Team X、结构主义、后现代主义、新理性主义为代表的各种思潮纷纷涌现。在反思传统与现代的关系的同时，由于新技术所带来的可能性，出现了以 Archigram（建筑电讯）、Archizoom、Super Studio 等为代表的面向未来的先锋派。建筑知识的内容、范畴、边界和问题被不断地重新反思和定义，伴随着哲学和思想界的革命，带来了建筑理论前所未有的繁荣与建筑思想和建筑价值观的碰撞与多元化。建筑历史与理论研究也正是在这一时期，逐渐摆脱了从属于美术史研究的状况，形成了独立的学科方向。

80 年代以来，欧美建筑理论和思潮延续了 60 年代以来以现代主义思想和实践为批判性基础的多元化状况，曾经经过某些现代主义建筑师和建筑理论家构筑的具有普适性的、相对单一的价值观受到了质疑，并由此产生了多重复杂的现象和局面，建筑在理论上的探讨更为细微、深入和具有批判性。总体来说，很难简单地再用一种甚至几种思潮来概括这一时期的发展和变化，不过，在各种思潮的交织中，有以下几条线索值得关注：

（1）对地域性和与之相关的地域传统和文化的关注。这种关注渗透在不同的建筑思潮和理论中，关注的侧重点既有精神层面的，也有物质建造层面的，即使是曾经被看做是具有普适性的现代主义，也在反思中发现和挖掘出了其在不同地域条件下的多样性和其发展源头与传统的多样性。

（2）对城市的重新认知与阐释，以及对消费文化的关注。城市和城市条件下的建筑生产是现代主义的重要议题之一，也是当代建筑理论研究和关注的重点之一，对城市中政治关系、社会组织模式、文化形态、经济运行等的重新认知和探讨，为丰富建筑思想带来的新的契机，曾经的建筑师式的由上至下的理想城市的构筑受到了质疑，代之而起的是各种由下至上的理念。

（3）跨学科的借鉴、合作与多学科的交叉。从历史的角度上说，当代建筑理论和思想的形成受其他学科的影响与对其他学科主动借鉴的深度和广度，可以说超过以往任何一个时期，当代建筑思想不仅与当代艺术、电影等有着极为密切的关系，也同时受到哲学、历史学、社会学、文化批评等在思想和方法上的影响，结构主义、精神分析、新马克思主义、女性主义、解构主义、现象学、生物学理论等等都在建筑理论和思想的形成中，起到了重要的作用；同时随着其他学科对于空间问题的关注，建筑问题也进入到更为广阔的视野中。

（4）对技术进步、更新的热望和将其转化为新建筑发展动力的趋势。如果说现代主义的形成和发展离不开技术的革命的话，那么当代建筑理论和思潮中对技术的关注也是其重要的组成部分，这些探索不仅是在新的建造技术、建筑生产和设计工具上，同时也与技术所带来的新的观念、生活方式、行为方式、社会关系、审美趣味等密切相关。

（5）建筑学知识的重新界定和建筑师角色的重新认知。在建筑自主性和建筑学与建筑职业的独立性被承认的同时，建筑学是什么样的知识、建筑职业是什么样的实践、建筑的价值观等问题也在被不断地重新反思、界定和拓展。建筑师不仅仅被认为是建筑物的设计者，其社会、文化等身份的认定也在不断加强。建筑知识与知识结构在批判性的反思中，不断地丰富和重构，形成了多元化的局面。

（6）建筑感知、体验和身体性受到了重视，自文艺复兴以来以视觉为中心的体验受到了质疑。

（7）形式的探讨虽然广受质疑，但对各种新的形式、

美学意义、体验感知和生成方式等的探讨从未停止，也是当代建筑理论和思潮中不可忽视的一个重要方面。

代表理论、思潮	时间	分期（如果有）	代表理论家	主要观点	代表建筑师	代表作品	缘起地域	分布范围
1."批判性重建" Criticalre Construction	20 世纪 80 年代	无	Josef Kleihues	设计既是创新的又尊重于当地的"记忆"，同时使用能够被普遍理解的语言，主张重建二战前的街道系统，功能分区的复合型、绿化的庭院，以及对于 19 世纪早期尺度下的邻里街区。即使对后现代主义的接受也是拒绝，融合了后现代主义和当时正在发展中的一种地域主义	Josef Kleihues	IBA 集合住宅	德国	德国
2. 地域性现代主义 Regional Modernism	20 世纪 20 年代—20 世纪 80 年代	19 世纪 90 年代—20 世纪 30 年代	Richard Streiter; Frank Lloyd -Wright; Lewis-Mumford, Benton-MacKaye, Charles Whitaker, RPAA	重视当地环境（Local Milieu）和建造传统（Building Tradition）的现代主义；"草原住宅"，以气候和地域为基础划分的 7 个不同的"美国现代主义"	Frank Lloyd-Wright, Bernard-Mayb-eck, Greene & Greene, Willis Polk, Myron Hunt, Irving Gill		美国、意大利	美国、意大利
		20 世纪 40 年代晚期—50 年代早期	Lewis Mumford, Elizabeth Gordon, Joseph Barry, J. M. Richards , Bruno Zevi	与在美国的欧洲现代主义建筑师和理论家发生论战，提出美国地域主义：合法化美国和欧洲的文化差别 "新经验主义" vs. 理性主义	Frank Lloyd Wright		美国，斯堪的纳维亚	美国
		20 世纪 50 年代中期以后	Harwell Harris	Regionalism of Liberation vs. Regionalism of Restriction（解放的地域主义 vs. 制约的地域主义）：以现代主义的全球知识中调和或补充地域观				
3. 建立层次模糊，不明确的空间。重新审视建筑承担的责任和加强建筑对文化的表达（后现代理念）	20 世纪 70 年代末—80 年代	（1）20 世纪 70 年代末：建筑艺术与电影、文化艺术结合，发展了结构与后结构主义。（2）80 年代初，《曼哈顿手稿》对惯常空间发出挑战。（3）80 年代中后期，建筑的责任从提供功能空间转向了组织社会活动	屈米，R. Barthes，M. Foucault 等	重新审视建筑承担的责任和加强建筑对文化的表达。建筑的角色不是表达现存的社会结构，而是作为一个质疑和校订的工具存在。揭露建筑秩序与生成建筑秩序的空间、规划、运动之间的传统联系。创造空间与空间中发生事件的新联系，方法是通过变形、叠印和交叉程序。后现代的理念——即地域性，以及形式、使用社会价值的分离——正在消失	屈米	（1）1983：法国巴黎—拉维列特公园；（2）1986：日本东京—东京歌剧院；（3）1987：美国纽约—未来公园；（4）1989：法国巴黎—国家图书馆；（5）《曼哈顿手稿》，1981 年出版；（6）《建筑与分离》，1975—1990 年理论专著合集；	瑞士、英国	英国、法国、荷兰等
4. 对公共领域的形成和瓦解所进行的历史探讨，对资本主义社会的危机的类型所进行的分析，以及对进化论的重建设。强调"交往行为"功能	20 世纪 80 年代初—90 年代	（1）前交往期（1959—1968）资产阶级公共领域的历史分析以及认识论的历史重建。（2）交往期（1969—1981）从重建历史唯物主义的角度入手，初步完成了其作为社会批判理论的交往行为理论体系的建立。（3）后交往期（1982—1989）对现代性范畴的历史清理和形而上学思想的批判，用以抵抗后现代主义和阐述一种建立在语言学转向基础上的"后形而上学思想"。（4）反思期（1990—2000）交往行为理论向政治哲学和法哲学领域推进，通过对自由主义政治要领以及社群主义政治要领的批判，主张一种新型话语政治模式，提倡用程序主义重建民主制度	于吉恩·哈贝斯，菲舍尔（现任德国外长）	（1）论战性。与波普尔、伽达默尔等的方法论之争；与福科的现代性之争；与享利希的形而上学之争；与诺尔特等的历史学之争；与鲁曼的社会理论之争；与罗尔斯的规范民主之争；与斯洛特迪杰克的基因技术之争等。（2）综合性。他把不同的思想路线、理论范畴有机地结合起来。（3）体系性。试图从规范的角度对马克思主义，特别是法兰克福学派的批判理论加以系统重建。（4）实践性。从政治哲学的高度讨论重大内政与外交问题		（1）《公共领域的结构变化》；（2）《文化与批判》；（3）《交往行为理论》；（4）"现代和后现代建筑"1981 的演讲《新保守主义》	德国	德国、东欧
5. 后现代主义者和后结构主义	1982—1984 年	无	米歇尔·福柯	论述权力和它与知识的关系以及这个关系在不同的历史环境中的表现。"真理"（其实是在某一历史环境中被当做真理的事物）是运用权力的结果，而人只不过是使用权力的工具。依靠一个真理系统建立的权力可以通过讨论、知识、历史等来被质疑，通过强调身体，贬低思考，或通过艺术创造也可以对这样的权力挑战。每个历史阶段都有一套异于前期的知识形构规则，而现代知识型的特征则是以"人"做为研究的中心		（1）"空间，知识和力量"鲍尔·兰宾诺的采访；（2）《词与物》（3）《知识考古学》	法国	法国、波兰等

代表理论、思潮	时间	分期（如果有）	代表理论家	主要观点	代表建筑师	代表作品	缘起地域	分布范围
6. 后工业时代、后现代和消费时代的文化主张	1982年	无	弗雷德里克·杰姆逊	把文化看成是理解时代特性的主要手段。文化现象并不与全球化现象相对立，而是全球化现象的最引人注目的表现；而经济的发展，与其说是受到多种文化动因的制约，不如说是被某种决定了生产和消费方向的单一文化因素所左右。这种所谓有单一的文化因素，正是后现代主义		（1）《建筑和思想的批判》；（2）《萨特：一种风格的起源》；（3）《后现代主义与文化理论》（讲演）；（4）《文化转向》；（5）《政治无意识：作为社会象征行为的叙事》；（6）"建筑和思想的批判"发表于1982，出版在由约翰·奥克曼等编的《建筑，批判，思想》上（1985）		美国、欧洲、中国、中国台湾地区
	1983年—20世纪80年代末期	无	丹尼尔·里伯斯金、扎哈·哈迪德、弗兰克·盖里、彼得·埃森曼、雷姆·库哈斯等	被粉碎的碎片作为充满冲突的世界的反应。"秩序与混乱"作为一种全新的视角。认为建筑不一定是了功能而存在，可以是单纯的艺术创作。为了是安抚情绪和内心无可名状的躁动	里伯斯金、哈迪德、盖里、埃森曼、库哈斯等	（1）犹太人纪念馆（里伯斯金）；（2）美国旧金山犹太人博物馆（里伯斯金）；（3）英国曼彻斯特帝国战争博物馆（里伯斯金）；（4）毕尔巴鄂古根海姆博物馆（盖里）；（5）维特拉消防站（哈迪德）；	美国	美国、西欧各国、东南亚等地
7. 解构主义思潮	20世纪80年代中期（1984）	（1）20世纪70年代末期到80年代初，表现出结构主义倾向。（2）20世纪80年代中后期，表现出解构主义，同时借用拓扑几何学、麦卡托网格等不同领域大量的理论术语	彼得·埃森曼、诺曼·乔姆斯基、索绪尔（根源）、雅克·德里达	从结构主义到解构主义。将语言学、哲学等其他学科融入建筑学的思考。哲学体系：一部分是将哲学和语言学的理论引入建筑，为解构建筑提供了理论的依据；另一部分则是把数学等其他领域的知识作为自己某个作品设计的引发点。设计的过程就是要排除个人和文化的因素，建筑形式只是一套符号，是由建筑自身的逻辑关系演变而来，他强调建筑是一个过程而非结果。"运用语言"：将建筑室内的纯几何关系的生成过程在建筑上反映出来	埃森曼	（1）韦克斯纳视觉艺术中心；（2）韦克斯纳视觉艺术中心和美艺术图书馆；（3）生化中心；（4）House（1—5,10）	美国	美国、日本
	20世纪80年代中后期	无	雅克·德里达	解构的思想，质疑的精神。对于结构本身的反感，认为符号本身已能够反映真实，对于单独个体的研究比对于整体结构的研究更重要。打破现有的单元化的秩序，再创造更为合理的秩序。用分解的观念，强调打碎，叠加，重组，重视个体，部件本身，反对总体统一而创造出支离破碎和不确定感	里伯斯金、哈迪德、盖里、埃森曼、库哈斯等	（1）犹太人纪念馆（里伯斯金）；（2）韦克斯纳视觉艺术中心（埃森曼）；（3）韦克斯纳视觉艺术中心和美艺术图书馆（埃森曼）；"疯狂的点——建筑的现在"选自伯纳德·屈米，《空格子：拉维莱特1985》	法国	法国、美国、荷兰等欧洲国家，日本等
8. 后现代思潮——建筑的社会属性	20世纪80年代末—90年代	无	雷姆·库哈斯	（1）从社会学的角度入手认识建筑，要求建筑应对每种社会新问题做出回应。（2）对建筑概念的反思，从抽象概念到形式创作的方法。（3）面向未来、科技，反文脉的倾向《疯狂纽约》	库哈斯、里伯斯金、哈迪德、盖里等	（1）法国国家图书馆；（2）纽约现代美术馆加建；（3）波尔多住宅；（4）《疯狂纽约》（库哈斯）	英国、荷兰	英国、荷兰、美国等
9. 批判性的继承	1988年	无	马克·魏格利	对既定模式的批判		"建筑的翻译，巴别塔的物发表于1988	美国	美国
10. 政治交叉，社会表征对社会阶级形成的干预	1984年	无	吉恩、路易斯·科恩	政治交叉、社会表征对社会阶级形成的干预，突出社会群体研究的重要性，突出群体话语权和意义，强调社会中产阶级的力量。总之，将对艺术的分析从单纯的本体分析上升到社会层面分析	吉恩、科恩	"意大利移民的工作"选自《Lacoupure entre architectes etintellectuels,oules enseignementsdel'italianophylie》	法国	法国，意大利等

续表

代表理论、思潮	时间	分期（如果有）	代表理论家	主要观点	代表建筑师	代表作品	缘起地域	分布范围
11. 超现实的表现，抽象而非具象的艺术	1988 年	无	马克·魏格利	超现实的表现，抽象而非具象的艺术。 真正展现自然的内在力量，追求整体地把握世界。对自然的独特感受以及对事物美的独特见解，常超越事物的"形"而直达事物的本质。让事物的美变得更加纯粹	魏格利	"建筑的翻译，巴别塔的产物"发表于1988；出版于Assemblage 8（1989.2）	奥地利	奥地利
12. 二战后期关注技术的开发和作用。技术代表速度与力量。	1984—20世纪90年代中期	无	鲍尔·韦里略	韦里略奥发展他所谓的"战争模式"的现代化城市。这意味速度的逻辑，这是科技社会的基础。提供以人为本的现代艺术运动，如未来主义批评。纵观他的书，无政府主义、和平和天主教再现的政治和神学成为主题	韦里略	"一个冬天的旅程：与玛丽安Brausch 四对话""艺术的事故"	法国	法国、英国
13. "构成几何学""投影几何学""意指性几何学"投影几何，投影透视，给我们投射过来的范型	1984 年往后	无	罗宾·埃文斯	运用弗洛伊德所说的心理投射效用，强调"构成几何学""投影几何学""意指性几何学"投影几何在建筑透视重的作用，强调投影透视，给我们投射过来的范型，批评建筑师老想超越建筑去直接呈现理念化的几何的那种冲动和欲望	埃文斯，早期弗洛伊德、爱因斯坦、门德尔松、杜斯伯格等	《几何与体验》"爱因斯坦天文台""在后面空空的线前"AA Flies 6（1984.5）	法国	法国
14. 跨学科领域的实验空间实践	1986 年	无	桑福德·奎因特尔	广泛的设计，包含科学与技术的哲学问题，跨学科领域的实验空间实践	奎因特尔	"新城市：现代性和延续性"Zone 1-2（纽约：Urzone,1986）	美国	美国
15. 提出在建筑理论和实践的线性操作查询。进入建筑理论和实践的复杂辩论	1988 年	无	凯瑟琳·英格拉汉	建筑理论和实践的线性操作查询，调查线在建筑的概念和文字的力量。 从哲学、理论、实践和历史点的角度寻找衔接的下面点，关注有关财产、政治和经济架构的关系。以保持"一致"的事情和架构的关系，以适当的名称、人的身份、对象的身份，与空间位置和划界。 还针对在精神分析批评后结构主义理论女性主义批评的主题	英格拉汉	"线性的负担：驴子的城市主义"发表于1988，出版于《建筑思想中的策略》（1992），约翰·怀特曼、杰夫利·基普利斯、理查得·伯德特编	美国	美国
16. 建筑物作为身体，是基于身体感觉的精神状态的缩影	1992 年	无	安东尼·韦德勒	基于历史层面的建筑批评，建筑物作为身体，是基于身体感觉的精神状态的缩影。 研究工作涉及现代都市的视觉与心理—地理学	韦德勒	《奇怪的建筑：关于拘束的现代的论文》；《墙的书写：启蒙运动晚期的建筑理论》（1987）；《疼痛中的建筑》	法国	法国、英国
17. 关注现代主义和重复的模式，注重当代建筑实践中的图形	1993 年	无	R.E. 西蒙	关注现代主义和重复的模式，注重当代建筑实践中的图形，现代主义与大众文化的物质过度的投机对建筑发展的影响	西蒙，索莫尔等	《自主权和意识形态：定位前卫》（1997年，美国）《一个或几个大师？》发表于1993年，出版于《海杜克Chronotope》（1996）	美国	美国

文化的自信力对中国建筑创作的意义
The Implication of Cultural Confidence on Architectural Creation in China

胡　恒　丁沃沃

1　文化的自信力与建筑的原创性

　　古代中国的"华夷"观念，至少在战国时代就已经形成，那个时代，也许更早些时候，中国人就在自己的经验与想象中建构了一个"天下"。他们想象，自己所在的地方是世界的中心，也是文明的中心。大地仿佛一个棋盘一样，或者像一个回字形，四边由中心向外不断延伸，中心是王所在的京城，中心之外是华夏或者诸夏，诸夏之外是夷狄，大约在春秋战国时代，就已经形成了与南夷北狄相对应的"中国"概念。在古代中国的想象里，地理空间越靠外缘，就越荒芜，住在那里的民族也就越野蛮，文明的等级也越低。这种观念与想象并不奇怪，西谚说"既无背景亦无中心"，大凡人都是从自己的眼里看外界的，自己站的那一点，就是观察的出发点，也是确定东南西北前后左右的中心，离自己远的，在自己聚集关注的那一点后面的就是背景。我是你的视点，你也可能是我的焦点，但是可能你也是另一个东西的背景，我也可能是他的背景。古代中国历史的记录和书写者处在中原江河之间，他们当然要以这一点为中心，把天下想象成一个以我为中心的大空间，更何况很长一个时期，中国文明确实优越于他们周围的各族。

　　　　　　　　　　——葛兆光，《宅兹中国》

　　很长一段时间里，古代中国都是一个非常自信的民族。从汉到唐代中叶，这种意识一直很强。他们认为自己是天下的中心，汉文明是世界文明的顶峰。他们不认为战争可以统一天下（甚至不热衷战争），因为自己本就是世界的中心，是"天下之中"的"无边大国"。古代中国人的"中国"是个文明的概念，而不是一个有明确国界的政治地理概念。所以，"中国"是一个非空间（等级、序列）的词。

因为它只有中心而无确切边缘——"普天之下，莫非王土，率土之滨，莫非王臣"。但凡蛮夷之族就只能在中心的外围处（这是一个非常宽泛、没有限定的地带）等待学习、进贡、朝拜。它只用文明的发达程度做标准（而非地域、种族之类的概念）来区分自己与其他民族。中国——"天朝大国"——就是一个自信的概念。

　　那个时候，中国古人很自信，从来不会因为异族的崛起或其他文明的进入而感到不安或紧张。《汉书》卷九四下《匈奴传》中有云："来则惩而御之，去则备而守之。其慕义而贡献，则接之以礼让，羁縻不绝，使曲在彼，盖圣王制御蛮夷之常道也。"这种"怀柔远人"的态度，就是自认高人一等的表现，其他民族都是"其曲在彼"（只要是过错，那就是别人的问题），而自己从来都不是错的一方。唐人认为中国就是"天下"，"海纳百川"，"天下共主"。所以国门从来都是满怀热情地打开。那些唐代的日本使节和僧侣到中国来，我们都是大开方便之门。他们返国时总会携带很多书——儒经、佛典，甚至不登大雅之堂的《游仙窟》、《素女经》、《玉房秘诀》也一并抄回去。我们并不觉得这会有辱大国斯文，反而觉得这是"以夏变夷"——中国不是一个道德的楷模，而是一切思想、艺术、生活、天性的楷模。这些，都是自信的表现。

　　那个时候，中国建筑也是自信的。汉代建筑规模巨大，长安与洛阳的宫殿，无论是巨阙还是台榭，都尺度惊人、风格雄健、比例优美。中国古代三种木构形式——柱梁式、穿斗式、密梁平顶式都已出现，已能建造独立的大型多层木构楼阁。北魏时期，佛教传入，大建寺塔。佛教是外来宗教，为了在中国流通，所以迅速中国化，寺庙采用中国宫殿与官署的形式，塔也与传统木构楼阁结合起来。虽然外来文化和中国文化大相径庭，但是它的建筑文化的养分却被迅速消化吸收，而且这并没有改变本土的建筑体系。

南北朝时期，玄学与佛教哲学并行，使建筑风格发生微妙的变化：外观由汉式的端庄向活泼发展；屋顶由平面变为凹曲面；屋檐由直线变为两端上翘的曲线；柱由直柱变为梭柱；由西方传入加以改造的流畅连绵的植物纹样代替汉代规整的几何图案。

隋朝建都城大兴，总面积达 84 平方公里，是人类进入现代社会以前所建的最大的城市。其中轴线上有一条长 8 公里、宽 150 米的主街，经外城、皇城，直抵宫城正门，北指宫中主殿，气势宏大，前所未有。这座巨大的城市只用一年就完成，可见其卓越的设计（其设计者为宇文恺）与施工组织能力。随后，宇文恺又主持建设东都洛阳，面积为 47 平方公里，也是一年多就完工。虽然隋朝建设过大过快，虚耗民力，导致政权迅速瓦解，但其建设的决心和魄力，以及技术上的成熟，却可称为自信十足的表现。

唐代是汉代之后的中国建筑的第二个高峰。唐改大兴为长安，修建城墙，建立城楼，制定一系列城市管理制度，使长安成为外商云集的国际大都市。长安都城规模宏大，为古代世界第一大城市。且在全国按州、县分级新建大量城市，远达边疆。唐代建筑的尺度和气魄前所未有。长安修建的大明宫、兴庆宫两座宫殿，都以宫室壮美闻名。武则天在洛阳所建的明堂，是唐代最宏大的建筑。平面为方形，宽 89 米，高 86 米，高 3 层，上两层为圆顶。这座极为巨大复杂的建筑，仅用 10 个月就完工。含元殿、麟德殿、明堂等大型建筑，都可说接近古代木构建筑尺度的极限。建筑群布局开朗，院落空间变化丰富。房屋造型饱满浑厚，遒劲雄放。木构架条理清楚，望之举重若轻，证明木构建筑至此已达完善成熟的地步。盛唐、中唐时，显贵的住宅院落重重，室内多使用高级木料，家居陈设精美。装饰端丽大方而不纤巧，摆脱了汉以来线条平直、端严雄强的古风，进入新的境界。宅旁园林也颇多发展，大贵族的宅园号称"山池"，有占地 1/4 坊的。隋唐时期，佛教兴盛，大寺院规模巨大，建筑豪华，可以比拟宫殿，集建筑、雕塑、绘画、造园、工艺于一身。西安小雁塔是密檐形塔，其原形源于印度，这时已经中国化。唐代对外交往频繁，大量印度、西域、中亚文化输入，都被吸收融入中国文化之中，表现出中国文化以自我为主兼容并蓄的旺盛生命力。密檐形塔的中国化和大量萨珊图案融入中国装饰纹样就是很好的例子。

这种自信的状况一直延续到唐代中叶才发生根本性的变化，到了宋代情况变化尤其明显。宋代虽然出现了统一国家，但是燕云十六州被契丹占有，西北方的西夏诸国建国与宋对抗，契丹与西夏都对等与宋同称皇帝，而且宋王朝对辽每岁纳币，与西夏保持战争状态。这时，东亚的国

际关系，已经和唐代只有唐称君主、册封周边诸国成为藩国的时代大不一样了。东亚从此不再承认中国王朝为中心的国际秩序。宋人开始失去自信。他们从真正的居高临下转变为自我安慰，从傲慢的天朝大国态度转变为实际的对等外交方略，天下主义转变为自我想象自我满足的民族主义。

多个外敌的存在与日趋强大，使得汉族充满危机感。这种紧张与焦虑，令民族与边界意识逐渐强烈，不得不开始严肃面对"他国"与"他者"的存在。赵宋王朝一边想方设法抵抗异族的侵略，一边在强化自己国家的合法性和文化的道统。宋代士人如欧阳修，撰文确认正统，抵御外患，对抗蛮夷戎狄文化的侵蚀。他在《新五代史》卷七二《四夷附录序》里说道："自古四夷狄之于中国，有道未必服，无道未必不来。"早些的范仲淹也看到"守在四夷，不可不虑，古来和好，鲜克始终"。

文化上失去自信，导致很多方面不同于唐代的心态变化。在唐代风行的表现其开放胸怀的"文化馈赠"，从宋代起就有了限制。宋真宗景德三年（1006），朝廷下诏令边民除了九经书疏，不得将书籍带入榷场。仁宗天圣五年（1027）下令重申禁令，命令"沿边州军严切禁止，不得更令将带上件文字出界"。神宗元丰四年（1071）下诏，"诸榷场除九经疏外，若卖余书与北客，及诸人私卖与化外人书者，并徒三年，引致者减一等，皆配邻州本城。情重者配千里，许人告捕给赏，著为令"。在文化产权方面之外，宋代开始对"出入境"加以限制。除了勘定边界之外，他们还要限制"外国人"的居住区域，限制"中国人"的外出范围。但凡涉及技术性的书籍和通晓这类知识的士人，都不能出境到异族区域，以免知识与技术外流。这个时候，知识与国土一样，有了严格的界限。在对外来的宗教、习俗和其他文明上，宋代士人有了基于民族主义立场的反感，也有了一种深深的警惕，他们不再像唐代一样热烈地拥抱这些新事物，而是怀着戒惧的心情对它们进行批判和本能的抵制。对于异族文明的反对最普遍地表现在对固有文明的阐扬和夸张，北宋历史学上的"正统论"、儒学中的"攘夷论"、理学中特别凸现的"天理"和"道统"说，其实，都在从各种角度凸显着，或者说重新建构着汉族中心的文明边界，拒斥着异族或者异端文明的侵入和渗透。

文化上的焦虑不安和自信力的缺失，直接影响了建筑与城市建设方面的创造。北宋与辽夏对峙于河北、山西、陕西一线，其首都迁往汴梁。由于国土分裂，对外取守势，所以它在城市、宫殿、邸宅建筑上都没有强盛开放的唐代那种宏大开朗的气魄。经济商业的发展，社会风气的注重实际享受而无远大开拓的理想，其建筑相应的导向精炼、

细致、装饰富丽的方向。北宋建筑遗构很少，但从《营造法式》中可以看到，宋代比唐时增加了很多细腻的处理手法和装饰雕刻，室内装修和彩画的品种也比唐代大为增加。唐时门窗只有板门、直棂窗，宋代开始用复杂的格扇，风格向精巧绮丽方向发展。自晚唐至北宋末二百年，室内家居也从低矮的供人跪坐的床榻几案向垂足而坐的椅子和高桌转变。豪放的席地习惯也变成谨慎而彬彬有礼的谦让。

城市建设是体现文化自信力的一个标准。北宋、南宋的都城从汴梁迁往临安，是因为外族入侵，鸠占鹊巢。城市建设的规模日趋大幅缩水，内部的格局也有重大的改变——从以政治性、军事性和象征性为主要指向的市里制转变为以经济性为内容的街巷制。汉代未央宫、隋唐洛阳宫、唐代大明宫都把宫中最重要的主殿置于全宫城的几何中心，以表示皇帝是国家天下的中心。南宋的临安则是以府城、府衙为都城、宫室。偏安一隅，只是苟且偷欢，得过且过，全无汉唐时期的睥睨天下的豪气——萧何的"（宫殿）非壮丽无以重威"，骆宾王的"不睹皇居壮，安知天下尊"。

建筑组合的模式也每况愈下。台榭建筑衰亡，很少再有多种不同用途的房间聚合成单幢大建筑，主要采用以单层房屋为主的封闭式院落。南北朝、隋唐时期贵族舍宅为寺，以宫殿、府邸为模式，显示佛的尊贵。到了北宋，寺内设市交易。北宋汴梁大相国寺就是著名商寺，在主院落大殿前、东西配殿和庑下陈列百货出售。商业气息越加处于主导位置。宽宏、广纳万物的气势则一去不返。

汉代宫苑受求仙思想影响，喜欢在池中造象征仙境的蓬莱三岛。离宫别苑地域广大，包括游赏、狩猎、养殖、园圃等不同的内容。贵族豪苑在汉代出现，盛行于南北朝、隋唐。《西京杂记》卷三有云，"茂陵富人袁广汉，藏镪巨万，家僮八九百人。于北邙山下筑园，东西四里，南北五里。激流水注其内，构石为山，高十余丈，连延数里。……积沙为洲屿，激水为波潮……广汉后有罪诛，没入为官园，鸟兽草木皆移植上林苑中"。大名鼎鼎的白居易暮年在洛阳杨氏旧宅营造宅院，也是规模宏大、气象不凡：宅广 17 亩，房屋约占总面积 1/3，水占总面积 1/5，竹占总面积 1/9，而园中以岛、树、桥、道相间；池中有三岛，中岛建亭，以桥相通，环池开路，置西溪、小滩、石泉及东楼、池西楼、书楼、台、琴亭、涧亭等，并引水至小院卧室阶下，又于西墙上构小楼，墙外街渠内叠石植荷。但在宋以后，园林受诗词和山水画的影响而日趋精巧。虽然宋代园林和文学艺术结合完善，寄情深远，造境幽雅，但是气质纤弱，自恋颇深（赏花赏石成风），耽于享乐而不思进取。

由汉唐到宋，我们可以清晰地看到文化的繁荣和建筑的魅力之间的关系，文化的自信力和建筑的创造力之间的关系。一般来说，文化越强大，建筑越从容——包容外来事物，尽展自我之特长，不忌惮自己的艺术精华外流，更不在意其他文明的进入。相反，文化越寥落，建筑越自闭——谨小慎微、畏惧交流、格局狭小、视野闭塞。实际上，困境是一种常态，即使是汉唐盛世，文明相对发达，民族的问题仍然是多样且严峻的。在困境之际，文化的心态尤显重要。如果心态不能调整到积极进取、广采众长，莫名焦虑而不能从中自拔，那么，建筑的原创力就会相应的萎缩，陷入自我迷恋或自我封闭的状况。

2　他者的凝视

无论如何，他者的体验对我来说并不是乌有，因为我是相信他者的——而且这个体验和我自己是相关的，因为它作为投射于我的他者眼光而存在着。这张熟悉的面孔就在这里，这笑容，这嗓音的抑扬也都在这里，我很熟悉它们的风格，就像熟悉我自己一样。在我生命的许多时刻，他者对我来说也许都化入了这个可能的是一种诱惑的景象之中……在这些目光后面的某处，在这些动作后面的某处，或毋宁在它们面前的某处，或者更是在其周围，不知从什么样的空间双重背景开始，另一个私人世界透过我的世界之薄纱而隐约可见。一时间，我因它而活着，我不再是这项向我提出的质问的答复者……至少，我的私人世界不再仅是我的世界；此时，我的世界是一个他者所使用的工具，是被引入到我的生活中的一般生活的一个维度。

——梅洛·庞蒂，《可见的与不可见的》

建筑的原创力，是创造自我建造规则的能力。它的有无并不取决于审美或者技术的高低，而取决于自我的意识，取决于在面对他者的眼光下的选择。正如梅洛·庞蒂所说，我们总是作为投射于我的他者的眼光中而存在的，我们总是在回应着他者的要求、质询和欲望。从 20 世纪进入 21 世纪，世界的格局发生重大的变化。我们的环境发生重大的变化。换而言之，从汉唐到宋到现在，我们与他者的关系发生了重大的变化。

汉唐盛世的他者无足轻重，文明高下过于悬殊，那些他者（蛮荒小民）几可忽略。他们只是用来炫耀武功的对象，显示征服力的对象。而建筑是体现这种征服力的媒介，它的表现也是单向的。所以，建筑的创造基本上没有参照系。

那是一种纯然自我的创造。它只和自身对话，按照现实的要求（而非建筑本体的要求）产生出来。虽然此时的建筑只和自我对话，不涉及对外交流，但是这并非自闭或自恋。因为这种自我对话并无需向他者证明什么，也无需体现什么虚无的尊严，提高自己的自信。它只是完成政治和社会需要。这使建筑的创造相当自由，能够在技术和设计上挑战某种极限。在此，他者的眼光是单向的——崇拜、畏惧、尊敬、向往。它所凸显的是在视线之网的中心处汉族人主体的伟大和崇高，与不可企及。

宋以来的他者状况发生巨大转折。北方的辽和西北的夏，后来的女真和更后来的蒙古都虎视眈眈，甚至高丽等化外小民的举动，在宋人眼里都不敢掉以轻心。群虎环伺，他者的凝视具有高度威胁性。比如北宋的张方平和沈括，对高丽入贡者"所经州县，奚要地图"，均抱有很高的警惕。在这样的一张他者的咄咄逼人的视线之网下，宋人的焦虑是心理失衡的结果。其实，即使是在秦汉，外敌的威胁也一直存在。这些外围的威胁只是在宋代变得明显。各方势力均衡了一些。如果只看文明发达程度，其实差异和汉唐相比并无多少改变。宋人的焦虑是从军事政治威胁开始，并将这一改变带来的心理影响放大，使之成为全面的自我怀疑。当然，这一自我怀疑是一种自我心理暗示。持续的军事威胁和接踵而至的创伤（土地的失陷），这些外在的刺激诸层累积而无法释放，使得宋人间歇性地处于无助经验之中。这必然会导致"间歇性的急性焦虑症"的出现。

这种焦虑是欲望自我投射的结果。在此，他者也不再是外族蛮夷之人，而是自我心理失衡的镜像效果，是自我想象的敌人和对手。在这个时候，建筑的创造力也不再是炫耀性的自负表现——"非壮丽无以重威"，而是划清界限：敌我分明、边界分明。所以，和汉唐相比，宋代建筑全无豪强之气，而地方性开始增强，并且规范性也开始明确——工整、细致、柔美、绚烂。重繁复的深层含义在于，它可以将规范制度的意义尽可能地发挥出来。所以，彼时出现《木经》、《营造法式》等建筑法典。木工俞浩的《木经》是私人著作，李诫的《营造法式》是官方典籍。虽然唐代有《大唐六典》关于建筑方面的条文，但是到了《营造法式》，建筑才彻底地从经验传承转化为知识规训——一系列等级、规范、界限。这一严格的规训建立的是一系列的壁垒——它将自己和外族、将自己的不同社会等级完全分离。

知识规训是对焦虑的控制，也是对自我表述的约束。它在自我和他者之间划出一道鸿沟，即使这一鸿沟是完全自我想象出来的。

20 世纪以来，世界格局已经全然改变，国际关系日趋复杂且多样化，经济、政治、文化格局多番重组。到了 21 世纪，全球化的模式（市场的全球化）已然成型。民族国家间，甚至在中心与边缘、民族国家的不同集团之间的划分不再足以反映社会形式的全球划分与分配。生产的非中心化和世界市场的巩固，资本的国际分工与流通的剧增，以致不再可能标划出大的地理区域（中心与边缘诸如此类）。如果"第一世界"与"第三世界"、中心与边缘、东方与西方曾经沿国境线区分开，那么，现在它们已相互融合。网络化和资讯化使得传统的疆界再度崩溃。他者不再是简单意义上的国境另一边的敌人，其与主体的关系也超出通常的时间和空间的范畴。

用精神分析的术语来看，汉唐时代的他者对于主体来说是"实在界"。那些化外之民是真正的无足轻重，近乎于不存在。宋代以来。他者对于主体来说是"想象界"。它是自我想象的"威胁"和层出不穷的敌人。只是绝对的优势不复存在，就将自己的完整统一和优越感在想象的世界里重新建构。他在这个自我想象的镜子里看到依然完美的自己。在当代的世界，他者就是"符号界"。世界政治经济秩序构成"大他者"。它们是一种全球性符号秩序。这一符号秩序也是一种语言系统。要想进入其中（这已经是不可回避之事），必须先要和先有的语言系统的密码建立联系，建立起对话的基础和平台。正如哈特和奈格里在《帝国——全球化的政治秩序》中写道："在全球秩序中，系统总体性占据了支配性位置，它坚决地打破先前存在的一切辩证对立，发展出一种呈线性和自发的角色融合。与此同时，在这一秩序的最高权威下形成的共识显得越来越有效力，所有的危机、争端和分歧都有效地推进交融过程，也以同样的效力呼唤一个更集权的权威的出现。所有事物都导向和平、平衡和冲突中的妥协所具有的价值。全球系统的发展（首先表现为帝国权力的发展）就如一部机器的发展，这部机器一刻不停地把契约化程式施加到世界之上，最终引导世界达到系统的动态平衡——这是一部不断产生出对权威的呼唤的机器。这部机器似乎早已预设了权威要发挥作用，行动要横跨整个社会空间。每个运动都是固定的，只有在系统之中及在与系统相应的等级关系之中，它才能找到自己的预定位置。这种运动的预构性界定了新的范式——帝国世界秩序的构成过程的实质。"

我们身处这一全球秩序中，卷入这部运转的大机器里，必须寻找自己的位置。这个符号系统迫使我们既要充分理解认识它的规则和权力关系，还迫使我们重新审视自己的历史和文化的遗产。我们以何种方式、状态、心理进入这个符号秩序，这在很大程度上是由我们自己来决定的。

对建筑来说，现在这个"大他者"的符号界特征尤为明显。欧洲建筑学从意大利文艺复兴以来就发展出一套特定的建筑符码——由阿尔伯蒂、赛利欧、帕拉地奥等文艺复兴建筑师创造和完善的。这一古典符号系统经过法国古典主义（佩雷、布隆德尔、迪朗）和德国古典主义（森佩尔、勒-杜克）的加工，到19世纪中期就已经相当成熟、完备。即使经历了革命性的现代主义的冲洗，时至今日，古典建筑符号系统仍然发挥其顽强的生命力。20世纪80年代喧嚣一时的后现代主义是这一符号系统的有力复归。另外，在现在的美国和欧洲，这一符号系统还在很多地方被反复实践（尤其是美国，古典主义符号体系依然在建筑教育和建筑项目中占据很大的份额）。这不是对历史传统的缅怀，而是经典符号系统的力量的体现。在视觉符号体系的美学成就之外，这一系统还传达出古典情怀、优雅的生活、高级的品位，以及财富和地位（权力等级的象征）等外在的信息。这使得该体系还能够在其他地域（更宽范围的地域范围）里产生效能。在中国，自20世纪80年代以来，一方面由于传统文化出现了重大的断裂（经过几次重大的社会结构变动），另一方面，也由于社会财富增加，居住体制的市场化，导致象征稳定优雅高贵的欧洲古典主义符号系统大受欢迎（尤其是居住建筑）。比如"欧陆风"风行至今而未见降温。这套符号系统和中国传统文化并无什么关系。它是作为有效的幻象填充进社会结构断裂所产生的文化缺口，以及为中国人刚刚摆脱贫困而形成的心理真空的情感补偿。而这一古典体系在公共建筑中的广泛运用——从人民大会堂的古典柱廊（古希腊建筑元素）到现在政府办公楼中比比皆是的"白宫"（美式的罗马风格）——更说明古典体系所蕴含的权力等级的意象的广泛效用，也说明中国建筑与西式古典"大他者"相结合的愿望。

这是他者的凝视的一个看似费解其实很正常的表现。另一个他者是西方现代主义建筑的符号系统，这是和古典符码完全对抗的一个系统。它产生于20世纪初期，经过两次世界大战，到了20世纪60年代就迅速发展成熟。透明性原则、无装饰、空间容积法——由赖特、格罗庇乌斯、密斯、柯布西耶几位建筑大师确立其基本设计原则。这一套符号系统的生命力更强于古典建筑符码，它产生于居住建筑和工业建筑，进而辐射到所有建筑类型。这是改变整个世界建筑文化的一次革命。它和中国20世纪50年代以来新建筑的发展有着紧密的联系，大规模住宅建筑、工业建筑的模式化和现代建筑系统迅速地接上口。另外，20世纪80年代以来，中国建筑教育开始通过各种方式将现代主义建筑设计法则（通过国际建筑期刊、书籍和教师的知识）输入到教学之中。当20世纪80年代的学生毕业之后走上工作岗位，他们在工程实践中开始现代主义建筑

法则的实践。现代主义建筑符号体系的影响开始全面展开。在2000年之后，由于中国建筑量一直居于世界首位（大约每年20亿平方米），大量西方建筑师如过江之鲫一般涌入中国接受工程项目。特别是2008年北京奥运会的召开，基本上最优秀的当代西方建筑大师（还有大量的2、3线建筑师）都在中国大陆留下作品——库哈斯的中央电视台新大楼、赫尔佐格的"鸟巢"、霍尔的MOMA。这些建筑大师的作品直观、深刻地影响了国内建筑设计实践。他们提供的不是大他者（现代主义建筑体系）的符码的书本图片式的知识形态，而是关于这些符码的具体、现实的实践操作。尽管这些实践操作最终的结果不一而足（水土不服者居多）。但是，它们对中国建筑的作用是毋庸置疑的：年轻的建筑师与建筑学生以零距离的方式学习和体会西方现代主义建筑的运作。它们曾经作为想象界位于我们的现实世界之外，或者说，它们和古典主义的符号界并不类似——它们寄托着建筑学子的无限向往，更为接近想象界。大他者的凝视从遥远的观望转化成近在咫尺的逼视。我们和世界的距离大幅缩短。关于这个大他者的想象也化为乌有——它就在我们面前，想象界转化为符号界。

两种大他者（古典主义与现代主义）本来泾渭分明，但是它们的凝视几乎同时汇聚到当代中国建筑，它们混合成一个奇特的符号界。虽然我们的建筑创作基本上都由本国建筑师来完成（包括巨大数量的施工等团队），大他者的符号界并无直接的要求需要我们进入其中——这和政治秩序、经济秩序的要求不一样。但是，大他者的凝视仍发挥着重要的作用。它在迫使我们慎重塑造我们自己的、新的主体。只有这一主体出现，建筑的创造力才能随之出现。

在这一异域的大他者（它们正在通过各种方式侵入我们的现实世界）之外，我们的主体还面临一个切近的，无形地控制着我们生活各个环节的大他者（社会的符号秩序）。正如福柯所言，我们的社会正在从规训式走向控制式类型。这个大他者是我们中国文化和历史的传统与我们现实社会构造的结合体。它无处不在，且总是在我们的视线之外。但是我们所有的述求都指向它，都在回应它的需要，而且这一切我们自己并不知道。这个大他者是建构言语的场所，它根本地决定了我们的语言模式。以建筑师的角色来说，相对于设计思维的大他者（西方古典主义和现代主义的混合体），建筑师所面对的现实条件更为重要：甲方的需求、施工条件、各种无法预知的变故……中国当前的现实状况极其复杂：城市化进程加剧，相关政策变更频繁，行业秩序相当不稳定（任何一个事件都有可能产生蝴蝶效应，对行业造成巨大的影响，比如普利兹克奖）。在社会结构转型之际，城市与乡村的发展也面临众多不可

预知的问题。由于中国幅员辽阔，地域类型众多，历史地理经济政治条件千差万别，这使得大他者的形态也多变且多样，常常超乎现有的理论视野之外。总的来说，这一大他者（现实的符号秩序）要建立的是一个连续的幻象——所有事情都看上去稳妥、正常、有序。在这个状况下，建筑师的语言需要接合的对象远不是设计的大他者所能涵盖的，我们主体的确立就建立在这个复杂且变化中的基础之上。

3 主体的确立

　　主体迷失于语言系统的运作机制，迷失于它多少置身其中的文化语境所赋予的指涉系统的迷宫中。

　　它们位于语言之墙的另一侧，原则上我永远不能达至它们那里。根本上说，每当我说真正的言语时，它们正是我的目标。我总是瞄准真正的主体，然而却不满足于它们的影子。主体与大他者，与真正的主体们，被语言之墙隔开了。

　　尽管言语是在大他者、真正的主体的实存中建立的，可语言如此被构成却是为使我们返回对象化的小他者，返回我们当做所需之物创造的小他者，包括认为它就是一个对象，就是说他不知道他在说什么。当我们使用语言时，我们同小他者的关系总是在玩这个模糊性的游戏。换言之，就像语言将在大他者那里建立我们一样，它也将强烈地阻碍我们理解大他者，而且这在分析经验中确实是至关重要的。主体不知道它在说什么，而且是有足够的理由，因为它不知道它是什么。但是它可以看到自己，正如它们所知道的，此乃是镜像原型根本上不完善的性质的结果，那个原型不仅是想象的，而且是幻觉的。

　　　　　　　　　　　　　　　——拉康，《拉康研讨会》

　　当代中国建筑师的主体性如何建立？或者说，我们如何打破镜像，穿越幻象，回望大他者的凝视，在语言之墙上凿出孔洞，使理性之光和智慧之光照进主体的晦暗内心？这是一项艰巨的任务，也是一段漫长的历程。

　　主体的确立和语言分不开。我们需要借助它和不同的大他者建立联系（不一定要屈从于大他者的指令和要求），和其他主体建立联系（主体间性是主体确立的重要内容），以及和主体自身的欲望建立联系。所以，这里有三种语言需要由主体来完成。第一种为大他者话语；第二种为主体间性话语；第三种为欲望话语。而创造性的主体，也必然诞生在这三种话语的平衡之中。

　　大他者话语是建筑师主体与几种不同的大他者之间相互交流的通道。由于我们前文所述的大他者的差异——古典主义大他者、现代主义大他者、本土大他者（中国现实符号秩序）——话语也需要在三者之间权衡。古典主义话语、现代主义话语、本土话语，它们针对不同的建筑师主体的意义是不同的，它们组合模式也是不一样的。大体来说，古典主义话语基本只限于特定的建筑项目，它是由本土大他者的欲望明确规定（某些特定的项目的指定形式需求）。现代主义话语和本土话语的组合，是当下建筑师主体面对的主要问题。新中国成立以来，这一结合也走过两个阶段，现在正在进入第三个阶段。第一个阶段是 20 世纪 50 年代开始的大规模住宅的建设。从包豪斯开始的工业化建筑传统（预知、模数化、大批量生产），经过在苏俄的试验，于 50 年代在中国开始广泛运用——这一现代主义经典话语和中国建筑的早年工业化之路有着天然的共同轨道。在 80 年代初，居住区的兴起，也使大批量的工业化住宅遍布中国大中城市。这个阶段的现代主义话语（类型建筑的模式化）和本土话语的结合，基本上都局限在工业化的范围里（材料、建造体系）。现代主义形式语言暂时还未有涉及。第二阶段是 90 年代开始逐步出现的个体建筑师的现代主义形式语言的试验。现代主义形式传统（主要是空间语言和材料语言）经过张永和等一代"海归"建筑师（马清运、张雷等，他们大多有国外学习的经历）的传输、转译、改良，已逐渐在中国落地生根。改革开放以来，本土话语对建筑的愿望已开始"国际化"。越来越多的项目类型（除了政府项目之外，出现大量的更私人化的项目委托，比如"长城脚下的公社"这样的国际合作的房产开发项目），也使本土话语越发多样化。深受西方现代主义影响的建筑师，有越来越多的机会来实践他们的现代主义知识。2000 年之后，"和国际接轨"已成为无数建筑项目的内在标准。在更为年轻的一代建筑师（都市实践、大舍、维斯平等事务所）的推动下，现代主义话语已成为当下建筑师的主流话语。他们的作品也屡屡进入国际建筑舞台，参与各种建筑奖项的争夺，进入国际建筑语境的对话与交流。这样一个阶段还将持续很长时间。现代主义形式语言变化复杂，对这些法则的演练并非一日之功。尽管如此，第三个阶段已经开始悄然出现。它是现代主义话语和本土话语真正结合的阶段。这一本土话语不仅仅寄托在项目的实际内容上，它是更宽泛的人文地理环境的诉求，还是更广泛的有着自主意识的使用者的诉求。三个阶段中，现代主义话语从类型建筑模式化走向空间法则，再走向形式语言的日常化。

形式语言的日常化，是现代主义话语的未来。现代主义话语的原型语言（经典的现代主义传统）向日常语言转化，亦是西方当下现代主义的走向——现代主义的生命力之顽强超出我们的想象。当然，它和中国当下现实的结合的难度，也远远超出它在西方的境遇。一方面，中国的"日常"是一个非常复杂的状况。地域千差万别，自然条件也变化万千（幅员辽阔、民族众多）。除了大、中、小型城市有着本质的不同外（几个一线大都市和其他城市之间就有着本质上的差异），城市与乡村之间的关系莫衷一是，中国人的日常生活的习惯也多种多样，建筑与生活之间的关系模式的传统更是千差万别。另一方面，中国现在正处在一个加速发展的时期，社会结构变动频繁，各个地域的人文地理景观都在发生瞬间的变动。比如开封对北宋的"东京汴梁城"的全面修复计划（虽然未有下文，但是这股大规模复古之风却越刮越烈）。这无疑影响到每个人的日常生活——它也处于不稳定的状态之中。所以，现代主义形式语言的日常化并非一件一蹴而就之事，它需要建筑师在透彻理解现代主义语言之余，还对本土话语一样熟悉。它要获得的认同，不是建筑师同行赞赏的形式趣味和专业技巧，而是来自日常生活（此时此地的状况）的肯定。当现代主义话语讲述的是（与本土话语接口的）日常语言，那么才可以说，建构建筑主体的大他者话语已经成熟。

主体间性话语来自两个方向。一个是建筑师主体与其他建筑师之间的话语，另一个是建筑师与其作品的使用者之间的话语。前者曾经一直局限在行业技巧的层面上。在现代主义话语的空间法则逐渐进入行业且越显主流之后，主体间性话语开始知识密码化——现代主义形式语言诸般原则的运用，成为建筑师相互之间交流的媒介。尤其是已有团体倾向的建筑师们，他们相互之间的交流带有浓重的集体趣味的性质（在一段时间内，对某一国外建筑师、某类建筑风格、某本书的集体讨论，参加同一建筑项目或者展览）。主体间性话语存在于这些小团体，也有着周期性的转换：大家感兴趣的东西在不断地改变。这类主体间性话语对建筑评论和建筑教育（这些建筑圈子都有大量的高校教师介入其中）的风向有着强劲的左右能力，其影响力相当深远。

尽管这一话语趣味横生，但是其局限性一目了然。它存在于固定的圈子里，而这个圈子带有明显的文化精英的含义。它并不对外开放，尤其是在建筑领域之外的人。正因为如此，另一方向的主体间性话语更显重要，即建筑师主体与项目的使用者之间的话语。

在很多情况下，建筑师的设计程序并不面对建筑最终的使用者——基本上只面对项目的委托者（甲方）。如果

建筑师考虑到使用者，但也只是虚构的抽象的对象，并非真实具体的存在，这一主体间性也是一个虚构的关系、想象的关系。一旦大他者话语走上日常语言的轨道，这一关系必将发生重大的改变。使用者主体变得具体起来（这当然和项目类型多样化相关），它是独立的个体，或者说群体，有着自己的身份、生活习惯、艺术品位。当主体间性存在于两方具体的主体之间的时候，主体间性话语才有可能真正地出现。而建筑师主体也不再只是在向圈中人（无论项目怎样变化，其言说对象总是那么几个人）讲述自己的设计，建筑也不再只是形式的游戏、自我品位的表达。建筑师主体在不断地和自己设计的对象的最终使用者交换意见，调整设计方向、细节。而建筑也最终成为主体与主体相互交流、对话的见证者。大他者话语的日常化，在很大程度上依托于这一主体间性的产生。

欲望话语是建筑师主体面对自身内在欲望的交流话语，欲望主体是以匮乏和欠缺作为其存在维度。虽然主体的欲望是通过言语来表达，但是言语不可能充分地和真实地表达欲望，欲望的真正对象恰恰就是在言语中作为剩余被"删除"、"压抑"的东西。这部分内容通常是建筑师主体内心深度认同的建筑师标准（某些他喜欢的大师和风格），以及他对向其偶像挑战和超越之的愿望。

一般来说，欲望话语是建筑师主体与自我偶像相互交流的语言。它贯穿建筑师的设计过程。比如路易·康曾说过，他在设计时，总是有个内心的声音在响，它在发问，我这个做得怎么样？对康来说，柯布西耶和密斯就是其交流欲望话语的对象。任何一个建筑师都有自己的内心的标杆，这是其学习建筑的动力，也是其从业的动力。在一般的设计过程中，建筑师主体的话语的欲望对象，大体都是业主和甲方的意见，他们的欲望构成建筑师的欲望对象——他需要满足它才能得到这个项目。但是，这只是一个表层的欲望与对欲望的满足。在更深层处，建筑师的欲望话语应该朝向自己的内心，朝向自己确立自我身份的一个更基本的来源。如果他不能在内心深处让自己的工作获得认同——那个诸如柯布西耶与密斯那样的标准对自己的认同，那么，他的所有的工作都只是简单的对外在要求的回应，是对于现实的符号秩序的归顺，向代表大他者的业主、甲方的他者欲望低头。这无法使建筑师真正地表达他与世界的创造性关系，这种关系只有通过建筑师主体通过设计实践而不断超越自己对建筑的认知才能获得——否则，建筑设计的工作就是一个机器人的工作，他变成匿名的工具，可以随时消隐。当然，建筑师与其设计对于文化的贡献就不可能体现出来。

西方文化中的锐意进取和不断超越的精神，是非常适

合建筑师主体的欲望话语塑造。因为只有敢于面对自己内心深处的欲望，创造力才能一再突破瓶颈，取得更新自身的结果。这种做法固然能够挑战自己的极限，获得更高层次的进步和快感，但是其副作用也很明显。过于热衷突破自己的极限而不留余地，易于产生额外伤害，比如过于重视自己的内在需求，而罔顾业主或环境的意见和需要，这无疑会将创造力引向偏执。东方文化的内敛含蓄，可以调和锐意进取带来的副作用，可以在主体间性话语和欲望话语之间寻找到恰当的平衡点。

以上三种话语（他者话语、主体间性话语、欲望话语）

的建立，意味着建筑师主体的真正诞生。它需要建筑师在任何时候都必须密切地和三个对象保持对话关系：现实的符号秩序（这里包括自然场地、城市生活、政策法规、文化传统等要素）；建筑师同行和（建筑）项目的使用者；自我的内心。只有真正面对自身的现实条件（那些不尽如人意的缺憾之处，其实都可以成为创造力体现的地方和契机），并且面对自身的内在欲望的建筑师主体，才能完全彻底地发挥自己的创造潜力，以及作为中国人的优秀天赋，为建筑文化增加积极的助力，为建筑文化增加有价值的作品。

儒学与基督教审美文化比较

Comparisons on the Aesthetic Cultures of Confucianism and Christianity

童 强 丁沃沃

本文是中国儒学与西方基督教在美学文化方面的比较研究，着重讨论两者之间根本性的差异以及造成这些差异的可能原因，试图为中国艺术、中国建筑的现状与未来发展，提供文化上的反思。

1 导言

儒学对中国文化产生了巨大的影响。儒家思想不仅渗透到中国的传统政治理念、社会理想以及文化教育的各个方面，而且还潜移默化地影响了中国人的传统生活形态，造就了中国人的文化性格，也造就了中国人审美的特征。

西方文化有两个重要源头，一是古希腊哲学，一是基督教文化。这两个方面对西方世界都产生了深远的影响。特别是基督教文化，不仅造就了欧洲，造就了欧洲文化，也塑造了西方人的审美形态。

儒学与基督教都是在各自的社会环境中独立发展起来的文化形态。它们彼此之间存在着相互交流、影响、融合，但程度非常有限。

1271 年，意大利人马可·波罗与他的父亲、叔叔来到中国，马可·波罗甚至在当时的朝廷任职九年，直到1295 年返回威尼斯。通过他的札记以及后来许多传教士的著作，通过贸易、技术方面的交流，西方世界了解到中国的状况。但西方文化在其漫长的塑造过程中，包括儒家思想在内的中国传统文化的影响力是非常微弱的。

同样，中国传统文化在其漫长的发展过程中，除去晚清以后不论，从深层次上接受西方的影响也是微乎其微。尽管早期的传教士如意大利法兰西斯会修士科维诺山的约翰于 1291 年到达北京，大约 1300 年在那里建立了一个教会，也给中国带来了基督教，但中国传统文化的进程基本上没有受到很大的影响。以至 1579 年，耶稣会的东方领袖亚里桑德拉·瓦里纳尼（Alessandro Valignani，1537—1606）在澳门从他的窗口向着中国海岸大声喊："噢，磐石，磐石，你何时才能打开？"[1] 1600 年以后，利玛窦才进入京城，随之而来的是汤若望等人，开始了漫长的思想传播之旅，中西方思想逐渐形成一定的交流。但此时儒家文化浸入中国人心已经有 2000 年的历史，在一个长期稳定的状态下，文化发生重大的改变，显得异常困难。

总体上，中国儒家文化与西方文化都是在各自民族独特的进程中定型、成熟起来的，这使得两者之间，特别是在审美方面存在着巨大的差异。因此，深入而中肯地理解中西方文化，通过美学方面的比较，对于我们理解两者之间的异同，进而更好地理解我们自身的文化，并以一种恰当的姿态，为未来实现新的文化融合奠定相应的理论基础，都有着非常重大的意义。

不过，什么是"比较"，如何比较，比较给我们真正带来什么，这些本身就是一系列复杂的问题。

在比较大小、轻重时，"比较"的意思很清楚，而且在"比较史学"、"比较文学"概念出现之前，比较、类比实际上一直是各种认识活动，包括科学研究经常使用的方法。"不怕不识货，就怕货比货"的俗语已经揭示类比在日常认知中的重要作用。

1 [美] 布鲁斯·雪莱（Bruce Shelley）. 基督教会史 [M]. 刘平，译. 北京：北京大学出版社，2004：326.

自 1829 年维里曼（A. F. Villemain）提出 "比较文学" 这一术语后，比较文学在法国、德国、美国等都有不同程度的发展，其中以法国比较文学学派的研究最为著名。在西方，比较文学有着相当明确的研究范围和类型，它本来指口头文学的研究，当然也包括两种或更多种文学之间关系的研究[2]。现在，比较文学主要指各种不同的文学作品之间相互关系的研究，可以研究古代希腊与罗马文学之间的相互关系、现代文学借鉴古代文学以及现代文学之间的相互关系。朱东霖主编的《1949—2000 中外文学比较史》就是这个意义上的 "文学比较"[3]。它主要研究诸如西方意识流、卡夫卡、福克纳以及俄苏文学与中国现代文学之间的关系，因为两者之间存在着实际的交流影响，所以才有相应的比较研究。有论者认为，比较研究可以拓展到文学与其他知识和信仰领域之间的关系，诸如与艺术、哲学、历史、社会科学、自然科学、宗教的关系[4]。这种研究范式自然可以推广到美学、文化等领域，但就目前看来，美学或审美比较、文化比较的研究仍处于起步阶段。

中国儒学与西方基督教文化都是沿着各自的方向独立发展，相互之间交流影响的因素至少在明清之前非常少，没有任何迹象表明宋人关于雅俗的观念与西方中世纪后期、文艺复兴时期的优雅有什么关联。所以，我们现在要做的，显然不是在中西方美学两者之间有着重大的相互影响、相互交流基础之上展开的对两者之间关系进行的考察，而是在两者之间很少相互融合的情况下对其进行比较。

这种状况下，展开富有建设性的比较研究仍然是可能的。当然，两者之间没有什么关联，那么，我们把两种传统中的某种美学观念、美学现象放在一起进行比较时，其所依据的理由是什么，所依据的原则是什么？因为比较，从不意味着任意选取两种东西的对照，如果是这样，那么，中西可资对比的东西就太多了，从艺术题材、表现手法、象征隐喻以及所用的材质、工具、包括艺术家本身等凡是能够想起的，差不多都有不同，都可以进行有趣的比照。从猎奇的角度来看，这无疑会给我们带来许多有趣的观察，但它将使严肃的文化讨论陷入各种素材当中而不能自拔。真正的文化比较需要精心策划和自己的目标。我们首先需要了解中西方美学背景上的某些差异，然后才能更准确地确定我们的方向。

科林伍德区分了两种美学研究者，一是艺术家型的美学家，一是哲学家型的美学家。这实际上也是西方美学发展的两种趋向。一是艺术路径，即通过具体的艺术研究，提出一定的美学观；一是理论路径，即从哲学、理论的角度讨论美学。

一般来说，西方美学具有强烈的理论兴趣，而中国美学家、艺术家并不总是擅长于理论探论。基于与哲学的亲密关系，西方美学在很大程度上始终保持着强烈的理论兴趣。柏拉图、亚里士多德、贺拉斯对诗、诗艺的讨论，中世纪哲学家的美学观，文艺复兴时期的美学思想，以及现代随着不同的哲学流派而呈现出不同的美学理论，存在主义美学、现象学美学、解释学美学、分析哲学美学、结构主义美学、接受美学等，都给西方美学带来异常丰富的理论成果。所以，西方美学的理论发展不仅历时悠久，而且内容丰富。相对来说，中国美学的理论表述性的成果显得不足。

另一方面，西方的理论兴趣与中国传统时代艺术关注的焦点也有很大的不同。比如，中国的 "自然" 观念与西方 "自然" 观念就有着不同的起源与理论发展路径，这在很大程度上决定了西方的风景画与中国山水画是两种旨趣不同的艺术实践。西方美学热衷于谈论崇高，而中国谈论得较少，尽管不能说中国人没有崇高的概念。

美学理论、审美观念上的比较，很容易因空泛而落入虚妄。如果不从具体的时代及文化环境上切入，实际上就不能理解具体的理论。理论并非是单纯抽象的陈述，它只不过是以抽象的术语、概念的形式针对现实，它事实上是现实最本质最深刻的表述，一旦失去了这种针对性，理论就消失了。所以，仅仅把两种美学体系中相关的陈述抽取出来进行对比，并没有多少实质性的意义。如，中国山水画的趣味，它是与中国道家齐物逍遥的思想、士人隐逸之风结合在一起，还与中国东晋南北朝、唐宋时代的山水田园诗所发展起来的审美意识联系在一起，只有了解这一传统及其趣味，才可能欣赏中国山水册子中寥寥数笔所描绘的山石草木、流水人家的意境。而中国美学中的山水意象以及其他意象等，只有放在这样的背景下讲，才有意义。只有在理解中西方各自意象历史的基础之上，把中国画中的山水意象与西方风景画的景物意象放在一起比较，才可能获得某种实质性的进展。

另一条是艺术路径。如果沿着艺术创作的路径来进行比较，那么首先需要明确这种比较的目的是什么。

中西方的艺术实践、艺术作品千差万别，很容易找到

2 [美]雷·韦勒克（Rene Wellek），奥·沃伦（Austin Warren）.文学理论 [M].刘象愚，等译.北京：生活·读书·新知三联书店，1984：40.
3 朱东霖.1949—2000 中外文学比较史 [M].南京：江苏教育出版社，2009.
4 [美]乌尔利希·韦斯坦因（Ulrich Weisstein）.比较文学与文学理论 [M].刘象愚，译.沈阳：辽宁人民出版社，1987：3，21.

可作对比的主题，但这类比较研究往往停留在问题的表面。中国人喜爱书法、水墨画，西方则侧重建筑、雕塑以及壁画、油画，同样被称为艺术，但实际运作的内容有很大的区别。此时，作品表面上的差别、技巧上的不同、题材的差异、各自绘画传统与源流的迥然不同，都可以形成对比。这些比较当然需要，但另一方面，它们又很容易把我们引向纯粹技术、表象、表层的内容上去，而全然没有顾及在两幅画背后更为本质性的差别。如果这两幅画所处的文化环境相互之间没有实质性的交流融合，那么，我们将这两幅作品放在一起比较的理由是什么，为什么是这两幅画，而不是其他？在那些表面差异的背后根本性的区别在什么地方，为什么会有这些根本性的不同等等。

实际上，如果不从内在的、深层的思维、文化、传统等方面去揭示造成审美差异的可能原因的话，那么美学比较就谈不上建设性的成果。我们知道，西方文艺复兴时期布鲁内莱斯基发现了透视法，此后的画家运用此法，增强了画面的真实感。以此对照中国古代的绘画，特别是山水画，人们发现那里没有以严格的数学方法为基础的焦点透视，于是称中国山水画运用的是散点透视、多重透视（Multiple Perspectives）或旋回透视（Revolving Perspectives）。中国古代那些山水画家恐怕不可能有透视的概念。透视意味着画家站在一个固定点，然后在画面上再现这个固定点的视觉景象。这是一个需要其他技术支持（如数学）以及对视觉的反思才可能形成的概念，中国古人的知识系统中怎么会突然冒出来这种只有在另一种文化中才可能形成的概念呢？当然，在透视概念的基础上，衍生出的散点透视、多重透视似乎可以解释中国山水画。但是这种解释必然属于西方透视范畴，这种解释路径并非行不通，只不过我们不免会怀疑围绕着透视概念会不会掩盖中国山水画更加灵活多样的"看"。中国画家从没有那个固定点，而且画面也从来不是在再现、准确再现视觉形象意义上的再现。中国绘画是写意。所以，山水画家能够将层峦叠翠、溪径泉林、草亭野舍一层层画上去，或者一层层画下来，丝毫没有觉得不合适的地方。就像《清明上河图》，能够将市井中的一切，一道道画过去，或者一道道画过来，也丝毫没有觉得不合适的地方。画家在把各种不同的景象，不论是山石草树，还是街道桥梁，连接起来时，有着特殊的方法。正如唐代王维所说："山腰云塞，石壁泉塞，楼台树塞，道路人塞。"[5]这里的"塞"，既是布局，又是不同要素之间的衔接。所以，我们也不能设想画家之

眼仿佛是现在架设好轨道的摄影机，从一个起点遥拍到最后终点，因为画面上从来都不是准确的视觉再现。如上所述，中国的山水画与传统道家清静闲逸的生活态度有关，与历史上大量的山水诗、田园诗有着一致的情趣，正是陶渊明、谢灵运、王维、孟浩然、韦应物、柳宗元等人的山水田园诗培养了山水画家"看"山水、想象山水的方式。如果完全不熟悉这些山水诗，那么从某种意义上，也就很难领会那些山水画究竟想要表现什么，画家究竟对什么感兴趣。他们所描绘的山水与西方画家刻画的城市景观有着不同的人文情怀与美学意趣。透视与城市有关，与城市生活有关[6]，这对于热衷于山林、熟悉"水流心不竞，云在意俱迟"（杜甫）意境的画家而言，是完全不同的体验。

尽管，比较是理解文化、理解艺术的重要方法，但比较本身并不能保证我们在任何情境下都能够获得可靠的结论，它有可能把我们导向不利的处境。熟悉双峰骆驼的人第一次看到单峰骆驼后，非常确定地说："这是假的。"如果他从没有见过双峰骆驼，至少不会轻易地否认单峰骆驼的真实性。固然在他那里，两种骆驼的对比几乎是不由自主的。正如我们所看到的，如果把比较简单化，那么它很有可能会把我们引入一个误区，阻碍我们对艺术内在蕴含的全面理解。

但不论怎样，比较通常总是富有更多的建设性，特别是刚刚接触到一种新的、外来文化时，人们很容易发现这一文化的特点。即使这些特点对于身处其中的人们而言似乎并没有意识到，或者感觉并不明显，所谓"不识庐山真面目，只缘身在此山中"。外来者更容易保持一种文化上的敏感。法国托尔维尔对美国民主的观察，19世纪初，罗素对中国的感受，都体现出这一点。我们总是从自身文化的角度来进行一种比较，对自身文化越了解，我们看到的其他文化中异于我们的特点就越鲜明。

尽管，这种粗略的了解有时很片面，甚至完全是一种误读。但误读通常不会无缘无故地发生，它总是与我们自身的文化状况有关系。窒息的人找到的是空气，饥渴的人找到的是水和食物，自卑者找到的是自尊的替代，走入末途的文化在他者的形象中找到的是虚幻的安抚。从本意上讲，我们总是力图在他者的文化中，通过与他者的对比，找到自身问题所在，为自身的文化注入新的活力，或者说探求新的出路。所以，比较，意味着我们对自身文化状况的理解，它总是包含着对自身文化的焦虑。

就我们自身而言，中国传统文化曾经取得了令人惊

5 唐代王维《山水论》，见：胡经之. 中国古典美学丛编：上 [M]. 北京：中华书局，1988：58.
6 参考 [英] 肯尼斯·克拉克（K. Clark）. 艺术与文明：欧洲艺术文化史 [M]. 易英，译. 上海：东方出版中心，2001：114.

叹的成就，中国古代具有高度发达文化的所有特征。从"观乎天文以察时变，观乎人文以化成天下"、"四夷九州，文化武伏"之类的表述中，不难看出古人已在相当的程度上，意识到文化的本质与作用。但我们今天所用文化（Culture）一词，主要还是西方概念。它最接近的拉丁词源包括了居住（Inhabit）、栽种（Cultivate）、保护（Protect）、朝拜（Honour with Worship）等含义。在所有早期的用法中，它都意味着一种过程（Process），对某物的照料，主要是对农作物或牲畜的照料；还会引申为对心灵的陶冶、理解力的培养。

但自 19 世纪以来，在与西方的对峙与竞争中，中国的科学技术、军事、政治、经济、社会管理等方面不免显露劣势。随着灾难一步步深重，举国上下不断兴起向西方学习、从西方引进各种先进东西（从机器到思想）的热潮，此时传统文化不是受到普遍的质疑，至少也是受到冷漠。新中国成立以后，我们努力建立一种新文化，而这种新文化并非是在非常自觉地意识到与传统之间的联系上建立起来的，它更多的是在批判封建遗毒的同时，抛弃了更多的传统。在传统文化差不多被遗忘，而新文化尚未完全建立起来之时，我们面临着新的生产方式、生活方式的转变，跨越式地迈进一种富有特色的市场经济。前所未有的经济建设大潮改变了传统的社会结构、人际关系模式、生活方式，也彻底地改变了文化状态以及我们与文化的关系。

中国的传统文化发生了非常严重的断裂。在与西方列强的一系列抗争中，传统文化在民族气节、民族的凝聚力等方面无疑提供了直接而强有力的支持。但另一方面，它却又显得无能为力，它没有提供坚船利炮，它没能从自身系统中产生出现代科学，它对新型社会的管理以及制度建设方面几乎一无所知，它对非洲、欧洲、美洲也毫不了解等等，作为一种软实力的传统文化在一场硬碰硬的较量中失去了自身的地位。随之而来的新文化建立，培养起了一代代新型的民众，而所谓"新"，就是对传统历史、传统文化缺乏兴趣，它不是偏向于过于教条的说教，就是偏向于抽掉了西方文化内涵的纯粹技术，而且仅仅是技术。传统文化被认为是过时的东西，我们急切盼望一切现代化，并且简单地认为现代化就是一切以先进的现代技术为标志的东西，事实上西方现代性本身就是历史性的展开，现代化根本不可能脱离具体的历史情景，不可能在一段毫无历史根须的枝干上嫁接上去。新的经济建设的大潮，深刻影响了传统文化赖以生存的土壤与环境，改变了传统文化赖

以保存发扬的地方性、稳定的人际关系、稳固的家庭结构以及各种必要的学术研究的条件。

"欧洲的高级文化是一种孤岛文化，它只是先在修道院，后来在学院，在城市中靠几百个家族支撑固守的辉煌古董"[7]。儒学的核心内容同样如此，它往往由朝廷的重臣同时又是精通儒学的大学者掌握，并且通过本门弟子不断地传承下去。儒学不仅以一种学术形式——经学在太学、各地学府以及民间得到传承普及，而且作为政治原则影响着朝廷及地方上的政策，至少在政策和决策的表层上必须符合儒家思想，具备儒学上的理由。儒学尊崇的地位在民间具有示范效应，它保证了儒家传统道德规范在民间具有无可置疑的崇高地位和约束力量。传统时代，正是通过教育、行政体制，特别是儒学与政治的密切关系，保证了儒学作为一种活的文化而保存延续。一旦儒学退出政治，儒学最具有动力的因素就失去了，最擅长的领域消失了。儒学成为写在纸上的学术。所以，最令人吃惊的不是新生代青年没有读过《论语》、《孟子》，而是延续了 2000 年的儒学作为文官教育、选拔、任用准则的传统以及与政治的亲缘关系，在新的行政运作中荡然无存。相反，各种官场劣迹都被认为是封建余孽而推到古老的传统身上。得不到尊崇的儒学，它原本作为一种社会道德维系的力量就失去了官方的支持。

我们站在一个传统即将消失的新地方。从文化是一种过程、漫长而悉心照料的过程而言，它必然是古老、至少是很长时间形成的东西。因为，经过 2000 年的浸染，儒家观念才成功地渗透到传统时代民众的内心并且约束他们的行为规范，成为一种普遍的文化。"基督教在欧洲的历史告诉人们，即使是世上最强大的、促进变化的力量——宗教信仰——也需要许多世纪才能使人表面上依从它。如果要进入社会结构中心，并且改变它的运作，那就需要上千年甚至更长的时间。"[8] 无论是儒家，还是基督教，当它们在整个社会生活中成功地作为一种深入人心、深入到社会结构中的文化时，实际上都经历了上千年的历史。

就在我们割断与传统文化的内在联系时，我们失去了文化，变成了文化盲。快速城市化的进程也快速地抹去了城市的历史与记忆，而我们想当然地以为有了各处的"文物保护单位"就保全了城市的历史，尽管它们在保存历史记忆上功不可没。可事实上，在我们轻而易举地夷平一片破旧的老街区时，历史就已经离开我们。历史感不是不能清除旧的东西，不是不能着力开创新的未来，历史感仅仅

7，8 [奥] 弗里德里希·希尔（Friedrick Heer）. 欧洲思想史 [M]. 赵复三，译. 桂林：广西师范大学出版社，2007：52.

就是在不得不扔掉旧东西时的迟疑。走在一片光鲜明亮的时尚街区里，我们说不出周围的人、事、物的历史，说不出我们自身的历史，说不出建筑、街区、家居当中各种风格、样式、装饰与我们内在情感之间的关系。在这样的生活空间里，我们只是生活在抽象之中，漂浮在生活的表面。时尚街区除了表面模仿的异域风情所带来的虚荣之外，我们实在无法感受到更多的东西。这个更多的东西至少是文化的一部分。就像一位家里世世代代都虔诚信奉基督的教徒，看到十字架能够感受到比我们多一点的东西，这个多一点的东西至少是基督教文化的一部分。当一座城市全都变成一片片光鲜明亮的时尚街区时，我们已无从领略一种古老，自然也就领略不到因漫长的时间而生成的文化。我们最有可能领会、理解、体察自身文化的机会丧失了。我们不仅没有了传统与历史，而且还不知道文化为何物，什么才是文化。如果对自身的文化都没有经历一种深刻理解的话，跨文化的恰当的理解就显得异常困难了。

新的文化来不及成长壮大，而伴随着设备、技术、外汇、资本、社会管理手段的引进，并不能保证我们能够真正体会西方同样有着悠久历史的文化。固然，我们可以走出去，还可以直接研究西方文化，但跨文化的理解的难度超出了人们的预想。林毓生说："我们平心静气地看一看美国人的著作，除了极少数的例外，有多少美国学者的著作真正对我们中国文化的精微之处，对我们中国文化的苦难，对我们中国文化起承转合、非常复杂的过程，与因之而产生的特质，有深切的设身处地的了解？我可以说，非常非常之少。……我们平心静气地自问一下，我们对西洋文化的精微之处，对它的苦难，对它起承转合、非常复杂的过程，与因之而产生的特质，又有多少深切的设身处地的了解呢？我也可以说，非常非常之少。"[9] 如果拒绝对自身历史与文化的理解，我们实际上也不可能真正从西方文化那里吸取营养。一切都停留在浮光掠影般的接受上。

因此，这里展开儒学与基督教的审美比较，并非仅仅着眼在单纯的历史比较上，而是试图对当代的文化状况展开深入的反思。摆脱文化焦虑的根本路径在于促进真正意义上的文化重建。

从这个意义上讲，审美文化的比较根本就不在美学自身的范围之内，而在文化、精神的领域之中。或者说，一种美学现象的内在特征不能仅仅通过美学研究就可以把握，除非我们赋予美学更为宽泛的含义。美学是文化板块运动、挤撞过程中呈现出的山峰裂谷、岩层褶皱。审美对

比的本质实际上是文化比较，而理解一种文化的本质，就在于理解、共享这种文化的人是怎么生活的，他们有一种什么样的历史。尽管不能说，理解这个民族的文化及其历史，我们就一定能理解他们的审美，但如果不理解其文化与历史，那么，要理解其审美就几乎完全没有可能了。

考虑到儒学与基督教历史的复杂性，为行文方便，文中诸如"儒家文化"与"中国传统文化"，"基督教文化"与"西方文化"等两组词汇，有时会混用。一般来说，这当然不会带来歧义，也不会影响文中讨论的实质性内容。我们的目的，在于能够从展开的层面上更多地理解中西文化，为未来的文化融合、文化重建开辟出新的视野。

我们尽可能地从西方文化发展的历史轨迹中寻找西方艺术、审美的特征，并且通过与中国传统儒学的比较来说明当今艺术发展、文化重建的可能性。在这种比较中，不免会包含着某种误读，但不论怎样，比较已经把我们带入到一种全新的情境之中。我们并不指望这是一次性就可以完成的任务，而是把它看成是新的起点。它是一项不断展开的进程，不断地探询、回返、再试探，循环往复。比较就包括在重建的过程当中。

2　中西美学与艺术

考察两种不同文化环境中的艺术、艺术家，并且做出比较性的概括，无疑非常困难。这不仅因为艺术、艺术家在不同的文化系统中有着不同的特征、功能以及社会存在方式，即使在同一文化系统中艺术的特征和功用、艺术家的角色在诸如绘画、建筑、戏曲、音乐等不同领域中也未必相同。

中西方艺术在很多方面显然存在着很大差异，但有一点，可能是两者关键性的区别。西方艺术家大体来说是相对独立的群体，艺术是这些相对独立的艺术家的艺术；而中国传统时代的艺术家大多是官员或者与官府有着密切联系的人，中国诗、文、书、画的创作与作者的人生密切相关，这些艺术活动构成了他生活的一部分，可谓是其生活的艺术、人生的艺术。当然，这并不是说西方的艺术与艺术家的人生没有关系，而是说，西方更倾向于把艺术当成是一种真的探索与表达。

从内在精神方面来说，西方艺术更具有一种传教精神。

 9 林毓生.中国传统的创造性转化 [M].北京：生活·读书·新知三联书店，1988：9.

正如西方文化史家道森所说："西方文化保存了一种不以政治势力或经济繁荣为转移的精神能量。甚至在中世纪最黑暗的时期，这种推动力仍然发挥着作用。西方文化区别于其他世界文明的东西是它的传教特点——它是从一个人传递到另一个人的一系列连续不断的精神运动。"[10] 这里的"传教"，当然并不是说它的每一幅画都是在传达宗教观念，而是说，西方艺术作为一种活动，它是传教式的，或者说，它把基督教的传教模式运用到了自己的身上。它意识到自己面对的是谁，它努力地运用各种创作手段，创造某种情境，一种让你进入并加以体验的情境，一种幻象之中，吸引你，说服你，直到你深深地为它的思想、观念、情感、为它传达的理念所折服。中世纪哥特式教堂以及现代电影最能体现西方艺术所强调的给予观众强烈体验的特征。它总是把你引向一个地方，一个以前你从没有到过的地方，然后直接或间接地告诉你他们有意识或无意识想要告诉你的东西。如果你拒绝，他们也毫不气馁，他们会把教堂的尖顶建得更高，大门的门廊雕刻得更加精美，银幕的效果做得更加惊险刺激，总之，他们继续尝试着新的方式，直到把你吸引到他们想把你引导到的地方。

中国绘画并不靠题材取胜，因为在人物、花鸟、山水等有限的传统类别当中，我们看到的总是非常类似的题材。至少对于中国传统绘画而言，题材是什么，从某种意义上来说，并不重要。画家描绘的是竹子，还是小虾；是山水，还是驴子，对于艺术崇高的境界而言，它们并没有根本性的区别，区别在于艺术家通过枯树残荷、独钓寒江等形象所体现的精神世界。所以，中国艺术的真正趣味，不在于它所表现的对象，而是对人们所熟悉的对象的精熟的、带有形式化色彩的表现当中。

当然，与对象的表现有关，但在理论上，中国绘画并不特别强调以形似、逼真取胜，在本质上也并不特别强烈地吸引你去看。《韩非子·喻老》中载，宋人雕刻象牙，三年刻成一片楮叶，放在真的楮叶当中，无人能够把它识别出来。列子听说此事后说："使天地三年而成一叶，则物之有叶者寡矣。"[11] 这多少反映出古人对刻意追求形象逼真的态度。中国绘画中确有相当成熟的工笔画，如工笔花鸟，颇能惟妙惟肖，但这种形似，与西方求真的目标还是有所区别[12]。

中国绘画看起来更像是画家在为自己而画，他似乎不太理会观众，更强调作画本身给他自己带来的愉悦。当然，他的绘画作品存在着其他的观看者，如亲友、同僚、购买者、收藏家等，但是，作为欣赏者事实上存在某种前提，这就是欣赏者至少熟悉画家的那种生活方式、思维方式。只有在那样的圈子中，只有熟悉那种生活的味道，才可能欣赏他的绘画。相反，如果你对绘画背后的思想、情感和生活方式完全不了解，你当然可以"看"八大山人的草虫、黄宾虹的山水，但不太可能感觉到那种味道，不太容易了解它在说什么。这对于西方人而言，更为突出，里德说，东方的内在精神总是显得奇异遥远，深奥莫测，"我们总是扮演一种同情和被动的旁观者角色，对那种难以理解的东方思维方式和生活方式仅可望而不可即"。需要诉诸"新的眼光和新的世界观"才可能欣赏中国艺术[13]。中国艺术总在平易的表面下蕴含着隽永的韵味。

3　儒家的教化与艺术

儒家的作用就是"助人君，顺阴阳，明教化"，它是要帮助君主推行教化，促进社会秩序的建立与维护。这样说来，在儒家思想影响下的中国艺术始终担负着道德的教育和引导作用。古人认为，最具有教化功能的艺术是音乐与诗，也可以说是音乐。因为在古代，特别是上古时期，音乐与诗是结合在一起的。

诗在中国的地位很高，最早的诗歌总集后来被推到了"经"即经典的地位。孔子说："不学诗，无以言。"（《论语·季氏》）春秋时代，诸侯贵族在盟会宴享时都会引用、借用《诗经》中的句子，来表达自己的意思。不学诗，那就很难站在这样的公开场合上讲话。如果擅长于此，自然会受到各国诸侯贵族的推崇。讲得好，其引用的诗句以及主要内容，史书上往往都会记载下来，可见人们对诗歌、赋诗的重视。

诗歌具有多种功用。孔子说："诗，可以兴，可以观，可以群，可以怨。……多识于鸟兽草木之名。"（《论语·阳

10 克里斯托弗·道森（Christopher Dawson）.宗教与西方文化的兴起 [M]. 长川某，译. 成都：四川人民出版社，1989：9.
11 《韩非子·喻老》曰："宋人有为其君以象为楮叶者，三年而成，丰杀茎柯，毫芒繁泽，乱之楮叶之中而不可别也。此人遂以功食禄于宋邦。列子闻之曰：'使天地三年而成一叶，则物之有叶者寡矣。'故不乘天地之资而载一人之身，不随道理之数而学一人之智，此皆一叶之行也。"
12 如雷诺兹（Sir. Joshua Reynolds, 1723—1792）说："他们作画更多的是按照他们认为形象应该怎么样，而不是根据形象本身的样子来进行。我认为这阻碍了许多年轻学生发展成为真正的天才。……难道正确地画出我们所见物体的习惯就真的没有正确地画出我们想象中的东西那样有吸引力吗？那些努力地模仿他眼前事物的人不但能够养成追求严格和精确的习惯，还能渐渐提高他对人体的认识。" [英] 约·雷诺兹. 艺术史上的七次谈话 [M]. 庞洵，译. 北京：中国人民大学出版社，2004：11.
13 [英] H 里德（Herbert Read）. 艺术的真谛 [M]. 王柯平，译. 沈阳：辽宁人民出版社，1987：71.

货》）古代诗歌都是入乐可唱的，我们知道，人们一旦唱起情感饱满、歌词优美、旋律感人的歌曲时，都会不禁激情昂扬，这就是诗歌"兴"的作用。"兴"，朱熹解释说是"感发志意"。"观"，是通过学习诗歌可以培养我们的观察力。诗歌当中，诗人是如何观察社会、自然与人生的，读者也就学会了如何观察社会、自然与人生。"群"，是合群，培养交流沟通能力。"怨"，就是抱怨，《诗经》中有不少抱怨、发牢骚的作品，学习这些作品，或者借用这些作品中的诗句来抱怨，就可以做到"怨而不怒"，得体而适度地表现内心的埋怨。《诗经》文本主要产生于严格意义上的封建时期。天子将领土分为不同的区域，让自己的亲戚分别到那里建立诸侯国进行管理，诸侯到了封国再把领土分为不同的小块，让自己的亲戚去管理，这就是封建。此时君臣之间、上下级之间，常常都有血缘、姻亲关系，或是叔伯兄弟或是妻舅，这种情况下，如果有怨言，那就应该"怨而不怒"；怨恨至极，不加克制，则叔伯兄弟之间伤了亲情，伤了和气，就不好收拾了。所以，诗里面都包含着教化的内容。最后，通过《诗经》，人们还可以了解到其中提及到的许多鸟兽草木。

前面提到，古代很多诗歌都是入乐的，可以歌唱，还可以配合舞蹈。甚至到了宋代，仍有相当数量的"宋词"都是可以按照特定的曲调来唱的。诗与乐的关系密切，而礼与乐在中国一向是相提并论。礼乐在古代教化中具有核心地位，音乐与礼配合起来具有非常有效的教化、凝聚人心的作用。这当然是针对上古时代的社会状况而言。

中国古代思想家很早就揭示出社会组织的两种基本关系类型，即分离与联系、分层与团结、等级与和同的关系。《礼记·乐记》中说：

"乐者，天地之和也；礼者，天地之序也。和，故百物皆化；序，故群物皆别。"

古汉语中，"序"即序列，意思是说像台阶一样有差等的序列。古人认为，一个社会不能没有等级，君在上，臣在下；君发号施令，臣忠诚执行。礼就是让所有的人在社会上找到自己等级位置以及行为准则的惯例。臣在下，必须忠诚君主，这就是礼。君在上，对臣下应该仁慈、有礼貌、很客气，这也是礼。建立并维持这样的礼，社会就能够维持君臣、贵贱、亲疏等不同的等级关系。等级体系一旦形成，附丽于权力的礼仪制度就具有了这种等级关系的生产与再生产的功能。礼仪的具体形式并不重要，重要的礼仪所强调社会生活中稳定的等级与序列。礼，强调等级，强调差别。差别就是界限，

就是分隔，所谓"群物皆别"，老百姓感到与官员之间的悬殊，下级感到与上级之间的差别。

但是，一个社会如果过分强调等级，一味突出差别，群体的凝聚力就会减弱，百姓与官府离心离德，下级与上级貌合神离。正因此，在强调社会等级的地方，又必须同时强调情感上的融合沟通；在强调礼的地方，又必须重视音乐的功用。

音乐可以用来调解由于压抑性、区别化的等级制所带来的抵触、对抗，以及由于等级所造成的空间、心理上的疏远。它并不是单纯审美化、娱乐性的东西，它肩负着让共享音乐的人情感上的一致与和同。当在场所有的人感受到音乐，跟上统一的节拍，随着共同的旋律昂扬起伏，唱着同样的歌曲时，他们在感觉、感受性、情感上就是一体的了，就是处于与音乐一样的和谐状态。而我们知道，所谓的传统社会就是以集体情感为主要支配力量的社会，当这种集体情感得到加强时，那么这种社会自然趋于稳定，而音乐无疑是能够增强这种集体情感的自然而然的手段。所以，上古时期，部落征战之前，重大的节日里，隆重的祭祀上，一定会有近于狂欢的歌舞，燕国之"祖"，齐国之"社稷"、宋国之"桑林"、楚国之"云梦"，都具有这类性质。"一国之人皆若狂"，在如醉如痴的狂欢当中，一国之人，无论男女都受到共同情感的支配，这对于增强群体的凝聚力有着无与伦比的作用[14]。现代西方及拉美一些国家仍然保存着这种传统的遗制或者变化形式，诸如摇滚、流行音乐会以及狂欢节，在它被赋予的各种功能之外，至少能够为参与者提供强烈的情感、感受上的认同。

所以，那些动人的、能够使人产生共鸣的音乐能够使地位等级不同、相当差别化的人们彼此沟通、亲近。这就是和谐，它不仅是亲近、亲切，而且还会对同样的状况做出同样的反应，犹如共振、共鸣。再也没有比两个醉酒者更感到亲近的了，也再也没有比感人的音乐能够让所有在场者感同身受的了。所以《礼记·乐记》说："乐文同，则上下和矣。"又说："乐者为同，礼者为异。同则相亲，异则相敬。乐胜则流，礼胜则离。合情饰貌者，礼乐之事也。""同"就是具有相同的音乐感受，"乐者为同"就是在乐音到达的范围内，使共同处在音乐之中的人们，以共同倾听的方式，感受音乐，并且形成共同的感受，一同欢笑，一同流泪。"同则相亲"，正是在音乐"同"的氛围中，彼此克服心理距离、等级上的隔阂，相互亲近。

古人的深刻之处不仅体现在对音乐巨大感染力的认识

14 参见《墨子·明鬼下》、《礼记·杂记下》。

上，体现在音乐与社会情感之间的内在关系的洞察上，而且更深刻地体现在他们把"礼与乐"联系起来，用做调整、平衡、维系社会关系的有效手段。换言之，社会行动者之间不能仅仅保留"礼"所规定的等级关系，还需要保持以"乐"的方式激起亲近和认同感。如果过分强调等级，那么群体成员就会过于疏远，缺乏凝聚力，所谓"礼胜则离"；如果仅仅是亲昵的关系，众人随心所欲，那么社会就会缺乏约束与秩序，所谓"乐胜则流"。因此，《乐记》的作者特别强调，必须使"礼与乐"所维持的状态保持平衡："乐胜则流，礼胜则离。合情饰貌者，礼乐之事也。"

正因为这一层关系，在古人看来，音乐就与政治有着特别的关联了。和谐感人的音乐能够成为协调社会关系的手段，可以调解由于僵硬的等级关系而造成的疏远，因此音乐和谐，说明群体同心，政治仁慈清明。在这个意义上讲，如《礼记·乐记》所说的"治世之音安以乐，其政和；乱世之音怨以怒，其政乖；亡国之音哀以思，其民困。声音之道，与政通矣"，就很有道理了。

上古时代，诗与乐一体，强调了音乐与政治之间的关系，自然就会强调文学为教化服务的功能。汉人写的《毛诗序》中，再次重申了诗、乐与政治之间的关系：

"诗者，志之所之也，在心为志，发言为诗。情动于中而形于言，言之不足故嗟叹之，嗟叹之不足故永歌之，永歌之不足，不知手之舞之，足之蹈之也。情发于声，声成文谓之音。治世之音安以乐，其政和；乱世之音怨以怒，其政乖；亡国之音哀以思，其民困。故正得失，动天地，感鬼神，莫近于诗。先王以是经夫妇，成孝敬，厚人伦，美教化，移风俗。"

先王时代的诗歌与音乐如果确实起到了"美教化、移风俗"的作用，但并不能保证后代同样能够做到这一点，因为时代、人与音乐都将发生变化。

夏、商、周三代被儒家推为上古的鼎盛时期，"治世之音安以乐"，它们的音乐被认为是最好的音乐，是伟大的雅乐，它们和谐而能够感人，能够沟通人们的情感，增强群体的凝聚力[15]。至少汉初时，仍然清楚这一思路。公孙弘在给朝廷的建议中就说："导民以礼，风之以乐。"[16]后代不仅在理论上高度肯定这些雅乐，而且在现实中也竭力保存、恢复古代的雅乐。但是，音乐在发生变化。汉末魏晋，由于战乱、变迁等原因，乐人失散，乐器毁坏，古乐逐渐失传。在音律没有完全定型、没有准确记谱的时代，仅靠"曲不离口"保存下来的音乐不免发生变化。在后代，

雅乐是什么样的，人们争论不休。另一方面，随着时代变化，人们对音乐的审美趣味也会发生变化。号称传之于上古时代的雅乐，人们不感兴趣，甚至连帝王也不爱听。人们热衷于西域流传过来的音乐以及各种民间音乐。这些音乐，主要用于娱乐，并不承担太多的教化的作用。雅乐失去了感染力，在实际的音乐生活中失去了它真正的地位，而能起着教化作用、引领民众，又能使其"不知手之舞之，足之蹈之"的新音乐似乎没能及时产生出来。后代的雅乐并没有按照理论家所期望的那样发挥其"上下和"的凝聚作用。

诗歌直接服务于政治的作用也相当有限。诗人，常常作为官员，自然为朝廷郊庙祭祀写作诗歌，或者写作汉赋一类的作品歌颂王朝的伟大、京城的壮丽，或者在特定的场合、时节根据皇帝的旨意写作"应制诗"等等，就诗歌艺术或就诗坛而言，这些诗歌通常都不是最重要的作品。

在民众当中，中国古典诗歌的教化影响力也不如我们想象的那样大。当然，能够背诵通俗唐诗的百姓，或许有一定的数量，但就民众自我意识的培养、民众文化精神的塑造方面来说，普通民众对于士大夫所创作的诗文还是保持着相当的距离。

中国古代对于民众的教化主要通过风俗，而非通过文化知识的教育、艺术的引导。民众熟悉的是民歌、民谣、民俗、民谚；熟悉的是婚丧节日的习俗、拜神祭祖的仪式、人情往来的规矩；熟悉的是敬老爱幼、夫妻恩爱、讲信修睦、节俭勤快。总之，教化是通过风俗，而不是通过普及士大夫特有的文化、知识来实现的。风俗形成的教化力量，优点在于民风纯朴，忠厚易使，弱点在于蒙昧无知，民众缺乏知识以及基本的反思能力。他们只知其然，不知其所以然。

传统时代，当然开设有各种学校，从京师太学到地方学校，以及宋明以后民间的书院等。但这些学校的主要目的是为朝廷及地方培养各级文官，只有少数精英、一部分较富裕者能够享受这种教育，所以，它们还不是现代意义的教育普及。针对广大民众的公民教育、义务教育还相当欠缺。

由于基督教的关系，欧洲的教育相对普及，而且普及得较早。罗马帝国衰退，古代文化只有通过基督教传递到日耳曼民族当中。而基督教为了布道，宣传教义，逐渐开办学校，修道院实际上也成为教育的场所。欧洲的学校从一开始就是基督教的事务，教会一手促成了它们。欧洲11世纪开始大规模的教育普及运动。地方学校、教堂学校、

---

15 《论语·述而》："子在齐闻《韶》，三月不知肉味，日：'不图为乐之至于斯也。'"《韶》相传为舜乐。
16 [汉] 班固·汉书·卷八八·儒林传 [M]. 点校本. 北京：中华书局，1962：3593.

大学等教育机构纷纷涌现。14、15世纪，随着教育普及的持续深入，欧洲人的文化普及率显著增长。高等教育机构迅速发展，1348年布拉格、1365年维也纳、1385年海德堡、1397年克拉科夫、1409年莱比锡、1412年圣安德鲁斯等地纷纷兴办大学。较大规模的学者群体开始形成[17]。16世纪的欧洲仍然是贵族与富人垄断着教育，但到17世纪，已经出现对普通孩子进行基础教育的"小学"，专门负责7~12岁的男生与女生的最基础的识字和宗教知识教育。18世纪，普及教育开始。1600—1800年间基础识字率增长明显。1800年，苏格兰男性几乎90%都接受了教育，英国占超过一半的男性都会识字。法国2/3的人都识字，发达地区人口识字率达到90%。越来越多的女性也具备了读写能力[18]。

民众缺乏文化知识和文化情趣，也就很难成为艺术的主动消费者；没有民众的基础，艺术家要依靠自己的力量开辟市场也就没有了可能。

4　基督教与艺术

古希腊、古罗马时期，西方古代文化发展到顶峰，但繁荣、安逸使得拉丁民族逐渐失去了活力。随着日耳曼人迁徙、入侵，古代文化的发展中断、衰落了。所幸的是罗马帝国的基督教教会力量强大，不仅在日耳曼人中传播教义，而且保存了许多古代文化内容。它通过修道院图书馆保存了许多手稿图书，集中了熟悉古典学的学者，而中世纪的经院哲学直接就是古典哲学启发之下形成的，著名的神学家无不精通古希腊、古罗马的哲学。通过传教，基督教逐渐在日耳曼民族中扎下了根，基督教所掌握的文化也深入到这些民族当中，并且随着其民族传统、性格、生活方式的不同形成了许多新的文化形态。基督教不断积累自身的文化蕴含，西方社会生活的各个方面也为文化的进一步发展奠定了重要的基础。文艺复兴之后，经过充分积累，西方的科学、艺术、学术以及社会生活等方面都获得了巨大进步。

文艺复兴、启蒙运动的巨大发展无不与中世纪的文化积累密切相关。中世纪基督教不仅是古代与现代之间在文化上的衔接，而且也是拉丁民族与日耳曼民族之间的衔接，它将一种文化精神注入日耳曼民族当中，或者说，为一种

古老的文化注入新鲜的民族的血液，由此引来一次文化的大发展。

基督教对于美学与艺术方面的影响是多方面的。

基督教早期的艺术相当幼稚。公元最初的三个世纪，基督教还是非法的宗教，信徒们只能在私人宅第中秘密集会。这些宅第成了最早的教堂——民居教堂。罗马白垩土层下的地下公墓也是基督教徒秘密生活之地，基督教徒死后，多合葬于这些地下墓穴之中。这些墓穴实际上是在地下岩壁上一层层凿出来的长形洞穴，洞口用刻着死者姓名的石板墓碑封住。名人或者殉道者的安息处，则有更为庄严的拱形墓穴。这些墓穴相互用通道连接，通道内一般又有一个奠堂，是教徒们聚集举行仪式的地方，奠堂常饰以壁画。这些壁画或取材于《圣经》，或展示未来世界，形式上都是希腊、罗马的式样，基督作为"善良的牧羊人"，看起来就是肩背着羔羊的花园之神阿里斯塔俄斯以及墨丘利；天堂的天使又不禁使人想起希腊的胜利女神像。画家熟悉希腊化绘画的技法。基督教草创之初还来不及创造属于自己的美学样式，它们处在古代艺术的最后阶段，幼稚地模仿前代的风格。很显然，艺术形式中的含义是教徒们更关注的内容，艺术本身居于次要地位。正因此，他们对于暗语发生了极大的兴趣，创造了完整的画谜体系，这无疑与早期教徒遭受迫害有关。

随着基督教的广泛传播，教徒也越来越多，地下公墓逐渐连成了一片，形成了名副其实的地下城。地下墓窟中后来还发现了墓葬灯具和长颈瓶，瓶中保存有殉道者的血。在多米蒂拉地下墓窟中发现的一个2世纪精致的青铜圆形雕饰上刻有最早的圣彼得和圣保罗像，为中世纪确立了标准的样式。

公元313年罗马君士坦丁大帝颁布"米兰赦令"，承认基督教的合法地位。基督教艺术形象也从洞穴之中转到晴空之下。不过，基督教本质上着眼于纯粹的精神性，所以早期的信徒非常排斥艺术。《旧约》中至少有六次提到摩西禁止雕刻形象，"艳丽是虚假的，美容是虚浮的"，"不可为自己雕刻偶像"[19]。柏拉图哲学也为基督教的艺术观提供了某种理由。柏拉图认为，绘画与诗歌脱离现实进行想象，从而远离了"最高之物和真理"。柏拉图认为，每个事物根据它们对理念世界的接近程度而被排列成一个序列。艺术作为模仿，会生成一个影像，它只能反映但几乎不能分有理念。再现的作品源于理念，但又远离理念。

17 [法]涂尔干. 教育思想的演进 [M]. 李康，译. 上海：上海人民出版社，2003：18.
18 [美]巴克勒，等. 西方社会史：第二卷 [M]. 霍文利，等译. 桂林：广西师范大学出版社，2005：434.
19 里昂·尤里斯. 出埃及记 [M]. 高卫民，译. 北京：中国青年出版社，2008：20，4.

基督教思想家认为塑造形象就是造假。德尔图良说："真理的创始者——上帝不喜爱任何虚假。"[20] 他们认为，艺术容易导致偶像崇拜。

拜占庭皇帝利奥三世曾下令禁止圣像存在。图像与图像所指代的东西之间的关系成为争论的焦点。偶像破坏者强调一种绝对的区分，像与物之间，要么像就是物，要么像与物之间没有任何关系。耶稣的画像只能描绘他人性的一面，而不能描绘他神性的一面，因此形象是不完整、必遭天谴的。偶像崇拜者认为，图像以某种方式分有了原型。一幅圣约翰的画像与他本人不是完全一样，但画像反映了他的部分存在，在某种程度上，在某个方面，是他或者是他的一部分。但是具体在什么方面，什么程度上图像展现了他自己，这始终是难以回答的问题[21]。

但是，基督教影响日益扩大，吸引了越来越多的民众。它不得不做出让步，以形象引导人们的信仰。大格列高利说："一幅绘画对于不识字人的作用，就好比一本书对于识字人的作用。"[22] 艺术把基督教教义转换成为另一种语言，如诗人但丁所说的 "能够看得见的谈话"。或者说，艺术图解了、更确切地说是照亮了那些神圣的篇章。

基督教在罗马帝国成为官方宗教，这一决定性的胜利带来的直接成果就是覆盖了整个基督教世界的新教堂。当初基督教受到迫害时，不可能建立公共礼拜场所，而现在，它需要兴建符合自己宗教功能要求的建筑——教堂。古代神庙的样式不再适用了，因为二者用途不同，古代神庙内通常只有一个小小的神龛放置神像，祀典游行和献祭都是在露天地里举行，而基督教不同，它需要给所有的信徒一个集会的地方，让神父站在高台上作弥撒，传教布道，进行礼拜仪式。所以教会采用了古典时代大型会堂的形式，来修建教堂，这个教堂原则上能够容纳当地所有的信徒。

整个中世纪，就是不断兴建教堂的时代。这给艺术带来一系列重大的影响。

首先，大大促进了社会对艺术的需求，或者说，促进了整个社会的艺术消费。

中世纪的基督徒对于教堂，有着非常真切而具体的感受，这是现代人不容易体会到的。贡布里希说："一座教堂对那个时期的人意味着什么，在今天很难想象。只有在乡间的一些古老的村落中，我们还能窥见教堂的重要性。它往往是附近地区唯一的石头建筑，是方圆若干英里内唯一的高大建筑，它的尖顶是所有从远处过来的人辨识方向的标志。在礼拜日和进行宗教仪式时，全城的居民都可能聚集在教堂，那高耸的建筑和它的绘画、雕刻，与那些居民居住的简陋房屋有着天壤之别。公众都关心教堂的建造，为它们的装饰自豪。即使从经济方面考虑，建造一座大教堂需要好多年，必定会使全城发生变化。开采和运输石头，搭建合适的脚手架，雇用一些流动的工匠，他们也带来的远方的故事。在那遥远的年代里，这是一件了不起的大事。"[23]

教堂集中了中世纪强烈的宗教情感，也集中了无限的精力、想象和金钱，并成为中世纪生命力与创造力最真切的表现。艺术随着基督教的扩张而迅速成长，而且其规模难以想象。从 1180 年到 1270 年，仅在法国就兴建了 80 座天主教堂，大约 500 座修道院，以及大量的教区教堂[24]。这意味着什么？每个教堂都有不同的建筑设计；许多教堂内外都有精美的雕塑，内部还有大量的绘画装饰，夏特尔大教堂至少有 8000 个绘制或雕刻的形象[25]；后来的大教堂又用彩色玻璃画装饰；各个修道院珍藏着配有各种精美插图的豪华手抄本；教堂还珍藏着大量的金银圣器等等。这不仅意味着当时只有 1800 万人口的法国惊人的财富投入，更意味着欧洲巨大的艺术创造力的投入。整个中世纪，宗教和世俗形成了一股持续不断的艺术市场的需求，推动了难以估量的艺术创造活动。这一长期的艺术积累又成就了欧洲的文艺复兴。

在这里，不难看出中西方艺术驱动力的不同。中世纪的艺术总体上是在基督教强烈的热情推动下形成的。由于欧洲普遍的基督教化以及基督教高度的组织性，因此，中世纪艺术并非像某些宗教狂热所激发的艺术表现那样昙花一现，而是呈现为广泛而持久的、受到全民瞩目的艰苦实践。相对而言，中国艺术则是一种分散的、个体的、高度个性化的活动。它的典型代表是书法、绘画，它们主要是士人心境、性情、情感的表现，与西方中世纪艺术强调建筑与雕塑，强调艺术的公共性有着侧重点、发展方向上的不同。

当然，中国同样有着悠久的建筑历史。建造皇宫、园林等宏大建筑以及城市及民居，它主要依赖于工匠的传统

20 [美] 吉尔伯特（K. E. Gilbert），[德] 赫·库恩（H. Kuhn）. 美学史 [M]. 夏乾丰，译 [M]. 上海：上海译文出版社，1989：161.
21 [美] 米奈（Vernon Hyde Minor）. 艺术史的历史 [M]. 李建群，等译. 上海：上海人民出版社，2007：64-65.
22 [英] 贡布里希. 艺术发展史 [M]. 范景中，译. 天津：天津人民美术出版社，1992：73；[美] 米奈（Vernon Hyde Minor）. 艺术史的历史 [M]. 李建群，等译. 上海：上海人民出版社，2007：10.
23 [英] 贡布里希. 艺术发展史 [M]. 范景中，译 [M]. 天津：天津人民美术出版社，1992：93.
24 [法] 米歇尔·索托（Michel Sot），等. 法国文化史（Ⅰ）[M]. 杨剑，译. 上海：华东师范大学出版社，2006：513.
25 [法] 热尔曼·巴赞（Germain Bazin）. 艺术史：史前至现代 [M]. 刘明毅，译. 上海：上海人民出版社，1989：201.

工艺，强调的是传统的连续性。它有着自身独特的评价与欣赏体系，与西方的建筑思想、艺术话语之间存在着很大的差别，两者建筑艺术的需求有着不同的方向。就社会推动力方面来说，中国恐怕只有建造长城能与中世纪兴建教堂相抗衡。

就艺术的接受而言，中国传统时代的官员、贵族、士人以及富豪对书画的需求，相对比较分散，多属于个体对艺术的欣赏、需求，似乎没有成为类似西方普遍的社会性需求。佛教、道教在中国历史上的地位与西方基督教不尽相同，因此佛教的造像可另当别论。大体说来，西方中世纪艺术是在基督教情感的推动下持续不断的、广泛的艺术运动，中国艺术不具有类似的特征。

其次，兴建教堂，推动了建筑以及与教堂有关的其他艺术的发展。

基督教将人们的热情集中在教堂的建造上，而西方精神却是不断求新，这两者的结合呈现出的是以技术与审美创新所带来的不同建筑风格的变化。

中世纪教堂建筑技术获得了巨大的发展。埃及人是平顶式的建筑，巴比伦人开始用到了拱顶，整个罗马建筑已经是相当雄伟壮观，技术上也积累了丰富的经验，而中世纪的人们为了建造美妙绝伦、让人惊骇的教堂则用尽了他们的才智。许多技术问题的处理，以及各种拱顶和飞拱问题的解决使教堂能够建得更高，不仅建筑达到了一个全新的技术境界，而且高耸的教堂尖顶完全符合基督教美学上的需求。

技术、审美、地域性等因素促使欧洲各地的教堂形成不同的建筑风格。最初是巴西利卡式教堂，它还是木质屋顶，这使后来的人们感到有失尊严，而且不能防火。罗马时代建造拱顶的技术与数据都失传了，人们尝试新的拱顶技术。1066 年，诺曼底人在英国登陆，随后带来了一种新的建筑风格，人们用这种新风格建造大教堂和修道院，英国称之为诺曼风格（Norman Style），欧洲大陆称之为罗马式风格（Romanesque Style）。12 世纪后半叶，随着法国北部交叉拱技术的发明，哥特式教堂出现了，这是前所未有的石头和玻璃的建筑物。13 世纪是伟大的主教堂时代。主教堂（Cathedral）即主教自己的教堂。它们的设计非常大胆，外观宏伟。14 世纪，主教堂的风格更倾向于风雅而不是宏伟，建筑师喜欢在装饰和复杂的花饰窗格上显示技艺。此时，随着城市的繁荣发展，建筑师逐渐把自己的主要任务移到了非宗教性建筑上，市政大厅、

行会大厅、学院、宫殿、桥梁和城门等，如 14 世纪动工兴建的威尼斯总督宫（Ducal Palace）[26]。

基督徒不仅需要教堂，还需要教堂的装饰。随着中世纪大小教堂的兴建，教堂的雕塑、装饰壁画、玻璃镶嵌画、工艺品艺术都随之发展起来，成就让人惊叹。在法国，罗马式教堂开始使用石雕作品进行装饰。如法国南部阿尔（Arles）12 世纪晚期的圣特罗菲米（St. Trophime）教堂的门廊，罗马凯旋门式的大门，门楣上方雕刻着基督以及两旁四个福音书作者的象征物。狮子表示圣马可，天使表示圣马太，公牛表示圣路加，鹰表示圣约翰，这些象征来自《圣经》。门楣上雕刻着十二使徒坐像，他们的左边是带着镣铐走向地狱的亡魂，右边则是沉浸在永恒福乐之中的受到祝福的人。门楣下方则是圣者的雕像，他们是广大信徒在面临灵魂的最高审判时能够为其说情的人物。贡布里希说："基督教关于我们人世生活最终去向的教义，就表现在教堂大门上的那些雕刻作品中。这些形象长期保留在人们的心里，比传教士的说教言辞更为有力。"[27] 这些雕塑作品，形象非常严肃，圣者的雕像看起来像坚固的立柱支撑在建筑的框架中，而迟至 12、13 世纪时期，巴黎圣母院（1163—1250 年建造）门廊两侧的雕像则轻巧、飘逸得多。而哥特式夏特尔（Chartres）主教堂的北门廊上，麦基洗德（Melchisedek）、亚伯拉罕（Abraham）和摩西雕像仿佛都活了起来，衣饰也仿佛正在飘动，形象生动富有个性。13 世纪的教堂雕刻作品为石头注入了生命，人物形象更加真切，看起来就像是真实人物的忠实写照，宗教故事场面的刻画也更加感人、更具说服力[28]。很显然，经过几个世纪，雕塑在艺术上日益成熟。

彩色玻璃画技术也被引入教堂建筑。法国夏特尔主教堂拥有 176 扇彩色玻璃窗，是法国拥有最多的玻璃窗群的教堂。阳光透过色彩绚丽的窗户射进来，使整个教堂内部都沉浸在神秘莫测的光辉之中。玻璃镶嵌画的内容都是宗教性的，神职人员相信注视鲜明的彩色肖像可以引导信徒们理解其中的真理，物质的美丽能够引向对神的理解。似乎再也没有其他材料能像彩色玻璃那样，借助于自然光而产生出神奇的宝石效果。

过分奢华的装饰在世俗社会中或多或少要受到各个方面的批评，即使帝王的宫殿，过分的奢侈也将受到臣民的非议，然而为了一个宗教的目的，这种华丽的装饰似乎永远也不过分，信徒们始终觉得这非常有必要。如早期基督教的长方形教堂，外表朴素，但其内部则装饰华美，其理

26 ~ 28 [英] 贡布里希. 艺术发展史 [M]. 范景中，译. 天津：天津人民美术出版社，1992：114.

由是：给信徒一个超自然之地的印象。柱用大理石，墙壁下半部全用贵重的马赛克，常常还加饰斑岩、缟玛瑙或其他稀有材料，墙壁上半部则大多是各种马赛克壁画，祭坛和唱诗班席都由大理石或黄金装饰。建于 532—537 的年间的君士坦丁堡的圣索菲亚教堂的内部装饰极尽华丽，信徒们在教堂圆顶所形成的一片宽广明亮的空间里，面对着色彩斑斓、富丽堂皇的装饰，犹如进入另一个世界，沉浸在超自然的感受之中。随后，华美的装饰延伸到教堂的外部，一个教堂的镀金的青铜门上刻着：

"阴郁的心灵通过物质接近真理，而且，在看见光亮时，阴郁的心灵就从昔日的沉沦中得以复活。"[29] 整个装饰达到完美的境界。

中世纪艺术还体现在精美的手抄本上。在没有印刷术之前，书的传播完全完全依靠抄写。修道院中的隐修士花费大量的时间抄写，这成为他们必修的功课之一。辛苦的抄写，对于他们而言，具有宗教意义，因为这是在赎罪，在为天国效劳。他们抄写极为认真，漏掉一个字母会延长他们在涤罪所的时间。当然，也包括恢复古代文化的冲动。加洛林时代的抄写员在质地很好的羊皮纸上用秀美的加洛林小写体抄写各种手稿。抄写员作为学者，并非只是简单的复制，他们需要对文本加以考证、甄别，他们搜罗各种文本以确定某位作家最好的本子之后，才开始抄写。不论是《圣经》，还是世俗文本，他们都非常尊重原文。真正留存至今的古代拉丁学者的手稿，只有三四本，今天西方所知道的古代及中世纪的著作，在很大程度上都是经过加洛林时代的抄写员收集、誊抄[30]。许多古代的拉丁作品实际上正是依赖于他们的手抄本才流传至今，这与中国汉代刘向、刘歆父子整理古籍的状况非常相似。8 世纪以后西方幸存的古典文本几乎都留存到了今天。

人们不仅抄写，还装饰抄本，章节开头的花体字母、边饰、行尾装饰、插图等都得到精心绘饰[31]。查理大帝作为从丹麦到亚德里亚海辽阔疆域的帝王，搜罗了各地的宝石、珍珠、象牙、丝绸，这些财富促使他用异常华丽的方式装饰手抄本。它们通常用象牙饰板作为封面、封底，外缘再裹上雕刻的黄金，黄金上再镶上各种抛光过的宝石[32]。

事实上这些豪华的图书并不是为了供人阅读，它们只是教堂、王宫的财富，一般人根本不可能接触到这样贵重的物品。查理大帝为了布施，卖掉了自己一部分精美漂亮的手抄本，它们的价值与当时的瓷器一样的昂贵。这些书中大量抄录了古人或教父的名言，事实上当时手抄本的拥有者几乎不会关心其中的内容。所以历史学家批评说，这些宝物与其说是思想上的宝库，不如说只是经济上的财富[33]。

各种抄本的插图、马赛克画、贝叶花毯等都反映出中世纪绘画的艺术特征。从技术方面来说，当时的艺术家掌握着罗马古典传统、拜占庭艺术以及地方性的艺术表现形式；从艺术的目的而言，他们关心的并非是现实的再现，也不是形态的优美，而是要传达宗教故事中的教义。在很大程度上，来源不同的技巧与传统之间此时还不能很好地融合，或者说，艺术家还无法形成某种占据支配地位的形式与技巧，以适应宗教传播的目的。各种表现形式仍有发展的余地，技术方面的竞争还没有最终的结果。

英国和爱尔兰抄本的插图中，人物形象与奇特的图案结合起来形成了一种独特的效果。拜占庭风格的马赛克饰带，人物看起来是机械地一个一个排列着的，并且避免各种运动姿态，接近于传统的东方构图。威尼斯圣马可教堂的《基督的诱惑》马赛克画中，没有地平线，人物形象仿佛悬在空中，景物是图解式的，小小的山的轮廓代表一座山，一个凉亭代表一个城市，完全不是看起来的样子。而且人物的大小尺度依据其在精神等级观念中的地位而定，犹如早期的埃及和美索不达米亚艺术[34]，中国的人物画也有类似的特征，主要人物形象高大，而随从仆人即使站在前景也大大缩小了。

德国修道院中使用的历书，不仅文字标出了 10 月份圣者的纪念日，其中一页还配有插图，描绘这个月的圣者，圣格伦（St. Gereon）、圣威廉马若斯（St. Willimarus）、圣加尔（St. Gall）和圣乌尔苏拉（St. Ursula）与她的 11000 名殉难的贞女的故事（抄本历书，作于 1137—1147 年间）。画面具有装饰性，上下各一个圆形图案，中间是并排的双拱门图案。左边是圣威廉马若斯，右侧是圣加尔。圣加尔拿着主教牧杖，带着一个背着行李的随从，他是 7 世纪时期的爱尔兰修士，长期从事传教，直到去世。上方圆形图案中画的是圣格伦，他是罗马军团的军官，在罗马皇帝迫害基督徒时他与随从的头都被割下扔在井里。画中井口堆满了头颅，四周则是很多躯干。

29 苏珊·伍德福，特，等．剑桥艺术史（1）[M]．北京：中国青年出版社，1994：248.
30 [法]米歇尔·索托（Michel Sot），等．法国文化史（Ⅰ）[M]．杨剑，译．上海：华东师范大学出版社，2006：93.
31 中世纪手抄本已经全部建立照片档案，手抄本中的绘画、图文的关系、篇幅尺寸与页面布局、插图与单纯装饰的关系等，装饰成分、花体开头字母、边饰、行尾装饰等都包括在插图中，被作为一个整体来研究。参见 [法]安娜·普拉什．西方中世纪艺术研究现状 [J]．世界美术，1987（4）.
32 [法]米歇尔·索托（Michel Sot），等．法国文化史（Ⅰ）[M]．杨剑，译．上海：华东师范大学出版社，2006：91.
33 [法]雅克·勒戈夫．中世纪的知识分子 [M]．北京：商务印书馆，1996：6.
34 [法]热尔曼·巴赞（Germain Bazin）．艺术史：史前至现代 [M]．刘明毅，译．上海：上海人民出版社，1989：132.

下方圆形图案中，同样采用类似标识和装饰的手法描绘圣乌尔苏拉的故事。她是信奉基督的英国国王的女儿，为了逃避与异教徒的王子结婚，带领 11000 名贞女逃到科隆，后遭匈奴人杀戮。圆形图案中间她端坐在宝座上，她的追随者的头像犹如花瓣一样在圆周边围成两周，圆形图案旁边一个持弓、一个持剑的人表示野蛮的匈奴人。艺术家没有再现空间的真实情境，也没有再现任何戏剧性的动作，仅仅用纯粹的装饰性的手法来布局人物。贡布里奇指出："绘画的确倾向于变成一种使用图画的书写形式了；但是这一次恢复较为单纯的表现手法，却给了中世纪的艺术家一种新的自由。去放手使用更复杂的构图（Composition，即放在一起的意思）形式进行实验。没有这些方法，基督教的教义就无法转化成可以目睹的形象。"[35]

13 世纪的画家已经开始抛开他们的范本（Pattern Book）的约束，而注意到表现自己感兴趣的内容。有关人体的知识、大小、比例、远近、明暗等技巧都在引导着画家努力地表现一种看起来非常逼真、真实的场面。乔托的湿壁画（Wall-painting, Fresco）已经能够造成视觉感受，仿佛场景就发生人们的眼前。能够把一个场面表现得栩栩如生，这是他发展出的新方法，这表明绘画的观念改变了。以前绘画只是文字的图解，只是文字的代用品，而现在绘画有了自己的任务，画家需要关注现实生活中的各种事物，并且准确形象地反映在画面上。艺术的兴趣已经从动人地讲述宗教故事转移到忠实地表现自然。最初，这可能只是个别画家的兴趣，到了 14 世纪，已经成为画家普遍的做法，优雅的叙述和真实的观察，这两个要素融合在一起。画家开始动手写生，开始写速写，由此也积累了各种动物、植物的画稿。15 世纪，南方佛罗伦萨的布鲁内莱斯基发现了透视法（Perspective），这样画面上所描绘的场面看起来更加真实，在空间感上完全符合我们的视觉原理，而北方尼德兰的画家杨·凡·艾克等更是在细密画的传统上刻画更加真实的细节，不仅人物形象，而且包括风景、动植物、珠宝、织物等都在耐心细致的观察基础之上加以准确的表现。欧洲各地，一代艺术家都在热切地追求着艺术视觉形象上的真实性。

不难看出，随着各地大小教堂的兴建，不仅建筑技术，特别是哥特式建筑技术获得了新的发明，而且其他多种艺术领域雕塑、绘画、插图、彩色玻璃画、金银器加工等方面的技艺也都借此而有长足的进步。

5 结语

严格来说，中国的传统文化中并没有明确指出一个人成为艺术家的道路。在政教合一的环境中，艺术家的出现往往带有更多限制，即一个官员同时具有书画、音乐方面的天赋时才会发生的[36]。从某种意义上来，书画家只是朝廷在培养文官时顺带出现的副产品。儒学强调修身、齐家、治国、平天下，它最关心的是如何成为合格的读书人，如何成为合格的官员。所以，从总体上来说，儒学中并不必然包括或可以从中推演出如何成为艺术家、何为艺术家、艺术家能够做什么等一系列答案。不过，早期儒家代表人物都重视修身、重视人的品行修养，从这方面说，儒学也提供了一个艺术家成长的基本方向。

基督教起初反对艺术，反对偶像，它也不关心艺术家。而且，在只是作为工匠艺人的环境下，艺术家的地位很低，基督教的文化也很难为艺术家的成长提供明确的文化支持。不过，与儒学类似的是，基督教关注人的灵魂，关注人的精神性，这一传统，从某种意义上来说，刚好为艺术家的精神成长提供了条件。

在一个发达的文化中，艺术家当然需要拥有艺术的技能、技艺，但人们更看重的是他们在拥有超凡的艺术天赋的同时，具有超越技艺层面的精神特质。技艺、技能当然重要，但人们发现，艺术家所具有的精神特质，在很大程度上决定了他是否能够成为伟大的艺术家。正如伏尔泰所说，那些天才的人，诗人、哲学家、画家、音乐家，都有一种难以名状的特殊的、隐秘的"心灵的品质"，这种品质显然不是单纯的想象力或判断力，也不是纯粹的风趣或洞察力，它难以界定，伏尔泰称之为"心灵的品质"[37]。

这样，成为艺术家，就不仅仅指艺术家在技能方面如何学习培养，如何开拓创新，而更多的是指，在精神方面，艺术家所能达到的高度，所展现出的人格力量。我们看到历经千百年的发展，人类的文学艺术已经展现出人的精神世界异常深刻丰富的内容，而做到这一点，正是艺术家凭借自身的精神力量，成为人类精神世界卓越探索者的结果。

如果暂时界定艺术家是除了具有非凡的技艺之外，还具有某种卓越精神特质的一类人，那么，儒学与基督教文化都为艺术家的精神成长提供了最好的土壤，为艺术家找到了精神性成长、发展的途径。

---

35 [英] 贡布里希. 艺术发展史 [M]. 范景中，译. 天津：天津人民美术出版社，1992：99.
36 如明代著名书画家董其昌（1555—1636）官至南京礼部尚书，书法、绘画皆有成就。
37 参见 [法] 狄德罗. 关于天才 [M]. 张冠尧，等译. 北京：人民文学出版社，1984：541.

参考文献

基督教

1. [古罗马] 优西比乌. 教会史 [M]. 瞿旭彤, 译. 北京: 生活·读书·新知三联书店, 2009.

2. [美] 威利斯顿·沃尔克(Williston Walker). 基督教会史 [M]. 孙善玲, 等译. 北京: 中国社会科学出版社, 1991.

3. [美] 布鲁斯·雪莱(Bruce Shelley). 基督教会史 [M]. 刘平, 译. 北京: 北京大学出版社, 2004.

4. [美] 帕利坎(J. Pelikan). 大公教的形成 [M]. 翁绍军, 译. 上海: 华东师范大学出版社, 2009.

5. [英] 伯特兰·罗素. 西方的智慧: 西方哲学在它的社会和政治背景中的历史考察 [M]. 马家驹, 等译. 北京: 世界知识出版社, 1992.

6. [美] 保罗·蒂利希(Paul Tillich). 基督教思想史: 从其犹太和希腊发端到存在主义 [M]. 尹大贻, 译. 北京: 东方出版社, 2008.

7. [美] 胡斯都·L 冈察雷斯(L.Gonzalez). 基督教思想史 [M]. 陈泽民, 等译. 译林出版社, 2008.

8. [奥] 弗里德里希·希尔(FriedrickHeer) 欧洲思想史 [M]. 赵复三, 译. 桂林: 广西师范大学出版社, 2007.

9. [美] 科林·布朗(Colin Brown). 基督教与西方思想: 卷一 [M]. 查常平, 译. 北京: 北京大学出版社, 2005.

10. [美] 威尔肯斯, 帕杰特. 基督教与西方思想: 卷二 [M]. 刘平, 译. 北京: 北京大学出版社, 2005.

11. [美] 詹姆斯·C 利文斯顿 (James C. Livingston). 现代基督教思想 [M]. 何光沪, 译. 成都: 四川人民出版社, 1999.

12. 克里斯托弗·道森 (Christopher Dawson). 宗教与西方文化的兴起 [M]. 长川某, 译. 成都: 四川人民出版社.1989.

13. [英] T S 艾略特 (T. S. Eliot). 基督教与文化 [M]. 杨民生, 等译. 成都: 四川人民出版社, 1989.

14. [美] 迈尔威利·斯图沃德 (Melville Y. Stewart). 当代西方宗教哲学 [M]. 周伟驰, 等译. 北京: 北京大学出版社, 2001.

中世纪

15. [法] 费尔南·布罗代尔. 文明史纲 [M]. 肖昶, 等译. 桂林: 广西师范大学出版社, 2003.

16. [美] 约翰·巴克勒, 贝内特·希尔, 约翰·麦凯. 西方社会史 [M]. 霍文利, 等译. 桂林: 广西师范大学出版社 2005 年

17. [法] 罗伯特·福西耶(Robert Fossier). 剑桥插图中世纪史: 350—950 年 [M]. 陈志强, 等译. 济南: 山东画报出版社, 2006.

18. [法] 罗伯特·福西耶(Robert Fossier). 剑桥插图中世纪史: 950—1250 年 [M]. 李增洪, 等译. 济南: 山东画报出版社, 2006.

19. [法] 罗伯特·福西耶(Robert Fossier). 剑桥插图中世纪史: 1250—1520 年 [M]. 李桂芝, 等译. 济南: 山东画报出版社, 2006.

20. [法] 热纳维埃夫·多古尔 (Genevieve D' Haucourt). 中世纪的生活 [M]. 冯棠, 译. 上海: 商务印书馆, 1998.

21. [比] 亨利·皮朗 (Henri Pirenne). 中世纪欧洲经济社会史 [M]. 乐文, 译. 上海: 上海人民出版社, 2001.

22. [美] 本内特 (Judith M. Bennett), 霍利斯特 (C. Warren Hlollister). 欧洲中世纪史 [M]. 杨宁, 等译. 上海: 上海社会科学院出版社, 2007.

23. [美] 托马斯·卡希尔 (Thomas Cahill). 中世纪的奥秘: 天主教欧洲的崇拜与女权、科学及艺术的兴起 [M]. 朱东华, 译. 北京: 北京大学出版社, 2011.

24. [法] 米歇尔·索托(Michel Sot), 等. 法国文化史 [M]. 杨剑, 译. 上海: 华东师范大学出版社, 2006.

25. [美] 朱迪丝·布朗 (Judith C. Brown). 不轨之举: 意大利文艺复兴时期的一位修女 [M]. 王挺之, 译. 上海: 商务印书馆, 1995.

26. [法] 雅克·韦尔热 (Jacques Verger). 中世纪大学 [M]. 王晓辉, 译. 上海: 上海人民出版社。2007.

27. [美] 乔纳森·德瓦尔德 (Jonathan Dewald). 欧洲贵族: 1400—1800[M]. 姜德福, 译. 上海: 商务印书馆, 2008 年.

28. [荷兰] 约翰·赫伊津哈(Johan Huizinga). 中世纪的衰落: 对十四和十五世纪法兰西、尼德兰的生活方式、思想及艺术的研究[M]. 刘军, 等译. 北京: 中国美术学院出版社, 1997.

29. [荷兰] 约翰·赫伊津哈 (Johan Huizinga). 游戏的人 [M]. 北京: 中国美术学院出版社, 1996.

艺术史

30. [英] 贡布里希. 艺术发展史 [M]. 范景中, 译. 天津: 天津人民美术出版社, 1992.

31. [法] 热尔曼·巴赞 (GermainBazin). 艺术史: 史前至现代 [M]. 刘明毅, 译. 上海: 上海人民出版社, 1989.

32. [德] 沃尔夫冈·韦尔施(Wolfgang Welsch). 重构美学 [M]. 上海: 上海译文出版社, 2002.

33. [德] 沃林格尔 (Wilhelm Worringer). 哥特形式论 [M]. 张坚, 等译. 北京: 中国美术学院出版社, 2004.

中国儒学、艺术

34. [日] 内藤湖南. 中国绘画史 [M]. 栾殿武, 译. 北京: 中华书局, 2008.

35. 北京大学哲学系美学教研室. 中国美学史资料选编 [M]. 北京: 中华书局, 1980.

36. 胡经之. 中国古典美学丛编 [M]. 北京: 中华书局, 1988.

37. 十三经注疏 [M]. 点校本 . 北京：北京大学出版社，1999.

38. [德] 马克斯·韦伯 . 儒教与道教 [M]. 王容芬，译 . 上海：商务印书馆，1995.

39. 秦家懿，孔汉思 . 中国宗教与基督教 [M]. 吴华，译 . 北京：生活·读书·新知三联书店，1997.

40. 陈来 . 孔夫子与现代世界 [M]. 北京：北京大学出版社，2011.

41. 崔大华 . 儒学引论 [M]. 北京：人民出版社，2001.

42. 李申 . 中国儒教论 [M]. 北京：河南人民出版社，2004.

43. 乐黛云，勒·比雄 . 独角兽与龙：在寻找中西文化普遍性中的误读 [M]. 北京：北京大学出版社，1995.

44. 张法 . 中西美学与文化精神 [M]. 北京：北京大学出版社，1994.

与建筑设计发展相关的 "三个定位"

Three Positions Relevant to the Development of the Architectural Design

赵海翔　欧萨马　孟瑶磊

1　建筑业在经济发展中的产业定位

建筑业是国民经济的重要物质生产部门，按照国家统计局关于《三次产业划分规定》，建筑业属于第二产业。按照我国现行行业分类与代码，建筑业分为三大类：一是土木工程，包括房屋、矿山、铁路、公路、桥梁、隧道、堤坝、电站、码头及其他土木工程的建筑施工活动；二是线路、管道和设备，包括电力、通信线路、石油、燃气、给水、排水、供热等管道系统和各类机械设备、装置的安装活动；三是建筑装修、装饰，包括建筑物装修、装饰的设计、施工及安装活动。建筑业与勘察设计单位、建材生产厂家、材料设备供应商、教学和科研单位等关系密切，同时，又与环境、交通、信息产业等紧密相连。从以上建筑业的范围和分类中可以看到，建筑业一是涉及面非常广，是一个复杂的大系统；二是全面承担着改善提高人民环境的任务。

1.1　建筑业在经济发展中的重要性

由于建筑业涉及面广、系统庞大，建筑业被认为是除工业、农业之外第三重要的产业支柱。邓小平同志早在1982年的一次重要讲话中谈到建筑业的产业地位时，就提出"建筑业是国民经济的三大支柱之一"，"建筑业是可以为国家增加收入、增加积累的一个重要产业部门，所以在长期规划中，必须把建筑业放在重要地位"。1992年，

党的十四大及全国人大八次会议即明确提出将建筑业作为国民经济的支柱产业，其主要原因在于几方面，"建筑业是一个以建筑产品为生产对象的独立的物资生产部门，为社会和国民经济各部门提供生产和生活用固定资产；建筑业在国民收入中占有重要地位；建筑业是重工业和其他行业的重要市场；建筑业是劳动就业的重要场所，通过国际工程承包，建筑业可以带动综合性输出"等等。总之，建筑业与国民经济各部门有着千丝万缕的联系，对国民经济的发展起一定的调节作用[1]。

建筑业在济发展中的地位归纳起来有这样几点：

一是建筑业的支柱产业地位日益显著，对国民经济增长贡献突出。改革开放30多年来，建筑业增加值在GDP中的比重总体呈上升态势，由1980年的4.3%上升至近两年的6.6%，支柱产业地位日益显著[2]。建筑业的发展，不仅改善了城乡面貌和人民居住环境，加快了城镇化进程，也带动了建筑业相关产业的发展。

二是建筑企业是接纳就业的重点行业之一。1980年建筑业从业人数648万人，约占全社会就业人数的1.5%；到2010年，建筑业从业人数达到4043.37万人，约占全社会就业人数的5%[3]。建筑行业是劳动密集型产业，而且大部分是中小企业和非公企业，这不仅直接拉动了国民经济增长，也吸纳了城市化及农村结构调整中所转移的大量劳动力。

三是建筑行业市场化程度较高，是拉动内需和消费的重点行业。因为建筑业与多门类产业紧密相连，通过建筑业发展，可以带动如水泥、钢铁、机械、电器、家具、玻璃、

---

1 王孟钧，邓铁军.建筑业发展与建筑经济研究的理性思考 [J].建筑经济，2001（8）.
2 住房和城乡建设部计.2010年建筑业发展统计分析.中国建筑业协会，2011.
3 住房和城乡建设部计.2010年建筑业发展统计分析.中国建筑业协会，2011.

五金等几十多个相关产业的增长，也拉动施工所在地的经济发展和人民群众的消费。国家《十二五规划纲要》中的多个任务直接与建筑业相关，例如在《十二五规划纲要》经济建设的部署中，直接与建筑业相关的包括：建设充满活力的创新型城市；构筑城乡协调的发展格局；优化市域空间布局，推进新型城市化和新农村建设；营造生态宜居的绿色家园等等。而在社会建设三个重要方面之一的"塑造时尚魅力的国际文化大都市"，也将成为最为直接的建筑业成果展现。

1.2 建筑业的定位现状与发展机遇

虽然建筑业在经济发展中的地位是有目共睹的，但目前建筑业的产业定位无论是在经济政策还是理解观念上，实际上还处于不够明晰的状况。这主要反映在以下两个方面：首先是政策方面。虽然国家统计局 2003 年 5 月 14 日颁布的《国民经济行业分类》将建筑业划分为第二产业，但事实上第二产业涵盖的其他工业企业能享受的一些促进发展的有关税收政策、信贷政策，建筑企业往往不能充分享有；同时，国家给属于第三产业的中小企业的政策，建筑企业依然享受不到[4]。这在一定程度上限制了建筑业、特别是大量中小型建筑企业的发展步伐。

其次是人们对建筑业在经济发展中的认识仍然比较片面。对建筑业产业定位的模糊性，其实也反映了人们对建筑业认识上的差异，建筑业经常被人们看做"第三产业"，这从侧面说明了人们对建筑业在经济发展中价值创造方式与地位的认识不足。

此外，中国建筑业在受计划经济体制的影响很长时间内，一直被看成是一种消耗生产资料的消费行业，这是由于对建筑业与其附加价值和盈利方式认识不足而造成的。根据中国宏观经济网公布的数据，今后 20 年，我国城市化应保持每年增加一个百分点的水平，预计 2015 年我国的城市化水平将达到 45% 左右，将新建城市 230 个左右，新增建制镇 5000 个左右。2020 年，城市化发展水平将达到 58% 左右[5]。考虑到城乡建设目标的长期需求、城市格局调整和功能提升的新需求，以及建筑市场一体化带来中国建筑业的外部发展机遇等诸多因素，建筑业在经济发展中的产业定位也需要适时调整。

1.3 从跨产业物征角度解读建筑业定位

"十二五"时期，我国基本建设规模仍将持续增长，这将是建筑业发展的重要机遇。根据建筑业"十二五"规划，建筑业产值年均将增长 15% 以上，行业仍将迎来稳定增长，这也对建筑业的产业定位提出了新的要求。

一是建筑业发展方式需要跨产业特征的内在转变。目前建筑业整体仍处于相对粗放的发展阶段，标准化、信息化、生产集约化和管理服务等水平较低，结合第二、三产业特征向高附加值的领域延展较为缓慢。与此同时，随着要求高、规模大等新工程的增加，各类业主对设计、建造水平和服务品质的要求也不断提高。如何加快建筑业发展，推动产业结构优化升级，向高端服务领域拓展，以适应产业发展定位和城市发展方式转变，是建筑业所面临的一项重要转变任务。

二是应进一步增强建筑业与科技创新产业的关联。建筑业与科技创新能力需要进一步增强关联性，特别是要适应城市建设需求的关键工程技术，如建筑节能技术、新型建材研发、城乡建设信息化技术等。推动以技术创新为基础的行业建设，既是提高对资源节约型社会的建设需求，也是提升建筑业核心发展力的必要条件。

三是要形成适应未来中国城市建设发展新要求的综合能力。要围绕建设的重大需求，适应大规模、高速度的城市化建设要求，就必然要逐步形成与之相适应的技术支撑、智力支撑和综合组织结构保障等综合能力。未来的建筑业，需要众多建筑企业和组织结合以实现一体化，并以此来促进建筑业发展和提高建筑业的综合竞争力。

建筑业涵盖了不同产业属性和价值创造方式。对建筑产业定位理解的不同，实质上是其在承担创造经济价值的同时，也不断进行社会文化价值创造的功能复合性所决定的。

2 建筑学科在科学体系中的定位

人们对于建筑学、建筑科学的学科性质、归属或学科定位，在不同历史时期有着不同的见解。这需要从学科体

4 汪士和. 对建筑业产业定位等若干问题的思考 [J]. 建筑经济，2011（10）.
5 城市化数据纵览 [EB/OL]. http://www.macrochina.com.cn.

系的视角简略回溯建筑科学形成和发展的历史节点基础上讨论建筑学科内涵与定位的观点。

2.1 从学科发展看建筑学科内涵的演变

中国的现代建筑学科，主体参考了来自于西方的建筑学科体系，并逐渐形成了符合我国国情和特色的建筑学科建构。而西方对于建筑学理论的发展大体经历了三个比较关键的发展阶段[6]：

第一阶段是建筑学的初步兴起。公元前 3 世纪至公元前 2 世纪，随着建筑技术的进步和建筑艺术的不断丰富，在古希腊出现了专门的建筑著作，内容涉及建筑物的构图法则、营造方法、施工机械等等。

第二阶段是 15 世纪末至 16 世纪中叶，在意大利出现了多部有影响的建筑学著作，如阿尔伯蒂的《论建筑》（1485）、帕拉第奥的《建筑四论》（1554）、维尼奥拉的《五种柱式规范》（1562）等。其中《论建筑》一书第一次兼顾建筑技术与建筑艺术两个方面的联系与差异，建立了较完整的建筑学概念，是对建筑学认识上的飞跃。

第三阶段为 20 世纪以来，建筑学因研究对象丰富而细化分支学科：一方面，为适应工程建设的需要，建筑工程逐渐分化出建筑照明工程、给水排水工程、建筑抗震工程等分支学科；另一方面，同样基于建设实践的需要，建筑学又与其他学科相互交叉与融合，形成若干分支学科。由于现代工业的发展和生活质量的提高对建筑功能提出了越来越高的要求，新设备以及建筑材料类型增多，促进了如建筑光学、建筑声学和建筑热工学等学科发展。20 世纪中期以后，建筑学在分化与综合的不断调整中，分支学科不断增多。

中国建筑学科和建筑教育经过 60 余 年的发展，已经形成规模与体系，特点是注重实践，学科发展紧密结合国家建设。自 20 世纪 50 年代部分借鉴苏联建筑教育模式开始，到 80 年代开始奠定了中国建筑学科和建筑教育发展的基础，逐步建立了包括建筑、规划、历史、景观、技术等研究方向的建筑学学科体系[7]。20 世纪 90 年代后学院建制下多学科交叉优势逐渐形成，至 1992 年全国高等学校建筑学专业教育评估委员会成立，开始实行建筑学专业学位评估，标志着完整的中国建筑教育体系逐步形成[8]。

2.2 建筑学科的综合特征

首先，仍然存在对建筑学科界定的模糊性，这实际上是由建筑学科的综合性决定的。许多人对于建筑学的理解和认识是不全面的，多从"工"科的角度来看待建筑学。随着学科发展，这种认识已经有了很大的变化，建筑学界已将建筑学的学科定位延展为具有社会性质、技术性质、艺术性质等多重属性的综合性学科，这与建筑业的复全特性是相对应的。建筑学正在形成越来越复杂的学科结构体系，以建筑活动及建筑物作为研究对象的学科，已超出了单一学科的范围，可以将这些学科统称为建筑科学。由于建筑学中既包含一些具有自然科学属性的分支学科，也包含一些具有哲学社会科学属性的分支学科，因此在描述建筑学的研究内容时，其概念也很难用简短的回答概括，而常被较笼统地概括为"跨工程技术和人文艺术、与建筑设计和建造相关的艺术和技术的结合"。建筑学或者说建筑设计在当今的学科分类中，被划分在自然科学类别中，但其现行的很多研究内容又属于人文社会学科。建筑学学科专业的归向没有落实到实处，部分原因是建筑学专业的研究内容的模糊性特征所决定的[9]，另一方面，这也是建筑学科内涵丰富性和可扩展性的体现。

其次，建筑学专业是以建筑设计实践为主的一个专业，建筑师的专业实践是具体的建筑设计，但是在建筑理论研究范围，尤其是专业理论基础研究对于设计实践方面，没有明确区别于其他学科的对应关系，这样导致建筑学与其他的设计学科差别性的降低，这也是由于建筑学科的多重属性所决定的。

2.3 对建筑学作为科学体系定位的思考

"科学作为一个整体可以被看做一个巨大的研究纲领"，建筑学作为"科学"，其研究内容就必须为建筑学理论寻求理论支点和理论基础。1996 年钱学森先生提出了建立一个"大科学技术部门"——对建筑科学的设想中，所圈定的建筑科学，是包含城市科学（城市学、城市规划学等）的"广义的"建筑科学结构[10]。这一点和吴良镛先生的建筑学科构架的理论观点有相似之处。吴良镛先生认为在人居环境的五大系统中，建筑是人与自然中的中介物，这是一个建筑学公认的前提。建筑、人、社会、自然之间

6 王续琨．建筑科学的学科结构和发展策略 [J]．华中建筑，2005（1）．
7 朱文一，王辉．1949 年至 1979 年的中国建筑教育 [J]．建筑创作，2009（9）．
8 朱文一，王辉．中国建筑教育改革 30 年 [J]．建筑创作，2008（12）．
9 杨昌鸣，王发堂．对建筑学作为一种科学体系的思考 [J]．同济大学学报：社会科学版，2007（10）．
10 顾孟潮．论钱学森关于建筑科学的五个理论 [J]．华中建筑，2006（12）．

关系的存在，提供了以建筑、人、社会、自然为经纬而交错的关系切入点、建筑学分析的基点。在建筑、人、社会和自然为基础的建筑学讨论中，这几个因素之间形成各种建筑与相关内容的扩展内容[11]。面对变化日益复杂的社会和环境问题，传统的建筑学科体系已显现出局限性，单纯依靠原有的传统建筑学知识和方法手段已无法承担起解决这些问题的重任，人类聚居学和广义建筑学的引入和建立，对建筑学的原有思想观念是一个巨大的冲击，为建筑学的可持续发展注入了新的活力和生机。

其次是应关注多学科交叉在建筑学科建设中的拓展。多学科交叉的具体应用途径可分别从研究范畴、研究方法和技术手段三个层面来探讨。从拓展现有的建筑学研究领域和范畴的角度看，现代科学体系在高度分化的同时又高度综合，这种综合使人们对自然界的认识体系进一步整体化，克服了单科学科研究领域的专一与狭窄，通过学科综合的方式扩展各自的研究范围和成果。例如，人类聚居学建立在系统论基础上，综合了政治、社会、文化、技术等各门学科，克服了单一的传统建筑学的局限性，是对传统建筑学认识的一种拓展。从研究方法的角度看，寻求建筑学科学体系中多学科交叉的途径也可以通过尝试不同的观察视角、新的事物理解方式来达到。另外，从研究的技术手段的更新与结合角度看，建筑学与自然科学的结合也较多地体现在具体的建造技术方面，当今的信息科学、计算机技术等学科的进步提供了广泛交叉结合的技术发展途径。

建筑学科的定位围绕不断提升和改善人居环境，不同时期的社会现实要求建筑学科不断拓展其学科领域，这各个领域建筑学科的形成与发展是开放的，与时俱进的特征。

3 建筑设计在建筑学中的定位

建筑设计是建筑学学科体系的主要组成部分，在建筑院校建筑教育中是各建筑院校及专业课程中关注的重点。建筑设计课程，普遍成为建筑学、城市规划、景观园林设计及环境艺术设计等专业的必修课程。随着我国建筑学科发展和建筑学专业教育方向的发展转变，对于如何再认识建筑设计在建筑学整体学科体系中的位置提出了必然要求，需要从多个视角来重新思考。

3.1 建筑设计作为建筑学的核心内容

从广义上来说，建筑学是研究建筑及其环境的学科，

在通常情况下，是指与建筑设计和建造相关的艺术和技术的综合。因此，建筑学是一门结合工程技术和人文艺术的学科。建筑学所涉及的既包括作为"建筑艺术"的美学内容，也包括"建筑技术"的内容。我国的建筑教育体系，明确把"职业建筑师"作为培养方向，建筑学的核心内容是建筑设计，进行建筑设计创作是建筑学教学的主要目的。

建筑设计在建筑学中的这种核心地位首先体现在建筑学专业培养目标上，其次体现在建筑学专业中建筑设计课程的高比例方面。既然我国的建筑院校都明确规定了大学本科培养方向是职业建筑师，建筑学以培养从事建筑设计、城市设计与规划的建筑师为主要目标，那么学习培养过程则自然围绕着"建筑设计"进行，因此这一特点也直接反映在建筑学课程设置比例上。从目前的国内建筑设计教育来看，建筑学本科专业中，建筑设计的相关课程由（课堂）设计训练、实践训练、美术基础、自然科学和人文科学相关课程、专业基础和理论等几部分组成，其中建筑设计基础训练和设计专题课堂训练的学时就占到总课程比例中的近一半。

3.2 建筑理论与技能训练关系的误读

建筑的"艺术"地位在我国建筑学界得到普遍承认，其"形式或外观"就显得尤其重要，所以在建筑设计中对"建筑形式"的研究成了设计训练中的主要内容之一。这样把建筑设计理论的美学基础作为建筑设计的普遍性原则，把诸如比例、尺度、韵律、均衡、和谐等等形式美的原则和范例，作为建筑典范的固定标准，以这样的方法去理解"建筑设计"和对建筑的认知，自然存在着对"形式"的误读。但这种以形式训练为基础的建筑设计学习对直接影响到了对建筑设计认知和对建筑学的理解。

尽管建筑学在中国经过近一个世纪的发展和演变，走出了适合中国现实的道路。但中国建筑院校的教学体系中的教学大纲和教材统一化等特征，使得在中国建筑院校教学模式普遍大同小异。作为建筑设计知识主体的建筑理论并没有在中国建筑学的学术框架中占据应有的地位，而被不断强调的是"建筑风格与形式"和"建筑设计手法"。因此，形成了重视建筑中的形式设计而忽视建筑理论，或把设计手段与建筑实际理论混同起来，这种对建筑学知识主体理解的差异是对建筑设计认识的主要观念误区之一[12]。

11 吴良镛.广义建筑学[M].北京：清华大学出版社，2001.
12 丁沃沃.重新思考中国的建筑教育[J].建筑学报，2004（2）.

3.3 建筑设计定位中的艺术与技术观

随着社会的发展和科学技术的进步,建筑所包含的内容、所要解决的问题越来越复杂,涉及的相关学科越来越多,材料上、技术上的变化越来越迅速,客观上需要更为细致的社会分工,这就促使建筑设计和建筑施工分离开来,各自成为专门学科。

毋庸置疑,新材料和新技术的革命必将带来建筑面貌的更新,而建筑思潮的革命也是建筑技术的催化剂。从古到今,在建筑领域的文化思想产生和更新中,技术的更新始终被看做最重要的力量,作为艺术思想先驱的建筑,又是技术的艺术表现的最重要载体,因此探讨建筑技术与艺术的关联性是十分必要的。一方面,建筑设计是以新材料和新技术的革命为基础的,这是建筑技术强烈地影响着建筑艺术,技术在建筑的表现似乎成为主导因素;另一方面,在"建筑艺术"中,建筑技术因素已经回归为建筑营建的科学保障和建筑设计的艺术表达的一种方式。建筑设计中的技术因素,是实现建筑艺术表现的一个科学保障,新的技术提供新的表现手法,它是产生新的设计理念和思想的刺激因素,但同时应该重视建筑设计在行业中的引领作用,建筑设计不仅要应用技术,还要主动创造技术需求,体现建筑设计部门的引领作用。

3.4 建筑设计工作中要强化对社会职能的理解

在对建筑学中"建筑设计"的定义与特点概念的阐述过程中,我们常常多从其艺术性和技术方面来强调建筑设计的双重特征。这种理解本身没有什么问题,但是在理解建筑设计的过程中,也应该强化对建筑师的"建筑设计"工作中的社会职能理解。

当前社会中,建筑师设计工作的社会职能正逐渐被强调。建筑设计的工作范围,除了要处理具体建筑物和建成环境的艺术表达与技术建造,还要处理人与人、人与环境等之间的问题和矛盾,即都和人们的心理与行为方式发生密切关系,这即是"建筑设计"包含的"社会职能"。一个建筑师的建筑设计工作范围,不仅仅局限在做具体的建筑设计、处理图纸和建造,也应该关注诸如社会政策、环境调查等,并关注社会制度决策、项目可行性研究、设计过程中的各方协调配合与管理等等。这需要在建筑教育的内容

侧重和训练方法方面予以定位的调整,不能过分偏重于"设计技能"的训练,而更应该强调建筑设计中的"社会职能"认知的培养。建筑大师梁思成说过:"建筑师的知识要广博,要有哲学家的头脑、社会学家的眼光、工程师的精确与实践、心理学家的敏感、文学家的洞察力……但最本质的他应当是一个有文化修养的综合艺术家。"[13]

关注建筑对社会生活的影响,关注建筑如何参与社会交融与进步,这会使我们的建筑设计追求具有了社会学维度。在尊重建筑设计市场化之外,更应关注建筑设计的社会职能和文化能量。建筑设计在投身于中国大规模城市化和空间生产进程中,以设计为媒介,建构文化尊严与营造物质场所的同时,我们也需要不断对城市、建筑和建筑师自身的社会职责进行批判性反思。

3.5 从文化传承角度审视"建筑设计"学术定位

正如吴良镛先生在《21世纪建筑学的展望》一文中所说,"文化是经济和技术进步的真正量度,即人的尺度;文化是科学和技术发展的方向,即以人为本。文化积淀存留于城市和建筑之中,融会在每个人的生活之中,对城市的建造、市民的观念和行为起着无形的影响,并决定着生活的各个层面,是城市和建筑之魂。"[14]

在我们几千年的历史长河之中拥有丰富的历史的、传统的和地域的文化。建筑作为物质载体,既传播着其文化含义,也以集体记忆或集体情感的方式存在于我们的文化脉络之中。在当今的社会条件下,建筑设计不仅要继承文化,还要发展文化。建筑设计中文化传承并不是简单地把文化符号做复制和张贴,也不是模仿和自我标榜,它是发展和变化的,能够和现实社会连接成一条积极的轨迹。在材料、空间功能的需求和审美观的变化下,很多传统建筑的材料与构造形式、建筑形态在当今已经发生了很大的改变。对建筑学而言,核心任务是围绕如何在社会变化中不断建构理想的人居环境;对建筑设计而言,其任务则是创造性地建构理想的人居环境过程中的物质和精神价值。如何在社会发展动态过程中传承历史建筑文化遗产并创造符合当代要求的建筑文化,是我们目前建筑设计在建筑学定位中的任务和核心价值所在。

13 蒋晓风.从建筑的本质看建筑学教育 [J].华中建筑,2010(5).
14 吴良镛.21世纪建筑学的展望 [J].城市规划,1998(6).

ACKNOWLEDGEMENT

致谢

课题研究历时 3 年,期间得到国内建筑设计领域众多专家学者的支持与帮助,在此一并表示诚挚感谢。

感谢潘云鹤常务副院长对于课题研究予以关心,您的帮助对本次课题研究的顺利开展起到了重要作用。

感谢吴良镛院士对于课题研究自始至终的关注,吴先生在不同阶段的谈话中所提出的关键性意见,推动了课题研究的不断深入。

感谢院士马国馨、王小东、王瑞珠、关肇邺、齐康、何镜堂、张锦秋、邹德慈、钟训正、崔愷、彭一刚、戴复东、魏敦山与王建国、庄惟敏、刘克成、李兴钢、吴焕加、汪孝安、张钦楠、邹德侬、孟建民、赵元超、钱方、梅洪元、黄居正等先生在课题研究中提出的中肯意见,以及予以的无私帮助。

感谢在北京、上海、成都、西安、深圳、南京等地参加课题研讨会与访谈会的各位建筑界同仁,你们的意见与建议对于课题研究的深入有着重要作用。

感谢积极参与、回应课题调研工作的许许多多工作在一线的建筑师,你们的帮助为课题研究积累了厚实的基础,也使得研究能够直接触及中国建筑设计领域中的现实问题。

感谢关注本课题研究进展的众多媒体记者,是你们的工作使得本课题的研究总是能与中国当下的发展直接相通。

感谢东南大学建筑设计与理论研究中心的各位研究生在课题研究过程中做的大量基础工作。

最后还要感谢东南大学建筑学院在课题研究期间予以的协助与支持。

图书在版编目（CIP）数据

当代中国建筑设计现状与发展／当代中国建筑设计现状与发展 课题研究组著．—南京：东南大学出版社，2014.11

ISBN 978-7-5641-5309-0

Ⅰ．①当… Ⅱ．①当… Ⅲ．①建筑设计－研究－中国 Ⅳ．①TU2

中国版本图书馆CIP数据核字（2014）第259016号

书　　名	当代中国建筑设计现状与发展
责任编辑	戴　丽　魏晓平
装帧设计	王少陵
责任印制	张文礼

出版发行	东南大学出版社
社　　址	南京市四牌楼2号　邮编210096
出版人	江建中
网　　址	http://www.seupress.com
印　　刷	上海雅昌艺术印刷有限公司
开　　本	787 mm×1092 mm　1/8
印　　张	48
字　　数	962千字
版　　次	2014年11月第1版
印　　次	2014年11月第1次印刷
书　　号	ISBN 978-7-5641-5309-0
定　　价	198.00元
经　　销	全国各地新华书店

本社图书若有印装质量问题，请直接与营销部联系。电话：025-83791830。